신재생에너지 발전설비기사

태양광 필기총정리

기술사/기능장 **박건작** 편저

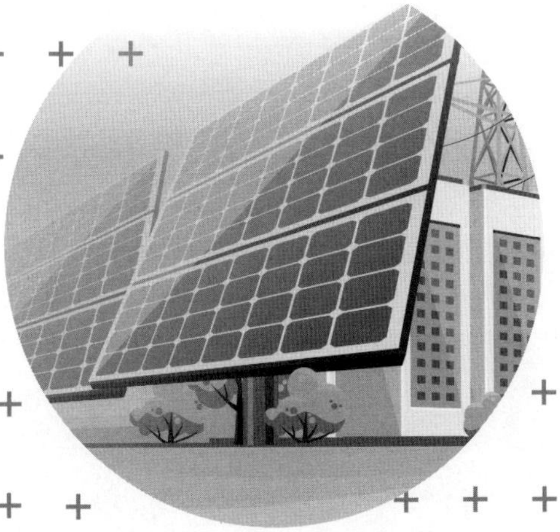

일진사

머리말

온난화로 인한 잦은 태풍, 대형 산불 등에 의한 기상이변, 빙하의 감소에 따른 지구 해수면 상승 등 지구의 기후환경변화로 머지않아 닥칠 재앙에 대한 대책이 절실히 요구되고 있다.

세계 각국은 2016년 프랑스 파리에서의 국제 기후변화협약을 계기로 국제적인 동조를 통해 갈수록 악화되어가는 지구환경을 개선하기 위해 노력하고 있다. 특히 지구환경을 해치고 있는 화석에너지를 대체할 신·재생에너지의 확대에 심혈을 기울이고 있으며 태양광발전이나 풍력 등 대체 에너지의 증산을 촉진하고 있다.

우리 정부 또한 2017년 3020 정책을 발표하여 2030년까지 신·재생에너지의 생산 비율을 20%로 끌어올리겠다는 계획을 세워 신·재생에너지의 확대에 치중하고 있다. 여기에 필요한 인력양성을 목표로 한국산업인력공단에서 2013년에 신·재생에너지(태양광) 발전설비기사 자격시험을 신설하였으며 미래의 각광직업인 이 직종을 위해 많은 사람들이 시험에 응시하고 있는 실정이다.

신·재생에너지(태양광) 발전설비기사 자격증 취득시험을 준비하기 위해서는 너무 광범위한 내용을 공부해야 하므로 수험자 입장에서는 상당한 시간과 막대한 노력이 필요하다. 따라서 이 책은 자격취득을 준비하고 있는 수험자들에게 길잡이가 되고자, 다음과 같은 특징으로 구성하였다.

첫째, 2013년부터 약 8년간 출제된 문제들을 다각도로 분석한 뒤 중요도 위주의 편성을 하여 출제 단원별로 주요 내용을 정리하였다.

둘째, 짧은 시간에 합격할 수 있도록 비교적 출제확률이 높은 문제들로 구성한 예상문제와 모의고사 및 과년도 출제문제를 편성하여 변별력을 높이고자 하였다.

셋째, 2021년 1월부터 시행된 새로운 한국전기설비규정(KEC)의 주요 내용을 반영하였고, 부록에 신·재생에너지와 관련된 기준과 법규를 수록하여 본문의 이해를 도왔다.

부디 이 책을 통해 수험생 모든 분들의 합격을 기원하며 앞으로 국가 신·재생에너지 분야의 훌륭한 인재로 국가발전에 이바지하기를 바란다.

끝으로, 이 책의 편집과 출간을 위해 애쓰신 **일진사** 임직원의 노고에 감사를 드린다.

저자 씀

출제기준(필기)

직무 분야	환경 · 에너지	중직무 분야	에너지 · 기상	자격 종목	신 · 재생에너지발전 설비기사(태양광)	적용 기간	2020.1.1.~2024.12.31.
○ 직무내용 : 위험물을 저장 · 취급 · 제조하는 제조소등에서 위험물을 안전하게 저장 · 취급 · 제조하고 일반 작업자를 지시 감독하며, 각 설비에 대한 점검과 재해 발생 시 응급조치 등의 안전관리 업무를 수행하는 직무							
필기 검정방법	객관식	문제 수	80	시험시간	2시간		

필기 과목명	문제 수	주요 항목	세부 항목	세세 항목
태양광 발전 기획	20	1. 태양광발전 설비용량 조사	1. 음영 분석	1. 음영 분석 2. 어레이 이격거리
			2. 태양광발전 설비용량 산정	1. 발전 설비용량 산정 2. 태양광발전 모듈 선정 3. 태양광 인버터 선정 4. 태양광발전 모듈의 온도계수 특성 등
			3. 태양광발전시스템 구성요소 개요	1. 태양전지 2. 태양광발전 모듈 3. 전력변환장치 4. 전력저장장치 5. 바이패스 소자 6. 역류방지 소자 7. 접속반 8. 교류측 기기 9. 피뢰소자 등
		2. 태양광발전 사업 환경 분석	1. 주변 기상 · 환경 검토	1. 일조시간, 일조량 2. 위도, 경도, 방위, 고도각 3. 설치 가능 여부 조사 4. 주변 환경조건 및 기후자료 분석 등
		3. 태양광발전 사업부지 환경 조사	1. 태양광발전 부지 조사	1. 태양광발전 부지 타당성 검토 2. 태양광발전 부지 조사 3. 발전 부지 면적 4. 공부서류 등 검토
		4. 태양광발전 사업부지 인 · 허가 검토	1. 국토이용에 관한 법령 검토	1. 전기사업법령 2. 전기공사업법령 3. 전기(발전)사업 허가 기준 4. 국토의 계획 및 이용에 관한 법령
			2. 신재생에너지 관련 법령 검토	1. 신에너지 및 재생에너지 개발 · 이용 · 보급 촉진법령 2. 신에너지 및 재생에너지 설비의 지원 등에 관한 규정 및 지침 3. 신에너지 및 재생에너지 공급의무화 제도 관리 및 운영지침 등
		5. 태양광발전 사업 허가	1. 태양광발전 사업계획서 작성	1. 전기사업 신청서 검토 2. 송전관계 일람도 준비 등

필기 과목명	문제 수	주요 항목	세부 항목	세세 항목
			2. 태양광발전 인·허가 검토	1. 인·허가 법령 검토 2. 개발행위 인·허가 검토 3. 관련기관 인·허가 기준 4. 제반서류 및 첨부서류 준비 등
		6. 태양광발전 사업 경제성 분석	1. 태양광발전 경제성 분석	1. 사업비 2. 경제성
			2. 태양광발전량 분석	1. 부하설비용량 2. 전력설비 손실 3. 태양광발전시스템 이용률 등
태양광 발전 설계	20	1. 태양광발전 토목 설계	1. 태양광발전 토목 설계	1. 토목 설계도서 2. 토목측량 및 지반조사도서
			2. 태양광발전 토목 설계도면 검토	1. 토목 설계도면
		2. 태양광발전 구조물 설계	1. 태양광발전 구조물 설계	1. 구조물 기초 2. 구조 설계도서 3. 구조계산서 4. 구조물 형식
			2. 태양광발전 구조물 설계 검토	1. 안전성, 시공성, 내구성을 고려한 도서 검토
		3. 태양광발전 어레이 설계	1. 태양광발전 전기배선 설계	1. 태양광발전 모듈 배선 2. 전기설비기술기준 3. 한국전기설비규정(KEC) 4. 내선규정 등
			2. 태양광발전 모듈배치 설계	1. 태양광발전 모듈의 직병렬 계산 2. 태양광발전 모듈 배치 등
			3. 태양광발전 어레이 전압강하 계산	1. 전압강하 및 전선 선정 2. 어레이 출력전압 특성 등 3. 직류측 구성기기 선정
		4. 태양광발전 계통연계장치 설계	1. 태양광발전 수배전반 설계	1. 수배전반 설계도서 작성 2. 분산형 전원 계통연계기술기준 등 3. 교류측 구성기기 선정 4. 전기실 면적 산정
			2. 태양광발전 관제 시스템 설계	1. 방범 시스템 2. 방재 시스템 3. 모니터링 시스템 등
		5. 태양광발전시스템 감리	1. 태양광발전 설계 감리	1. 설계도서 검토 2. 전력기술 관리법 3. 설계 감리 업무 수행지침 등
			2. 태양광발전 착공 감리	1. 착공서류 등 검토 2. 착공감리
			3. 태양광발전 시공 감리	1. 공사 시방서 등 2. 시공감리 및 설계감리
		6. 도면작성	1. 도면기호	1. 전기 도면 관련기호 2. 토목 도면 관련기호 3. 건축 도면 관련기호

필기 과목명	문제 수	주요 항목	세부 항목	세세 항목
			2. 설계도서 작성	1. 설계도서의 종류 2. 시방서의 개념 3. 시방서의 작성요령 4. 설계도의 개념 5. 설계도의 작성요령
태양광 발전 시공	20	1. 태양광발전 토목공사	1. 태양광발전 토목공사 수행	1. 설계도면의 해석 2. 토목 시공 기준 3. 사용자재의 규격 4 시방서 검토
			2. 태양광발전 토목공사 관리	1. 공정관리 2. 토목설계 내역 검토 3. 시공 계획서 검토 4. 시공 상태 적합성 5. 공사현장 환경관리 등
		2. 태양광발전 구조물 시공	1. 태양광발전 구조물 시공	1. 태양광발전용 구조물 설치 2. 구조물 형태와 시공 공법 등
		3. 태양광발전 전기시설공사	1. 태양광발전 어레이 시공	1. 어레이 시공 2. 전기 배선 및 접속반 설치 기준 3. 사용자재 규격 및 적합성 등
			2. 태양광발전 계통연계장치 시공	1. 발전량 및 입출력 상태 확인 2. 인버터와 제어장치 설치 3. 수배전반 설치 4. 계통연계 시공 5. 전기실 건축물 시공 6. 전기 및 위험물 관련 법규 등
			3. 전기, 전자 기초	1. 전기 기초 이론 2. 전자 기초 이론 3. 송전설비 기초 이론 4. 배전설비 기초 이론 5. 변전설비 기초 이론
			4. 배관·배선공사	1. 배관 시공 2. 배선 시공 3. 케이블트레이 시공 4. 덕트 시공 등
		4. 태양광발전장치 준공검사	1. 태양광발전 사용 전 검사	1. 보호 계전기 특성 및 동작시험 2. 접지 및 절연저항 3. 보호장치 종류 및 시설조건 4. 안전진단 절차 및 설비 5. 단락전류 및 지락전류 6. 낙뢰 보호설비 등 7. 사용 전 검사 준비 8. 항목별 세부검사 및 동작시험 등

필기 과목명	문제 수	주요 항목	세부 항목	세세 항목
태양광 발전 운영	20	1. 태양광발전시스템 운영	1. 태양광발전 사업개시 신고	1. 사업개시 신고 등 2. SMP 및 REC 정산관리 등 3. 전기 안전관리자 선임 등
			2. 태양광발전설비 설치 확인	1. 설비점검 체크리스트 2. 설치된 발전설비 부품의 성능검사 등 3. 발전설비 설치 확인 등
			3. 태양광발전시스템 운영	1. 발전시스템 점검방법과 시기 2. 태양광 모니터링 시스템 3. 발전시스템 운영관리계획 4. 발전시스템 비정상 운영 시 대처 및 조치 등
		2. 태양광발전시스템 유지	1. 태양광발전 준공 후 점검	1. 태양광발전 모듈·어레이 측정 및 점검 2. 토목 시설물 점검 3. 접속반, 인버터, 주변 기기·장치 점검 4. 운전, 정지, 조작, 시험준공도면 검토 5. 준공도면 검토 등
			2. 태양광발전 점검개요	1. 일상점검 항목 및 점검요령 2. 정기점검 항목 및 점검요령
			3. 태양광발전 유지관리	1. 발전설비 유지관리 2. 송전설비 유지관리 3. 태양광발전시스템 고장원인 4. 태양광발전시스템 문제진단 5. 고장별 조치방법 6. 유지관리 매뉴얼
		3. 태양광시스템 안전관리	1. 태양광발전 시공상 안전 확인	1. 시공 안전관리 2. 안전교육의 시행과 훈련 3. 안전관리 조직 운영 등
			2. 태양광발전 설비상 안전 확인	1. 설비 안전관리 2. 설비보존계획 3. 작업 중 안전대책 등
			3. 태양광발전 구조상 안전 확인	1. 구조 안전관리 2. 구조물 시공 절차와 방법 3. 천재지변에 따른 구조상 안전계획 4. 안전관련 법규 등
			4. 안전관리 장비	1. 안전장비 종류 2. 안전장비 보관요령

차례

1과목 태양광발전 기획

2과목 태양광발전 설계

4과목 태양광발전 운영

부록 1

부록 2

1 과목

태양광발전 기획

- 제1장 태양광발전 설비용량 조사
- 제2장 태양광발전 사업 환경 분석
- 제3장 태양광발전 사업부지 환경 조사
- 제4장 태양광발전 사업부지 인·허가 검토
- 제5장 태양광발전 사업 허가
- 제6장 태양광발전 사업 경제성 분석

Chapter 1

태양광발전 설비용량 조사

1-1 음영 분석, 어레이 이격거리

(1) 음영의 발생요인

① 인접 건물이나 수목에 의한 그림자

② 어레이 배치 시 이웃 어레이의 그림자

③ 겨울 적설의 영향

④ 낙엽, 새의 배설물, 흙먼지 등의 영향

(2) 그림자의 길이

① 그림자의 길이(d)

$$d = \frac{h}{\tan\theta}$$

여기서, θ는 고도각이다.

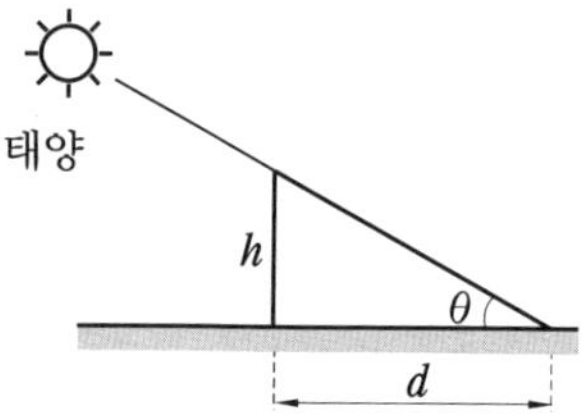

② 어레이의 이격거리

그림에서 길이 L[m]인 어레이와 그 앞 어레이 사이의 간격(d), 즉 이격거리 계산식은 다음과 같다. 단, α와 β는 경사각과 고도각(입사각)이다.

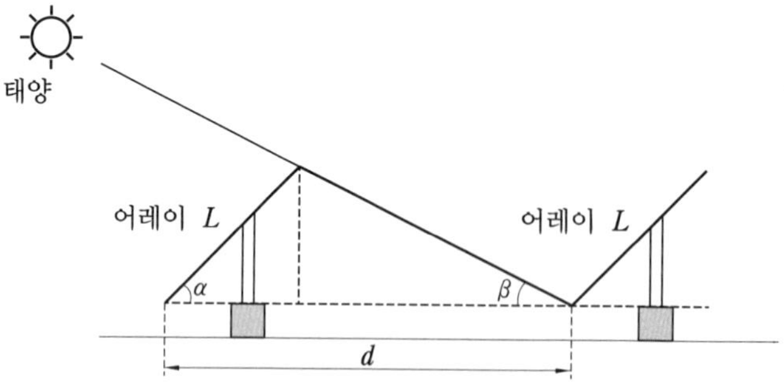

(가) $d = L\{\cos\alpha + \sin\alpha \times \tan(90° - \beta)\}$[m]

(나) $d = L \times \dfrac{\sin(180° - \alpha - \beta)}{\sin\beta}$[m]

(다) $d = L \times \dfrac{\sin(\alpha + \beta)}{\sin\beta}$[m]

* 세 식 중 어느 하나를 적용한다.

(3) 대지 이용률

$$\text{대지 이용률} = \frac{\text{모듈(어레이)의 길이}}{\text{어레이 이격거리}} = \frac{L}{d}$$

(4) 음영 대책

① 부지 선정 시 주변에 그림자를 유발할 장애물이 없는 장소로 선정
② 어레이의 이격거리를 그림자 영향을 덜 받는 적절한 값으로 결정
③ 주기적인 모듈 면 청소

1-2 태양전지

(1) P-N 접합

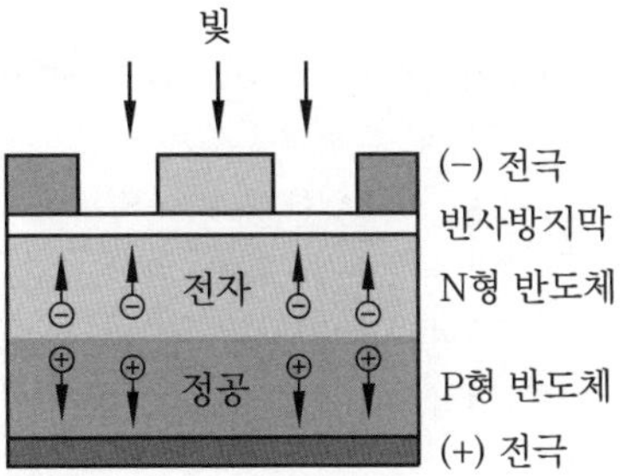

① 결정질 실리콘(Si) 태양전지는 그림과 같이 P-N 접합으로 구성된 반도체에 빛을 쪼이면 빛 에너지에 의해 정공과 전자의 다수 캐리어 쌍이 증가하여 P(+), N(−) 전극에 부하가 연결되면 평형을 이루고 있던 P-N 접합의 장벽을 무너트려 전류가 흐르게 된다.

② P형 반도체는 4가의 실리콘(Si) 원소에 3가인 원소(Ga, Al, B, In)를 포함(doping)시킨 반도체이며 정공(hole)이 다수 캐리어이다. 3가 불순물 반도체는 전자를 받아들일 수 있다고 해서 억셉터(acceptor)라 한다.

③ N형 반도체는 4가의 실리콘 원소에 5가인 원소(Sb, P, As, Bi)를 포함시킨 반도체이며 전자가 다수 캐리어이다. 5가 불순물 반도체는 전자를 제공할 수 있다고 해서 도너(donor)라 한다.

참고

1. 외부에서 에너지가 공급되지 않으면 반도체는 전자-정공 쌍이 같은 수로 균형을 이루고 있지만 외부에서 열(온도상승)이나 전압에 의한 에너지가 공급되면 반도체에는 이동할 수 있는 이온(캐리어 : carrier)인 전자(−)와 정공(+) 쌍이 생성된다.
2. N형 반도체에서 전류운반 주체는 전자(Negative)이다. 따라서 N형 반도체에서 전류 캐리어의 대다수가 전자라는 의미에서 다수 캐리어라 하고, 다수 캐리어인 전자의 수에 비해서 아주 적지만 N형 반도체에 존재하는 정공(hole)을 소수 캐리어라 한다. 마찬가지로 P형 반도체서는 전류운반의 주체가 정공(Positive)이므로 이를 다수 캐리어, 소수인 전자를 소수 캐리어라 한다.

(2) P-N 접합의 바이어스

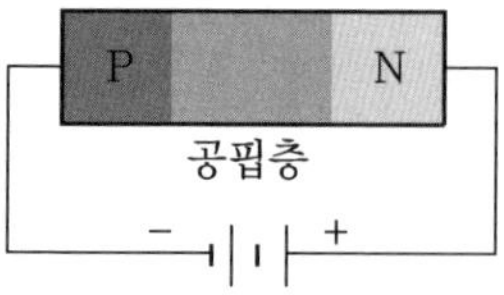

(a) 역방향 바이어스

- P형 쪽에 (−), N형 쪽에 (+)전극이 가해진다.
- 공핍층(공간 전하층)이 넓어진다.
- 전위장벽이 높아진다.
- 접합 정전용량(커패시턴스)이 작아진다.
- 부도체와 같은 특성이다.

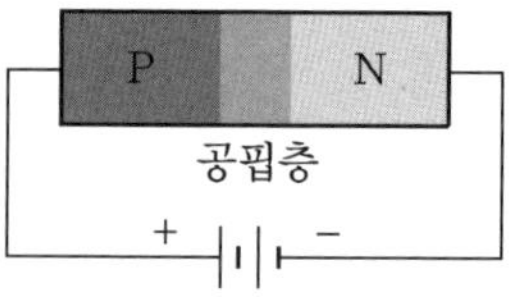

(b) 순방향 바이어스

- P형 쪽에 (+), N형 쪽에 (−)전극이 가해진다.
- 공핍층(공간 전하층)이 좁아진다.
- 전위장벽이 낮아진다.
- 접합 정전용량(커패시턴스)이 커진다.
- 도체와 같은 특성이다.

> ❑ **에너지 갭(gap)** : 가전자대(balance band)에서 전도대(conduction band) 사이의 에너지 차이
> 〈주〉 GaAs(1.4eV) > Si(1.1eV) > Ge(0.7eV)
> * 반도체에서 열에 의한 전자-정공 쌍의 생성을 열 생성(thermal generation)이라 하며, 에너지 부족으로 전자-정공 쌍 중 전자가 이탈하여 가전자대의 정공과 결합하는 것을 재결합(recombination)이라 한다.

(3) 광전현상(효과)

① P-N 접합구조의 반도체에 빛이 조사되면 빛 에너지에 의해 전자와 정공의 쌍이 생성되는 현상(효과) 또는 금속체(판)에 빛을 쪼이면 내부의 광자(photon)들이 밖으로 튀어 나오는 현상이다.

② 광기전력 : 광전현상에 의해 만들어지는 전압 또는 전력이다.

(4) 태양전지 동작과정

광 흡수 → 전하(전자, 정공)생성 → 전하분리 → 전하수집

① 태양광 흡수 : 태양광이 내부로 흡수되며, 흡수광의 양을 증가시키기 위해 표면 조직화를 시킨다.

> ❑ **표면 조직화** : 표면을 요철구조로 만들어 반사율을 감소시켜 흡수되는 빛의 양을 증가시키는 것

② 전하생성 : 흡수된 태양광에 의해 P-N 접합에서 전자와 정공의 쌍이 생성된다.

③ 전하분리 : P-N 접합 내에서 전자와 정공이 각각 분리되어 자유롭게 움직이게 된다.

④ 전하수집 : P-N 접합에 전위차가 발생하게 되면 정공은 P형 쪽에, 전자는 N형 쪽에 모이게(수집) 된다.

(5) 태양전지

① 다음은 태양전지의 종류를 나타낸 것이다.

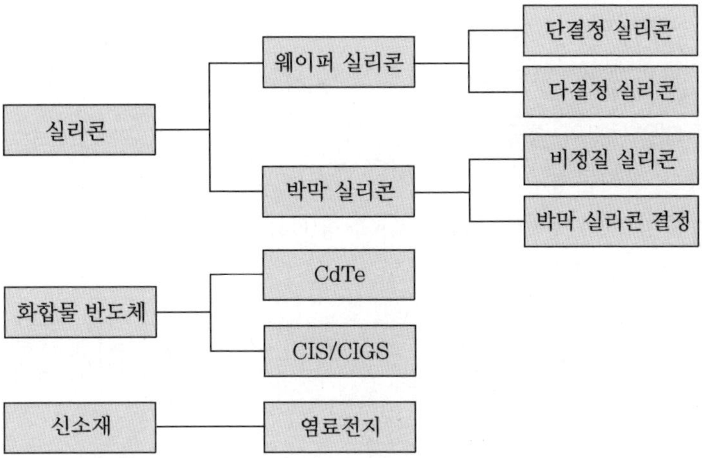

② 단결정, 다결정, 비정질 실리콘 태양전지의 장·단점

종류 / 특징	단결정	다결정	비정질
장점	• 효율이 가장 높다.	• 단결정보다 가격이 저렴하다. • 재료를 구하기 쉽다.	• 유연성이 좋다(flexible). • 운반과 보관이 용이하다.
단점	• 가격이 비싸다. • 무겁고, 색깔이 불투명하다.	• 효율이 낮다. • 소요면적이 넓다.	• 효율이 낮다. • 설치면적이 넓고, 공사비가 비싸다.

③ 화합물계 CdTe, CIGS의 장·단점

종류 / 특징	화합물계	
	CdTe	CIGS
장점	• 광 흡수계수가 높다. • 비정질 실리콘보다 효율이 높다. • 열화현상이 없다. • 낮은 제조단가로 상용화에 유리하다.	• 가볍고 안정성이 높다. • 휴대성이 있다. • 유연성이 있다. • 제조비용이 저렴하다.
단점	• 대량생산이 불가능하다. • 공해를 유발한다.	• 대량생산이 불가능하다. • 원자재 가격이 비싸다.

④ 염료 감응형 : 유기 나노 염료를 산화 환원 기술로 높은 효율을 갖도록 만든 태양전지이다. 제조공정이 간단하고, 다양한 색깔이 가능하며 날씨가 흐리거나 투사각도가 작아도 발전가능하다.

⑤ 비정질 실리콘 박막형 : 실리콘의 두께를 극도로 얇게 하여 재료를 줄였기 때문에 제조원가가 낮지만 결정질보다 효율은 낮고, 온도 특성은 강하다. 박막형은 대부분 비정질 실리콘형이다.

참고 국내에서는 단결정 및 다결정 실리콘 태양전지가 가장 많이 사용되고 있다.

⑥ 박막형 태양전지의 종류

㈎ 비정질 실리콘형

㈏ 화합물형 : CdTe형(카드뮴), CIGS형(Cu, In, Gs, Se)

⑦ 셀(cell)의 제조 과정

잉곳 → 웨이퍼 → 표면 조직화 → 불순물(인) 확산 → 경계면 절연 → 반사방지막 코팅 → 전극 인쇄

❑ 표면 패시베이션(passivation) : 고 순도 기판을 사용하여 커터링 용량과 이를 통하여 캐리어의 수명을 최대한 높인 것

⑧ 태양전지의 내부 구성도 : 재료 순으로 나타내었다.

강화유리 → 충진재(EVA) → 셀(cell) → 충진재(EVA) → 백 시트(back sheet)

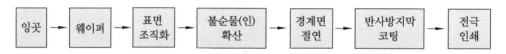

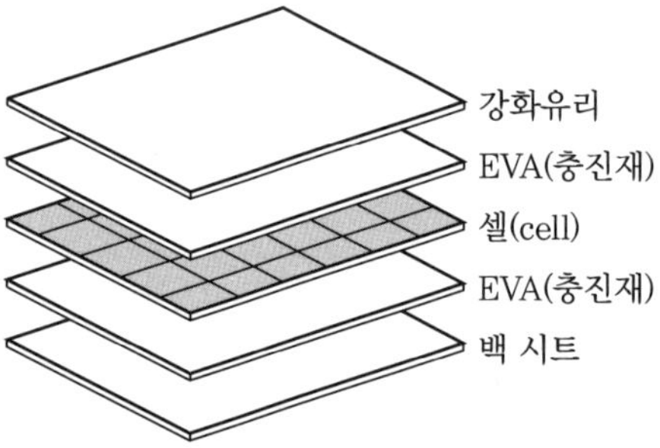

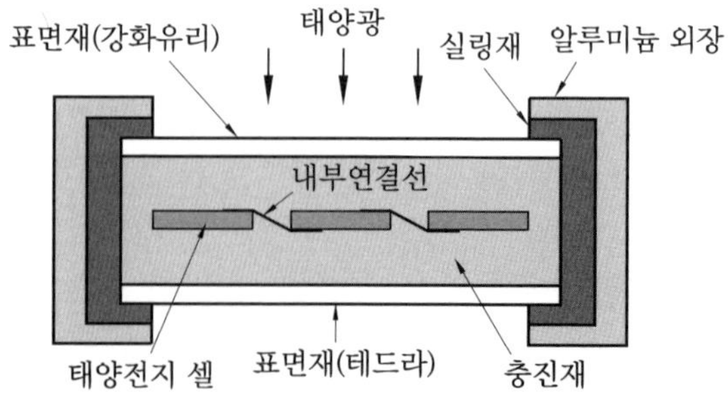

⑨ 연료전지(Fuel Cell) : 천연가스나 화석연료에서 추출한 수소를 공기 중의 산소와 전기적, 화학적으로 반응시킴으로써 전기를 연속적으로 얻어내는 전지이다. 대부분의 연료전지 시스템은 순수한 수소가스를 연료로 사용하며, 수소는 압축가스 형태로 차량에 탑재되어 공급한다.

㈎ 연료전지의 종류

㉮ 알칼리형 연료전지 : 수산화칼륨 수용액을 전해질로 사용하는 연료전지이며 제

작단가가 가장 저렴하다.

㈏ 인산형 연료전지 : 전해질로 액체 인산을 사용한다.

㈐ 용융 탄산염 연료전지 : 전해질은 리튬-칼륨(Li-K)을 사용한다.

㈑ 고체산화물 연료전지 : 이온 전도성 세라믹을 전해질로 사용한다.

이들의 특성은 다음과 같다.

구분	알칼리형 (AFC)	인산형 (PAFC)	용융 탄산염 (MCFC)	고체산화물형 (SOFC)
전해질	알칼리	인산염	탄산염	세라믹
주 촉매	백금	백금	페로브스카이트	니켈
시스템 출력	10 ~ 100 kW	400 kW (100 kW 모듈)	300 kW ~ 3 MW (300 kW 모듈)	1 kW ~ 2 MW
동작온도(℃)	90 ~ 120	250℃ 이하	700℃ 이하	1200℃ 이하
효율(%)	60	40	45 ~ 60	60
용도	군수용, 우주발사체	분산형 발전	전력계통	분산형 발전, 전력계통
특징	상용화 단계, 연료와 공기에서 CO_2에 민감	CO 내구성 큼, 긴 시동시간	고효율, 연료 유연성, 재료 부식 단점	고효율, 고체 전해질, 고온 부식 및 파손

㈜ 용융 탄산염 연료전지는 사용연료의 개질방식에 따라 내부 개질형과 외부 개질형으로 구분된다.

❑ **개질** : 수소를 추출하는 방식

(6) 태양열

태양으로부터 오는 복사에너지를 흡수하여 열에너지로 변화시켜 바로 이용하거나 저장한 뒤 필요할 때 이용하는 에너지이다.

① 태양열발전시스템의 종류

(가) 홈통형 : 공정열이나 화학반응을 위해 열을 제공한다.

(나) 진공관형 : 태양열 집열기는 투과체 내부를 진공으로 만들고, 그 안에 흡수관을 설치한 집열기이다.

(다) 파워 타워형 : 집광비는 300 ~ 1500 sun 정도이며 1500℃ 이상에서도 동작한다.

② 태양열발전시스템의 집열기

(가) 평판형 (나) 진공관형 (다) PTC형

(라) dish형 (마) 파워 타워형

(7) 수력발전

① 동작원리 : 높은 위치에 있는 하천이나 저수지 물의 위치에너지인 낙차를 이용하여 수차에 회전력을 발생시키고 수차와 직렬로 되어 있는 발전기에 의해서 전기를 발생시킨다.

② 수력발전 흐름도

댐, 저수지 → 수압관로 → 수차발전기 → 계통연계장치 → 한전 송전선로

③ 수력발전시스템의 구성요소 : 수압관, 조절밸브, 수차, 흡출관, 변속기, 발전기

④ 수차의 종류

(가) 충동수차 : 물의 속도에너지를 이용하여 수차에 의해 회전차를 충격시켜 회전력을 얻는 방식

(나) 반동수차 : 물이 회전차를 지날 때의 압력에너지를 회전차에 전달하여 회전력을 얻는 방식

⑤ 발전방식에 따른 분류

(가) 수로식 : 하천의 경사낙차를 이용하는 방식

(나) 댐식 : 하천 본류에서 막아 댐의 상·하류에 발생하는 큰 수위차를 이용하는 방식

(다) 터널식 : 하천의 형태가 크게 꺾인 지역에 터널을 만들어 상류 쪽 수로를 이용해 낙차를 크게 만든 방식

⑥ 수력발전의 특징

(가) 소규모 발전설비의 사용으로 지형과 생태계에 미치는 영향이 적은 환경조화형 에너지이다.

(나) 발전설비가 간단하여 단기간 건설이 가능하고, 유지관리가 용이하다.

(다) 수력발전에 의한 전기를 지역에너지 사업에 이용하면 지역경제에 기여할 수 있다.

(라) 수로나 댐을 이용하여 저수된 용수를 농업용수나 상하수도에 연계할 수 있다.

⑦ 수력발전 입지조건

(가) 유역면적이 크고 산림이 풍부한 곳

(나) 물의 낙차가 큰 곳

(다) 하천 폭이 가능하면 좁은 곳

(라) 인근도로가 있고, 교통이 좋은 곳

(8) 풍력발전

바람에너지를 풍차날개에 의해 회전력으로 변환시켜 발전기를 구동함으로써 전력을 얻는 방식이다.

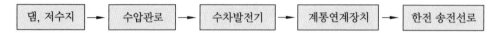

① 풍력발전기의 구성요소

㈎ 로터 : 회전날개와 회전축으로 구성되며, 바람에너지를 회전력으로 변환시켜준다.

㈏ 나셀 : 기어박스, 발전기, 제어장치를 포함하며 회전력을 전기에너지로 변환시킨다.

㈐ 타워 : 풍력발전기의 지지대이다.

② 풍력발전기의 종류

㈎ 수직축 풍차 : 다리우스형, 크로스 플로형, 사보니우스형, 패들형, 자이로밀형

㈏ 수평축 풍차 : 프로펠러형, 네덜란드형, 세일형, 블레이드형

③ 풍력발전장치의 제어

㈎ 정속제어 : 유도형 발전기의 높은 정격 회전수에 맞추기 위해 회전자의 속도를 증속하는 기어장치가 붙어있는 형태의 제어이다.

㈏ 가변 피치제어 : 블레이드의 피치각을 조절하여 출력을 제어한다.

㈐ 날개 단 제어 : 블레이드의 선단부에서만 피치를 제어한다.

㈑ 실속제어 : 일정 풍속에서 블레이드에 작용하는 양력을 유지 또는 감소시킴으로써 로터의 회전속도를 제어한다.

④ 풍력발전기의 출력

$$E = \frac{1}{2} m U^2$$

여기서, E : 운동에너지, m : 질량, U : 풍속

⑤ 풍력발전기의 고장요인

㈎ 바람의 조건 변화

㈏ 시스템의 부조화

㈐ 집중하중

⑥ 풍력발전기의 실제 효율 : 20 ~ 40 %

(9) 지열

태양복사에너지나 지구 내부의 마그마 열에 의해 보유하고 있는 에너지이다.

① 지열에너지 발전기술

물, 지하수 및 지하의 열 등의 온도 차를 이용하여, 냉·난방에 활용하는 기술이다.

② 지열발전의 구분

㈎ 폐회로형(Closed Loop) : 루프의 형태에 따라 수직형(100 ~ 150 m), 수평형(1.2 ~ 1.8 m) 정도의 깊이에 매설되며 냉·난방 부하가 적은 곳에 사용된다.

㈏ 개방회로형(Open Loop) : 온천수나 지하수로부터 공급받은 물을 운반하는 파이프가 개방되어 있는 것이다.

③ 지열발전의 특징

㈎ 장점 : 친환경 청정에너지, 발전비용 저렴, 반영구적 사용, 폭발, 화재의 위험이 없다.

㈏ 단점 : 시공과 보수, 상황파악이 어렵다.

(10) 셀, 모듈, 어레이

① 셀 : 반도체로 만들어진 상용 솔라 셀은 그림 (a)와 같으며 일반적으로 그 전압용량이 0.58 V 정도로 매우 작은 편이다. 그러나 최근에 개발된 PSC(Pervoskite Sollar Cell)는 1.2 V까지 증가되어 있다.

② 모듈 : 셀은 그 전압과 출력전압이 낮으므로 출력전력을 높이기 위해서 그림 (b)와 같이 이들을 여러 개 직렬 및 병렬로 연결하여 그 전압과 전류를 증가시켜 사용한다. 이를 솔라 모듈 또는 솔라 패널(solar panel)이라 한다.

③ 어레이 : 가정용 주택이나 상업용 발전소에 사용하는 솔라 모듈은 그림(c)와 같이 여러 개의 솔라 모듈을 조합해서 사용하며 이를 솔라 어레이(solar array)라 한다. 경우에 따라서는 모듈을 지지하는 가대를 포함해서 어레이라고 부르기도 한다.

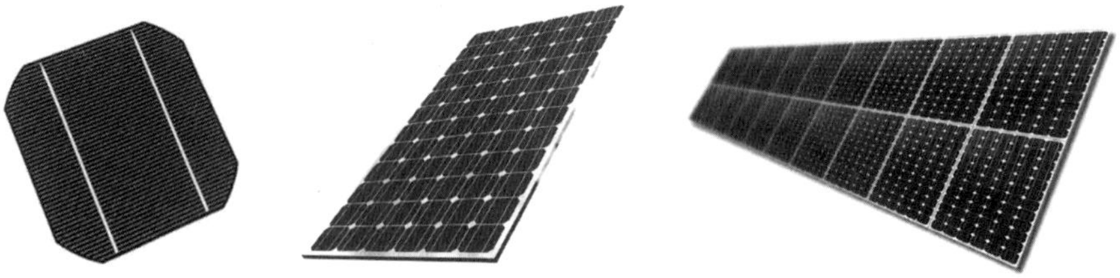

(a) 솔라 셀 (b) 솔라 모듈 (c) 어레이

1-3 발전 설비용량 산정

(1) 전력 수요량 및 월간 발전량

① 태양광발전 전력 사용량 산정 절차도

부하별 1일 소비전력량 계산
(수량×소비전력×사용시간)

⇩

각 부하별 1일 소비전력량 합산

⇩

1일 총 소비전력량×손실률

예제

다음은 주택에서의 1일 가전기기 전력 사용량이다. 1일 총 전력 사용량을 계산하시오. (단, 손실률은 0.5 %이다.)

순번	부하기기	수량	소비전력(kW)	사용시간(h)	1일 소비전력(kWh)
1	전기밥솥	1	1.04	1	1.04
2	냉장고	24	1.60	24	921.6
3	TV	2	0.15	6	1.80
4	형광등	6	0.06	8	2.88
합 계					927.32

[해답] 1일 총 전력 사용량 = 927.32×(1−0.005) = 922.6834 kWh

② 연계 계통형 발전량 산정 절차도

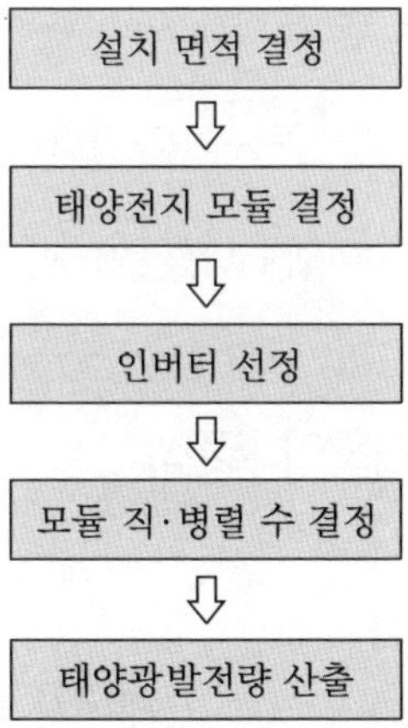

③ 어레이 소요용량 계산식

$$P_{AS} = \frac{E_L \times D \times R}{\dfrac{H_A}{G_S} \times K} = \frac{E_L \times D \times R}{H_A \times K} \text{[kW]}$$

여기서, E_L : 일정 기간 내에서의 부하 소비전력량(kWh/기간)

D : 부하의 태양광발전시스템에 대한 의존율 = 1 − 백업 전원전력 의존율

R : 설계여유계수(추정 일사량의 정확성 등에 대한 보정)

H_A : 일정 기간에 얻을 수 있는 어레이 표면(경사면) 일사량(kWh/m^2·기간)

G_S : 표준상태에서의 일조강도 = 1 kW/m^2

K : 종합설계계수

④ 월간 발전량 계산식

$$E_{PM} = P_{AS} \times \frac{H_{AM}}{G_S} \times K = P_{AS} \times H_{AM} \times K \text{ [kWh/월]}$$

여기서, P_{AS} : 표준상태에서의 어레이(모듈) 총 출력(kW)

H_{AM} : 월 적산 어레이 경사면 일사량(kWh/m^2 · 월)

G_S : 표준상태에서의 일조강도 = 1 kW/m^2

K : 종합설계계수

⑤ 스트링 전압, 전류

㈎ 스트링 전압(V) = 직렬 수 × 모듈 1개의 최대 동작전압

㈏ 스트링 전류(A) = 병렬 수 × 모듈 1개의 최대 동작전류

⑥ 어레이 출력, P_{AS} [W] = 모듈 최대출력×병렬 모듈 수 × 직렬 모듈 수

⑦ $\text{1일 평균 발전시간(h)} = \frac{\text{1년간 발전전력량(kWh)}}{\text{시스템 용량(kW)} \times \text{운전일수}}$

⑧ $\text{시스템 이용률(\%)} = \frac{\text{1일 평균 발전시간}}{\text{24시간}} \times 100$

⑨ 연간 발전량(kWh) = 시스템 용량(kW)×1일 평균 발전시간(h)×365일

1-4 태양광발전 모듈의 특성

(1) 태양광발전 모듈의 $I-V$ 특성

① 다음 그림은 일사강도와 온도가 일정한 상태에서 태양전지 모듈의 전류 - 전압 특성곡선이다.

㈎ 최대출력 동작전압과 최대출력 동작전류가 만나는 점 ㉡은 최대출력 동작점이라 하며, 최대출력 = 최대전압 × 최대전류이다.

㈏ ㉮ 단락전류(점 ㉠) : 출력이 단락 시의 전류

㉯ 개방전압(점 ㉢) : 출력에 부하가 걸리지 않을 때의 전압

㈐ 모듈의 전류 - 전압($I-V$) 곡선의 5대 요소

㉮ 단락전류(I_{sc})

㉯ 개방전압(V_{oc})

㉰ 최대출력 동작점(P_{max})

㉱ 최대출력 동작전압(최대출력전압, V_{mpp})

㉲ 최대출력 동작전류(최대출력전류, I_{mpp})

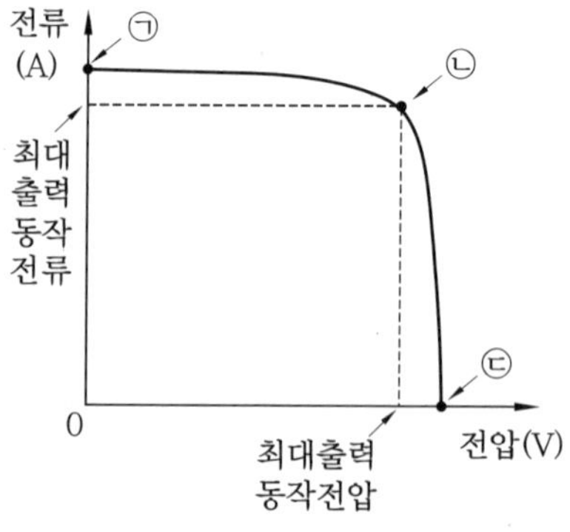

② 충진율(곡선인자) $= \dfrac{\text{최대출력전력}}{\text{개방전압}\times\text{단락전류}} = \dfrac{V_{mpp}\times I_{mpp}}{V_{oc}\times I_{sc}}$

(가) 특성곡선에서 계산식의 분자항($V_{mpp}\times I_{mpp}$)은 회색부(최대출력) 면적이다. 이 값이 클수록 충진율(F.F.)이 커짐을 알 수 있다.

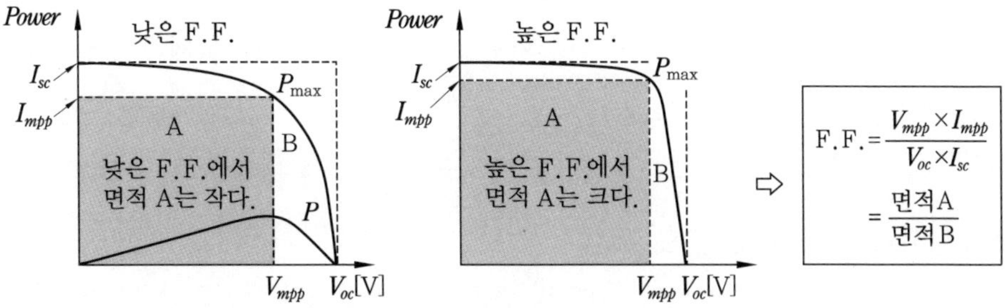

(나) 충진율에 영향을 주는 요소
㉮ 이상적인 다이오드 특성으로부터 벗어나는 정도를 나타내는 n 값이 작을수록 F.F. 값이 증가한다.
㉯ 태양전지의 직렬저항이 작고, 병렬저항이 커야 개방전압 및 단락전류가 커져 F.F. 값이 증가한다.

(다) 충진율의 값은 0 ~ 1이며 클수록 모듈의 성능이 좋다.

(라) 태양전지 직렬저항 발생요인
㉮ 표면층의 면저항
㉯ 금속전극의 자체저항
㉰ 기판 자체저항
㉱ 전지의 앞, 뒷면 금속 접촉저항

(마) 태양전지 병렬저항 발생요인
㉮ 접합의 결함에 의한 전류누설
㉯ 측면의 표면 전류누설
㉰ 결정이나 전극의 미세균열에 의한 전류누설
㉱ 전위에 따라 발생하는 전류누설

❑ **태양전지의 F.F.** : Si 태양전지는 0.7 ~ 0.8, GaAs 태양전지는 0.78 ~ 0.85, GaAs > Si

③ 모듈의 변환효율 $= \dfrac{\text{태양전지 최대출력}(P_{max})}{\text{태양전지에 입사된 에너지}}\times 100\,\% = \dfrac{V_{mpp}\times I_{mpp}}{A\times 1000\,\mathrm{W/m^2}}\times 100\,\%$

* A : 태양전지의 면적($\mathrm{m^2}$)

④ 변환효율 상승방법

(가) 반도체 내부의 흡수율이 좋도록 한다.

(나) 반도체 내부에 생성된 전자·정공 쌍이 소멸되지 않도록 하여야 한다.

(다) 반도체 내부 직렬저항이 작아지도록 한다.

(라) 태양전지 표면온도가 낮아지도록 한다.

(마) P-N 접합부에 큰 자기장이 형성되도록 소재 및 공정을 설계하여야 한다.

❑ **STC 평균효율** : 단결정 실리콘(18 %) > 다결정 실리콘(16 %) > CIGS(11.5 %) > CdTe(11 %) > 비정질 실리콘 박막(6 %)

(2) 태양전지의 일사량 및 온도 특성

① 다음은 결정질 태양전지의 일사량 및 온도 특성곡선이다. 셀 표면온도 일정 시 단락전류는 일사강도가 커질수록 커지며, 개방전압은 일사강도 일정 시 셀 표면온도가 올라갈수록 약 -0.45(%/℃)씩 감소한다.

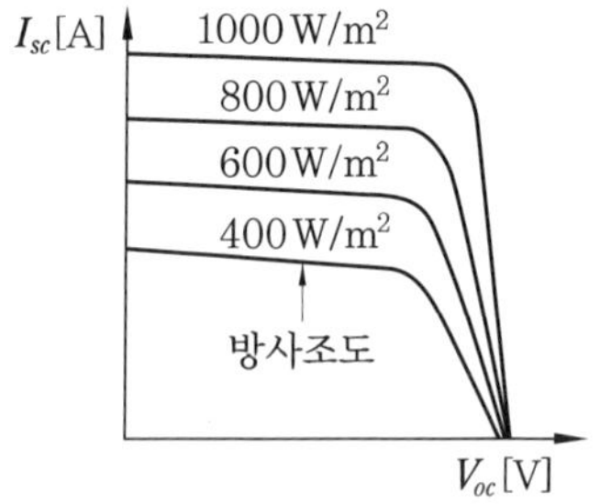

(a) 셀의 표면온도 25℃ 일정 시

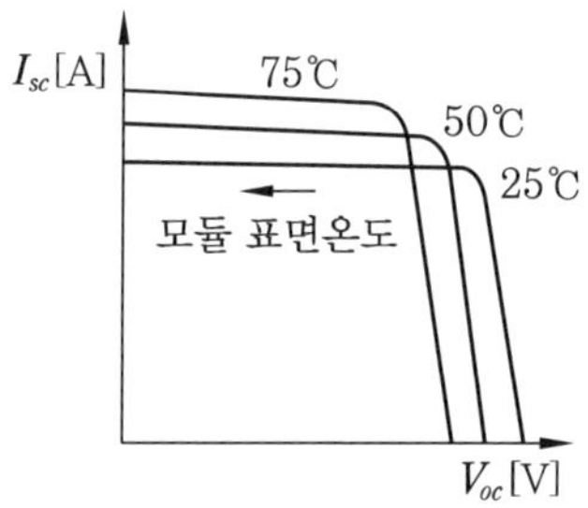

(b) 일사강도 1000 W/m^2 일정 시

② 태양전지의 출력전류 - 출력전압의 방정식

$$I = I_{ph} - I_o\left\{\exp\left(\frac{qV}{A_o T}\right) - 1\right\}$$

여기서, I_{ph} : 광전류, I_o : 다이오드 포화전류, q : 전자의 전하량,

A_o : 이상계수, T : 절대온도

③ 그늘(음영)진 모듈의 개방전압 및 단락전류는 낮아진다.

④ 실리콘 태양전지의 출력은 온도(T)가 올라갈수록 감소한다.

⑤ 태양전지 모듈의 온도계수를 k_T[%/℃]라 하면 온도 T에서의 개방전압[$V_{oc}(T)$]과 최대출력 동작전압[$V_{mpp}(T)$]은 다음과 같다.

(가) $V_{oc}(T) = V_{oc} \times \left\{1 + \frac{k_T}{100} \times (T - 25℃)\right\}$[V]

(나) $V_{mpp}(T) = V_{mpp} \times \left\{1 + \frac{k_T}{100} \times (T - 25℃)\right\}$[V]

⑥ 태양전지 모듈의 온도계수를 k_V[V/℃]라 하면 온도 T에서의 개방전압[$V_{oc}(T)$]과 최대출력 동작전압[$V_{mpp}(T)$]은 다음과 같다.

(가) $V_{oc}(T) = V_{oc} + \{k_V \times (T - 25℃)\}$[V]

(나) $V_{mpp}(T) = V_{mpp} + \{k_V \times (T - 25℃)\}$[V]

단원 예상문제

신재생에너지(태양광) 발전설비기사

1. 다음에서 어레이의 길이가 2 m일 때 어레이의 그림자 길이 d를 구하시오. (단, 고도각은 20°이다.)

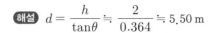

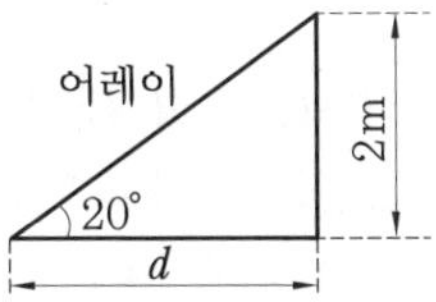

① 4.46 m
② 5.50 m
③ 6.62 m
④ 6.70 m

해설 $d = \frac{h}{\tan\theta} ≒ \frac{2}{0.364} ≒ 5.50\text{ m}$

2. 투명 유리 위에 코팅된 투명전극과 그 위에 접착되어 있는 나노 입자로 구성된 태양전지는?

① 단결정 실리콘 태양전지
② 박막 태양전지
③ 염료 감응형 태양전지
④ CIGS계 태양전지

해설 유기염료와 나노기술을 이용하여 고도의 효율을 갖도록 개발된 태양전지가 염료감응형 태양전지이다.

3. P-N 접합구조의 반도체 소자에 빛을 조사할 때 전압차를 가지는 전자와 정공의 쌍이 생성되는 효과는?

① 핀치효과 ② 광이온화 효과
③ 광기전력 효과 ④ 광전하 효과

해설 광기전력 효과는 X선을 기체에 조사하면 기체분자에서 전자를 방출하여 양이온을 만드는 효과이다.

4. 실리콘 태양전지와 비교해서 화합물 반도체 태양전지인 GaAs의 특징은?

① 모든 파장영역에서 빛의 흡수율이 떨어진다.
② 접합영역에서 전자와 정공의 재결합이 낮으므로 손실이 크다.
③ 빛의 흡수가 뛰어나 후면에서 재결합이 거의 발생하지 않는다.
④ 접합영역이나 표면에서의 재결합보다 내부에서의 재결합이 많이 발생한다.

해설 GaAs 태양전지의 특성
㉠ Ⅲ-Ⅴ족의 화합물 반도체이다.
㉡ 에너지 밴드갭이 1.4 eV로서 최대효율 특성을 갖는다.
㉢ 광 흡수율이 높고, 표면 재결합 손실을 감소시킨다.

5. 연료전지의 특징에 대한 설명으로 적합하지 않은 것은?

① 등유, LNG, 메탄올 등 연료의 다양화가 가능하다.
② 다양한 발전용량의 제작이 가능하다.

정답 1. ② 2. ③ 3. ③ 4. ③ 5. ④

③ 발전소의 건설비용이 크며, 수명과 신뢰성 향상을 위한 기술연구가 필요하다.
④ 간헐성의 특징에 따른 축전지 설비가 필요하다.

해설 연료전지의 특성
㉠ 천연가스, 메탄올, 석탄가스 등 다양한 연료사용이 가능하다.
㉡ 환경공해가 감소한다.
㉢ 열병합 발전 시 발전효율이 80% 이상 가능하다.
㉣ 신뢰성 향상을 위한 기술적 문제가 존재한다.

6. P-N 접합 다이오드의 P형 반도체에 (−) 바이어스를 가하고, N형 반도체에 (+) 바이어스를 가할 때 나타나는 현상은?
① 공핍층(결핍층)의 폭이 좁아진다.
② 공핍층(결핍층) 내부의 전기장이 증가한다.
③ 전류는 다수 캐리어에 의해 발생한다.
④ 다이오드는 부도체와 같은 특성을 보인다.

해설 P형 반도체에 (−) 바이어스를 가하고, N형 반도체에 (+) 바이어스를 가하면 공핍층의 폭이 넓어지고, 공핍층 내부의 전기장이 감소하여 부도체와 같은 특성을 나타낸다. 또한 전류는 다수 캐리어가 주 역할을 하지만, 소수 캐리어 의해서도 미약한 전류가 흐른다.

7. 태양전지 모듈에 입사된 에너지가 변환되어 발생하는 전기적 출력을 특성곡선으로 나타낸 것은?
① 전류−전압 특성 ② 전압−저항 특성
③ 전류−온도 특성 ④ 전압−온도 특성

해설 태양전지의 전기적 특성을 나타내는 곡선은 전류−전압(I−V) 곡선이다.

8. 태양전지의 특성에 대한 설명으로 틀린 것은?
① 출력전압은 입사광 세기에 반비례한다.
② 최대밝기의 $\frac{1}{5}$ 정도 되는 흐린 날에도 전압이 나온다.
③ 태양전지의 출력은 온도에 따라 영향을 받는다.
④ 태양전지의 전류는 입사되는 빛의 세기에 반비례한다.

해설 태양전지의 출력전압은 입사광 세기에 반비례하고, 출력전류는 입사량의 크기에 비례한다.

9. P-N 접합 다이오드에 역방향 바이어스 전압을 인가할 때의 설명으로 틀린 것은?
① P형에 (+) 전압, N형에 (−) 전압을 연결한다.
② 전계가 강해진다.
③ 전위장벽이 높아진다.
④ 공간 전하 영역의 폭이 넓어진다.

해설 역방향 바이어스는 P형에 (−), N형에 (+)가 가해질 때이며, 전위장벽이 높아지면서 전계가 강해지고, 공간 전하 영역의 폭은 넓어진다.

10. 결정계 실리콘 태양전지 모듈에서 표면온도와 출력의 관계를 옳게 나타낸 것은?
① 표면온도가 높아지면 출력이 증가한다.
② 표면온도가 낮아지면 출력이 감소한다.
③ 표면온도가 높아지면 출력이 감소한다.
④ 표면온도가 높든지 낮든지 출력에는 영향이 없다.

해설 실리콘 태양전지 모듈은 표면온도가 올라가면 출력이 감소, 온도가 내려가면 출력이 증가한다.

정답 ● 6. ④ 7. ① 8. ④ 9. ① 10. ③

11. **실리콘형 태양전지의 재료 중 P형 반도체의 특성으로 맞는 것은?**

① 전자가 다수 캐리어이다.
② 정공이 다수 캐리어이다.
③ 전자, 정공 모두 다수 캐리어이다.
④ 전자, 정공 모두 소수 캐리어이다.

해설 P형 반도체는 4가의 실리콘 원소에 3가 원소(Al, B, In)를 포함시킨 것으로 정공이 다수 캐리어이다.

12. **P형의 실리콘 반도체를 만들기 위해 실리콘에 도핑하는 원소로 적당하지 않은 것은?**

① 인듐(In)
② 비소(As)
③ 갈륨(Ga)
④ 알루미늄(Al)

해설 • P형 반도체의 도핑 원소(억셉터) : 3가의 원소 → 인듐(In), 붕소(B), 알루미늄(Al), 갈륨(Ga)
• N형 반도체의 도핑 원소(도너) : 5가의 원소 → 인(P), 안티몬(Sb), 비소(As)

13. **태양전지에 입사되는 광 에너지에 의하여 출력되는 전기에너지의 비율을 무슨 효율이라 하는가?**

① 결합효율
② 규약효율
③ 광전변환효율
④ 평균동작효율

해설 광 에너지를 전기에너지로 변환시키는 백분율을 광전변환효율이라 한다.

14. **태양광발전시스템의 손실인자가 아닌 것은?**

① 효율 ② 모듈의 온도
③ 음영 ④ 모듈의 오염

해설 태양광의 손실인자는 ㉠ 온도 ㉡ 음영 또는 모듈의 오염 ㉢ 반사막 ㉣ 대기전력 손실이다.

15. **태양전지의 변환효율을 상승시키기 위한 방법이 아닌 것은?**

① 반도체 내부에서 빛이 흡수되도록 한다.
② 빛에 의해 생성된 전자와 정공 쌍이 소멸되지 않고, 외부회로까지 전달되도록 한다.
③ 태양전지를 설치할 때 가능하면 온도가 상승되도록 한다.
④ P-N 접합부에 전기장이 발생하도록 소재 및 공정을 설계한다.

해설 태양전지의 변환효율을 상승시키기 위한 방법
㉠ 반도체 내부의 흡수율이 좋도록 한다.
㉡ 반도체 내부에 생성된 전자·정공 쌍이 소멸되지 않도록 하여야 한다.
㉢ 반도체 내부 직렬저항이 작아지도록 한다.
㉣ 태양전지 표면온도가 낮아지도록 한다.
㉤ P-N 접합부에 큰 자기장이 형성되도록 소재 및 공정을 설계하여야 한다.

16. **태양전지 모듈의 일부에 그늘이 발생함으로써 나타나는 현상이 아닌 것은?**

① 그늘진 곳에 위치한 태양전지의 단락전류가 작아진다.
② 그늘진 곳에 위치한 태양전지의 개방전압이 높아진다.
③ 그늘진 곳에 위치한 태양전지는 역방향 바이어스 상태가 된다.
④ 그늘진 곳에 위치한 태양전지는 전기를 소비한다.

해설 태양전지에 음영이 발생하면 개방전압과 단락전류가 작아진다.

정답 11. ② 12. ② 13. ③ 14. ① 15. ③ 16. ②

17. **다결정 실리콘 태양전지에 관한 설명으로 옳지 않은 것은?**

① 재료가 저렴하다.
② 단결정에 비해 효율이 좋다.
③ 가장 많이 사용하는 태양전지이다.
④ 반도체 IC 제조과정에서 발생한 불량 실리콘을 재이용한 것이다.

해설 단결정(16 ~ 18 %)이 다결정(15 ~ 17 %)보다 효율이 높다.

18. **P-N 접합 다이오드의 순방향 바이어스란?**

① P형 반도체에 (+), N형 반도체에 (−)의 전압을 인가한다.
② P형 반도체에 (−), N형 반도체에 (+)의 전압을 인가한다.
③ 반도체의 종류에 관계없이 같은 극성의 전압을 인가한다.
④ 인가 극성과는 관계가 없다.

해설 P-N 접합 다이오드의 순방향 바이어스는 P측에 (+), N측에 (−)의 전압을 인가한다.

19. **연료전지에 해당되지 않는 것은?**

① 알칼리형(AFC)
② 분산 전해질형(PEFC)
③ 인산형(PAFC)
④ 용융 탄산염(MCFC)

해설 연료전지 : 알칼리형, 인산형, 용융 탄산염, 고체산화물형, 고분자 전해질형

20. **태양광전지 모듈의 전류-전압 특성곡선과 관계가 없는 것은?**

① 개방전압
② 최대출력 동작전압
③ 정격 투입전류
④ 최대출력 동작전류

해설 태양전지 모듈의 I-V 특성곡선의 요소는 개방전압, 단락전류, 최대출력 동작전압, 최대출력 동작전류 등이다.

21. **가장 일반적으로 사용되는 태양광 모듈의 단면구조를 올바르게 나열한 것은?**

① Glass-EVA-Cell-Back Layer
② Glass-Cell-EVA-Back Layer
③ Glass-EVA-Cell-Glass-Back Layer
④ Glass-EVA-Cell-EVA-Back Layer

해설 태양전지의 내부 단면구조는 강화유리 → 충진재(EVA) → 셀 → 충진재(EVA) → 백 시트이다.

22. **태양에너지의 장점으로 옳은 것은?**

① 청정에너지로 석유나 석탄과 같이 환경오염이 없다.
② 고급에너지이나 에너지 밀도가 낮다.
③ 에너지 생산이 간헐적이다.
④ 모든 지역에서 발전량이 동일하다.

해설 태양에너지의 장점
㉠ 청정에너지이다.
㉡ 이산화탄소를 배출하지 않는다.
㉢ 지속적으로 공급 가능한 에너지이다.

23. **태양전지의 직렬저항 증가에 의해 영향을 받는 요소는?**

① 개방전압 증가
② 누설전류 증가
③ 단락전류 증가
④ 충진율 감소

해설 태양전지의 직렬저항 증가 결과
㉠ 개방전압 감소
㉡ 단락전류 감소
㉢ 충진율 감소
㉣ 누설전류 감소

정답 17. ② 18. ① 19. ② 20. ③ 21. ④ 22. ① 23. ④

24. 실리콘 태양광전지 모듈의 출력특성에 대한 설명으로 틀린 것은?

① 태양광 모듈의 표면온도가 높아지면 출력이 약간 증가한다.
② 태양의 일사강도가 동일한 경우 여름철에 비해 겨울철의 출력이 높다.
③ 단락전류는 일사강도에 비례하는 특성을 보인다.
④ 모듈온도가 높아지면 개방전압은 일반적으로 감소한다.

해설 태양광전지 모듈은 온도가 올라가면 출력이 떨어진다.

25. 태양광발전의 종합출력에 영향을 미치는 손실요소가 아닌 것은?

① 모듈의 온도
② 실측 경사면 일사량
③ MPPT 불일치
④ 인버터 손실

해설 일사량은 태양광발전의 종합출력에 미치는 영향이 미미하다.

26. 단결정 태양전지의 제조공정 순서를 옳게 나열한 것은?

① 폴리 실리콘 → Czochralski 공정 → 웨이퍼 슬라이싱 → 전·후면 전극 → 인 도핑
② Czochralski 공정 → 폴리 실리콘 → 웨이퍼 슬라이싱 → 반사방지막 → 전·후면 전극 → 인 도핑
③ 폴리 실리콘 → Czochralski 공정 → 웨이퍼 슬라이싱 → 인 도핑 → 전·후면 전극 → 반사방지막
④ 폴리 실리콘 → Czochralski 공정 → 웨이퍼 슬라이싱 → 인 도핑 → 반사방지막 → 전·후면 전극

27. 지표면 1 m^2당 도달하는 태양광에너지의 양을 나타낸 것은?

① 방사각 ② 분광분포
③ 방사조도 ④ 대기 통과량

해설 방사조도(조사강도) : 단위 면적(m^2)에 입사되는 복사에너지

28. 가로길이가 1.6 m, 세로길이가 1 m이고, 변환효율이 15 %인 태양전지 모듈의 충진율은? (단, V_{oc} = 40 V, I_{sc} = 8 A이다.)

① 0.65 ② 0.70
③ 0.75 ④ 0.80

해설 변환효율

$$= \frac{\text{최대출력}(P_m)}{\text{태양전지 면적} \times 1000} \times 100$$

$$= \frac{P_m}{(1.6 \times 1) \times 1000} \times 100 = 15,$$

$$P_m = \frac{1600 \times 15}{100} = 240\text{ W},$$

$$\therefore \text{충진율} = \frac{P_m}{V_{oc} \times I_{sc}} = \frac{240}{40 \times 8} = 0.75$$

29. 태양전지 제조가격을 줄이기 위해 실리콘 웨이퍼의 두께를 줄이게 되면 개방전압(V_{oc})이 감소하여 효율저하가 발생한다. 이를 방지하기 위한 대책으로 옳은 것은?

① 선택적 도핑
② 표면 패시베이션(passivation)
③ 표면 고 반사막
④ 저 저항 메탈전극

해설 표면 패시베이션은 실리콘 질화물을 표면에 증착하여 광전효과로 생성된 소수 캐리어의 재결합을 줄임으로써 개방전압을 높여 효율을 증가시키는 것이다.

30. 연료전지 시스템의 구성요소 중 단위전지를 적층하여 모듈화한 것은?

정답 ● 24. ① 25. ② 26. ④ 27. ③ 28. ③ 29. ② 30. ③

① 전해질　② 고분자 막
③ 스택　④ 개스킷

해설 스택(stack) : 더 많은 전기를 얻기 위해 개별 연료전지를 직·병렬로 적층하여 연결하는 것

31. 결정질 실리콘 태양전지의 일반적인 제조공정이 아닌 것은?

① 반사방지막 코팅
② 측면접합
③ 표면 조직화
④ 웨이퍼 장착

해설 일반적인 제조공정 : 웨이퍼 장착 → 표면 조직화 → 인 확산 → 경계면 절연 → 반사방지막 코팅 → 전극인쇄

32. 태양전지 모듈의 I-V 특성곡선에서 일사량에 따라 가장 많이 변하는 것은?

① 전류　② 전압
③ 저항　④ 온도

해설 표면온도의 변화에 전압이 많이 변하고, 일사량의 변화에 따라서는 전류가 많이 변한다.

33. 단결정 실리콘 태양전지의 특징이 아닌 것은?

① 색은 검은색이다.
② 무늬가 다양하다.
③ 단단하고, 구부러지지 않는다.
④ 제조에 필요한 온도는 약 1400℃이다.

해설 실리콘 태양전지는 무늬가 다양하지 않다.

34. 태양전지 셀의 종류에서 박막형의 특징이 아닌 것은?

① 결정질보다 변환효율이 낮다.
② 결정질보다 두께가 얇다.
③ 동일용량 설치 시 결정질보다 면적을 적게 차지한다.
④ 결정질보다 온도 특성이 강하다.

해설 박막형은 결정질보다 면적을 많이 차지한다.

35. 다음 중 박막형 태양전지 모듈의 종류에 해당하지 않는 것은?

① 다결정 실리콘 전지
② 비정질 실리콘 전지
③ 염료 감응형 전지
④ Cd-Te 전지

해설 단결정질, 다결정질 실리콘 전지는 박막형이 아니다.

36. 태양전지 모듈 전면적 1000 m^2에서 방사조도 1000 W/m^2이고, 최대출력이 100 kW이면 변환효율은 몇 %인가?

① 5　② 10　③ 15　④ 20

해설 변환효율

$$= \frac{\text{태양전지 최대출력}}{\text{태양전지 면적} \times \text{조사강도}} \times 100$$

$$= \frac{100 \times 1000}{1000 \times 1000} \times 100 = 10\ \%$$

37. 태양광 모듈의 최대출력(P_{max})의 의미를 옳게 표시한 것은?

① $I_{mpp} \times V$　② $I \times V_{mpp}$
③ $I_{mpp} \times V_{mpp}$　④ $I \times V$

해설 최대출력=최대출력 동작전압(V_{mpp})×최대출력 동작전류(I_{mpp})

38. n개의 태양전지를 직·병렬로 접속한 경우의 설명으로 옳은 것은?

① 태양전지를 직렬로 접속하면 전압은 n배로 높아진다.

정답 31. ② 32. ① 33. ② 34. ③ 35. ① 36. ② 37. ③ 38. ①

② 태양전지를 직렬로 접속하면 전류는 n배로 높아진다.
③ 태양전지를 병렬로 접속하면 전압은 n배로 높아진다.
④ 태양전지를 병렬로 접속하면 전류는 변하지 않는다.

해설 태양전지 n개를 직렬로 연결하면 전압이 n배, 병렬로 연결하면 전류가 n배 증가한다.

39. 태양광설비 3 MWp, 1일 평균 발전시간이 4.6시간인 경우 연간 발전량은?

① 1095 MWh ② 13.7 MWh
③ 5037 MWh ④ 328 MWh

해설 연간 발전량 $= 3000000 \times 4.6 \times 365$
$= 5037000000 = 5037$ MWh

40. 태양전지 모듈의 V_{mpp}가 32 V, 온도계수 −0.5(%/℃)일 때 모듈의 표면온도 −15℃에서의 V_{mpp} 값은 얼마인가?

① 29.6 V ② 34.2 V
③ 38.4 V ④ 39.8 V

해설 $V_{mpp}(-15℃)$

$$= 32 + \left\{32 \times \left(-\frac{0.5}{100}\right) \times (-15-25)\right\}$$

$= 32 + 6.4 = 38.4$ V

41. 전기를 생산하는 여러 방식이 있고, 각각의 에너지 변환효율은 다르다. 다음 설명 중 가장 옳은 것은?

① 풍력발전이 화력발전보다 효율이 높다.
② 수력발전이 화력발전보다 효율이 높다.
③ 지열발전이 태양광발전보다 효율이 높다.
④ 바이오에너지 발전이 원자력 발전보다 효율이 높다.

해설 풍력발전 > 화력발전,
수력발전 < 화력발전,
지열발전 < 태양광발전,
바이오에너지 발전 < 원자력 발전

42. 기어리스(gearless)형 풍력발전기의 장점이 아닌 것은?

① 단극형 발전기 사용으로 제작비용이 저렴하다.
② 증속기어의 제거로 기계적 소음을 저감할 수 있다.
③ 역률제어가 가능하여 출력에 무관하게 고 역률 실현이 가능하다.
④ 나셀(nacelle)구조가 매우 간단하고 단순해져 유지보수 시 간편성이 증대된다.

해설 기어장치가 없는 기어리스형 풍력발전기는 단극형 발전기를 사용하여 회전자와 발전기가 직결되므로 인버터와 가변속 동기형 발전기가 필요하므로 비용이 많이 든다.

43. 태양열에너지의 장점이 아닌 것은?

① 무공해, 무한량의 청정에너지이다.
② 화석에너지에 비해 지역적 편중이 적은 분산형 에너지 자원이다.
③ 계속적인 수요에 안전적인 공급이 가능한 에너지원이다.
④ 지구온난화 대책으로 탄산가스 배출을 저감할 수 있는 재생에너지원이다.

해설 • 태양광 및 태양열발전의 장점
㉠ 태양에너지가 무한하고, 청정에너지이다.
㉡ 타 발전방식보다 지역적 편중이 적은 분산형 에너지원이다.
㉢ 탄산가스를 감소시켜 지구온난화에 도움이 되는 에너지이다.
㉣ 수명이 길다(20년 이상).

정답 39. ③ 40. ③ 41. ① 42. ① 43. ③

- 단점 : 야간에는 태양에너지를 받을 수 없으므로 하루 종일 지속적인 발전이 불가능하다.

44. **풍력발전기가 바람의 영향을 향하도록 블레이드의 방향을 조절하는 것은?**

① Yaw control
② Pitch control
③ Passive control
④ Active control

해설 풍력발전장치의 제어방법
- 요 제어(yaw control) : 바람방향을 향하도록 블레이드의 방향을 조절하는 제어
- 날개 단 제어(pitch control) : 블레이드의 선단부에서만 피치를 제어
- 수동 실속제어(passive stall control) : 구조가 간단하고 견고하며 고정피치로 제어
- 능동 실속제어(active stall control) : 일정 풍속에서 블레이드에 작용하는 양력을 유지 또는 감소시킴으로써 로터의 회전속도를 능동적으로 제어

45. **태양열발전시스템에 대한 설명 중 틀린 것은?**

① 홈통형 : 공정 열이나 화학반응을 위해 열을 제공한다.
② 파라볼라 접시형 : 집열기에서 태양열 에너지를 직접 열로 변환시켜 이용한다.
③ 파워 타워형 : 집광비는 300 ~ 1500 sun 정도이며 1500℃ 이상에서도 동작이 가능하다.
④ 진공관형 : 집열관 내의 가열된 열 매체는 파이프를 통해 열교환기로 수송되어 증기를 생산한다.

해설 진공관형은 증기를 생산하지 않는다.

46. **지열발전에서 지열유체가 증기와 열수인 경우 지열유체를 증기분리기로 유도하여 증기와 열수를 분리하고, 분리한 증기로 터빈을 가동시켜 발전하는 방식은?**

① 싱글 플래시 발전
② 더블 플래시 발전
③ 바이너리 사이클 방식
④ 증기발전

해설 싱글 플래시 발전 : 증기분리기로 유도하여 증기와 열수를 분리하고, 분리한 증기로 터빈을 가동시켜 발전하는 방식

47. **다음 [보기]에서 설명하는 목질계 연료는 무엇인가?**

보기
목재 가공과정에서 발생하는 건조된 목재잔재를 압축하여 생산하는 작은 원통모양의 표준화된 목질계 연료

① 목질 브리켓　② 목질 펠릿
③ 목탄　④ 목질 칩

해설 목질 펠릿 : 임업 폐기물이나 벌채목 등을 톱밥으로 만든 뒤 원기둥 모양으로 압축 가공한 목재 연료

48. **다음 중 태양전지의 특징을 설명한 것으로 틀린 것은?**

① 전기를 저장하는 기능을 가진다.
② 빛이 있을 때 전기를 생산한다.
③ 전류의 세기는 병렬연결이나 태양전지의 면적으로 조절할 수 있다.
④ 전압의 세기는 태양전지를 직렬로 연결시켜 조정한다.

해설 태양전지는 전기를 저장하는 기능이 없으므로 전기의 저장을 위해서는 별도의 2차 전지를 사용하여야 한다.

정답 44. ① 45. ④ 46. ① 47. ② 48. ①

49. **태양열발전시스템의 주요 구성요소가 아닌 것은?**

① 열교환기 ② 축열조
③ 집열기 ④ 인버터

해설 태양열 발전기의 시스템 구성요소 : 집열기, 축열조, 열교환기

50. **스마트 그리드(smart grid)에 대한 설명으로 틀린 것은?**

① 디지털 기술기반이다.
② 단방향 통신방식이다.
③ 네트워크 구조이다.
④ 분산전원 전원공급방식이다.

해설 스마트 그리드(smart grid)란 지능형 전력망이란 뜻이며, 양방향으로 정보를 교환하는 디지털 네트워크 전력기술기반이다.

51. **집광형 태양광발전시스템에 관한 설명으로 틀린 것은?**

① 렌즈 혹은 거울(mirror)을 사용하여 집광한다.
② 주로 확산광(diffused light)을 집광한다.
③ 높은 전류값으로 인해 전극에서의 손실을 줄이는 것이 중요하다.
④ 집광된 빛이 입사될 경우 셀의 온도가 일정하면 변환효율은 낮아지지 않고 유지된다.

해설 집광형 태양광발전시스템은 확산광이 아니라 주로 직달광선을 집광한다.

52. **태양광발전의 장점으로 가장 옳은 것은?**

① 전력생산량의 차이가 지역별 일사량에 의존한다.
② 에너지 밀도가 낮아 큰 설치면적이 필요하다.
③ 에너지의 원료인 태양의 빛은 무료이며 무한하다.
④ 설치장소가 한정적이며 시스템 비용이 고가이다.

해설 태양광발전의 장·단점

장점	단점
• 무한양의 에너지이다. • 무공해 청정에너지이다. • 유지보수가 용이하다. • 지역 편재성이 없다. • 비교적 수명이 길다(20년 이상).	• 에너지 공급의 안정성이 부족하다(야간공급 불가). • 에너지 밀도가 낮은 편이다. • 지역에 따라 일사량이 다르므로 전력생산의 차이가 생긴다. • 설치장소가 제한적이다. • 초기 투자비와 발전단가가 다소 높다.

53. **태양광발전시스템에 풍력발전, 열병합발전 등 타 에너지원의 발전 시스템과 결합하여 축전지 부하 및 사용계통에 전력을 공급하는 시스템은?**

① 독립형 시스템
② 집광형 시스템
③ 계통 연계형 시스템
④ 하이브리드 시스템

해설 하이브리드 시스템 : 태양광발전시스템에 다른 에너지원(풍력발전, 열병합 등)을 결합하여 전력을 공급하는 시스템

54. **태양전지 표면 조직화에 대한 설명으로 틀린 것은?**

① 표면 조직화는 표면 반사손실을 줄이거나 입사경로를 증가시킬 목적이다.
② 표면 조직화는 광 흡수율을 높여 단락전류를 높이기 위함이다.

정답 49. ④ 50. ② 51. ② 52. ③ 53. ④ 54. ④

③ 태양전지의 표면을 피라미드 또는 요철구조로 형성화하는 방법이다.
④ 표면 조직화는 태양전지의 곡선인자 값을 향상시키게 된다.

해설 표면 조직화 : 표면을 요철구조로 만들어 반사율을 감소시켜 흡수된 빛의 양을 증가시키는 것

55. 다음 중 수직축 풍차가 아닌 것은?
① 프로펠러형 풍차
② 사보니우스 풍차
③ 다리우스 풍차
④ 크로스 플로 풍차

해설 • 수직축 풍차 : 사보니우스형, 패들형, 크로스 플로형, 다리우스형
• 수평축 풍차 : 프로펠러형, 네델란드형, 세일형, 블레이드형

56. 태양광발전시스템의 분류 중 섬, 낙도 등에 사는 사용하는 방식은?
① 계통 연계형 ② 독립형
③ 추적식 ④ 고정식

해설 계통 연계형이 한전에서 전력을 공급받는 반면에 독립형은 야간에 축전지로 저축한 전력을 독립적으로 사용하는 방식이다.

57. 태양전지에서 직렬저항 성분이 아닌 것은?
① 접합 결함에 의한 누설저항
② 금속전극 자체의 저항
③ 표면층의 면저항
④ 기판 자체저항

해설 태양전지 직렬저항 발생요인
㉠ 표면층의 면저항
㉡ 금속전극의 자체저항
㉢ 기판 자체저항
㉣ 전지의 앞, 뒷면 금속 접촉저항

58. 다음 [보기] 중 일반적인 전지와 비교해서 태양전지의 특징을 설명한 내용 중 옳은 것은?

보기
㉠ 태양전지가 전달하는 전력은 입사하는 빛의 세기에 따라 달라진다.
㉡ 태양전지로부터의 전류값은 부하저항에 따라 변하지 않는다.
㉢ 태양전지로부터 얻을 수 있는 전력은 부하저항에 따라 변하지 않는다.
㉣ 빛에 의한 전기화학적인 전위의 일시적인 변화로부터 기전력을 유도한다.

① ㉠, ㉣
② ㉠, ㉡, ㉢
③ ㉠, ㉡
④ ㉡, ㉢, ㉣

해설 태양전지로부터의 전류나 전력은 부하저항에 따라 변한다.

59. 궤도전자가 강한 에너지를 받아서 원자 내의 궤도를 이탈하여 자유전자가 되는 것을 무엇이라 하는가?
① 여기 ② 방사
③ 공진 ④ 전리

해설 • 전리 : 궤도전자가 강한 에너지를 받아서 원자 내의 궤도를 이탈하여 자유전자가 되는 것
• 여기 : 가장 낮은 에너지 준위에서 높은 에너지 준위로 올라가는 것

60. 태양전지의 충진율(F.F. : Fill Factor)에 대한 설명으로 틀린 것은?
① 충진율은 개방전압(V_{oc})과 단락전류(I_{sc})의 곱에 대한 최대출력의 비로 정의된다.
② 충진율이 낮을수록 태양전지의 성능 품질이 좋음을 나타낸다.

정답 55. ① 56. ② 57. ① 58. ① 59. ④ 60. ②

③ 충진율은 최대 동작전류(I_{mpp})와 최대 동작전압(V_{mpp})이 단락전류(I_{sc})와 개방전압(V_{oc})에 가까운 정도를 나타낸다.

④ 충진율은 태양전지의 특성을 표시하는 파라미터로서 내부 직렬저항 및 병렬저항의 영향을 받는다.

해설 충진율이 높을수록 태양전지의 성능품질이 좋음을 나타낸다.

$$충진율 = \frac{I_{mpp} \times V_{mpp}}{I_{sc} \times V_{oc}}$$

61. 밴드갭 에너지는 반도체의 특성을 구분하는 매우 중요한 요소이다. Si, GaAs, Ge를 밴드갭 에너지의 크기 순으로 바르게 나열한 것은?

① Ge > GaAs > Si
② GaAs > Si > Ge
③ GaAs > Ge > Si
④ Si > GaAs > Ge

해설 GaAs(1.4 eV) > Si(1.1 eV) > Ge(0.7 eV)

62. 결정질 실리콘 태양전지 모듈 출력에 대한 설명으로 옳은 것은?

① 태양전지 표면온도와는 관계가 없다.
② 태양전지 표면온도가 올라갈수록 계속 증가한다.
③ 방사조도에 비례하여 증가한다.
④ 방사조도에 비례하여 감소한다.

해설 결정질 실리콘 태양전지 모듈 출력은 방사조도에 비례하여 증가하고, 온도가 올라갈수록 감소한다.

63. 태양전지의 개방전압에 대한 설명 중 틀린 것은?

① 태양전지에서 얻을 수 있는 최대전압이다.
② 태양전지 흡수층을 구성하는 물질의 밴드갭 에너지에 따라 변화한다.
③ 태양전지의 두 전극 사이에 무한대의 부하를 연결한 경우 두 전극 사이의 전위차이다.
④ 출력전력이 최대일 때 태양전지 두 전극 사이에 발생하는 전위차에 해당한다.

해설 출력전력이 최대일 때 태양전지 두 전극 사이에 발생하는 전위차는 동작(운전)전압이다.

정답 61. ② 62. ③ 63. ④

1-5 접속반

(1) 접속반 내부 결선도

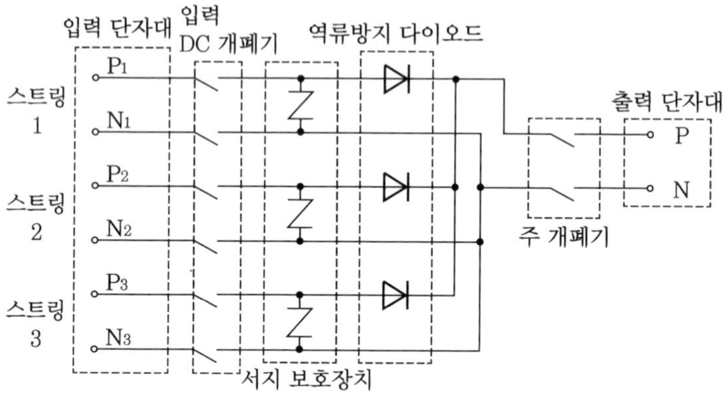

(2) 접속함의 구성요소

① 입·출력 단자

② 개폐기 및 차단기

③ 역방향 다이오드

④ 서지 보호기(SPD)

⑤ 퓨즈

⑥ 각종 센서

(3) 접속함의 고려사항

① 접속함의 선정(큐비클형, 수직 자립형, 벽부형)

② 부식방지

③ 견고한 고정

④ 접지저항의 확보 : 400 V 시 10Ω 이상

⑤ 부품의 신뢰성

(4) 접속함의 내전압

① 10 A 이하 : 600 V 이상

② 10 ~ 15 A : 600 ~ 1000 V 미만

③ 15 A 초과 : 1000 V 이상

(5) MCCB의 정격전류 : 어레이 전류의 1.25 ~ 2배 이하

(6) 주 개폐기의 정격전류 : 어레이 전류의 2 ~ 2.5배 이하

(7) 정격 차단전압 : 시스템 차단전압의 1.5배 이상

(8) 접속함의 기능

① 태양전지 모듈의 직·병렬연결 전원의 취합 및 공급

② SPD 내장으로 선로 보호

③ 퓨즈 내장으로 직렬 및 병렬아크 보호

④ 각종 발전 현황에 대한 모니터링 및 무선전송 통신 기능

(9) 접속함 외함 재질 : 스테인리스 SUS304

(10) 바이패스(bypass) 다이오드

① 어레이의 태양전지 셀 중 일부가 그늘(음영)이 있게 되면 저항증가에 의한 발열로 그 부분의 발전량이 감소하게 되므로 우회로를 만들기 위해 셀에 역방향으로 삽입하는 다이오드로서 스트링의 직렬 모듈에 설치한다.

* 셀 1개마다 설치하는 제품도 있다.

② 바이패스 다이오드의 전압 및 전류 용량

㈎ 역내전압 : 공칭 최대출력 동작전압의 1.5배 이상

㈏ 전류 : STC 조건에서 단락전류의 1.25배

③ 바이패스 다이오드 설치 위치

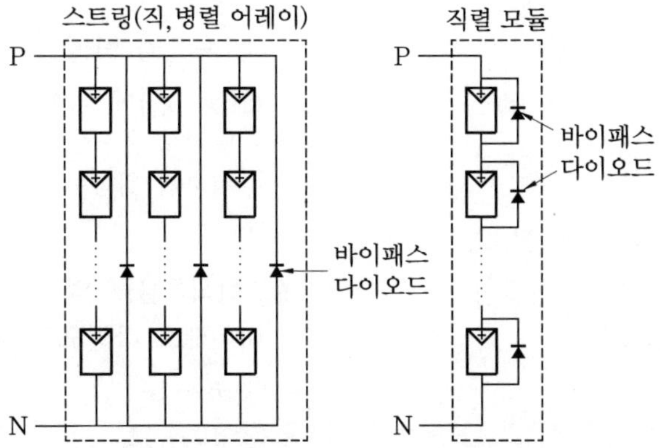

* 일반적으로 셀 18 ~ 20개마다 1개의 바이패스 다이오드를 설치한다.

(11) 역류방지 다이오드

① 태양전지 모듈에 다른 태양전지 회로 또는 축전지로부터 흘러들어오는 전류를 방지하기 위해 설치하는 다이오드로 접속함 내에 설치한다.

② 태양전지 직렬군이 2병렬 이상일 경우에는 각 직렬군에 역류방지 다이오드를 설치하여야 한다.

③ 역류방지 다이오드의 용량은 모듈 단락전류의 2배 이상, 회로 정격전압의 1.2배 이상 이어야 한다.

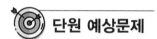

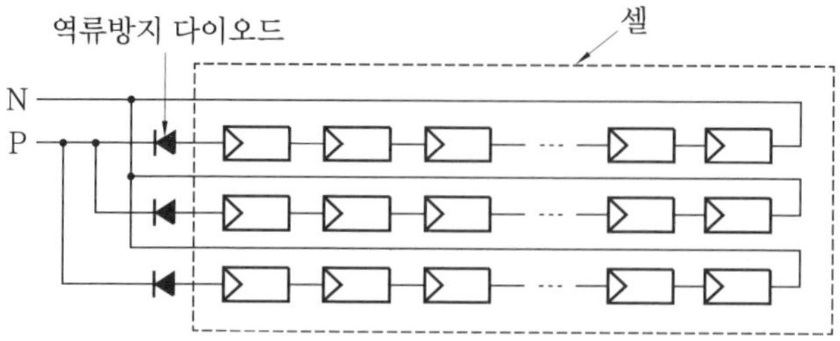

(12) **환류 다이오드 :** 전압형 단상 인버터의 내부회로에서 트랜지스터의 on, off 시 인덕터 양단에 나타나는 역 기전력에 의해 트랜지스터가 소손되는 것을 방지하기 위해 인덕터에 병렬로 삽입하는 다이오드이다.

단원 예상문제

신재생에너지(태양광) 발전설비기사

1. 바이패스 소자로 사용되는 것은?

① 저항 ② 콘덴서
③ 다이오드 ④ 코일

해설 실리콘 다이오드가 바이패스 소자로 사용된다.

2. 바이패스 소자가 설치되는 장소는?

① 태양전지 모듈 뒷면의 단자함
② 인버터와 분전함 사이
③ 태양전지 앞면
④ 단자함 내부

해설 바이패스 소자는 태양전지 모듈의 뒷면 단자함에 설치한다.

3. 바이패스 소자를 설치하는 목적은?

① 태양전지 과전류 방지
② 태양전지 과전압 방지
③ 온도상승으로 태양전지 모듈의 파손 방지
④ 충진율 향상

해설 음영에 의한 모듈의 저항증가에 따른 발열로 온도상승에 의한 모듈의 파손을 방지하기 위함이다.

4. 최적효율을 얻기 위해 보통 셀 몇 개에 바이패스 다이오드 1개를 설치하는가?

① 6 ~ 10
② 10 ~ 14
③ 14 ~ 18
④ 18 ~ 20

해설 일반적으로 태양전지 모듈당 2 ~ 3개, 셀 18 ~ 20개에 바이패스 다이오드 한 개를 설치한다.
* 셀 1개마다 설치하는 제품도 있다.

정답 1. ③ 2. ① 3. ③ 4. ④

5. 태양전지 어레이의 스트링별로 설치하는 것은?

① 피뢰기 ② 단자대
③ 역류방지 소자 ④ 바이패스 소자

해설 모듈의 보호를 위해 개별 스트링 회로의 음극 또는 양극에 역류방지용 다이오드를 설치한다.

6. 태양광발전시스템에서 역류방지 소자의 사용목적은?

① 역류방지 소자
② 태양광이 없는 밤에 축전지로부터 태양전지 어레이 쪽으로 전류가 인입되는 것을 방지
③ 온도상승에 의한 태양전지의 열화방지
④ 음영으로 스트링 전압 상승방지

해설 역류방지 소자는 태양전지 모듈에 다른 태양전지 회로와 축전지로부터 전류가 흘러들어오는 것을 방지하기 위해 설치한다.

7. 역류방지 다이오드의 용량은 정격전압의 몇 배 이상을 견디도록 선정하여야 하는가?

① 1.2 ② 1.5
③ 2 ④ 3

해설 역류방지 다이오드의 용량은 모듈 단락전류의 2배 이상, 접속함 회로의 정격전압보다 1.2배 이상이어야 한다.

8. 여러 개의 태양전지 모듈의 스트링을 모아서 접속하는 것으로 보수·점검을 용이하게 하는 것은?

① 인버터 ② 단자대
③ 접속함 ④ 바이패스 소자

해설 접속함은 여러 개의 태양전지 모듈의 스트링을 하나의 접속점에 모아 보수 및 점검 시에 회로를 분리하거나 점검을 쉽게 하는 장치이다.

9. 접속함의 구성요소가 아닌 것은?

① 역류방지 다이오드
② 입·출력용 단자대
③ 인덕터
④ 서지 보호 장치

해설 접속함의 구성요소는 태양전지 어레이측 개폐기, 주 개폐기, 역류방지 다이오드, 입·출력용 단자대, 서지 보호 장치 등이 있다.

10. 태양전지 측 개폐기는 모듈의 고장 시 어떤 단위로 설치하는가?

① 모듈 ② 셀
③ 어레이 ④ 스트링

해설 스트링 단위로 개폐기(MCCB)를 설치한다.

11. 주 개폐기의 설치장소로 옳은 것은?

① 인버터 출력단 ② 접속함의 뒷단
③ 접속함의 앞단 ④ 차단기 중간

해설 일반적으로 주 개폐기는 접속함에 1개씩, 접속함의 뒷단에 설치한다.

12. 순간적인 과전압이나 과전류로부터 전기설비를 보호하기 위한 피뢰소자로 옳은 것은?

① 바이패스 소자 ② SPD
③ 변압기 ④ 역류방지 소자

해설 SPD(서지 보호기)는 순간적인 과전압이나 과전류로부터 기기들을 보호한다.

13. 역류방지 다이오드의 역할을 옳게 설명한 것은?

① 태양광 모듈의 최대 동작점을 추적한다.
② 과전류를 차단한다.

정답 5. ③ 6. ② 7. ① 8. ③ 9. ③ 10. ④ 11. ② 12. ② 13. ④

③ 태양과 접속함 접지에 사용한다.
④ 태양빛이 없을 때 축전지로부터 태양 전지 어레이를 보호한다.

해설 태양전지 모듈에 음영이 발생한 경우 또는 야간에 태양광발전이 되지 않는 경우에 축전지 전류가 태양광발전 쪽으로 흘러 들어오는 것을 방지하기 위해 사용하는 소자가 역류방지 다이오드이다.

14. 태양전지 모듈을 구성하는 직렬 셀에 음영이 생길 경우 발생하는 출력저하 및 발열을 억제하기 위해 설치하는 것은?
① 역전류방지 퓨즈
② 정류 다이오드
③ 바이패스 다이오드
④ 역전류방지 다이오드

해설 태양전지 모듈을 구성하는 직렬 셀에 음영이 생길 경우 발생하는 출력저하 및 발열을 억제하는 소자가 바이패스 다이오드이다.

15. 태양전지 모듈에 다른 태양전지 회로나 축전지에서 전류가 들어가는 것을 방지하기 위해 설치하는 것은?
① SPD
② ZNR
③ 바이패스 다이오드
④ 역류방지 다이오드

해설 태양전지 스트링 구성회로에서 다른 전지회로나 축전지로부터의 역류방지를 위해 직렬로 삽입하는 다이오드가 역류방지 다이오드이다.

16. 접속함 성능시험의 절연저항은 몇 MΩ 이상인가?
① 0.5 ② 1
③ 2 ④ 5

해설 접속함 성능시험의 절연저항은 1MΩ 이상이다.

17. 접속함의 설명으로 틀린 것은?
① 역류방지 소자가 들어 있다.
② 보수와 점검 시 회로를 분리해서 점검을 쉽게 한다.
③ 바이패스 다이오드가 출력단에 연결되어 있다.
④ 피뢰소자가 들어 있다.

해설 접속함에는 입·출력 단자대, 퓨즈, 역류방지 및 피뢰소자(SPD)가 들어 있으며 회로를 분리해서 점검이 용이하도록 되어 있다. 바이패스는 접속함이 아닌 태양전지 어레이(스트링)에 들어 있다.

18. 주 개폐기와 같은 목적으로 사용하는 장치는?
① 모듈 ② 어레이 측 개폐기
③ 태양전지 ④ 피뢰소자

해설 접속함의 어레이 측 개폐기(MCCB)도 주 개폐기와 같은 목적으로 사용한다.

19. 개폐기는 태양전지 어레이의 스트링별로 배선의 접속함 내부의 어느 곳에 연결하는가?
① 개폐기 ② 수납함
③ 단자대 ④ 분전반

해설 접속함의 입력 단자대에 연결한다.

20. 접속함의 표시사항이 아닌 것은?
① 보호등급 ② 제조번호
③ 무게 ④ 설명서

해설 접속함의 표시사항 : 제조 연월일, 제조번호, 제조업체명, 보호등급, 무게, 종별 및 형식

정답 14. ③ 15. ④ 16. ② 17. ③ 18. ② 19. ③ 20. ④

1-6 인버터(PCS : 전력변환장치)

(1) 인버터의 절연방식

구분	회로	동작 설명
상용주파 변압기 절연방식	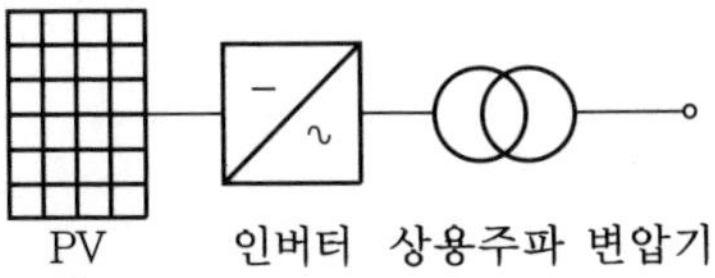	태양전지의 직류출력을 상용주파의 교류로 변환한 뒤, 변압기로 절연한다.
고주파 변압기 절연방식	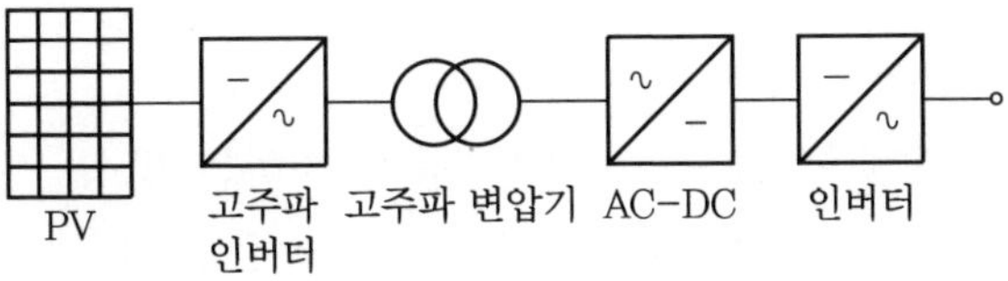	태양전지의 직류출력을 고주파 교류로 변환한 뒤에 소형 고주파 변압기로 절연한다. 그 다음 직류로 바꾼 뒤, 다시 상용주파 교류로 변환하여 출력한다.
무변압기 (트랜스리스) 방식	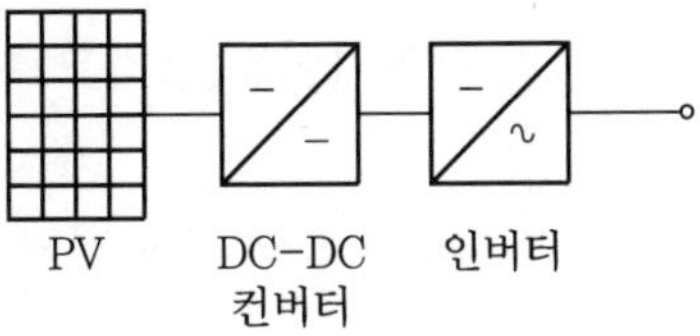	태양전지의 직류출력을 DC–DC 컨버터로 승압한 뒤, 인버터를 통해 상용주파 교류로 출력한다.

(2) 인버터(PCS)의 주요 기능

① 단독운전 방지(검출)기능

② 계통연계 보호기능

③ 최대전력 추종제어(MPPT)기능

④ 자동전압 조정기능

⑤ 자동운전 정지기능

⑥ 직류검출, 지락검출기능, 그 밖에 전압, 전류 제어기능

(3) 단독운전 방지기능의 보유 인증을 위해 설치하는 기기

① OCR ② OVR ③ UVR ④ OGCR ⑤ OFR ⑥ 역 전력 계전기

(4) 단독운전방식의 검출 및 유지시간

① 수동적 방식 : 0.5초 이내 / 5 ~ 10초

② 능동적 방식 : 0.5 ~ 1초

(5) 인버터의 표시사항

① 입력

㈎ 전압 ㈏ 전류 ㈐ 전력

② 출력

㈎ 전압 ㈏ 전류 ㈐ 전력 ㈑ 주파수 ㈒ 누적 발전량 ㈓ 최대 출력량

(6) 인버터의 4대 기능

① 피크시프트

② 전력저장

③ 재해 시 전력공급

④ 발전전력 급변 시의 버퍼

(7) 인버터 시스템 방식의 종류

① 중앙 집중식 : 다수의 스트링에 한 개의 인버터를 설치하는 방식

② 마스터 슬레이브 방식 : 하나의 마스터에 2 ~ 3개의 슬레이브 인버터로 구성되는 방식

③ 모듈 인버터 방식 : 모듈마다 1개의 인버터가 접속되며 시스템 확장에 유리한 방식

④ 스트링 인버터 방식 : 태양광 모듈로 이루어지는 스트링 하나의 출력만으로 동작하며 교류출력은 다른 스트링 인버터의 교류출력에 병렬연결이 가능하므로 접속함이 불필요한 방식

⑤ 전압 제어형 방식 : PWM과 유사한 다른 제어기법을 이용하여 규정된 진폭과 위상 및 주파수의 정현파 출력전압을 만드는 방식

(8) 고주파 변압기 절연방식의 특징

① 소형이고, 경량이다.

② 회로가 복잡하다.

③ 고주파 변압기로 절연한다.

(9) 트랜스리스(무변압기) 방식의 특징

① 소형, 경량, 저가이다.

② 비교적 신뢰성이 높다.

③ 고조파 발생 및 유출 가능성이 있다.

④ 직류유출의 검출 및 차단기능이 반드시 필요하다.

(10) 인버터의 단독운전

한전계통 부하의 일부가 한전계통 전원과 분리된 상태에서 분산형 전원에 의해서만 전력을 공급받고 있는 상태이다.

(11) 단독운전의 문제점

① 부하, 기기에 대한 안정성
② 계통 보호협조 문제
③ 감전위험

(12) 단독운전 검출방식

① 수동식 : 전압파형과 위상 등의 변화 파악·검출(검출, 유지시간 : 0.5초, 5 ~ 10초)
(가) 전압위상 도약 검출방식
(나) 주파수 변화율 검출방식
(다) 3차 고조파 왜율 급증 검출방식

② 능동식 : PCS에 변동요인을 주어 계통연계 운전 시에는 그 변동요인이 나타나지 않고, 단독운전 시에만 그 변동요인이 검출되는 방식(검출시간 : 0.5 ~ 1초)
(가) 유효전력방식
(나) 무효전력방식
(다) 주파수 시프트 방식
(라) 부하변동 검출방식

(13) 유로효율 : 인버터의 고효율 성능척도를 나타내는 단위로서 출력에 따른 변환효율에 비중을 두고 측정한다.

출력전력(%)	5	10	20	30	50	100
계수	0.03	0.06	0.13	0.10	0.48	0.20

(14) 독립형 인버터의 필요조건

① 전압변동에 대한 내성
② 급상승 전압, 전류 보호
③ 출력측 단락손상에 대한 보상
④ 직류의 역류방지

(15) 중대형 태양광발전시스템 독립형 인버터의 효율 측정 시의 효율

① 10 ~ 30 kW : 90 % 이상
② 30 ~ 100 kW : 92 % 이상
③ 100 kW 초과 : 94 % 이상
* 독립형은 각각 −2 %로 한다.

(16) 연계계통 이상 시 태양광발전시스템의 분리 및 투입

① 선로 보호 장치 설치

② 정전 복전 후 5분 초과 후 재투입

③ 차단장치는 한전 배전계통의 정전 시에는 투입 불가능하도록 시설

④ 연계계통 고장 시에는 0.5초 이내에 분리하는 단독운전 방지장치 시설

(17) 최대출력 제어(MPPT)방식

태양전지에서 발생되는 시시각각의 전압과 전류를 최대출력으로 변환시키기 위해 태양전지 셀의 일사강도, 온도 특성 또는 태양전지 전류-전압 특성에 따라 최대출력운전이 될 수 있도록 인버터가 추종하는 방식이다.

(18) MPPT의 제어방식

① 직접제어

② 간접제어

㈎ P&O 제어 ㈏ IncCond 제어 ㈐ 히스테리시스 밴드 제어

(19) MPPT의 제어방식의 장·단점

구분	장점	단점
직접제어	구성 간단, 추가적 대응가능	성능이 떨어짐
P&O	제어가 간단함	출력전압이 연속적 진동으로 손실 발생
IncCond	최대출력점에서 안정함	많은 연산이 필요함
히스테리시스 밴드	일사량 변화 시 효율 높음	IncCond보다 전반적으로 성능이 떨어짐

(20) 자동운전 정지기능

태양전지의 출력을 스스로 감지하고, 자동적으로 운전을 수행하고 출력을 얻을 수 없으면 정지하는 인버터의 기능

(21) 인버터의 변환효율 $= \dfrac{\text{교류 출력전력}(P_{AC})}{\text{직류 입력전력}(P_{DC})} \times 100\,\%$

(22) 인버터의 추적효율 $= \dfrac{\text{운전최대전력}}{\text{일정량 온도에 따른 최대출력}} \times 100\,\%$

(23) 인버터의 정격효율 = 변환효율 × 추적효율

(24) 인버터의 과전류 제한치 : 정격전류의 1.5배

단원 예상문제

신재생에너지(태양광) 발전설비기사

1. 태양전지에서 생산된 전력 125 W가 인버터에 입력되어 인버터 출력이 100 W가 되면 인버터의 효율은 몇 %인가?

① 45 ② 64
③ 80 ④ 92

해설 인버터 효율

$$= \frac{\text{인버터 출력}}{\text{인버터 입력}} \times 100 = \frac{100}{125} \times 100 = 80\,\%$$

2. 태양광발전시스템이 계통과 연계 시 계통측에 정전이 발생한 경우 계통측으로 전력이 공급되는 것을 방지하는 인버터의 기능은?

① 자동운전 기능
② 최대출력 추종기능
③ 단독운전 방지기능
④ 자동전류 조정기능

해설 단독운전 방지기능 : 계통연계 시스템에서 정전 시 계통측으로 전력이 공급되는 것을 방지하는 기능

3. 다음 [보기]의 설명은 인버터의 효율 중 어떤 효율에 관한 것인가?

보기
태양광 모듈의 출력이 최대가 되는 최대전력점을 찾는 기술에 대한 성능지표이다.

① 정격효율 ② 추적효율
③ 유로효율 ④ 변환효율

해설 추적효율(%)

$$= \frac{\text{운전최대전력}}{\text{일정량 온도에 따른 최대출력}} \times 100$$

4. 태양광 인버터의 단독운전 방지기능에서 능동적인 검출방식이 아닌 것은?

① 전압위상 도약 검출방식
② 주파수 시프트 방식
③ 부하변동방식
④ 무효전력방식

해설 인버터의 단독운전 방지기능 중 능동적 검출방식
㉠ 주파수 시프트 방식
㉡ 유효전력 변동방식
㉢ 무효전력 변동방식
㉣ 부하변동 검출방식

5. 태양전지의 출력은 일사강도와 표면온도에 따라 변동한다. 이런 변동에 대하여 태양전지의 동작점이 항상 최대출력점을 추종하도록 변화시켜 태양전지에서 최대출력을 얻을 수 있는 제어를 무엇이라 하는가?

① 자동운전 정지기능
② 직류검출 제어기능
③ 최대전력 추종제어
④ 자동전압 조정기능

해설 인버터의 최대전력 추종제어는 태양전지 어레이를 태양전지의 일사강도, 온도 특성 또는 전류-전압 특성에 따라 어레이 출력이 최대가 되도록 추종하는 방식이다.

6. 태양전지 모듈과 인버터가 통합된 형태로 태양광발전시스템 확장이 유리한 인버터 운전방식은?

① 중앙 집중식 인버터 방식
② 병렬운전 인버터 방식

정답 1. ③ 2. ③ 3. ② 4. ① 5. ③ 6. ④

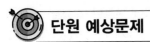

③ 스트링 인버터 방식
④ 모듈 인버터 방식

해설 모듈 인버터 방식 : 모듈 하나마다 하나의 인버터를 설치하는 방식으로 MPPT 최적 제어가 가능하며, 시스템 확장이 유리하다.

7. 단독운전 방지기능에 대한 설명으로 틀린 것은?

① 비동기에 의한 고장이 발생하지 않도록 한다.
② 일부 구간의 부하에만 전력을 공급하는 단독운전 상태를 검출하는 기능이다.
③ 계통의 정상운전, 설비운전, 공공 인축 안정 등에 영향을 미치지 않도록 한다.
④ 최대 0.5초 이내의 순간에 태양광발전설비를 분리시킨다.

해설 단독운전이 발생하면 전력회사의 배전망에서 끊긴 배전선에 태양광발전 전력 시스템에서 공급되는 전력으로 위해를 끼칠 우려가 있으므로 단독운전 상태를 검출하여 태양광발전 운전 시스템을 자동으로 중지시키며 태양광발전설비를 분리시키는 기능이 단독운전 방지기능이다. 분리시간은 최대 0.5초 이내이다.

8. 인버터 각 시스템 방식 중 PV 분전함이 없어도 되고, PV 어레이 근처에 설치되는 인버터 연결방식은?

① 병렬운전방식
② 모듈 인버터 방식
③ 스트링 인버터 방식
④ 중앙 집중형 인버터 방식

해설 스트링 인버터 방식은 스트링별 개개의 출력만으로 동작하며 접속함이 없이도 동작이 가능하다.

9. 스트링은 몇 개의 모듈만 직렬로 연결되어 있으며, 스트링에서 가장 많은 음영 모듈의 전류에 따라 전체 스트링 전류가 결정되는 인버터 방식은?

① 스트링 인버터 방식
② 모듈 인버터 방식
③ 중앙 집중형 인버터 방식
④ 병렬운전방식

해설 중앙 집중형 인버터 방식은 여러 개(보통 3 ~ 5개)의 모듈과 1개의 인버터로 구성되며 전체 전류는 음영을 많이 받는 스트링에 영향이 있다.

10. 인버터는 태양전지에서 출력되는 직류전력을 교류전력으로 변환하고 교류계통으로 접속된 부하설비에 전력을 공급하는 기능을 한다. 그림과 같은 인버터 회로방식의 명칭은 무엇인가?

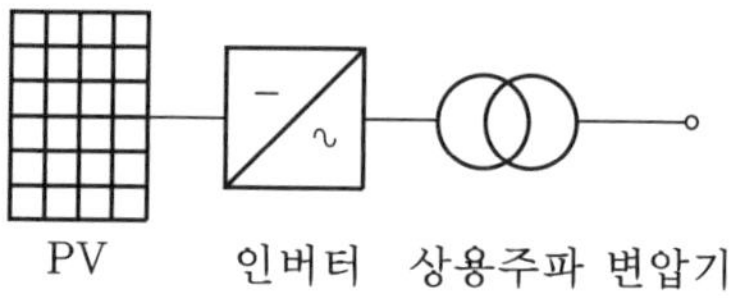

① 상용주파 변압기 절연방식
② 고주파 변압기 절연방식
③ 트랜스리스 방식
④ 트랜스 방식

해설 태양전지의 직류출력을 상용 인버터를 통해 교류로 바꾼 뒤, 상용 주파수 변압기로 절연하여 출력하는 방식이 상용주파 변압기 절연방식이다.

11. 인버터의 설명으로 틀린 것은?

① PWM 원리로 정현파를 재생한다.
② 무변압기 인버터는 효율이 나쁘다.
③ MPPT를 이용한 최대전력을 생산한다.
④ 추적효율은 최적 동작점을 조정하는 것이다.

정답 7. ① 8. ③ 9. ③ 10. ① 11. ②

해설 무변압기(트랜스리스) 인버터는 효율이 좋고, 신뢰성이 높다.

12. 다음 [보기]의 설명 중 ( ) 안에 들어갈 내용으로 옳은 것은?

보기
태양광설비시스템 인버터의 설계용량은 설계용량 이상이어야 하고, 인버터에 연결된 모듈의 설치용량은 인버터 설치용량의 ( )이어야 한다.

① 105 % 이내
② 105 % 이상
③ 115 % 이내
④ 115 % 이상

해설 인버터에 연결된 모듈의 설치용량은 인버터 설치용량의 105 % 이내이어야 한다.

13. 태양광발전시스템의 인버터 기능에 대한 설명으로 틀린 것은?

① 계통보호를 위한 단독운전 방지기능이 있다.
② 계통과 인버터에 이상이 있을 때 안전하게 분리하거나 인버터를 정지시키는 기능이 있다.
③ 태양전지의 출력을 가능한 범위 내에서 유효하게 끌어내기 위한 자동운전 기능이 있다.
④ 태양전지의 온도가 올라가면 자동적으로 온도를 조정하는 기능이 있다.

해설 인버터 기능
㉠ 단독운전 방지기능
㉡ 계통연계 보호기능
㉢ 최대전력 추종기능
㉣ 자동전압 조정기능
㉤ 자동운전 정지기능
㉥ 직류검출기능 등

14. 인버터 직류 입력전압이 420 V, 태양전지 최대출력 동작전압이 30 V인 경우 태양전지 직렬 매수는?

① 1　② 14
③ 15　④ 16

해설 모듈의 직렬 매수 $= \frac{420}{30} = 14$매

15. 태양광 인버터의 종류 및 특징에 따른 분류 중 소형, 경량, 저 가격 및 신뢰성이 높으며 상용전원과 절연되지 않음에 따른 위험성이 존재하는 부하측 절연방식은?

① 상용주파 절연방식
② 고주파 절연방식
③ 출력제어방식
④ 트랜스리스 방식

해설 트랜스리스 방식의 특징
㉠ 소형, 경량, 저가
㉡ 높은 신뢰성
㉢ 높은 효율
㉣ 고조파 발생 및 유출 가능성
㉤ 직류유출의 검출 및 차단기능의 필요

16. 다음 [보기]의 태양광 인버터의 기능 설명에 해당하는 방식은?

보기
• 항상 인버터에 변동요인을 인위적으로 주어서 연계운전 시에는 그 변동요인이 나타나지 않고, 단독운전 시에만 이상이 나타나도록 하여 그것을 감지하여 인버터를 정지시키는 방식이다. • 검출시간은 0.5 ~ 1초이다.

① 단독운전 상태의 수동적 방식
② 단독운전 상태의 능동적 방식
③ 제3고조파 검출방식
④ 주파수 변화율 검출방식

정답 • 12. ① 13. ④ 14. ② 15. ④ 16. ②

17. 단독운전 방지회로의 방식에서 수동적 방식의 운전 종류가 아닌 것은?

① 유효전력방식
② 전압위상 도약방식
③ 3차 고조파 전압기울기 급증방식
④ 주파수 변화율 검출방식

해설 • 수동적 방식 : 제3고조파 왜율 급증 방식, 주파수 변화율 방식, 전압위상 도약 검출방식
• 능동적 방식 : 주파수 시프트 방식, 유효전력방식, 무효전력방식, 부하변동 검출방식

18. 단독운전 방지회로의 방식에서 수동적 방식 운전 검출시한으로 맞는 것은?

① 검출시간 0.5초 이내, 유지시간 5 ~ 10초
② 검출시간 1초 이내, 유지시간 5 ~ 10초
③ 검출시간 0.5 ~ 1초 이내
④ 검출시간 1초

19. 다음 [보기]의 계통연계 태양광발전 인버터 회로방식의 특징은 어떤 방식에 대한 설명인가?

보기
• 저주파 변압기 절연방식보다 소형이다. • 변환회로가 복잡하므로 고정손실이 크다. • 직류분 검출회로가 필요하다. • 고주파 잡음 대책이 필요하다.

① 저주파 변압기 절연방식
② 고주파 변압기 절연방식
③ 주수 시프트 방식
④ 직결방식

해설 고주파 변압기 절연방식의 특징
㉠ 소형, 경량이다.
㉡ 회로가 복잡하다.
㉢ 고주파 변압기로 절연한다.

20. 태양광발전시스템의 인버터 회로방식이 아닌 것은?

① 무변압기(트랜스리스)형
② 상용주파 변압기 절연형
③ 고주파 변압기 절연형
④ 단권변압기 절연형

해설 인버터 회로의 절연방식
㉠ 상용주파 변압기 절연방식
㉡ 고주파 변압기 절연방식
㉢ 무변압기(트랜스리스) 방식

21. 태양광발전시스템에서 인버터가 가져야 할 중요한 기능과 특성으로 가장 적합한 것은?

① 모니터링 및 전압상승 억제기능을 가져야 한다.
② 인버터는 전력 변환효율보다는 외관이 화려해야 한다.
③ 경제성을 고려하여 기능을 간소화하고, 고가화의 차별화 기술이 필요하다.
④ 최대출력제어 및 단독운전 방지기능을 가지고 전력품질과 공급 안정성을 확보해야 한다.

해설 인버터의 필요한 기능으로는 단독운전 방지, 최대전력 추종기능, 전력품질 및 공급 안정성 등이다.

22. 태양광발전시스템의 인버터와 저압계통 연계 방법으로 옳은 것은?

① 인버터의 직류측 회로에 접지를 견고히 시설하여 연계한다.
② 인버터와 접속점 사이에 단권변압기를 시설하여 연계한다.
③ 인버터와 접속점 사이에 상용 주파수 변압기를 시설하여 연계한다.

정답 17. ① 18. ① 19. ② 20. ④ 21. ④ 22. ③

④ 인버터의 직류 입력측에 직류검출기를 직접 시설하고, 교류출력을 저지하는 기능을 갖추어 연계한다.

해설 인버터와 저압 계통연계에는 상용 주파수 또는 고주파수 변압기를 이용한다.

23. 4 kW 인버터의 입력전압 범위가 35 ~ 45 V, 최대출력에서 효율이 90 %이다. 최대정격에서 최대 입력전류는 몇 A인가?

① 65 ② 113
③ 127 ④ 151

해설 최대 입력전류 $= \dfrac{4000}{35 \times 0.9} \fallingdotseq 127\text{A}$

24. 인버터 데이터 중 모니터링 화면에 전송되는 것이 아닌 것은?

① 발전량
② 일사량, 온도
③ 출력전압, 전류, 전력
④ 입력전압, 전류, 전력

해설 • 인버터 입력 데이터 : 전압, 전류, 전력
• 인버터 출력 데이터 : 전압, 전류, 전력, 주파수, 누적 발전량, 최대 출력량

25. 태양광 모듈의 출력은 일사강도와 태양전지 표면의 온도에 따라 변동한다. 실시간으로 변화하는 일사강도에 따라 인버터가 최대출력점에서 동작하도록 하는 기능은?

① 자동운전 정지기능
② 최대출력 추종제어기능
③ 단독운전 방지기능
④ 자동전류 조정기능

해설 최대출력 추종제어(MPPT)는 태양전지 어레이를 태양전지의 일사강도, 온도 특성 또는 전류-전압 특성에 따라 어레이 출력이 최대가 되도록 추종하는 방식이다.

26. 인버터의 고효율 성능척도로 사용하는 효율은?

① 변환효율 ② 추적효율
③ 유로효율 ④ 절연효율

해설 유로효율은 출력에 따른(5 %, 10 %, 20 %, 30 %, 50 %, 100 %) 변환효율에 비중을 두고(0.03, 0.06, 0.13, 0.10, 0.48, 0.20) 계산하는 고성능 척도의 변환효율이다.

27. 계통 연계형 인버터의 직류를 교류로 변환할 때 발생하는 변환효율의 계산식은?

① $\dfrac{\text{교류 출력전력}(P_{AC})}{\text{직류 입력전력}(P_{DC})}$

② $\dfrac{\text{직류 입력전력}(P_{DC})}{\text{교류 출력전력}(P_{AC})}$

③ $\dfrac{\text{순간 입력전력}(P_{DC})}{PV\text{ 어레이 전력}(P_{PV})}$

④ $\dfrac{\text{순간 교류 입력전력}(P_{DC})}{\text{최대 순간 }PV\text{ 어레이 전력}(P_{PV})}$

해설 인버터의 변환효율

$$= \frac{\text{교류 출력전력}(P_{AC})}{\text{직류 입력전력}(P_{DC})}$$

28. 태양광발전시스템 인버터의 기능이 아닌 것은?

① 자동운전 정지
② 자동전압 조정
③ 직류검출
④ 고조파 검출

해설 인버터의 기능
㉠ 단독운전 방지기능
㉡ 자동전압 조정기능
㉢ 최대전력 추종기능
㉣ 자동운전 정지기능
㉤ 직류검출기능 등

정답 23. ③ 24. ② 25. ② 26. ③ 27. ① 28. ④

29. 태양광발전시스템이 계통과 연계되어 있는 상태에서 계통측에 정전이 발생하면 부하전력이 인버터의 출력과 동일하게 되므로 인버터의 출력전압, 주파수는 변하지 않고, 전압, 주파수 계전기에서는 정전을 검출할 수 없게 된다. 이 때문에 계속해서 태양광발전시스템에서 계통으로 전력이 공급될 가능성이 있는 인버터의 운전상태는?

① 자동운전 ② 단독운전
③ 병렬운전 ④ 추종운전

30. 트랜스리스 방식의 인버터 회로 구성요소가 아닌 것은?

① 변압기 ② 컨버터
③ 인버터 ④ 개폐기

해설 트랜스리스 방식에는 컨버터, 인버터와 개폐기 등이 있으나 변압기는 사용되지 않는다.

31. 인버터의 부분 부하 동작을 고려하여 부분 효율의 가중치를 달리 하여 계산하는 효율은?

① 최대효율 ② 정격효율
③ 추적효율 ④ 유로효율

해설 유로효율 : 출력에 따른 변환효율에 비중을 두어 측정하는 인버터의 고효율 변환효율 척도

32. 태양광발전시스템에서 인버터의 제어기능 조건에 해당되지 않는 것은?

① 직류를 교류로 변환시키는 효율이 좋아야 한다.
② 일사강도의 변화에 따른 최대출력에 도달하기 위해 최대출력 추종제어를 한다.
③ 태양전지의 출력을 감시하여 자동으로 출력에 이르게 한다.
④ 계통전압이나 주파수의 변동에 안정성을 가지도록 해야 한다.

해설 인버터의 제어기능에 자동전압 조정기능은 있으나 자동출력기능은 없다.

33. 인버터의 자동운전 정지기능에 대한 설명 중 틀린 것은?

① 일사량이 기동전압 이하일 경우 자동으로 정지한다.
② 흐린 날이나 비 오는 날은 운전을 정지한다.
③ 태양광 모듈의 출력이 적어 인버터 출력이 거의 0으로 되면 대기상태가 된다.
④ 태양광 모듈의 출력을 감지하여 자동으로 운전한다.

해설 흐린 날이나 비가 오는 날에도 다소의 발전량이 있으므로 정지하지는 않는다.

34. 다음 [보기]는 인버터의 단독운전 검출 방식 중 어떤 방식에 대한 설명인가?

보기

인버터의 출력단에 병렬로 임피던스를 순간적으로 삽입하여 전압 또는 전류의 급변을 검출한다.

① 주파수 시프트 방식
② 무효전력 변동방식
③ 유효전력 변동방식
④ 부하변동방식

35. 다음 [보기]는 인버터의 어떤 회로방식에 대한 설명인가?

보기

태양전지의 직류출력을 DC-DC 컨버터로 승압한 뒤 상용주파 교류로 변환한다.

정답 ● 29. ② 30. ① 31. ④ 32. ③ 33. ② 34. ④ 35. ③

① 상용주파 변압기 절연방식
② 고주파 변압기 절연방식
③ 트랜스리스 방식
④ DC-DC 컨버터 방식

해설 변압기를 사용하지 않고, DC-DC 컨버터를 사용하는 방식은 무변압기(트랜스리스) 방식이다.

36. 태양광발전시스템의 인버터 성능 사양으로 틀린 것은?

① 연계운전 시 정격역률 : 95 % 이상
② 과부하 내량 : 110 % 이상
③ 접속방식 : 3상 4선식
④ 출력전류 왜형률 : 종합 7 % 이하

해설 인버터의 출력전류 종합 왜형률은 5 % 이하이다.

37. 무변압기형 인버터의 설명으로 알맞은 것은?

① 변압기형 인버터보다 효율이 낮다.
② 변압기형 인버터보다 무게가 증가한다.
③ 변압기형 인버터보다 크기가 증가한다.
④ 변압기형 인버터보다 노이즈 간섭이 증가한다.

해설 무변압기형 인버터
㉠ 소형이고, 경량이며 저가이다.
㉡ 신뢰성이 높다.
㉢ 효율이 높다.
㉣ 고조파 발생 및 유출 가능성이 있다.

38. 인버터의 부하가 인덕턴스인 경우 스위칭 소자의 on-off 시 인덕터 양단에 나타나는 역 기전력에 의한 스위칭 소자의 내전압 초과로 손상되는 것을 방지하기 위한 용도의 소자는?

① 역류방지 다이오드
② 바이패스 다이오드
③ 환류 다이오드
④ 서지 보호 장치

해설 인덕터의 역 기전력에 의한 소자의 손상을 방지하기 위한 보호 소자는 환류 다이오드이다.

39. 인버터에서 전압의 상승을 방지하는 기능은?

① 단독운전 방지기능
② 최대전력 추종제어기능
③ 직류, 지락검출기능
④ 자동전압 조정기능

해설 전력전송 시 수전점의 전압이 상승하여 운용범위를 초과함을 예방하기 위한 인버터의 기능이 자동전압 조정기능이다.

정답 36. ④ 37. ④ 38. ③ 39. ④

1-7 계통연계와 축전지

(1) **계통연계** : 분산형 전원을 한전계통과 병렬운전하기 위하여 계통에 전기적으로 연결하는 것이다.

(2) 독립형과 계통 연계형

① 독립형 : 시스템에서 생산된 전력을 한전계통에 연결하지 않고 자체적으로 소비하는 형태로서 그 응용 예는 외딴 섬이나 오지, 유·무인 등대, 중계소, 위성용 전원, 태양광 자동차 등이 있다.

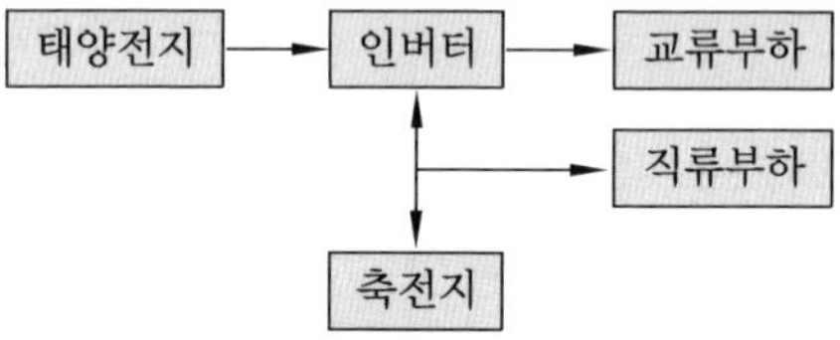

② 계통 연계형 : 태양광발전시스템에서 생산된 전력을 병렬로 연계하여 한전계통으로 공급하는 형태이다.

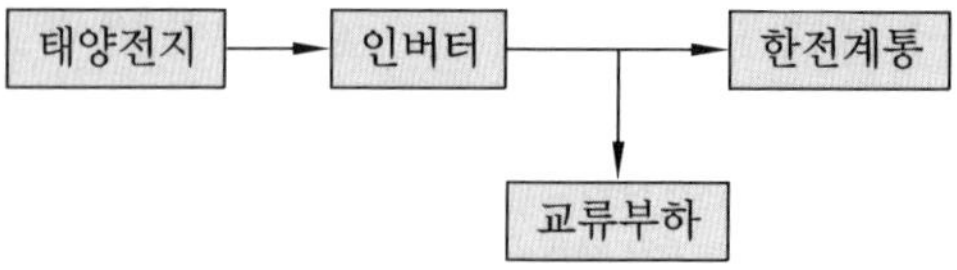

㈎ 태양광발전시스템과 분산전원의 전력계통연계 시 장점

㉮ 배전선로 이용률이 향상된다.

㉯ 공급 신뢰도가 향상된다.

㉰ 부하율이 향상된다.

(3) 단독운전과 자립운전

① 단독운전 : 한전계통의 일부가 한전계통의 전원과 분리되어 분산형 전원에 의해서만 가압되는 상태이다.

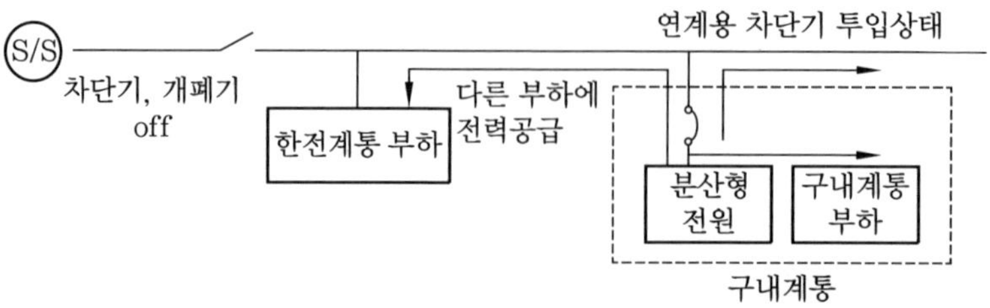

❑ 분산형 전원 배전계통연계기술기준 중 단독운전방지를 위한 가압 중지시간은 0.5초 이내로 해야 한다.

② 자립운전 : 분산형 전원이 한전계통과 분리되어 해당 구내계통 부하에만 전력을 공급하는 상태이다.

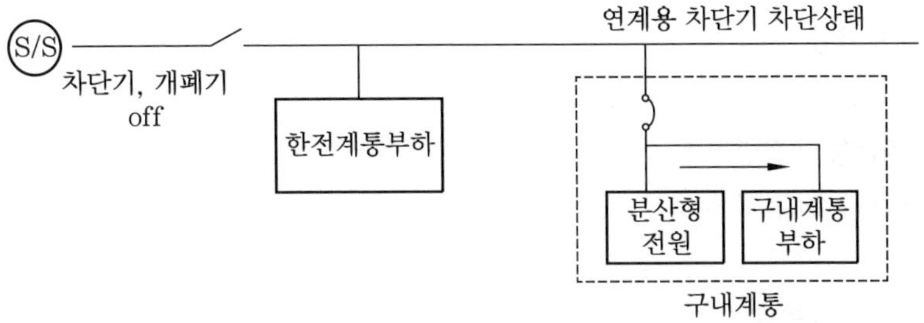

(4) 태양광발전시스템의 연계전압

종 류	기술요건
저압 계통연계	1 설치자 당 전력용량이 원칙적으로 50 kW 미만인 발전설비
고압 계통연계	전력용량이 원칙적으로 2000 kW 미만인 발전설비 등
특별 고압 전선로와 연계	일정한 기술요건을 충족하는 경우 특별 고압 전선로와 연계할 수 있다.

(5) 태양광발전설비의 종류

① 독립형 ② 계통 연계형 ③ 복합형

(6) 독립형 태양광발전 AC 부하 시스템 구성요소

① 태양전지 ② 축전지 ③ 인버터 ④ 충·방전 제어장치

(7) 연계계통 이상 시 태양광발전시스템의 재투입

① 단락 및 지락고장으로 인한 선로 보호 장치
② 정전 복전 후 5분 초과 후 재투입
③ 차단장치는 한전 배전계통의 정전 시에는 투입 불가능하도록 시설
④ 연계계통 고장 시에는 0.5초 이내에 분리하는 단독운전 방지장치 설치

(8) 계통연계 시 주요 기기

① 변압기 ② VCB(진공 차단기) ③ MOF(계기용 변성기) ④ 전력량계

(9) 모듈의 성능 표시

① 제조업자
② 제조연월일
③ 내 풍압성의 등급
④ 최대 시스템전압(H 또는 L)
⑤ 공칭 최대출력
⑥ 공칭 개방전압
⑦ 공칭 단락전류
⑧ 공칭 최대 동작전압
⑨ 공칭 최대 동작전류
⑩ 역 내전압
⑪ 어레이의 조립형태
⑫ 공칭 중량(kg)

(10) 축전지의 구비조건

① 긴 수명
② 경제성
③ 자기방전이 낮을 것
④ 에너지 저장밀도가 높을 것
⑤ 방전전압, 전류 안정적일 것
⑥ 과충전, 과방전에 강할 것
⑦ 중량 대비 효율이 높을 것
⑧ 유지보수 용이할 것

(11) 계통 연계형 축전지 3가지의 용도 및 특징

① 방재 대응 : 정전 시 비상부하, 평상시 계통연계 시스템으로 동작하지만, 정전 시 인버터 자립운전, 복전 후 재충전

② 부하 평준화 : 전력부하 피크 억제, 태양전지 출력과 축전지 출력을 병행, 부하 피크 시 기본 전력요금 절감

③ 계통 안정화 : 계통전압 안정, 계통부하 급증 시 축전지 방전, 태양전지 출력증대로 계통전압 상승 시 축전지 충전, 역전류 감소, 전압상승 방지

(12) 축전지 설계 시 고려사항

① 방재 대응형은 충전 전력량과 축전지 용량을 매칭할 필요가 있다(정전 시 태양전지에서 충전하기 때문에).

② 축전지 직렬개수는 태양전지에서도 충전이 가능하고, 인버터의 입력전압 범위에도 포함되는지를 확인하여 선정한다.

(13) 충전방식

① 부동 충전

② 정 전류/정 전압

③ 정 전압

(14) 축전지 기대수명 요소

① 방전심도(DOD) ② 방전횟수 ③ 사용온도

(15) 축전지 최소 유지거리

① 축전지 큐비클 : 60 cm

② 조작 면 간 : 100 cm

(16) 큐비클식 축전지 설비 이격거리

① 큐비클 이외 : 1 m

② 옥외설치 건물 : 2 m

③ 부동 충전방법을 충분히 검토하고, 항상 축전지를 양호한 상태로 유지하도록 한다.

④ 설치장소는 하중에 충분히 견딜 수 있는 장소로 선정한다.

⑤ 내 지진 구조이어야 한다.

(17) 계통연계 축전지의 4대 기능

① 피크시스템

② 전력저장

③ 재해 시 전력공급

④ 발전전력 급변 시의 버퍼

(18) 황변(황산화)현상 : 납축전지 극판에 백색반점이 생기며 비중 저하, 충전용량 감소, 충전 시 전압상승이 빠르고, 다량의 가스가 발생한다.

(19) 축전지의 충전방식

① 보통 충전방식

② 급속 충전방식

③ 부동 충전방식

④ 균등 충전방식

⑤ 세류 충전방식

(20) 부동 충전방식의 충전기 2차 전류(A) = $\frac{\text{축전지의 정격용량}}{\text{축전지의 표준시간}} + \frac{\text{상시부하(W)}}{\text{표준전압(V)}}$

(21) 축전지 Ah효율 = $\frac{\text{방전전류} \times \text{방전시간}}{\text{충전전류} \times \text{충전시간}} \times 100\ \%$

(22) 축전지 Wh효율 = $\frac{\text{방전전류} \times \text{평균 방전전압} \times \text{방전시간}}{\text{충전전류} \times \text{평균 충전전압} \times \text{충전시간}} \times 100\ \%$

(23) 방전심도(DOD) = $\frac{\text{실제 방전량}}{\text{축전지의 정격용량}} \times 100\ \%$

(24) 방전전류

$$I_d = \frac{\text{부하전력(VA)}}{\text{정격전압(V)}} = \frac{P(\text{kW}) \times 1000}{E_f(V_i + V_d)}$$

여기서, E_f : 인버터 효율, V_i : 허용방지 종지전압, V_d : 전압강하

(25) 부하 평준화 축전지의 용량

$$C = \frac{K \times I_d}{L}\,[\text{Ah}]$$

여기서, K : 용량환산시간, L : 보수율

(26) 계단형 부하 평준화 축전지의 용량

$$C = \frac{1}{L}\{K_1 I_1 + K_2(I_2 - I_1)\}$$

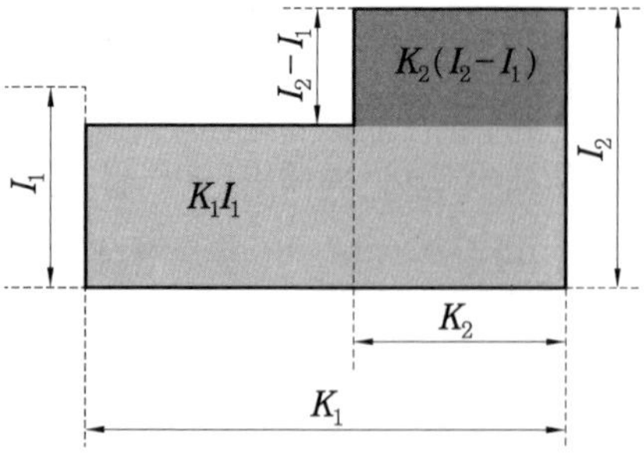

(27) 독립형 축전지의 용량

$$C = \frac{\text{불일조일수}(D_f) \times \text{1일 소비전력량}(L_d)}{\text{보수율}(L) \times \text{축전지 개수}(N) \times \text{축전지 전압}(V_b) \times \text{방전심도(DOD)}}$$

(28) 축전지 단위 셀 수량

$$N = \frac{V_i + V_d}{1.8(2)}$$

(29) ESS의 필요성

① 부하 평준화
② 기기의 고효율 운전
③ 전력생산비 절감
④ 전력시스템 신뢰도 향상
⑤ 전력품질 향상

(30) ESS의 구성요소

① 2차 전지 ② BMS
③ PCS ④ EMS

(31) ESS의 구비조건

① 자기 방전율이 낮을 것
② 에너지 밀도가 높을 것
③ 중량 대비 효율이 높을 것
④ 과충전 및 과방전에 강할 것
⑤ 가격이 저렴하고, 수명이 길 것
⑥ 저장효율이 높을 것
⑦ 안정성이 있을 것

(32) ESS의 종류

① NaS 전지 ② LiB 전지
③ 납축전지 ④ Redox 전지
⑤ 슈퍼 커패시터

(33) 리튬 이온 전지의 특징

① 에너지 밀도가 높다.
② 사용온도 범위가 넓다(−20℃ ~ 60℃).
③ 충전회로가 간단하다.
④ 체적비 용량이 높다.
⑤ 폭발의 염려가 있다.(단점)

(34) ESS 용량 산정 시 고려사항

① 태양광발전 용량
② 그 지역의 일사량 및 일조시간
③ ESS의 특성
④ ESS의 운영조건(DOD)
⑤ ESS 구축비용 및 운용비용
⑥ ESS 가중치 적용기준

(35) ESS의 2차 전지에 설치하는 자동 차단장치가 자동적으로 전로로부터 차단하여야 하는 경우

① 과전압 또는 과전류의 발생
② 제어장치의 이상
③ 2차 전지 모듈의 내부온도 급상승

(36) 2차 전지를 이용한 전기장치의 시설조건

① 접지공사를 할 것
② 환기시설과 적정온도, 습도를 유지할 것
③ 충분한 작업공간을 확보할 것(조명시설 포함)
④ 침수의 우려가 없는 곳에 설치할 것
⑤ 지지물은 부식성 가스 또는 액체에 의해 부식되지 않고, 적재하중, 지진, 충격에 안전한 구조일 것

(37) ESS의 라운드 트립(Round Trip)

$$\eta = \text{충전효율} \times \text{방전효율} = \frac{P_{DC}(\text{충전})}{P_{AC}(\text{충전})} \times \frac{P_{AC}(\text{방전})}{P_{DC}(\text{방전})}$$

단원 예상문제

신재생에너지(태양광) 발전설비기사

1. 태양광발전시스템의 분류 중 전력회사의 배전선에서 전주설치가 어려운 산악지 또는 외딴 섬 등에 전력을 공급하는 시스템은?

① 추적형 시스템
② 계통 연계형 시스템
③ 복합연동 시스템
④ 독립형 시스템

해설 독립형 시스템 : 상용계통과 직접 연계되지 않고 분리된 상태에서 태양광전력을 부하에 직접 전달하는 시스템

2. 독립형 태양광발전시스템의 응용 예로 적합하지 않은 것은?

① 양식용 부표
② 위성용 전원
③ MW급 태양전지
④ 중계소

해설 독립형 태양광발전시스템의 응용 예로는 전주설치가 어렵거나 대규모의 용량이 아닌 도서, 오지, 중계소, 가로등, 무인등대, 위성용 전원, 양식용 부표 등이 있다.

3. 독립형 태양광발전설비의 종류가 아닌 것은?

① 계통 연계형
② 복합형
③ 축전기 부착형
④ 축전기 미부착형

해설 계통 연계형은 독립형과는 반대 성격(한전에 연계)의 태양광발전설비이다.

4. 태양광발전시스템과 분산전원의 전력계통연계 시 장점이 아닌 것은?

① 공급 신뢰도가 향상된다.
② 배전선로 이용률이 향상된다.
③ 부하율이 향상된다.
④ 고장 시에 단락용량이 줄어든다.

해설 분산형 전원은 소규모로 전력소비지역 부근에 분산하여 배치가 가능한 전원이며 일반 전기사업자가 운용하는 전력계통에 연계하는 것으로 공급 신뢰성, 배전선 이용률, 부하율이 높다.

5. 태양광발전시스템의 연계전압 중 저압 계통연계에 대한 설명으로 맞는 것은?

① 전력용량이 10 MW 미만인 발전설비
② 전력용량이 원칙적으로 2000 kW 미만인 발전설비
③ 1 설치자 당 전력용량이 원칙적으로 50 kW 미만인 발전설비
④ 일정한 기술요건을 충족하는 경우

6. 독립형 태양광발전 AC 부하 시스템 구성요소가 아닌 것은?

① 태양전지
② 축전지
③ 전력량계
④ 충·방전 제어장치

해설 독립형 태양광발전 AC 부하 시스템 구성요소에는 태양전지, 축전지, 인버터, 충·방전 제어장치가 있다.

정답 1. ④ 2. ③ 3. ① 4. ④ 5. ③ 6. ③

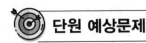

7. **계통연계용 태양전지시스템의 방재 대응형 축전지를 [보기] 조건에 의해 설치하려 한다. 설치용량으로 가장 적합한 것은?**

보기
• 평균부하용량 : 5 kW • PCS 직류 입력전압 : 200 V • PCS 축전지 간 전압강하 : 2 V • PCS 효율 : 95 % • 보수율(L) : 0.8 • 용량환산시간(K) : 24.5시간

① 600 Ah ② 700 Ah
③ 800 Ah ④ 900 Ah

해설 방전전류

$$= \frac{\text{부하용량}}{\text{효율} \times (\text{종지전압} + \text{전압강하})}$$

$$= \frac{5000}{0.95 \times (200+2)} \fallingdotseq 26\text{ A},$$

$$\text{축전지 용량} = \frac{K \times I_d}{L} = \frac{24.5 \times 26}{0.8} \fallingdotseq 796\text{ Ah}$$

$\rightarrow$ 800 Ah

8. **독립형 태양광발전시스템은 매일 충·방전을 반복해야 한다. 이 경우 축전지의 수명(충·방전 사이클)에 직접적으로 영향을 미치는 것은?**

① 용량환산계수
② 보수율
③ 평균방전전류
④ 방전심도

해설 축전지의 수명에 영향을 끼치는 요소는 ㉠ 방전심도 ㉡ 방전횟수 ㉢ 사용온도이다.

9. **납축전지의 정격용량 100 Ah, 상시부하 8 kW, 표준전압 100 V인 부동 충전방식 충전기의 2차 전류(충전전류)값은 몇 A인가?**

① 60 ② 90
③ 120 ④ 150

해설 알칼리 축전지의 표준시간은 5 h, 납축전지의 표준시간은 10 h이므로
충전기의 2차 전류

$$= \frac{\text{축전지의 정격용량}}{\text{축전지의 표준시간}} + \frac{\text{상시부하}}{\text{표준전압}}$$

$$= \frac{100}{10} + \frac{8000}{100} = 10 + 80 = 90\text{ A}$$

10. **태양광발전용 축전지의 방전심도에 대한 설명으로 틀린 것은?**

① 방전심도를 낮게 설정하면 잔존용량이 감소한다.
② 방전심도를 낮게 설정하면 전지수명이 길어진다.
③ 방전심도를 높게 설정하면 전지수명이 짧아진다.
④ 방전심도를 높게 설정하면 전지 이용률이 증가한다.

해설 방전심도를 낮게 하면 전지수명이 길어지고, 높게 하면 이용률은 높아지는 데 수명이 짧아진다. 또한 방전심도는 잔존률에 반비례한다.

11. **축전지 설비의 설치기준에서 큐비클 이외의 변전설비, 발전설비와의 거리는 몇 m 이상으로 하여야 하는가?**

① 2.0 ② 1.5
③ 1.0 ④ 0.5

해설 축전지의 최소 유지거리는 점검면과는 60 cm, 조작면 사이는 100 cm, 변전 및 발전설비와의 거리는 100 cm(1.0 m) 이상이어야 한다.

정답 7. ③ 8. ④ 9. ② 10. ① 11. ③

12. 축전지 취급 시 유의사항에 해당되지 않는 것은?

① 내진구조로 설치한다.
② 축전지 직렬개수는 태양전지에서도 충전이 가능한지 여부를 확인한 뒤 선정한다.
③ 약간 기울어진 장소에 설치한다.
④ 항상 유지 충전방법을 충분히 검토한다.

해설 축전지 취급 시 유의사항
㉠ 내진구조로 설치
㉡ 항상 유지 충전방법을 충분히 검토
㉢ 축전지 직렬개수는 태양전지에서도 충전이 가능한지 여부를 확인한 뒤 선정
㉣ 축전지의 하중을 충분히 견딜 수 있는 곳에 설치

13. 다음 [보기] 조건과 같은 독립형 태양광발전시스템의 축전지 용량(Ah)은?

보기
• 1일 정격소비량 : 2.4 kW
• 보수율 : 0.8
• 일조가 없는 날 : 10일
• 방전심도 : 65 %
• 공칭 축전지 전압 : 2 V
• 축전지 개수 : 48개

① 390 Ah
② 440 Ah
③ 481 Ah
④ 560 Ah

해설 독립형 축전지의 용량

$$= \frac{\text{불일조일수} \times \text{1일 소비전력량}}{\text{보수율} \times \text{축전지 전압} \times \text{축전지 개수} \times \text{방전심도}}$$

$$= \frac{10 \times 2400}{0.8 \times 2 \times 48 \times 0.65}$$

$\fallingdotseq 481$ Ah

14. 납축전지(연축전지)의 공칭전압은 몇 V인가?

① 1.0 ② 2.0
③ 3.0 ④ 4.0

해설 납축전지의 공칭전압은 2.0 V이다.

15. 부하의 허용 최저전압이 92 V, 축전지와 부하 간 접속선의 전압강하가 3 V일 때 직렬로 접속한 축전지의 개수가 50개라면 축전지 한 개의 허용 최저전압은 몇 V인가?

① 1.5 V/cell ② 1.6 V/cell
③ 1.8 V/cell ④ 1.9 V/cell

해설 축전지 한 개의 허용전압

$$V = \frac{V_i + V_d}{N} = \frac{92+3}{50} = 1.9\text{ V}$$

16. 태양광발전용 축전지가 갖추어야 할 요구조건이 아닌 것은?

① 자기 방전율이 높을 것
② 에너지 저장밀도가 높을 것
③ 중량 대비 효율이 높을 것
④ 과충전, 과방전에 강할 것

해설 축전지의 구비조건
㉠ 수명이 길 것
㉡ 에너지 저장밀도가 높을 것
㉢ 자기 방전율이 낮을 것
㉣ 과충전, 과방전에 강할 것
㉤ 중량 대비 효율이 높을 것

17. 계통연계용 축전지 용량을 산출하기 위해 필요한 값이 아닌 것은?

① 보수율 ② 변환효율
③ 용량환산시간 ④ 평균방전전류

해설 계통연계용 축전지 용량

$$= \frac{\text{용량환산시간} \times \text{방전전류}}{\text{보수율}}$$

정답 12. ③ 13. ③ 14. ② 15. ④ 16. ① 17. ②

18. 다음 [보기] 조건에 따른 태양전지 배터리의 용량을 계산하면?

보기
• 보수율 : 0.8 • 1일의 소비전류량 : 200 A • 용량환산시간 : 6 h

① 1200 Ah ② 1300 Ah
③ 1400 Ah ④ 1500 Ah

해설 축전지 용량

$$= \frac{\text{용량환산시간} \times \text{방전전류}}{\text{보수율}}$$

$$= \frac{6 \times 200}{0.8} = 1500\text{ Ah}$$

19. 축전지 충전방식 중 자기방전량만을 항상 충전하는 충전방식은?

① 보통 충전 ② 급속 충전
③ 부동 충전 ④ 세류 충전

해설 세류 충전 : 축전지의 자기방전을 보충하기 위하여 부하를 제거한 상태로 미소전류를 충전하는 방식

20. 독립형 전원 시스템용 축전지의 설명으로 틀린 것은?

① 축전지에는 납축전지, 니켈-카드뮴 전지, 니켈-수소전지, 리튬 2차 전지 등이 있다.
② 독립형 전원 시스템용 축전지는 기후에 따라 충·방전량이 변하기 때문에 평균방전심도를 설정하여 축전지의 기종을 선정해야 한다.
③ 독립형 전원 시스템용 축전지의 기대수명은 방전심도, 방전횟수, 사용온도 등에 좌우된다.
④ 독립형 전원 시스템용 축전지의 방전심도는 실제 방전량에 반비례한다.

해설 축전지의 방전심도

$$= \frac{\text{실제 방전량}}{\text{축전지의 정격용량}} \times 100\,\%$$

21. 축전지에 사용되는 재료에 해당되지 않는 것은?

① 납 ② 구리
③ 리튬 ④ 니켈-수소

해설 태양전지에는 충전이 가능한 납축전지, 리튬, 니켈-수소 등이 사용되며, 구리는 사용되지 않는다.

22. 축전지의 기대수명을 결정하는 요소에 해당하지 않는 것은?

① 사용온도 ② 충전횟수
③ 방전횟수 ④ 방전심도

23. 계통연계 시스템용 축전지의 종류에 포함되지 않는 것은?

① 방재 대응형
② 부하 평준화형
③ 전류연계 대응형
④ 계통 안정화 대응형

24. 축전지의 용량 산출에 사용되지 않는 것은?

① 충전시간 ② 방전시간
③ 방전전류 ④ 허용 최저전압

해설 축전지의 용량 산출에는 보수율, 불일조일수, 방전심도, 평균방전전류, 방전시간, 허용 최저전압, 전압강하 등이 사용된다.

25. 태양전지 출력과 축전지 출력을 병용하여 부하의 피크 시에 인버터를 필요한 출력으로 운전함으로써 수전전력의 증대를 억제하여 기본 전력요금을 절감하는 방식은?

정답 ● 18. ④ 19. ④ 20. ④ 21. ② 22. ② 23. ③ 24. ① 25. ②

① 방재 대응형
② 부하 평준화형
③ 온도 대응형
④ 계통 안정화 대응형

해설 부하 평준화형 : 전력부하 피크 억제, 태양전지 출력과 축전지 출력을 병행, 부하 피크 시 기본 전력요금 절감

26. **평시에는 계통연계 시스템으로 동작하고 재해로 인한 정전 시에는 인버터를 자립운전으로 절환함과 동시에 특정한 방재 대응형 부하에 전력을 공급하는 방식은?**

① 방재 대응형
② 전압연계 대응형
③ 부하 평준화형
④ 계통 안정화 대응형

해설 방재 대응형 : 정전 시 비상부하, 평상시 계통연계 시스템으로 동작하지만, 정전 시 인버터 자립운전, 복전 후 재충전

27. **축전지의 방전상태를 나타내는 것은?**

① 충진율 ② 충전도
③ 방전심도 ④ 도전율

해설 방전심도는 축전지의 정격용량에 대한 실제 방전량의 백분율이므로 방전상태를 나타내는 지표이다.

28. **계통연계 시스템에서 축전지의 4대 기능에 포함되지 않는 것은?**

① 피크 시프트
② 재해 시 전력공급
③ 전력사용
④ 발전전력 급변 시의 버퍼

해설 계통연계 시스템에서 축전지의 4대 기능은 피크 시프트, 전력저장, 재해 시 전력공급, 발전전력 급변 시의 버퍼이다.

29. **계통연계 시스템용 축전지 선정의 핵심 요소로 틀린 것은?**

① 축전지의 용량
② 태양전지의 크기
③ 태양전지의 용량
④ 허용 최저전압

해설 축전지의 선정기준
㉠ 수명
㉡ 중량
㉢ 전류-전압 특성
㉣ 안정성
㉤ 허용 최저전압

30. **독립형 전원 시스템용 축전지의 설계순서와 관계가 없는 것은?**

① 부하에 필요한 직류 입력 전력량을 상세히 검토한다.
② 설치 예정 장소의 일사량 데이터를 조사한다.
③ 방전심도를 설정한다.
④ 부하에 필요한 교류 전력량을 상세히 검토한다.

해설 축전지는 직류이므로 설계와 교류 전력량은 관계가 없다.

31. **독립형 전원 시스템용 축전지의 불일조 일수는 보통 5 ~ 15일이다. 이때 통상적인 방전심도는 몇 %인가?**

① 20 ~ 35
② 35 ~ 50
③ 50 ~ 75
④ 75 ~ 90

해설 일반적으로 방전심도가 낮을 때의 범위는 30 ~ 40 %, 높을 때는 70 ~ 80 %, 일반(통상) 50 ~ 75 %이다.

정답 26. ① 27. ③ 28. ③ 29. ② 30. ④ 31. ③

32. 다음은 독립형 전원 시스템의 블록도이다. 빈칸에 적합한 내용은?

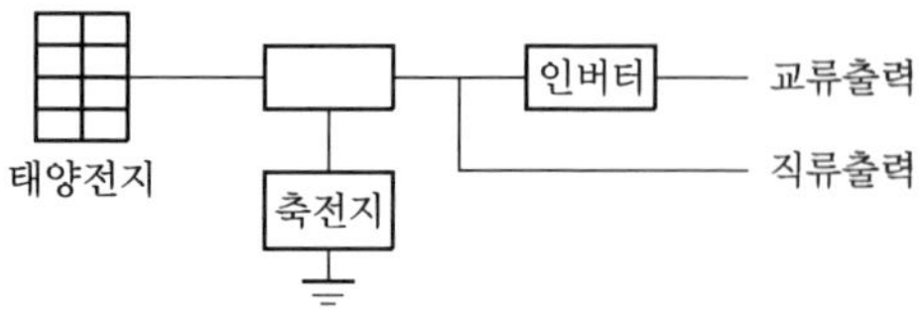

① 전압 제어장치
② 충·방전 제어장치
③ 부하 평준화 장치
④ 계통 안정화 장치

해설 태양전지와 인버터 사이에 축전지를 설치할 경우에는 충·방전 제어장치가 설치된다.

33. 독립형 전원 시스템에서 보수가 필요 없는 다음 [보기] 조건의 납축전지의 용량은? (단, 납축전지의 방전 종지전압은 2.0 V, 보수율은 0.8이다.)

보기
• 출력용량 : 56 kW • 인버터 최저 입력전압 : 358 V • 직류 전압강하 : 2 V • 용량환산시간 : 4.2시간 • 인버터의 효율 : 96 %

① 750 Ah ② 850 Ah
③ 950 Ah ④ 1000 Ah

해설 방전전류 I_d

$$= \frac{P}{E_f(V_i + V_d)} = \frac{56000}{0.96 \times (358+2)} \fallingdotseq 162\,\text{A},$$

$$\text{축전지의 용량} = \frac{KI_d}{L} = \frac{4.2 \times 162}{0.8} \fallingdotseq 850\,\text{Ah}$$

34. 방재 대응형 축전지의 설계 시 최저전압은 셀(cell)당 몇 V인가?

① 1.8 ② 2.0 ③ 2.6 ④ 3.2

해설 축전지의 설계 시 최저전압은 셀(cell)당 1.8 V, 납축전지는 2 V이다.

35. 다음 [보기]의 조건에서 부하 평준화 대응형 축전지 단위 셀 수량은?

보기
• 인버터 최저 입력전압 : 448 V • 직류 전압강하 : 2 V

① 200 ② 250
③ 300 ④ 350

해설 셀 수량

$$= \frac{\text{최종 허용(최저 입력)전압} + \text{전압강하}}{\text{셀당 전압}}$$

$$= \frac{448+2}{1.8} = 250$$

단, 셀당 전압은 1.8 V로 계산

36. 계통 연계형 태양광발전시스템에 축전지를 부착함으로써 발생할 수 있는 장점이 아닌 것은?

① 재해 발생 시 전력공급의 역할을 한다.
② 태양광발전시스템의 적용범위를 확대한다.
③ 태양광발전시스템의 수명을 연장한다.
④ 계통전압의 안정화에 기여한다.

해설 ㉠ 방재 대응
㉡ 부하 평준화
㉢ 계통 안정화 등은 인버터의 기능에 해당한다.

정답 32. ② 33. ② 34. ① 35. ② 36. ③

1-8 피뢰소자

(1) 피뢰소자

① 서지 보호 장치(SPD) : 낙뢰로 인한 충격성 과전압에 대해 전기설비의 단자전압을 규정치 이내로 낮추어 정전을 일으키지 않고 원상태로 복귀하는 장치이다.

② 서지 업서버(Surge Absorber) : 전선로로 침입하는 이상전압의 높이를 완화하고, 파고치를 저하시키도록 만든 장치로서 방전내량은 최저 4 kV 이상인 것을 사용한다.

③ 내뢰 트랜스 : 실드부 절연 트랜스를 주체로 하며 이에 SPD 및 콘덴서를 부가한 것으로서 뇌 서지가 침입한 경우 내부에 내장된 SPD에서의 제어 및 1차측과 2차측 간의 고절연화 및 차폐(Shield)에 의해 뇌 서지의 흐름을 완전히 차단할 수 있게 만든 장치이다.

④ 어레스터(Arrester) : 과전압 소멸 후 속류 차단하여 원상으로 복구하며 1000 A, 8/20 μs에서 제한전압이 2000 V 이하인 것을 사용한다.

(2) SPD의 분류

① 전압 스위치형

② 전압 제한형

③ 복합형

(3) SPD의 선정

① 방전내량이 큰 것 : 접속함, 분전반 내 설치

② 방전내량이 작은 것 : 어레이 주 회로 내 설치

(4) SPD의 구비조건

① 뇌 서지전압이 낮을 것

② 응답시간이 빠를 것

③ 병렬 정전용량 및 직렬저항이 작을 것

(5) SPD 설치 시 접속도체의 길이 : 0.5 m 이하

(6) 낙뢰, 서지 등으로부터 태양광발전시스템을 보호하기 위한 대책

① 피뢰소자를 어레이 주 회로 내에 분산시켜 설치하고 동시에 접속함에도 설치한다.

② 저압 배전선으로 침입하는 낙뢰, 서지에 대해서는 분전반에 피뢰소자를 설치한다.

③ 뇌우 다발지역에서는 교류전원 측에 내뢰 트랜스를 설치하여 보다 안전한 대책을 세운다.

(7) 내부보호 피뢰 시스템

① 접지 및 본딩 ② 자기차폐 ③ 협조된 SPD ④ 안전 이격거리 ⑤ 등전위 본딩

(8) 외부보호 피뢰 시스템

① 수뢰부 시스템 : 구조물의 뇌격을 받아들인다.
② 인하도선 시스템 : 뇌격전류를 안전하게 대지로 보낸다.
③ 접지 시스템 : 뇌격전류를 대지로 방류시킨다.

(9) 피뢰기 설치장소

① 발·변전소 이외에 준하는 장소의 가공전선 인입구 및 인출구
② 가공전선로(25 kV 이하의 중성점 다중접지식 특고압 제외)에 접속하는 배전용 변압기의 고압 및 특고압 측
③ 고압 및 특고압의 가공선로로부터 공급받는 수용장소의 인입구
④ 가공전선로와 지중선로가 접속되는 곳

단원 예상문제

신재생에너지(태양광) 발전설비기사

1. 서지 보호 장치(SPD)에 대한 설명으로 옳지 않은 것은?

① SPD는 반도체형의 갭형이 있고, 기능면으로 구분하면 억제형과 차단형으로 구분할 수 있다.
② SPD 소자로서 탄화규소, 산화아연 등이 있다.
③ 통신용 및 전원용이 있다.
④ 단락전류 차단기능이 있다.

해설 SPD : 충격성 과전압에 대해 단자전압을 규정치 이내로 억제하는 장치

2. 태양광발전설비가 개방된 곳에 설치되어 있을 때 낙뢰로부터 보호하기 위해 설치하는 것은?

① 피뢰침 ② 역류방지 장치
③ 바이패스 장치 ④ 발광 다이오드

해설 역류방지 장치, 바이패스 장치, 발광 다이오드 등은 사용 정격전압이 낮아 피뢰 방지에는 사용할 수가 없다.

3. 피뢰기가 구비하여야 할 조건으로 잘못 설명한 것은?

① 속류의 차단능력이 충분할 것
② 상용주파 방전 개시전압이 높을 것
③ 충격방전 개시전압이 낮을 것
④ 방전내량이 작으면서 제한전압이 높을 것

해설 피뢰기의 구비조건
㉠ 충격방전 개시전압이 낮을 것
㉡ 응답시간이 빠를 것

정답 1. ④ 2. ① 3. ④

㉢ 방전내량이 클 것
㉣ 제한전압이 적정할 것
㉤ 상용주파 방전 개시전압이 높을 것

4. 뇌 보호 시스템 중 내부보호 시스템은?

① 접지 시스템
② 인하도선 시스템
③ 수뢰부 시스템
④ 서지 보호 장치 시스템

해설 • 외부보호 : 수뢰부 시스템, 인하도선 시스템, 접지 시스템
• 내부보호 : 접지와 본딩, 자기차폐, 협조된 SPD(서지 보호 장치)

5. 낙뢰로 인한 내부 전기·전자 시스템을 보호하기 위한 기본 보호대책이 아닌 것은?

① 접지 및 본딩 ② 협조된 SPD
③ 수뢰부 시스템 ④ 자기차폐

해설 내부 보호 : 접지와 본딩, 자기차폐, 협조된 SPD(서지 보호 장치)

6. 낙뢰, 서지 등의 피해로부터 PV 시스템을 보호하기 위한 대책으로 틀린 것은?

① 피뢰소자를 어레이 주 회로 내에 분산시켜 설치함과 동시에 접속함에도 설치한다.
② 뇌우의 발생지역에서는 직류전원 측에 내뢰 트랜스를 설치하여 보다 안전한 대책을 세운다.
③ 뇌우의 발생지역에서는 교류전원 측에 내뢰 트랜스를 설치하여 보다 안전한 대책을 세운다.
④ 저압 배전선으로 침입하는 낙뢰, 서지에 대해서는 분전반에 피뢰소자를 설치한다.

해설 직류측에는 트랜스를 사용하지 않는다.

7. 낙뢰에 의한 충격성 과전압에 대하여 전기설비의 단자전압을 규정치 이내로 저감시켜 정전을 일으키지 않고 원상태로 복귀시키는 장치는?

① SPD
② 역류방지 다이오드
③ 어레스터
④ 내뢰 트랜스

8. SPD 중 방전내량이 작은 것의 설치장소로 옳은 것은?

① 분전반
② 어레이 주 회로
③ 접속함
④ 인버터

해설 • 방전내량이 작은 것 : 어레이 주 회로 내 설치
• 방전내량이 큰 것 : 접속함, 분전반 내 설치

9. SPD의 분류에 해당하지 않는 것은?

① 복합형
② 전압 스위치형
③ 전류 제한형
④ 전압 제한형

해설 SPD의 분류 : 전압 제한형, 전압 스위치형, 복합형

정답 4. ④ 5. ③ 6. ② 7. ① 8. ② 9. ③

Chapter 2

태양광발전 사업 환경 분석

2-1 일사량, 일조시간

(1) 일조강도(방사조도)

① 단위시간 동안 단위넓이(m^2)에 입사되는 복사에너지의 세기(W/m^2)

② 일조강도의 영향 요소 : 산란, 반사, 흡수 등에 의한 복사강도 감소나 구름, 수증기, 오염물질

(2) 일사량(일조량) : 일정시간 동안 지표면에 도달하는 일조강도의 적산값(Wh/m^2)

(3) 직달 일사강도 : 일정시간 동안 지표면에 직접 도달하는 직달광을 적산한 값(Wh/m^2)

(4) 가조시간 : 어느 지방의 일출부터 일몰 때까지의 시간

(5) 일조시간 : 가조시간 중 구름의 방해가 없이 지표면에 태양광이 비춘 시간의 합계

(6) 일조율 $= \dfrac{\text{일조시간}}{\text{가조시간}} \times 100\,\%$

(7) 일사광 영향요소 : 산란, 굴절, 반사, 통과

① 전천 일사강도(I_g), 직달 일사강도(I_d), 산란 일사강도(I_s)의 관계식 : $I_g = I_d \sin\theta + I_s$

② Bouger 법칙 : 맑은 상태에서 태양광이 지표면에 도달하기 전에 대기권에서 흡수되는 에너지에 따른 법칙 → $I_b = Ie^{-km}$

2-2 주변 환경 조건

(1) 태양의 위치와 각

① 고도각 : 지표면에서 태양을 올려다보는 각, 직달광과 지표면이 이루는 각도

② 천정각 : 지표면에서 수직선이며 바로 머리 위에 있을 때의 각도

오른쪽 그림에서 θ는 고도각, $\theta = 90°$이면 천

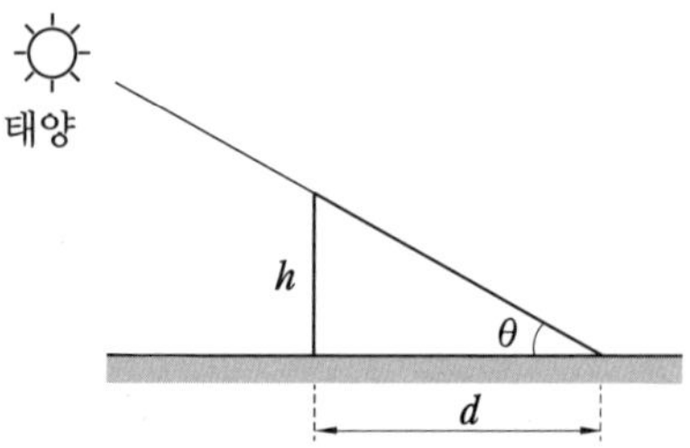

정각이다.

③ 방위각 : 어레이가 정남향과 이루는 각도

④ 경사각 : 어레이가 지평면과 이루는 각도

(가) 경사각이 낮을수록 대지 이용률은 커진다.

(나) 적설을 고려한 경사각은 45°이다.

⑤ 남중고도 : 하루 중 태양의 고도가 가장 높을 때의 각도

(가) 동지 시 : 90° − 위도 − 23.5°

(나) 하지 시 : 90° − 위도 + 23.5°

(다) 춘·추분 시 : 90° − 위도

(라) 남중고도 크기 : 하지 > 춘·추분 > 동지

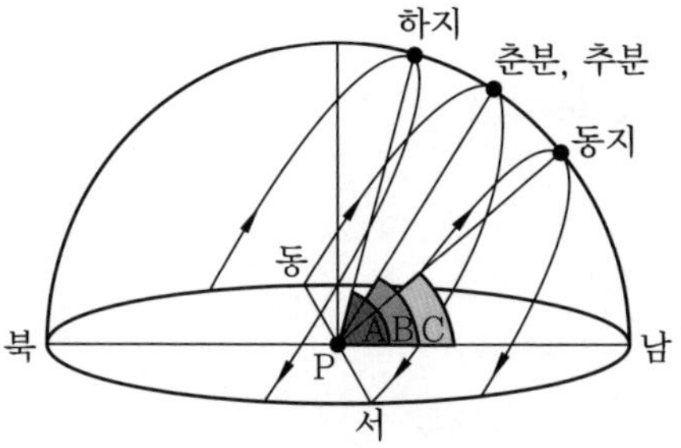

(2) STC, NOCT, AM

① STC(Standard Test Conditions) : 태양전지와 모듈의 특성을 측정하는 표준 시험조건

(가) 일사강도 : 1000 W/m^2 (나) 셀 온도 : 25 ℃

(다) 풍속 : 1 m/s

② NOCT(Normal Operating Condition Temperature) : 공칭 태양전지 동작온도

(가) 조사(일사)강도 : 800 W/m^2 (나) 셀 온도 : 20℃

(다) 경사각 : 45° (라) 풍속 : 1 m/s

③ AM(Air Mass : 대기질량지수) : 태양광선이 지구 대기를 통과하여 도달하는 경로의 길이

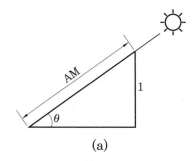

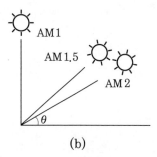

(a) (b)

(가) $AM=\frac{1}{\sin\theta}$, $\sin\theta=\frac{1}{AM}$ [그림 (a)]

(나) AM 0 : 대기권 밖에서의 스펙트럼

(다) AM 1 : 태양 천정 위치, $\theta=90°$

(라) AM 1.5 : STC 조건, $\theta=41.8°$

(마) AM 2 : $\theta=30°$ [그림 (b)]

(3) 최대출력 영향요소

① 태양광의 조사강도

② 분광분포

③ 모듈과 주위온도

④ 모듈 주변의 습도

(4) 태양광시스템 설계 시 검토사항

① 연간 일사량

② 순간풍속 및 최대풍속

③ 최저 및 최고온도

④ 최대 폭설 양

⑤ 오염원

(5) 태양광발전시스템 손실

① 시스템 이용률 감소요인

(가) 일사량 감소

(나) 여름철 온도 상승

(다) 전력 손실

② 시스템 전력 손실

(가) 케이블 손실

(나) 인버터 손실

(다) 변압기 손실

단원 예상문제

신재생에너지(태양광) 발전설비기사

1. **태양전지 모듈의 공칭 태양전지 동작온도(NOCT)에서의 측정조건이 아닌 것은?**

① 풍속 1 m/s
② 습도 35 %
③ 셀 온도 20℃
④ 총 방사조도 800 W/m^2

해설 NOCT 조건
- 조사(일사)강도 : 800 W/m^2
- 셀 온도 : 20℃
- 경사각 : 45°
- 풍속 : 1 m/s

2. **태양전지 측정 STC 조건에 따른 최적의 일사량과 표면온도는?**

① 2500 W/m^2, 55℃
② 1800 W/m^2, 35℃
③ 1500 W/m^2, 30℃
④ 1000 W/m^2, 25℃

3. **위도 36.5°에서 하지 시 남중고도는?**

① 30° ② 45°
③ 60° ④ 77°

해설 하지 시 남중고도
$= 90° - 36.5° + 23.5° = 77°$

4. **태양의 복사에너지가 지표면에 도달되는 일사에 대한 설명 중 틀린 것은?**

① 지구 대기권의 수분, 공기입자, 오염물질에 의한 산란형태의 복사 일사를 산란 일사라 한다.
② 태양의 복사에너지가 대기권에서 굴절, 산란, 편광이 되지 않고 직접 도달하는 방향성 직사광선을 직달 일사량이라 한다.
③ 지구 대기권의 수분, 공기입자, 오염물질에 의해서 편광이 되는 형태의 복사 일사를 산란 일사라 한다.
④ 태양의 복사에너지가 대기권에서 굴절, 산란, 편광이 되어 직접 도달하는 광을 직달 일조량이라 한다.

해설 태양복사가 지표면에 도달되기 전에 구름이나 대기 중의 먼지에 의해 반사되지 않고 확산되는 성분을 산란 복사라 한다.

5. **지표면에서 태양을 올려보는 각이 30°인 경우에 AM 값은?**

① 0 ② 1
③ 1.5 ④ 2

해설 입사각이 90° → AM 1, 41.8° → AM 1.5, 30° → AM 2이다.

6. **태양광발전 설계에 AM = 1.5가 적용되는 경우 지표와의 각도는 몇 도(°)인가?**

① 90° ② 60°
③ 42° ④ 30°

해설 AM 1.5의 지표와의 각은 41.8(≒42°)이다.

7. **다음 태양복사에 대한 설명 중 틀린 것은 어느 것인가?**

① 직달 복사는 태양으로부터 지표면에 직접 도달되는 복사로 물체에 강한 그림자를 만드는 성분이다.
② 태양복사량의 평균값을 태양상수라 하며 1367 W/m^2이다.

정답 1. ② 2. ④ 3. ④ 4. ③ 5. ④ 6. ③ 7. ③

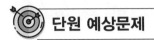

③ 매우 흐린 날 특히 겨울에 태양복사는 거의 모두 산란 복사된다.
④ 산란 복사는 태양복사가 지표면에 도달되기 전에 구름이나 대기 중의 먼지에 의해 반사되지 않고 확산되는 성분이다.

해설 매우 흐린 날 특히 겨울에도 태양복사는 그 대부분이 직달 복사로 된다.

8. **태양광발전 모듈의 출력에 직접적인 영향을 주는 항목이 아닌 것은?**

① Air Mass(AM)
② 모듈 주위의 습도(%)
③ 모듈 표면온도(℃)
④ 태양의 일사강도(W/m^2)

해설 모듈의 출력에 직접적인 영향을 주는 항목은 Air Mass(AM), 일사강도, 표면 온도이다.

9. **태양전지 모듈의 출력특성을 평가할 경우 표준 시험기준에 해당하지 않는 것은?**

① 방사조도 1000 W/m^2
② 모듈 표면온도 25 ℃
③ 분광분포 AM 1.5
④ 모듈 표면압력 1기압

해설 표준 시험기준
- 방사조도 1000 W/m^2
- 분광분포 AM 1.5
- 모듈 표면온도 25℃

10. **태양광발전시스템의 손실인자가 아닌 것은?**

① 모듈의 음영
② 효율
③ 모듈의 온도
④ 모듈의 오염

해설 태양광발전시스템의 손실인자
- 모듈의 음영
- 모듈의 오염
- 모듈의 온도

11. **다음 [보기]의 표준 시험상태에 대해 ( ) 안에 각각 알맞은 내용은?**

보기
- 태양광 모듈 온도(A)
- 분광분포(B)
- 방사조도(C)

① A : 20℃, B : AM 1.0, C : 1000 W/m^2
② A : 20℃, B : AM 1.5, C : 1500 W/m^2
③ A : 25℃, B : AM 1.5, C : 1000 W/m^2
④ A : 25℃, B : AM 1.5, C : 1500 W/m^2

해설 표준 시험상태(STC) : 모듈 온도 25℃, 분광분포 AM 1.5, 조사강도 1000 W/m^2

12. **태양광발전의 최대출력 영향요소가 아닌 것은?**

① 태양광의 조사강도
② 분광분포
③ 반사
④ 모듈과 주위온도

해설 태양광발전의 최대출력 영향요소
- 태양광의 조사강도
- 분광분포
- 모듈과 주위온도
- 모듈 주변의 습도

정답 8. ② 9. ④ 10. ② 11. ③ 12. ③

Chapter 3

태양광발전 사업부지 환경 조사

3-1 부지 타당성 검토

(1) 태양광발전소 건설 시 현장여건 분석

① 설치조건 : 방위각, 경사각, 건축 안정성

② 환경여건 : 음영유무, 공해유무, 자연재해(홍수, 태풍), 적설량

③ 전력여건 : 배선용량, 연계점, 수전전력

(2) 태양광발전소 부지의 선정조건

① 지정학적 조건

㈎ 일조량 및 일조시간

㈏ 위치 및 방향성

㈐ 부지의 경사

㈑ 기후조건(최대풍속, 적설량)

② 건설·지반적 조건

㈎ 자재의 운송

㈏ 교통의 편의성

㈐ 지반 및 배수조건

③ 설치 운영상 조건

㈎ 접근성이 용이

㈏ 주변 환경에 피해를 주지 않을 것

④ 행정상 조건

㈎ 개발 허가 취득조건

㈏ 사전환경성 검토

㈐ 지역 및 토지용도 검토

㈑ 부지의 소유권 정보

⑤ 전력계통과의 연계조건

㈎ 송배전선로 근접

(나) 연계용량 확보

(다) 연계점

(라) 계통 인입선 위치

⑥ 경제성 조건 : 부지가격, 토목 공사비, 기타 부대 공사비 및 수익성

(3) 부지 선정 절차

후보지 선정 → 사전정보조사 → 현장조사 → 소유자 파악 및 이용 협의 → 태양광 규모기획 → 지가조사 → 소유자협의 및 매입 결정 → 매매계약 체결

3-2 부지의 환경요소 검토

① 집중호우 및 홍수피해 가능성 여부

② 자연재해(태풍 등), 기상재해 발생 여부

③ 수목에 의한 음영의 발생 가능성 여부

④ 공해, 염해, 빛, 오염의 유무

⑤ 적설량 및 겨울철 온도

단원 예상문제

신재생에너지(태양광) 발전설비기사

1. 태양광발전 부지 선정 시 지리적 조건의 변수에 해당하지 않는 것은?

① 경사도

② 토지의 지질상태

③ 토지 비

④ 토지의 방향

해설 토지 비는 지리적 조건이 아니라 경제성 검토항목이다.

2. 다음에서 부지 선정 시 행정상 조건이 아닌 것은?

① 지역 및 토지용도 검토

② 부지의 소유권 정보

③ 연계용량

④ 개발 허가 취득조건

해설 연계용량은 전력계통과의 연계조건 검토사항이다.

정답 1. ③ 2. ③

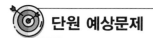

3. **다음에서 설명하는 부지 선정의 절차는 무엇에 해당하는가?**

사전정보 및 현장 조사를 토대로 설치 가능용량 산출

① 인·허가
② 부지 조사
③ 지가 조사
④ 태양광 규모기획

4. **태양광발전시스템 부지 선정 시 일반적인 고려사항으로 틀린 것은?**

① 일사량이 좋은 지형이고, 동향인지 확인한다.
② 바람이 잘 들 수 있는 부지인지 확인한다.
③ 부지의 가격이 저렴한 곳인지 확인한다.
④ 토사, 암반의 지내력 등 지반지질 상태를 확인한다.

해설 일사량이 좋고, 남향인지 확인한다. → 동향이 아니라 남향이므로 ①번이 정답이다.

5. **태양광발전시스템 부지 선정 시 현장조건 조사사항으로 틀린 것은?**

① 공해, 염해의 유무
② 빛 장해
③ 가로등 밝기
④ 동계 적설, 결빙, 뇌해 대책

해설 현장 조사사항에는 공해, 염해, 빛, 오염의 유무, 수목에 의한 음영의 발생 가능성 여부, 적설량 및 겨울철 온도, 집중호우 및 홍수피해 가능성 여부 등이 있다.

6. **태양광발전설비의 부지 선정 시 틀린 것은?**

① 적설량이 적어야 한다.
② 일조량이 많아야 한다.
③ 일조시간이 길어야 한다.
④ 음영이 많아야 한다.

해설 부지 선정 시 음영이 적어야 한다.

7. **부지 선정 시 일반적 고려사항에 해당되지 않는 것은?**

① 지리적 조건
② 경제성
③ 토질의 지질조건
④ 건설상의 조건

해설 부지 선정 시 일반적 고려사항 : 지리적 조건, 건설상의 조건, 경제성, 행정상의 조건, 전력계통 연계조건, 설치 운영상 조건

8. **부지 선정 절차의 현황 분석사항이 아닌 것은?**

① 지적도 체크
② 등기부 등본의 권리 소유관계 확인
③ 도시계획 시설부지 여부 확인
④ 진입로 차단과 시설확장의 폐쇄 여부 확인

해설 부지 선정 절차의 현황 분석사항 : 지적도 체크, 등기부 등본의 권리 소유관계 확인, 부지의 군사시설 및 환경법상 제한여부 확인, 도시계획 시설부지 여부 확인, 대지부지 내에 문화재 매장 여부 확인

정답 3. ④ 4. ① 5. ③ 6. ④ 7. ③ 8. ④

Chapter 4

태양광발전 사업부지 인·허가 검토

4-1 국토이용에 관한 법령 검토

(1) 전기사업

① 발전사업

② 송전사업

③ 배전사업

④ 전기 판매사업 및 구역전기사업

(2) 전기설비의 범위

① 일반용 전기설비 : 전압 1000 V 이하로서 용량 75 kW 미만(제조업 또는 심야전력을 이용하는 설비는 100 kW 미만)의 전력을 타인으로부터 수전하여 그 수전장소에서 그 전기를 사용하기 위한 설비

② 위험시설에 설치하는 용량 20 kW 이상의 전기설비

③ 여러 사람들이 이용하는 용량 20 kW 이상의 전기설비

(3) 전기사업의 허가(전기사업법 제7조)

① 전기사업을 하려는 자는 전기사업의 종류별로 산업통상자원부장관의 허가를 받아야 한다. 허가받은 사항 중 산업통상자원부장관령으로 정하는 경우도 또한 같다.

② 산업통상자원부장관은 전기사업을 허가 또는 변경 허가를 하려는 경우에는 미리 전기위원회의 심의를 거쳐야 한다.

③ 동일인에게는 2개 이상의 전기사업을 허가할 수 없다. 다만 대통령령으로 정하는 경우에는 그러하지 아니하다.

㈎ 대통령령으로 정하는 두 종류 이상의 전기사업

㉮ 배전사업과 전기 판매사업을 겸업하는 경우

㉯ 도서지역에서 전기사업을 하는 경우

㉰ 발전사업의 허가를 받은 사람으로 보는 집단에너지 사업자가 전기 판매사업을 겸업하는 경우. 다만, 사업의 허가에 따라 공급구역에 전기를 공급하려는 경우로만 한정한다.

(4) 사업 허가의 신청

3000 kW 초과의 전기사업의 허가를 신청하려는 자는 전기사업 허가 신청서를 산업통상자원부장관에게, 3000 kW 이하의 전기사업의 허가를 받으려는 자는 특별시장, 광역시장, 특별자치시장, 시·도지사 또는 특별자치도지사에게 제출하여야 한다.

(5) 변경 허가사항

① 전기사업의 허가에서 산업통상자원부령으로 정하는 중요사항이란 다음 각 호를 말한다.

㈎ 사업구역 또는 특정한 공급구역

㈏ 공급전압

㈐ 발전사업 또는 구역전기사업의 경우 발전용 전기설비에 관한 다음의 어느 하나에 해당하는 사항

㉮ 설치장소(동일한 읍, 면, 동에서 설치장소를 변경하는 경우는 제외한다.)

㉯ 설비용량(변경정도가 허가 또는 변경 허가를 받은 설비용량의 100분의 10 이하인 경우는 제외한다.)

㉰ 원동력의 종류(허가 또는 변경 허가를 받은 설비용량이 300000 kW 이상인 발전용 설비에 신생에너지 및 재생에너지 개발·이용·보급 촉진법에 따른 신·재생에너지를 이용하는 발전용 전기설비를 추가로 설치하는 경우는 제외한다.)

② 전기사업의 허가에 따라 변경 허가를 받으려는 자는 사업 허가 변경 신청서에 변경내용을 증명하는 서류를 첨부하여 산업통상자원부장관 또는 시·도지사에게 제출하여야 한다.

(6) 전기의 품질기준

① 표준전압 및 허용오차

표준전압	허용오차
110 V	110 V 상하로 6 V 이내
220 V	220 V 상하로 13 V 이내
380 V	380 V 상하로 38 V 이내

② 표준 주파수 및 허용오차

표준 주파수	허용오차
60 Hz	60 Hz 상하로 0.2 Hz 이내

(7) 전기위원회

① 산업통상자원부에 전기위원회를 둔다.

② 전기위원회는 위원장 1명을 포함한 9명 이내의 위원으로 구성하되 위원 중 대통령령으로 정하는 수의 위원을 상임으로 한다.

③ 전기위원회의 위원장을 포함한 위원은 산업통상자원부장관의 제청으로 대통령이 임명 또는 위촉한다.

4-2 신·재생에너지 관련 법령 검토

(1) 신·재생에너지 용어

① RPS(Renewable Portfolio Standard) : 일정량(500만 kW) 이상의 발전설비를 보유한 발전사업자에게 총 발전량의 일정량 이상을 신·재생에너지로 국가에 공급하도록 의무화한 제도

② FIT(Feed In Tariff) : 신·재생에너지에 의하여 공급한 전기의 전력가격이 정부가 고시한 기준가격보다 낮은 경우에 기준가격과 전력거래가격의 차액을 정부가 지원해주는 제도

③ REC(Renewable Energy Certificate) : 태양광발전사업용 설비에 발급되는 공급인증서

④ REP(Renewable Energy Point) : 생산인증서 발급대상설비에서 생산된 MWh 기준의 생산에너지 전력량에 대해 부여하는 제도

⑤ RFS(Renewable Fuel Standard) : 석유제정업자에게 일정 이상의 신·재생에너지와 수송용 연료를 혼합하도록 하는 제도

(2) 신에너지

① 수소에너지

② 연료에너지

③ 석탄을 액화·가스화한 에너지 및 중질잔사유를 가스화한 에너지

(3) 재생에너지

① 태양에너지 ② 풍력에너지 ③ 수력에너지 ④ 해양에너지 ⑤ 지열에너지

⑥ 생물자원을 변환시켜 이용하는 바이오에너지

⑦ 폐기물을 에너지로서 대통령령으로 정하는 기준 및 범위에 해당하는 에너지

⑧ 그 밖에 석유·석탄·원자력 또는 천연가스가 아닌 에너지로서 대통령령으로 정하는 에너지

(4) 신·재생에너지 공급비율 $= \dfrac{\text{신·재생에너지 공급량}}{\text{예상 에너지 사용량}} \times 100\,\%$

(5) 연도별 의무공급량의 비율

2020. 10. 01 개정

해당연도	2021	2022	2023 이후
비율(%)	8.0	9.0	10.0

(6) 신·재생에너지의 공급의무비율

2020. 10. 01 개정

해당연도	2020~2021	2022~2023	2024~2025	2026~2027	2028~2029	2030 이후
비율(%)	30	32	34	36	38	40

(7) 온실가스

① 이산화탄소(CO_2)
② 메탄(CH_4)
③ 아산화질소(N_2O)
④ 수소불화탄소(HFCs)
⑤ 과불화탄소(PFCs)
⑥ 육불화황(SF_6)

(8) 바이오에너지

① 생물유기체를 변환시킨 바이오가스, 바이오 액화류, 합성가스
② 쓰레기 매립장의 유기상 폐기물을 변환시킨 매립가스
③ 동·식물의 유지를 변환시킨 바이오디젤
④ 생물 유기체를 변환시킨 땔감

(9) 총 배출량 2030년 온실가스 배출전망치 대비는 $\frac{37}{100}$로 한다.

(10) 신·재생에너지 공급자 3인

① 발전사업자
② 발전사업의 허가를 받은 것으로 보는 자
③ 공공기관

(11) 신·재생에너지 공급의무자

① 한국지역난방공사
② 한국수자원공사
③ 발전사업의 허가를 받은 것으로 보는 해당자로서 50만 kW 이상의 발전설비를 보유한 자

(12) 신·재생에너지의 기술개발 및 이용

① 기본계획 : 5년마다 수립
② 계획기간 : 20년 * 시행사업연도 4개월 전까지 제출

(13) 신·재생에너지의 기술개발 및 이용 기본계획 포함내용

① 기본계획의 목표
② 신·재생에너지 원별 기술개발 및 보급의 목표
③ 총 전력생산량 중 신·재생에너지 발전량이 차지하는 비율의 목표
④ 온실가스 배출감소 목표
⑤ 기본계획의 추진방법

(14) 신·재생에너지 정책심의회의 구성 공무원 지명기관

기획재정부, 과학기술정보통신부, 농림축산식품부, 산업통상자원부, 환경부, 국토교통부, 해양수산부

(15) 공급의무자가 의무적으로 신·재생에너지를 이용하여 공급하여야 하는 발전량의 합계 : 총 전력생산의 10 % 이내

(16) 신·재생에너지 공급의무량 불이행에 대한 과징금

공급인증서의 해당연도 평균 거래가격의 1.5배(150 %)

(17) 녹색성장

에너지 자원을 절약하고 효율적으로 사용하여 기후변화와 환경 훼손을 줄이고, 청정에너지와 녹색기술의 개발을 통해 새로운 성장 동력을 확보하여 새로운 일자리를 창출해 나가는 등 경제와 환경이 조화를 이루는 성장이다.

(18) 녹색 설치 의무기관

① 납입 자본금의 $\frac{50}{100}$ 이상을 출자한 법인
② 납입 자본금 50억 원 이상 법인

(19) 녹색 인증 유효기간 : 3년(3년 1회 한 연장)

(20) 저탄소

화석연료에 대한 의존도를 낮추고 청정에너지 사용 및 보급을 확대하며 녹색기술개발, 탄소 흡수원 확충 등을 통하여 온실가스를 적정수준 이하로 줄이는 것이다.

(21) 기후변화 및 에너지의 목표관리(저탄소 녹색성장 기본법)

① 온실가스 감축
② 에너지 절약 및 에너지이용효율
③ 에너지 자립
④ 신·재생에너지 보급

(22) 공급인증서의 유효기간 : 3년

(23) 에너지 자립도 : 우리나라 외에서 개발한 에너지량을 합한 양이 차지하는 비율

단원 예상문제

신재생에너지(태양광) 발전설비기사

1. 전기설비의 종류에 해당되지 않는 것은?

① 자가용 전기설비
② 일반용 전기설비
③ 전기사업용 전기설비
④ 특수용 전기설비

해설 전기설비의 종류 : 전기사업용 전기설비, 자가용 전기설비, 일반용 전기설비

2. 다음에서 설명하는 내용은 무엇에 해당하는가?

전기를 생산하여 이를 전력시장을 통하여 전기 판매사업자에게 공급하는 것을 목적으로 하는 사업

① 발전사업 ② 전기사업
③ 송전사업 ④ 배전사업

해설 전기사업법 제2조에 해당하는 전기사업이다.

3. 산업통상자원부장관이 전기사업을 허가 또는 변경 허가를 하려는 경우 심의를 거쳐야 하는 기관은?

① 전기안전공사 ② 전력거래소
③ 전기위원회 ④ 한국전력공사

해설 산업통상자원부장관이 전기사업을 허가 또는 변경 허가를 하려는 경우 전기위원회의 심의를 거쳐야 한다.

4. 전기사업 허가 신청 후 허가일로부터 몇 년 이내에 발전사업을 개시하여야 하는가?

① 1년 ② 2년
③ 3년 ④ 5년

해설 전기사업 허가 신청 후 허가일로부터 3년 이내에 발전사업을 개시하여야 한다.

5. 소규모 환경평가의 대상이 되는 태양광발전소 용량기준은?

① 1만 kW 미만 ② 5만 kW 미만
③ 10만 kW 미만 ④ 20만 kW 미만

해설 소규모 환경평가의 대상이 되는 태양광발전소 용량기준은 10만 kW 미만이다.

6. 동일인에게 두 개의 사업 허가를 할 수 있는 사항 중 틀린 것은?

① 배전사업과 전기 판매사업을 겸업하는 경우
② 도서지역에서 전기사업을 하는 경우
③ 자본금이 100억 원을 넘는 전기사업
④ 집단 에너지 사업법에 따라 발전사업의 허가를 받은 것으로 보는 집단에너지 사업자가 전기 판매사업을 겸업하는 경우

해설 두 종류 이상의 전기사업이 가능한 경우
• 배전사업과 전기 판매사업을 겸업하는 경우

정답 1. ④ 2. ② 3. ③ 4. ③ 5. ③ 6. ③

- 도서지역에서 전기사업을 하는 경우
- 발전사업의 허가를 받은 사람으로 보는 집단에너지 사업자가 전기 판매사업을 겸업하는 경우. 다만, 사업의 허가에 따라 공급구역에 전기를 공급하려는 경우로만 한정한다.

7. 3000 kW 이하의 발전사업 허가권자가 아닌 것은?

① 시·도지사 ② 광역시장
③ 특별시장 ④ 구청장

해설 3000 kW 이하의 발전사업 허가권자 : 특별시장, 광역시장, 시·도지사

8. 전기위원회의 위원 수는 위원장을 포함해서 몇 명 이내인가?

① 7 ② 8
③ 9 ④ 10

해설 전기위원회의 위원 수는 위원장을 포함해서 9명 이내이다.

9. 송전관계 일람도에 표시되는 사항에 해당하지 않는 것은?

① 태양광발전 용량
② 인버터 용량
③ 모듈 용량
④ 전주번호

해설 송전관계 일람도에 표시되는 사항 : 태양광발전 용량, 인버터 용량, 전주번호

10. 전기공사업 등록증 및 등록수첩을 발급하는 자는?

① 시·도지사
② 산업통상자원부장관
③ 지정공사업단체
④ 대통령

해설 전기공사업 등록증 및 등록수첩을 발급하는 자는 시·도지사이다.

11. 전기공사업 등록기준으로 틀린 것은?

① 전기공사 기술자 3명 이상
② 자본금의 25 % 이상의 현금예치 또는 출자증명
③ 자본금 1억 원 이상
④ 공사업 운영을 위한 사무실 확보

해설 전기공사업 등록기준으로 자본금 1억 5천만 원 이상이다.

12. 전기안전관리자를 선임하지 않아도 되는 발전설비의 설비용량은?

① 10 kW 이하 ② 20 kW 이하
③ 30 kW 이하 ④ 40 kW 이하

해설 전기안전관리자를 선임하지 않아도 되는 발전설비의 설비용량은 20 kW 이하이다.

13. 발전소와 전기수용설비, 변전소와 전기수용설비, 송전선로와 전기수용설비, 전기수용설비 상호 간을 연결하는 선로는?

① 발전선로 ② 송전선로
③ 배전선로 ④ 개폐소

해설 배전선로
- 발전소와 전기수용설비
- 변전소와 전기수용설비
- 송전선로와 전기수용설비
- 전기수용설비 상호 간을 연결하는 선로

14. 전기사업법에서 대통령령으로 정하는 기본계획의 경미한 사항을 변경하는 경우 중 전기설비별 용량의 몇 %의 범위에서 그 용량을 변경하는 경우를 말하는가?

① 10 ② 20
③ 30 ④ 40

정답 7. ④ 8. ③ 9. ③ 10. ① 11. ③ 12. ② 13. ③ 14. ②

해설 전기사업법 시행규칙 제20조 기본계획의 경미한 변경 : 전기설비용량의 20% 이내의 범위에서 그 용량을 변경하는 경우

15. 전기공사업을 하려는 자는 산업통상자원부령으로 정하는 바에 따라 누구에게 등록하여야 하는가?

① 시·도지사
② 전기공사협회
③ 전기기술인협회
④ 산업통상자원부장관

해설 전기공사업법 제4조 : 전기공사업을 하려는 자는 산업통상자원부령으로 정하는 바에 따라 주된 영업소의 소재지를 관할하는 특별시장, 광역시장, 시·도지사 또는 특별자치도지사에게 등록하여야 한다.

16. 산업통상자원부장관은 전기사업자가 금지행위를 한 경우에는 전기위원회의 심의를 거쳐 대통령령으로 정하는 바에 따라 그 전기사업자의 매출액의 얼마 범위에서 과징금을 부과·징수할 수 있는가?

① $\frac{4}{100}$ ② $\frac{10}{100}$
③ $\frac{20}{100}$ ④ $\frac{40}{100}$

해설 전기공사업을 하려는 자는 산업통상자원부령으로 정하는 규정에 따른 전력계통의 운영에 관한 금지행위를 한 경우에 그 전기사업자 매출액의 $\frac{4}{100}$의 범위에서 과징금을 부과·징수할 수 있다.

17. 공사업자의 등록 취소사항에 해당되지 않는 것은?

① 부정한 방법으로 공사업의 등록을 한 경우
② 공사 지연으로 3회 경고를 받은 경우
③ 최근 5년간 3회 이상 영업정지처분을 받은 경우
④ 공사업을 등록한 후 1년 이내에 영업을 시작하지 않은 경우

해설 공사업자의 등록 취소사항 : 공사업의 등록기준에 관한 신고를 하지 않은 경우, 타인에게 성명·상호를 사용하게 하거나 등록증 또는 등록수첩을 빌려준 경우, 최근 5년간 3회 이상 영업정지처분을 받은 경우, 공사업을 등록한 후 1년 이내에 영업을 시작하지 않은 경우

18. 전기사업법에 따라 전력시장에서 전력을 직접 구매할 수 있는 대통령령으로 정하는 규모 이상의 전기사용자의 수전설비 용량은 몇 kVA 이상인가?

① 10000 ② 20000
③ 30000 ④ 50000

해설 대통령령으로 정하는 규모 이상의 전기사용자의 수전설비용량은 30000 kVA 이상이다.

19. 전기사업법에서 산업통상자원부장관은 대통령령으로 정하는 바에 따라 매년 몇 회 이상 전기안전관리 업무에 대한 실태 조사를 실시하여야 하는가?

① 1 ② 2 ③ 3 ④ 4

해설 산업통상자원부장관은 대통령령으로 정하는 바에 따라 매년 1회 이상 전기안전관리 업무에 대한 실태 조사를 실시하여야 한다.

20. 전기설비기술기준에서 전압을 구분하는 경우 고압에서 직류의 범위로 옳은 것은?

① 600 V 이상 7000 V 이하
② 600 V 초과 7000 V 이하

정답 15. ① 16. ① 17. ② 18. ③ 19. ① 20. ④

③ 1000 V 이상 7000 V 이하
④ 1500 V 초과 7000 V 이하

해설 직류 고압 : 1500 V 초과 7000 V 이하
교류 고압 : 1000 V 초과 7000 V 이하

21. 전기공사의 시공 및 기술관리의 내용으로 틀린 것은?

① 공사업자는 전기공사의 규모별로 전기공사 시공관리책임자를 지정한다.
② 전기공사 기술자로 인정을 받으려는 사람은 산업통상자원부장관에게 신청하여야 한다.
③ 공사업자는 전기 기술자가 아닌 자에게 전기공사의 시공관리를 맡겨서는 안 된다.
④ 전기공사 기술자의 기술자격, 학력, 경력의 기준 및 범위 등은 산업통상자원부장관이 정한다.

해설 전기공사의 시공(전기공사업법 제16조) 기술자의 기술자격, 학력, 경력의 기준 및 범위 등은 대통령령으로 정한다.

22. 전기사업의 허가를 신청하는 자가 사업계획서를 작성할 때 태양광설비의 개요로 기재하여야 할 내용이 아닌 것은?

① 태양전지 및 인버터의 효율, 변환방식, 교류 주파수
② 태양전지의 종류, 정격용량, 정격전압 및 정격출력
③ 인버터의 종류, 입력전압, 출력전압 및 출력전력
④ 집광판의 면적

해설 태양광설비의 개요 기재사항
- 태양전지의 종류, 정격용량, 정격전압 및 정격출력
- 인버터의 종류, 입력전압, 출력전압 및 출력전력
- 집광판의 면적

23. 2012년 1월 1일부터 국내 총 발전량의 일정 비율을 신·재생에너지로 의무화하는 제도는?

① FIT ② REC ③ RPS ④ RFS

해설
- RPS(Renewable Portfolio Standard) : 일정량(500만 kW) 이상의 발전설비를 보유한 발전사업자에게 총 발전량의 일정량 이상을 신·재생에너지로 국가에 공급하도록 의무화한 제도
- FIT(Feed In Tariff) : 신·재생에너지에 의하여 공급한 전기의 전력가격이 정부가 고시한 기준가격보다 낮은 경우에 기준가격과 전력거래가격의 차액을 정부가 지원해주는 제도
- REC(Renewable Energy Certificate) : 태양광발전사업용 설비에 발급되는 공급인증서
- RFS(Renewable Fuel Standard) : 석유제정업자에게 일정 이상의 신·재생에너지와 수송용 연료를 혼합하도록 하는 제도

24. 신·재생에너지에 대한 설명으로 틀린 것은?

① 폐기물에너지는 가연성 폐기물에서 발생되는 발열량을 이용하는 것이다.
② 조력발전은 밀물과 썰물로 발생하는 조류를 이용하는 것이다.
③ 파력발전은 표층과 심층의 해수 온도차를 이용하는 것이다.
④ 바이오에너지는 생물자원을 변환시켜 이용하는 것이다.

해설 파력발전은 파도가 상하로 움직이는 운동에너지를 이용한 것이다.

정답 21. ④ 22. ① 23. ③ 24. ③

25. 신·재생에너지의 기술개발 및 이용·보급을 촉진하기 위한 기본계획은 몇 년마다 수립하여야 하는가?

① 2년 ② 5년
③ 6년 ④ 10년

해설 신·재생에너지의 기술개발 및 이용·보급을 촉진하기 위한 기본계획은 5년마다 수립하여야 하고, 기본계획의 계획기간은 10년 이상으로 한다.

26. 대통령령으로 정한 신·재생에너지 공급의무자의 발전설비는 몇 kW인가?

① 10만 kW ② 20만 kW
③ 30만 kW ④ 50만 kW

27. 공급의무자가 연도별 신·재생에너지 설비를 이용하여 의무적으로 공급하는 발전량을 무엇이라 하는가?

① 설비용량 ② 신·재생에너지
③ 의무공급량 ④ 초과 생산량

해설 신·재생에너지 설비를 이용하여 의무적으로 공급하는 발전량을 의무공급량이라 한다.

28. 에너지 자원을 절약하고 효율적으로 사용하여 기후변화와 환경 훼손을 줄이고, 청정에너지와 녹색기술의 개발을 통해 새로운 성장 동력을 확보하여 새로운 일자리를 창출해 나가는 등 경제와 환경이 조화를 이루는 성장을 무엇이라 하는가?

① 환경 정화 ② 저탄소
③ 녹색성장 ④ 온실가스

해설 녹색성장 : 청정에너지와 녹색기술을 사용하여 성장 동력을 확보하고 새로운 일자리를 창출하는 것

29. 신·재생에너지의 공급인증서 유효기간은?

① 2년 ② 3년
③ 5년 ④ 6년

30. 공급의무자가 의무적으로 신·재생에너지를 이용하여 공급하여야 하는 발전량의 합계는 총 전력생산의 몇 % 이내인가?

① 10 ② 20 ③ 25 ④ 30

해설 총 전력생산의 10% 이내이며 의무공급량은 공급인증서 기준으로 산정한다.

31. 신·재생에너지 설비를 이용하여 에너지를 생산하였음을 증명하는 인증서는?

① RPS ② RFS
③ REP ④ REC

해설 RPS : 신·재생에너지 공급 의무화 제도
RFS : 신·재생에너지 혼합 의무화 제도
REP : 신·재생에너지 생산인증서
REC : 신·재생에너지 공급인증서

32. 신에너지 및 재생에너지 개발·이용·보급 촉진법에서 정의하고 있는 신·재생에너지에 포함되지 않는 에너지는?

① 수력에너지
② 폐기물에너지
③ 원자력에너지
④ 연료전지

해설 신 에너지 : 연료전지
재생에너지 : 수력에너지, 폐기물에너지

33. 신·재생에너지 공급의무자가 아닌 것은?

① 한국지역난방공사
② 한국수자원공사
③ 한국전력거래소
④ 50만 kW 이상의 발전설비(신·재생에너지 설비는 제외)를 보유하는 자

정답 25. ② 26. ④ 27. ③ 28. ③ 29. ② 30. ① 31. ③ 32. ③ 33. ③

해설 한국전력거래소는 공급인증서를 거래하는 기관이다.

34. 신·재생에너지의 연도별 의무공급량의 비율에서 2021년의 의무공급량의 비율은?

① 8 % ② 9 %
③ 10 % ④ 11 %

해설 연도별 의무공급량의 비율

해당연도	2021	2022	2023 이후
비율(%)	8.0	9.0	10.0

35. 다음 중 녹색기술에 해당되지 않는 것은?

① 청정에너지 기술
② 에너지 이용 효율화 기술
③ 온실가스 감축기술
④ 청정소비기술

해설 녹색기술 : 온실가스 감축기술, 청정에너지 기술, 에너지 이용 효율화 기술, 친환경 기술

36. 신·재생에너지 개발·이용·보급을 촉진하기 위한 보급사업에 해당되지 않는 것은?

① 신·재생에너지의 국제화 적용사업
② 신기술의 적용사업 및 시범사업
③ 지방자치단체와 연계한 보급사업
④ 환경친화적 신·재생에너지 시범단지 조성사업

해설 보급사업에 신·재생에너지의 국제화 적용사업은 포함되지 않는다.

37. 저탄소 녹색성장 기본법에서 정의하는 용어의 뜻이 잘못된 것은?

① 저탄소 : 화석연료 의존도를 높이고 청정에너지의 사용 및 보급을 확대하여 온실가스를 최소한으로 줄이는 것
② 녹색기술 : 온실가스 감축기술, 에너지 이용 효율화 등 사회·경제활동의 전 과정에 걸쳐 에너지와 자원을 절약하고 효율적으로 사용하여 온실가스 및 오염물질의 배출을 최소화하는 기술
③ 녹색제품 : 에너지·자원의 투입과 온실가스 및 오염물질의 발생을 최소화하는 제품
④ 녹색경영 : 온실가스 배출 및 환경오염의 발생을 최소화하면서 사회적, 윤리적 책임을 다하는 경영

해설 저탄소 : 화석연료에 대한 의존도를 낮추고 청정에너지 사용 및 보급을 확대하며 녹색기술개발, 탄소 흡수원 확충 등을 통하여 온실가스를 적정수준 이하로 줄이는 것

38. 신·재생에너지 공급인증서를 발급받으려는 자는 공급인증서 발급 및 거래시장 운영에 관한 규칙에 의거 신·재생에너지를 공급한 날로부터 며칠 이내에 공급인증서 발급신청을 하여야 하는가?

① 15일 ② 30일
③ 60일 ④ 90일

해설 신·재생에너지를 공급한 날로부터 90일 이내에 공급인증서 발급신청을 하여야 한다.

39. 신·재생에너지의 연도별 공급의무비율에서 2022년의 공급의무비율은?

① 30 % ② 32 %
③ 34 % ④ 36 %

해설 연도별 공급의무비율

해당 연도	2020 ~ 2021	2022 ~ 2023	2024 ~ 2025	2026 ~ 2027	2028 ~ 2029	2030 이후
비율(%)	30	32	34	36	38	40

정답 34. ① 35. ④ 36. ① 37. ① 38. ④ 39. ②

40. 신·재생에너지 품질기관이 아닌 것은?

① 한국석유관리원
② 한국가스안전공사
③ 한국임업진흥원
④ 한국전력공사

해설 신·재생에너지 품질기관 : 한국석유관리원, 한국가스안전공사, 한국임업진흥원

41. 바이오에너지 등의 기준 및 범위에서 에너지원의 종류와 기준 및 범위의 연결이 틀린 것은?

① 바이오에너지 : 생물유기체를 변환시킨 땔감
② 폐기물에너지 : 유기성 폐기물을 변환시킨 매립가스
③ 석탄을 액화·가스화한 에너지 : 증기 공급용 에너지
④ 중질잔사유를 가스화한 에너지 : 합성 가스

해설 폐기물에너지 : 폐기물을 변환시켜 얻어지는 기체, 액체 및 고체 연료

42. 신·재생에너지의 기술개발 및 이용·보급과 신·재생에너지 발전에 의한 전기의 공급에 관한 실행계획은 몇 년마다 수립·시행하여야 하는가?

① 1년 ② 3년
③ 5년 ④ 7년

해설 신·재생에너지 발전에 의한 전기의 공급에 관한 실행계획은 매년 수립·시행하여야 한다.

43. 신·재생에너지 정책 심의사항이 아닌 것은?

① 신·재생에너지 기본계획의 수립 및 변경에 관한 사항
② 신·재생에너지 기술개발 및 이용·보급에 관한 사항
③ 송배전 등 전기의 기준가격 및 변경에 관한 사항
④ 산업통상자원부장관이 필요하다고 인정하는 사항

해설 신·재생에너지 정책 심의사항
- 신·재생에너지 기본계획의 수립 및 변경에 관한 사항
- 신·재생에너지 기술개발 및 이용·보급에 관한 사항
- 신·재생에너지 발전에 의하여 공급되는 전기의 기준가격 및 변경에 관한 사항
- 그 밖에 산업통상자원부장관이 필요하다고 인정하는 사항

44. 저탄소 녹색성장 추진의 기본원칙에 대한 설명 중 틀린 것은?

① 정부는 시장기능을 활성화하고 정부가 주도하여 저탄소 녹색성장을 추진한다.
② 정부는 사회·경제활동에서 에너지와 자원이용의 효율성을 높이고 자원순환을 촉진한다.
③ 정부는 자연자원과 환경의 가치를 보존하면서 국토와 도시·항만·상하수도 등 기반시설을 저탄소 녹색성장에 적합하게 개편한다.
④ 정부는 국민 모두가 참여하고 국가기관, 지방자치단체, 기업, 경제단체 및 시민단체가 협력하여 저탄소 녹색성장을 구현하도록 노력한다.

해설 정부는 시장기능을 활성화하고 민간이 주도하는 저탄소 녹색성장을 추진한다.

정답 40. ④ 41. ② 42. ① 43. ③ 44. ①

45. 2030년까지 우리나라의 온실가스 감축 목표는 2030년의 온실가스 배출 전망치 대비 얼마까지 줄이는 것인가?

① $\frac{37}{100}$ ② $\frac{40}{100}$

③ $\frac{50}{100}$ ④ $\frac{60}{100}$

46. 산업통상자원부장관은 공급 의무자가 의무공급량에 부족하게 신·재생에너지를 이용하여 에너지를 공급한 경우에는 대통령령으로 정하는 바에 따라 그 부족분에 신·재생에너지 공급인증서의 해당연도 평균 거래가격의 얼마를 곱한 금액의 범위에서 과징금을 부과하는가?

① $\frac{30}{100}$ ② $\frac{50}{100}$

③ $\frac{100}{100}$ ④ $\frac{150}{100}$

47. 신·재생에너지 기술개발 및 이용·보급 사업비의 조성에 따라 사업비의 용도로 틀린 것은?

① 신·재생에너지 시범사업 및 보급사업
② 신·재생에너지 설비 수출기업의 지원
③ 신·재생에너지 설비의 성능평가·인증
④ 신·재생에너지 연구·개발 및 기술평가

해설 사업비의 용도
- 신·재생에너지 시범사업 및 보급사업
- 신·재생에너지의 연구·개발 및 기술평가
- 신·재생에너지의 성능평가·인증 및 사후관리
- 신·재생에너지의 공급 의무화 지원
- 신·재생에너지의 기술정보의 수집·분석 및 제공
- 신·재생에너지의 자원 조사, 기술수요 조사 및 통계

48. 온실가스 감축기술, 에너지 이용 효율화 기술, 청정생산기술, 자원순환 및 친환경 기술(관련 융합기술 포함) 등 사회·경제활동의 전 과정에 걸쳐 에너지와 자원을 절약하고 효율적으로 사용하여 온실가스 및 오염물질의 배출을 최소화하는 기술은?

① 저탄소 ② 녹색성장
③ 녹색기술 ④ 녹색생활

49. 저탄소 녹색성장 기본법에 의해 정부는 에너지 기본계획의 수립을 몇 년마다 수립·시행하여야 하는가?

① 2년 ② 3년
③ 4년 ④ 5년

해설 에너지 정책의 기본원칙에 따라 계획기간 20년으로 하는 에너지 기본계획을 5년마다 수립·시행하여야 한다.

50. 신에너지 및 재생에너지 기술개발 및 이용·보급에 관한 계획을 협의하려는 자는 그 사업 시행연도 개시 몇 개월 전까지 산업통상자원부장관에게 계획서를 제출하여야 하는가?

① 1개월 ② 3개월
③ 4개월 ④ 6개월

51. 신·재생에너지 정책심의회 위원으로 소속 공무원을 지명할 수 없는 기관은?

① 기획재정부
② 보건복지부
③ 국토교통부
④ 농림축산식품부

해설 정책심의회 위원으로 지명 가능한 공무원의 소속처 : 기획재정부, 국토교통부, 농림축산식품부, 환경부

정답 45. ① 46. ④ 47. ② 48. ③ 49. ④ 50. ③ 51. ②

52. 신·재생에너지 설비의 설치 계획서를 받은 산업통상자원부장관은 설치 계획서를 받은 날로부터 타당성을 검토한 후 그 결과를 해당 설치의무기관의 장 또는 대표자에게 통보하여야 할 일수로 옳은 것은?

① 10일　② 20일
③ 30일　④ 40일

53. 신·재생에너지의 공급 의무화에 대한 설명 중 맞는 것은?

① 공급의무자가 의무적으로 신·재생에너지를 이용하여 공급하여야 하는 발전량의 합계는 총 전력생산량의 20 % 이내의 범위에서 연도별로 대통령령으로 정한다.
② 공급의무자는 의무공급량의 일부에 대하여 다음 연도로 그 공급의무의 이행을 연기할 수 있다.
③ 공급의무자는 공급인증서를 구매하여 의무공급량에 충당할 수 있다.
④ 공급의무자의 의무공급량은 대통령령으로 정해진 바에 따라 고시한다.

해설 ① 공급의무자가 의무적으로 신·재생에너지를 이용하여 공급하여야 하는 발전량의 합계는 총 전력생산량의 10 % 이내의 범위에서 연도별로 대통령령으로 정한다.
② 공급의무자는 의무공급량의 일부에 대하여 3년의 범위에서 그 공급의무의 이행을 연기할 수 있다.
④ 공급의무자의 의무공급량은 산업통상자원부장관이 공급의무자의 의견을 들어 공급의무자별로 정하여 고시한다.

54. 산업통상자원부장관이 신·재생에너지의 이용·보급을 촉진하고자 신축·증축 또는 개축하는 건축물에 대하여 신·재생에너지 설비를 의무적으로 설치하게 할 수 있는 단체에 해당하지 않는 것은?

① 신·재생에너지 발전 개인사업체
② 국가 및 지방자치단체
③ 정부가 대통령이 정하는 금액 이상을 출연한 정부출연기관
④ 정부출자기업체

해설 의무적 설치기관 : 중앙행정기관, 지방자치단체, 청부출연기관 및 정부출자기업체

55. 신·재생에너지의 이용·보급을 촉진하기 위한 보급사업의 종류가 아닌 것은?

① 신기술의 적용사업 및 시범사업
② 지방자치단체와 연결한 보급사업
③ 실증단계의 에너지 설비의 보급을 지원하는 사업
④ 환경친화적 신·재생에너지 집적화 단지 및 시범단지 조성사업

해설 실증단계의 에너지 설비의 보급을 지원하는 사업은 해당되지 않으며 실용화된 신·재생에너지 설비의 보급을 지원하는 사업이 해당된다.

56. 신·재생에너지 개발·이용·보급 촉진법에 의해 공급인증기관이 거래한 거래시장 외에서 공급인증서를 거래한 자에게 부과하는 벌칙으로 옳은 것은?

① 1년 이하의 징역 또는 1천만 원 이하의 벌금
② 2년 이하의 징역 또는 2천만 원 이하의 벌금
③ 3년 이하의 징역 또는 3천만 원 이하의 벌금
④ 3년 이상의 징역 또는 지원받은 금액의 3배 이상에 상당하는 벌금

정답 52. ③ 53. ③ 54. ① 55. ③ 56. ②

57. 산업통상자원부장관이 혼합의무의 이행 여부를 확인하기 위하여 혼합 의무자에게 대통령령으로 정하는 바에 따라 필요한 자료의 제출을 요구하였으나 따르지 않거나 거짓자료를 제출한 자에게 얼마 이하의 과태료를 부과하는가?

① 1천만 원 ② 2천만 원
③ 3천만 원 ④ 4천만 원

58. 산업통상자원부장관이 정하여 고시하는 신·재생에너지 가중치의 산정 시 고려사항으로 틀린 것은?

① 전력 판매가
② 지역주민의 수용정도
③ 전력수급의 안정에 미치는 영향
④ 온실가스 배출 및 저감에 미치는 효과

해설 신·재생에너지 가중치의 산정 시 고려사항
- 발전원가
- 온실가스 배출 및 저감에 미치는 효과
- 부존 잠재량
- 전력수급 안정에 미치는 영향
- 지역주민의 수용정도
- 환경, 기술개발 및 산업 활성화에 미치는 영향

59. 신·재생에너지 설비 설치의무기관 중 대통령령으로 정하는 비율 또는 금액 이상을 출자한 법인이란?

① 납입 자본금의 100분의 10 이상을 출자한 법인
② 납입 자본금의 100분의 30 이상을 출자한 법인
③ 납입 자본금의 100분의 50 이상을 출자한 법인
④ 납입 자본금의 100분의 70 이상을 출자한 법인

60. 산업통상자원부장관은 신·재생에너지 설비의 설치 계획서 제출에 대하여 2016년 1월 1일을 기준으로 몇 년마다 그 타당성을 검토하여 개선 등의 조치를 취하여야 하는가?

① 2년 ② 3년 ③ 5년 ④ 10년

61. 산업통상자원부장관이 혼합 의무자에게 제출을 요구할 수 있는 자료 중 신·재생에너지 연료혼합 의무이행 확인에 관한 자료의 내용이 아닌 것은?

① 수송연료의 생산량
② 수송연료의 수출입량
③ 수송연료의 내수 판매량
④ 수송연료의 자가 발전량

해설 신·재생에너지 연료혼합 의무이행 확인에 관한 자료의 내용
- 수송연료의 생산량
- 수송연료의 재고량
- 수송연료의 내수 판매량
- 수송연료의 수출입량
- 수송연료의 자가 소비량

62. 저탄소 녹색성장 기본법의 목적에서 언급하고 있지 않은 것은?

① 전기사업의 경쟁촉진
② 국민경제의 발전도모
③ 경제와 환경의 조화로운 발전
④ 저탄소 녹색성장에 필요한 기반조성

해설 녹색성장 기본법의 목적
- 저탄소 녹색성장에 필요한 기반조성
- 국민경제의 발전도모
- 저탄소 사회 구현
- 경제와 환경의 조화로운 발전

63. 녹색성장위원회의 정기총회는 반기별로 몇 회 개최하는 것을 원칙으로 하는가?

정답 ● 57. ② 58. ① 59. ③ 60. ③ 61. ④ 62. ① 63. ①

① 1회 ② 2회 ③ 3회 ④ 4회

64. **중질잔사유를 가스화한 에너지의 범위로 옳은 것은?**

① 고체가스 ② 바이오가스
③ 합성가스 ④ 메탄가스

해설 중질잔사유란 원유를 정제하고 남은 잔재물로서 감압증류과정에서 나오는 합성가스를 말한다.

65. **신에너지 및 재생에너지 개발·이용·보급 촉진법에 따라 산업통상자원부장관은 공용화 품목의 개발, 제조 및 수요·공급 조절에 필요한 자금의 몇 %까지 중소기업자에게 융자할 수 있는가?**

① 30 ② 50 ③ 70 ④ 80

해설
- 중소기업자 : 필요한 자금의 80%
- 중소기업자와 동업하는 중소기업자 외의 자 : 필요한 자금의 70%

66. **지방자치단체의 저탄소 녹색성장 시책을 장려하고 지원하며, 녹색성장의 정착·확산을 위하여 사업자와 국민, 민간단체에 정보의 제공 및 재정지원 등 필요한 조치를 할 수 있는 곳은?**

① 국가 ② 대기업
③ 국민 ④ 민간단체

해설 지방자치단체의 저탄소 녹색성장 시책을 장려하고 지원하며, 녹색성장의 정착. 확산을 위하여 사업자와 국민, 민간단체에 정보의 제공 및 재정지원 등 필요한 조치를 할 수 있는 곳은 국가(정부)이다.

67. **중소기업의 녹색기술 및 녹색경영을 촉진하기 위한 추진계획을 위원회의 심의를 거쳐 시행하여야 하는 사람은?**

① 행정안전부장관
② 국토교통부장관
③ 과학기술 정보통신부장관
④ 중소벤처 기업부장관

해설 중소벤처 기업부장관은 중소기업의 녹색기술 및 녹색경영을 촉진하기 위한 추진계획을 위원회의 심의를 거쳐 시행하여야 한다.

68. **산업통상자원부장관이 신·재생에너지 기술개발 및 이용·보급에 관한 계획의 협의를 요청한 자에게 계획서를 받았을 때 그 의견을 통보하기 위하여 검토하는 사항이 아닌 것은?**

① 시의성
② 기본계획과의 차별성
③ 공동연구의 가능성
④ 다른 계획과의 중복성

해설 검토하는 사항
- 시의성
- 공동연구의 가능성
- 다른 계획과의 중복성
- 기본계획과의 조화성

69. **신에너지 및 재생에너지 개발·이용·보급 촉진법에 의한 신·재생에너지 설비에 대하여 성실하게 무상으로 하자보수를 시행하여야 한다. 이 경우 하자보수의 최대기간의 범위는 얼마인가? (단, 하자보수에 관하여 지방자치단체를 당사자로 하는 계약에 관한 법률에 특별한 규정이 있는 경우는 제외한다.)**

① 3년 ② 5년 ③ 7년 ④ 10년

해설 신·재생에너지 설비의 하자보수 기간은 5년의 범위에서 산업통상자원부장관이 고시한다.

정답 64. ③ 65. ④ 66. ① 67. ④ 68. ② 69. ②

Chapter 5 태양광발전 사업 허가

5-1 전기사업 신청서 검토

(1) 발전사업 허가권자

① 3000 kW 이하 설비 : 시장, 광역시장, 시·도지사

② 3000 kW 초과 설비 : 산업통상자원부장관

(2) 전기(발전)사업 인·허가 제출서류

① 3000 kW 이하

(가) 전기사업 허가 신청서

(나) 사업 계획서

(다) 송전관계 일람도

(라) 발전원가 명세서(200 kW 이하는 생략)

(마) 기술인력 확보 계획서(200 kW 이하는 생략)

② 3000 kW 초과

(가) 전기사업 허가 신청서

(나) 사업 계획서

(다) 송전관계 일람도

(라) 발전원가 명세서

(마) 기술인력 확보 계획서

(바) 발전설비의 개요서

(사) 신용 평가 의견서 및 소요재원 조달 계획서

(아) 사업 개시 후 5년 기간에 대한 예상 사업 손익 산출서

(자) 신청인이 법인인 경우 그 정관 및 재무현황 관련자료

(차) 배전선로를 제외한 전기사업용 전기설비의 개요서

(카) 배전사업의 허가를 신청하는 경우에는 사업구역의 경계를 명시한 $\frac{1}{50000}$ 지형도

(타) 구역전기사업의 허가를 신청하는 경우에는 특정한 공급구역의 위치 및 경계를 명시한 $\frac{1}{50000}$ 지형도

(3) 발전사업 허가기준

① 전기사업 수행에 필요한 재무능력 및 기술능력이 있을 것
② 전기사업이 계획대로 수행될 것
③ 발전소가 특정 지역에 편중되어 전력계통의 운영에 지장을 초래하여서는 안 될 것
④ 발전연료가 어느 하나에 편중되어 전력수급에 지장을 초래하여서는 안 될 것

5-2 태양광발전 인·허가 검토

(1) 발전 허가 절차

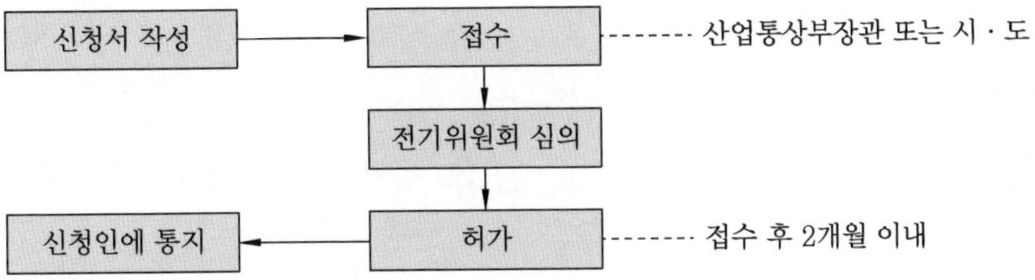

(2) 송전관계 일람도에 표시되는 사항

① 태양광발전 용량
② 인버터 용량
③ 전주번호

(3) 용도 지역별 허가면적(소규모 환경영향 평가대상)

구분	면적
공업지역, 농림지역, 관리지역	3만 m^2 미만
주거지역, 상업지역, 자연녹지, 생산녹지	1만 m^2 미만
보전녹지지역, 자연환경보전지역	5천 m^2 미만

(4) 지역별 발전 허가면적

구분	면적
발전시설용량(규모)	10만 kW 미만
계획관리지역	1만 m^2 이상
생산관리, 농림지역	7.5천 m^2 이상
보전관리, 개발제한구역, 자연환경보전지역	5천 m^2 이상

(5) 전기사업 허가 신청 후 허가일로부터 3년 이내에 발전사업을 개시하여야 한다.

(6) 태양광발전설비의 하자보수기간은 3년이다.

(7) 전력수급 기본계획은 2년 단위로 수립·시행하여야 한다.

단원 예상문제

신재생에너지(태양광) 발전설비기사

1. 시설용량 3000 kW 초과 설비의 인·허가 기준 허가권자는?

① 도지사
② 대통령
③ 산업통상자원부장관
④ 구청장

해설 발전사업 허가권자
- 3000 kW 이하 : 시·도지사, 시장, 광역시장
- 3000 kW 초과 : 산업통상자원부장관

2. 전기사업의 허가기준에 해당되지 않는 것은?

① 발전소나 발전연료가 특정지역에 편중되어 전력계통의 운영에 지장을 주지 않을 것
② 전기사업이 계획대로 수행될 수 있을 것
③ 전기사업을 적정하게 수행하는 데 필요한 재무능력 및 기술능력이 있을 것
④ 구역전기사업의 경우 특정한 공급구역 전력수요의 100 % 이상으로서 대통령령으로 정하는 공급능력을 갖출 것

해설 발전사업 허가기준
- 전기사업 수행에 필요한 재무능력 및 기술능력이 있을 것
- 전기사업이 계획대로 수행될 것
- 발전소가 특정지역에 편중되어 전력계통의 운영에 지장을 초래해서는 안될 것
- 발전연료가 어느 하나에 편중되어 전력수급에 지장을 초래해서는 안될 것

3. 전기사업 인·허가의 절차를 올바르게 나타낸 것은?

① 신청서 작성 및 제출 → 접수 → 전기위원회 심의 → 검토 → 허가증 발급
② 신청서 작성 및 제출 → 접수 → 검토 → 전기위원회 심의 → 허가증 발급
③ 신청서 작성 및 제출 → 검토 → 접수 → 전기위원회 심의 → 허가증 발급
④ 신청서 작성 및 제출 → 검토 → 접수 → 허가증 발급 → 전기위원회 심의

4. 전기사업 허가를 취소하는 기관은?

① 국무회의 ② 전기위원회
③ 국회 ④ 법원

해설 전기사업 허가를 취소하는 기관은 전기위원회이다.

5. 전기사업 변경 허가를 받아야 할 사항으로 틀린 것은?

① 허가비용이 발생한 경우
② 공급전압이 변경되는 경우

정답 1. ③ 2. ④ 3. ② 4. ② 5. ①

③ 사업구역 또는 특정한 공급구역이 변경되는 경우
④ 설치장소가 변경되는 경우

해설 변경 허가 사유
- 사업구역 또는 특정한 공급구역이 변경되는 경우
- 공급전압이 변경되는 경우
- 설비용량이 변경되는 경우
- 설치장소가 변경되는 경우

6. 설비용량 200 kW 이하의 허가 신청 필요 서류 목록에 포함되는 것은?

① 송전관계 일람도
② 발전원가 명세서
③ 발전설비의 개요
④ 기술인력의 확보 계획서

해설 3000 kW 이하의 경우에는 송전관계 일람도, 발전원가 명세서, 기술인력의 확보 계획서 등이 필요하지만, 200 kW 이하의 경우에 필수적인 제출서류는 송전관계 일람도이다.

7. 3000 kW 이하 전기사업 허가 신청 필요 서류에 해당되지 않는 것은?

① 송전관계 일람도
② 발전원가 명세서
③ 전기사업 허가 신청서
④ 신용 평가 의견서 및 소요재원 조달 계획서

해설 3000 kW 이하 신청서류
- 전기사업 허가 신청서
- 사업 계획서
- 송전관계 일람도
- 발전원가 명세서(200 kW 이하는 생략)
- 기술인력 확보 계획서(200 kW 이하는 생략)

8. 3000 kW를 초과하는 태양광발전 사업 허가 절차를 올바르게 나타낸 것은?

㉠ 발전사업 신청서 접수 ㉡ 전기사업 허가증 발급 ㉢ 발전사업 신청서 작성 ㉣ 신청인에게 통지 ㉤ 전기위원회 심의 ㉥ 전기안전공사 심의 ㉦ 태양광발전 산업협회 심의

① ㉠→㉢→㉥→㉡→㉣
② ㉢→㉠→㉤→㉡→㉣
③ ㉢→㉠→㉡→㉦→㉣
④ ㉢→㉠→㉦→㉡→㉣

해설 3000 kW 초과 허가 절차
발전사업 신청서 작성→발전사업 신청서 접수→전기위원회 심의→전기사업 허가증 발급→신청인에게 통지

9. 태양광발전소의 경우 발전시설용량이 몇 kW 이상일 때 환경영향 평가대상인가?

① 5000 ② 10000
③ 100000 ④ 500000

해설 태양광발전소의 환경영향 평가대상 용량은 10만 kW 이상인 경우이다.

10. 전기사업용 전기설비의 공사계획 인가 또는 신고 시 산업통상부의 인가가 필요한 발전소 출력기준은?

① 5000 kW 이상
② 10000 kW 이상
③ 30000 kW 이상
④ 50000 kW 이상

해설 • 인가 시 : 10000 kW 이상(산업통상자원부장관)
• 신고 시 : 10000 kW 미만(시·도지사)

정답 6. ① 7. ④ 8. ② 9. ③ 10. ②

11. 개발행위 허가 시 생산관리, 농림지역의 발전 허가면적은 몇 m^2 이상인가?

① 5000 ② 7500
③ 10000 ④ 15000

해설 • 계획관리지역 : 1만 m^2 이상
• 생산관리, 농림지역 : 7.5천 m^2 이상
• 보전관리, 개발제한구역 : 5천 m^2 이상

12. 법인인 경우 3000 kW 미만의 전기사업 허가 신청서에 포함되는 필요서류가 아닌 것은?

① 대차 대조표
② 사업 계획서
③ 손익 계산서
④ 신청자의 주주 명부

해설 법인의 첨부서류 : 사업 계획서, 송전 관계 일람도, 발전원가 명세서, 기술인력 확보 계획서, 정관 및 대차 대조표, 손익 계산서

13. 태양광발전설비의 발전용량이 3000 kW 인 발전사업 허가신청 시 제출서류가 아닌 것은?

① 사업 계획서
② 전기사업 허가 신청서
③ 발전설비 운영 계획서
④ 송전관계 일람도

해설 발전사업 허가 제출서류에 발전설비 운영 계획서는 포함되지 않는다.

정답 11. ② 12. ④ 13. ③

Chapter 6 태양광발전 사업 경제성 분석

6-1 태양광발전 경제성 분석

(1) 사업비

① 공사비의 구성도

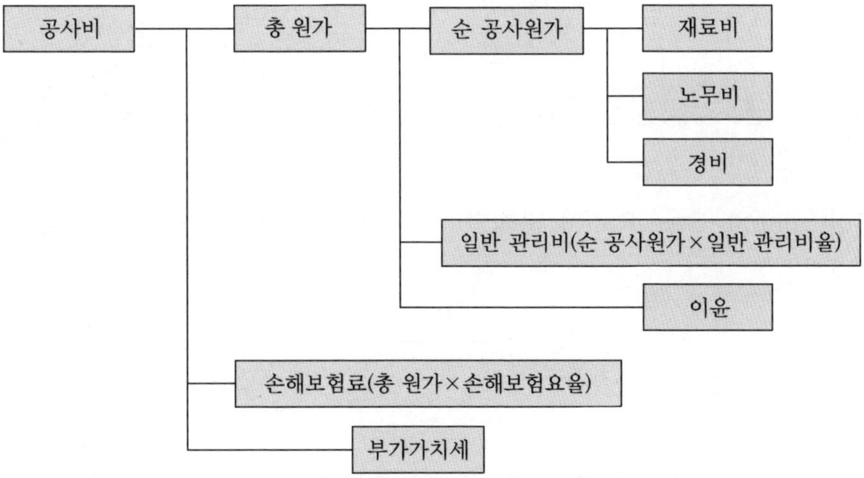

② 이윤 = (노무비 + 경비 + 일반 관리비)×이윤요율

* 이윤요율

금액	50억 원 미만	50 ~ 300억 원	300 ~ 1000억 원
이윤요율(%)	15	12	10

③ 일반 관리비 = 순 공사원가×일반 관리비율

* 일반비요율

금액	5억 원 미만	5 ~ 30억 원	30 ~ 100억 원
일반비요율(%)	6	5.5	5

④ 순 공사원가 = 재료비 + 노무비 + 경비

⑤ 총 원가 = 순 공사원가 + 일반 관리비 + 이윤

⑥ 보험료 = 총 원가 × 보험요율

⑦ 부가가치세 = (총 원가 + 보험료) × 10 %

⑧ 총 공사비 = 총 원가 + 보험료 + 부가가치세

(2) 유지 관리비와 발전원가

① 연간 유지 관리비 = (법인세 및 제 세금) + 보험료 + (운전유지 및 수선비) + 추가 인건비

↑ 투자비의 1 %/년 ↑ 투자비의 0.3 %/년 ↑ 투자비의 1 %/년

② 초기 투자비 = 주 설비비 + 계통연계비 + 공사비 + 인·허가, 설계·감리비 + 토지 구입비

③ $$\text{발전원가} = \frac{\dfrac{\text{초기 투자비}}{\text{설비 수명연한}} + \text{연간 유지비}}{\text{연간 총 발전량}} \text{ (원)}$$

6-2 태양광발전 경제성 분석기법

(1) B/C비(Benefit-Cost Ratio) 분석법 : 투자에 대한 총 편익의 비로 수익성을 판단한다.

$$\text{비용 편익의 분석비(B/C비)} = \frac{\sum \dfrac{B_i}{(1+r)^i}}{\dfrac{C_i}{(1+r)^i}}$$

여기서, B_i : 연차별 총 편익(수익), C_i : 연차별 총 비용, r : 할인율, i : 기간

❑ B/C비 > 1이면 사업성(타당성)이 있으며, B/C비 < 1이면 사업성(타당성)이 없다.

(2) 할인율(r) : 미래가치를 현재가치로 바꾼 비율로 편의상 은행대출 시 대출 금리와 같다.

(3) 순 현재가치(NPV : Net Present Value) 분석법

투자로부터 기대되는 미래의 총 편익을 할인율로 할인한 총 편익의 현재가치에서 총 비용의 현재가치를 공제한 값이다.

$$\text{NPV} = \sum \frac{B_i}{(1+r)^i} - \sum \frac{C_i}{(1+r)^i}$$

* 편익 : 재화나 용역을 사용해 얻을 수 있는 이익의 만족도

❑ NPV > 0이면 수익성이 있으며, NPV < 0이면 수익성이 없다.

(4) 내부 수익률(IRR : Internal Rate of Return)

편익과 비용의 현재가치를 동일하게 할 경우의 비용에 대한 이자율을 산정하는 방법으로 $\frac{B_1 - C_1}{(1+r)^1} + \frac{B_2 - C_2}{(1+r)^2} + \cdots + \frac{B_i - C_i}{(1+r)^i} = 0$이 되는 이자율이다.

> ❑ IRR이 자본비용보다 작으면 투자기각, 자본비용보다 크면 투자채택을 한다.
> NPV나 B/C비 적용 시 할인율이 불분명할 경우에 이용된다.

(5) 투자 수익률(ROI : Return On Investment) : 총 투자액에 대한 순이익의 비율이다.

$$\text{ROI} = \frac{\text{순 이익}}{\text{총 투자액}} \times 100\,\%$$

단원 예상문제

신재생에너지(태양광) 발전설비기사

1. 태양광발전 사업을 하고자 하는 경우 일반적으로 경제성 분석평가를 실시하는데 경제성 분석기준으로 옳지 않은 것은?

① 할인율
② 순 현가
③ 비용 편익비
④ 내부 수익률

해설 일반적으로 비용 편익비(B/C비), 순 현가(NPV), 내부 수익률이 경제성 분석에 사용된다.

2. 총 원가에는 해당되지만 순 공사원가의 구성항목이 아닌 것은?

① 간접 경비
② 간접 노무비
③ 간접 재료비
④ 일반 관리비

해설 순 공사원가에 일반 관리비는 포함되지 않는다.

3. 다음 내용을 나타내는 것은 무엇인가?

프로젝트의 순수한 이익과 총 비용을 비교한 수익률

① 비용 편익률
② 투자 수익률
③ 내부 수익률
④ 순 현재가치율

해설 비용 편익률(B/C비 : Benefit-Cost Ratio)은 투자(총 비용)에 대한 총 편익의 비로 수익성을 판단하는 분석법이며, 총 투자액에 대한 수익의 비는 투자 수익률이라 한다.

4. 발전원가를 구성하는 내용이 아닌 것은?

① 주간 유지비
② 초기 투자비
③ 연간 총 발전량
④ 연간 유지 관리비

정답 1. ① 2. ④ 3. ① 4. ①

해설 발전원가에 포함되는 내용은 초기 투자비와 연간 유지비 및 연간 총 발전량을 포함하며 발전원가의 계산식은

$$\frac{\frac{\text{초기 투자비}}{\text{설비 수명연한}} + \text{연간 유지비}}{\text{연간 총 발전량}}$$ 이다.

5. 투자로부터 기대되는 미래의 총 편익을 할인율로 할인한 총 편익의 현재가치에서 총 비용의 현재가치를 공제한 값은?

① 원가 분석법
② 내부 수익률법
③ 편익 비용 비율법
④ 순 현재가치법

해설 순 현재가치법은 투자로부터 기대되는 미래의 총 편익을 할인율로 할인한 총 편익의 현가에서 총 비용의 현가를 공제한 값이다.

6. 할인율을 적용한 수입의 현재가치를 비교하여 비율로 나타내는 것은?

① 원가 분석법
② 내부 수익률법
③ 편익 비용 비율법
④ 순 현재가치법

해설 내부 수익률과 할인율을 비교하여 타당성을 분석하는 방법을 내부 수익률법이라 한다.

7. 순 현재가치법에 대한 내용으로 틀린 것은?

① 0보다 크면 투자안을 채택한다.
② 0보다 작으면 투자안을 기각한다.
③ 0과 1 모두 현재가치를 분석한다.
④ 여러 투자안이라면 순 현재가치가 0보다 큰 것 중에서 순 현재가치가 큰 순서로 채택한다.

해설 순 현재가치법은 총 편익의 현가에서 총 비용의 현가를 공제한 값이 0보다 크면 수익성이 있다.

8. 초기 투자비용이 200000원이고, 연간 유지 관리비가 10000원이다. 설비 수명연한은 20년일 경우 발전원가(원/kWh)는 얼마인가? (단, 연간 총 발전량은 10 kWh이다.)

① 1000 원/kWh
② 2000 원/kWh
③ 3000 원/kWh
④ 4000 원/kWh

해설 발전원가

$$= \frac{\frac{\text{초기 투자비}}{\text{설비 수명연한}} + \text{연간 유지 관리비}}{\text{연간 총 발전량}}$$

$$= \frac{\frac{200000}{20} + 10000}{10} = \frac{20000}{10}$$

= 2000 원/kWh

9. 사업의 경제성이 있다고 판단되는 항목들을 모두 옳게 나열한 것은? (단, r은 할인율이다.)

① NPV>0, B/C비>1, IRR>r
② NPV<0, B/C비<1, IRR<r
③ NPV=0, B/C비<1, IRR<r
④ NPV=0, B/C비=1, IRR=r

해설 사업 경제성의 판단

순 현재 가치법	비용 편익비 분석법	내부 수익률법	경제성의 판단
NPV>0	B/C비>1	IRR>r	경제성 있음
NPV<0	B/C비<1	IRR<r	경제성 없음

정답 5. ④ 6. ② 7. ③ 8. ② 9. ①

2과목

태양광발전 설계

Chapter 1 태양광발전 토목 설계

1-1 토목 설계도면

(1) 토목 설계도면

① 공사 계획도
② 배수 계획도
③ 구적도
④ 종단면도
⑤ 횡단면도
⑥ 지적측량

(2) 토목 설계에 표시되는 사항

① 방위표 : 동, 서, 남, 북의 방위를 알 수 있도록 도면에 표시된 사항
② 주기사항 : 도면의 각 기호를 표시한 사항
③ 치수선 : 치수를 나타내는 선
④ 경사에 대한 사항 : 종단면 및 횡단면의 경사도를 나타낸 사항

1-2 토목측량

(1) 토목측량의 종류

① 경계측량
② 분할측량
③ 현황측량

(2) 측량의 목적

① 부지의 고저차 파악
② 설치 가능한 태양전지 수량 결정
③ 최소한의 토목공사를 위한 시공 기면의 결정
④ 실제 부지와 지적도상의 오차 파악

(3) 지반조사 시 꼭 포함되어야 할 내용

① 각 토층의 두께와 분포상태
② 지하수의 위치와 지하수와 관련된 특성
③ 토질시험을 위한 흙 시료의 채취
④ 기초의 설계나 시공에 관련되는 특이한 사항

(4) 지반조사의 목적

① 구조물 건설공사 현장의 지질 구조 및 지층의 상태, 지반특성 파악
② 구조물 최적설계를 위한 지반 공학적 특성 파악
③ 설계 및 시공에 필요한 지반공학 분야의 종합적 자료 제공

단원 예상문제

신재생에너지(태양광) 발전설비기사

1. 토목측량에 해당하지 않는 것은?

① 경계측량 ② 복구측량
③ 분할측량 ④ 현황측량

해설 토목측량의 3가지 : 경계측량, 분할측량, 현황측량

2. 구조시공의 기본방향에 대한 고려사항이 아닌 것은?

① 시공성 ② 안전성
③ 용이성 ④ 내구성

해설 구조시공의 기본방향에 대한 고려사항 4가지 : 안전성, 시공성, 사용성, 내구성

3. 토목 설계도면이 아닌 것은?

① 연결도
② 배수 계획도
③ 구적도
④ 종단면도

해설 토목 설계도면에는 공사 계획도, 배수 계획도, 구적도, 종단면도, 횡단면도, 지적측량이 있다.

4. 측량의 목적 중에서 태양광발전 전력과 관계가 큰 것은?

① 부지의 고저차 파악
② 설치 가능한 태양전지 수량 결정
③ 최소한의 토목공사를 위한 시공 기면의 결정
④ 실제 부지와 지적도상의 오차 파악

해설 면적이나 모양에 따라 설치가 가능한 모듈 수가 결정되며, 그 수량에 따라 태양광발전 전력이 결정된다.

정답 1. ② 2. ③ 3. ① 4. ②

Chapter 2

태양광발전 구조물 설계

2-1 구조물 기초

(1) 구조물 설계 시의 고려사항

① 안정성
② 경제성
③ 시공성
④ 사용성 및 내구성

(2) 구조물 가대 설계 절차

현장조사 → 태양전지 모듈 배열 결정 → 가대의 기초부 설계 → 가대의 강도 계산 → 가대구조의 설계

(3) 구조물의 구성요소

① 프레임
② 지지대
③ 기초판
④ 앵커볼트
⑤ 기초

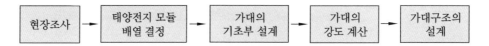

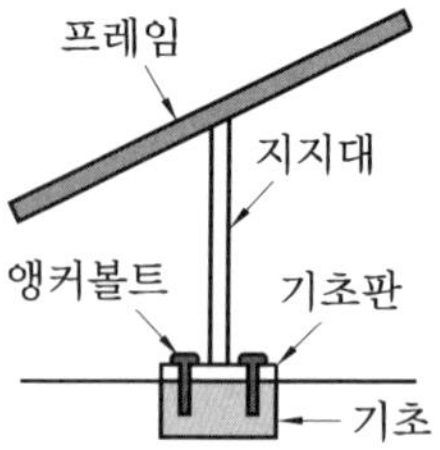

(4) 구조물 배치 시의 고려사항

① 지반 및 지질검토
② 경사도와 그 방향
③ 설치면적의 최소화
④ 구조적 안정성 확보
⑤ 배관, 배선의 용이성
⑥ 유지보수의 편의성
⑦ 발전시간 내 음영이 발생하지 않아야 한다.

* 태양광 어레이 구조물의 가대 설치 시 녹 방지를 위해 용융 아연도금 철 구조물을 사용한다.

2-2 구조물 형식

(1) 구조물 기초의 종류

① 직접기초 : 전면기초, 독립기초, 복합기초
② 말뚝기초
③ 주춧돌 기초
④ 연속기초
⑤ 피어기초
⑥ 케이슨 기초

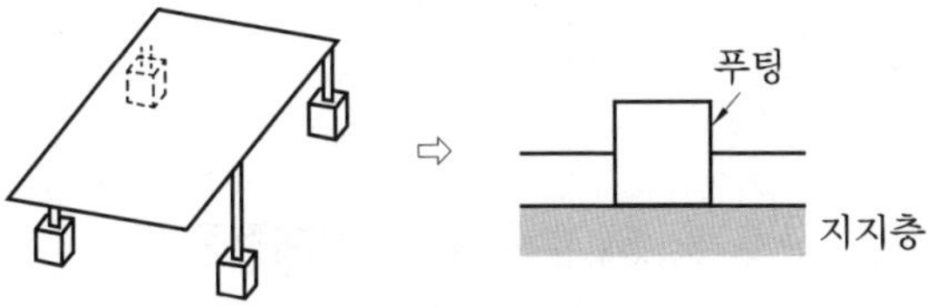

(a) 독립푸팅 기초(독립기초)

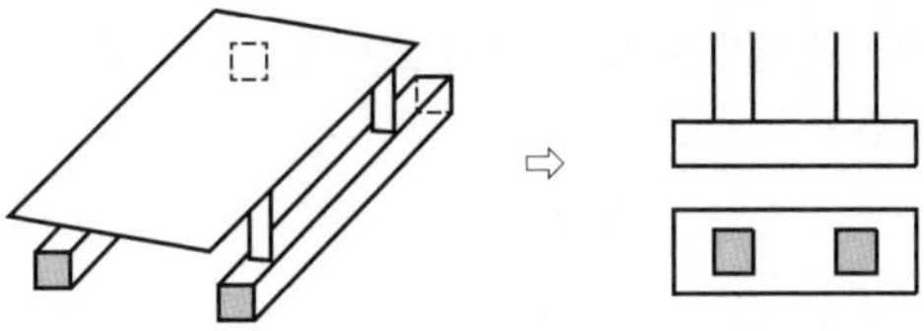
(b) 복합푸팅 기초(복합기초)

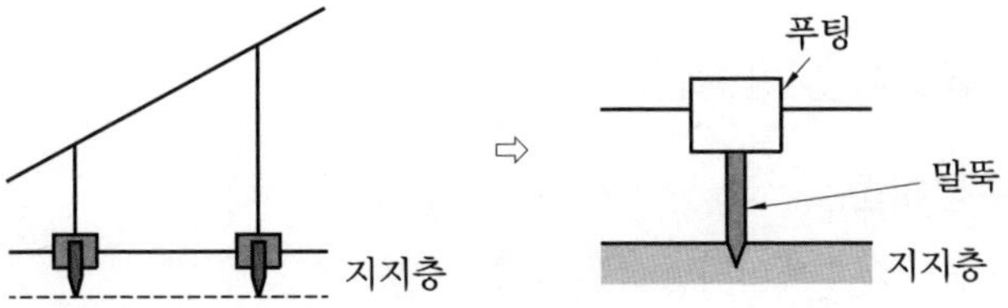

(c) 말뚝기초

(2) 얕은 기초와 깊은 기초

① 얕은 기초 : 직접기초, 연속기초
② 깊은 기초 : 말뚝기초, 피어기초, 케이슨 기초

(3) 기초하중(W)

$W = L \times L \times$ 기초판 두께 $\times$ 콘크리트 중량

여기서, L : 어레이 길이

(4) 기초판 넓이(A)

$A = L \times L \ge L^2 + (N + W)/f_e$

여기서, L : 어레이 길이, N : 중심압축력, W : 기초하중, f_e : 허용지내력

(5) 기초물 구조의 고려사항

① 지반조건 : 지반 종류, 지하수위, 지반의 균일성, 암반의 깊이
② 상부 구조물의 특성 : 허용 침하량, 구조물의 중요도, 특이 요구조건 등
③ 상부 구조물의 하중 : 기초의 설계하중
④ 경제성

(6) 태양광발전 구조물 구조계산에 적용되는 설계하중

① 고정하중(G) : 모듈의 질량과 지지물 등의 합계
② 풍하중(W) : 태양전지 모듈에 가해지는 풍압력과 지지물에 가해지는 풍압력의 합계

$W = G_f \times C_f \times q_z \times A$ [N]

여기서, G_f : 가스트 영향계수, C_f : 풍압계수, q_z : 임의의 높이에서의 설계속도압,
A : 유효 수압면적

③ 적설하중(S) : 모듈면의 수직 적설하중

$S = C_s \times C_e \times S_g \times A$ [N]

여기서, C_s : 경사도계수, C_e : 노출계수, S_g : 지상적설하중, A : 유효 수압면적

④ 지진하중(K) : 지지물에 가해지는 수평 지진력

$K = k \times G$

여기서, k : 지진층 전단력계수

(7) 수직하중과 수평하중

① 수직하중 : 고정하중, 적설하중, 활하중
② 수평하중 : 풍하중, 지진하중

(8) 구조 계산서의 안정성 검토항목

① 설계하중
② 재료의 허용응력
③ 지지대 기초와 연결부에 대한 구조적 안정성 확보

단원 예상문제

신재생에너지(태양광) 발전설비기사

1. 태양광발전시스템 어레이 기초시설 중 내력벽 또는 조적벽을 지지하는 기초로 벽체 양옆에 캔틸레버(cantillever) 작용으로 하중을 분산시키는 기초는 무엇인가?

① 독립기초 ② 연속기초
③ 온통기초 ④ 파일기초

해설 연속기초 : 벽 또는 2개 이상 지지물의 응력을 단일 기둥으로 받치는 기초

2. 태양광발전시스템 어레이 지지대의 조건으로 가장 거리가 먼 것은?

① 유지관리가 용이할 것
② 미관 및 조형성을 가질 것
③ 태풍, 지진 등 외력에 충분히 견딜 것
④ 대기환경에 충분히 비내수성을 가질 것

해설 지지대 조건으로 내수성을 가져야 한다.

3. 태양광발전시스템 구조물 지진하중 산출식 $K = C_L \times G$에서 G는 무엇을 의미하는가? (단, C_L은 지진층 전단력계수이다.)

① 풍압하중 ② 적설하중
③ 유도하중 ④ 고정하중

해설 G는 구조물에 지속적으로 작용하는 고정하중을 나타낸다.

4. 밀폐형 건축물의 구조골조용 풍하중과 관련사항이 없는 것은?

① 설계풍력 ② 외압계수
③ 노출계수 ④ 유효 수압면적

해설 구조골조용 풍하중 : $P_f = \dfrac{W}{A}$,
풍하중 : $W = C_f \times G_f \times q_z \times A$,
$P_f = C_f \times G_f \times q_z$
C_f : 풍압계수
G_f : 가스트 영향계수
A : 유효 수압면적
q_z : 임의의 높이에서의 설계속도압

5. 기초판과 기둥으로 형성되어 있으며, 기둥과 보로 구성되어 있는 건축물에 적용되는 기초의 종류는?

① 말뚝기초 ② 독립기초
③ 복합기초 ④ 연속기초

해설 독립기초 : 응력을 보 위에 단일 기둥으로 받치는 기초

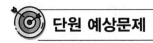

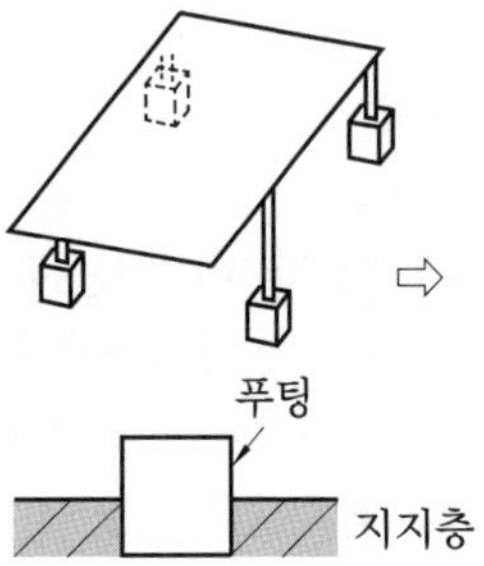

6. 태양전지 어레이를 설치하기 위한 기초물 구조의 고려사항으로 틀린 것은?

① 암반의 깊이
② 기초의 설계하중
③ 부지 모양
④ 허용 침하량

해설 기초물 구조의 고려사항
- 지반조건 : 지반 종류, 지하수위, 지반의 균일성, 암반의 깊이
- 상부 구조물의 특성 : 허용 침하량, 구조물의 중요도, 특이 요구조건
- 상부 구조물의 하중 : 기초의 설계하중

정답 1. ② 2. ④ 3. ④ 4. ③ 5. ② 6. ③

7. 태양전지 어레이의 구조물을 지상에 설치하기 위한 기초의 종류 중 지지층이 얕은 경우 쓰이는 방식은?

① 말뚝기초 ② 직접기초
③ 피어기초 ④ 케이슨기초

해설 • 얕은 기초 : 직접기초, 연속기초
• 깊은 기초 : 말뚝기초, 피어기초, 케이슨기초

8. 태양광발전시스템 설계 시 갖추어야 할 기초자료가 아닌 것은?

① 청명일수
② 지질조사 기록
③ 최대 폭설량
④ 순간풍속 및 최대풍속

해설 태양광발전시스템 설계 시 갖추어야 할 기초자료에는 지질, 폭설량, 풍속 등의 기록이다.

9. 다음 태양전지 어레이용 지지대에 영구적으로 작용하는 상중하중은?

① 고정하중 ② 풍압하중
③ 적설하중 ④ 지진하중

해설 고정하중(G)은 모듈의 질량과 지지물 등의 합계로 영구적으로 작용하는 하중이다.

10. 어레이 설치지역의 설계속도압이 1000 Nm², 유효 수압면적이 7 m²인 어레이의 풍하중(kN)은 얼마인가? (단, 가스트 영향계수 1.8, 풍압계수는 1.3을 적용한다.)

① 12.75 kN ② 16.38 kN
③ 17.21 kN ④ 18.25 kN

해설 $W = G_f \times C_f \times q_z \times A$
$= 1.8 \times 1.3 \times 1000 \times 7$
$= 16380 = 16.38$ kN

11. 수직하중이 아닌 것은?

① 고정하중 ② 적설하중
③ 풍하중 ④ 활하중

해설 • 수직하중 : 고정하중, 적설하중, 활하중
• 수평하중 : 풍하중, 지진하중

12. 구조물의 구성요소가 아닌 것은?

① 지지대 ② 프레임
③ 어레이 ④ 기초판

해설 구조물의 구성요소 : 프레임, 지지대, 기초판, 앵커볼트, 기초

13. 직접기초에 해당되지 않는 것은?

① 독립기초 ② 복합기초
③ 전면기초 ④ 연속기초

14. 가대 설계 절차 순서를 올바르게 나타낸 것은?

㉠ 가대구조 설계 ㉡ 가대 기초부 설계 ㉢ 태양전지 모듈 결정 ㉣ 가대의 강도 계산

① ㉠→㉡→㉢→㉣
② ㉡→㉢→㉠→㉣
③ ㉢→㉠→㉣→㉡
④ ㉢→㉡→㉣→㉠

15. 가대 설계 시 유의사항이 아닌 것은?

① 가공하기 쉽게 재료는 가늘고, 가벼울 것
② 가급적 한 종류의 금속으로 시공할 것
③ 어레이를 단단히 고정할 수 있도록 할 것
④ 수급이 용이하고, 경제적인 재료를 사용할 것

해설 가늘고, 가벼우면 하중에 견딜 수 없다.

정답 • 7. ② 8. ① 9. ① 10. ② 11. ③ 12. ③ 13. ④ 14. ④ 15. ①

Chapter 3

태양광발전 어레이 설계

3-1 태양광발전 모듈배치 설계

(1) 모듈의 직·병렬연결

① 스트링(String) : 모듈의 직·병렬접속 형태

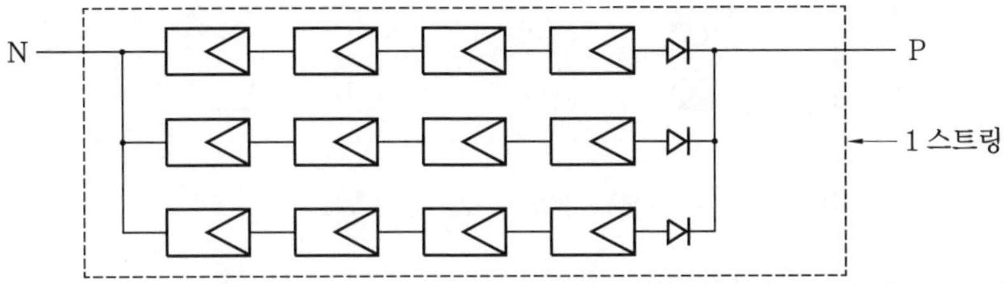

② 어레이의 직렬연결

(가) 모듈 n개의 직렬전압은 $V_S = n \times V_{mpp}$이다. * V_{mpp}는 최대출력 동작전압

(나) 태양전지 어레이 중 직렬연결 모듈의 정상전압이 25 V인 상태에서 1개의 모듈에 그늘이 발생하여 그 모듈전압이 10 V로 떨어진 경우 5개의 직렬연결 전체 전압은 5×10 V=50 V가 된다.

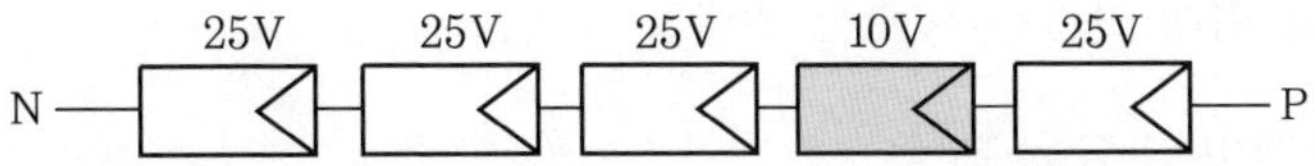

③ 어레이의 병렬연결

(가) 모듈 n개의 병렬전류는 $I_P = n \times I_{mpp}$이다. * I_{mpp}는 최대출력 동작전류

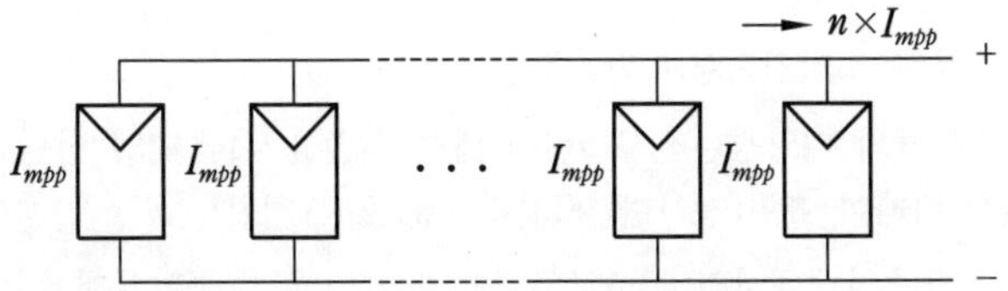

㈏ 모듈 n개의 병렬전력은 모든 모듈이 정상 동작인 경우에

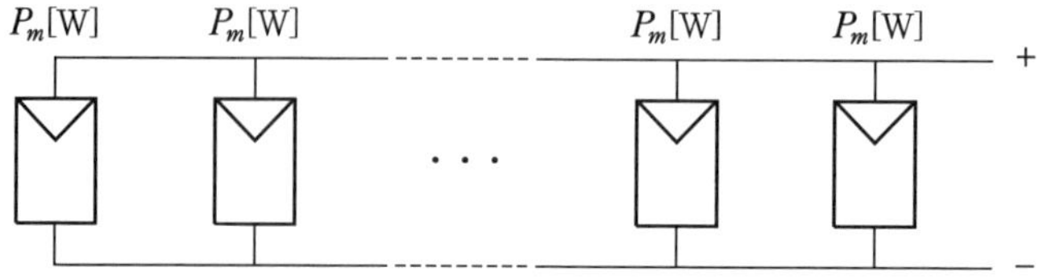

$P_S = n \times P_m$ 이다. * P_m은 모듈 정상 최대출력

㈐ 병렬회로에서 음영에 의해 낮은 출력이 있는 경우에 총 전력은 각 출력을 합한 값이며 다음 그림과 같다.

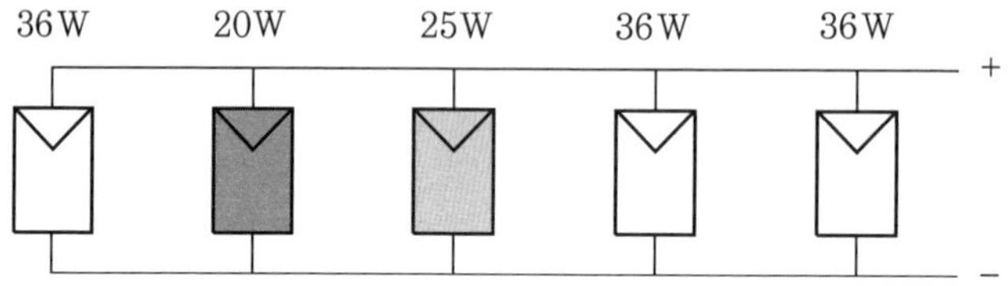

총 전력 $P_S = (3 \times 36) + 20 + 25 = 108 + 45 = 153\,\text{W}$

(2) 태양전지 어레이의 정격출력(P_A)

P_A = 모듈의 직렬 수×모듈의 병렬 수×모듈 최대출력

① 태양전지 최대 직렬 모듈 수

$$N_s = \frac{\text{인버터의 최대 입력전압}}{\text{최저온도에서의 개방전압}(V_{oc})} \text{ 또는 } N_{s'} = \frac{\text{인버터 MPPT 전압범위의 최댓값}}{\text{최저온도에서의 최대전압}(V_{mpp})}$$

㈜ V_{oc}(최저온도) = $V_{oc} \times \{1 +$ 전압 온도계수 $\times$ (최저온도 − 25℃)$\}$
V_{mpp}(최저온도) = $V_{mpp} \times \{1 +$ 전압 온도계수 $\times$ (최저온도 − 25℃)$\}$

② 태양전지 병렬 모듈 수

$$N_P = \frac{\text{시스템 출력전력}(W)}{\text{모듈 최대 직렬 수} \times \text{모듈 최대출력}(W)}$$

(3) 태양전지 어레이 소요용량

$$P_{AS} = \frac{E_L \times D \times R}{\dfrac{H_A}{G_S} \times K} \text{[kW]}, \text{ * 표준상태(STC) 시 } P_{AS} = \frac{E_L D R}{H_A K}$$

여기서, E_L : 부하 소비전력량(kWh/기간),
D : 부하의 태양광발전시스템에 대한 의존율 = 1 − 백업 전원전력 의존율,
H_A : 어레이 표면(경사면) 일사량(kWh/m^2·기간), R : 설계여유계수,
G_S : 표준상태에서의 일조강도 = 1 kW/m^2, K : 종합설계계수

(4) 1일간의 발전량(kWh/일)

$$= \text{표준상태 어레이 출력} \times \frac{\text{1일 경사면 적산 일사량}}{\text{표준상태의 일사강도(1kW/m}^2\text{)}} \times \text{종합효율}$$

(5) 1일 평균 발전시간(h) $= \dfrac{\text{1년간 발전전력량(kWh)}}{\text{시스템 용량(kW)} \times \text{운전일수}}$

(6) 시스템 이용률(%) $= \dfrac{\text{1년간 발전전력량(kWh)}}{\text{24시간(h)} \times \text{운전일수} \times \text{시스템 용량(kW)}} \times 100$

$$= \frac{\text{1일 평균 발전시간}}{\text{24시간(h)}} \times 100$$

(7) 연간 발전량(kWh) = 시스템 용량(kW) × 1일 평균 발전시간(h) × 365일

(8) 연간 판매 수익 = kW당 판매가(SMP + 가중치 × REC) × 연간 발전량

3-2 태양광발전 전압강하 계산

(1) 태양전지 어레이와 인버터 간의 전압강하율

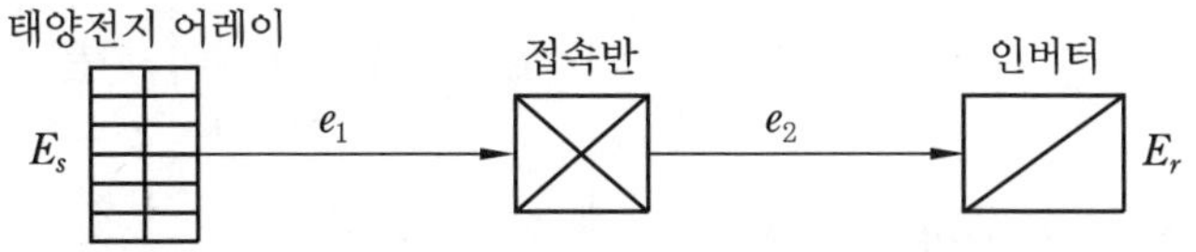

여기서, e_1 : 어레이-접속반 간의 전압강하율

e_2 : 접속반-인버터 간의 전압강하율

① 전압강하 $e = \dfrac{E_s - E_r}{E_r}$

② 전압강하율 $e\,(\%) = \dfrac{E_s - E_r}{E_r} \times 100 = e_1 + e_2$

③ 전선 길이에 따른 전압강하율

전선 길이	전압강하율
120 m 이하	5 %
200 m 이하	6 %
200 m 초과	7 %

④ 전기 방식에 따른 전압강하 및 전선 단면적

전기 방식	K_w	전압강하(V)	전선 단면적(mm²)
단상 2선식, 직류 2선식	2	$e=\dfrac{35.6LI}{1000A}$	$A=\dfrac{35.6LI}{1000e}$
3상 3선식	$\sqrt{3}$	$e=\dfrac{30.8LI}{1000A}$	$A=\dfrac{30.8LI}{1000e}$
단상 3선식, 3상 4선식	1	$e=\dfrac{17.8LI}{1000A}$	$A=\dfrac{17.8LI}{1000e}$

단원 예상문제

신재생에너지(태양광) 발전설비기사

1. 태양광 어레이 길이 2.58 m, 경사각 30°가 남북으로 설치되어 있으며 뒷면 어레이에 대한 태양 입사각이 45°일 때 앞면 어레이의 그림자 길이는?

① 1.5 m ② 2.0 m
③ 2.2 m ④ 3.0 m

해설 $\cos 30° = \dfrac{d}{2.58}$,

$d = \cos 30° \times 2.58 \fallingdotseq 0.866 \times 2.58 \fallingdotseq 2.23\text{ m}$

2. 태양전지 어레이 설계 시의 고려사항 중 발전 설비용량 결정의 기술적 측면으로 옳지 않은 것은?

① 사업부지의 면적
② 어레이의 직렬 모듈 수 및 구성 방식
③ 어레이 별 이격거리
④ 전기안전관리자 상주 여부

해설 기술적 측면에서 발전 설비용량의 결정은 전기안전관리자와는 관계가 없다.

3. 태양전지 어레이의 이격거리 산출 시 적용하는 설계요소가 아닌 것은?

① 구조물 형상
② 남·북향 간 거리
③ 강재의 강도 및 판의 두께
④ 태양광발전 위치에 대한 위도

해설 이격거리 계산에는 어레이의 길이, 경사각도, 남·북향 간의 거리가 영향을 준다.

4. 태양광 어레이 전선 굵기를 산정하기 위한 기준이 아닌 것은?

① 전압 ② 전류
③ 역률 ④ 전력손실

해설 어레이 전선 굵기(단면적)

$= \dfrac{35.6 \times \text{전선의 길이} \times \text{전류}}{1000 \times \text{전압강하}}$

* 전압강하는 전력손실과 관련이 있다.

5. 태양광발전시스템의 설계에 있어서 태양전지 어레이의 레이아웃 배치검토에 필요한 자료가 아닌 것은?

① 태양전지 어레이의 가대에 대한 구조계산서

정답 1. ③ 2. ④ 3. ③ 4. ③ 5. ①

② 설치 예정지의 위도, 경도에 따른 동지 날의 해 그림자 길이
③ 사용예정인 태양전지 모듈 및 인버터의 카탈로그
④ 설치 예정지의 면적, 토지의 굴곡상태 데이터

해설 태양전지 어레이의 레이아웃 배치검토에 가대의 구조 계산서는 참고자료가 아니다.

6. 태양광발전시스템의 어레이 설계 시 고려사항으로 적합하지 않은 것은?

① 방위각 ② 경사각
③ 음영 ④ 부하의 종류

해설 어레이 설계에는 음영, 경사각, 방위각, 어레이의 크기(가로×세로) 등이 영향을 준다.

7. 태양광발전시스템에서 계통으로 유입되는 고조파 전류는 총 몇 %를 초과하면 안 되는가?

① 1 ② 3
③ 5 ④ 7

해설 유입되는 고조파 전류는 총 5 %를 초과해서는 안 된다.

8. 계통연계 운전 중 송전이나 수전 시 시스템 보호를 위한 보호 계전기의 종류가 아닌 것은?

① 부족 전압 계전기
② 부족 주파수 계전기
③ 과전압 계전기
④ 역 전력 계전기

해설 시스템 보호 계전기에는 UVR(부족 전압 계전기), OVR(과전압 계전기), UFR(부족 주파수 계전기), OFR(과주파수 계전기) 등이 있다.

9. 태양광발전시스템을 100 m^2 부지에 하나의 어레이를 설치할 때 모듈효율 15 %, 일사량 500 W/m^2에서 생산되는 전력은?

① 5 kW ② 7.5 kW
③ 75 kW ④ 750 kW

해설 P_m = 변환효율 × 면적 × 일사량
$= 0.15 \times 100 \times 500 = 7500\text{ W} = 7.5\text{ kW}$

10. 다음과 같은 조건에서 어레이 간의 최소 이격거리(m)는 얼마인가? (단, 경사 고정식으로 정남향이다.)

- L : 모듈 어레이 길이 3 m
- θ : 모듈 어레이의 경사각 30°
- lat : 설치지역의 위도 32°

① 3 m ② 4 m
③ 5 m ④ 6 m

해설 이격거리

$$= 3 \times \frac{\sin(30° + 32°)}{\sin 32°} = 3 \times \frac{\sin 62°}{\sin 32°}$$

$$= 3 \times \frac{0.883}{0.530} \fallingdotseq 5\text{ m}$$

11. 다음 조건에서 1000 kW 태양광발전시스템의 직·병렬구성으로 적합한 것은? (단, 인버터의 MPPT는 450 ~ 820 V이며, 기타 조건은 표준상태이다.)

- P_{mpp} : 250 W
- V_{mpp} : 41.0 V
- I_{mpp} : 8.13 A
- V_{oc} : 38.3 V
- I_{sc} : 8.62 A

① 18직렬, 200병렬
② 20직렬, 200병렬
③ 18직렬, 240병렬
④ 20직렬, 211병렬

정답 6. ④ 7. ③ 8. ④ 9. ② 10. ③ 11. ②

해설 ㉠ 최대 직렬 모듈 수

$$= \frac{\text{인버터 MPPT 전압범위의 최댓값}}{V_{mpp}}$$

$$= \frac{820}{41} = 20$$

㉡ 병렬 모듈 수

$$= \frac{\text{시스템 출력전력}}{\text{최대 직렬 모듈 수} \times \text{모듈 최대출력}}$$

$$= \frac{1000\,\text{kW}}{20 \times 0.25\,\text{kW}} = 200$$

12. 태양광발전 설비용량과 부하에서 소비되는 전력량의 관계를 올바르게 나타낸 것은 어느 것인가?

- P_{AS} : 표준상태에서의 태양광 어레이의 출력(kW)
- H_A : 태양광 어레이 표면 일사량(kWh/m^2·기간)
- G_S : 표준상태에서의 일조강도(kW/m^2)
- E_L : 부하 소비전력량(kWh/기간)
- D : 부하의 태양광발전시스템에 대한 의존율
- R : 설계여유계수
- K : 종합설계계수

① $P_{AS} = \dfrac{E_L \times G_S \times R}{(H_A / D) \times K}$

② $P_{AS} = \dfrac{E_L \times D \times R}{(H_A / G_S) \times K}$

③ $P_{AS} = \dfrac{E_L \times G_S \times R \times K}{(H_A / D)}$

④ $P_{AS} = \dfrac{D \times R \times K}{(H_A / E_L \times G_S)}$

13. 다음과 같은 태양광발전시스템의 어레이 설계 시 직·병렬 수량은?

- 모듈 최대출력 : 250 W
- 1 스트링 직렬 매수 : 10
- 시스템 출력전력 : 50000 W

① 10직렬, 15병렬 ② 10직렬, 20병렬
③ 10직렬, 25병렬 ④ 10직렬, 30병렬

해설 모듈의 병렬 수 $= \dfrac{50000}{10 \times 250} = 20$

14. 태양전지 어레이 직·병렬 설계 시 인버터의 사양 중 고려되지 않는 것은?

① MPPT 전압범위
② 전류 온도계수
③ 전압 온도계수
④ 최대 입력전압

해설 태양전지 어레이 직·병렬 설계 시 전압 온도계수는 관련되지만, 전류 온도계수는 상관없다.

15. 태양광발전시스템의 연간 예상 발전량의 산출 식으로 적합한 것은?

① 설치장소의 연간 일사량×시스템 성능계수 × 표준상태의 인버터 설치용량(kWh/년)
② 설치장소의 연간 일사량 × 일사계수× 표준상태의 태양전지 설치용량(kWh/년)
③ 설치장소의 연간 일사량 × 시스템 성능계수× 표준상태의 태양전지 설치용량(kWh/년)
④ 설치장소의 연간 강우량 ×시스템 성능계수 × 표준상태의 태양전지 설치용량(kWh/년)

해설 STC 조건에서의 연간 예상 발전량 = 설치장소의 연간 일사량 ×종합설계계수 × 태양전지 설치용량이다.

정답 12. ② 13. ② 14. ② 15. ③

16. 어레이 설계 시 어레이 구조결정의 기술적 측면에서 고려사항으로 맞지 않는 것은?

① 구조 안정성
② 풍속, 풍압, 지진 고려
③ 조화로움 및 경제성
④ 건축물과의 결합(기초) 방법 결정

해설 구조의 기술적인 측면에서 조화로움 및 경제성은 고려사항이 아니다.

17. 그림 (A), (B)에서 각 모듈별 음영 발생 시 발전량을 바르게 나타낸 것은? (단, 음영 부분의 발전량은 80 Wp이다.)

(A)

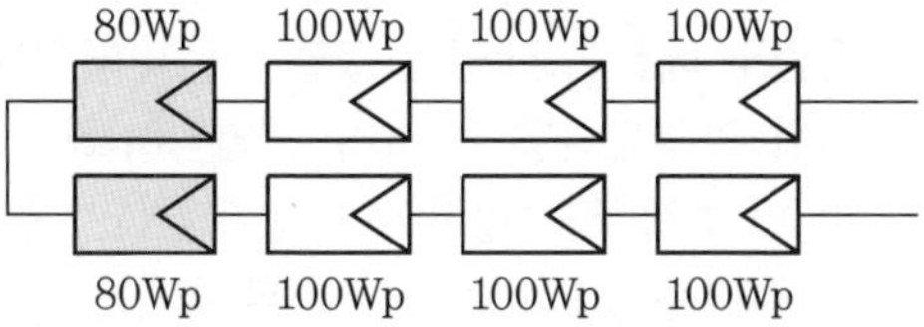

(B)

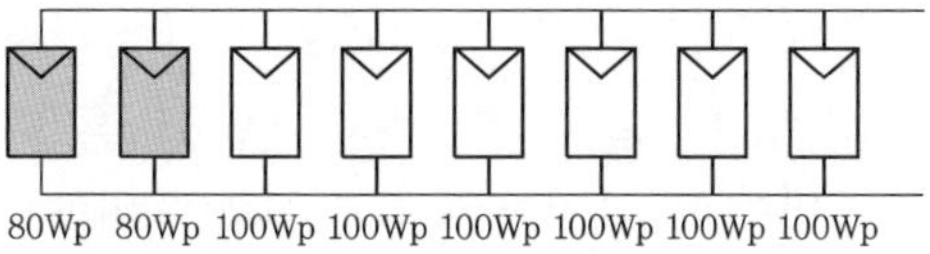

① (A) 640 Wp, (B) 740 Wp
② (A) 660 Wp, (B) 740 Wp
③ (A) 640 Wp, (B) 760 Wp
④ (A) 660 Wp, (B) 760 Wp

해설 (A) $80 \times 8 = 640$ Wp
(B) $(80 \times 2) + (100 \times 6) = 760$ Wp

18. 태양전지 셀 하나의 전압이 5 W인 10개가 직렬연결이고, 그 중 음영에 의해 출력이 저하한 셀은 3.5 W × 4개일 때 출력은 몇 W인가?

① 28 ② 35 ③ 44 ④ 50

해설 모든(10개) 모듈의 출력이 음영에 의한 출력에 따르므로 $3.5\text{ W} \times 10 = 35$ W이다.

19. 다음 조건에서 태양전지 모듈의 직렬연결 개수는?

- 인버터 최대 입력전압(V_{max}) : 500 V
- 개방전압(V_{oc}) : 42.5 V
- 전압 온도계수(K_t) : −0.35 %/℃
- 최저온도(T_{min}) : −25℃
- 최고온도(T_{max}) : 60℃

① 9개 ② 10개
③ 11개 ④ 12개

해설 $V_{oc}(-25℃)$

$$= 42.5 + \left\{42.5 \times \frac{-0.35}{100} \times (-25 - 25℃)\right\}$$

$$\fallingdotseq 49.9\,V, \quad \therefore \text{ 최대 직렬 수} = \frac{500}{49.9} \fallingdotseq 10$$

20. 표준상태에서 태양전지 어레이의 변환효율(η)을 산출하는 식으로 옳은 것은?

① $\eta = \dfrac{G_S}{P_{AS} \times A} \times 100\ \%$

② $\eta = \dfrac{P_{AS}}{G_S \times A} \times 100\ \%$

③ $\eta = \dfrac{P_{AS} \times A}{G_S} \times 100\ \%$

④ $\eta = \dfrac{G_S \times A}{P_{AS}} \times 100\ \%$

해설 변환효율 η

$$= \frac{\text{태양전지 어레이 출력}}{\text{경사면 일사량} \times \text{태양전지 어레이 면적}} \times 100\ \% = \frac{P_{AS}}{G_S \times A} \times 100\ \%$$

21. 태양전지 어레이의 출력이 10800 W, 해당지역의 1일 경사면 일사량이 3.74 kWh/m^2 · 일이라고 하면 하루 동안의 발전량은? (단, 종합효율은 0.82로 한다.)

① 13.33 kWh/일 ② 23.67 kWh/일
③ 33.12 kWh/일 ④ 41.20 kWh/일

해설 1일간의 발전량

$$= 표준상태\ 어레이\ 출력 \times \frac{1일\ 경사면\ 적산\ 일사량}{표준상태의\ 일사강도(1\,kW/m^2)} \times 종합효율$$

$$= 10.8 \times \frac{3.74}{1} \times 0.82 \fallingdotseq 33.12\ kWh/일$$

22. 모듈에서 접속함 직류배선이 50 m이며, 모듈 어레이 전압이 600 V, 전류가 8 A일 때 전압강하는 몇 V인가? (단, 전선의 단면적은 4.0 mm^2이다.)

① 1.56 ② 2.56
③ 3.56 ④ 4.56

해설 $전압강하 = \frac{35.6LI}{1000A} = \frac{35.6 \times 50 \times 8}{1000 \times 4} = 3.56\ V$

23. 태양광 어레이 전선의 굵기를 산정하기 위한 기준이 아닌 것은?

① 전압 ② 전류
③ 역률 ④ 전력손실

해설
- 전선의 굵기 = (35.6 × 전선길이 × 전류)/(1000 × 전압강하)
- 전압강하 = (송전전압 − 수전전압)/수전전압
- 전력 = 전압 × 전류

위의 식에 역률은 관여되지 않는다.

24. 250 W 태양전지(8 A, 39.5 V가 14직렬, 10병렬로 설치된 PV) 어레이 단자함에서 인버터까지의 거리가 100 m, 전선의 단면적이 16 m^2일 때 전압강하율(%)은?

① 2.5 % ② 3.3 %
③ 3.5 % ④ 3.9 %

해설 출력전류 = 8 × 10 = 80 A,
출력전압 = 39.5 × 14 = 553 V,

$$전압강하 = \frac{35.6 \times 100 \times 80}{1000 \times 16} = 17.8\ V,$$

$$전압강하율 = \frac{전압강하}{수전단\ 전압} \times 100 = \frac{전압강하}{송전단\ 전압 - 전압강하} \times 100 = \frac{17.8}{553 - 17.8} \times 100 = \frac{17.8}{535.2} \times 100 \fallingdotseq 3.3\,\%$$

25. 분산형 태양광발전소 시스템 준공 시 인입구 배선이 태양광 모듈과 인버터, 인버터와 계통연계점 사이의 전압강하를 각각 몇 % 초과하지 않아야 하는가? (단, 전선의 길이는 60 m 이하일 경우이다.)

① 3 ② 5
③ 7 ④ 8

해설 전선의 길이에 따른 전압강하는 60 m 이하 3 %, 120 m 이하 5 %, 200 m 이하 6 %, 200 m 초과 7 %이다.

26. 태양광 모듈에서 인버터까지의 전압강하 계산식은? (단, A : 전선의 단면적[mm^2], I : 전류[A], L : 1가닥의 길이이다.)

① $\frac{17.8 \times L \times I}{1000 \times A}$ ② $\frac{30.8 \times L \times I}{1000 \times A}$
③ $\frac{35.6 \times L \times I}{1000 \times A}$ ④ $\frac{38.8 \times L \times I}{1000 \times A}$

해설 단상 3선식인 경우 $e = \frac{17.8LI}{1000A}$, 태양광 모듈에서 인버터까지는 직류 2선식이므로 $e = \frac{35.6LI}{1000A}$이다.

정답 22. ③ 23. ③ 24. ② 25. ① 26. ③

Chapter

4 태양광발전 계통연계장치 설계

4-1 분산형 계통연계기술기준

(1) **연계 시스템 :** 분산형 전원을 한전계통에 연계하기 위한 모든 연계설비 및 기능들의 집합체

(2) **역송병렬 계통연계 시스템 :** 분산형 전원을 한전계통에 병렬로 연계하여 운전하되, 생산한 전력의 전부 또는 일부가 한전계통으로 송전되는 발전방식

(3) **단순병렬 계통연계 시스템 :** 자가용 발전설비 또는 저압 소용량 일반 발전설비를 한전계통에 병렬로 연계하여 운전하되, 생산전력의 전부를 구내계통 내에서 자체적으로 소비하고, 생산전력이 한전계통으로 송전되지 않는 발전방식

(4) **분산형 전원 :** 소규모로 전력소비지역 부근에 분산하여 배치가 가능한 전원

(5) **분산형 전원의 용량**

① 3상(연계계통 전압 380 V)

② 500 kW 미만(단상 220 V, 100 kW 미만) : 저압계통에 연결할 수 있는 연계용량

③ 태양광발전시스템의 22.9 kV의 특고압 가공선로 회선에 연계가능 용량은 10 MW 미만

(6) **분산형 전원의 유지역률 :** 90 % 이상

(7) **분산형 전원 발전설비의 연계로 인한 저압계통의 전압 변동 제한기준**

① 상시전압 변동률 : 3 % 이하

② 순시전압 변동률 : 6 % 이하

(8) **하이브리드 분산형 전원 :** 태양광, 풍력발전 등 분산형 전원에 ESS 설비를 혼합한 발전설비

(9) 전압의 분류

분류	기준
저압	직류 1500 V 이하 교류 1000 V 이하
고압	직류 1500 V 초과 7000 V 이하 교류 1000 V 초과 7000 V 이하
특고압	7000 V 초과

(10) 계통연계 시 주요 설비

① 변압기
② VCB(진공 차단기)
③ MOF(계기용 변성기)
④ 전력량계

(11) 순시전압 변동률

변동 빈도	순시전압 변동률(%)
1시간에 2회 초과 10회 이하	3
1일 4회 초과 1시간에 2회 이하	4
1일 4회 이하	5

(12) 비정상 전압에 대한 분산형 전원 분리시간

2020. 06. 개정

전압범위 (기준전압에 대한 백분율[%])	분리시간(초)
$V < 50$	0.5
$50 \le V < 70$	2.0
$70 \le V < 90$	2.0
$110 < V < 120$	1.0
$V \ge 120$	0.16

(13) 비정상 주파수에 대한 분산형 전원 분리시간

2020. 06. 개정

분산형 전원용량	주파수 범위(Hz)	분리시간(초)
용량무관	$f > 61.5$	0.16
	$f < 57.5$	300
	$f < 57.0$	0.16

(14) 계통연계를 위한 동기화 변수 제한범위

분산형 전원 정격용량 합계(kW)	주파수 차 Δf[Hz]	전압 차 ΔV[%]	위상각 차 $\Delta \Phi$[°]
0 ~ 500 이하	0.3	10	20
500 초과 1500 이하	0.2	5	15
1500 초과 20000 미만	0.1	3	10

(15) 변압기 결선

① 태양광발전에서는 일반적으로 Δ – Y, Y – Δ 결선을 사용한다.

Δ–Y 결선

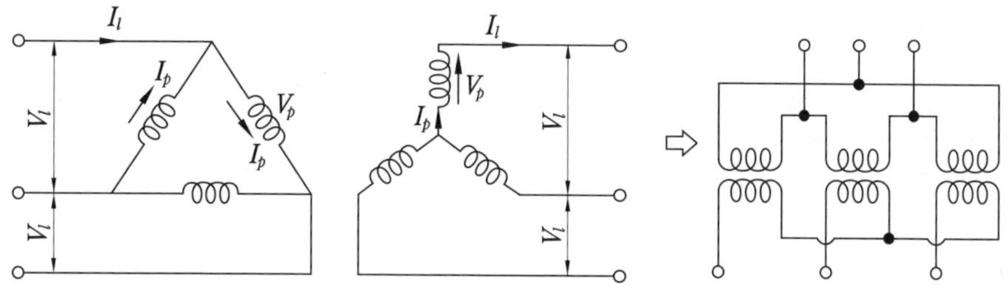

② 태양광발전에서 불가 결선

(가) Δ – Δ와 Δ – Y 결선

(나) Δ – Y와 Y – Y 결선

4-2 방재 시스템

(1) 방재 시설방법

① 케이블 처리식

② 전력구(공동구)

③ 관통 부분 : 벽 관통부를 밀폐시키고 케이블 양측 3개씩 난연처리

④ 맨홀 : 접속개소의 접속재를 포함

(2) 태양광발전시스템의 방화대책

① 실외 시스템(어레이, 접속함, 케이블)에는 난연 케이블, 차양판 설치

② 실내 시스템(인버터, 변압기 및 전력기기)에는 수신반 및 제어반 연동, 연 감지기 설치

4-3 피뢰 시스템

(1) 피뢰설비의 목적

① 구조물의 물리적 손상 및 전기 시스템의 손상보호

② 피뢰 시스템 주위에서의 인축보호

(2) 낙뢰의 피해 형태

① 직접적인 피해

㈎ 감전

㈏ 건축물, 설비의 파괴

㈐ 가옥, 산림의 화재

② 간접적인 피해

㈎ 통신시설의 파손

㈏ 전력설비의 파손

㈐ 공장, 빌딩의 손상

㈑ 철도, 교통시설의 파손

(3) 낙뢰의 침입경로

① 피뢰침

② 한전 배전계통(전원선)

③ 태양전지 어레이 또는 안테나

④ 통신선

⑤ 접지선(극)

(4) 피뢰소자의 선정방법

① 설치장소에 따른 선정방법

㈎ 방전내량이 큰 것 : 접속함, 분전반 내 설치(SPD)

㈏ 방전내량이 작은 것 : 어레이 주 회로 내 설치(서지 업서버)

② 일반적인 선정방법

㈎ 뇌 서지전압이 낮을 것

㈏ 응답시간이 빠를 것

㈐ 병렬 정전용량 및 직렬저항이 작을 것

(5) 외부보호 피뢰 시스템

① 수뢰부 시스템 : 구조물의 뇌격을 받아들인다.
② 인하도선 시스템 : 뇌격전류를 안전하게 대지로 보낸다.
③ 접지 시스템 : 뇌격전류를 대지로 방류시킨다.

(6) 내부보호 피뢰 시스템

① 접지 및 본딩
② 자기차폐
③ 협조된 SPD
④ 안전 이격거리 : 불꽃방전이 일어나지 않게 거리를 두어서 절연
⑤ 등전위 본딩 : 발생된 전위차를 저감하기 위해 건축물 내부의 금속 부분을 도체처럼 서지

(7) 낙뢰, 서지 등으로부터 태양광발전시스템을 보호하기 위한 대책

① 피뢰소자를 어레이 주 회로 내에 분산시켜 설치하고 동시에 접속함에도 설치한다.
② 저압 배전선으로 침입하는 낙뢰, 서지에 대해서는 분전반에 피뢰소자를 설치한다.
③ 뇌우 다발지역에서는 교류전원 측에 내뢰 트랜스를 설치하여 보다 안전한 대책을 세운다.

(8) 태양광발전시스템의 뇌 서지 대책

① 인버터 2차 교류측에도 방전 갭 서지 보호기를 설치한다.
② 태양광발전시스템의 주 회로의 (+)극과 (−)극 사이에 방전 갭 서지 보호기를 설치한다.
③ 배전계통과 연계되는 개소에 피뢰기를 설치한다.
④ 태양전지 어레이의 금속제 구조 부분에 적절하게 접지한다.
⑤ 방전 갭의 방전용량은 5 kV 이상으로, 동작 시 제한전압은 2 kV 이하로 한다.
⑥ 방전 갭의 접지측 및 보호대상기의 노출 도전성 부분을 태발 시스템이 설치된 건물 구조체의 주 등전위 접지선에 접속한다.

(9) 피뢰소자의 보호영역(LPZ)

① LPZ Ⅰ의 경계(LPZ 0/1) : 10/350(μs) 파형기준의 임펄스 전류,
class Ⅰ 적용, 주 배전반 MB/ACB 패널
② LPZ Ⅱ의 경계(LPZ 1/2) : 8/20(μs) 파형기준의 최대 방전전류,
class Ⅱ 적용, 2차 배전반 SB/P 패널
③ LPZ Ⅲ의 경계(LPZ 2/3) : 전압 1.2/50(μs), 8/20(μs) 파형기준의 임펄스 전류,
class Ⅲ 적용, 콘센트

(10) 낙뢰 우려 건축물 : 20 m 이상의 건물에 피뢰설비 설치

(11) 태양광발전시스템에 사용되는 피뢰방식

① 보호각법
② 그물(메시)법
③ 회전구체법

(12) 피뢰 시스템의 보호각법에서 회전구체 반경(r)의 최댓값

① 레벨 Ⅰ의 반경 : 20 m
② 레벨 Ⅱ의 반경 : 30 m
③ 레벨 Ⅲ의 반경 : 45 m
④ 레벨 Ⅳ의 반경 : 60 m

4-4 모니터링 시스템

(1) 계측 시스템의 4요소

① 센서 : 전압, 전류, 주파수, 일사량, 기온, 풍속 등의 전기신호
② 신호 변환기 : 센서로부터 검출된 데이터를 5 V, 4 ~ 20 mA로 변환하여 원거리 전송
③ 연산장치 : 계측 데이터를 적산하여 평균값 또는 적산값을 연산
④ 기억장치 : 데이터를 저장

(2) 계측기나 표시장치의 설치목적

① 운전상태를 감시
② 발전전력량의 계측
③ 시스템 종합평가
④ 운전상태의 견학(시스템 홍보)

(3) 태양광발전 모니터링 관리대상

① 인버터
② 접속반
③ 수·배전반
④ 기상관측장비

(4) 태양광발전 모니터링 시스템의 구성요소

① PC
② 모니터
③ 공유기
④ 직렬서버
⑤ 기상수집 I/O 통신 모듈
⑥ 인버터 제어반
⑦ 전력감시 제어반
⑧ 각종 센서류

(5) CCTV 시스템 구성기기

① 카메라
② 저장장치
③ 공급전원
④ 영상분배 증폭기
⑤ 폴(pole)
⑥ 보호기
⑦ 하우징
⑧ 안내판
⑨ 영상 선택기와 매트릭스 스위치

4-5 차단기

(1) 개폐기(switch) : 평상시 부하전류가 흐르는 상태에서 안전하게 개폐(on – off)하여 부하전류를 안전하게 통전한다.

(2) 단로기 : 충전된 선로의 개폐, 선로로부터 기기를 분리, 구분, 변경할 때 사용한다.

(3) MCCB의 정격전류 : 어레이 전류의 1.25 ~ 2배 이하

(4) 주 개폐기의 정격전류 : 어레이 전류의 2 ~ 2.5배 이하

(5) 정격 차단전압 : 시스템 차단전압의 1.5배 이상

(6) 정격 차단용량(MVA) = $\sqrt{3}\times$차단기의 정격전압(kV)$\times$차단기의 정격전류(kA)

(7) 차단기의 용량 산정

① 기준용량(일반적으로 특고압 기준) : 100 MVA

② 기기의 기준용량에 대한 $\%Z$ 환산

: $\dfrac{\text{기준용량}}{\text{자기용량}} \times$자기용량에 대한 $\%Z$

③ 저압 정격전류 : $I_n = \dfrac{P_n}{\sqrt{3}\, V_n}$

저압 차단전류 : $I_s = \dfrac{100 I_n}{\%Z_T}$

④ 3상 차단(단락)용량 산출

: $P_s = \dfrac{100 P_n}{\%Z_T} = \sqrt{3}\, V_s \times I_s \,[\text{MVA}]$

여기서, Z_T : 사고지점에서 바라 본 합성 $\%Z$, P_n : 기준용량

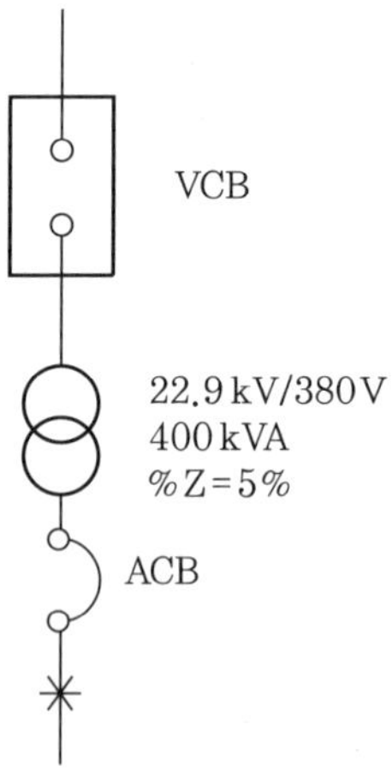

저압선로의 단락전류

(8) % 임피던스에 의한 단락전류 계산 순서

① 기준용량 P_n을 선정

② 기준용량에 대한 $\%Z$ 환산 : $\%Z_1$

③ 고장점까지의 $\%Z$ 환산 : $\%Z_2$

④ 합성 $\%Z$: $\%Z_T = \%Z_1 + \%Z_2$

⑤ I_s, P_s 계산

(가) $I_s = \dfrac{100 I_n}{\%Z_T}$　　(나) $P_s = \dfrac{100 P_n}{\%Z_T}$

(9) 차단기의 정격전압

① 공칭전압 : 전선로를 대표하는 선간전압

② 최고전압 : 전선로에 통상 발생하는 최고의 선간전압

③ 정격전압 = 공칭전압 $\times \dfrac{1.2}{1.1}$

(10) 주 회로 차단기, 단로기(부하 개폐기 포함) 절연저항 값

① 주 도전부 : 500 MΩ 이상(1000 V 메거 사용)

② 저압제어부 : 2 MΩ 이상(500 V 메거 사용)

(11) 고압전로에 사용되는 포장퓨즈는 정격전류의 1.3배에 견디고, 2배인 전류에 120분 내에 용단하여야 한다.

(12) 차단기의 차단용량 고려사항

① 부하용량
② 계통의 정격전압
③ 정격 차단전류

(13) 누전 차단기의 정격 기술기준 : 정격 감도전류 30 mA 이하, 동작시간 0.03초 이하의 전류 동작형

4-6 보호 장치

(1) 보호 장치의 적용 목적

① 전력설비 손상방지
② 전력설비 운전정지시간 및 범위 최소화
③ 전력계통 고장파급방지

(2) 퓨즈 차단전류 : 모듈 단락전류의 1.25 ~ 2배 이하

(3) 정격 차단전압 : 시스템 차단전압의 1.5배 이상

(4) 차단기의 정격 차단시간 : 3사이클, 5사이클, 8사이클

(5) 퓨즈 선정 시 고려사항

① 과부하 전류에 동작하지 말 것
② 변압기 여자 돌입전류에 동작하지 말 것
③ 충전기 및 전동기 기동전류에 동작하지 말 것
④ 보호기기와 협조를 가질 것

(6) 보호 계전기의 구비조건

① 고장상태를 식별하여 정도를 파악할 수 있을 것
② 고장개소를 정확히 선택할 수 있을 것
③ 동작이 예민하고, 오동작이 없을 것
④ 적절한 후비보호 능력이 있을 것
⑤ 경제적일 것

(7) 보호등급

① 등급 Ⅰ(장치 접지됨)

② 등급 Ⅱ(보호 절연)
③ 등급 Ⅲ(안전 특별 저전압 AC 50 V, DC 120 V 이하)

(8) 절연내력시험은 충전부분과 대지 사이에 500 V의 시험전압을 계속하여 10분간 견뎌야 한다.

단원 예상문제

신재생에너지(태양광) 발전설비기사

1. 수·배전 설비의 주요 기기에 해당하지 않는 것은?

① MCCB ② ACB
③ ESS ④ LBS

해설 수·배전 설비의 주요 기기 : MCCB, ACB, LA, SA, LBS, MOF
* ESS는 에너지 저장장치이다.

2. 수전설비의 변압기 앞면, 조작면, 계측면의 특고압 배전반 최소 유지거리는 몇 m인가?

① 1.7 ② 1.5
③ 0.8 ④ 0.6

해설 수전설비의 배전반 등의 최소 유지거리(m)

구분	앞면/조작 계측면	뒷면/ 점검면	열상호간/ 점검면	기타 면
특고압 배전반	1.7	0.8	1.4	–
고압 배전반	1.5	0.6	1.2	–
저압 배전반	1.5	0.6	1.2	–
변압기 등	1.5	0.6	1.2	0.3

3. 전력이 없는 섬, 기타 도서지역에 많이 사용하는 태양광발전소의 종류는?

① 독립형 ② 연산형
③ 계통 연계형 ④ 추적형

해설 독립형 시스템은 상용계통과 직접 연계되지 않고, 분리된 상태에서 태양광전력이 직접 부하에 전달되는 시스템이며 오지, 유·무인 등대, 중계소, 가로등, 도서지역주택, 무선전화, 안전표시 등에 사용한다.

4. 전력 태양광발전시스템에서 계통으로 유입되는 고조파 전류의 종합 왜율은 몇 %를 초과하면 안 되는가?

① 1 ② 3 ③ 5 ④ 7

해설 계통으로 유입되는 고조파 전류의 종합 왜율은 5 %를 초과해서는 안 된다.

5. 태양전지 병렬 네트워크 방식으로 어레이를 구성하는 것이 가장 적합한 곳은?

① 비나 눈이 많이 내리는 지역
② 태양고도의 영향을 받는 북쪽 지역
③ 눈, 낙엽 등에 의한 음영의 발생이 잦은 지역
④ 태양광 어레이의 이격거리 미비로 음영을 피할 수 없는 지역

정답 1. ③ 2. ① 3. ① 4. ③ 5. ④

해설 병렬 네트워크 방식은 병렬연결로 음영을 최소화할 수 있는 방식이다.

6. 분산형 전원 계통연계기술기준에서 전력품질에 들어가지 않는 것은?

① 전압 관리 ② 주파수 관리
③ 역률 관리 ④ 발전량 관리

해설 전압, 주파수, 역률, 고조파, 플리커 등이 전력품질 대상이다

7. 분산형 전원의 저압연계가 가능한 기준용량은 몇 kW 미만인가?

① 500 ② 1000
③ 1500 ④ 2000

해설 분산형 전원의 저압연계 가능용량은 500 kW 미만, 분산형 전원의 특고압 연계 가능용량은 500 kW 이상이다.

8. 한전계통에 이상이 발생한 후 분산형 전원이 재투입되기 위해서는 한전계통의 전압 및 주파수가 정상범위로 복귀 후 몇 분간 유지되어야 하는가?

① 1분 ② 2분
③ 3분 ④ 5분

해설 한전계통에 이상이 있을 경우 전압 및 주파수의 정상 복귀 후 유지되어야 할 시간은 5분이다.

9. 태양전지 모듈에서 인버터 입력단 간 거리가 120 m 이하일 때 전선의 길이에 따른 전압강하 최대 허용치는 몇 %인가?

① 3 ② 5
③ 7 ④ 8

해설 전선의 길이에 따른 전압강하는 60 m 이하 3 %, 120 m 이하 5 %, 200 m 이하 6 %, 200 m 초과 7 %이다.

10. 신·재생에너지 계통연계 요건으로 저압 배전선로 연계 시 전압 변동률 유지기준으로 옳은 것은?

① 상시 2 %, 순시 2 % 이하
② 상시 2 %, 순시 3 % 이하
③ 상시 3 %, 순시 4 % 이하
④ 상시 3 %, 순시 5 % 이하

해설 저압 배전선로 연계 시 전압 변동률 유지기준은 상시 3 %, 순시 4 % 이하이다.

11. 태양광발전시스템 구성 시 계통 연계형 형식의 구성이 아닌 것은?

① 태양전지 모듈 ② 인버터
③ 기초 ④ 접속반

해설 태양전지 모듈, 접속반, 인버터는 태양광발전시스템의 계통 연계형 형식의 구성 요소이다.

12. 특고압 계통에서 분산형 전원의 연계로 인한 계통 투입, 탈락 및 출력 변동 빈도가 1시간에 2회 초과 10회 이하이면 순시 변동률은 몇 %를 초과하지 않아야 하는가?

① 3 ② 4
③ 5 ④ 6

해설 • 1시간에 2회 초과 10회 이하 : 3 %
• 1일 4회 초과 1시간에 2회 이하 : 4 %
• 1일 4회 이하 : 5 %

13. 태양광발전시스템은 전력계통 유무 및 에너지원에 의한 발전 시스템으로 구분하고 있다. 태양광발전시스템의 종류가 아닌 것은?

① 독립형 ② 열 병합
③ 하이브리드형 ④ 계통 연계형

해설 태양광발전시스템의 종류에는 독립형, 계통 연계형, 하이브리드형이 있다.

정답 • 6. ④ 7. ① 8. ④ 9. ② 10. ③ 11. ③ 12. ① 13. ②

14. 분산형 전원의 저압계통의 병입 시 상시전압 변동률이 몇 %를 초과하지 않아야 되는가?

① 3 ② 4
③ 5 ④ 6

해설 저압 순시전압 변동률은 6% 이내, 저압 상시전압 변동률은 3% 이내이다.

15. 계통 연계형 1 MW 태양광발전시스템의 단선 결선도상에 표시되는 설비가 아닌 것은?

① VCB ② MOF
③ GPT ④ GTO

해설 ① VCB : 진공 차단기
② MOF : 계기용 변성기
③ GPT : 접지 변압기
④ GTO : 전력용 스위칭 소자
* GTO는 태양광발전시스템의 단선 결선에 사용되지 않는다.

16. 분산형 전원의 유지역률은 몇 % 이상인가?

① 70 ② 80
③ 90 ④ 95

해설 분산형 전원의 유지역률은 90% 이상이다.

17. 태양광발전시스템에 적용하는 피뢰방식이 아닌 것은?

① 보호각법
② 메시법
③ 회전구체법
④ 배리스터법

해설 피뢰방식 : 보호각법, 그물(메시)법, 회전구체법

18. 뇌, 서지 등에 의한 피해로부터 태양광발전시스템을 보호하기 위한 대책으로 옳지 않은 것은?

① 피뢰소자를 어레이 주 회로 내에 분산시켜 설치함과 동시에 접속함에도 설치한다.
② 뇌, 서지가 내부로 침입하지 못하도록 피뢰소자를 설비 인입구에서 먼 장소에 설치한다.
③ 뇌우 다발지역에서는 교류전원 측에 내뢰 트랜스를 설치한다.
④ 저압 배전선으로 침입하는 뇌, 서지에 대해서는 분전반에 피뢰소자를 설치한다.

해설 낙뢰, 서지로부터 태양광발전시스템을 보호하기 위한 대책 3가지
- 피뢰소자를 어레이 주 회로 내에 분산시켜 설치하고 동시에 접속함에도 설치한다.
- 저압 배전선으로 침입하는 낙뢰, 서지에 대해서는 분전반에 피뢰소자를 설치한다.
- 뇌우 다발지역에서는 교류전원 측에 내뢰 트랜스를 설치한다.

19. 태양광발전시스템에서 방화구획 관통 부를 처리하는 주 목적은?

① 방화설비의 사용을 용이하게 한다.
② 전선관 및 배선을 보호한다.
③ 화재 감지기 오작동을 방지한다.
④ 다른 설비로의 화재 확산을 방지한다.

해설 방화구획 관통부를 처리하는 주 목적은 다른 설비로의 화재 확산을 방지하기 위해서이다.

정답 14. ① 15. ④ 16. ③ 17. ④ 18. ② 19. ④

20. 피뢰소자의 선정방법에 대한 설명 중 (　) 안에 알맞은 내용을 나열한 것은?

> 접속함 내와 분전반 내에 설치하는 피뢰소자로 어레스터는 (㉠)을 선정하고, 어레이 주 회로 내에 설치하는 피뢰소자인 서지 업서버는 (㉡)을 선정한다.

① ㉠ : 충전내량이 큰 것, ㉡ : 충전내량이 작은 것
② ㉠ : 방전내량이 큰 것, ㉡ : 방전내량이 작은 것
③ ㉠ : 충전내량이 작은 것, ㉡ : 충전내량이 큰 것
④ ㉠ : 방전내량이 작은 것, ㉡ : 방전내량이 큰 것

해설 접속함과 분전반 내에 설치하는 어레스터는 방전내량이 큰 것을, 어레이 주 회로 내에 설치하는 서지 업서버는 방전내량이 작은 것을 선정한다.

21. 피뢰 시스템의 보호각법 레벨 II의 회전구체 반경 $r[\mathrm{m}^2]$의 최댓값은?

① 20　　② 30
③ 45　　④ 60

해설 레벨 I의 반경 : 20 m, 레벨 II의 반경 : 30 m, 레벨 III의 반경 : 45 m, 레벨 IV의 반경 : 60 m

22. 태양광발전시스템을 이상전압으로부터 보호하기 위한 과전압 보호 장치 선정으로 틀린 것은? (단, LPZ는 Lighting Protection Zone이다.)

① 접속함에서 인버터까지의 전선로에는 LPZ II(8/20 μs, I_{mpp} < 10 kA로 교류용을 선정한다.
② 유도뢰만 있는 어레이에서는 LPZ III(전압 1.2/50 μs+전류 8/20 μs 조합)을 사용할 수 있다.
③ 한전계통 인입부에는 외부의 직격뢰 침입을 고려하여 LPZ I(10/350μs, I_{imp} < 15 kA) 이상을 선정한다.
④ 피뢰설비로부터 직격뢰 전류가 침입 가능한 위치에 있는 어레이에는 LPZ I(10/350μs, I_{imp} < 15 kA)을 선정한다.

해설 접속함에서 인버터까지는 직류전로이므로 LPZ를 적용하지 않고, SPD 보호 장치를 설치한다.

23. 보호계전 시스템의 구성요소 중 검출부에 해당되지 않는 것은?

① 릴레이
② 영상 변류기
③ 계기용 변류기
④ 계기용 변압기

해설 보호계전 시스템의 검출부에는 영상 변류기, 계기용 변류기, 계기용 변압기가 있다.

24. 피뢰기의 구비조건이 아닌 것은?

① 방전내량이 클 것
② 속류 차단능력이 충분할 것
③ 충격 방전 개시전압이 높을 것
④ 상용주파 방전 개시전압이 높을 것

해설 피뢰기의 구비조건
- 충격 방전 개시전압이 낮을 것
- 속류 차단능력이 충분할 것
- 방전내량이 클 것
- 제한전압이 적절할 것
- 상용주파 방전 개시전압이 높을 것

정답 20. ② 21. ② 22. ① 23. ① 24. ③

25. 태양광발전시스템에 적용하는 피뢰방식이 아닌 것은?

① 돌침 방식
② 환상 방식
③ 회전구조체 방식
④ 수평도체 방식

해설 뇌 보호방식으로 수뢰부 시스템에는 수평도체 방식, 돌침 방식, 회전구체법, 그물(메시)법이 있다.

26. 피뢰기의 정격전압이란?

① 충격파의 방전 개시전압
② 상용 주파수의 방전 개시전압
③ 속류의 차단이 되는 최고의 교류전압
④ 충격 방전전류를 통하고 있을 때의 단자전압

27. 건축물에 피뢰설비가 설치되어야 하는 높이는 몇 m 이상인가?

① 10 ② 15
③ 20 ④ 25

해설 높이 20 m 이상의 건축물에 피뢰설비가 설치되어야 한다.

28. 다음 중 태양광발전설비의 외부보호 피뢰 시스템에 해당하지 않는 것은?

① 접지 시스템
② 수뢰부 시스템
③ 인하도선 시스템
④ 다중 방호 시스템

해설 외부보호 피뢰 시스템
- 수뢰부 시스템
- 인하도선 시스템
- 접지 시스템

29. 태양광발전 모니터링 시스템의 주요 기능이 아닌 것은?

① 무인으로 태양광발전소 운전현황을 실시간으로 확인할 수 있다.
② 모듈 직렬회로에서 음영에 의한 손실량 기록을 확인할 수 있다.
③ 실시간 발전현황을 모니터링 화면이나 모바일 기기에서도 확인할 수 있다.
④ 기상관측장치의 데이터를 수집하여 발전소의 기상현황을 확인할 수 있다.

해설 음영에 의한 손실량은 기록이 되지 않는다.

30. 모니터링 시스템의 주요 구성요소가 아닌 것은?

① 기상관측장치
② Local 및 Web 모니터링
③ 발전소 내 CCTV
④ LBS

해설 LBS는 부하 개폐기로서 모니터링 구성요소가 아니다.

31. 태양광발전설비 모니터링 시스템의 구축 시 메인화면에 표시할 내용으로 거리가 먼 것은?

① 대기온도
② 누적발전량
③ 축열부의 유량
④ 인버터의 on-off 상태

해설 축열부는 태양광이 아닌 태양열의 구성요소이다.

정답 25. ② 26. ③ 27. ③ 28. ④ 29. ② 30. ④ 31. ③

Chapter 5

태양광발전시스템 감리

5-1 설계도서

(1) 설계도서 검토 관련 도서 4가지

① 설계도면 및 시방서

② 구조 계산서 및 각종 계산서

③ 계약 내역서 및 산출 근거

④ 공사 계약서

⑤ 명세서(표준, 특기, 설계)

(2) 시방서의 종류

① 표준 ② 전문 ③ 공사 ④ 특기 ⑤ 성능 ⑥ 공법 ⑦ 일반 ⑧ 기술

(3) 공사 시방서 포함내용

① 기술적 요구사항

② 품질 및 안전관리사항

③ 시공방법, 상태 등 시공에 관한 사항

④ 도면에 표시하기 어려운 공사의 범위, 정도, 규모, 배치 등을 보완하는 사항

⑤ 시공과정에서 사용되는 기자재, 허용오차, 시공방법 및 이행 절차 등을 기술

(4) 설계도서의 우선순위

특별 시방서, 설계도면, 일반 시방서, 표준 시방서, 수량 산출서, 승인된 시공도면, 단선 결선도

5-2 태양광발전 감리

(1) 설계감리원 수행업무

① 주요 설계 용역 업무에 대한 기술자문

② 사업기획 및 타당성 조사

③ 시공성 및 유지관리의 용이성 검토
④ 설계도서의 누락, 오류, 불명확한 부분에 대한 추가, 정정지시 및 확인
⑤ 설계업무의 공정 및 기성관리의 검토·확인
⑥ 설계감리 결과 보고서의 작성

(2) 설계감리 계약문서

① 설계감리 계약서
② 설계감리 용역 입찰 유의서
③ 설계감리 계약 일반조건
④ 설계감리 계약 특수조건
⑤ 과업 지시서
⑥ 설계감리비 산출 내역서

(3) 설계감리와 공사감리

① 설계감리 : 전력 시설물의 설치, 보수의 계획, 조사, 설계의 적정시행, 품질, 공사관리, 안전관리
② 공사감리 : 시설물 안전공사의 적정성, 품질확보, 종합적 시공규정

(4) 감리원의 준수사항

① 감리원은 공사 시작일 30일 이내에 공사업자로부터 '공정관리 계획서'를 제출받은 날로부터 14일 이내에 검토·승인하여 발주자에게 제출하여야 한다.
② '설비의 설치 계획서'는 받은 날로부터 30일 이내에 타당성을 검토 후 그 결과를 설치의무 기관의 장(산업통상자원부장관)에게 제출하여야 한다.
③ 감리업자는 기성부분 검사원 또는 준공검사원을 접수하였을 때는 3일 이내에 비상주감리원을 임명하여 검사하도록 하여 이 사실을 즉시 검사자로 임명된 자에게 통보하고, 발주자에게 보고하여야 한다.
④ 감리원은 '하도급 계약통지서'에 관한 적정성 요구를 검토하여 요청일로부터 7일 이내에 발주자에게 의견을 제출하여야 한다.
⑤ 감리원은 공사업자로부터 '시운전계획서'를 제출받아 검토·확정하여 시운전 20일 이내에 발주자 및 공사업자에게 통보하여야 한다.
⑥ '최종 감리 보고서'는 감리 종료 후 14일 이내에 발주자에게 제출하여야 한다.
⑦ 감리원은 공사업자로부터 가능한 한 준공 예정일 1개월 전까지 '준공 설계도서'를 받아야 한다.
⑧ 감리용역 완료 시 '공사감리 완료 보고서'를 시·도지사에게 30일 이내에 제출하여야 한다.

5-3 태양광발전 시공감리

(1) 시공 계획서 포함내용

① 현장 조직표
② 공사세부공정표
③ 주요 공정의 시공 절차 및 방법
④ 시공일정
⑤ 주요 장비 동원계획
⑥ 주요 기자재 및 인력투입계획
⑦ 품질, 안전, 환경관리 대책

(2) 착공신고 서류

① 시공관리 책임자 지정 통지서
② 공사 예정공정표
③ 품질관리 계획서
④ 공사도급 계약서 및 산출서
⑤ 공사 시작 전 사진
⑥ 현장 기술자 경력사항 및 자격증 사본
⑦ 안전관리 계획서
⑧ 작업인원 및 장비투입 계획서

5-4 전력기술 관리법

(1) 전기설비감리의 용량 및 전압기준

① 80만 kW 이상 : 발전설비
② 5천 kW 미만 : 전기 수용설비
③ 30만 V 이상 : 송전 및 변전설비
④ 10만 V 이상 : 수전설비, 구내배전설비, 전력사용설비

(2) 설계감리업체 기준

① 특급 기술자 3명 이상 보유업체(종합설계업 등록자) : 전기 분야 기술사, 고급 기술자 또는 고급 감리원
② 공사감리업자로서 특급 감리원 3명 이상을 보유 : 전기 분야 기술사, 고급 감리원(경력 수첩 필요)

(3) 전기공사업자의 등록 취소사항

① 거짓으로 공사업 등록

② 타인에게 등록증이나 등록수첩을 빌려준 경우

③ 공사업 등록을 한 후 1년 이내에 영업을 시작하지 않은 경우

(4) 공사 중지

① 시공 중 공사가 품질확보 미흡 및 중대한 위해를 발생시킬 우려가 있는 경우

② 고의로 공사의 추진을 지연시키거나 공사의 부실 발생 우려가 짙은 상황에서 적절한 조치가 없이 진행된 경우

③ 부분 중지가 이행되지 않음으로써 전체 공정에 영향을 끼칠 것으로 판단된 경우

④ 지진, 해일, 폭풍 등 불가항력적인 사태가 발생하여 시공이 계속 불가능할 것으로 판단된 경우

⑤ 천재지변으로 발주자의 지시가 있을 경우

(5) 공사 부분 중지

① 재공사 지시가 이행되지 않은 상태에서 다음 단계의 공정이 진행됨으로써 하자발생의 가능성이 판단된 경우

② 안전 시공상 중대한 위험이 예상되어 물적, 인적의 중대한 피해가 예상되는 경우

③ 동일공정에 있어 3회 이상 시정지시가 있었음에도 이행되지 않은 경우

④ 동일공정에 있어 2회 이상 경고가 있었음에도 이행되지 않은 경우

(6) 공사 재시공

① 시공된 공사의 품질확보 미흡 또는 위해를 발생시킬 우려가 있다고 판단된 경우

② 감리원의 확인검사에 대한 승인을 받지 않고 후속공정을 진행한 경우

③ 관계규정에 맞지 않게 시공한 경우

(7) 과태료 300만 원 이하 적용대상

① 공사업 등록기준에 관한 신고를 기간 내에 안 한 자

② 등록사항의 변경신고 등에 따른 신고를 안 한 자 또는 거짓으로 신고한 자

③ 전기공사의 도급계약 체결 시 의무를 이행하지 않은 자

④ 전기공사의 도급대장을 비치하지 않은 자

(8) 벌칙 및 과태료

① 3년 이하의 징역, 지원액 3배 이하의 벌금 : 거짓, 부정한 방법으로 발전차액을 지원받은 자 또는 그 사실을 알면서 발전차액을 지급한 자

② 3년 이하의 징역, 3000만 원 이하의 벌금 : 거짓이나 부정한 방법으로 공급인증서를 발급받은 자 또는 그 사실을 알면서 공급인증서를 발급한 자
③ 2년 이하의 징역, 2000만 원 이하의 벌금 : 공급인증서를 개설거래시장 외에서 거래한 자 또는 법인(대리인), 개인에게도 적용(상기 관련)

단원 예상문제

신재생에너지(태양광) 발전설비기사

1. 감리 계약문서가 아닌 것은?

① 설계도서
② 과업 지시서
③ 감리비 산출 내역서
④ 기술 용역 입찰 유의서

해설 감리 계약문서 : 설계감리 계약서, 설계감리 용역 입찰 유의서, 설계감리 계약 일반조건, 설계감리 계약 특수조건, 과업 지시서, 설계감리비 산출 내역서

2. 설계감리원이 설계업자로부터 착수 신고서를 제출받아 적정성 여부를 검토·보고하여야 하는 사항은?

① 예정공정표
② 설계감리 기록부
③ 설계감리일지
④ 근무상황 기록부

해설 설계감리원이 설계업자로부터 착수 신고서를 제출받아 적정성 여부를 검토·보고하여야 하는 사항에는 예정공정표, 과업수행계획 등이 있다.

3. 감리원은 공사업자 등이 제출한 시설물의 유지관리 지침자료를 검토하여 공사 준공 후 며칠 이내에 발주자에게 제출하여야 하는가?

① 7일 ② 14일 ③ 20일 ④ 30일

해설 공사업자가 제출하는 유지관리 지침은 감리원이 검토 후 14일 이내에 발주자에게 제출하여야 한다. 제출서류는 시설물의 규격 및 기능설명서, 시설물 유지관리방법, 시설물 유지관리 기구에 대한 의견서 등이다.

4. 설계감리원의 설계도면 적정성 검토사항이 틀린 것은?

① 도면상에 작업장 방위각이 표시되었는지 확인 여부
② 설계입력 자료가 도면에 맞게 표시되었는지의 여부
③ 설계결과물(도면)이 입력 자료와 비교해서 합리적으로 표시되었는지의 여부
④ 도면이 적정하게, 해석 가능하게, 실시 가능하며 지속성 있게 표현되었는지의 여부

해설 적정성 검토사항
- 도면작성에 경제성, 정확성, 적정성 등이 제대로 표현되었는지의 여부
- 설계입력 자료가 도면에 맞게 표시되었는지의 여부
- 설계도면이 입력 자료와 비교해서 합리적으로 표시되었는지의 여부
- 관련 도면들과 다른 관련 문서들의 관계가 명확하게 표시되었는지의 여부 등

정답 1. ① 2. ① 3. ② 4. ①

5. **책임설계감리원이 발주자에게 설계감리의 기성 및 준공을 처리할 때 제출하는 서류 중 감리기록 서류에 해당하지 않는 것은?**

① 설계감리일지
② 설계감리 지시부
③ 설계감리 결과 보고서
④ 설계자와의 협의사항 기록부

해설 감리기록 서류
- 설계감리일지
- 설계감리 기록부
- 설계감리 지시부
- 설계감리 요청서
- 설계자와의 협의사항 기록부

6. **발주자에게 책임감리원이 제출하는 분기 보고서에 포함되지 않는 사항은?**

① 공사 추진 현황
② 작업변경 현황
③ 감리원 업무일지
④ 주요 기자재 검사 및 수불 내용

해설 분기 보고서 포함내용
- 공사 추진 현황
- 감리원 업무일지
- 검사요청 결과 통보 내용
- 품질검사 및 관리현황
- 주요 기자재 검사 및 수불 내용

7. **감리원은 공사업자로부터 물가변동에 따른 계약금액 조정을 받은 경우에 작성, 제출하도록 되어있는 서류가 아닌 것은?**

① 물가변동 조정 요청서
② 계약금액 조정 요청서
③ 품목 조정률 또는 지수 조정률에 따른 산출 근거
④ 안전 관리비 집행근거 서류

해설 계약금액 조정 요청 시 제출서류
- 물가변동 조정 요청서
- 계약금액 조정 요청서
- 계약금액 조정 산출 근거
- 품목 조정률 산출 근거

8. **감리원은 공사가 시작된 경우에 공사업자로부터 착공 신고서를 제출받아 적정성 여부를 검토 후 며칠 이내에 발주자에게 보고하여야 하는가?**

① 5일 ② 7일
③ 14일 ④ 30일

해설 착공 신고서를 제출받아 적정성 여부를 검토 후 7일 이내에 발주자에게 보고하여야 한다.

9. **감리용역이 완료된 때에는 며칠 이내에 공사감리 완료 보고서를 제출하여야 하는가?**

① 7일 ② 14일
③ 15일 ④ 30일

해설 공사감리 완료 후 30일 이내에 보고서를 제출하여야 한다.

10. **설계감리원의 기본임무가 아닌 것은?**

① 설계변경 및 계약금 조정의 심사
② 과업 지시서에 따라 업무를 성실히 수행
③ 설계 용역 및 설계감리 용역 계약내용을 충실히 이행
④ 해당 설계 용역의 관련 법령 및 전기설비기술기준 등에 적합성 여부 확인

해설 설계변경 및 계약금 조정의 심사는 감리원의 기본임무가 아니다.

정답 5. ③ 6. ② 7. ④ 8. ② 9. ④ 10. ①

11. 감리원은 착공 신고서의 적정 여부를 검토하여야 한다. 검토항목 및 확인내용으로 틀린 것은?

① 안전관리계획 : 전기공사법에 따른 해당규정 반영 여부 확인
② 공사 시작 전 사진 : 전경이 잘 나타나도록 촬영되었는지 확인
③ 작업원 및 장비투입계획 : 공사의 규모 및 성격, 특성에 맞는 장비 형식이나 수량의 적정 여부 확인
④ 공정관리계획 : 공사 예정공정표에 따라 공사용 자재의 투입시기와 시험방법, 빈도 등이 적정하게 반영되었는지 확인

해설 안전관리계획은 전기공사법이 아닌 산업안전보건법령에 따라야 한다.

12. 감리원은 공사업자가 작성·제출한 시공계획서를 제출받아 이를 검토·확인하여 승인하고 시공하도록 하며, 시공 계획서의 보완이 필요한 경우에는 그 내용과 사유를 문서로서 공사업자에게 통보하여야 한다. 시공 계획서에 포함되어야 하는 내용이 아닌 것은?

① 시공 일정
② 현장 조직표
③ 감리원 배치
④ 주요 장비 동원계획

해설 시공 계획서의 검토내용
- 일정(공사 및 준공일)
- 공사 예정공정표
- 품질 및 안전관리계획
- 작업인원 및 장비투입계획
- 현장 조직표

13. 다음 중 설계감리의 업무범위가 아닌 것은?

① 사용자재의 적정성 검토
② 설계도면의 적정성 검토
③ 주요 인력 및 장비투입 현황 검토
④ 공사기간 및 공사비의 적정성 검토

해설 설계감리 업무범위
- 공사기간 및 공사비의 적정성 검토
- 사용자재의 적정성 검토
- 설계의 경제성 검토
- 설계공정의 시공 가능성에 대한 사전 검토
- 기술기준, 설계기준 및 시행기준의 적합성 검토
- 설계도면 및 설계 설명서 작성의 적정성 검토

14. 감리원이 해당공사 착공 전에 실시하는 설계도서 검토내용에 포함되지 않는 것은?

① 설계도서 등의 내용에 대한 상호일치 여부
② 현장조건에 부합 및 시공의 실제가능 여부
③ 설계도서의 누락, 오류 등 불명확한 부분의 존재 여부
④ 시공사가 제출한 물량 내역서와 발주자가 제공한 산출 내역서의 수량일치 여부

해설 착공 전 검토내용
- 현장조건 부합 여부
- 시공의 실제가능 여부
- 다른 공사 또는 공정과의 상호부합 여부
- 설계도면 및 설명서, 기술 계산서, 산출 내역서 등의 내용과 일치 여부
- 설계도서의 누락, 오류 등 불명확한 부분의 존재 여부

정답 11. ① 12. ③ 13. ③ 14. ④

15. 발주자의 감독권한 대행을 제외한 행정업무, 시공관리업무, 공정관리업무, 안전관리업무를 포함하는 감리를 무엇이라고 하는가?

① 검측감리　② 설계감리
③ 책임감리　④ 시공감리

해설 시공감리 또는 공사감리라고 한다.

16. 감리원이 공사업자에게 행하는 기술 지도사항이 아닌 것은?

① 품질관리　② 시공관리
③ 공정관리　④ 운영관리

해설 감리원이 공사업자에게 행하는 기술 지도사항에는 품질관리, 안전관리, 시공관리, 공정관리가 있다.

17. 설계감리원이 설계업자로부터 착수 신고서를 제출받아 적정성 여부를 검토·보고하여야 하는 사항은?

① 근무상황부
② 예정공정표
③ 설계감리일지
④ 설계감리 기록부

해설 착수 신고서의 적정성 여부 검토사항 : 예정공정표, 과업수행계획 등 그 밖에 필요한 사항

18. 발주자가 설계변경을 지시할 경우 첨부서류에 포함되지 않는 것은?

① 설계변경 개요서
② 수량산출조서
③ 주요 기자재 및 인력투입계획
④ 설계변경 도면, 설계 설명서, 계산서

해설 설계변경 첨부서류 : 설계변경 개요서, 설계변경 도면, 설계 설명서, 계산서, 수량산출조서

19. 전문 감리업 면허 보유자가 수행할 수 있는 영업범위는?

① 발전 설비용량 10만 kW 미만의 전력시설물
② 발전 설비용량 10만 V 이상의 수전설비, 구내배전설비, 전력사용설비
③ 발전 설비용량 30만 V 이상의 송전 및 변전설비
④ 발전 설비용량 80만 kW 이상의 발전시설물

해설 전기설비감리의 용량 및 전압기준
- 80만 kW 이상 : 발전설비
- 5천 kW 미만 : 전기 수용설비
- 30만 V 이상 : 송전 및 변전설비
- 10만 V 이상 : 수전설비, 구내배전설비, 전력사용설비

20. 전력 시설물 공사감리 업무 수행지침에 의해 감리원은 공사업자로부터 시공 상세도를 받아 검토·확인하여 승인한 후 시공할 수 있도록 하여야 한다. 제출받은 날부터 최대 며칠 이내에 승인하여야 하는가?

① 3일　② 5일
③ 7일　④ 14일

21. 시공된 공사에 대한 재시공이 지시되는 경우가 아닌 것은?

① 관계규정에 맞지 않게 시공한 경우
② 시공된 공사의 품질확보가 미흡한 경우
③ 지진, 해일, 폭풍 등 불가항력적인 사태가 발생할 경우
④ 감리원의 확인검사에 대한 승인을 받지 않고 후속공정을 진행한 경우

해설 지진, 해일, 폭풍 등 불가항력적인 사태가 발생하여 시공이 계속 불가능할 것으로 판단된 경우에는 공사가 중지된다.

정답 15. ④ 16. ④ 17. ② 18. ③ 19. ① 20. ③ 21. ③

22. **착공신고 보고서류에 포함된 사항이 아닌 것은?**

① 시공 상세도
② 공사 시작 전 사진
③ 공사도급 계약서 사본 및 산출 내역서
④ 현장기술자 경력확인서 및 자격증 사본

해설 착공신고 서류 : 공사 시작 전 사진, 현장 조직표, 공사도급 계약서, 현장기술자 경력서, 공사 예정공정표

23. **감리원이 공사감리 중 공사 부분 중지를 지시할 수 있는 사유가 아닌 것은?**

① 동일공정에 있어 2회 이상 경고가 있었음에도 이행되지 않은 경우
② 동일공정에 있어 2회 이상 시정지시가 있었음에도 이행되지 않은 경우
③ 안전 시공상 중대한 위험이 예상되어 중대한 물적, 인적피해가 예상되는 경우
④ 재시공 지시가 이행되지 않은 상태에서 다음 단계의 공정이 진행됨으로써 하자발생의 가능성이 판단된 경우

해설 ② 동일공정에 있어 3회 이상 시정지시가 있음에도 이행되지 않은 경우

24. **감리원은 시공된 공사가 품질확보 미흡 또는 중대한 위해를 발생시킬 수 있다고 판단되거나 안전상 중대한 위험이 발생된 경우 공사 중지를 지시할 수 있는데 다음 중 전면 중지에 해당하는 것은?**

① 동일공정에 있어 3회 이상 시정지시가 있었음에도 이행되지 않은 경우
② 안전 시공상 중대한 위험이 예상되어 물적, 인적의 중대한 피해가 예상되는 경우
③ 재시공 지시가 이행되지 않은 상태에서 다음 단계의 공정이 진행됨으로써 하자발생의 가능성이 판단된 경우
④ 공사업자가 공사의 부실 발생 우려가 짙은 상황에서 적절한 조치를 취하지 않은 채 공사를 계속 진행한 경우

해설 공사 전면 중지사항
- 시공 중 공사가 품질확보 미흡 및 중대한 위해를 발생시킬 우려가 있는 경우
- 고의로 공사의 추진을 지연시키거나 공사의 부실 발생 우려가 짙은 상황에서 적절한 조치가 없이 진행된 경우
- 부분 중지가 이행되지 않음으로써 전체 공정에 영향을 끼칠 것으로 판단 된 경우
- 지진, 해일, 폭풍 등 불가항력적인 사태가 발생하여 시공이 계속 불가능할 것으로 판단된 경우
- 천재지변으로 발주자의 지시가 있을 경우

25. **설계감리원이 필요한 경우 비치할 문서가 아닌 것은?**

① 근무상황부
② 설계감리 지시부
③ 설계 기록부
④ 준공검사원

해설 비치할 문서 : 근무상황부, 설계 기록부, 설계감리 지시부

26. **시공감리 사항 중 공정관리에서 감리원이 공사 시작일부터 30일 이내에 공사업자로부터 무엇을 제출받아야 하며 제출받은 날로부터 14일 이내에 검토하여 승인하고 발주자에게 제출하여야 하는가?**

① 상세공정표
② 검사 요청서
③ 설계 설명서
④ 공정관리 계획서

해설 감리원은 공사 시작일부터 30일 이내에 공사업자로부터 '공정관리 계획서'를 제

정답 • 22. ① 23. ② 24. ④ 25. ④ 26. ④

출받아 그 날로부터 14일 이내에 검토·승인하여 발주자에게 제출하여야 한다.

27. 다음 중 공사감리 분기 보고서는 누가 작성하여 누구에게 제출하여야 하는가?

① 책임감리원이 작성하여 발주자에게 제출
② 책임감리원이 작성하여 감리업자에게 제출
③ 공사업자가 작성하여 발주자에게 제출
④ 공사업자가 작성하여 감리업자에게 제출

해설 공사감리 분기 보고서는 책임감리원이 작성하여 발주자에게 제출하여야 한다.

28. 공사업자가 감리원에게 제출하는 시공계획에 포함되지 않는 것은?

① 공사세부공정표
② 시공 기준 내역서
③ 주요 장비 동원계획
④ 주요 기자재 및 인력투입계획

해설 시공 계획서에 포함되어야 할 내용
- 현장 조직표
- 시공일정
- 주요 장비 동원계획
- 주요 기자재 및 인력투입계획
- 공사세부공정표
- 주요 공정의 시공 절차 및 방법

29. 설계자의 요구에 의해 변경사항이 발생할 때에는 설계감리원은 기술적인 적합성을 검토·확인 후 누구의 승인을 받아야 하는가?

① 발주자
② 상주감리원
③ 공사업자
④ 지원업무 수행자

30. 감리원은 공사업자의 시공기술자 등이 공사현장에 적합하지 않다고 인정되는 경우에는 시정을 요구하고 발주자에게 그 실적을 보고하여 교체사유가 인정되면 공사업자는 교체요구에 응하여야 한다. 교체사유로서 틀린 것은?

① 시공관리 책임자가 불법 하도급을 하거나 이를 방치하였을 때
② 시공능력이 준수하다고 인정되거나 정당한 사유 없이 기성공정이 예정공정보다 빠를 때
③ 시공관리 책임자가 감리원과 발주자의 사전승낙을 받지 않고 정당한 사유 없이 해당 공사현장을 이탈한 때
④ 시공관리 책임자가 고의 또는 과실로 공사를 조잡하게 시공하거나 부실시공을 하여 일반인에게 위해를 끼친 때

해설 '시공능력이 준수하다고 인정되거나 기성공정이 예정공정보다 빠를 때'는 교체사유가 아니라 장려사항이다.

31. 감리원의 공사시행 단계에서의 감리업무가 아닌 것은?

① 인·허가 관련업무
② 품질관리 관련업무
③ 공정관리 관련업무
④ 환경관리 관련업무

해설 인·허가 업무는 감리원이 업무를 맡기 전에 수행할 업무이다.

32. 비상주원의 업무범위가 아닌 것은?

① 기성 및 준공검사
② 설계도서 등의 검토
③ 근무상황판에 현장근무 위치와 업무내용 기록

정답 27. ① 28. ② 29. ① 30. ② 31. ① 32. ③

④ 공사와 관련하여 발주자가 요구한 기술적 사항 등에 대한 검토

해설 비상주감리원의 수행업무
- 설계도서 등의 검토
- 기성 및 준공검사
- 공사와 관련하여 발주자가 요구한 기술적 사항 등에 대한 검토
- 중요한 설계변경에 대한 기술 검토
- 정기적으로 현장 시공 상태의 종합적인 점검·확인·평가와 기술지도
- 설계변경 및 계약금액 조정의 심사

33. 설계감리를 받아야 할 전력 시설물이 아닌 것은?
① 용량 80만 kW 이상의 발전설비
② 전압 30만 V 이상의 송전 및 변전설비
③ 11층 이상이거나 연면적 30000 m^2 이상 건축물의 전력 시설물
④ 전압 10만 V 이상의 수전설비, 구내배전설비, 전력사용설비

해설 감리를 받아야 할 전력 시설물
- 용량 80만 kW 이상의 발전설비
- 21층 이상이거나 연면적 50000 m^2 이상 건축물의 전력 시설물
- 전압 10만 V 이상의 수전설비, 구내배전설비, 전력사용설비
- 전압 30만 V 이상의 송전 및 변전설비

34. 감리원이 준공 후 발주자에게 인계할 주요 문서 목록으로 가장 거리가 먼 것은?
① 준공도면
② 준공 사진첩
③ 시설물 인수·인계서
④ 성능 보증서 또는 인증서

해설 주요 문서의 목록
- 준공 사진첩
- 준공도면
- 시설물 인수·인계서
- 시방서
- 시험 성적서
- 기자재 구매서류
- 준공검사조서

35. 감리원이 작성하는 전력 시설물의 유지관리 지침서 내용에 포함되지 않는 것은?
① 시설물 유지관리방법
② 시설물의 규격 및 기능 설명서
③ 시설물의 시운전 결과 보고서
④ 시설물 유지관리 기구에 대한 의견서

해설 유지관리 지침서 작성내용
- 시설물의 규격 및 기능 설명서
- 시설물 유지관리방법
- 시설물 유지관리 기구에 대한 의견서
- 특이사항

정답 ● 33. ③ 34. ④ 35. ③

Chapter 6

도면작성

6-1 전기 도면기호

일반 차단기	진공 차단기(VCB)	SPD	발전기
	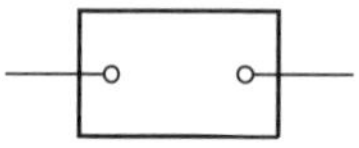	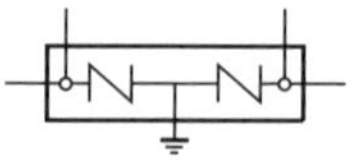	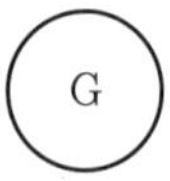
전동기	전열기	역류 계전기	변압기
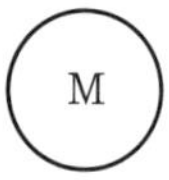 	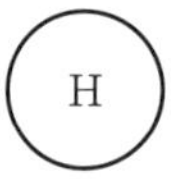 	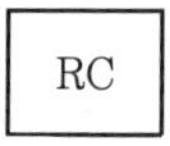 	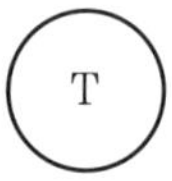

6-2 토목 도면기호

지반	터널	용지 경계선	지면(토사)	교량
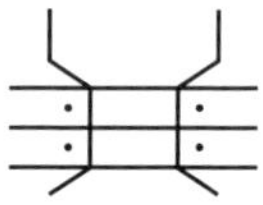	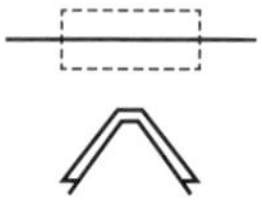		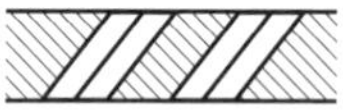	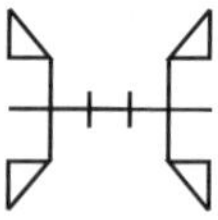
과수	초지	밭	논	산림

굵은 실선	가는 실선	파선	1점 쇄선	2점 쇄선
		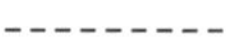		

6-3 설계도서

(1) **설계도서 :** 공사계약에 있어 발주자로부터 제시된 도면 및 그 시공기준을 정한 시방 서류로서 설계도면, 표준 시방서, 특기 시방서, 내역서, 시공 상세도, 현장 설명서 및 현장 설명에 대한 질문회답서 등을 총칭하는 것이다.

(2) 설계도서 해석 시 우선순위의 나열

공사 시방서 → 설계도면 → 전문 시방서 → 표준 시방서 → 산출 내역서 → 승인된 상세 시공도면 → 관계법령의 유권해석 → 감리자의 지시사항

(3) 일반적인 설계도서의 구성

① 표지　② 목록
③ 배치도　④ 단선 결선도
⑤ 계통도　⑥ 배선도
⑦ 기기 시방 및 기기 배치도　⑧ 공사 시방서

(4) 시방서의 종류

① 공사 시방서 : 시설물의 안전 및 공사시행의 적정성과 품질확보 등을 위하여 시설물별로 정한 표준적인 시공기준

② 전문 시방서 : 시설물별로 표준 시방서를 기본으로 모든 공종을 대상으로 하여 특정한 공사의 시공 또는 공사 시방서의 작성에 활용하기 위한 종합적인 시공기준을 규정한 시방서

③ 공사 시방서 : 공사의 특수성, 지역여건, 공사방법 등을 고려하여 표준 및 전문 시방서를 기본으로 작성한 시방서

(5) 도면 목록표와 표제란

① 도면 목록표 : 도면 번호, 도면명, 도면 매수를 기록한 것

② 표제란 : 도면의 작성 및 관리에 필요한 정보를 기록한 것

단원 예상문제

신재생에너지(태양광) 발전설비기사

1. 설계도서에 포함되지 않는 것은?

① 설계도면
② 제품 소개서
③ 내역서
④ 표준 및 특기 시방서

해설 설계도서 : 설계도면, 표준 시방서, 특기 시방서, 내역서, 시공 상세도, 현장 설명서 등이 있다.

2. 일반적으로 구조물이나 시설물 등을 공사 또는 제작할 목적으로 상세하게 작성한 도면은?

① 시방서　② 상세도
③ 설계도면　④ 내역서

해설 상세도 : 구조물이나 시설물 등을 공사 또는 제작할 목적으로 상세하게 작성한 도면

정답 1. ②　2. ②

3. 설계도서 해석의 우선순위로 옳은 것은?

① 공사 시방서→설계도면→전문 시방서→표준 시방서→산출 내역서→승인된 상세 시공도면→관계법령의 유권해석→감리자의 지시사항
② 공사 시방서→설계도면→표준 시방서→전문 시방서→산출 내역서→승인된 상세 시공도면→관계법령의 유권해석→감리자의 지시사항
③ 공사 시방서→설계도면→전문 시방서→산출 내역서→표준 시방서→승인된 상세 시공도면→관계법령의 유권해석→감리자의 지시사항
④ 공사 시방서→설계도면→산출 내역서→표준 시방서→전문 시방서→승인된 상세 시공도면→관계법령의 유권해석→감리자의 지시사항

4. 설계도서의 의미를 가장 적합하게 설명한 것은?

① 구조물 등을 그린 도면으로 건축물, 시설물, 기타 각종 사물의 예정된 계획을 공학적으로 나타낸 도면이다.
② 설계공사에 대한 시공 중의 지시 등 도면으로 표현될 수 없는 문장이나 수치 등을 표현한 것으로 공사수행에 관련된 제반규정 및 요구사항을 표시한 것이다.
③ 각종 기계, 장치 등의 요구조건을 만족시키고 또한, 합리적, 경제적인 제품을 만들기 위해 그 계획을 종합하여 설계하고, 구체적인 내용을 명시하는 일을 일컫는다.
④ 공사계약에 있어 발주자로부터 제시된 도면 및 그 시공기준을 정한 시방서류로서 설계도면, 표준 시방서, 특기시방서, 현장 설명에 대한 질문회답서 등을 총칭하는 것이다.

5. 일반적인 설계도서의 구성에 포함되지 않는 것은?

① 배치도
② 표제란
③ 계통도
④ 단선 결선도

해설 일반적인 설계도서의 구성 : 표지, 목록, 배치도, 단선 결선도, 계통도, 배선도, 기기 시방 및 기기 배치도, 공사 시방서

6. 시방서의 목적으로 틀린 것은?

① 시공에 대한 일반적인 사항의 규정
② 시공자가 하여야 할 표준안, 규정을 기입
③ 주요 기자재에 대한 특정규격, 수량 및 납기일을 규정
④ 설계와 공사에 대하여 도면에 표현하기 어려운 사항을 규정

해설 시방서에는 설계와 도면에 표현하기 어려운 사항 등을 기재하고, 시공에 대한 모든 지시사항을 규정한다.

7. 도면의 작성 및 관리에 필요한 정보를 모아서 기재한 것을 무엇이라 하는가?

① 범례
② 표제란
③ 시방서
④ 도면 목록표

해설 표제란 : 도면의 작성 및 관리에 필요한 정보를 기록한 것

정답 3. ① 4. ④ 5. ② 6. ③ 7. ②

8. 다음 전기 도면 관련기호 중 전동기를 나타내는 기호는?

① G　　② H
③ RC　　④ M

해설 ① 발전기
② 전열기
③ 역류 계전기
④ 전동기

9. 다음 토목 도면 관련기호 중에서 지반에 해당하는 것은?

① 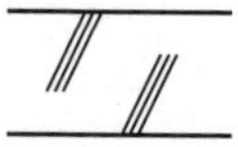　　② 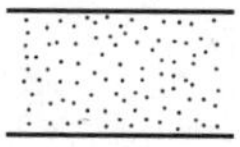
③ 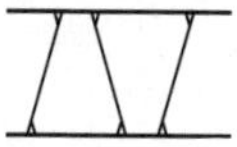　　④ 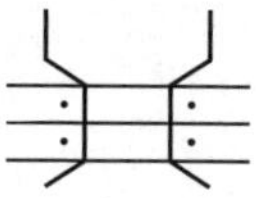

해설 ① 철근 콘크리트
② 모래
③ 잡석
④ 지반

10. 다음 토목 도면기호의 내용은?

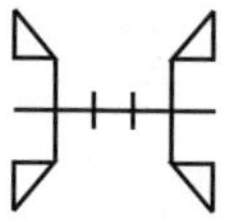

① 터널　　② 구배
③ 인도교　　④ 교량

해설 • 교량의 기호 : 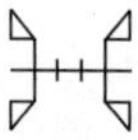
• 지반의 기호 : 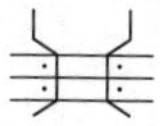

11. 다음의 전기 도면기호 내용은?

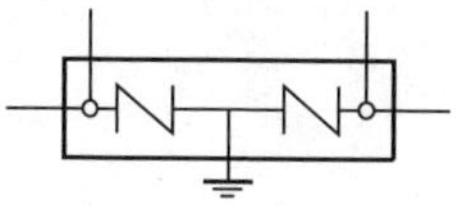

① 퓨즈　　② SPD
③ 접속함　　④ 진공 차단기

3과목

태양광발전 시공

Chapter 1

태양광발전 토목공사

1-1 시방서 검토

(1) 토목 설계도의 종류

① 공사 계획도
② 배수 계획도
③ 구적도
④ 종단면도 및 횡단면도
⑤ 지적측량

(2) 토목 설계도에 표시되는 사항

① 방위표 : 도면의 동서남북을 알 수 있도록 도면에 표시된 사항
② 주기사항 : 도면의 각 기호 등을 표시한 사항
③ 치수선 : 도면에서 길이와 치수를 나타내는 선
④ 경사에 대한 사항 : 종단면과 횡단면의 경사도를 확인할 수 있는 사항

(3) 시방서 : 설계도면이나 그림으로 표현할 수 없는 사항을 기재한 문서

① 공사 종류의 일정한 순서를 적은 문서
② 재료의 종류와 품질, 사용처, 시공방법, 제품납기, 준공기일 등을 명확히 기재한 문서
③ 건설공사 관리에 필요한 시공기준으로 품질과 직관적으로 관련된 문서

(4) 일반 시방서 : 비기술적인 사항을 규정한 시방서

① 설계도서 적용순위
② 품질보증 및 하자보증에 관한 사항
③ 인수·인계에 관한 사항
④ 설계변경의 절차
⑤ 품질관리 및 검사시험에 관한 사항

(5) 특기 시방서 : 시공 전반에 걸쳐 전문분야에 대한 기술, 기능에 관한 기록

① 설계도서 오류 시 우선순위 지정

② 유관기관과의 사전신고, 허가, 사전협의사항
③ 동일 장소에 시공되는 타 공정에 대한 사전협의, 조정 및 시공방법 제시
④ 각종 구조물의 강도의 규격
⑤ 설계도면에 표시할 수 없는 시공 장소의 전선관, 전선 및 케이블 규격
⑥ 설계도면에 표시할 수 없는 입체 구조물의 제조 시 부분적인 상세 규격

(6) 표준 시방서 : 모든 공사의 공통사항이 기록되는 시방서

(7) 기술 시방서 : 공사 전반에 걸친 기술적인 사항을 규정한 시방서

(8) 공법 시방서 : 재료와 시공방법을 자세히 기술한 시방서

(9) 특별히 계약에 명기되지 않은 경우에 공사 계약문서의 적용 우선순위

계약서 → 계약 특수조건 및 일반조건 → 특별 시방서 → 설계도면 → 일반 시방서 또는 표준 시방서 → 산출 내역서

1-2 태양광발전 토목공사 관리

(1) 토목공사 내역 검토

① 일반사항
② 기본측량
③ 기초 지반면의 절토
④ 잔토정리
⑤ 배수

(2) 공종별 시공 계획서 검토

① 현장 작업반 조직표
② 해당 시공 계획서의 작업범위
③ 작업방법
④ 가시설물 설치계획
⑤ 자재반입, 동원장비
⑥ 작업 일정표
⑦ 시공 상세도

(3) 공사현장 환경관리

① 소음대책
② 진동대책
③ 분진대책

단원 예상문제

신재생에너지(태양광) 발전설비기사

1. 다음의 설명에 알맞은 내용은?

계약 및 공사 전반에 대한 비기술적인 일반사항을 규정하는 시방서

① 기술 시방서
② 표준 시방서
③ 일반 시방서
④ 특기 시방서

해설 일반 시방서는 비기술적인 시방서이다.

2. 시공과정에서 요구되는 기술적인 사항을 설명한 문서로서 구체적으로 사용할 재료의 품질, 작업 순서, 마무리 정도 등 도면상 기재가 곤란한 기술적 사항을 표시해 놓은 시방서는?

① 공사 시방서
② 기술 시방서
③ 전문 시방서
④ 일반 시방서

해설 공사 시방서 : 시공과정에서 요구되는 기술적인 사항, 구체적으로 사용할 재료의 품질, 작업 순서, 마무리 정도 등 도면상 기재가 곤란한 기술적 사항을 표시해 놓은 시방서

3. 모든 공사의 공통사항이 기록되는 시방서는?

① 전문 시방서
② 표준 시방서
③ 특기 시방서
④ 일반 시방서

해설 표준 시방서 : 모든 공사의 공통사항이 기록되는 시방서

4. 공사의 특징에 따라 구체적 시공방법, 시공자재, 공법의 특성 등 기술적인 사항을 정확히 규정한 시방서의 명칭은?

① 기술 시방서
② 일반 시방서
③ 특기 시방서
④ 공정 시방서

해설 전기설비의 시공기준을 명시한 문서로 기술적인 사항을 규정한 시방서는 기술 시방서이다.

5. 시방서를 종류별로 설명한 것 중 틀린 것은?

① 공사 시방서 - 특정 공사를 위해 작성
② 특기 시방서 - 비기술적인 사항을 규정
③ 표준 시방서 - 모든 공사의 공통적이 사항을 규정
④ 기술 시방서 - 공사 전반에 걸친 기술적인 사항을 규정

해설 비기술적인 사항을 규정한 것은 일반 시방서이다. 특기 시방서는 시공 전반에 걸쳐 전문분야에 대한 기술, 기능에 관한 것을 기록한 것이다.

6. 토목공사 내역 검토사항에 해당하지 않는 것은?

① 배수
② 기본측량
③ 기초 지반면의 절토
④ 가시설물의 설치계획

해설 가시설물의 설치계획은 공종별 시공계획서 검토사항이다.

정답 1. ③ 2. ① 3. ② 4. ① 5. ② 6. ④

Chapter 2

태양광발전 구조물 시공

2-1 태양광발전 구조물 설치

(1) 공사계획도

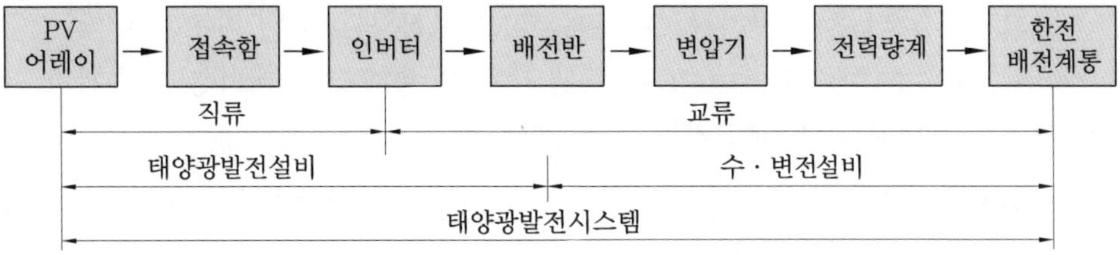

(2) 태양광발전시스템 시공 절차도

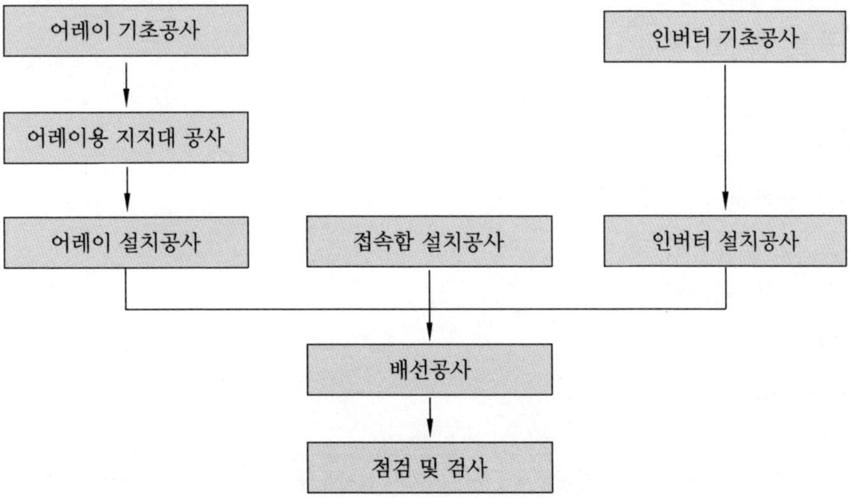

2-2 태양광발전 구조물 형태

(1) 기초 형식

① 독립기초 : 단일 기둥을 받치는 기초(얕은 기초)
② 복합기초 : 2개 이상의 기둥을 한 개의 기초판에 받치는 기초(얕은 기초)
③ 말뚝기초 : 말뚝을 지지층에 박아 넣는 기초(깊은 기초)
④ 전면(온통)기초 : 건물 하부 전체를 받치는 기초
⑤ 연속(줄)기초 : 벽이나 한 열 기둥을 받치는 기초
⑥ 주춧돌 기초 : 철탑 등의 기초
⑦ 피어기초 : 수직공을 굴착하여 그 속에 콘크리트를 타설하는 기초
⑧ 케이슨 기초 : 큰 하중을 케이슨(우물통과 비슷)을 통해 그 아래의 깊은 층까지 전달하는 기초로서 하천 내의 교량기초에 쓰인다.

(2) 얕은 기초와 깊은 기초

① 얕은 기초 : 직접기초, 연속기초
② 깊은 기초 : 말뚝기초, 피어기초, 케이슨 기초

(3) 보링 그라우팅 공법 : 기초 시공법 중 자갈과 자갈 사이 또는 흙의 공극을 시멘트로 채워주는 공사를 보링 그라우팅 공법이라 한다.

(4) 태양광 구조물을 연약지반에 설치 시 문제점

① 주변 지반 변형
② 지반 장기침하
③ 성토 및 굴착사면 파괴
④ 구조물 부등침하
⑤ 지하 매설 관 손상

(5) 가대공사의 순서

어레이 기초공사 → 어레이 가대공사 → 어레이 설치공사 → 배선공사 → 점검 및 검사

(6) 기초의 형식 결정 시 고려사항

① 지반조건
② 상부 구조물의 특성 및 하중
③ 기초형식의 경제성

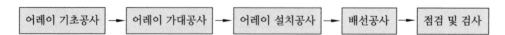

(7) 어레이 설치형식

지붕	지붕 설치형	경사 지붕형
		평지붕형
	지붕 건재형	지붕재 일체형
		지붕재형
	톱 라이트형	
벽	벽 설치형	
	벽 건재형	
기타	창재형	
	차양형	고정 차양형
		가동 차양형
	루버형	

① 지붕 설치형 : 지붕재(기와, 콘크리트, 금속)에 지지대와 받침대 위에 모듈(어레이)을 설치한다.

② 지붕 건재형 : 지붕재에 태양전지 모듈을 부착하는 형식으로 태양전지 모듈이 지붕재의 기능을 한다.

③ 지붕재 일체형 : 지붕재에 태양전지 모듈을 부착시키는 방식으로 지붕과 일체감이 있다.

④ 톱 라이트형 : 톱 라이트의 유리부분에 맞도록 태양전지 유리를 설치한 형식으로 채광 및 셀에 의한 차폐효과가 있으며 셀의 배치에 따라 개구율을 바꿀 수 있다.

⑤ 벽 건재형 : 태양전지가 벽재로서의 기능을 하는 형식으로 셀의 배치에 따라 개구율을 바꿀 수 있다.

⑥ 창재형 : 유리창의 기능을 갖고 있으며 채광성, 투시성과 셀의 배치에 따라 개구율을 바꿀 수 있다.

⑦ 차양형 : 창의 상부나 건물 외부에 가대를 설치하여 모듈을 지지하며 차양기능을 보완한 형식이다.

(8) 경사 지붕형

① 지붕 경사각은 20° ~ 40°이다.

② 측면 고정 시 이웃모듈과 10 cm 간격, 모듈과 지붕면 사이 간격도 10 cm이다.

(9) 지붕 설치형의 설치지침

① 지붕 또는 구조물 하부의 콘크리트 또는 철제 구조물에 직접 고정해야 한다.

② 모듈과 지붕면 간의 이격거리는 10 cm 이상이어야 한다.

(10) 지붕 건재형 태양전지 모듈의 설치장소를 고려한 설치사항

① 모듈의 하중에 충분히 견딜 수 있는 강도를 지닐 것

② 눈이 많이 내리는 지역에서는 적설 방지대책을 강구할 것

③ 인접 가옥이나 축사에 대한 화재 방지대책을 세울 것

④ 지붕의 풍력계수는 중앙부보다 처마 끝을 크게 할 것

(11) 태양광발전 구조물 구조계산에 적용되는 설계하중

① 고정하중 : 모듈의 질량과 지지물 등의 합계

② 풍하중 : 태양전지 모듈에 가해지는 풍압력과 지지물에 가해지는 풍압력의 합계

③ 적설하중 : 모듈면의 수직 적설하중 = 경사도계수 × 노출계수 × 지상적설하중 × 유효수압면적

④ 지진하중 : 지지물에 가해지는 수평 지진력

(12) 산지에 설치 시 : 경사도 25° 이하, 절·성토는 $\frac{50}{100}$을 초과해서는 안 된다.

(13) 수직하중과 수평하중

① 수직하중 : 고정하중, 적설하중, 활하중(물품의 하중)

② 수평하중 : 풍하중, 지진하중

(14) 구조 계산서의 안정성 검토항목

① 설계하중

② 재료의 허용응력

③ 지지대 기초와 연결부에 대한 구조적 안정성 확보

(15) 태양광 어레이 설치방식

① 고정형

② 경사 가변형

③ 추적형

(16) 추적식의 종류

① 단방향 추적식

② 양방향 추적식

③ 혼합식

(17) 경사 지붕의 적설하중 계산에 필요한 사항

① 평지붕 하중의 적설하중

② 지붕 경사도계수

(18) 평지붕의 적설하중 계산에 필요한 사항

① 지붕 적설하중계수
② 노출계수
③ 온도계수
④ 중요도계수
⑤ 지상적설하중의 기본값

단원 예상문제

신재생에너지(태양광) 발전설비기사

1. 지붕 건재형 태양전지 모듈의 설치장소를 고려한 설치사항으로 옳지 않은 것은?

① 태양전지 모듈의 하중에 견딜 수 있는 강도를 가질 것
② 인접 가옥의 화재에 대한 방지대책을 세워 시설할 것
③ 눈이 많은 지역에서는 적설 방지대책을 강구하여 시설할 것
④ 풍력계수는 처마 끝이나 지붕 중앙부나 똑같이 하여 시설할 것

해설 지붕의 풍력계수는 지붕 중앙부보다 처마 끝을 크게 해야 한다.

2. 태양광발전시스템의 구조물 설치계획 단계에서 고려하여야 할 사항으로 틀린 것은?

① 지지대의 강도
② 지지대의 모양
③ 지지대의 재질
④ 지지대의 내용연수

해설 태양광발전 구조물 설치계획 단계에서 고려하여야 할 사항으로는 지지대의 강도, 재질, 내용연수이다.

3. 태양광발전시스템 구조물의 종류가 아닌 것은?

① 양축식　　② 단축식
③ 고정식　　④ 일자식

해설 태양광발전시스템의 어레이 설치방식에는 고정식, 경사 가변식, 단축식, 양축식이 있다.

4. 구조물 시공의 주요 적용기준에 해당하지 않는 것은?

① 토목구조 설계기준
② 콘크리트 구조 설계기준
③ 강구조 설계기준
④ 건축법 및 동 시행령, 건축물의 구조기준 등에 관한 규칙

해설 시공의 적용기준 : 콘크리트 구조 설계기준, 강구조 설계기준, 하중저항계수 설계법, 건축법 및 동 시행령, 건축물의 구조기준 등에 관한 규칙

5. 태양광발전시스템 구조물의 설치공사 순서를 바르게 나열한 것은?

정답 1. ④　2. ②　3. ④　4. ①　5. ①

㉠ 어레이 가대공사 ㉡ 어레이 기초공사 ㉢ 어레이 설치공사 ㉣ 배선공사 ㉤ 점검 및 검사

① ㉡－㉠－㉢－㉣－㉤
② ㉠－㉡－㉢－㉣－㉤
③ ㉣－㉡－㉠－㉢－㉤
④ ㉣－㉠－㉡－㉢－㉤

6. 태양광발전시스템의 시공 절차에 포함되는 것은?

① 설치장소의 조사
② 인버터 설치공사
③ 모듈 직렬개수 선정
④ 태양광 어레이의 발전량 산출

해설 • 기획 및 설계단계 : 설치장소의 조사, 모듈 직렬개수 선정, 어레이의 발전량 산출
• 시공단계 : 모듈 및 인버터 설치, 배선

7. 옥상 또는 지붕 위에 설치한 태양전지 어레이에서 복수의 케이블을 배선하는데 그림과 같이 지붕 환기구 및 처마 밑에 배선하려고 한다. 이때 케이블의 곡률반경은 케이블 지름의 몇 배 이상으로 하여야 하는가?

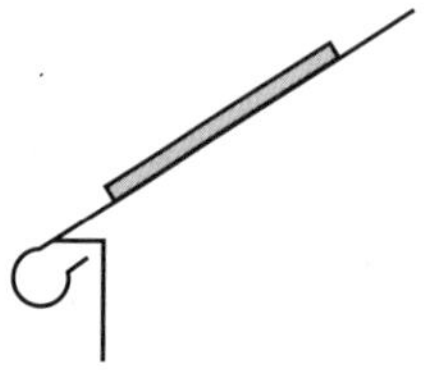

① 4배 ② 6배 ③ 8배 ④ 10배

8. 일반 지붕재에 태양전지 모듈을 넣은 지붕재 방식은?

① 지붕재 마감형 ② 지붕재 일체형
③ 지붕재 건재형 ④ 지붕재 설치형

해설 지붕재 일체형 : 지붕재에 태양전지 모듈을 부착시키는 방식

9. 개개의 기둥을 독립적으로 지지하는 형식으로 기초판과 기둥으로 형성되어 있으며 기둥과 보로 구성되어 있는 건축물에 적용되는 태양광발전 기초공법은?

① 파일기초 ② 연속기초
③ 독립기초 ④ 온통기초

해설 독립기초 : 지지대 하나 당 1개의 기둥인 기초

10. 태양광발전시스템 중 태양전지 어레이용 가대의 재질 및 형태에 따른 사항으로 옳지 않은 것은?

① 절삭 등의 가공이 쉽고, 가벼워야 한다.
② 최소 20년 이상의 내구성을 가져야 한다.
③ 불필요한 가공을 피할 수 있도록 규격화되어야 한다.
④ 염해, 공해 등을 고려하여 녹이 발생하지 않아야 한다.

해설 가대의 재질은 절삭 등의 가공이 쉽고, 무거워야 한다.

11. 지붕 설치형 태양전지 모듈의 설치방법 중 유의할 사항으로 틀린 것은?

① 모듈 교환이 쉬울 것
② 지붕과 태양전지 모듈간은 간격이 없도록 할 것
③ 지지기구 등의 노출부를 가능한 줄일 것
④ 적설량이 많은 곳에서는 적설하중을 고려할 것

정답 6. ② 7. ② 8. ② 9. ③ 10. ① 11. ②

해설 지붕과 태양전지 모듈간은 통풍이 되도록 10 cm 이상의 간격을 두어야 한다.

12. 창문 상부 등 건물 외부에 가대를 설치하고 그 위에 태양광 모듈을 설치한 형태는?

① 경사 지붕형 ② 벽 건재형
③ 루버형 ④ 차양형

해설 차양형 : 창의 상부나 건물 외부에 가대를 설치하여 모듈을 지지하며 차양기능을 보완한 형식이다.

13. 지붕에 설치하는 태양광발전 형태로 볼 수 있는 것은?

① 난간형 ② 차양형
③ 창재형 ④ 톱 라이트형

해설 톱 라이트형 : 지붕에 유리를 설치한 형식으로 채광 및 셀에 의한 차폐효과가 있다.

14. 지붕에 설치하는 태양광발전시스템 중 톱 라이트형의 특징이 아닌 것은?

① 채광 및 셀에 의한 차광효과도 있다.
② 셀의 배치에 따라 개구율을 바꿀 수 있다.
③ 중·고층 건물의 벽면을 유효하게 이용한다.
④ 톱 라이트의 유리부분에 맞게 태양전지 유리를 설치한 형식이다.

해설 톱 라이트형은 톱 라이트의 유리부분에 맞게 설치한 형식으로 채광 및 셀에 의한 차광효과가 있으며 셀의 배치에 따라 개구율을 바꿀 수 있다.

15. 태양광발전시스템 시공 절차에 대한 순서로 올바른 것은?

① 현장여건 분석 → 시스템 설계 → 구성요소 제작 → 기초공사 → 구조물 설치 → 간선공사 → 모듈설치 → 인버터 설치 → 시운전 → 운전개시
② 현장여건 분석 → 시스템 설계 → 기초공사 → 구성요소 제작 → 구조물 설치 → 간선공사 → 모듈설치 → 인버터 설치 → 시운전 → 운전개시
③ 현장여건 분석 → 시스템 설계 → 구성요소 제작 → 기초공사 → 구조물 설치 → 모듈설치 → 간선공사 → 인버터 설치 → 시운전 → 운전개시
④ 현장여건 분석 → 시스템 설계 → 구성요소 제작 → 기초공사 → 구조물 설치 → 모듈설치 → 간선공사 → 인버터 설치 → 시운전 → 운전개시

16. 태양전지 모듈의 설치방법 검토항목으로 적당하지 않은 것은?

① 시공·보수 등을 고려하여 작업하기 쉽게 한다.
② 모듈 고정용 볼트, 너트 등은 상부에서 조일 수 있어야 한다.
③ 미관 및 안전상 가대와 지지기구 등의 노출부를 가능한 크게 한다.
④ 태양전지 모듈 온도상승 억제를 위해 지붕과 태양 사이에 간격을 둔다.

해설 노출부는 가능한 작게 하여야 한다.

17. 지지층이 얕은 태양광 부지에 사용되는 기초는?

① 직접기초 ② 말뚝기초
③ 피어기초 ④ 케이슨 기초

해설
- 얕은 기초 : 직접기초, 연속기초
- 깊은 기초 : 말뚝기초, 피어기초, 케이슨 기초

정답 12. ④ 13. ④ 14. ③ 15. ④ 16. ③ 17. ①

18. 태양전지 모듈을 설치할 경우 시공기준에 적합하지 않은 것은?

① 모듈 전면의 음영은 최대화되어야 한다.
② 경사각은 현장여건에 따라 조정하여 설치할 수 있다.
③ 설치용량은 사업 계획서상의 모듈 설계용량과 동일하여야 한다.
④ 방위각은 그림자의 영향을 받지 않는 곳에 정남향 설치를 원칙으로 한다.

해설 음영이 작을수록 발전출력을 높게 얻을 수 있다.

19. 다음 중 적설하중과 관련 있는 사항이 아닌 것은?

① 중요도계수 ② 노출계수
③ 온도계수 ④ 내압계수

해설 평지붕의 적설하중 = 지붕적설하중계수 × 노출계수 × 온도계수 × 중요도계수 × 지상적설하중의 기본값

20. 태양전지 어레이의 구조물 설치 시 지반상태에 따른 해결책이 아닌 것은?

① 연약층이 깊을 경우 독립기초로 한다.
② 지반의 허용 지지력이 부족할 경우 저판 폭을 증가시키거나 지반을 치환한다.
③ 배면토의 강도정수가 부족할 경우 저판 폭을 증가시키거나 사면 경사도를 완화한다.
④ 지반의 지하수위가 높을 경우 지지력 저하로 침하가 발생할 수 있으므로 배수공을 설치한다.

해설 연약층이 깊을 경우는 말뚝기초로 하며, 연약층이 얕을 경우에 독립기초가 사용된다.

21. 태양전지 어레이용 가대 설계 시 전단력계수의 고려대상인 것은?

① 수직하중
② 풍하중
③ 지진하중
④ 적재하중

해설 지진하중 = 지지층 전단력계수 × 고정하중

22. 태양광 모듈과 지붕면 사이의 이격거리는 얼마 이상이어야 하는가?

① 10 cm ② 30 cm
③ 50 cm ④ 60 cm

해설 모듈과 지붕면 사이의 이격거리는 10 cm 이상이어야 한다.

23. 경사 지붕형의 경사각으로 적당한 것은?

① $10° \sim 20°$ ② $20° \sim 40°$
③ $40° \sim 50°$ ④ $50° \sim 60°$

해설 경사 지붕형의 적당한 경사각은 $20° \sim 40°$이다.

정답 18. ① 19. ④ 20. ① 21. ③ 22. ① 23. ②

Chapter 3

태양광발전 전기시설공사

3-1 태양광발전 어레이 시공, 전기배선

(1) 어레이 설치방식

① 지상 고정방식

② 건물 설치방식

③ 지붕 부착방식

④ 건물 일체형(BIPV)

(2) 어레이 설치 시 고려사항

① 일반부지에 설치 시는 배수가 용이하고, 구조물과 기초의 안전성을 확보하여야 한다.

② 건축물(구조물 포함)에 설치 시는 구조물 하부의 콘크리트 또는 철제 구조물에 직접 고정하거나 안전성이 확보된 지지대를 사용한다.

③ 모듈을 지붕에 설치 시에는 환기를 위해 지붕면과 10 cm 이상의 간격을 확보하여야 한다.

④ 건물 옥상에 설치 시에는 음영을 받지 않도록 설치 위치나 방향을 잘 선정하여야 한다.

⑤ 모듈온도가 상승하지 않도록 발전량 저감방안을 최소화하는 방안을 수립하여야 한다.

(3) 태양전지 운반 시 주의사항

① 모듈의 파손방지를 위해 충격이 가해지지 않도록 한다.

② 태양전지를 운반 시 2인 1조로 한다.

③ 접속하지 않은 리드선은 빗물이나 이물질이 삽입되지 않도록 절연 테이프 등으로 감는다.

(4) 전기배선 및 접속함 설치기준

① 모든 충전부분은 노출되지 않도록 시설한다.

② 모듈에서 인버터에 이르는 배선에 사용되는 케이블은 단심 난연성 케이블(TFR-CV, FR-CV, F-CV) 등을 사용한다.

③ 태양전지 모듈의 사용전선은 단면적 2.5 mm^2 이상의 것을 사용한다.
④ 케이블이나 전선을 구부릴 때의 곡률반경은 지름의 6배 이상이 되도록 한다.
⑤ 태양전지의 직렬연결은 (+) → (−) → (+) → (−) … 순으로 틀리지 않게 접속한다.
⑥ 접속함의 설치 위치는 어레이에 가까운 곳이 적합하다.
⑦ 접속함의 모든 스트링 입력마다 DC 퓨즈를 설치하고, 출력회로에 DC 차단기 또는 개폐기를 설치하여야 한다.
⑧ 낙뢰가 예상되는 지역에 접속함을 설치하는 경우에는 접속함 내부에 SPD를 설치한다.

(5) 태양광 모듈 적합성

① 모듈의 설치용량은 사업 계획서와 동일한 것을 사용한다.
② 태양광 인버터의 용량이 250 kW 이하인 경우는 인증제품을 설치하여야 한다.
③ 인버터는 실내형과 실외형을 구분해서 설치한다.
④ 인버터에 연결된 전체 모듈의 설치용량은 인버터 설치용량의 105 % 이내이어야 한다.

3-2 태양광발전 계통연계장치 시공

(1) 계통연계

① 분산형 전원의 용량
(가) 3상(연계계통 전압 380 V)
(나) 500 kW 미만(단상 220 V, 100 kW 미만) : 저압계통에 연결할 수 있는 연계용량
(다) 태양광발전시스템의 22.9 kV의 특고압 가공선로 회선에 연계가능 용량은 10 MW 미만
② 분산형 전원에서 계통으로 유입되는 직류전류는 최대 정격전류의 0.5 %를 초과해서는 안 된다.
③ 분산형 전원의 유지역률은 90 % 이상이다.
④ 순시전압 변동률

변동 빈도	순시전압 변동률(%)
1시간에 2회 초과 10회 이하	3
1일 4회 초과 1시간에 2회 이하	4
1일에 4회 이하	5

⑤ 비정상 전압에 대한 분산형 전원 분리시간 2020. 06. 개정

전압범위 (기준전압에 대한 백분율[%])	분리시간(초)
$V<50$	0.5
$50 \leq V<70$	2.0
$70 \leq V<90$	2.0
$110< V<120$	1.0
$V \geq 120$	0.16

⑥ 비정상 주파수에 대한 분산형 전원 분리시간 2020. 06. 개정

분산형 전원용량	주파수 범위(Hz)	분리시간(초)
용량무관	$f>61.5$	0.16
	$f<57.5$	300
	$f<57.0$	0.16

⑦ 계통연계를 위한 동기화 변수 제한범위

분산형 전원 정격용량 합계(kW)	주파수 차 Δf[Hz]	전압 차 ΔV[%]	위상각 차 $\Delta \Phi$[°]
0 ~ 500 이하	0.3	10	20
500 초과 1500 이하	0.2	5	15
1500 초과 20000 미만	0.1	3	10

(2) 보호 계전기, 보호 장치

① 계통 연계형 보호 장치의 적용 목적

㈎ 전력설비 손상방지

㈏ 전력설비 운전정지시간 및 범위 최소화

㈐ 전력계통 고장파급방지

② 계통연계 시 주요 기기

㈎ 변압기

㈏ VCB(진공 차단기)

㈐ MOF(계기용 변성기)

㈑ 전력량계

3-3 수·배전반 설치 및 전기실 시공

(1) 수·변전설비 단선 결선도

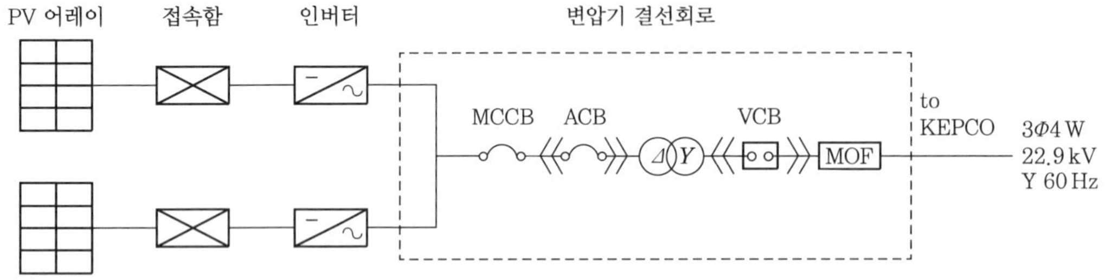

(2) 수·배전설비 주요 기기

기기명	기능	기기명	기능
MCCB	배선용 차단기	ACB	기중 차단기
LBS	부하 개폐기	VCB	진공 차단기
PF	전력퓨즈	SA	서지흡수기
LA	피뢰기	CT	계기용 변류기
MOF	계기용 변성기	ZCT	영상 변류기

(3) 수전설비의 배전반 등의 최소 유지거리(m)

구 분	앞면/조작계측면	뒷면/점검면	열상호간/점검면	기타 면
특고압 배전반	1.7	0.8	1.4	–
고압 배전반	1.5	0.6	1.2	–
저압 배전반	1.5	0.6	1.2	–
변압기 등	1.5	0.6	1.2	0.3

(4) 배전선로의 전압 조정

표준전압, 주파수	허용범위	비 고
220 V	220±13 V	207 ~ 233 V
380 V	380±38 V	342 ~ 418 V
60 Hz	60±0.2 Hz	59.8 ~ 60.2 Hz

(5) 배전선로의 전기방식

구 분	전력(P)	1선당 전력(P')	단상 2선식 기준전력	전선중량비 (전력손실비)
단상 2선식	$VI\cos\theta$	$\frac{VI\cos\theta}{2} = 0.5\,VI\cos\theta$	1배	1
단상 3선식	$2\,VI\cos\theta$	$\frac{2}{3}VI\cos\theta \fallingdotseq 0.67\,VI\cos\theta$	1.33배	$\frac{3}{8}$
3상 3선식	$\sqrt{3}\,VI\cos\theta$	$\frac{\sqrt{3}}{3}VI\cos\theta \fallingdotseq 0.57\,VI\cos\theta$	1.15배	$\frac{3}{4}$
3상 4선식	$3\,VI\cos\theta$	$\frac{3}{4}VI\cos\theta = 0.75\,VI\cos\theta$	1.5배	$\frac{1}{3}$

3-4 전기·전자 기초

(1) 도체의 저항

도체의 저항은 저항률(ρ), 길이(l), 단면적(A)이 주어질 때 아래의 식과 같이 저항률과 길이에 비례하고, 단면적에 반비례한다.

$$R = \rho \times \frac{l}{A}\,[\Omega] \quad \text{여기서, } \rho\,[\Omega \cdot \text{m}],\ l\,[\text{m}],\ A\,[\text{m2}]$$

(2) 옴의 법칙

① 전류(I)는 전압(V)에 비례하고, 저항(R)에 반비례한다. $I = \frac{V}{R}[\text{A}]$

② 저항 양단에 걸리는 전압(V)은 전류(I)와 저항(R)의 곱이다. $V = I \times R\,[\text{V}]$

③ 전압이 V일 때 흐르는 전류가 I라면 그 저항은 전압에 비례하고, 전류에 반비례한다. $R = \frac{V}{I}[\Omega]$

(3) 저항의 직렬연결

저항 양단 전압 $V = IR = V_1 + V_2 = IR_1 + IR_2 = I(R_1 + R_2)$이다.

합성저항 $R = R_1 + R_2$

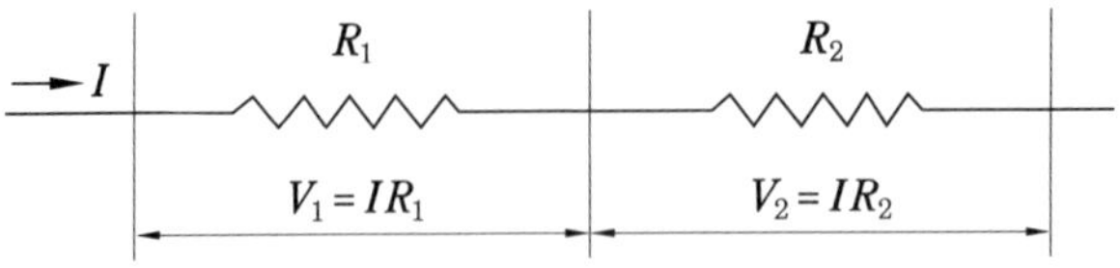

* 전압분배 : 다음 회로에서와 같이 직렬회로에서 해당저항에 걸리는 전압은 $\frac{해당저항}{전체저항}$ ×인가전압이다.

$$V_1 = \frac{R_1}{R} \times V \text{ (단, } R = R_1 + R_2\text{)}$$

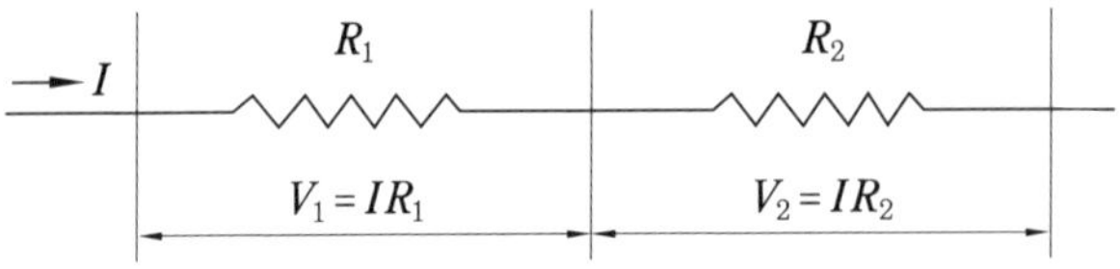

(4) 저항의 병렬연결

$I_1 = \frac{V}{R_1}$, $I_2 = \frac{V}{R_2}$, 합성전류 $I = \frac{V}{R} = I_1 + I_2 = \frac{V}{R_1} + \frac{V}{R_2} = V \times \left(\frac{1}{R_1} + \frac{1}{R_2}\right)$

$= \frac{R_1 \times R_2}{R_1 + R_2} \times V$이다.

$$\text{합성저항 } R = \frac{1}{R_1} + \frac{1}{R_2} = \frac{R_1 \times R_2}{R_1 + R_2}$$

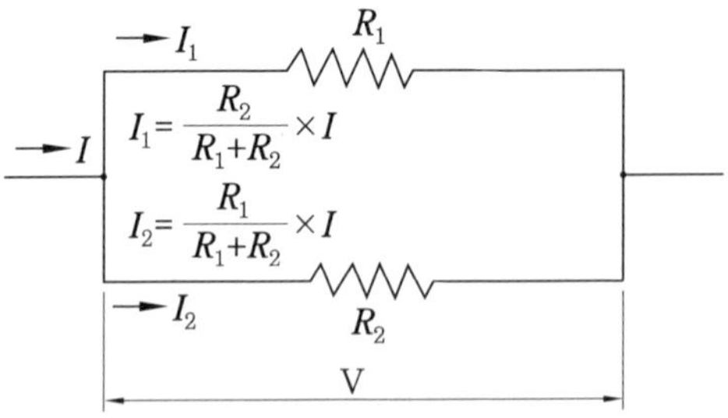

(5) 배율기

저항 R에 직렬로 m배의 저항 R_m을 연결하면 $V_R = I \times R$, $V_m = I \times R_m$, $V = V_R + V_m = IR + IR_m = I(R + R_m)$, $m = \frac{V}{V_R} = \frac{I(R+R_m)}{IR} = \frac{R+R_m}{R} = 1 + \frac{R_m}{R}$ 이

다. 배율저항은 $m=1+\dfrac{R_m}{R}$ 로부터 $m-1=\dfrac{R_m}{R}$, $R_m=(m-1)R$로 전압을 m배로 확대할 수 있다.

$$\text{배율저항}=(m-1)R$$

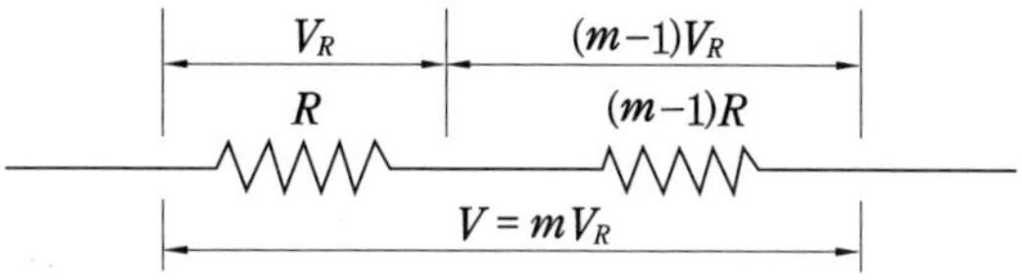

(6) 분류기

저항 r에 병렬로 $r/(n-1)$의 저항을 연결하면 $\dfrac{I_1}{I_2}=\dfrac{r/(n-1)}{r}$ 이므로 $I_2=(n-1)I_1$ 이다.

따라서 $I=I_1+I_2=I_1+(n-1)I_1=nI_1$이 되어 전체 전류는 연결 전의 전류 I_1보다 n배 확대가 된다.

$$\text{분류저항}=\frac{r/(n-1)}{r}$$

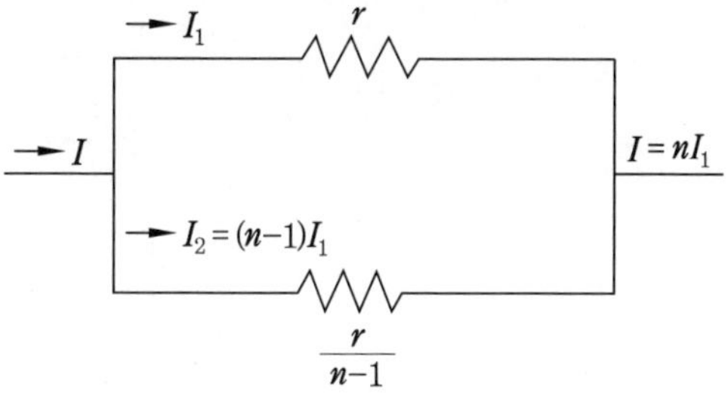

(7) 키르히호프의 법칙

① 키르히호프의 전압법칙(KVL) : 전압 V를 인가했을 때 회로 내에 여러 개의 직렬로 연결된 저항에서의 전압강하의 합은 공급전압 V와 같다.

$$V=IR_1+IR_2+IR_3=V_1+V_2+V_3$$

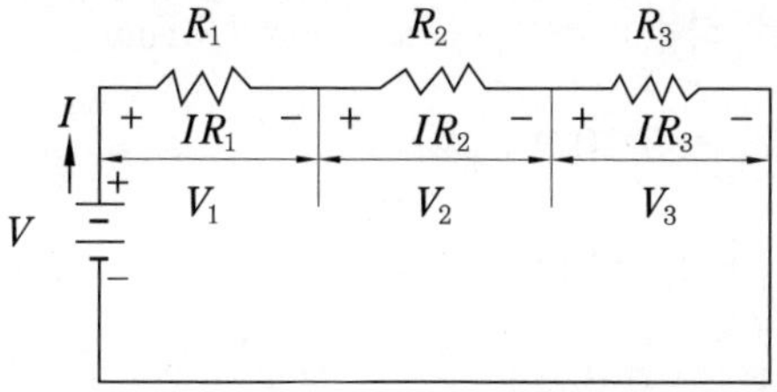

② 키르히호프의 전류법칙(KCL) : 여러 개의 저항이 병렬로 연결된 회로에서 들어가는 전류와 나가는 전류의 합은 같다.

$$I = I_1 + I_2 + I_3$$

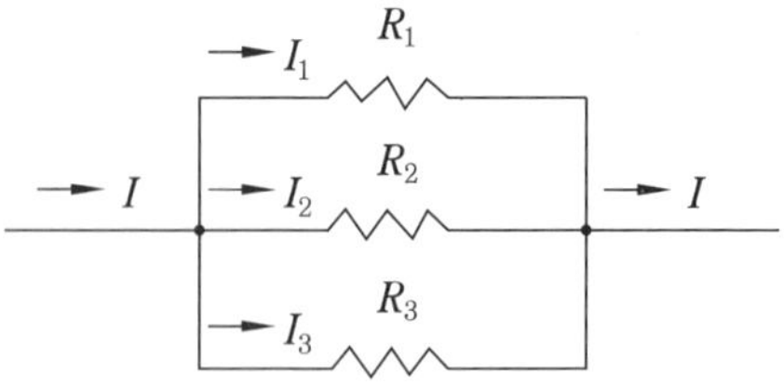

(8) 콘덴서의 정전용량

$C = \frac{Q}{V}$[F], $Q = CV$[C], $V = \frac{Q}{C}$[V]

(9) 전지의 내부저항

다음 그림에서와 같이 건전지 내부에 존재하는 내부저항(r)에 의해 건전지에 부하(R)를 연결하고, 전류를 흘리면 건전지 내부저항에서의 전압강하($V_r = I \times r$) 때문에 부하에는 $V - V_r$이 걸린다.

$$V_L = V - (I \times r) = V - V_r$$

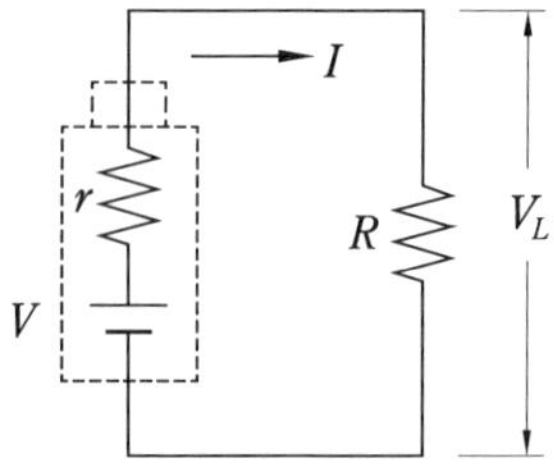

주1 건전지를 n개 직렬로 연결하면 $n \times (I \times r)$만큼 전압강하가 증가한다.

주2 건전지를 n개 병렬로 연결하면 $n \times (I \times \frac{r}{n})$만큼 전압강하가 감소한다.

(10) 교류의 순시치, 최대치, 평균치(V_r, V_m, V_{mean})

① 교류전압, 전류 표현 식 : $v = V_m \sin\omega t$, $i = I_m \sin\omega t$

② 순시치 $V_r = \frac{1}{\sqrt{2}} V_m \fallingdotseq 0.7071 V_m$

③ 최대치 $V_m = \sqrt{2} V_r \fallingdotseq 1.4142 V_r$

④ 평균치 $V_{mean} = \frac{2}{\pi} V_m \fallingdotseq 0.637 V_m$

(11) 파고율, 파형률

① 파고율 $= \dfrac{\text{최대치}}{\text{실효치}} = \dfrac{\sqrt{2}\,V_r}{V_r} = \sqrt{2} \fallingdotseq 1.414$

② 파형률 $= \dfrac{\text{실효치}}{\text{평균치}} = \dfrac{1/\sqrt{2}}{2/\pi} = \dfrac{\pi}{2\sqrt{2}} \fallingdotseq 1.11$

(12) R-C 충·방전회로

① 시정수 $\tau = R \times C$ [초]

② 충전 시 시정수 τ에서의 전압은 전원값이 V라면 $0.63212\,V$가 된다.

③ 방전 시 시정수 τ에서의 전압은 전원값이 V라면 $0.36788\,V$가 된다.

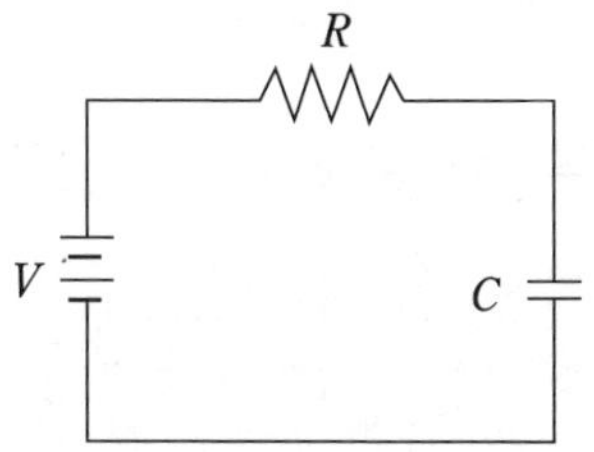

④ 다음과 같은 회로에서 스위칭 시 듀티(duty)비가 d일 때 부하(R)에 걸리는 전압(V_L)

$V_L = V\left(1 + \dfrac{d}{1-d}\right)$ 또는 $V_L = V_m + (d \times R_L)^2$ 이다.

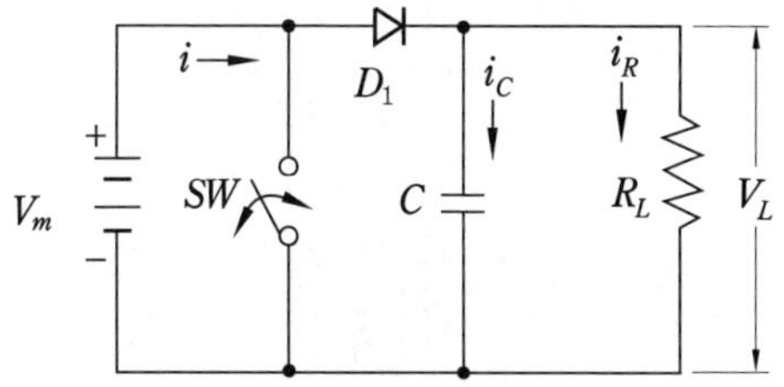

(13) 교류회로에서의 임피던스(Z)

① $V = R + jX \rightarrow Z$의 크기 : $\sqrt{R^2 + X^2}$

② $V = A + jB,\ I = C + jD \rightarrow Z = \dfrac{V}{I} = \dfrac{A + jB}{C + jD} = E + jF,\quad Z$의 크기 : $\sqrt{E^2 + F^2}$

(14) 교류전압, 전류식에서 실효치와 주파수 값 구하기

① $v = V_m \sin\omega t,\quad *\ \omega t = 2\pi f t$

② 실효치 $V_r = \dfrac{V_m}{\sqrt{2}}$ [V]

③ 주파수 $f = \dfrac{\omega}{2\pi}$ [Hz]

(15) $R-L$ 교류회로의 역률

① 주파수가 f인 $R-L$ 직렬회로에서 $R[\Omega]$, $L[\mathrm{H}]$일 때의 역률
$X_L = 2\pi fL$, $Z = \sqrt{R^2 + X_L^2}$ 이다.

$$역률\ \cos\theta = \frac{R}{Z} \times 100\,\%$$

② 주파수가 f인 $R-L$ 직렬회로에서 $R[\Omega]$, $X_L[\Omega]$일 때의 역률
$Z = \sqrt{R^2 + X_L^2}$ 이다.

$$역률\ \cos\theta = \frac{R}{Z} \times 100\,\%$$

(16) 변압기의 권수비(a)에 따른 1차 및 2차 전압, 전류의 관계

$$a = \frac{N_1}{N_2} = \frac{V_1}{V_2} = \frac{I_2}{I_1} = \sqrt{\frac{Z_1}{Z_2}}$$

여기서, N_1 : 1차 권수, N_2 : 2차 권수, V_1 : 1차 전압, V_2 : 2차 전압,
I_1 : 1차 전류, I_2 : 2차 전류, Z_1 : 1차 임피던스, Z_2 : 2차 임피던스

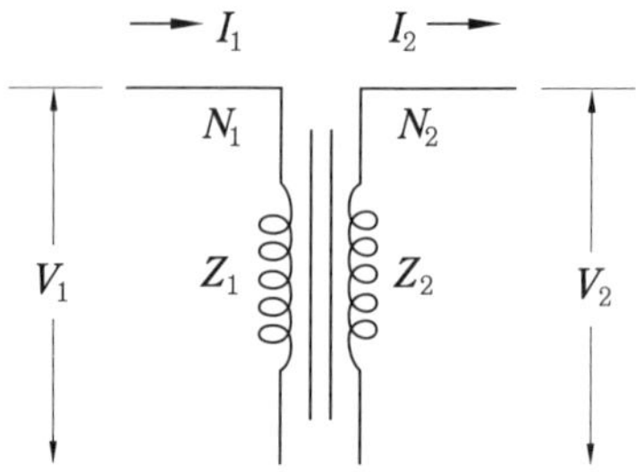

3-5 배관 및 배선공사

(1) 가공 인입선 : 가공선로의 지지물로부터 다른 지지물을 거치지 않고 수용장소의 붙임점에 이르는 가공선이다.

(2) 연선 : 심선을 여러 가닥을 꼬아서 만든 전선으로 공칭 단면적 $A = \pi\left(\frac{D}{2}\right)^2 = \frac{\pi}{4}D^2[\mathrm{mm}^2]$ 이다.

(3) 중공연선 : 전선의 단면적을 그대로 하고, 직경을 크게 키운 전선이다.

(4) 동선

① 연동선(옥내용) : 가용성 있음
② 경동선(옥외용) : 가용성 없음
③ 강심 알루미늄 연선(ACSR) : 바깥지름은 크게 하고, 중량은 작게 한 전선으로 장경간 송전선로, 코로나 방지 목적에 사용한다.
④ 경알루미늄선(옥내용), 강심 알루미늄선(코로나 방지 목적에 사용)

(5) 케이블의 종류

① CN-CV : 동심 중성선 차수형 동축 케이블
② CNCV-W : 동심 중심선 수밀형 전력 케이블 3상 4선식 22.9 kV
③ FR CNCO-W : 동심 중심선 난연성 전력 케이블

(6) 22.9 kV 수용가에서 LBS(부하 개폐기) 1차측 사용전선

① 지중 : CNCV-W
② 가공 : ACSR-OC   * ACSR : 강심 알루미늄 연선

(7) 경제적인 전선의 굵기 선정 고려사항

① 허용전류
② 전압강하
③ 경제성
④ 기계적 강도
⑤ 전력손실(코로나 손실)

(8) 전선의 구비조건

① 도전율이 클 것
② 기계적 강도가 클 것
③ 비중이 작을 것
④ 신장률이 클 것
⑤ 가요성이 클 것

(9) 전선의 하중

① 빙설하중
② 풍압하중

(10) 지중선로의 매설방식

① 직매식(직접 매설식) : 간단하며 매설깊이는 1.2 m이다.

② 관로식(맨홀식) : PE관을 땅에 묻으며 매설깊이는 1 m 이상이다.

③ 암거식(전력구식) : 많은 가닥 수의 고전압 간선 부근에서 사용하는 방식으로 비싸며 매설깊이는 1.2 m 이상이다.

(11) 지중전선로의 장·단점

① 장점

㈎ 미관이 좋다.

㈏ 기상조건에 영향을 받지 않는다.

㈐ 설비의 안정성이 좋다.

㈑ 통신유도장애가 적다.

㈒ 보안상 위험이 적다.

㈓ 화재발생이 적다.

㈔ 고장이 적다.

② 단점

㈎ 시설비가 비싸다.

㈏ 보수가 어렵다.

(12) 전선의 이도 : 늘어진 정도(D)

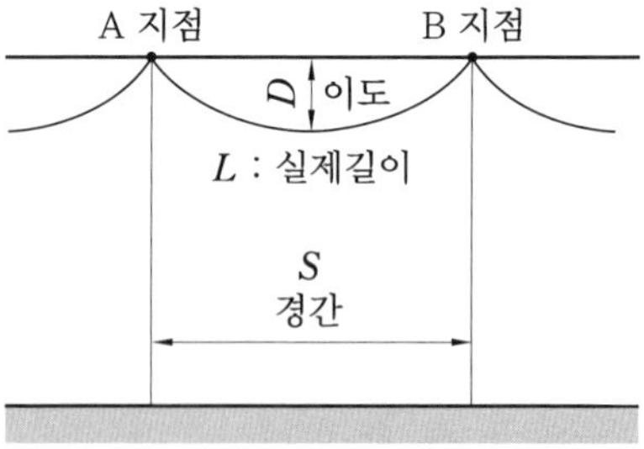

전선의 이도 $D = \dfrac{WS^2}{8T}$ [m]

여기서, W : 합성하중(kg/m)

S : 경간(m)

T : 수평장력(kg)

실제길이 $L = S + \dfrac{8D^2}{3S}$ [m]

(13) 전선의 보호

① 진동방지는 댐퍼를 부착한다.

② 지지점에서의 단선방지는 아머 로드(Armor Rod)를 사용한다.

③ 전선의 도약 : 전선의 반동으로 상하부 단락사고 방지를 위해 off-set 한다.

(14) 케이블 트레이 시공방식의 장·단점

① 장점

㈎ 방열 특성이 좋다.

(나) 허용전류가 크다.

(다) 장래 부하증설 및 시공이 용이하다.

(라) 경제적이다.

② 단점 : 케이블의 노출에 따른 재해를 받을 수 있다.

(15) 저압배선 방식

① 방사상 방식 : 공사비가 싸며 전력손실은 크다. 구성이 단순하고, 농어촌에 사용하기 적합하다.

② 저압뱅킹 방식 : 2대 이상의 변압기 경유, 전압 변동률 감소, 전력손실이 크다. 부하가 밀집된 시가지에 적용, 부하의 융통성 도모, 캐스케이딩 현상이 발생한다.

③ 저압 네트워크 방식 : 2회 이상의 급전선으로 공급, 플리커, 전압 변동률이 적다.

(16) 고압 가공배선 방식

① 수지식(방사식)

② 환상식(루프식)

③ 망상식(네트워크식) : 무정전 공급가능, 공급신뢰도 양호, 전압변동/전력손실 감소

(17) 고압 지중배선 방식

① 방사상 방식 : 변전소로부터 1회선 인출 수용가 공급

② 예비선 절체방식 : 고장 시 절체

③ 소프트 네트워크 방식 : 선로 이용률 양호, 전압 변동률이 적다.

(18) 케이블 고장점 검출법

① 머레이 루프법(휘트스톤 브리지 이용법)

② 펄스 인가법

③ 수색 코일법

④ 정전용량법

(19) 기기단자와 케이블의 접속

① 볼트의 크기에 맞는 토크렌치를 사용하여 규정된 힘으로 조인다.

② 조임은 너트를 돌려서 조인다.

③ 2개 이상의 볼트를 사용할 경우 한쪽만 심하게 조이지 않도록 한다.

(20) 가공 전선로의 지지물에 사용하는 발판볼트는 지표상 최대 1.8 m 미만에 시설해서는 안 된다.

단원 예상문제

신재생에너지(태양광) 발전설비기사

1. 태양전지 운반 시 주의사항에 해당하지 않는 것은?

① 태양전지를 운반 시 2인 1조로 한다.
② 태양전지를 미리 배선하여 운반한다.
③ 모듈의 파손방지를 위해 충격이 가해지지 않도록 한다.
④ 접속하지 않은 리드선은 빗물이나 이물질이 삽입되지 않도록 절연 테이프 등으로 감는다.

해설 태양전지의 배선은 운반 후 가대에 고정상태에서 배선한다.

2. 인버터에 연결된 전체 모듈의 설치용량은 인버터 설치용량의 몇 % 이내이어야 하는가?

① 102 ② 105 ③ 110 ④ 120

해설 모듈의 설치용량은 인버터 설치용량의 105 % 이내이어야 한다.

3. 어레이 설치방식이 아닌 것은?

① 건물 일체형 ② 지붕 부착형
③ 건물 설치형 ④ 지상 수평형

해설 어레이 설치방식 : 지상 고정방식, 건물 설치방식, 지붕 부착방식, 건물 일체형(BIPV)

4. 태양전지 모듈을 설치할 경우 시공기준에 적합하지 않은 것은?

① 모듈 전면의 음영이 최대화 되어야 한다.
② 경사각은 현장여건에 따라 조정하여 설치할 수 있다.
③ 설치용량은 사업 계획서상의 모듈 설계용량과 동일하여야 한다.
④ 방위각은 그림자의 영향을 받지 않는 곳에 정남향 설치를 원칙으로 한다.

해설 음영을 적게 하여야 발전출력이 감소되지 않는다.

5. 태양전지 모듈 설치 및 조립 시 주의사항으로 틀린 것은?

① 태양전지 모듈의 파손방지를 위하여 충격이 가해지지 않도록 한다.
② 태양전지 모듈과 가대의 접합 시 부식방지용 개스킷을 적용한다.
③ 태양전지 모듈용 가대의 상단에서 하단으로 순차적으로 조립한다.
④ 태양전지 모듈의 필요 정격전압이 되도록 1 스트링의 직렬매수를 선정한다.

해설 가대는 하단에서 상단으로 조립한다.

6. 모듈에서 인버터에 이르는 배선에 사용되는 케이블이 아닌 것은?

① F-CV ② FR-CV
③ FC ④ TFR-CV

해설 모듈에서 인버터에 이르는 배선에는 TFR-CV, FR-CV, F-CV 케이블을 사용한다.

7. 저압계통에 연결할 수 있는 연계용량은?

① 100 kW ② 250 kW
③ 300 kW ④ 500 kW

8. 분산형 전원계통에서 계통으로 유입되는 직류전류는 최대 정격전류의 몇 %를 초과하면 안 되는가?

정답 1. ② 2. ② 3. ④ 4. ① 5. ③ 6. ③ 7. ④ 8. ②

① 0.2 ② 0.5
③ 0.8 ④ 1.0

9. **다음 태양광 인버터의 보호 장치에 관한 설명으로 맞는 것을 고르면?**

> 만일의 사고 시 태양광발전 장치로부터 계통측으로 직류가 유출될 수 있는 가능성을 막기 위하여 인버터의 출력과 계통측 사이에 설치하도록 해야 한다. 이것은 일반적으로 인버터에 내장되어 있는 경우가 대부분이다. 이는 인버터의 회로방식, 즉 상용주파 변압기 방식, 고주파 변압기 절연방식, 트랜스리스(무변압기) 방식에 의해 구분될 수 있다.

① 계통연계 보호 장치
② 절연 변압기
③ 내부 보호 장치
④ 직류 지락검출 장치

해설 인버터의 출력과 계통 접속점 사이에 직류가 통과하지 못하도록 절연 변압기를 삽입한다.

10. **특고압 계통에서 분산형 전원의 연계로 인한 계통 투입, 탈락 및 출력변동 빈도가 1일 4회 초과 1시간에 2회 이하이면 순시전압 변동률은 몇 %를 초과하지 않아야 하는가?**

① 3 ② 4
③ 5 ④ 6

해설 순시전압 변동률

변동 빈도	순시전압 변동률(%)
1시간에 2회 초과 10회 이하	3
1일 4회 초과 1시간에 2회 이하	4
1일 4회 이하	5

11. **분산형 전원의 이상 또는 고장발생 시 이로 인한 영향이 연계된 계통으로 파급되지 않도록 태양광발전시스템에 설치해야 하는 보호 계전기가 아닌 것은?**

① 과전압 계전기
② 과전류 계전기
③ 저전압 계전기
④ 저주파수 계전기

해설 보호 계전기에는 과전압 계전기, 저전압 계전기, 과주파수 계전기, 저주파수 계전기 등이 있다.

12. **변전소의 설치목적이 아닌 것은?**

① 발전전력을 집중연계한다.
② 수용가에게 배분하고 정전을 최소화한다.
③ 전력의 발생과 계통의 주파수를 변환시킨다.
④ 경제적인 이유에서 전압을 승압 또는 강압한다.

해설 전력의 발생은 발전소의 역할이다.

13. **분산형 전원을 배선계통연계 시 승압용 변압기의 1차 결선방식으로 옳은 것은? (단, 인버터는 3상이며, 절연 변압기를 사용하는 조건이다.)**

① Δ 결선
② Y 결선
③ V 결선
④ 스코트(SCOTT) 결선

해설 분산형 전원을 배선계통연계 시 1차 변압기 결선방식은 Y－Δ 결선이므로 1차측 결선은 Y 결선이다.

14. **전력계통에서 3권선 변압기(Y－Y－Δ)를 사용하는 주된 이유는?**

정답 ● 9. ② 10. ② 11. ② 12. ③ 13. ② 14. ③

① 승압용
② 노이즈 제거
③ 제3고조파 제거
④ 2가지 용량 사용

해설 3권선 변압기(Y－Y－Δ)를 사용하는 주된 이유는 제3고조파를 Δ 권선 내에서 순환·제거시키기 위함이다.

15. 계통 연계형 소형 태양광 인버터의 옥외 설치 시 보호등급은?

① IP20 이상 ② IP25 이상
③ IP33 이상 ④ IP44 이상

해설 계통 연계형 : 실내 IP20 이상, 실외 IP44 이상

16. 송전선로의 안정도 증진방법이 아닌 것은?

① 계통을 연계한다.
② 전압변동을 작게 한다.
③ 중간 조상방식을 채택한다.
④ 직렬 리액턴스를 크게 한다.

해설 직렬 리액턴스를 크게 하면 오히려 안정도가 낮아진다.

17. 다음 보기에서 설명한 배전방식으로 가장 적합한 것은?

보기
- 전압변동 및 전력손실 경감
- 부하의 증가에 대한 탄력성
- 고장에 대한 보호방법이 적절하며 공급 신뢰도가 좋음
- 변압기의 공급전력을 서로 융통시킴으로써 변압기 용량 저감 가능
- 캐스케이딩 현상 발생

① 방사상 방식
② 저압뱅킹 방식
③ 소프트 네트워크 방식
④ 저압 네트워크 방식

해설 • 방사상 방식 : 전압변동이 크다.
• 저압뱅킹 방식 : 캐스케이딩 장애 발생, 공급 신뢰도 높음, 전력손실 감소
• 저압 네트워크 방식 : 기기의 이용률 향상, 특별한 보호 장치 필요

18. 전기설비기준의 판단기준에 따라 옥내에 시설하는 저압용 배·분전반 등의 시설방법으로 틀린 것은?

① 한 개의 분전반에는 한 가지 전원(1회의 간선)만 공급하여야 한다.
② 배·분전반 안에 물이 스며들어 고이지 않도록 한 구조로 하여야 한다.
③ 옥내에 설치하는 배전반 및 분전반은 불연성 또는 난연성이 있도록 설치하여야 한다.
④ 노출된 충전부가 있는 배전반 및 분전반은 취급자 이외의 사람이 쉽게 출입할 수 없도록 설치하여야 한다.

해설 배·분전반은 옥내시설이므로 물이 스며들 염려가 없다.

19. 정격 차단전압은 시스템 차단전압의 몇 배인가?

① 1.2배 ② 1.5배
③ 2배 ④ 2.5배

해설 정격 차단전압은 시스템 차단전압의 1.5배이다.

20. 전선재료의 구비조건으로 틀린 것은?

① 도전율이 클 것
② 비중이 작을 것
③ 가요성이 작을 것
④ 기계적 강도가 클 것

정답 15. ④ 16. ④ 17. ② 18. ② 19. ② 20. ③

해설 전선재료의 구비조건
- 도전율이 클 것
- 기계적 강도가 클 것
- 비중이 작을 것
- 신장률이 클 것
- 가요성이 클 것

21. 태양광발전시스템의 배선공사에 사용되는 케이블 중 내연성이 가장 좋은 케이블은?

① ACSR(강심 알루미늄 연선)
② VV(비닐 절연 비닐시스 케이블)
③ CV(가교 폴리에틸렌 절연 비닐시스 케이블)
④ PNCT(고무 절연 클로로프렌 시스 캡타이어 케이블)

해설 내연성이 좋은 케이블에는 CV, VV, PNCT가 있으나 PNCT(고무 절연 클로로프렌 시스 캡타이어 케이블)가 가장 내연성이 좋다.

22. 다음 중 이도를 크게 할 경우에 대한 설명으로 틀린 것은?

① 지지물이 높아진다.
② 단선의 우려가 있다.
③ 진동을 방지한다.
④ 전선 접촉사고가 많아진다.

해설
- 전선의 이도가 크면 지지물이 높아지고, 너무 작으면 수평장력이 커지므로 단선이 된다.
- 이도가 크면 진동을 방지하는 장점이 있다.

23. 케이블 단말 처리 중 시공 테이프 폭을 3/4로부터 2/3 정도로 중첩해 감아 놓으면 시간이 감에 따라 융착하여 일체화하는 절연 테이프의 종류는?

① 노튼 테이프
② 비닐 절연 테이프
③ 보호 테이프
④ 자기 융착 절연 테이프

24. 태양전지 모듈의 지중배선 시공에 대한 설명으로 틀린 것은?

① 지중 매설관은 배선용 탄소강관, 내충격성 염화비닐 전선관을 이용한다.
② 지중배관 시 중량물의 압력을 받는 경우 1.2 m 이상의 깊이로 매설한다.
③ 지중전선로의 매설개소에는 필요에 따라 매설깊이, 전선방향 등을 지상에 표시한다.
④ 지중배관이 지나는 표면에 배관의 재질, 수량, 길이, 제원 등을 표시한 지시 막을 포설한다.

해설 지중배관과 지표면의 중간에 매설 표시 막을 포설한다.

25. 케이블 트레이 시공방식의 장점이 아닌 것은?

① 방열 특성이 좋다.
② 허용전류가 크다.
③ 재해를 거의 받지 않는다.
④ 장래 부하증설 시 대응력이 크다.

해설 케이블 트레이 방식의 장점 : 허용전류가 크다. 방열특성이 좋다. 경제적이다. 장래 부하증설 시 대응력이 있으며 시공이 용이하다.

26. 저압뱅킹(bangking) 방식에 대한 설명으로 옳은 것은?

① 부하증가에 대한 융통성이 없다.
② 캐스케이딩(cascading) 현상의 염려가 있다.

정답 21. ④ 22. ② 23. ④ 24. ④ 25. ③ 26. ②

③ 깜박임(lighting flicker) 현상이 심하게 나타난다.
④ 저압간선의 전압강하는 감소하지만, 전력손실을 줄일 수 없다.

해설 저압뱅킹 방식의 단점은 캐스케이딩 현상이 발생한다는 점이다.

27. 태양광 모듈을 지붕에 시공하고 옥내배선공사를 케이블 트레이 공사로 시공할 경우 케이블 트레이에 적용할 수 없는 전선은?

① 연피 케이블
② PVC 케이블
③ 난연성 케이블
④ 알루미늄 피 케이블

해설 옥내배선 케이블 : 연피 케이블, 알루미늄 피 케이블, 난연성 케이블

28. 태양광발전시스템에 일반적으로 적용하는 CV 케이블의 장점으로 틀린 것은?

① 내열성이 우수하다.
② 내수성이 우수하다.
③ 내후성이 우수하다.
④ 도체의 최고 허용온도는 연속사용의 경우 90℃, 단락 시에는 230℃이다.

해설 CV 케이블은 최고 허용온도가 90℃이며, 내열성, 내수성, 내연성을 갖는다.

29. 가공전선에 댐퍼를 설치하는 이유는?

① 코로나 방지
② 전선 진동방지
③ 전자유도 감소
④ 현수애자 경사방지

해설 댐퍼 설치를 통해 진동을 흡수하여 전선의 진동을 방지한다.

30. 케이블 트레이의 시설방법으로 틀린 것은?

① 수평으로 포설하는 케이블은 케이블 트레이의 가로대에 견고하게 고정시킨다.
② 저압 케이블과 또는 특고압 케이블은 동일 케이블 트레이 내에 시설하여서는 안 된다.
③ 케이블이 케이블 트레이 계통에서 금속관 등으로 옮겨가는 개소는 케이블에 압력이 가해지지 않도록 한다.
④ 케이블 트레이가 방화구획의 벽, 마루, 천장 등을 관통 시 개구부에 연소방지시설 등 적절한 조치를 취해야 한다.

해설 케이블은 일렬 설치하며, 2 m마다 타이로 묶는다.

31. 다음 ( ) 안의 알맞은 내용으로 옳은 것은?

> 전선관의 굵기는 동일전선의 경우에는 피복을 포함하여 총 합계의 관 내 단면적의 (㉠)% 이하로 할 수 있으며, 서로 다른 굵기의 전선은 동일 관 내 단면적의 (㉡)% 이하가 되도록 선정하는 것이 일반적이다.

① ㉠ 24, ㉡ 48
② ㉠ 32, ㉡ 24
③ ㉠ 32, ㉡ 48
④ ㉠ 48, ㉡ 32

해설 전선관의 굵기는 동일전선의 경우에는 내 단면적의 48% 이하, 다른 전선의 경우에는 내 단면적의 32% 이하로 선정한다.

32. 지중전선로의 장점으로 틀린 것은?

① 고장이 적다.

정답 27. ② 28. ③ 29. ② 30. ① 31. ④ 32. ③

② 보안상의 위험이 적다.
③ 공사 및 보수가 용이하다.
④ 설비의 안정성에 있어서 유리하다.

해설 지중전선로의 단점이 공사 및 보수가 어렵다는 점이다.

33. 태양전지 모듈 간의 배선 시 단락전류에 충분히 견딜 수 있는 전선의 최소 굵기로 적당한 것은?

① 0.75 mm^2 ② 2.5 mm^2
③ 4.0 mm^2 ④ 6.0 mm^2

해설 일반적으로 모듈 간의 배선에는 굵기 2.5 mm^2을 사용한다.

34. 태양전지에서 옥내에 이르는 배선에 쓰이는 연결 전선으로 적당하지 않은 것은?

① GV 전선
② CV 전선
③ 모듈 전용선
④ TFR-CV 전선

해설 옥내배선용 전선 : CV 전선, TFR-CV 전선, 모듈 전용선

35. 태양광발전시스템에서 사용하는 CV 케이블의 최고 허용온도는 몇 ℃ 인가?

① 80 ② 90
③ 100 ④ 110

해설 CV 케이블의 최고 허용온도는 90℃이다.

36. 지중선로 매설방식이 아닌 것은?

① 관로 인입식 ② 암거식
③ 직접 매설식 ④ 관거식

해설 지중선로 매설방식 : 직접 매설식(직매식), 관로식, 암거식

37. 케이블의 전력손실과 관계가 없는 것은 어느 것인가?

① 유전체손 ② 저항손
③ 연피손 ④ 철손

해설 전력 케이블의 손실 : 저항손, 유전체손, 연피손

38. 배전선을 구성하는 방사상 방식에 대한 설명으로 옳은 것은?

① 부하증가에 따른 선로연장이 어렵다.
② 선로의 전류분포가 가장 좋고, 전압강하가 작다.
③ 부하의 분포에 따라 수지상으로 분기선을 내는 방식이다.
④ 사고 시에도 무정전 공급이 가능하므로 도시 배전선에 적합하다.

해설 방사상 방식 특징
- 플리커 현상이 발생한다.
- 전압강하와 전력손실이 크다.
- 용량증설이 용이하다.
- 구성이 단순하다.
- 수지식(나뭇가지 모양)으로 농촌지역에 적합하다.

39. 수용설비와 부하와의 관계를 나타내는 수용률, 부하율 및 전일효율에 대한 설명으로 틀린 것은?

① 수용률은 수용가의 최대수요전력과 그 수용가가 설치하고 있는 설비용량의 합계의 비를 말한다.
② 부등률은 최대전력의 발생시각 또는 발생시기의 분산을 나타내는 지표를 말한다.
③ 전일효율은 하루 동안의 에너지효율로서 24시간 중의 출력에 상당한 전력량을 그 전력량과 그날의 손실전력량

정답 33. ② 34. ① 35. ② 36. ④ 37. ④ 38. ③ 39. ④

의 합으로 나눈 값을 말한다.

④ 부하율은 어느 일정 기간 중 평균수요 전력과 최대수요전력의 비를 나타낸 것으로 부하율이 낮을수록 설비가 효율적으로 사용된다고 할 수 있다.

해설 • 수용률 $= \dfrac{\text{최대수요전력}}{\text{부하설비전력 합계}}$

: 1보다 작다.

• 부등률 $= \dfrac{\text{각 부하의 최대수요전력의 합}}{\text{합성 최대전력}}$

: 1보다 크다.

• 전일효율 $= \dfrac{\text{1일 출력전력량}}{\text{1일 출력량+1일 손실전력량}}$

• 부하율 $= \dfrac{\text{평균부하}}{\text{최대부하}} \times 100\,\%$

$= \dfrac{\text{평균수요전력}}{\text{최대수요전력}}$

*부하율은 값이 클수록 효율성이 좋다.

40. 가공전선로에서 발생할 수 있는 코로나 현상의 방지대책이 아닌 것은?

① 복(다)도체를 사용한다.
② 선간거리를 크게 한다.
③ 가선금구를 개량한다.
④ 바깥지름이 작은 전선을 사용한다.

해설 코로나 현상의 방지대책 : 전선의 큰 직경, 복도체 방식, 가선금구 개량, 큰 선간거리

41. 내부저항이 각각 0.3Ω, 0.2Ω인 1.5V의 2개의 전지를 직렬로 연결한 후에 2.5Ω의 저항부하를 연결하였다. 이 회로에 흐르는 전류는 몇 A인가?

① 0.5 ② 1.0
③ 1.2 ④ 1.5

해설 합성저항 = 0.3+0.2+2.5 = 3 Ω, 총 전압 = 2×1.5 = 3 V, 전류 $= \dfrac{V}{R} = \dfrac{3}{3} = 1\text{A}$

42. 도선의 길이가 2배로 늘어나고 지름이 $\dfrac{1}{2}$로 줄어들 경우 그 도선의 저항은?

① 4배 증가 ② 4배 감소
③ 8배 증가 ④ 8배 감소

해설 도선의 저항은 길이에 비례하고, 면적(지름의 제곱)에 반비례하므로 $\dfrac{2}{(1/2)^2} = \dfrac{2}{1/4}$ =8배 증가한다.

43. 정전용량 5 μF의 콘덴서에 1000V의 전압을 가할 때 축적되는 전하는?

① 5×10^{-3}C ② 6×10^{-3}C
③ 7×10^{-3}C ④ 8×10^{-3}C

해설 축적 전하(Q)
= 콘덴서의 정전용량(C)×전압(V)
$= 5\times10^{-6}\times1000$
$= 5\times10^{-3}$C

44. 실효치가 100 V인 교류전압을 80 Ω의 저항에 인가할 경우 소비되는 전력은?

① 100 W ② 125 W
③ 150 W ④ 180 W

해설 전력 $P = \dfrac{V^2}{R} = \dfrac{100^2}{80} = 125\text{W}$

45. $R-L$ 직렬회로에 $v = 100\sin(120\pi t)$[V]의 전원을 연결하여 $i = 2\sin(120\pi t - 45^o)$[A]의 전류가 흐르도록 하기 위한 저항은 몇 Ω인가?

① 50 ② $\dfrac{50}{\sqrt{2}}$
③ $50\sqrt{2}$ ④ 100

정답 40. ④ 41. ② 42. ③ 43. ① 44. ② 45. ②

해설 $R = \frac{v}{i} = \frac{100}{2} \angle 45°$

$= 50(\cos 45° + j\sin 45°)$

$= \frac{50}{\sqrt{2}} + j\frac{50}{\sqrt{2}} = R + jX$로부터 $R = \frac{50}{\sqrt{2}}$

46. 저항에 대한 설명 중 틀린 것은?

① 옴의 법칙에서 전압은 저항에 반비례한다.
② 온도의 상승에 따라 도체의 전기저항은 증가한다.
③ 도선의 저항은 길이에 비례한다.
④ 도선의 저항은 단면적에 반비례한다.

해설 옴의 법칙에서 전압은 저항에 비례한다.

47. 저항 50Ω, 인덕턴스 200 mH의 직렬회로에 주파수 50 Hz의 교류를 접속하였다면 이 회로의 역률은 얼마인가?

① 약 82.3 %　② 약 72.3 %
③ 약 62.3 %　④ 약 52.3 %

해설 $X_L = 2\pi f L = 2 \times 3.14 \times 50 \times 200 \times 10^{-3}$

$= 62.8\,\Omega$,

$Z = \sqrt{R^2 + X_L^2} = \sqrt{50^2 + 62.8^2} \fallingdotseq 80.27\,\Omega$

역률 $= \frac{R}{Z} \times 100 = \frac{50}{80.27} \times 100 \fallingdotseq 62.3\,\%$

48. 10 A의 전류를 흘렸을 때의 전력이 50 W인 저항에 20 A의 전류를 흘렸다면 소비전력은 몇 W인가?

① 50　② 100
③ 150　④ 200

해설 $I^2R = P$로부터 $R = \frac{50}{10^2} = 0.5\,\Omega$,

$P = I^2R = 20^2 \times 0.5 = 200\,\text{W}$

49. 2Ω, 3Ω, 5Ω의 저항 3개가 직렬로 접속된 회로에 5 A의 전류가 흐르면 공급전압은 몇 V인가?

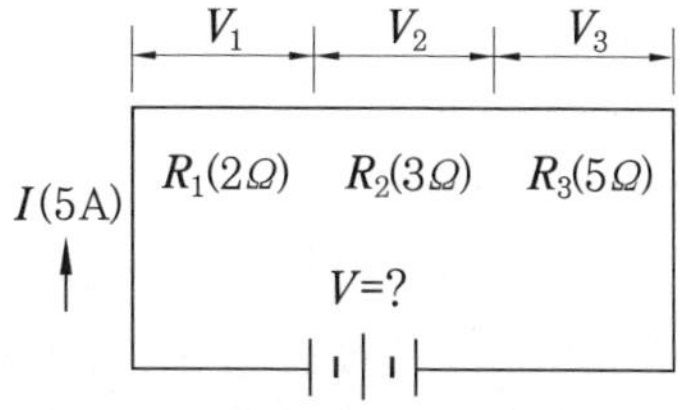

① 30　② 50　③ 70　④ 100

해설 합성저항 $= 2+3+5 = 10\,\Omega$,

공급전압 $= I \times R = 5 \times 10 = 50\,\text{V}$

50. 교류의 파형률이란?

① $\frac{\text{실횻값}}{\text{평균값}}$　② $\frac{\text{평균값}}{\text{실횻값}}$
③ $\frac{\text{실횻값}}{\text{최댓값}}$　④ $\frac{\text{최댓값}}{\text{실횻값}}$

해설 파고율 $= \frac{\text{최댓값}}{\text{실횻값}}$, 파형률 $= \frac{\text{실횻값}}{\text{평균값}}$

51. 회로에서 입력전압 24 V, 스위칭 주기 50 μs, 듀티비 0.6, 부하저항이 10 Ω일 때 출력전압 V_o는 몇 V인가? (단, 인덕터의 전류는 일정하고, 커패시터의 C는 출력전압의 리플 성분을 무시할 수 있을 정도로 매우 크다.)

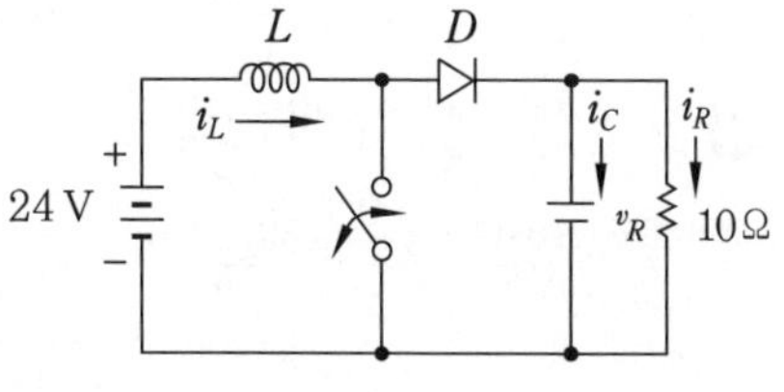

① 20　② 40　③ 60　④ 80

해설 $V_i = 24\,\text{V}$,

$V_o = V_i + (D \times R)^2$

$= 24 + (0.6 \times 10)^2 = 24 + 36 = 60\,\text{V}$

정답 ● 46. ①　47. ③　48. ④　49. ②　50. ①　51. ③

52. 옴의 법칙에서 전류의 크기는 어느 것에 비례하는가?

① 임피던스
② 전선의 길이
③ 전선의 단면적
④ 전선의 고유저항

해설 저항은 전선의 단면적에 반비례하고, 옴의 법칙에 의해 전류는 저항에 반비례하므로 전선의 단면적에 비례한다.

53. 어떤 전지의 외부회로 저항은 5 Ω 이고, 전류는 8 A가 흐른다. 외부회로에 5 Ω 대신에 15 Ω 의 저항을 접속하면 전류가 4 A로 떨어진다. 이때 전지의 기전력은?

① 100 V ② 80 V
③ 60 V ④ 40 V

해설 전지의 내부저항을 r이라 하면 $V=IR$이므로 $8\times(5+r)=4\times(15+r)$로부터 $40+8r=60+4r$, $4r=20$, $\therefore r=5\,\Omega$
따라서 전지의 합성저항 $=5+5=10\,\Omega$, 전지의 기전력 $=10\,\Omega\times 8\,\text{A}=80\,\text{V}$

54. 어떤 회로에 $E=200+j50$[V]인 전압을 가했을 때 $I=5+j5$[A]의 전류가 흘렀다면 이 회로의 임피던스는?

① $5+j10$ ② $25-j15$
③ $70+j30$ ④ ∞

해설 $Z=\dfrac{200+j50}{5+j5}=\dfrac{40+j10}{1+j}$
$=\dfrac{(40+j10)(1-j)}{(1+j)(1-j)}=\dfrac{50-j30}{2}=25-j15$

55. $v=100\sqrt{2}\sin\left(120\pi t+\dfrac{\pi}{3}\right)$인 정현파 교류전압의 실효치와 주파수는?

① 100 V, 50 Hz
② 100 V, 60 Hz
③ 141 V, 50 Hz
④ 141 V, 60 Hz

해설 실효값$=\dfrac{V_m}{\sqrt{2}}=\dfrac{100\sqrt{2}}{\sqrt{2}}=100\,\text{V}$,
$2\pi ft=120\pi t$에서 $f=\dfrac{120}{2}=60\,\text{Hz}$이므로 답은 100 V, 60 Hz이다.

56. 일상적인 변압기에 대한 설명 중 옳은 것은?

① 단자전압의 비 V_2/V_1는 코일의 권수비와 같다.
② 단자전류의 비 I_2/I_1는 코일의 권수비와 같다.
③ 1차측 복소전력은 2차측 부하의 복소전력과 같다.
④ 1차측에서 본 전체 임피던스는 부하 임피던스에 권수비 자승을 곱한 것과 같다.

해설 1차 코일의 권수를 N_1, 2차 코일의 권수를 N_2라 하면 $\dfrac{N_2}{N_1}=\dfrac{V_2}{V_1}$, $\dfrac{N_2}{N_1}=\dfrac{I_1}{I_2}$이다.

57. 변압기에서 1차 전압이 120 V, 2차 전압이 12 V일 때 1차 권수가 200이라면 2차 권수는 얼마인가?

① 5 ② 10
③ 20 ④ 40

해설 1차 코일의 권수를 N_1, 2차 코일의 권수를 N_2라 하면 $\dfrac{N_2}{N_1}=\dfrac{V_2}{V_1}$, $\dfrac{N_2}{200}=\dfrac{12}{120}$,
$N_2=\dfrac{200\times 12}{120}=20$이다.

정답 52. ③ 53. ② 54. ② 55. ② 56. ① 57. ③

Chapter 4

태양광발전 준공검사

4-1 보호 계전기

(1) 보호 계전기의 종류

① OCR(과전류 계전기)
② OVR(과전압 계전기)
③ UVR(저전압 계전기)
④ PR(전력 계전기)
⑤ DR(방향 계전기)
⑥ DOCR(방향 과전류 계전기)
⑦ DR(차동 계전기)
⑧ RDR(비율 차동 계전기)
⑨ NSR(역상 계전기)
⑩ FR(주파수 계전기)
⑪ POR(결상 계전기)
⑫ SGR(선택지락 계전기)

(2) 보호 계전 장치의 역할

전력계통, 전자기기의 이상상태를 신속히 제거하여 사람의 안전, 설비의 손상방지를 도모함과 동시에 전력계통의 안정과 신뢰도 향상을 도모하는 기기이다.

(3) 보호 계전기의 구비조건

① 선택성
② 신뢰성
③ 협조성
④ 후비성
⑤ 작동감도

(4) 보호 계전기의 절연저항 및 절연내력 시험값

항목	측정장비	측정구간	측정기준 값
절연저항 측정	DC 500 V 메거	전기회로 – 외함	10 MΩ 이상
		전기회로 – 상호 간	5 MΩ 이상
절연내력시험	절연내력 시험기	전기회로 – 외함	2000 V 1분간
		전기회로 – 상호 간	1000 V 1분간

4-2 접지 시스템 및 절연저항

(1) 접지 시스템의 구분 및 종류

① 접지 시스템의 구분

(가) 계통접지 : 전력계통에서 돌발적으로 발생하는 이상현상에 대비하여 대지와 계통을 연결하는 것으로 '변압기 중성점 접지'라고도 한다. 저압전로의 보호도체 및 중성선의 접속방식에 따라 TN, TT, IT 계통으로 구분한다.

(나) 보호접지 : 고장 시 감전에 대한 보호를 목적으로 기기의 한 점 또는 여러 점을 접지하는 것을 말한다.

(다) 피뢰 시스템 접지 : 피뢰설비에 흐르는 뇌격전류를 안전하게 대지로 흘려보내기 위한 접지극을 대지에 접속하는 접지를 말한다.

② 접지 시스템의 시설 종류

(가) 단독접지 : 고압·특고압 계통의 접지극과 저압계통의 접지극이 독립적으로 설치된 방식

(나) 공통접지 : 등전위가 형성되도록 고압·특고압 접지계통과 저압접지계통을 공통으로 접지하는 방식

(다) 통합접지 : 전기설비의 접지계통, 건축물의 피뢰설비, 전기통신설비 등의 접지극을 통합하여 접지하는 방식

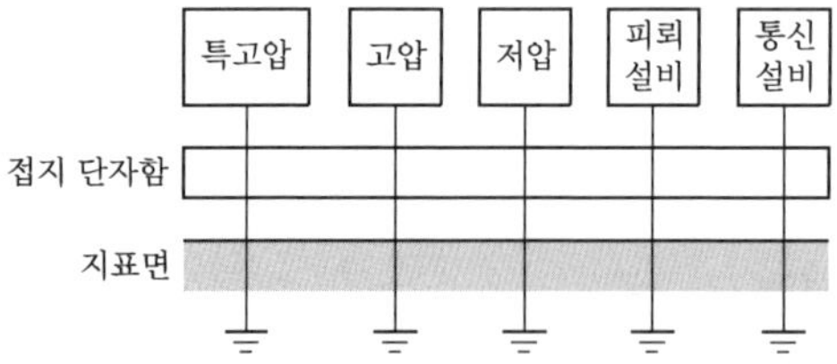

(a) 단독접지

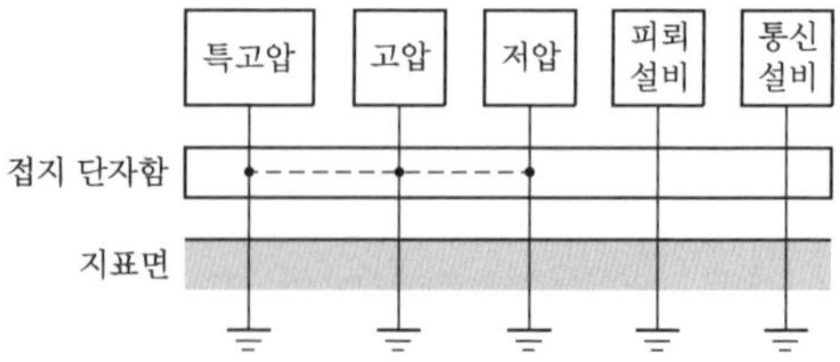

(b) 공통접지

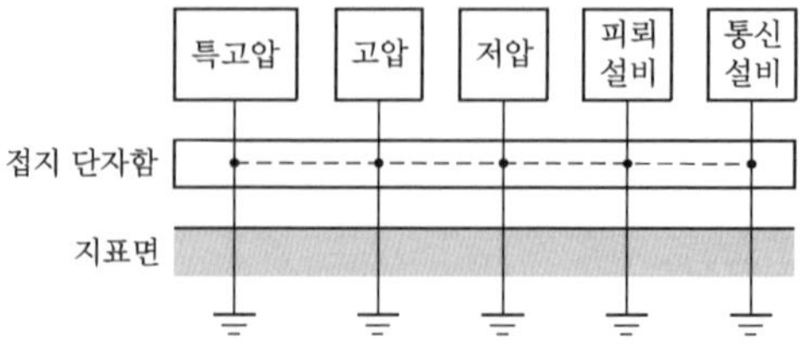

(c) 통합접지

(2) 접지 시스템 구성요소

① 접지극
② 접지도체
③ 보호도체
④ 기타 설비

(3) 접지극

① 접지극은 접지도체를 사용하여 주 접지단자에 연결하여야 한다.
② 접지극의 시설방법
㈎ 콘크리트에 매입된 기초 접지극
㈏ 토양에 매설된 기초 접지극
㈐ 토양에 수직 또는 수평으로 직접 매설된 금속 전극(봉, 전선, 테이프, 배관, 판 등)
③ 접지극의 매설
㈎ 접지극은 매설하는 토양을 오염시키지 않아야 하며 가능한 다습한 부분에 설치한다.
㈏ 접지극은 지표면으로부터 지하 0.75 m 이상으로 하되, 동결깊이를 감안하여 매설깊이를 정해야 한다.
㈐ 접지도체를 철주 기타의 금속체를 따라서 시설하는 경우(접지극을 철주의 밑면으로부터 0.3 m 이상의 깊이에 매설하는 경우 이외)에는 지중에서 그 금속체로부터 1 m 이상 떼어 매설하여야 한다.

(4) 접지도체

① 접지도체의 선정 : 고장 시 흐르는 전류를 안전하게 통할 수 있는 접지도체의 최소 단면적은 다음과 같다.

구분		단면적
구리		$6\,mm^2$ 이상
철제		$50\,mm^2$ 이상
접지도체에 피뢰 시스템이 접속되는 경우	구리	$16\,mm^2$ 이상
	철제	$50\,mm^2$ 이상

(5) 접지도체의 단면적

고장 시 흐르는 전류를 안전하게 통할 수 있는 접지도체의 굵기는 다음과 같다.

종류		굵기
특고압 전기설비용 접지도체		6 mm^2 이상
중성점 접지용 접지도체	일반	16 mm^2 이상
	7 kV 이하의 전로	6 mm^2
	사용전압이 25 kV 이하인 특고압 가공선로. 다만, 중성선 다중접지방식의 것으로서 전로에 지락이 생겼을 때 2초 이내에 자동적으로 이를 전로로부터 차단하는 장치가 되어 있는 것	
이동하여 사용하는 전기기계기구의 금속제 외함 등의 접지 시스템	특고압, 고압 전기설비용 접지도체 및 중성점 접지용 접지도체	10 mm^2 이상
저압 전기설비용 접지도체	다심코드 또는 1개 도체의 단면적	0.75 mm^2
	연동선	1.5 mm^2 이상

(6) 접지도체와 접지극의 접속

① 접속은 견고하고, 전기적인 연속성이 보장되도록 하여야 한다.

② 접속부는 발열성 용접, 압착접속, 클램프 또는 그 밖에 적절한 기계적 접속장치에 의해야 한다. 다만, 기계적인 접속장치는 제작자의 지침에 따라 설치하여야 한다.

③ 클램프를 사용하는 경우 접지극 또는 접지도체를 손상시키지 않아야 한다. 납땜에만 의존하는 접속은 사용해서는 안 된다.

(7) 보호도체

① 보호도체의 최소 단면적

선도체의 단면적 S (mm^2, 구리)	보호도체의 최소 단면적(mm^2, 구리) 보호도체의 재질	
	선도체와 같은 경우	선도체와 다른 경우
$S \le 16$	S	$\frac{k_1}{k_2} \times S$
$16 < S \le 35$	16^a	$\frac{k_1}{k_2} \times 16$
$S > 35$	$\frac{S^a}{2}$	$\frac{k_1}{k_2} \times \frac{S}{2}$
여기서, k_1 : 선도체에 대한 k값, k_2 : 보호도체에 대한 k값 a : PEN 도체의 최소 단면적은 중성선과 동일하게 적용		

② 보호도체의 단면적(S)은 차단시간이 5초 이하인 경우 다음의 계산값 이상이어야 한다.

$$S = \frac{\sqrt{I^2 t}}{k}$$

여기서, I : 보호 장치를 통해 흐를 수 있는 예상 고장전류 실횻값
t : 자동차단을 위한 보호 장치의 동작시간(초)
k : 보호도체, 절연, 기타 부위의 재질 및 초기온도와 최종온도에 따라 정해지는 계수

③ 감전보호에 따른 보호도체

과전류 보호 장치를 감전에 대한 보호용으로 사용하는 경우에 보호도체는 충전도체와 같은 배선설비에 병합시키거나 근접한 경로로 설치하여야 한다.

④ 주 접지단자

㈎ 접지 시스템은 주 접지단자를 설치하고, 다음의 도체들을 접속하여야 한다.

㉮ 등전위 본딩도체

㉯ 접지도체

㉰ 보호도체

㉱ 관련이 있는 경우에 기능성 접지도체

㈏ 여러 개의 접지단자가 있는 장소는 접지단자를 상호 접속하여야 한다.

㈐ 주 접지단자에 접속하는 각 접지도체는 개별적으로 분리할 수 있어야 하며, 접지저항을 편리하게 측정할 수 있어야 한다. 다만, 접속은 견고해야 하며 공구에 의해서만 분리되는 방법으로 하여야 한다.

(8) 전기 수용가 접지

① 저압 수용가 인입구 접지

종류	단면적	저항값
금속제 수도관로, 건물의 철골	6 mm^2 이상	3Ω 이하

② 주택 등 저압 수용장소 접지

종류	단면적	저항값
구리	10 mm^2 이상	접지저항 값은 접촉전압을 허용접촉전압 범위 내로 제한하는 값 이하로 하여야 한다.
알루미늄	16 mm^2 이상	

(9) 변압기 중성점 접지

<table>
<tr><th>접지 대상</th><th>접지저항 값</th></tr>
<tr><td>일반사항</td><td>$\frac{150\,V}{\text{1선 지락전류}(I_g)}$ [Ω] 이하</td></tr>
<tr><td rowspan="2">고압, 특고압 측 전로 또는 사용전압이 35 kV 이하의 특고압 전로가 저압측 전로와 혼촉하고, 저압전로의 대지전압이 150 V를 초과하는 경우</td><td>$\frac{300\,V}{\text{1선 지락전류}(I_g)}$ [Ω] 이하
(단, 1초 초과 2초 이내에 자동차단)</td></tr>
<tr><td>$\frac{600\,V}{\text{1선 지락전류}(I_g)}$ [Ω] 이하
(단, 1초 이내에 자동차단)</td></tr>
</table>

* 단, 전로의 1선 지락전류는 실측값에 의한다. 다만, 실측이 곤란한 경우에는 선로정수 등으로 계산한 값에 의한다.

(10) 중성점을 접지하는 목적

① 이상전압 억제

② 대지전압 저하

③ 보호 장치의 확실한 동작확보

(11) 공통접지 및 통합접지

① 고압 및 특고압과 저압 전기설비의 접지극이 서로 근접하여 시설되어 있는 변전소 또는 이와 유사한 곳에서는 다음과 같이 공통접지 시스템으로 할 수 있다.

(가) 저압 전기설비의 접지극이 고압 및 특고압 접지극의 접지저항 형성 영역에 완전히 포함되어 있다면 위험전압이 발생하지 않도록 이들 접지극을 상호 접속하여야 한다.

(나) 접지 시스템에서 고압 및 특고압 계통의 지락사고 시 저압계통에 가해지는 상용주파 과전압은 아래에서 정한 값을 초과해서는 안 된다.

② 저압설비 허용 상용주파 과전압

<table>
<tr><th>고압계통에서
지락고장시간(초)</th><th>저압설비 허용 상용주파
과전압(V)</th><th>비 고</th></tr>
<tr><td>>5</td><td>U_0+250</td><td rowspan="2">중성선 도체가 없는 계통에서 U_0는 선간전압을 말한다.</td></tr>
<tr><td>≤ 5</td><td>U_0+1200</td></tr>
<tr><td colspan="3">1. 순시 상용주파 과전압에 대한 저압기기의 절연 설계기준과 관련된다.
2. 중성선이 변전소 변압기의 접지계통에 접속된 계통에서 건축물 외부에 설치한 외함이 접지되지 않은 기기의 절연에는 일시적 상용주파 과전압이 나타날 수 있다.</td></tr>
</table>

③ 보호도체가 케이블의 일부가 아니거나 선도체와 동일 외함에 설치되지 않으면 단면적은 다음의 굵기 이상으로 하여야 한다.

(가) 기계적 손상에 대해 보호가 되는 경우에는 구리 2.5 mm^2, 알루미늄 16 mm^2 이상

(나) 기계적 손상에 대해 보호가 되지 않는 경우에는 구리 4 mm^2, 알루미늄 16 mm^2 이상

(다) 케이블의 일부가 아니더라도 전선관 및 트렁킹 내부에 설치되거나, 이와 유사한 방법으로 보호되는 경우 기계적으로 보호되는 것으로 간주한다.

(12) 기계기구의 철대 및 외함의 접지

① 전로에 시설하는 기계기구의 철대 및 금속제 외함(외함이 없는 변압기 또는 계기용 변성기는 철심)에는 140에 의한 접지공사를 하여야 한다.

② 다음의 어느 하나에 해당하는 경우에는 제1의 규정에 따르지 않을 수 있다.

(가) 사용전압이 직류 300 V 또는 교류 대지전압이 150 V 이하인 기계기구를 건조한 곳에 시설하는 경우

(나) 저압용의 기계기구를 건조한 목재의 마루, 기타 이와 유사한 절연성 물건 위에서 취급하도록 시설하는 경우

(다) 저압용이나 고압용의 기계기구, KEC 341.2에서 규정하는 특고압 전선로에 접속하는 배전용 변압기나 이에 접속하는 전선에 시설하는 기계기구 또는 333.32의 1과 4에서 규정하는 특고압 가공전선로의 전로에 시설하는 기계기구를 사람이 쉽게 접촉할 우려가 없도록 목주, 기타 이와 유사한 것의 위에 시설하는 경우

(라) 철대 또는 외함의 주위에 적당한 절연대를 설치하는 경우

(마) 외함이 없는 계기용 변성기가 고무·합성수지 기타의 절연물로 피복한 것일 경우

(바) 「전기용품 및 생활용품 안전관리법」의 적용을 받는 이중절연구조로 되어 있는 기계기구를 시설하는 경우

(사) 저압용 기계기구에 전기를 공급하는 전로의 전원측에 절연 변압기(2차 전압이 300 V 이하이며, 정격용량이 3 kVA 이하인 것에 한한다)를 시설하고 또한 그 절연 변압기의 부하측 전로를 접지하지 않은 경우

(아) 물기 있는 장소 이외의 장소에 시설하는 저압용의 개별 기계기구에 전기를 공급하는 전로에 「전기용품 및 생활용품 안전관리법」의 적용을 받는 인체감전보호용 누전 차단기(정격감도전류가 30 mA 이하, 동작시간이 0.03초 이하의 전류동작형에 한한다)를 시설하는 경우

(자) 외함을 충전하여 사용하는 기계기구에 사람이 접촉할 우려가 없도록 시설하거나 절연대를 시설하는 경우

(13) 수전 전압별 접지설계 시 고려사항

① 저압 수전 수용가 접지설계 : 주상 변압기를 통해 저압전원을 수전받는 수용자의 경우 전류 계산과 자동차단 조건 등을 고려하여 접지설계를 하여야 한다.

② 특·고압 수전 수용가 접지설계 : 특·고압으로 수전받는 수용가의 경우 접촉, 보폭전압과 대지 전 상승(EPR) 허용 접촉전압 등을 고려하여 접지설계를 하여야 한다.

(14) 외부보호 피뢰 시스템

① 수뢰부 시스템

㈎ 요소 : 돌침, 수평도체, 메시(mesh)도체

㈏ 배치 : 보호각법, 회전구체법, 메시법

㈐ 지상으로부터 높이 60 m를 초과하는 건축물·구조물에 측뇌 보호가 필요한 경우에는 수뢰부 시스템을 시설하여야 하며, 전체 높이 60 m를 초과하는 건축물·구조물의 최상부로부터 20 % 부분에 한하며, 피뢰 시스템 등급 Ⅳ의 요구사항에 따른다.

㈑ 지붕 마감재가 높은 가연성 재료로 된 경우 지붕재료와 다음과 같이 이격하여 시설한다.

㉮ 초가지붕 또는 이와 유사한 경우 0.15 m 이상

㉯ 다른 재료의 가연성 재료인 경우 0.1 m 이상

② 인하도선 시스템

수뢰부 시스템과 접지 시스템을 전기적으로 연결하는 것으로 다음에 의한다.

㈎ 복수의 인하도선을 병렬로 구성하여야 한다. 다만, 건축물·구조물과 분리된 피뢰 시스템인 경우 예외로 할 수 있다.

㈏ 도선경로의 길이가 최소가 되도록 한다.

㈐ 인하도선 시스템 재료는 KS C IEC 62305-3(피뢰 시스템-제3부 : 구조물의 물리적 손상 및 인명위험)의 '표6(수뢰도체, 피뢰침, 대지 인입봉과 인하도선의 재료, 형상과 최소단면적)'에 따른다.

㈑ 경로는 가능한 한 루프 형성이 되지 않도록 하고, 최단거리로 곧게 수직으로 시설하여야 하며, 처마 또는 수직으로 설치 된 홈통 내부에 시설하지 않아야 한다.

㈒ 철근콘크리트 구조물의 철근을 자연적 구성부재의 인하도선으로 사용하기 위해서는 해당 철근 전체 길이의 전기저항 값은 0.2 Ω 이하가 되어야 하며, 전기적 연속성은 KS C IEC 62305-3(피뢰 시스템-제3부 : 구조물의 물리적 손상 및 인명위험)의 '4.3 철근콘크리트 구조물에서 강제 철골조의 전기적 연속성'에 따라야 한다.

(15) 내부보호 피뢰 시스템

① 접지 또는 본딩

② 서지 보호 장치 설치

③ 전기적 절연

④ 등전위 본딩

(16) 접지극 시스템

① 뇌전류를 대지로 방류시키기 위한 접지극 시스템

㈎ A형 접지극(수평 또는 수직 접지극)

㈏ B형 접지극(환상도체 또는 기초 접지극)

② 접지극 시스템 배치

㈎ A형 접지극은 최소 2개 이상을 균등한 간격으로 배치해야 하고, KS C IEC 62305-3(피뢰 시스템-제3부 : 구조물의 물리적 손상 및 인명위험)의 '5.4.2.1 A형 접지극 배열'에 의한 피뢰 시스템 등급별 대지 저항률에 따른 최소 길이 이상으로 한다.

㈏ B형 접지극은 접지극 면적을 환산한 평균 반지름이 KS C IEC 62305-3(피뢰 시스템-제3부 : 구조물의 물리적 손상 및 인명위험)의 '그림 3(LPS 등급별 각 접지극의 최소 길이)'에 의한 최소 길이 이상으로 하여야 하며, 평균 반지름이 최소 길이 미만인 경우에는 해당하는 길이의 수평 또는 수직 매설 접지극을 추가로 시설하여야 한다. 다만, 추가하는 수평 또는 수직 매설 접지극의 수는 최소 2개 이상으로 한다.

㈐ 접지극 시스템의 접지저항이 10 Ω 이하인 경우 위의 ㈎와 ㈏에도 불구하고 최소 길이 이하로 할 수 있다.

③ 접지극은 다음에 따라 시설한다.

㈎ 지표면에서 0.75 m 이상 깊이로 매설하여야 한다. 다만, 필요시는 해당 지역의 동결심도를 고려한 깊이로 할 수 있다.

㈏ 대지가 암반지역으로 대지저항이 높거나 건축물·구조물이 전자통신시스템을 많이 사용하는 시설의 경우에는 환상도체 접지극 또는 기초 접지극으로 한다.

㈐ 접지극 재료는 대지에 환경오염 및 부식의 문제가 없어야 한다.

㈑ 철근콘크리트 기초 내부의 상호 접속된 철근 또는 금속제 지하구조물 등 자연적 구성부재는 접지극으로 사용할 수 있다.

(17) 피뢰 등전위 본딩

① 피뢰 시스템의 등전위화는 다음과 같은 설비들을 서로 접속함으로써 이루어진다.

㈎ 금속제 설비

㈏ 내부 시스템

㈐ 구조물에 접속된 외부 도전성 부분

② 등전위 본딩의 상호 접속은 다음에 의한다.

㈎ 자연적 구성부재로 인한 본딩으로 전기적 연속성을 확보할 수 없는 장소는 본딩 도체로 연결한다.

㈏ 본딩도체로 직접 접속할 수 없는 장소의 경우에는 서지 보호 장치를 이용한다.

㈐ 본딩도체로 직접 접속이 허용되지 않는 장소의 경우에는 절연 방전 갭(ISG)을 이용한다.

③ 등전위 본딩 부품의 재료 및 최소 단면적은 KS C IEC 62305-3(피뢰 시스템-제3부 : 구조물의 물리적 손상 및 인명위험)의 '5.6 재료 및 치수'에 따른다.

④ 기타 등전위 본딩에 대하여는 KS C IEC 62305-3(피뢰 시스템-제3부 : 구조물의 물리적 손상 및 인명위험)의 '6.2 피뢰 등전위 본딩'에 의한다.

(18) 저압 계통접지의 방식

① 계통접지 구성 : 저압전로의 보호도체 및 중성선의 접속방식에 따라 접지계통은 다음과 같이 분류한다.

㈎ TN 계통　㈏ TT 계통　㈐ IT 계통

② 계통접지에서 사용되는 문자의 정의는 다음과 같다.

㈎ 제1문자 - 전원계통과 대지의 관계

㈏ 제2문자 - 전기설비의 노출도전부와 대지의 관계

㈐ 제3문자(문자가 있을 경우) - 중성선과 보호도체의 배치(TN 계통만 해당)

구분		의미
제1문자	T	한 점을 대지에 직접 접속
	I	모든 충전부를 대지와 절연시키거나 높은 임피던스를 통하여 한 점을 대지에 직접 접속
제2문자	T	노출도전부를 대지로 직접 접속 전원계통의 접지와는 무관
	N	노출도전부를 전원계통의 접지점(교류 계통에서는 통상적으로 중성점, 중성점이 없을 경우는 선도체)에 직접 접속
제3문자	S	중성선 또는 접지된 선도체 외에 별도의 도체에 의해 제공되는 보호 기능
	C	중성선과 보호 기능을 한 개의 도체로 겸용(PEN 도체)

③ 각 계통에서 나타내는 그림의 기호는 다음과 같다.

기호	설명
	중성선(N), 중간도체(M)
	보호도체(PE)
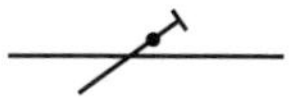	중성선과 보호도체 겸용(PEN)

④ TN 계통

전원측의 한 점을 직접 접지하고 설비의 노출도전부를 보호도체로 접속시키는 방식으로 중성선 및 보호도체(PE 도체)의 배치 및 접속방식에 따라 다음과 같이 분류한다.

㈎ TN-S 계통은 계통 전체에 대해 별도의 중성선 또는 PE 도체를 사용한다. 배전계통에서 PE 도체를 추가로 접지할 수 있다.

㈏ TN-C 계통은 그 계통 전체에 대해 중성선과 보호도체의 기능을 동일 도체로 겸용한 PEN 도체를 사용한다. 배전계통에서 PEN 도체를 추가로 접지할 수 있다.

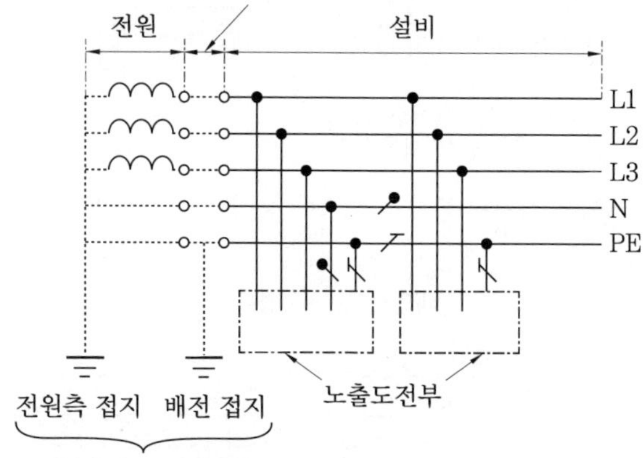

(a) 계통 내에서 별도의 중성선과 보호도체가 있는 TN-S 계통

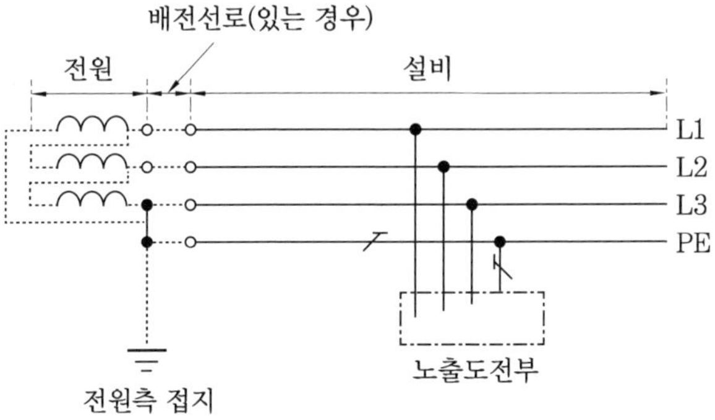

(b) 계통 내에서 별도의 접지된 선도체와 보호도체가 있는 TN-S 계통

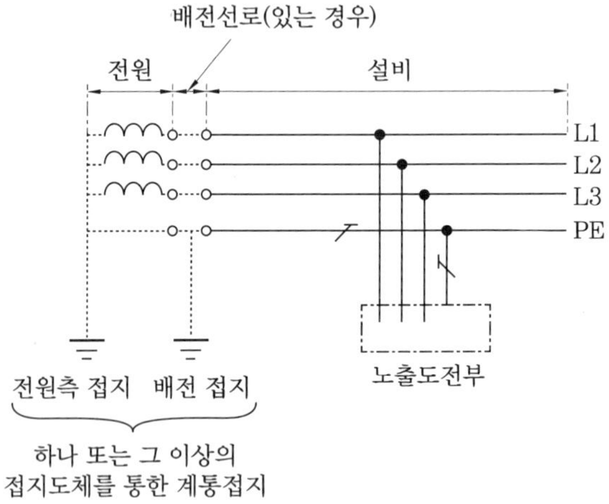

(c) 계통 내에서 접지된 도체는 있으나 중성선의 배선이 없는 TN-S 계통

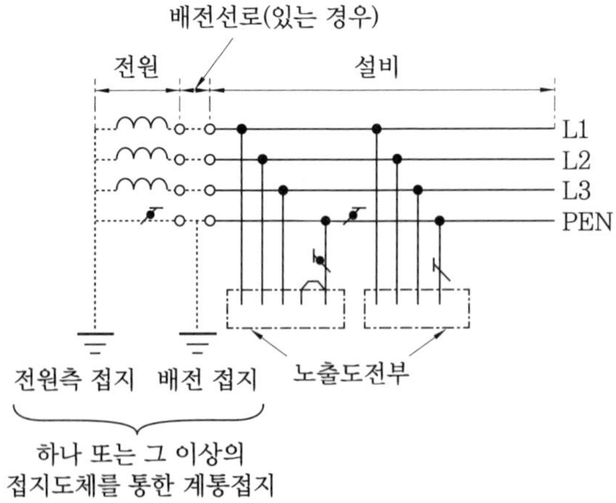

(d) TN-C 계통

⑤ TN-C-S 계통

계통의 일부분에서 PEN 도체를 사용하거나, 중성선과 별도의 PE 도체를 사용하는 방식이 있다. 배전계통에서 PEN 도체와 PE 도체를 추가로 접지할 수 있다.

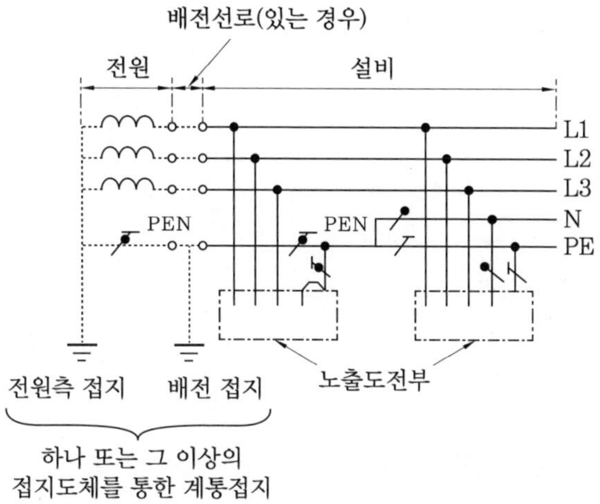

설비의 어느 곳에서 PEN이 PE와 N으로 분리된 3상 4선식 TN-C-S 계통

⑥ TT 계통

전원의 한 점을 직접 접지하고 설비의 노출도전부는 전원의 접지전극과 전기적으로 독립적인 접지극에 접속시킨다. 배전계통에서 PE 도체를 추가로 접지할 수 있다.

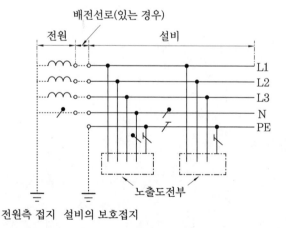

(a) 설비 전체에서 별도의 중성선과 보호도체가 있는 TT 계통

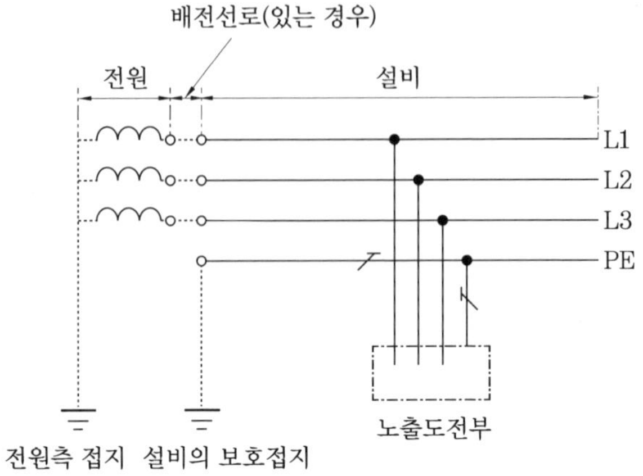

(b) 설비 전체에서 접지된 보호도체가 있으나 배전용 중성선이 없는 TT 계통

⑦ IT 계통

(가) 충전부 전체를 대지로부터 절연시키거나 한 점을 임피던스를 통해 대지에 접속시킨다. 전기설비의 노출도전부를 단독 또는 일괄적으로 계통의 PE 도체에 접속시킨다. 배전계통에서 추가접지가 가능하다.

(나) 계통은 충분히 높은 임피던스를 통하여 접지할 수 있다. 이 접속은 중성점, 인위적 중성점, 선도체 등에서 할 수 있다. 중성선은 배선할 수도 있고, 배선하지 않을 수도 있다.

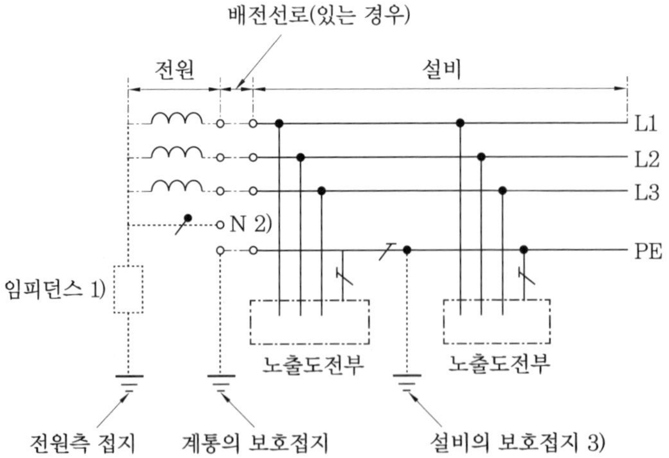

계통 내의 모든 노출도전부가 보호도체에 의해 접속되어 일괄 접지된 IT 계통

(19) 접지저항 측정회로

① 직독식 저항계를 사용하여 접지전극 및 보조전극 2개를 이용한다.

② 접지전극 및 보조 접지전극의 간격은 10 m로 하며 직선(수직)에 가까운 상태로 설치한다.

③ 접지전극을 저항계의 E, 보조 접지전극을 P, C 단자에 접속한다.

④ 버튼 스위치를 누른 상태에서 접지 저항계의 지침이 0이 되도록 다이얼을 조정한 뒤 저항치를 읽는다.

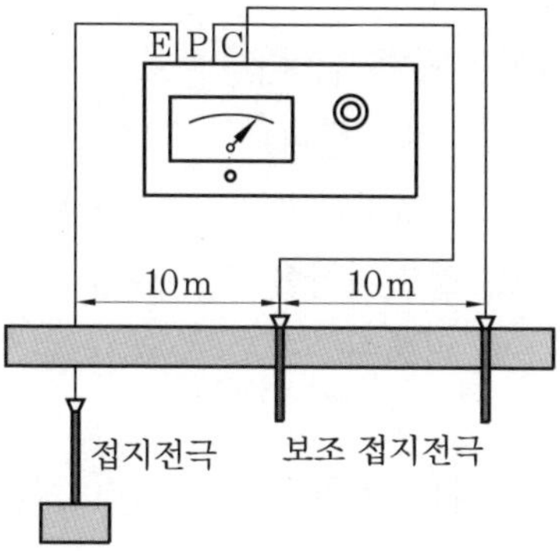

(20) 접지저항을 결정하는 3가지 요소

① 자체저항

② 접촉저항

③ 대지저항 : 토양과 접지전극의 저항

(21) 절연저항

① 절연저항 값

전로의 사용전압	DC 시험전압(V)	절연저항(MΩ)
SELV 및 PELV	250	0.5
FELV, 500 V 이하	500	1.0
500 V 초과	1000	1.0

* 특별저압(Extra Low Voltage) : 2차 전압이 AC 50 V, DC 120 V 이하로 SELV(비접지회로 구성) 및 PELV(접지회로 구성)은 1차와 2차가 전기적으로 절연된 회로, FELV는 1차와 2차가 전기적으로 절연되지 않은 회로

② 태양전지 회로의 절연저항 측정기기

㈎ 절연 저항계(메거)

㈏ 온도계

(다) 습도계

(라) 그 밖에 단락용 개폐기 또는 단락용 클립리드

③ 절연저항 측정 순서

(가) 출력 개폐기를 off(개방) 한다. 출력 개폐기의 입력부에 서지 흡수기를 설치한 경우에는 접지측 단자를 떼어 둔다.

(나) 단락용 개폐기를 off 한다.

(다) 모든 스트링의 단로 스위치를 off 한다.

(라) 단락용 개폐기의 1차측 (+), (−)극의 클립을 역류방지 다이오드에서 태양전지측과 단로 스위치 사이에 접속한 뒤 대상으로 하는 스트링 단로 스위치를 on으로 하고, 단락용 개폐기를 on(단락) 한다.

(마) 절연 저항계(메거)의 E측을 접지단자에, L측을 단락용 개폐기의 2차측에 접속하고, 절연 저항계를 on하여 절연저항을 측정한다.

(바) 측정 종료 후에는 단락용 개폐기, 단로 스위치 순으로 off하고 스트링의 클립을 제거한다.

(사) 서지 업서버의 접지측 단자의 복원으로 대지전압을 측정하여 전류전하의 방전상태를 확인한다.

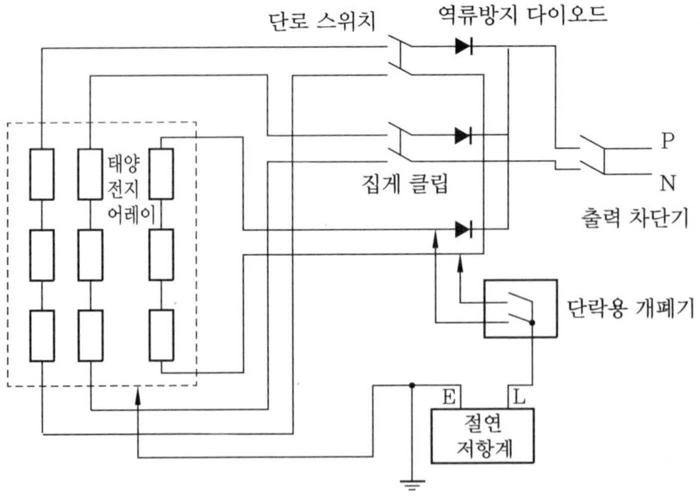

(22) 태양전지 모듈의 절연내력

태양전지 모듈은 최대 사용전압의 1.5배의 직류전압 또는 1배의 교류전압, 500 V 미만으로 되는 경우에는 500 V를 충전부분과 대지 사이에 연속으로 10분간 가하여 절연내력시험을 하였을 때 견뎌야 한다.

4-3 태양광발전 사용 전 검사

(1) 사용 전 검사에 필요한 서류

① 사용 전 검사 신청서
② 태양광발전설비 개요
③ 태양광전지 규격서
④ 공사계획 인가서
⑤ 단선 결선도
⑥ 감리원 배치 확인서
⑦ 각종 시험 성적서

(2) 사용 전 점검 및 검사대상

구 분	검사 종류	용량	비고
일반용	사용 전 점검	10 kW 이하	대행업자 미선임
자가용	사용 전 검사 (저압설비 공사계획 미신고)	10 kW 초과	대행업자 대행
사업용	사용 전 검사 (시·도에 공사계획 신고)	전용량 대상	대행업자 대행

(3) 사용 전 검사에서 모듈 인가서의 내용과 일치하는지 확인해야 할 요소

① 용량
② 온도
③ 크기
④ 수량

(4) 사용 전 검사 중 태양전지 외관검사

① 변색, 파손, 오염
② 지지대의 전기적 접속 확인
③ 단자대의 누수 및 부식
④ 절연재 손상 여부

(5) 사용 전 검사 중 차단기 절연저항 확인방법

① 저압용은 500 V, 고압용은 1000 V 이상의 절연 저항계로 측정
② 각 상별로 각 상과 외함간 측정

(6) 사용 전 검사 중 어레이 절연저항을 측정하는 법

태양전지 모듈 회로의 개폐기를 개방 후 선로와 대지간의 절연저항을 측정

(7) 사용 전 검사 중 어레이 접지저항을 측정하는 법

태양전지 모듈 어레이 지지대의 접지저항을 측정

(8) 사용 전 검사 중 정전 시

인버터가 배전선로로 역송이 되지 않도록 연계 차단상태를 확인하는 시험을 자동운전 방지시험이라고 한다.

(9) 태양전지의 전기적 특성검사

① 최대출력
② 최대전압 및 최대전류
③ 개방전압 및 단락전류
④ 절연저항
⑤ 전력변환효율
⑥ 충진율

(10) 태양전지 어레이의 전기적 특성검사

① 절연저항
② 접지저항

(11) 태양전지 모듈의 신뢰성 검사

① 내풍압성 검사
② 내습성 검사
③ 내열성 검사
④ 염수분무시험
⑤ 자외선 피복시험

(12) 준공검사 후 현장문서 인수·인계 목록

① 준공 사진첩
② 준공도면
③ 준공 내역서
④ 시방서
⑤ 시공도
⑥ 시험 성적서

⑦ 기자재 구매서류
⑧ 시설물 인수·인계서
⑨ 품질시험 및 검사성과 총괄표
⑩ 준공검사 조서

(13) 정기점검 주기 : 월 1 ~ 4회

(14) 완공된 자가용 태양광발전설비의 사용 전 검사항목

① 태양광발전 설비표
② 태양전지 검사
③ 인버터 검사
④ 부하운전시험
⑤ 종합연동시험
⑥ 기타 부속설비

(15) 시스템 준공 시 태양광 어레이의 점검항목

① 표면의 오염 및 파손
② 프레임의 변형 및 파손
③ 가대의 부식 및 녹 발생
④ 가대의 고정상태
⑤ 가대의 접지상태
⑥ 지붕재의 파손
⑦ 코킹
⑧ 접지저항
⑨ 점검 후 인버터 : 접속함 차단기 투입

(16) 사업개시 신고는 산업통상자원부장관에게 제출한다.

(17) 태양전지 모듈의 배선공사가 끝나고 확인할 사항

① 극성 확인
② 전압 확인
③ 단락전류 확인

단원 예상문제

1. 태양전지 모듈의 배선공사가 끝나고 확인해야 할 사항이 아닌 것은?

① 전압 확인 ② 극성 확인
③ 단락전류 확인 ④ 양극 접지 확인

해설 모듈 배선 완료 후 확인사항 : 극성 확인, 전압 확인, 단락전류 확인

2. 사용 전 검사 및 법정검사에 대한 설명으로 틀린 것은?

① 법정검사의 목적은 전기설비가 공사계획대로 설계 시공되었는가를 확인하는 것이다.
② 사용 전 검사는 전기설비의 설치공사 또는 변경공사를 한 자는 산업통상부령이 정하는 바에 따라 산업통상부장관 또는 시·도지사가 실시하는 검사에 합격한 후에 이를 사용하여야 한다.
③ 법정검사 수행 절차상 불합격 시정기한으로 사용 전 검사는 15일, 정기검사는 3개월이다.
④ 전기안전에 지장이 없는 경우에는 발전기 인가출력보다 낮고, 저출력 운전 시에 임시사용이 불가능하다.

해설 발전기의 인가출력은 검사대상이 아니다.

3. 사용 전 검사 시 태양전지 모듈 또는 패널의 점검에 관한 설명 중 틀린 것은?

① 지붕 설치형 어레이는 수검자가 지상에서 육안으로 점검한다.
② 각 모듈의 모델번호가 설계도면과 일치하는지 확인하여야 한다.
③ 검사자는 모듈의 유형과 설치 개수 등을 1000 Lx 이상의 조명 아래서 육안으로 점검한다.
④ 사용 전 검사 시 공사계획 인가(신고)서의 내용과 일치하는지를 사용 전 검사필증에 표기하여야 한다.

해설 어레이는 직접 지붕에 올라가서 확인하여야 한다.

4. 태양광발전시스템의 사용 전 검사 시 태양전지의 전기적 특성 확인에 대한 설명으로 틀린 것은?

① 태양광발전시스템에 설치된 태양전지 셀의 셀당 최소출력을 기록한다.
② 검사자는 모듈간 배선 접속이 잘 되었는지 확인하기 위하여 개방전압 및 단락전류 등을 확인한다.
③ 검사자는 운전개시 전에 태양전지 회로의 절연상태를 확인하고, 통전 여부를 판단하기 위하여 절연저항을 측정한다.
④ 개방전압과 단락전류의 곱에 대한 최대출력의 비(충진율)를 태양전지 규격서로부터 확인하여 기록한다.

해설 전기적 특성 확인사항 : 개방전압 및 단락전류, 절연저항, 최대출력, 충진율 등

5. 태양전지 모듈의 검사 시 성능평가 요소가 아닌 것은?

① 충진율 ② 개방전압
③ 전력변환효율 ④ 방전 종지전압

해설 모듈 성능평가 요소 : 개방전압, 전력변환효율, 충진율

정답 1. ④ 2. ④ 3. ① 4. ① 5. ④

6. 태양광 모듈 어레이 설치 후 확인 점검 시 사용하는 기기로만 짝지어진 것은?

① 교류 전압계, 교류 전류계
② 교류 전압계, 직류 전류계
③ 직류 전압계, 직류 전류계
④ 직류 전압계, 교류 전류계

해설 태양전지 어레이의 전압, 전류는 직류이므로 직류 전압계, 직류 전류계가 사용된다.

7. 태양광발전설비의 준공검사 후 현장문서 인수·인계 사항이 아닌 것은?

① 준공 사진첩
② 품질시험 및 검사성과 총괄표
③ 시설물 인수·인계서
④ 공사 계획서

해설 준공 검사 후 인수·인계 서류 : 준공 사진첩, 준공도면, 품질시험 및 검사성과 총괄표, 시설물 인수·인계서 등

8. 자가용 전기설비 사용 전 검사에 대한 설명으로 틀린 것은?

① 검사결과의 통지는 검사 완료일로부터 5일 이내에 검사 확인증을 신청인에게 통지하여야 한다.
② 검사결과 검사기준에 부적합할 경우 사용 전 검사의 재검사 기간은 검사일 다음날로부터 15일 이내로 한다.
③ 전기안전에 지장이 없는 경우에는 발전인가 출력보다 낮고, 저출력 운전 시에 임시사용이 불가능하다.
④ 검사의 목적은 전기설비가 공사계획대로 설계·시공되었는가를 확인하여 전기설비의 안전성을 확보하는 것이다.

해설 안전에 지장이 없을 경우에는 임시사용이 가능하다.

9. 태양광발전설비 사용 전 검사에 필요한 서류가 아닌 것은?

① 공사 내역서
② 공사계획 신고서
③ 감리원 배치 확인서
④ 태양광전지 규격서 및 성적서

해설 사용 전 검사 시 필요서류 : 사용 전 검사 신청서, 태양광발전설비 개요, 태양전지 규격서, 공사계획 인가서, 단선 결선도, 각종 시험 성적서, 감리원 배치 확인서

10. 태양광발전설비의 준공검사 시 확인사항이 아닌 것은?

① 시설물의 유지관리방법
② 감리원의 준공검사원에 대한 검토 의견서
③ 제반 가설 시설물의 원상복구 정리 상황
④ 완공된 시설물이 설계도서대로 시공되었는지의 여부

11. 사용 전 검사에서 모듈 인가서의 내용과 일치하는지 확인하는 요소에 해당하지 않는 것은?

① 용량 ② 온도
③ 수량 ④ 접지저항

해설 확인 요소 : 용량, 온도, 크기, 수량

12. 특고압 배전선로에 태양광발전 연계 시 설비 보호를 위해 설치하는 보호 계전기가 아닌 것은?

① 과전압 계전기
② 비율차동 계전기
③ 부족전압 계전기
④ 부족주파수 계전기

해설 비율차동 계전기는 변압기 내부고장 검출용이다.

정답 6. ③ 7. ④ 8. ③ 9. ① 10. ① 11. ④ 12. ②

13. 피뢰기의 구비조건이 아닌 것은?

① 방전내량이 클 것
② 속류 차단능력이 충분할 것
③ 충격 방전 개시전압이 높을 것
④ 상용주파 방전 개시전압이 높을 것

해설 충격 방전 개시전압이 낮아야 한다.

14. 피뢰 시스템 중 뇌격전류를 안전하게 대지로 전송하는 시스템은?

① 수뢰부 시스템
② 인하도선 시스템
③ 접지 시스템
④ 감시 시스템

해설
- 수뢰부 시스템 : 구조물의 뇌격을 받아들인다.
- 인하도선 시스템 : 뇌격전류를 안전하게 대지로 흘려보낸다.
- 접지 시스템 : 뇌격전류를 대지로 방류시킨다.

15. 태양광발전시스템에 적용하는 피뢰방식이 아닌 것은?

① 돌침방식
② 케이지 방식
③ 구조체 방식
④ 수평도체 방식

해설 뇌 보호 시스템 : 돌침방식, 수평도체 방식, 회전구체법, 그물(메시)법

16. 서지 보호를 위해 SPD 설치 시 접속도체의 길이는 몇 m 이하가 되도록 하여야 하는가?

① 0.5 ② 0.6
③ 0.7 ④ 1.0

해설 SPD 설치 시 접속도체의 길이는 0.5 m 이하이어야 한다.

17. 보호 계전 시스템의 구성요소 중 검출부에 해당되지 않는 것은?

① 릴레이
② 영상 변류기
③ 계기용 변류기
④ 계기용 변압기

해설 검출부
- 영상 변류기 : 지락전류 검출
- 계기용 변류기 : 전류 검출
- 계기용 변압기 : 전압 검출

18. 보호 계전기가 구비하여야 할 조건이 아닌 것은?

① 오래 사용하여도 특성의 변화가 없어야 한다.
② 보호동작이 확실하고, 검출에 예민해야 한다.
③ 가격이 싸고, 계기의 소비전력이 커야 한다.
④ 열적, 기계적으로 튼튼해야 한다.

해설 보호 계전기의 구비조건
- 동작이 예민하고 오동작이 없을 것
- 후비 보호능력이 있을 것
- 경제적이고 소비전력이 적을 것
- 고장정도 및 위치의 정확한 파악이 가능할 것

19. 역송전이 있는 저압연계 시스템(계통연계 보호 계전기)의 구성요소가 아닌 것은?

① 저주파 계전기(UFR)
② 저전류 계전기(UCR)
③ 과주파수 계전기(OFR)
④ 저전압 계전기(UVR)

해설 역송전이 있는 계통연계 보호 계전기 : UVR, OVR, UFR, OFR

정답 13. ③ 14. ② 15. ② 16. ① 17. ① 18. ③ 19. ②

20. **보호 계전기의 용도 중 단락사고를 보호하는 계전기기는?**

① 부족전력 계전기
② 과전류 계전기
③ 무효전력 계전기
④ 유효전력 계전기

해설 유효전력 역송방지에는 무효전력 계전기를, 단락사고 보호용에는 유효전력 계전기를 사용한다.

21. **접지함 설치공사 중 고려사항이 아닌 것은?**

① 접속함 설치 위치는 어레이 근처가 적합하다.
② 외함의 재질은 가급적 SUS304 재질로 제작 설치한다.
③ 접속함은 풍압 및 설계하중에 견디고 방수, 방부형으로 제작한다.
④ 역류방지 다이오드의 용량은 모듈 단락전류의 1.2배 이상으로 한다.

해설 역류방지 다이오드의 용량은 모듈 단락전류의 1.4배 이상으로 한다.

22. **KS C IEC 60364에 의한 전원의 한 점을 직접 접지하고 설비의 노출도전부는 전원의 접지전극과 전기적으로 독립적인 접지극에 접속시키는 접지계통은?**

① IT 계통
② TT 계통
③ TN-S 계통
④ TN-C 계통

해설 TT 계통 : 전력공급 측을 계통접지하여 노출 도전성 부분이 계통접지와 분리되는 독립접지이다.

23. **KS C IEC 60364의 저압계통의 접지방식이 아닌 것은?**

① IT 방식
② TN-C 방식
③ TT-C 방식
④ TT 방식

해설 KS C IEC 60364의 저압계통의 접지방식에는 TT 방식, TN 방식, TN-C 방식, IT 방식, TN-S 방식이 있다.

24. **직접 접지계통의 특징이 아닌 것은?**

① 지락전류가 크다.
② 과도 안정도가 좋다.
③ 이상전압을 억제한다.
④ 유도장해가 크다.

해설 직접접지의 특징 : 통신선의 유도장애 유발, 지락전류가 커서 안정도가 나쁘다. 이상전압을 억제한다.

25. **접지공사 시 접지극의 매설깊이는 지하 몇 cm 이상으로 매설하여야 하는가?**

① 30　　② 60
③ 75　　④ 120

26. **다음 [보기] 중에서 접지설비 시공방법으로 옳은 것은?**

보기
㉠ 부식, 전식 등의 외적 영향에 견딜 수 있도록 시설되어야 한다. ㉡ 접지저항 값은 전기설비에 대한 보호 및 기능적 요구에 적합해야 한다. ㉢ 지락전류가 열적, 기계적 및 전자력적 스트레스에 의한 위험이 없이 흘러야 한다.

① ㉠, ㉡　　② ㉠, ㉢
③ ㉡, ㉢　　④ ㉠, ㉡, ㉢

정답 20. ④　21. ④　22. ②　23. ③　24. ②　25. ③　26. ④

27. 태양광발전시스템의 접지공사 시설방법에 대한 설명으로 틀린 것은?

① 부득이한 상황을 제외하고는 접지선을 녹색 - 황색으로 표시해야 한다.
② 태양광발전 어레이에서 인버터까지의 직류전로는 원칙적으로 접지공사를 실시해야 한다.
③ 접지선이 외상을 받을 우려가 있는 경우에는 합성수지관 또는 금속관에 넣어 보호하도록 한다.
④ 태양광발전 모듈의 접지는 1개 모듈을 해체하더라도 전기적 연속성이 유지되도록 한다.

해설 태양광발전 어레이에서 인버터까지의 직류전로는 접지공사를 실시하지 않는다(비접지).

28. 보조전극을 이용한 접지저항 측정 시 보조전극의 간격은 몇 m 이상으로 이격하는가?

① 1 ② 2
③ 5 ④ 10

해설 보조전극의 간격은 10 m 이상으로 해야 한다.

29. 다음은 절연저항의 측정 시 전로전압에 대한 절연저항 값이다. ( ) 안의 알맞은 내용으로 옳은 것은?

전로의 사용전압	절연저항 (MΩ)
SELV 및 PELV	0.5
FELV, 500 V 이하	1.0
( ) 초과	1.0

① 200 V ② 300 V
③ 400 V ④ 500 V

해설 절연저항 값

전로의 사용전압	절연저항
SELV 및 PELV	0.5 MΩ
FELV, 500 V 이하	1.0 MΩ
500 V 초과	1.0 MΩ

30. 접지저항은 대지 저항률에 따라 크게 좌우된다. 대지 저항률에 영향을 주는 요인으로 틀린 것은?

① 물리적 영향
② 온도적 영향
③ 계절적 영향
④ 흙의 종류나 수분의 영향

해설 저항률에 영향을 주는 요인 : 온도, 흙의 종류 또는 수분의 영향, 계절적 영향 등

31. 인버터 입출력회로의 절연저항 측정 시 주의사항에 관한 설명 중 틀린 것은?

① 트랜스리스 인버터의 경우는 제조업자가 추천하는 방법에 따라 측정한다.
② 측정할 때 서지 업서버 등 정격에 약한 회로들은 회로에서 분리시킨다.
③ 정격전압이 입출력과 다를 때는 낮은 측의 전압을 절연 저항계의 선택기준으로 한다.
④ 입출력 단자에 주 회로 이외의 제어단자 등이 있는 경우에는 이것을 포함해서 측정한다.

해설 정격전압이 입출력과 다를 때는 높은 측의 전압을 절연 저항계의 선택기준으로 한다.

32. 태양광발전시스템 중 태양전지 모듈의 절연내력 검사기준 내용으로 옳은 것은?

정답 27. ② 28. ④ 29. ④ 30. ① 31. ③ 32. ④

① 최대 사용전압의 1배의 직류전압 또는 1배의 교류전압을 충전부분과 대지 사이에 5분간 가하여 절연내력시험을 견딜 것
② 최대 사용전압의 1배의 직류전압 또는 1.5배의 교류전압을 충전부분과 대지 사이에 10분간 가하여 절연내력시험을 견딜 것
③ 최대 사용전압의 1.5배의 직류전압 또는 1.5배의 교류전압을 충전부분과 대지 사이에 5분간 가하여 절연내력시험을 견딜 것
④ 최대 사용전압의 1.5배의 직류전압 또는 1배의 교류전압을 충전부분과 대지 사이에 10분간 가하여 절연내력시험을 견딜 것

33. **접지저항을 감소시키는 접지저항 저감제가 갖추어야 할 조건이 아닌 것은?**

① 사람과 가축에 안전할 것
② 접지전극을 부식시키지 않을 것
③ 전기적으로 양호한 부도체일 것
④ 계절에 따른 접지저항 변동이 적을 것

해설 전기적으로 양호한 도체이어야 한다.

34. **태양광발전설비의 준공 후 감리원이 발주자에게 인수·인계할 목록에 반드시 포함되어야 하는 서류로 옳지 않은 것은?**

① 기자재 구매서류
② 시설물 인수·인계서
③ 안전교육 실적표
④ 품질시험 및 검사성과 총괄표

해설 현장문서 인수·인계 목록

- 준공 사진첩
- 준공도면
- 준공 내역서
- 시공도
- 시방서
- 시설물 인수·인계서
- 품질시험 및 검사성과 총괄표
- 기자재 구매서류
- 시험 성적서
- 준공검사 조서

35. **태양광발전 설비공사의 사용 전 검사를 받으려면 검사를 받고자 하는 날의 며칠 전에 어느 기관에 신청하여야 하는가?**

① 7일 전, 한국전기안전공사
② 10일 전, 한국전기안전공사
③ 7일 전, 한국에너지공단(신·재생에너지센터)
④ 10일 전, 한국에너지공단(신·재생에너지센터)

해설 태양광발전 설비공사의 사용 전 검사를 받으려면 검사를 받고자 하는 날의 7일 전에 한국전기안전공사에 신청하여야 한다.

36. **다음은 태양광발전 접지계통에서 나타내는 기호이다. (가)와 (나)에 알맞은 내용은?**

기호	설명
	중성선(N), 중간도체(M)
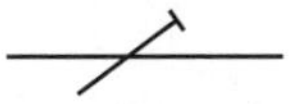	㉠
	㉡

① ㉠ 중성선, ㉡ 보호도체
② ㉠ 보호도체, ㉡ 중성선
③ ㉠ 중간도체, ㉡ 보호도체
④ ㉠ 보호도체, ㉡ 중성선과 보호도체 겸용(PEN)

해설 접지계통 기호

기호	설명
	중성선(N), 중간도체(M)
	보호도체(PE)
	중성선과 보호도체 겸용(PEN)

37. 변압기 접지공사의 저항값을 150/I으로 정할 때 I에 해당하는 것은?

① 변압기의 1차측과 2차측의 혼촉에 의한 단락전류
② 변압기의 1차측과 2차측 전류의 합
③ 변압기의 고압측 및 특고압측의 1선 지락전류
④ 변압기의 고압측 및 특고압측의 1선 단락전류

해설 I는 변압기의 고압측 및 특고압측의 1선 지락전류이다.

38. 다음 접지 시스템의 종류로 맞지 않는 것은?

① 단독접지 ② 통합접지
③ 혼합접지 ④ 공통접지

해설 접지 시스템의 종류 : 단독접지, 공통접지, 통합접지

39. 다음 중 상(phase)에 따른 전선의 색상으로 틀린 것은?

① L1 : 갈색 ② L2 : 녹색
③ L3 : 회색 ④ N : 청색

해설 전선의 색상

- L1 : 갈색
- L2 : 흑색
- L3 : 회색
- N : 청색

40. 수뢰부 시스템의 요소가 아닌 것은?

① 수평도체 ② 수직도체
③ 돌침 ④ 메시도체

해설 수뢰부 시스템의 3요소 : 돌침, 수평도체, 메시도체

정답 37. ③ 38. ③ 39. ② 40. ②

4 과목

태양광발전 운영

Chapter 1

태양광발전시스템 운영

1-1 태양광발전 사업개시 신고

(1) 처리 절차

신고서 작성 및 제출 → 접수 → 내용검토 → 신고수리

(2) 발전사업 허가기관

① 3000 kW 초과 : 산업통상자원부장관

② 3000 kW 이하 : 시·도지사

(3) 사업개시 신고 첨부서류

① 발전전력 수급 계약서

② 안전 관리자 선임신고 증명서

③ 사용 전 검사필증

④ 준공사진

(4) 전력수급 계약

① 1000 kW 초과 발전사업자 : 한국전력거래소

② 1000 kW 이하 발전사업자 : 한국전력거래소 또는 한국전력공사

(5) 사업개시 신고서의 사업내용에 기입되는 사항

① 태양전지 모듈 용량과 매수

② 인버터의 용량과 수량

1-2 SMP 및 REC 정산관리

(1) 전력거래

① 전기사업자는 전력시장을 통해 전력을 거래하여야 한다.

② 1000 kW 이하의 발전설비를 갖추고 생산된 전력을 판매하는 경우 전력시장에 참여하거나 한국전력공사와 전력수급계약(PPA)을 체결하여 거래할 수 있다.

(2) SMP와 REC

① SMP 결정 절차

입찰 → 가격결정 발전계획 → 발전기별 발전가격 계산 → 가격결정자격 발전기 선정 → SMP 가격 결정

② REC(공급인증서)를 발급받은 자는 그 REC를 거래하려면 공급인증서 발급 및 거래시장 운영에 관한 규칙으로 정하는 바에 따라 공급인증기관이 개설한 거래시장에서 거래하여야 한다.

③ REC의 유효기간은 3년으로 한다.

1-3 태양광발전시스템 운영

(1) 태양광발전시스템 운영 시 비치서류

① 시스템 계약서 사본

② 시스템 관련 도면

③ 시스템 시방서

④ 구조물의 계산서

⑤ 운영 매뉴얼

⑥ 한전계통연계 관련 서류

⑦ 핵심기기의 매뉴얼

⑧ 준공검사서

⑨ 유지관리 지침서

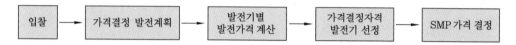

(2) 유지관리 필요서류

① 주변 지역의 현황도 및 관계서류
② 지반 보고서 및 실험 보고서
③ 준공시점에서의 설계도, 구조 계산서, 설계도면, 표준 시방서, 견적서
④ 보수, 개수 시의 상기 설계도서류 및 작업 기록
⑤ 공사 계약서, 시공도, 사용재료의 업체명 및 품명
⑥ 공정사진, 준공사진
⑦ 관련 인·허가서류

(3) 유지관리 지침서

① 시설물의 규격 및 기능 설명서
② 시설물의 관리에 대한 의견서
③ 시설물 관리법
④ 특이사항

(4) 시스템 주요 전력손실 요소

① 케이블 저항손실
② 인버터 손실
③ 변압기 손실

(5) 태양광발전시스템 이용률 저하 요인

① 일조량 감소
② 여름철 온도 상승
③ 전력손실(케이블 손실, 인버터 손실, 변압기 손실)

(6) 태양광 어레이 손실 요소

① 온도
② 직류선로 전압강하
③ 모듈의 직·병렬연결에서의 모듈 음영

(7) 태양광발전설비 부작동 시 응급조치

① 접속함 : 내부 차단기 개방
② 인버터 : 개방 후 점검
③ 점검완료 후 인버터 : 접속함 내부 차단기 투입

1-4 태양광발전 모니터링 시스템

(1) 계측표시의 목적

① 시스템의 운전상태 감시
② 시스템에 의한 발전량을 알기 위한 계측
③ 시스템 기기 또는 시스템 종합평가를 위한 계측
④ 운전상황을 견학하는 이들에게 보여주기 위한 계측표시(시스템 홍보)

(2) 모니터링 시스템의 구성요소

① PC
② 모니터
③ 공유기
④ 직렬서버
⑤ 기상수집 I/O 통신 모듈
⑥ 인버터 제어반
⑦ 전력감시 제어반
⑧ 각종 센서류

(3) 모니터링 시스템의 프로그램 기능의 목적

① 데이터 수집
② 데이터 분석
③ 데이터 저장
④ 데이터 통계

(4) 모니터링 시스템의 계측설비별 요구사항

계측설비		요구사항
인버터		CT 정확도 3% 이내
온도센서	−20℃ ~ 100℃	정확도 ±0.3℃ 미만
	100℃ ~ 1000℃	정확도 ±1℃ 이내
전력량계		정확도 1% 이내
전압 및 전류계		정확도 ±0.5% 이내

단원 예상문제

신재생에너지(태양광) 발전설비기사

1. 태양광발전시스템 운영 시 비치서류가 아닌 것은?

① 건설 관련 도면
② 송전관계 일람도
③ 구조물 구조 계산서
④ 시방서 및 계약서 사본

해설 태양광발전시스템 운영 시 비치서류 : 핵심기기의 매뉴얼, 시방서, 건설 관련 도면, 구조물의 구조 계산서, 계약서 사본, 운영 매뉴얼, 한전 관련 서류

2. 태양광발전시스템 운전 조작 중 태양전지 모듈에 대한 설명으로 틀린 것은?

① 풍압이나 진동으로 인하여 태양전지 모듈과 형강의 체결부위가 느슨해지는 경우가 있으므로 정기적으로 점검해야 한다.
② 발전효율을 높이기 위해 부드러운 천으로 이물질을 제거하며 태양전지 모듈 표면에 흠이 생기지 않도록 주의해야 한다.
③ 태양전지 모듈 표면에 그늘이 지거나 나뭇잎이 떨어져 있는 경우 전체적인 발전효율 저하요인으로 작용할 수 있다.
④ 태양전지 모듈 표면은 주로 일반유리로 되어 있어 약한 충격에도 파손될 수 있다.

해설 태양전지 모듈 표면은 강화유리로 되어 있다.

3. 분산형 전원 발전설비의 역률은 계통 연계지점에서 원칙적으로 얼마 이상을 유지하여야 하는가?

① 0.8 ② 0.85
③ 0.9 ④ 10

해설 분산형 전원 발전설비의 역률은 90% 이상을 유지해야 한다.

4. 태양광발전시스템의 손실요소가 아닌 것은 어느 것인가?

① 음영
② 오염된 모듈
③ 계통 단락용량
④ 높은 주위온도

해설 태양광 어레이 손실요소
- 온도
- 직류선로 전압강하
- 모듈의 직·병렬 연결에서의 모듈 음영

5. 태양광발전시스템을 운영하기 위하여 필요한 계측기로 틀린 것은?

① 폐쇄력 측정기
② I-V 체커
③ 열화상 카메라
④ 솔라 경로 추적기

해설 필요한 계측기 : 전력 분석계, 절연 저항계, 접지 저항계, 열화상 카메라, 솔라 경로 추적기, I-V 체커

6. 구역전기사업의 허가를 신청하는 경우 허가 신청서와 함께 첨부되는 서류의 종류로 틀린 것은?

① 송전관계 일람도
② 발전원가 명세서

정답 1. ② 2. ④ 3. ③ 4. ③ 5. ① 6. ③

③ 특정한 공급구역의 경계를 명시한 3만분의 1 지도
④ 전기사업법 시행규칙 별표1의 작성요령에 따라 작성한 사업 계획서

해설 특정한 공급구역의 경계를 명시한 지도는 3만분의 1이 아닌, 5만분의 1 지도이다.

7. 태양광발전 모니터링 프로그램 기능의 목적이 아닌 것은?

① 데이터 수집
② 데이터 저장
③ 데이터 분석
④ 데이터 예측

해설 태양광발전 모니터링 프로그램 기능의 목적 : 데이터 수집, 데이터 저장, 데이터 분석, 데이터 통계

8. 태양광발전시스템의 고장별 조치방법을 나열한 것으로 틀린 것은?

① 불량 모듈이 선별되어 교체 시에는 제조사에 관계없이 동일 면적의 제품으로 교체하여야 한다.
② 인버터가 고장인 경우에는 유지보수 인력이 직접 수리가 곤란하므로 제조업체에 A/S를 의뢰하여 보수한다.
③ 모듈의 단락전류가 음영에 의한 경우와 모듈 불량에 의한 경우의 문제로 판정되면 그 원인을 해소한다.
④ 태양광 모듈의 개방전압이 저하하는 원인은 셀 및 바이패스 다이오드의 손상에 기인하는 경우가 있으므로 손상된 모듈을 찾아서 교체하여야 한다.

해설 불량 모듈의 교체 시에는 동일 면적이 아니라 동일 규격(전력, 전압, 전류)이어야 한다.

9. 태양광발전시스템의 구조물에 발생하는 고장으로 틀린 것은?

① 백화현상 ② 구조물 변형
③ 이상 진동음 ④ 녹 및 부식

해설 백화현상은 구조물이 아닌 모듈에서 발생하는 불량현상이다.

10. 태양광발전시스템의 운전 중 점검사항에 해당하지 않는 것은?

① 인버터 표시부의 이상표시
② 축전지의 변색, 변형, 팽창
③ 접속함의 절연저항 및 개방전압
④ 인버터의 이음, 이취, 연기발생

해설 접속함의 절연저항 및 개방전압은 운전 중이 아니라 정기점검 시 검사사항이다.

11. 중대형 태양광발전용 인버터의 절연저항 시험에서 입력단자 및 출력단자를 각각 단락하고, 그 단자와 대지간의 절연저항을 측정하는 경우 품질기준으로 절연저항은 몇 (MΩ)이어야 하는가?

① 0.5 ② 0.7 ③ 1.0 ④ 10

해설 단자와 대지간의 절연저항을 측정하는 경우 품질기준으로 절연저항은 1.0 MΩ 이상이어야 한다.

12. 전원의 재투입 시 안전조치로 틀린 것은?

① 모든 이상 유무 확인 후 투입
② 모든 작업자가 작업 완료된 전기기기에서 떨어져 있는지 확인
③ 차단장치나 단로기 등에 잠금장치 및 꼬리표 부착
④ 단락접지기구, 통전금지표시, 개폐기 잠금장치 등 안전장치를 제거하고 안전하게 통전할 수 있는지 확인

정답 7. ④ 8. ① 9. ① 10. ③ 11. ③ 12. ③

해설 차단장치나 단로기 등에 잠금장치 및 꼬리표 부착은 차단 후의 조치이다.

13. **동일한 일사량 조건 하에서 태양광발전 모듈온도가 상승할 경우 나타나는 현상으로 옳은 것은?**

① V_{oc}와 I_{sc} 모두 증가하여 최대출력 증가
② V_{oc}와 I_{sc} 모두 감소하여 최대출력 감소
③ V_{oc}는 감소하고, I_{sc}는 소폭 증가하여 최대출력 감소
④ V_{oc}는 증가하고, I_{sc}는 감소하여 최대출력 증가

14. **다음 그림에서 태양광 어레이의 각 스트링의 개방전압 측정방법으로 틀린 것은?**

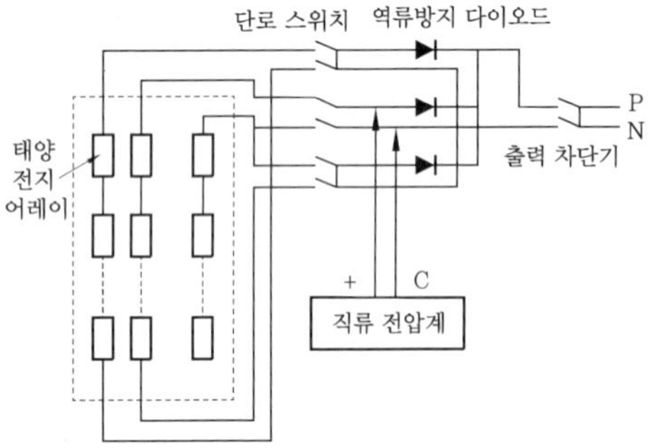

① 접속함의 출력 개폐기를 off 한다.
② 각 모듈이 음영에 영향을 받지 않는지 확인한다.
③ 접속함의 각 스트링의 단로 스위치를 모두 off 한다.
④ 측정을 시행하는 스트링의 단로 스위치만 off 한다.

해설 접속함의 각 스트링의 단로 스위치를 모두 off 한 다음에 측정을 시행하는 스트링의 단로 스위치만 on 한다.

15. **중대형 태양광발전용 인버터의 누설전류 시험에 대한 설명이 아닌 것은?**

① 정격 주파수로 운전한다.
② 인버터를 정격출력에서 운전한다.
③ 품질기준은 누설전류가 5 mA 이하이다.
④ 인버터의 기체와 대지 사이에 100 Ω 이상의 저항을 접속한다.

해설 인버터의 기체와 대지 사이에 1000 Ω 이상의 저항을 접속하여 누설전류를 측정한다.

16. **태양광발전시스템이 작동되지 않을 때 응급조치 순서로 옳은 것은?**

① 접속함 내부 차단기 개방 → 인버터 개방 → 설비점검
② 접속함 내부 차단기 개방 → 인버터 투입 → 설비점검
③ 접속함 내부 차단기 투입 → 인버터 개방 → 설비점검
④ 접속함 내부 차단기 투입 → 인버터 투입 → 설비점검

해설 응급조치 순서 : 접속함 내부 차단기 개방 → 인버터 개방 후 점검 → 점검완료 후 인버터 접속함 내부 차단기 투입

17. **개인주택용 등에 사용되는 소용량의 인버터 용량은 보통 몇 kW인가?**

① 3 ② 10 ③ 50 ④ 100

18. **다음 중 태양광발전시스템의 이용률 저하 요인이 아닌 것은?**

① 겨울철 온도 하강
② 여름철 온도 상승
③ 일조량 감소
④ 전력손실

정답 • 13. ③ 14. ④ 15. ④ 16. ① 17. ① 18. ①

19. 태양광발전시스템 운영에 관한 설명으로 틀린 것은?

① 시설용량은 부하의 용도 및 적정사용량을 합산한 연평균 사용량에 따라 결정된다.
② 발전량은 봄, 가을이 많으며 여름, 겨울에는 기후여건에 따라 감소한다.
③ 모듈 표면의 온도가 높을수록 발전효율이 저하되므로 온도를 조절해줄 필요가 있다.
④ 태양광발전설비의 고장요인은 대부분 인버터에서 발생하므로 정기점검이 필요하다.

해설 시설용량은 부하의 용도 및 적정사용량을 합산한 일평균 사용량에 따라 결정된다.

20. 태양광발전시스템의 전력거래에 대한 설명이 아닌 것은?

① REC의 유효기간은 1년이다.
② 전기사업자는 전력시장을 통해 전력을 거래하여야 한다.
③ REC는 공급인증기관이 개설한 거래시장에서 거래하여야 한다.
④ 1000 kW 이하의 발전설비에서 생산된 전력은 한국전력공사와 계약을 체결하여 거래할 수 있다.

해설 REC의 유효기간은 3년으로 한다.

21. 태양광발전시스템 접속함의 고장현상과 원인의 연결로 틀린 것은?

① 어레이 단자 변형 – 누전
② 다이오드 과열 – 다이오드 불량
③ 부스바 과열 – 과전류, 부스바 결합상태 불량
④ 터미널 튜브 변색 – 과전류, 과열

해설 어레이 단자의 변형은 외부의 물리적 충격에 의한 것이다.

22. 계통 연계형과 독립형의 태양광발전용 인버터가 실외형인 경우 보호등급(IP)은 최소 몇 등급인가?

① IP20 ② IP44
③ IP45 ④ IP54

해설 연계형, 독립형 : 실내형 IP20 이상, 실외형 IP44 이상

23. 태양광발전시스템의 운영에 있어 계측기나 표시장치의 사용목적이 아닌 것은?

① 시스템의 운전상태 감시
② 시스템의 발전전력량 파악
③ 시스템의 성능 예측
④ 시스템의 성능을 평가하기 위한 데이터 수집

해설 태양광발전시스템의 운영에 있어 계측기나 표시장치의 사용목적
- 운전상태 감시
- 발전량 계측
- 시스템 종합평가
- 성능평가를 위한 데이터 수집

24. 도체의 저항 두 점 사이의 전압 및 전류 세기를 측정하는 검사장비는?

① 오실로스코프
② 접지 저항계
③ 멀티미터
④ 검전기

해설 멀티미터는 전압, 전류, 저항을 측정하는 측정기기이다.

정답 ● 19. ① 20. ① 21. ① 22. ② 23. ③ 24. ③

25. 태양광발전시스템의 절연저항을 측정하기 위한 시험기기가 아닌 것은?

① 접지 저항계 ② 온도계
③ 습도계 ④ 절연 저항계

해설 • 태양광발전시스템의 절연저항을 측정하기 위한 시험기기에는 온도계, 습도계, 절연 저항계가 있다.
• 접지 저항계는 접지저항 측정용이다.

26. 중대형 태양광발전용 인버터의 시험 중 정상특성시험 항목이 아닌 것은?

① 내전압시험
② 효율시험
③ 누설전류시험
④ 온도상승시험

해설 정상특성시험 항목 : 온도상승시험, 누설전류시험, 교류전력 변형률 시험, 대기손실시험, 효율시험, 최대전력 추종시험

27. 태양광발전시스템의 운전특성을 측정할 경우 사용되는 계측기에 대한 설명으로 틀린 것은?

① 온도계(100 ~ 1000℃)의 정확도는 ±1℃로 한다.
② 인버터의 정확도는 ±1 %로 한다.
③ 전력량계의 정확도는 1 %로 한다.
④ 전압 및 전류계의 정확도는 ±0.5 %로 한다.

해설 모니터링 시스템의 계측설비별 요구사항

계측설비		요구사항
인버터		CT 정확도 3 % 이내
온도 센서	-20 ~ 100℃	정확도 ±0.3℃ 미만
	100 ~ 1000℃	정확도 ±1℃ 이내
전력량계		정확도 1 % 이내
전압 및 전류계		정확도 ±0.5 % 이내

28. 한전계통에 순간정전이 발생하여 태양광발전시스템 인버터가 정지할 때 동작되는 계전기는?

① 주파수 계전기
② 과전압 계전기
③ 역상 계전기
④ 저전압 계전기

해설 한전계통에 순간정전이 발생하면 순간전압강하가 발생하게 되므로 인버터 정지시 저전압 계전기가 동작한다.

29. 계통연계 인버터의 불평형 시험의 품질기준으로 틀린 것은?

① 역률이 0.95 이상일 것
② 정격출력에서 정상적으로 동작할 것
③ 절연저항은 1 MΩ 이상이며 상용 주파수 내전압에 1분간 견딜 것
④ 출력전류의 종합 왜형률이 5 % 이하, 각 차수별 왜형률이 3 % 이하일 것

해설 계통연계 인버터의 불평형 시험의 품질기준 : 정격출력에서 정상적으로 동작할 것, 역률이 0.95 이상일 것, 출력전류 종합 왜형률이 5 % 이하일 것, 각 차수별 왜형률이 3 % 이하일 것

30. 태양광발전시스템용 독립형 인버터의 시험항목으로 옳은 것은?

① 자동기동 정지시험
② 단독운전 방지시험
③ 교류 출력전류 변형률 시험
④ 출력측 단락시험

해설 독립형 인버터의 시험항목 : 온도상승시험, 효율시험, 부하차단시험, 출력측 단락시험

정답 ● 25. ① 26. ① 27. ② 28. ④ 29. ③ 30. ④

31. 태양광발전용 연계형/독립형 인버터의 성능시험을 위해 사용되는 CT 등 출력 계측기의 정확도 범위는?

① 10 % 이내　② 5 % 이내
③ 3 % 이내　④ 1 % 이내

해설 인버터의 성능시험용 CT의 정확도는 3 % 이내이다.

32. 태양광발전시스템 운전조작 방법 중 운전 시 행해지는 조작방법으로 틀린 것은?

① Main VCB반 전압 확인
② 접속반 및 인버터 DC 전압 확인
③ 인버터 정상작동여부 즉시 확인
④ DC용 차단기 on, AC측 차단기 on

해설 태양광발전시스템 운전조작 시 조작방법 : Main VCB반 전압 확인, AC측 및 DC용 차단기 on, 접속반 및 인버터 DC 전압 확인, 5분 후 인버터 정상작동여부 확인

33. 결정질 실리콘 태양광발전 모듈의 성능을 시험하는 시험장치가 아닌 것은?

① 항온항습장치
② 염수분무장치
③ 우박시험장치
④ 저온방전 시험장치

해설 결정질 실리콘 태양광발전 모듈의 성능 시험장치 : 염수분무장치, 우박시험장치, 항온항습장치

34. 태양광발전용 접속함 시험항목이 아닌 것은?

① 내부식성 시험　② 온도상승시험
③ 절연특성시험　④ UV 전처리 시험

해설 접속함 시험항목 : 구조시험, 내열성 시험, 온도상승시험, 내부식성 시험, 절연특성시험

35. 태양광발전시스템 품질관리에서 성능평가를 위한 측정요소 중 설치가격 평가 항목에 해당하지 않는 것은?

① 시스템 설치단가
② 인버터 설치단가
③ 계측표시장치 단가
④ 발전전력 판매단가

해설 태양광발전시스템 품질관리의 성능평가에서 설치가격 평가항목 : 시스템 설치단가, 인버터 설치단가, 계측표시장치 단가, 기초공사 단가, 태양전지 설치단가

36. 전기사업 변경신청 시 처리 절차로 옳은 것은?

① 신청서 작성 및 제출 → 검토 → 접수 → 전기위원회 심의 → 변경허가증 발급
② 신청서 작성 및 제출 → 접수 → 검토 → 전기위원회 심의 → 변경허가증 발급
③ 신청서 작성 및 제출 → 검토 → 접수 → 전기위원회 심의 → 변경허가증 발급
④ 신청서 작성 및 제출 → 접수 → 전기위원회 심의 → 검토 → 변경허가증 발급

정답 31. ③ 32. ③ 33. ④ 34. ④ 35. ④ 36. ②

Chapter 2

태양광발전시스템 유지

2-1 시스템 준공 후 점검

구분	점검항목		점검요령
태양전지 어레이	외관확인 (육안점검)	표면의 오염 및 파손	오염 및 파손의 유무
		프레임 파손 및 변형	파손 및 두드러진 변형이 없을 것
		외부배선(접속 케이블) 손상	접속 케이블에 손상이 없을 것
		가대의 부식 및 녹 발생	부식 및 녹이 없을 것
		가대의 고정	볼트 및 너트의 풀림이 없을 것
		가대의 접지	배선공사 및 접지접속이 확실할 것
		코킹	코킹의 망가짐 및 불량이 없을 것
		지붕재의 파손	지붕재의 파손, 어긋남, 뒤틀림, 변형이 없을 것
	측정	접지저항	100 Ω 이하(제3종 접지)
접속함 (중간 단자함)	외관확인 (육안점검)	외함의 부식 및 파손	부식 및 파손이 없을 것
		방수처리	입구가 실리콘으로 방수처리가 되어 있을 것
		배선의 극성	태양전지의 배선극성이 바뀌지 않을 것
		단자대의 나사풀림	견고한 취부 및 나사의 풀림이 없을 것
	측정	태양전지 – 접지간 절연저항	0.2 MΩ 이상, 측정전압 DC 500 V (각 회로마다)
		접속함 출력단자 – 접지간 절연저항	1 MΩ 이상, 측정전압 DC 500 V
		개방전압 및 극성	규정전압이고, 극성이 바르게 연결되어 있을 것(각 회로마다)

인버터	외관확인 (육안점검)	외함의 부식 및 파손	외함의 부식, 녹이 없고, 충전부가 노출되어 있지 않을 것
		취부	견고한 고정
			유지보수를 위한 충분한 공간 확보
			습기, 연기, 가스, 먼지, 염분, 화기가 없는 곳
			눈이 쌓이거나 침수우려가 없을 것
			인화물이 없을 것
		배선의 극성	태양전지 : P(+), N(−)
			계통측 배선 : 단상 220 V, 3상 380 V
			0 : 중성선, 0−W간 220 V
		단자대의 나사풀림	확실한 고정, 나사풀림이 없을 것
		접지단자와의 접속	접지와 바르게 접속되어 있을 것
개폐기, 전력량계, 인입구 개폐기	육안점검	전력량계	발전사업자의 경우 한전에서 지급한 전력량계
		주 간선 개폐기(분전반 내)	역접속 가능형, 볼트의 단단한 고정
		태양광발전용 개폐기	'태양광발전용'이라고 표시
운전정지	조작 및 육안점검	보호 계전기능의 설정	전력회사 정정값을 확인할 것
		운전	운전 스위치에 '운전'에서 운전할 것
		정지	운전 스위치에 '정지'에서 운전할 것
		투입저지 시한 타이머 동작 시험	인버터가 정지하여 5분 후 자동기동할 것
		자립운전	자립운전으로 전환할 때 자립운전용 콘센트에서 제조업자가 규정전압이 출력될 것
		표시부의 동작확인	표시가 정상적으로 표시되어 있을 것
		이상음 등	운전 중 이상음, 이상 진동, 악취 등의 발생이 없을 것
		태양전지 발전전압	태양전지의 동작전압이 정상일 것
발전전력	육안점검	인버터의 출력표시	인버터 운전 중 전력 표시부에 사양과 같이 표시될 것
		전력량계(거래용 계량기 송전 시)	회전을 확인할 것
		전력량계(수전 시)	정지를 확인할 것

2-2 일상점검

일상점검은 주로 육안점검에 의하며 운전상태에서 매월 1회 정도 실시한다.

구분	점검항목		점검요령
태양전지 어레이	외관확인 (육안점검)	표면의 오염 및 파손	현저한 먼지 및 파손이 없을 것
		가대의 부식 및 녹	부식 및 녹이 없을 것
		외부배선(접속 케이블) 손상	접속 케이블에 손상이 없을 것
접속함	외관확인 (육안점검)	외함의 부식 및 파손	부식 및 파손이 없을 것
		외부배선(접속 케이블) 손상	접속 케이블에 손상이 없을 것
인버터	외관확인 (육안점검)	외함의 부식 및 파손	외함의 부식, 녹이 없고, 충전부가 노출되어 있지 않을 것
		외부배선(접속 케이블) 손상	인버터에 접속되는 배선에 손상이 없을 것
		통풍확인(통기공, 환기필터 등)	통기공을 막지 않을 것 환기필터(있는 경우)가 막히지 않을 것
		이음, 이취, 발연 및 이상 과열	운전 시 이상음, 이상 진동, 이취 및 이상 과열이 없을 것
		표시부의 이상 표시	표시부에 이상 코드, 이상을 나타내는 램프 점등, 점멸 등이 없을 것
		발전 상황	표시부의 발전 상황에 이상이 없을 것

2-3 정기점검 및 검사

(1) **정기점검 :** 주로 시스템 정지상태에서 제어운전장치의 기계점검, 절연저항 측정 등의 점검을 한다.

구분	점검항목		점검요령
태양전지 어레이	육안점검	접지선의 접속 및 접속단자의 풀림	접지선에 확실한 접속, 볼트의 풀림이 없을 것
접속함	육안점검	외함의 부식 및 파손	부식 및 파손이 없을 것
		외부의 손상 및 접속단자의 풀림	배선이상 및 풀림이 없을 것
		접지선의 손상 및 접지단자의 풀림	접지선의 이상 및 풀림이 없을 것
	측정 및 시험	절연저항	태양전지 – 접지선 : 0.2 MΩ 이상 DC 500 V 출력단자 – 접지간 : 1 MΩ 이상 DC 500 V
		개방전압	규정전압이고, 극성이 바르게 연결되어 있을 것
인버터	육안점검	외함의 부식 및 파손	외함의 부식, 녹이 없고, 충전부가 노출되어 있지 않을 것
		접지선의 손상 및 접속단자 풀림	접지선의 이상 및 풀림이 없을 것
		외부배선의 손상 및 접속단자 풀림	인버터에 접속되는 배선에 손상이 없을 것
		통풍확인(통기공, 환기필터 등)	통기공을 막지 않을 것 환기필터(있는 경우)가 막히지 않을 것
		이상 과열	과열이 없을 것
		운전 시의 이상음, 진동 및 악취	운전 시 이상음, 이상 진동, 악취가 없을 것
	측정 및 시험	인버터 입출력 단자간 절연저항	1 MΩ 이상, 측정전압 DC 500 V
		표시부의 동작확인(표시부 표시, 충전전력 등)	표시 상황 및 발전 상황에 이상이 없을 것
		투입저지 시한 타이머 동작시험	인버터가 정지하여 5분 후 자동기동할 것
구조물	육안점검	태양광발전용 개폐기 접속단자의 풀림	볼트의 풀림이 없을 것
	측정	절연저항	1 MΩ 이상, 측정전압 DC 500 V

(2) 태양전지 검사

검사 시기	전체공사가 완료된 때
검사 항목	① 외관검사 ② 전기적인 특성 확인 ③ 어레이 접지상태 확인 구조물, 전지 시설 상태 확인
준비 서류	① 단선 결선도 ② 절연내력시험 성적서 ③ 절연저항 시험 성적서 ④ 보호 장치 및 계전기 시험 성적서 ⑤ 부대설비 시험 성적서 ⑥ 경보회로 시험 성적서
합격 기준	전기설비기술기준에 적합

(3) 인버터 검사

검사 시기	전 회 검사 후 4년 이내
검사 항목	① 외관검사 ② 절연저항 ③ 절연내력 ④ 제어회로 및 경보장치 ⑤ 역방향운전 제어시험 ⑥ 단독운전 방지시험 ⑦ 인버터 자동수동 절체시험 ⑧ 충전기능시험
준비 서류	① 단선 결선도 ② 절연저항 시험 성적서 ③ 절연내력시험 성적서 ④ 시퀀스 도면 ⑤ 경보회로 시험 성적서 ⑥ 부대설비 시험 성적서 ⑦ 보호 장치 및 계전기 시험 성적서
합격 기준	전기설비기술기준에 적합

(4) 변압기 검사

검사 시기	전 회 검사 후 4년 이내
검사 항목	① 규격확인 ② 외관검사 ③ 절연저항 ④ 보호 계전기 및 계전기 ⑤ 조작용 전원 및 회로 점검 ⑥ 절연유 내압시험 ⑦ 제어회로 및 경보장치
준비 서류	① 전 회 검사서 ② 시퀀스 도면 ③ 절연유 내압 시험 성적서 ④ 절연저항 시험 성적서 ⑤ 경보회로 시험 성적서 ⑥ 보호 계전기 시험 성적서 ⑦ 계기교정 시험 성적서
합격 기준	전기설비기술기준에 적합

(5) 차단기 검사

검사 시기	전 회 검사 후 4년 이내	
검사 항목	① 규격확인 ③ 절연저항 ⑤ 개폐 표시상태 확인	② 외관검사 ④ 조작용 전원 및 회로 점검 ⑥ 제어회로 및 경보장치
준비 서류	① 전 회 검사서 ③ 계기교정 시험 성적서 ⑤ 경보회로 시험 성적서	② 개폐기 인터록 도면 ④ 절연저항 시험 성적서
합격 기준	전기설비기술기준에 적합	

(6) 부하운전 검사

검사 시기	전 회 검사 후 4년 이내
검사 항목	인버터 운전상태
준비 서류	일사량 특성곡선
합격 기준	공사계획 인가(신고)출력에서 일사량 대비 기능출력으로 운전

(7) 차단기의 일상순시점검 사항

① 코로나 방전 등에 의한 이상한 소리가 없는지
② 코로나 방전 또는 과열에 의한 냄새가 나지 않는지
③ GCB에서 가스누출은 없는지
④ 표시는 정확한지
⑤ 기계적인 수명횟수에 도달해 있지 않은지

(8) 축전지의 일상점검 시 육안점검 항목

① 변색 ② 변형
③ 팽창 ④ 이취
⑤ 액면저하 ⑥ 온도상승

(9) 배전반 제어회로의 배선에 대한 일상점검 항목

① 전선 지지물의 탈락 여부
② 과열에 의한 이상한 냄새의 여부
③ 가동부 등의 연결전선의 절연피복 손상 여부

(10) 태양광발전시스템 정기점검 기간

100 kW 미만은 연 2회 이상, 100 kW 이상은 격월 1회, 300 kW 이상은 월 1 ~ 4회 점검, 3 kW 미만은 정기점검을 하지 않아도 된다.

2-4 측정 및 성능평가

(1) 태양전지 모듈 어레이의 개방전압 측정목적

① 동작 불량의 태양전지 모듈 검출
② 태양전지 모듈의 잘못 연결된 극성 검출
③ 직렬 접속선의 결선 누락사고 검출

(2) 태양광발전시스템에서 태양전지 어레이 측 개방전압 측정 순서

① 접속함의 출력 개폐기를 off(개방) 한다.
② 접속함의 각 스트링의 단로 스위치를 모두 off(개방) 한다.
③ 각 모듈에 음영이 있는지를 확인한다.
④ 측정하는 스트링의 단로 스위치만 on(단락)시키고, 직류 전압계로 각 스트링의 (+), (-) 단자의 전압을 측정한다.

(3) 태양광발전시스템에서 인버터 출력측 절연저항 측정 순서

① 태양전지 회로를 접속함에서 분리한다(차단기 off).
② 분전반 내의 차단기를 off(개방) 한다.
③ 직류측의 모든 입력단자 및 교류측의 모든 출력단자를 각각 on(단락) 한다.
④ 교류단자와 대지간의 절연저항을 측정한다.

(4) 후크 온 미터(클램프 미터)의 전류 측정법

① 레인지 절환 탭을 돌려 전류의 최대치에 놓는다.
② 클램프를 개방하여 도체를 클램프 철심의 중앙에 오도록 한다.
③ 지시치가 작을 때는 아래 레인지로 돌려 측정한다.
④ 눈금을 읽기 어려운 장소에서 측정할 때는 지침 스톱 버튼을 움직여 지침을 정지시킨 후에 분리하여 눈금을 읽는다.

(5) 태양광발전시스템의 성능평가 요소

① 발전성능
② 신뢰성
③ 사이트
④ 경제성

(6) 전기설비에서 전류 고장 발생 요인

① 절연 불량

② 전기적 요인
③ 기계적 요인
④ 열적 요인

(7) 항목에 따른 가장 알맞은 측정 계측기

① 배전선의 전류 : 후크 온 미터
② 변압기의 절연저항 : 메거(절연 저항계)
③ 검류계의 내부저항 : 휘트스톤 브리지
④ 전해액의 저항 : 클라우시 브리지
⑤ 절연재료의 고유저항 : 메거(절연 저항계)

참고 일사량 특성곡선이 필요한 검사는 부하운전 검사이다.

(8) 기타

① 대통령령으로 정하는 규모 이상의 사용자 : 수전설비용량이 30 MVA 이상인 전기사용자
② 대통령령으로 정하는 규모 이하의 발전사업자 : 설비용량이 20 MW 이하인 발전사업자
③ 주 회로 단로기의 주 도전부 측정장비는 1000 V 메거이고, 절연값은 500 MΩ 이상이다.

2-5 유지관리

(1) 유지관리 필요서류

① 주변지역의 현황도 및 관계서류
② 지반 보고서 및 실험 보고서
③ 준공시점에서의 설계도, 구조 계산서, 설계도면, 표준 시방서, 견적서
④ 보수, 개수 시의 상기 설계도서류 및 작업 기록
⑤ 공사 계약서, 시공도, 사용재료의 업체명 및 품명
⑥ 공정사진, 준공사진
⑦ 관련 인·허가서류

(2) 유지관리 지침서

① 시설물의 규격 및 기능 설명서
② 시설물의 관리에 대한 의견서
③ 시설물 관리법
④ 특이사항

(3) 태양광발전 유지관리·보수를 위한 계획 수립 시 고려사항

① 설비의 중요도
② 고장이력
③ 부하상태
④ 환경조건
⑤ 설비의 사용기간

(4) 태양광발전시스템의 운전상태에 따른 발생신호

① 정상운전

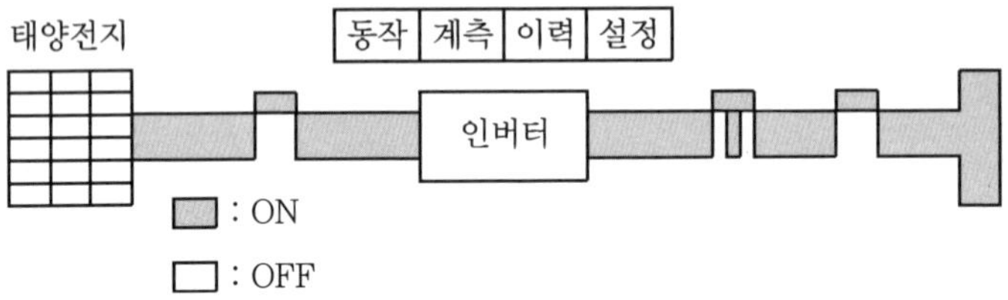

② 태양전지 이상

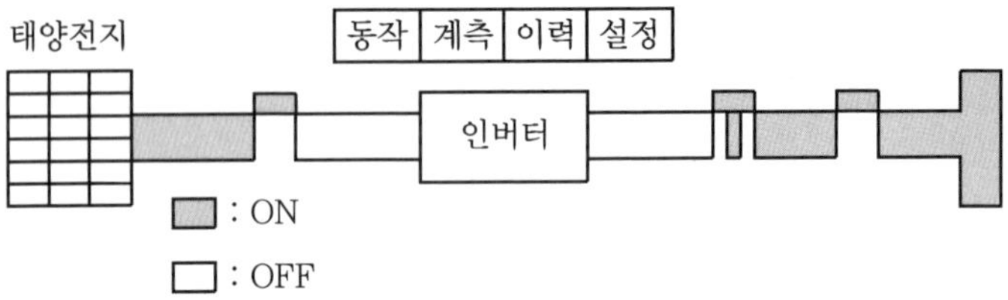

③ 인버터 이상

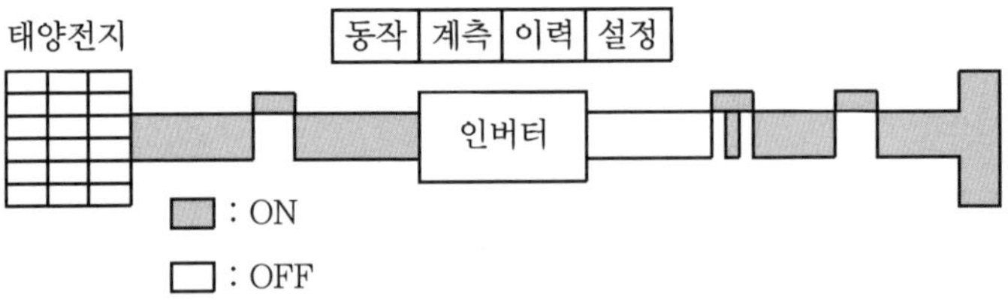

단원 예상문제

신재생에너지(태양광) 발전설비기사

1. 태양광발전설비의 일상점검 항목이 아닌 것은?

① 모듈간 배선의 손상 여부
② 인버터의 이상음 발생 여부
③ 접지저항의 규정값 이하 여부
④ 모듈 표면의 오염 및 파손 여부

해설 접지저항은 일상점검이 아닌 측정사항이다.

2. 태양광발전 송·변전설비의 일상순시점검 내용으로 틀린 것은?

① 접지선의 단선, 부식 여부를 확인한다.
② 모선 지지물의 이상소음, 이상한 냄새가 없는지 확인한다.
③ 모든 설비는 정전상태를 유지하고 주요 충전부는 접지를 한다.
④ 외함을 열어 확인하는 경우 안전장구를 착용하고 충전부와 이격거리를 유지한다.

해설 정전상태를 유지하고 행하는 검사는 정기점검이다.

3. 일상점검 시 축전지의 육안점검 항목으로 틀린 것은?

① 통풍 ② 변색
③ 팽창 ④ 변형

해설 축전지의 육안점검 항목은 변색, 변형, 팽창, 액면저하, 온도상승, 이취 등이다.

4. 일상점검 시 인버터의 육안검사 점검항목이 아닌 것은?

① 이상음, 악취, 발열
② 외함의 부식 및 파손
③ 가대의 부식 및 녹
④ 외부배선(접속 케이블) 손상

해설 가대의 부식 및 녹은 태양전지 어레이의 육안검사 항목이다.

5. 태양광발전 어레이의 일상점검 시 외관검사 방법 중 관찰사항으로 틀린 것은?

① 접지저항 검사
② 변색, 낙엽 등의 유무
③ 가대의 녹 발생 유무
④ 태양광발전 어레이 표면의 오염 검사

해설 접지저항은 측정사항이므로 외관검사가 아니다.

6. 배전반 외부에서 이상한 소리, 냄새, 손상 등을 점검항목에 따라 점검하며 이상상태 발견 시 배전반 문을 열고 이상 정도를 확인하는 점검은?

① 일상점검 ② 임시점검
③ 정기점검 ④ 특별점검

해설 이상한 소리, 냄새, 손상 등은 일상점검이다.

7. 태양전지 어레이의 점검항목 중 육안점검 사항이 아닌 것은?

① 단자대의 나사풀림
② 지붕재의 파손
③ 가대의 접지
④ 표면의 오염 및 파손

해설 단자대의 나사풀림은 접속함의 외관검사에 해당한다.

정답 1. ③ 2. ③ 3. ① 4. ③ 5. ① 6. ① 7. ①

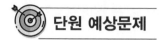

8. 태양광발전시스템 정기점검에 대한 설명으로 틀린 것은?

① 점검, 시험은 원칙적으로 지상에서 실시한다.
② 100 kW 미만의 경우는 매년 2회 이상 점검하여야 한다.
③ 100 kW 이상의 경우는 매월 1회 이상 점검하여야 한다.
④ 3 kW 미만의 태양광발전시스템은 법적으로는 정기점검을 하지 않아도 된다.

해설 100 kW 미만은 연 2회 이상, 100 kW 이상은 격월 1회, 300 kW 이상은 월 1 ~ 4회 점검, 3 kW 미만은 정기점검을 하지 않아도 된다.

9. 자가용 태양광발전설비의 정기적인 검사 주기는?

① 1년 ② 2년
③ 3년 ④ 4년

10. 태양전지 어레이 점검 시 가장 먼저 점검하여야 하는 것은?

① 단락전류 ② 정격전류
③ 개방전압 ④ 단락전압

해설 어레이 점검 시 가장 먼저 점검해야 하는 항목은 개방전압이다.

11. 태양광발전시스템 사용 전 검사 및 정기검사, 안전 관리자 선임과 관련된 법은?

① 전기사업법
② 전기공사업법
③ 전력기술관리법
④ 한국전력공사규정

해설 사용 전 검사, 정기검사, 안전 관리자 선임 등은 전기사업법에 의한다.

12. 태양광발전시스템 중 설비 종류의 육안점검 항목이 아닌 것은?

① 유리 등의 표면의 오염 및 파손 확인
② 가대의 부식 및 녹 확인
③ 볼트가 규정된 토크 수치로 조여져 있는지 확인
④ 프레임 파손 및 변형 확인

해설 볼트가 규정된 수치로 조여져 있는지는 치수상의 점검이므로 육안점검이 아니다.

13. 송·변전설비 유지관리 시 배전반의 일상순시점검 대상이 아닌 것은?

① 외함
② 접지
③ 주 회로 단자부
④ 모선 및 지지물

해설 송·변전설비 일상점검 : 외함, 모선 및 지지물, 단자대, 접지 등이다.

14. 자가용 전기설비의 정기검사 항목 중 태양전지의 전기적 특성시험 항목으로 틀린 것은?

① 절연저항 ② 개방전압
③ 단락전류 ④ 최대 출력전압

해설 태양전지의 전기적 특성시험 항목 : 출력전력, 단락전류, 개방전압, 최대 출력전압, 전류 충진율, 전력변환효율이다.

15. 전기사업용 전기설비 검사를 받고자 하는 자는 검사 희망일 7일 전에 정기검사를 어디에 신청하여야 하는가?

① 한국전력공사
② 한국전력거래소
③ 한국전기안전공사
④ 한국전기기술인협회

정답 ● 8. ③ 9. ④ 10. ③ 11. ① 12. ③ 13. ③ 14. ① 15. ③

16. **태양광발전시스템의 인버터 정기점검 중 육안점검 사항이 아닌 것은?**

① 투입저지 시한 타이머 동작시험
② 접지선의 손상 및 접속단자 이완
③ 외부배선의 손상 및 접속단자 이완
④ 운전 시 이상음, 이취 및 진동 유무

해설 투입저지 시한 및 타이머 동작시험은 육안검사가 아니다.

17. **배전반 제어회로의 배선에 대한 일상점검 항목이 아닌 것은?**

① 전선 지지물의 탈락 여부
② 과열에 의한 이상한 냄새 여부
③ 볼트류 등의 조임 이완에 따른 진동음 유무
④ 가동부 등의 연결전선의 절연피복 손상 여부

해설 일상점검은 공구를 사용하거나 측정을 하지 않는다.

18. **태양광발전시스템의 점검 중 일상점검에 관한 내용으로 틀린 것은?**

① 이상상태를 발견한 경우에는 배전반 등의 문을 열고 이상 정도를 확인한다.
② 원칙적으로 정전을 시켜놓고 무전압 상태에서 기기의 이상상태를 점검하고 필요에 따라서는 기기를 분리하여 점검한다.
③ 주로 점검자의 감각(오감)을 통해서 실시하는 것으로 이상한 소리, 냄새, 손상 등을 점검 항목에 따라서 행해야 한다.
④ 이상상태가 직접 운전을 하지 못할 정도로 전개된 경우를 제외하고는 정기점검 시에 이상상태 내용에 대해 참고자료를 활용한다.

해설 무전압상태에서 이상상태를 점검하는 것은 정기점검에 해당된다.

19. **태양전지 어레이의 일상점검 항목 중 육안점검 사항이 아닌 것은?**

① 표시부의 이상 표시
② 표면의 오염 및 파손
③ 지지대의 부식 및 녹
④ 외부배선(접속 케이블)의 손상

해설 어레이는 표시부가 없다.

20. **자가용 전기설비 중 태양광발전시스템 정기검사 시 태양전지의 세부검사 항목이 아닌 것은?**

① 어레이 ② 외관검사
③ 규격확인 ④ 절연내력

해설 태양전지의 세부검사 항목에 절연내력은 포함되지 않는다.

21. **태양광발전 모듈의 정기점검 시 육안점검 항목으로 옳은 것은?**

① 단자전압
② 절연저항
③ 접지선의 접속 및 접속단자의 이완
④ 투입저지 시한 타이머 동작시험

해설 접지선의 접속상태, 접속단자의 고정상태는 태양전지 모듈의 육안점검 항목이다.

22. **태양광발전시스템에서 태양전지 스트링과 모듈의 동작 불량, 직렬 접속선의 결선 누락 등을 확인하기 위한 점검방법은?**

① 개방전압 측정 ② 단락전류 측정
③ 운전상황 점검 ④ 일상점검

해설 모듈의 불량 여부, 직렬접속의 전압 등은 개방전압의 측정을 통해서 확인할 수 있다.

정답 16. ① 17. ③ 18. ② 19. ① 20. ④ 21. ③ 22. ①

23. 태양광발전시스템의 점검에서 유지보수 점검의 종류가 아닌 것은?

① 일상점검 ② 정기점검
③ 일시점검 ④ 임시점검

해설 유지보수의 점검에는 일상점검, 정기점검, 임시점검이 있다.

24. 태양광발전시스템에서 사용되는 배선 케이블의 손상 유무를 파악하는 육안점검 사항으로 틀린 것은?

① 배선의 변색 및 변형
② 배선의 결선상태
③ 배선의 늘어짐
④ 배선의 저항

해설 저항은 육안으로는 파악이 되지 않는 항목이다.

25. 태양광발전시스템의 정기점검에서 절연저항 측정의 대상이 아닌 것은?

① 인버터
② 접속함
③ 축전지
④ 태양광발전용 개폐기

해설 축전지에서 절연저항은 검사항목이 아니다.

26. 전력량계의 점검항목 중 계기용 변압·변류기의 점검내용으로 틀린 것은?

① 가스압 저하 여부
② 절연물 등에 균열, 파손, 손상 여부
③ 단자부, 볼트류 조임 이완 여부
④ 부싱 등에 이물질 및 먼지의 부착 여부

해설 가스는 변압기나 변류기에는 없는 항목이다.

27. 접속함의 정기점검 항목으로 틀린 것은?

① 접지선의 손상
② 외부배선의 손상
③ 운전 시 이상음
④ 외함의 부식 및 파손

해설 운전 시 이상음은 일상점검 항목이다.

28. 태양광발전 모듈 및 어레이의 점검방법을 설명한 것으로 틀린 것은?

① 태양광발전 모듈은 현장 이동 중 파손될 수 있으므로 시공 시 외관검사를 해야 한다.
② 먼지가 많은 설치장소에서는 태양광발전 모듈 표면의 오염검사와 청소 유무를 확인한다.
③ 태양광발전 모듈 표면 유리의 금, 변형, 이물질에 대한 오염과 프레임 등의 변형 및 지지대 등의 녹 발생 유무를 확인한다.
④ 태양광발전 모듈을 고정형이나 추적형으로 설치할 경우에는 세부적인 점검이 곤란하므로 시험 성적서를 확인하여 점검을 대체한다.

해설 모듈의 설치(공사) 시 어레이 고정식이나 추적식은 세부점검이 가능하다.

29. 송·배전설비의 유지관리 시 점검 후의 유의사항으로 옳은 것은?

① 철저한 준비 및 연락
② 회로도에 의한 검토
③ 임시 접지선 제거 및 최종 확인
④ 무전압상태 확인 및 안전조치

해설 안전상 임시 접지선은 점검 후 제거한다.

정답 23. ③ 24. ④ 25. ③ 26. ① 27. ③ 28. ④ 29. ③

30. 인버터의 유지관리 내용으로 틀린 것은?

① 전원이 입력된 상태이거나 운전 중에는 커버를 열지 말아야 한다.
② 감전의 위험이 있으므로 젖은 손으로 스위치를 조작하지 않는다.
③ 전선의 피복이 손상되었을 경우에는 제조사에 연락을 취하고 운전을 계속 한다.
④ 인버터 내부에는 나사나 물, 기름 등의 이물질이 들어가지 않게 해야 한다.

해설 전선의 피복 손상 시 운전을 계속해서는 안 된다.

31. 태양광발전시스템 유지보수 점검 시 보통 유지해야 할 절연저항은 몇 MΩ 인가?

① 1.0 ② 2.0
③ 3.0 ④ 4.0

32. 독립형 태양광발전설비 유지보수 중 일상점검 항목이 아닌 것은?

① 인버터의 이상 과열
② 지지대의 부식
③ 접속함의 개방전압
④ 축전지의 액면 저하

해설 개방전압은 측정항목이다.

33. 태양광발전시스템 보수점검 시 점검 전의 유의사항으로 틀린 것은?

① 점검 전에 접지선을 제거한다.
② 절연용 보호 기구를 준비한다.
③ 응급조치 방법 및 설비, 기계의 안전을 확인한다.
④ 비상 연락망을 사전 확인하여 만일의 사태에 신속히 대처한다.

해설 접지선의 제거는 점검 후에 제거한다.

34. 태양광발전시스템의 운전상태에 따른 발생신호에 대한 설명으로 틀린 것은?

① 인버터에 이상이 발생하면 인버터는 자동으로 정지하고 이상신호를 나타낸다.
② 태양전지 전압이 저전압 또는 과전압이 되면 이상신호를 나타내고, 인버터의 MC는 on 상태로 정지한다.
③ 한전 전력계통에서 정전이 발생하면 0.5초 이내에 인버터는 정지하고, 복전 확인 후 5분 이후에 재기동한다.
④ 정상운전 시에는 태양전지로부터 전력을 공급받아 인버터가 계통전압과 동기로 운전을 하며 계통과 부하에 전력을 공급한다.

해설 태양전지 전압이 저전압 또는 과전압이 되면 이상신호를 나타내고, 인버터의 MC는 off 상태로 정지한다.

35. 태양광발전시스템 성능평가의 분류로 틀린 것은?

① 신뢰성 ② 경제성
③ 설치형태 ④ 발전성능

해설 시스템 성능평가 요소 : 경제성, 신뢰성, 발전성능

36. 송·변전설비 유지관리 점검의 종류에서 원칙적으로 정전을 시키고 무전압상태에서 기기의 이상상태를 점검하고 필요에 따라서는 기기를 분해하여 점검하는 방식은 무엇인가?

① 일상점검 ② 육안점검
③ 정기점검 ④ 수시점검

해설 무전압상태에서의 점검방식은 정기점검이다.

정답 30. ③ 31. ① 32. ③ 33. ① 34. ② 35. ③ 36. ③

37. **일상정기점검에 의한 처리 중 절연물의 보수에 대한 내용으로 틀린 것은?**

① 절연물에 균열, 파손, 변형이 있는 경우에는 부품을 교체한다.
② 합성수지 적층판이 오래되어 헐거움이 발생되는 경우에는 부품을 교체한다.
③ 절연물의 절연저항이 떨어진 경우에는 종래의 데이터를 기초로 하여 계열적으로 비교·검토한다.
④ 절연저항 값은 온도, 습도 및 표면의 오염상태에 따라서 크게 영향을 받지 않으므로 양부의 판정이 쉽다.

해설 절연저항 값은 온도, 습도 및 표면의 오염상태에 따라서 변한다.

38. **사업용 태양광발전설비의 사용 전 검사 중 차단기 본체 검사의 세부검사 내용이 아닌 것은?**

① 절연내력
② 접지 시공상태
③ tap 절환장치
④ 절연유 및 내압시험(OCR)

해설 사용 전 검사 중 차단기 본체 검사의 세부검사 내용 : 접지 시공상태, 절연내력, 절연유 및 내압시험

39. **중대형 태양광발전용 인버터의 누설전류에 대한 설명이 아닌 것은?**

① 품질기준은 누설전류가 5 mA 이하이다.
② 교류전원을 정격전압 및 정격 주파수로 운전한다.
③ 직류전원은 인버터 출력이 정격출력이 되도록 설정한다.
④ 인버터의 기체와 대지 사이에 100 Ω 이상의 저항을 접속한다.

해설 인버터의 기체와 대지 사이에 1 kΩ 이상의 저항을 접속한다.

40. **태양광발전시스템 점검계획 시 고려해야 할 사항이 아닌 것은?**

① 고장이력
② 환경조건
③ 부하 종류
④ 설비의 중요도

해설 시스템 점검계획 시 고려사항 : 설비의 중요도, 설비의 사용기간, 환경조건, 고장이력, 부하상태 등이다.

41. **인버터의 전압 왜란(distortion)을 측정하기 위한 방법이 아닌 것은?**

① 인버터 수치 읽기
② AC 회로시험
③ 전력망 분석
④ I-V 곡선

해설 왜란 측정은 AC 측정이고, I-V 곡선은 DC 측정에 의한 특성곡선이므로 왜란과는 거리가 먼 사항이다.

42. **한전계통에 순간 정전이 발생하여 태양광발전 인버터가 정지 시 동작되는 계전기는 무엇인가?**

① 주파수 계전기
② 과전압 계전기
③ 역상 계전기
④ 저전압 계전기

해설 전압이 떨어지는 경우이므로 저(부족) 전압 계전기이다.

정답 37. ④ 38. ③ 39. ④ 40. ③ 41. ④ 42. ④

43. 태양전지 어레이 출력확인을 위해 개방전압을 측정할 때의 순서를 바르게 나열한 것은?

㉠ 각 모듈이 그늘로 되어 있지 않은 것을 확인한다. ㉡ 접속함의 각 스트링 MCCB 또는 퓨즈를 off 한다. ㉢ 접속함의 출력 개폐기를 off 한다. ㉣ 측정하려는 스트링의 MCCB 또는 퓨즈를 on하여 측정한다.

① ㉠→㉡→㉢→㉣
② ㉠→㉢→㉡→㉣
③ ㉡→㉢→㉠→㉣
④ ㉢→㉡→㉠→㉣

해설 개방전압의 측정 순서 : 접속함의 출력 개폐기 off→각 스트링의 MCCB 또는 퓨즈를 off→모듈의 그늘짐 확인→측정하려는 스트링의 MCCB 또는 퓨즈를 on→스트링의 (+), (−)간의 전압 측정

44. 태양광발전설비에 설치된 퓨즈의 고장을 점검하기 위한 방법으로 적합하지 않은 것은?

① 육안검사 ② 다기능 측정
③ 전력망 분석 ④ 입·출력 측정

해설 전력망 분석은 교류회로에 해당한다.

45. 인버터에 'Solar Cell UV Fault'로 표시되었을 경우의 현상으로 옳은 것은?

① 태양전지 전압이 규정치 이하일 때
② 태양전지 전압이 규정치 초과일 때
③ 태양전지 전류가 규정치 이하일 때
④ 태양전지 전류가 규정치 이상일 때

해설 Solar Cell UV Fault : UV는 Under Volt로 전압부족(규정전압 이하)을 나타낸다.

46. 태양광발전시스템의 고장원인 중 모듈의 고장원인으로 틀린 것은?

① 제조결함 및 시공 불량
② 모듈 내부의 환기 불량으로 인한 열화
③ 전기적, 기계적 스트레스에 의한 셀의 파손
④ 주위환경(염해, 부식성 가스 등)에 의한 부식

해설 고장원인 : 시공 불량, 셀의 파손, 부식

47. 인버터에 누전이 발생했을 경우 인버터에 표시되는 내용으로 옳은 것은?

① Serial communication fault
② Line inverter async fault
③ Inverter M/C fault
④ Inverter ground fault

48. 유지관리에 필요한 기술자료의 수집, 기술의 연수, 보전기술의 제반비용 등으로 구성되는 유지 관리비의 항목은 무엇인가?

① 개량비
② 유지비
③ 운용 지원비
④ 일반 관리비

해설 유지 관리비 구성항목 : 일반 관리비, 유지비, 운용 지원비(기술자료 수집, 기술연수 등 제반비용)

49. 태양광발전시스템 유지보수 점검(일상점검, 정기점검) 시 점검빈도가 높은 것은?

① 육안점검
② 절연저항 점검
③ 소음 및 진동 점검
④ 전압 및 전류 점검

정답 43. ④ 44. ③ 45. ① 46. ② 47. ④ 48. ③ 49. ①

50. **인버터 과온(inverter over temperature) 고장표시가 있을 때 가장 먼저 조치하는 방법으로 적절한 것은?**

① 인버터 누설전류를 확인한다.
② 인버터의 냉각계통의 이상 유무를 확인한다.
③ 송전설비와 연결되는 배전선의 절연저항을 확인한다.
④ 고조파의 국부과열 여부를 확인하기 위해 고조파 함유율을 조사한다.

해설 과온 시 우선적으로 냉각계통의 이상 유무를 확인한다.

51. **태양광발전 전원이 연계된 배전선로에서 사고 발생 시 배전계통을 보호하는 보호협조기기에 해당하지 않는 것은?**

① 배전용 변전소 차단기
② 인터럽터 스위치
③ 리클로저
④ 고조파 계전기

해설 고조파 계전기는 배전계통을 보호하는 보호협조기기가 아니다.

52. **태양광발전 유지관리 시 비치하여야 하는 장비가 아닌 것은?**

① 유온계
② 전력계측기
③ 멀티테스터
④ 적외선 온도 측정기

해설 태양광발전 유지관리 시 비치하여야 하는 장비 : 멀티테스터, 전력계측기, 적외선 온도 측정기 등이다.

53. **태양광발전시스템의 스트링 다이오드의 결함을 점검하기 위한 방법은?**

① 육안검사
② 입·출력 전압 측정
③ 접지저항 측정
④ 과·저전압 측정

해설 다이오드의 (+), (−)간의 전압차가 0.6 ~ 0.7 V이면 정상이므로 입·출력 전압 측정으로 이를 파악한다.

54. **인버터의 효율을 측정하기 위한 방법으로 적합하지 않은 것은?**

① 입·출력 측정 ② AC 회로시험
③ 전력망 분석 ④ 절연저항 측정

해설 절연저항 측정은 인버터의 효율과는 무관하다.

55. **태양전지 모듈인증 시험 절차가 아닌 것은?**

① 육안검사
② 온도계수 측정
③ 습도-결빙시험
④ I-V 특성시험

해설 태양전지 모듈인증 시험 절차 포함사항 : 절연시험, 온도계수 측정, 육안검사, 염수분무시험, 고온고습시험

56. **태양전지 어레이 개방전압 측정 시 주의사항으로 틀린 것은?**

① 각 스트링의 측정은 안정된 일사강도가 얻어질 때 실시한다.
② 셀은 비 오는 날에도 미소한 전압이 발생하고 있으니 주의한다.
③ 직류 전류계로 측정한다.
④ 측정시간으로 맑은 날 해가 남쪽에 있을 때 1시간 동안은 피한다.

해설 측정시간은 맑은 날 해가 남쪽에 있을 때 1시간 동안에 실시하는 것이 좋다.

정답 50. ② 51. ④ 52. ① 53. ② 54. ④ 55. ④ 56. ④

57. 태양광발전시스템 정기점검 사항 중 인버터의 투입저지 시한 타이머 동작시험 관련 인버터가 정지하여 자동기동할 때는 몇 분 정도의 시간이 소요되는가?

① 10분 ② 5분
③ 3분 ④ 1분

58. 태양전지 모듈 어레이의 개방전압 측정의 목적이 아닌 것은?

① 인버터의 오동작 여부 검출
② 동작 불량의 태양전지 모듈 검출
③ 태양전지 모듈의 잘못 연결된 극성 검출
④ 직렬 접속선의 결선 누락사고 검출

해설 어레이의 개방전압 측정은 인버터와는 무관하다.

59. 결정질 태양전지 모듈 성능평가를 위한 시험장치가 아닌 것은?

① 염수분무장치
② 솔라 시뮬레이터
③ 기계적 하중시험장치
④ 테스트 핑거 및 테스트 핀

해설 결정질 태양전지 모듈 성능평가를 위한 시험장치 : 솔라 시뮬레이터, 항온항습장치, 염수분무장치, UV시험장치, 단자 강도 시험장치, 기계적 하중시험장치

60. 태양광발전시스템에서 사용되는 송·변전 시스템 점검사항 중 비상정지회로의 점검은 언제 수행하여야 하는가?

① 일시점검 시
② 외관점검 시
③ 정기점검 시
④ 일상순시점검 시

해설 비상정지회로의 점검은 정기점검 시에 수행한다.

61. 소형 태양광발전용 3상 독립형 인버터의 경우 부하 불평형 시험 시 정격용량에 해당하는 부하를 연결한 후 U상, V상, W상 중 한 상의 부하를 0으로 조정한 다음 몇 분 동안 운전하는가?

① 10분 ② 15분
③ 30분 ④ 40분

62. 인버터의 계통전압이 규정치 이상일 경우 인버터의 표시내용으로 옳은 것은?

① Utility line fault
② Line phase sequence fault
③ Line over voltage fault
④ Inverter over current fault

해설
- Utility line fault : 계통 정전
- Line phase sequence fault : 계통 역상
- Line over voltage fault : 계통 과전압
- Inverter over current fault : 인버터 과전류

정답 57. ② 58. ① 59. ④ 60. ③ 61. ③ 62. ③

Chapter 3

태양광발전시스템 안전관리

3-1 시공 안전관리

(1) 전기기술기준의 안전원칙 3가지

① 감전, 화재, 그 밖에 사람에게 위해를 주거나 손상이 없도록 시설

② 사용목적에 적절하고, 안전하게 작동해야 하며 그 손상으로 인하여 전기공급에 지장을 주지 않도록 시설

③ 다른 전기설비, 그 밖의 물건의 기능에 전기적 또는 자기적 장애를 주지 않도록 시설

(2) 전기안전작업 수칙

① 작업자는 시계, 반지 등 금속체 물건을 착용해서는 안 된다.

② 정전 작업 시 안전표찰을 부착하고, 출입을 제한시킬 필요가 있을 시 구획로프를 설치한다.

③ 고압 이상의 전기설비는 반드시 안전 보장구를 착용한 후 조작한다.

④ 비상용 발전기 가동 전 비상전원공급 구간을 반드시 재확인한다.

⑤ 작업완료 후 전기설비의 이상 유무를 확인 후 통전한다.

(3) 한국전기안전공사의 업무

① 전기안전에 관한 조사

② 전기안전에 대한 기술개발 및 보급

③ 전기안전에 관한 전문교육 및 정보의 제공

④ 전기안전에 대한 홍보

⑤ 전기안전에 관한 국제기술협력

⑥ 전기설비에 대한 검사, 점검 및 기술지원

⑦ 전기사고의 재발방지를 위한 전기사고의 원인, 경위 등에 대한 조사

(4) 전기안전공사 대행 사업자

① 1 MW 미만의 전기수용설비

② 1 MW 미만의 태양광발전설비

③ 300 kW 미만의 발전설비(단, 비상용 예비발전설비 : 500 kW 미만)
 * 둘 이상의 합계가 1050 kW 미만

(5) 개인 사업자

① 500 kW 미만의 전기수용설비
② 250 kW 미만의 태양광발전설비
③ 150 kW 미만의 발전설비(단, 비상용 예비발전설비 : 300 kW 미만)

(6) 전기안전관리자

① 20 kW 이하 : 미선임
② 20 kW 이상 : 안전관리자 선임
③ 1000 kW 미만 : 대행자

3-2 설비 안전관리

(1) 설비 검사주기

① 연간 2회 이상
② 월 1회 이상 책임 감독자가 점검

(2) 공사하자 담보 책임기간

① 발전설비공사 : 철골 구조물 7년
② 지중 송·배전설비공사 5년
③ 한전 배전설비공사 3년

3-3 작업 중 안전대책

(1) 추락 예방 : 안전모, 안전화, 안전대 착용, 안전난간대 설치

(2) 감전사고 대책

① 절연장갑 착용
② 절연 처리된 공구를 사용
③ 강우 시 작업 금지
④ 작업 전 태양광 모듈 표면에 차광막을 씌워 태양광을 차단

(3) 활선 작업

① 안전대책

㈎ 충전전로의 방호

㈏ 작업자 절연 보호

㈐ 안전거리 확보

* 안전을 위한 접근 한계거리는 22 kV 이하 : 20 cm, 22 kV 초과 33 kV 이하 : 30 cm

② 주의사항

㈎ 작업 시 전기회로를 정전시킨 경우는 개폐기의 시건, 출입금지 조치, '작업 중 송전금지' 표시를 한다.

㈏ 작업 전 작업장소의 도체는 대지전압이 7000 V 이하일 때는 절연용 방호구를, 7000 V를 초과 시는 활선장구를 이용한다.

(4) 정전 작업 및 작업 순서

① 작업 전 전원차단

② 작업장소의 무전압 여부 확인

③ 단락접지 수행

④ 작업장소 보호

⑤ 차단기, 부하 개폐기로 개로 → 단로기는 무부하 확인 후 개로 → 검전기로 검전 → 검전 종료 후 잔류전하 방전

* 정전 작업 중에 통전표시 또는 감시인을 통해 오통전 방지

(5) 안전교육

① 정기교육 : 매월 2시간, 수시교육

② 수시교육 : 신규채용 1시간 이상, 작업내용 변경 1시간 이상

③ 전기안전관리 업무 실태조사 : 연 1회 이상

3-4 안전장비

(1) 절연용 보호구

① 안전모

② 안전화 : 직류 750 V, 교류 600 V 이하 작업용

③ 절연장화, 절연고무장갑 : 7000 V 이하 작업용

(2) 절연용 방호구 : 2500 V 이하 전로의 활선 작업 시

(3) 검출용구 : 저압 및 고압 검전기, 활선접근경보기

(4) 전기안전 업무 대행자 구비장비

① 절연저항 측정기(500 V, 100 MΩ)
② 접지저항 측정기
③ 클램프미터
④ 저압 검전기
⑤ 온도계
⑥ 계전기 시험기
⑦ 고압 및 특고압 검전기
⑧ 적외선 온도 측정기

(5) 안전장비 보관요령

① 청결, 습기가 없는 장소에 보관
② 보호구는 사용 후 깨끗이 세척 후 보관
③ 보호구는 세척 후 건조
④ 한 달에 한 번 이상 책임자가 점검을 할 것

단원 예상문제

신재생에너지(태양광) 발전설비기사

1. 정전 작업 시 작업 전 조치사항이 아닌 것은?

① 단락접지의 수시 확인
② 전로의 개로 개폐기에 시건장치 설치
③ 검전기로 개로된 전로의 충전여부 확인
④ 전력 케이블 및 전력 콘덴서 등의 잔류전하 방전

해설 단락접지의 수시 확인이 아닌 작업 전 단락접지를 수행하여야 한다.

2. 전기재해를 예방하는 전기안전 규칙에 관한 설명 중 틀린 것은?

① 전기 작업을 할 때에는 되도록 두 손으로 안전하게 작업할 것
② 통전 표시기를 전선에 설치하여 전원의 투입상태를 감시할 것
③ 전원을 차단했더라도 전기설비 및 전기 선로에 전기가 흐른다는 생각으로 작업에 임할 것

정답 1. ① 2. ①

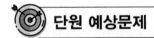

④ 배선용 차단기, 누전 차단기 등이 작업자의 안전을 보장하지 못하므로 정상 동작상태를 확인할 것

해설 전기 작업을 꼭 두 손으로 해야 하는 것은 아니다.

3. **태양광발전시스템 유지보수용 안전장비가 아닌 것은?**

① 안전모 ② 절연장갑
③ 절연장화 ④ 방진마스크

해설 방진마스크는 유지보수용 안전장비가 아니다.

4. **태양광발전시스템에서 유지보수 전의 안전조치로 틀린 것은?**

① 잔류전하를 방전시키고 접지시킨다.
② 검전기로 무전압상태를 확인한다.
③ 차단기 앞에 '점검 중' 표지판을 설치한다.
④ 차단기 단로기를 닫고 주 회로가 무전압이 되게 한다.

해설 유지보수 전의 안전조치 : 차단기 단로기를 열고 주 회로가 무전압이 되게 한다.

5. **절연고무장갑을 착용하여 감전사고를 방지하여야 하는 작업의 경우가 아닌 것은?**

① 충전부의 접속, 절단, 점검, 보수 등의 작업 시
② 건조한 장소에서 개폐기 개방, 투입의 경우
③ 활선상태의 배전용 지지물에 누설전류의 발생 우려가 있는 경우
④ 정전 작업 시 역송전이 우려되는 선로나 기기에 단락접지를 하는 경우

해설 건조한 장소에서 개폐기의 개방, 투입 시에는 절연고무장갑을 착용하지 않아도 된다.

6. **태양광발전시스템 작업 중 감전방지책으로 틀린 것은?**

① 절연 처리된 공구를 사용한다.
② 강우 시에는 작업을 중지한다.
③ 저압선로용 절연장갑을 착용한다.
④ 작업 전 태양광발전 모듈 표면을 외부로 노출한다.

해설 감전사고 대책
- 절연장갑 착용
- 절연 처리된 공구를 사용
- 강우 시 작업 금지
- 작업 전 태양광 모듈 표면에 차광막을 씌워 태양광을 차단

7. **태양광발전시스템의 안전관리 대책으로 추락사고 예방을 위한 조치사항이 아닌 것은?**

① 안전모 착용 ② 절연장갑 착용
③ 안전벨트 착용 ④ 안전난간대 설치

해설 추락사고 대책 : 안전모, 안전화, 안전대 착용, 안전난간대 설치

8. **안전장비의 보관요령으로 틀린 것은?**

① 사용 후 세척하여 그늘진 곳에 보관할 것
② 세척 후에는 건조시켜 보관할 것
③ 한 달에 한 번 이상 책임 있는 감독자가 점검을 할 것
④ 청결하고 습기가 없는 곳에 보관할 것

해설 세척 후에는 그늘진 곳을 피해 건조시켜 보관한다.

정답 3. ④ 4. ④ 5. ② 6. ④ 7. ② 8. ①

9. 태양광발전 점검 시 비치하여야 하는 안전관리장비가 아닌 것은?

① 클램프미터
② 온도계
③ 적외선 온도 측정기
④ 습도계

해설 전기안전관리 측정장비 : 절연저항 측정기, 클램프미터, 적외선 열화상 카메라, 접지저항 측정기, 저압 검전기, 고압 및 특고압 검전기, 온도계, 계전기 시험기

10. 태양광발전시스템의 안전관리 예방업무가 아닌 것은?

① 안전 관리비 실행집행 및 관리
② 안전 작업 관련 훈련 및 교육
③ 시설물 및 작업장 위험방지
④ 안전장구, 보호구, 소화설비의 설치, 정비

해설 안전 관리비 실행집행 및 관리는 예방업무가 아니다.

11. 접근경고 및 감전재해를 방지하기 위하여 사용하는 활성접근경보기의 사용범위가 아닌 것은?

① 활선에 근접하여 작업하는 경우
② 작업 중 착각, 오인 등에 의해 감전이 우려되는 경우
③ 보수 작업 수행 시 저압 또는 고압 충전 유무를 확인하는 경우
④ 정전 작업 장소에서 사선구간과 활선구간이 공존되어 있는 경우

해설 보수 작업 수행 시 저압 또는 고압 충전유무를 확인하는 경우에는 검전기를 사용한다.

12. 고압 활선 작업 시의 안전조치 사항이 아닌 것은?

① 절연용 보호구 착용
② 절연용 방호구 설치
③ 단락접지 기구의 철거
④ 활선용 장치 사용

해설 단락접지 기구의 철거는 작업 후의 조치사항이다.

13. 태양광발전시스템의 전기안전관리 업무를 전문으로 하는 자의 요건 중에서 개인장비가 아닌 것은?

① 절연안전모
② 저압 검전기
③ 접지저항 측정기
④ 절연저항 측정기

해설 절연안전모는 보호구에 해당한다.

14. 절연용 보호구는 몇 V 이하 전로의 활선 작업에 사용할 수 있는가?

① 500 ② 1000
③ 7000 ④ 10000

해설 절연용 보호구는 7000 V 이하의 활선 작업 시 작업자 몸에 부착하고 작업을 해야 한다.

15. 안전관리 대책 중 감전사고 대책으로 볼 수 없는 것은?

① 절연장갑 착용
② 누전 차단기 설치
③ 태양전지 모듈 등 전원 개방
④ 안전벨트 착용

해설 안전벨트는 추락방지용에 해당한다.

정답 9. ④ 10. ① 11. ③ 12. ③ 13. ① 14. ③ 15. ④

부록 1

기준 및 법규

Ⅰ. 한국전기설비규정(KEC)
Ⅱ. 분산형 전원 배전계통연계기술기준
Ⅲ. 신에너지 및 재생에너지 개발 · 이용 · 보급 촉진법(일부 발췌)
Ⅳ. 신 · 재생에너지법 시행령(일부 발췌)

Ⅰ. 한국전기설비규정(KEC)

* (제4장 전기철도설비, 제6장 발전용 화력설비, 제7장 발전용 수력설비는 제외)

1장 공통사항

| 100 총칙 |

101 목적

이 한국전기설비규정(Korea Electro-technical Code, KEC)은 전기설비기술기준 고시(이하 "기술기준"이라 한다)에서 정하는 전기설비("발전 · 송전 · 변전 · 배전 또는 전기사용을 위하여 설치하는 기계 · 기구 · 댐 · 수로 · 저수지 · 전선로 · 보안통신선로 및 그 밖의 설비"를 말한다)의 안전성능과 기술적 요구사항을 구체적으로 정하는 것을 목적으로 한다.

102 적용범위

한국전기설비규정은 다음에서 정하는 전기설비에 적용한다.

1. 공통사항
2. 저압전기설비
3. 고압 · 특고압전기설비
4. 전기철도설비
5. 분산형 전원설비
6. 발전용 화력설비
7. 발전용 수력설비
8. 그 밖에 기술기준에서 정하는 전기설비

| 110 일반사항 |

111 통칙

111.1 적용범위

1. 이 규정은 인축의 감전에 대한 보호와 전기설비 계통, 시설물, 발전용 수력설비, 발전용 화력설비, 발전설비 용접 등의 안전에 필요한 성능과 기술적인 요구사항에 대하여 적용한다.
2. 이 규정에서 적용하는 전압의 구분은 다음과 같다.
   (1) 저압 : 교류는 1 kV 이하, 직류는 1.5 kV 이하인 것
   (2) 고압 : 교류는 1 kV를, 직류는 1.5 kV를 초과하고, 7 kV 이하인 것
   (3) 특고 : 7 kV를 초과하는 것

112 용어 정의

이 규정에서 사용하는 용어의 정의는 다음과 같다.

"**가공인입선**"이란 가공전선로의 지지물로부터 다른 지지물을 거치지 아니하고 수용장소의 붙임점에 이르는 가공전선을 말한다.

"**가섭선(架涉線)**"이란 지지물에 가설되는 모든 선류를 말한다.

"**계통연계**"란 둘 이상의 전력계통 사이를 전력이 상호 융통될 수 있도록 선로를 통하여 연결하는 것으로 전력계통 상호간을 송전선, 변압기 또는 직류-교류변환설비 등에 연결하는 것을 말한다. 계통연락이라고도 한다.

"**계통외 도전부(Extraneous Conductive Part)**"란 전기설비의 일부는 아니지만 지면에 전위 등을 전해줄 위험이 있는 도전성 부분을 말한다.

"**계통접지(System Earthing)**"란 전력계통에서 돌발적으로 발생하는 이상현상에 대비하여 대지와 계통을 연결하는 것으로, 중성점을 대지에 접속하는 것을 말한다.

"**고장보호(간접접촉에 대한 보호, Protection Against Indirect Contact)**"란 고장 시 기기의 노출도전부에 간접 접촉함으로써 발생할 수 있는 위험으로부터 인축을 보호하는 것을 말한다.

"**관등회로**"란 방전등용 안정기 또는 방전등용 변압기로부터 방전관까지의 전로를 말한다.

"**급수설비**"란 수차(펌프수차) 및 발전기(발전전동기)등의 발전소 기기에 냉각수, 봉수 등을 급수하는 설비를 말하며, 급수펌프, 스트레이너, 샌드 세퍼레이터, 급수관 등을 포함하는 것으로 한다.

"**기본보호(직접접촉에 대한 보호, Protection Against Direct Contact)**"란 정상운전 시 기기의 충전부에 직접 접촉함으로써 발생할 수 있는 위험으로부터 인축을 보호하는 것을 말한다.

"**내부 피뢰시스템(Internal Lightning Protection System)**"이란 등전위 본딩 및/또는 외부 피뢰시스템의 전기적 절연으로 구성된 피뢰시스템의 일부를 말한다.

"**노출도전부(Exposed Conductive Part)**"란 충전부는 아니지만 고장 시에 충전될 위험이 있고, 사람이 쉽게 접촉할 수 있는 기기의 도전성 부분을 말한다.

"**단독운전**"이란 전력계통의 일부가 전력계통의 전원과 전기적으로 분리된 상태에서 분산형 전원에 의해서만 운전되는 상태를 말한다.

"**단순 병렬운전**"이란 자가용 발전설비 또는 저압 소용량 일반용 발전설비를 배전계통에 연계하여 운전하되, 생산한 전력의 전부를 자체적으로 소비하기 위한 것으로서 생산한 전력이 연계계통으로 송전되지 않는 병렬 형태를 말한다.

"**동기기의 무 구속속도**"란 전력계통으로부터 떨어져 나가고, 또한 조속기가 작동하지 않을 때 도달하는 최대 회전속도를 말한다.

"**등전위 본딩(Equipotential Bonding)**"이란 등전위를 형성하기 위해 도전부 상호 간을 전기적으로 연결하는 것을 말한다.

"**등전위 본딩망(Equipotential Bonding Network)**"이란 구조물의 모든 도전부와 충전도체를 제외한 내부설비를 접지극에 상호 접속하는 망을 말한다.

"**리플프리(Ripple-free)직류**"란 교류를 직류로 변환할 때 리플성분의 실효값이 10 % 이하로 포함된 직류를 말한다.

"**무 구속속도**"란 어떤 유효낙차, 어떤 수구개도 및 어떤 흡출 높이에서 수차가 무 부하로 회전하는 속도(rpm)를 말하며, 이들 중 일어날 수 있는 최대의 것을 최대 무 구속속도라 한다. 여기서, 수구란 가이드 베인, 노즐, 러너 베인 등 유량조정 장치의 총칭을 말한다.

"**배관**"이란 발전용 기기 중 증기, 물, 가스 및 공기를 이동시키는 장치를 말한다.

"**배수설비**"란 수차(펌프수차)내부의 물 및 상부커버 등으로부터 누수를 기외로 배출하는 설비, 또는 소내 배수피트에 모아지는 발전소 건물로부터의 누수나 수차 기기로부터의 배수를 소외로 배수하는 설비를 말하며, 배수펌프, 유수분리기, 수위검출기, 배수관 등을 포함하는 것으로 한다.

기술기준 제73조 및 제162조에서 언급하는 "보일러"란 발전소에 속하는 기기 중 보일러, 독립과열기, 증기저장기 및 작동용 공기 가열기를 말한다.

"**보호도체(PE, Protective Conductor)**"란 감전에 대한 보호 등 안전을 위해 제공되는 도체를 말한다.

"**보호 등전위 본딩(Protective Equipotential Bonding)**"이란 감전에 대한 보호 등과 같

이 안전을 목적으로 하는 등전위 본딩을 말한다.

"**보호 본딩도체**(Protective Bonding Conductor)"란 보호 등전위 본딩을 제공하는 보호 도체를 말한다.

"**보호접지**(Protective Earthing)"란 고장 시 감전에 대한 보호를 목적으로 기기의 한 점 또는 여러 점을 접지하는 것을 말한다.

"**분산형 전원**"이란 중앙급전 전원과 구분되는 것으로서 전력소비지역 부근에 분산하여 배치 가능한 전원을 말한다. 상용전원의 정전 시에만 사용하는 비상용 예비전원은 제외하며, 신·재생에너지 발전설비, 전기저장장치 등을 포함한다.

"**서지 보호 장치**(SPD, Surge Protective Device)란 과도 과전압을 제한하고 서지전류를 분류하기 위한 장치를 말한다.

"**수로**"란 취수설비, 침사지, 도수로, 헤드탱크, 서지탱크, 수압관로 및 방수로를 말한다.

1. "취수설비"란 발전용의 물을 하천 또는 저수지로부터 끌어들이는 설비를 말한다. 그리고 취수설비 중 "보(weir)"란 하천에서 발전용 물의 수위 또는 유량을 조절하여 취수할 수 있도록 설치하는 구조물을 말한다.
2. "침사지"란 발전소의 도수설비의 하나로, 수로식 발전의 경우에 취수구에서 도수로에 토사가 유입하는 것을 막기 위하여 도수로의 도중에서 취수구에 가급적 가까운 위치에 설치하는 연못을 말한다.
3. "도수로"란 발전용의 물을 끌어오기 위한 구조물을 말하며, 취수구와 상수조(또는 상부 Surge Tank)사이에 위치하고 무압도수로와 압력도수로가 있다.
4. "헤드탱크(Head Tank)"란 도수로에서의 유입수량 또는 수차유량의 변동에 대하여 수조내 수위를 거의 일정하게 유지하도록 도수로 종단에 설치한 구조물을 말한다.
5. "서지탱크(Surge Tank)"란 수차의 유량급변의 경우에 탱크내의 수위가 자동적으로 상승하여 도수로, 수압관로 또는 방수로에서의 과대한 수압의 변화를 조절하기 위한 구조물을 말한다. Surge Tank 중에서 수압관로측에 있는 것을 상부 Surge Tank, 방수로측에 있는 것을 하부 Surge Tank라고 말한다.
6. "수압관로"란 상수조(또는 상부 Surge Tank) 또는 취수구로부터 압력상태 하에서 직접 수차에 이르기까지의 도수관 및 그것을 지지하는 구조물을 일괄하여 말한다.
7. "방수로"란 수차를 거쳐 나온 물을 유도하기 위한 구조물을 말하며, 무압 방수로와 압력 방수로가 있다. 방수로의 시점은 흡출관의 출구로 한다. 또한 "방수구"란 수차의 방수를 하천, 호소, 저수지 또는 바다로 방출하는 출구를 말한다.

"**수뢰부시스템**(Air-termination System)"이란 낙뢰를 포착할 목적으로 돌침, 수평도체, 메시도체 등과 같은 금속 물체를 이용한 외부 피뢰시스템의 일부를 말한다.

“**수차**”란 물이 가지고 있는 에너지를 기계적 일로 변환하는 회전기계를 말하며 수차 본체와 부속장치로 구성된다. 수차 본체는 일반적으로 케이싱, 커버, 가이드 베인, 노즐, 디플렉터, 러너, 주축, 베어링 등으로 구성되며 부속장치는 일반적으로 입구 밸브, 조속기, 제압기, 압유장치, 윤활유장치, 급수장치, 배수장치, 수위조정기, 운전제어장치 등이 포함된다.

“**수차의 유효낙차**”란 사용상태에서 수차의 운전에 이용되는 전 수두(m)로서, 수차의 고압측 지정점과 저압측 지정점과의 전 수두를 말한다.

수차를 최대출력으로 운전할 때 유효낙차 중 최대의 것을 최고유효낙차, 최소의 것을 최소유효낙차라 한다.

“**스트레스전압**(Stress Voltage)”이란 지락고장 중에 접지부분 또는 기기나 장치의 외함과 기기나 장치의 다른 부분 사이에 나타나는 전압을 말한다.

“**압력용기**”란 발전용기기 중 내압 및 외압을 받는 용기를 말한다.

“**액화가스 연료연소설비**”란 액화가스를 연료로 하는 연소설비를 말한다.

“**양수발전소**”란 수력발전소 중, 상부조정지에 물을 양수하는 능력을 가진 발전소를 말한다.

“**옥내배선**”이란 건축물 내부의 전기 사용 장소에 고정시켜 시설하는 전선을 말한다.

“**옥외배선**”이란 건축물 외부의 전기 사용 장소에서 그 전기 사용 장소에서의 전기사용을 목적으로 고정시켜 시설하는 전선을 말한다.

“**옥측배선**”이란 건축물 외부의 전기 사용 장소에서 그 전기 사용 장소에서의 전기사용을 목적으로 조영물에 고정시켜 시설하는 전선을 말한다.

“**외부 피뢰시스템**(External Lightning Protection System)”이란 수뢰부시스템, 인하도선시스템, 접지극시스템으로 구성된 피뢰시스템의 일종을 말한다.

“**운전제어장치**”란 수차 및 발전기의 운전제어에 필요한 장치로서 전기적 및 기계적 응동기기, 기구, 밸브류, 표시장치 등을 조합한 것을 말한다.

“**유량**”이란 단위시간에 수차를 통과하는 물의 체적(m^3/s)을 말한다.

“**유압장치**”란 조속기, 입구밸브, 제압기, 운전제어장치 등의 조작에 필요한 압유를 공급하는 장치를 말하며 유압펌프, 유압탱크, 집유탱크 냉각장치, 유관 등을 포함한다.

“**윤활설비**”란 수차(펌프수차) 및 발전기(발전전동기)의 각 베어링 및 습동부에 윤활유를 급유하는 설비를 말하며, 윤활유 펌프, 윤활유 탱크, 유냉각장치, 그리스 윤활장치, 유관 등을 포함하는 것으로 한다.

“**이격거리**”란 떨어져야 할 물체의 표면간의 최단거리를 말한다.

“**인하도선시스템**(Down-conductor System)”이란 뇌전류를 수뢰부시스템에서 접지극으로 흘리기 위한 외부 피뢰시스템의 일부를 말한다.

“**임펄스내전압**(Impulse Withstand Voltage)”이란 지정된 조건 하에서 절연파괴를 일으키지 않는 규정된 파형 및 극성의 임펄스전압의 최대 파고값 또는 충격내전압을 말한다.

"**입구밸브**"란 수차(펌프수차)에 통수 또는 단수할 목적으로 수차(펌프수차)의 고압측 지정점 부근에 설치한 밸브를 말하며 주 밸브, 바이패스밸브(Bypass Valve), 서보모터(Servomotor), 제어장치 등으로 구성된다.

"**전기철도용 급전선**"이란 전기철도용 변전소로부터 다른 전기철도용 변전소 또는 전차선에 이르는 전선을 말한다.

"**전기철도용 급전선로**"란 전기철도용 급전선 및 이를 지지하거나 수용하는 시설물을 말한다.

"**접근상태**"란 제1차 접근상태 및 제2차 접근상태를 말한다.

1. "제1차 접근상태"란 가공 전선이 다른 시설물과 접근(병행하는 경우를 포함하며 교차하는 경우 및 동일 지지물에 시설하는 경우를 제외한다. 이하 같다)하는 경우에 가공 전선이 다른 시설물의 위쪽 또는 옆쪽에서 수평거리로 가공 전선로의 지지물의 지표상의 높이에 상당하는 거리 안에 시설(수평 거리로 3 m 미만인 곳에 시설되는 것을 제외한다)됨으로써 가공 전선로의 전선의 절단, 지지물의 도괴 등의 경우에 그 전선이 다른 시설물에 접촉할 우려가 있는 상태를 말한다.
2. "제2차 접근상태"란 가공 전선이 다른 시설물과 접근하는 경우에 그 가공 전선이 다른 시설물의 위쪽 또는 옆쪽에서 수평 거리로 3 m 미만인 곳에 시설되는 상태를 말한다.

"**접속설비**"란 공용 전력계통으로부터 특정 분산형 전원 전기설비에 이르기까지의 전선로와 이에 부속하는 개폐장치, 모선 및 기타 관련 설비를 말한다.

"**접지도체**"란 계통, 설비 또는 기기의 한 점과 접지극 사이의 도전성 경로 또는 그 경로의 일부가 되는 도체를 말한다.

"**접지시스템(Earthing System)**"이란 기기나 계통을 개별적 또는 공통으로 접지하기 위하여 필요한 접속 및 장치로 구성된 설비를 말한다.

"**접지전위 상승(EPR, Earth Potential Rise)**"이란 접지계통과 기준대지 사이의 전위차를 말한다.

"**접촉범위(Arm's Reach)**"란 사람이 통상적으로 서있거나 움직일 수 있는 바닥면상의 어떤 점에서라도 보조장치의 도움 없이 손을 뻗어서 접촉이 가능한 접근구역을 말한다.

"**정격전압**"이란 발전기가 정격운전상태에 있을 때, 동기기 단자에서의 전압을 말한다.

"**제압기**"란 케이싱 및 수압관로의 수압상승을 경감할 목적으로 가이드 베인을 급속히 폐쇄할 때에 이와 연동하여 관로내의 물을 급속히 방출하고 가이드 베인 폐쇄 후 서서히 방출을 중지하도록 케이싱 또는 그 부근의 수압관로에 설치한 자동배수장치를 말한다.

“**조속기**”란 수차의 회전속도 및 출력을 조정하기 위하여 자동적으로 수구 개도를 가감하는 장치를 말하며, 속도 검출부, 배압밸브, 서보모터, 복원부, 속도제어부, 부하제어부, 수동조작 기구 등으로 구성된다.

“**중성선 다중접지 방식**”이란 전력계통의 중성선을 대지에 다중으로 접속하고, 변압기의 중성점을 그 중성선에 연결하는 계통접지 방식을 말한다.

“**지락전류**(Earth Fault Current)”란 충전부에서 대지 또는 고장점(지락점)의 접지된 부분으로 흐르는 전류를 말하며, 지락에 의하여 전로의 외부로 유출되어 화재, 사람이나 동물의 감전 또는 전로나 기기의 손상 등 사고를 일으킬 우려가 있는 전류를 말한다.

“**지중 관로**”란 지중 전선로·지중 약 전류 전선로·지중 광섬유 케이블 선로·지중에 시설하는 수관 및 가스관과 이와 유사한 것 및 이들에 부속하는 지중함 등을 말한다.

“**지진력**”이란 지진이 발생될 경우 지진에 의해 구조물에 작용하는 힘을 말한다.

“**충전부**(Live Part)”란 통상적인 운전 상태에서 전압이 걸리도록 되어 있는 도체 또는 도전부를 말한다. 중성선을 포함하나 PEN 도체, PEM 도체 및 PEL 도체는 포함하지 않는다.

“**특별저압**(ELV, Extra Low Voltage)”이란 인체에 위험을 초래하지 않을 정도의 저압을 말한다. 여기서 SELV(Safety Extra Low Voltage)는 비 접지회로에 해당되며, PELV(Protective Extra Low Voltage)는 접지회로에 해당된다.

“**펌프수차**”란, 수차 및 펌프 양쪽에 가역적으로 사용하는 회전기계를 말하며, 펌프수차 본체와 부속장치로 구성된다.

1. “펌프수차본체”란 일반적으로 케이싱, 커버, 가이드 베인, 러너, 흡출관, 주축, 주축 베어링 등으로 구성된다.
2. “부속장치”란 일반적으로 입구밸브, 조속기, 유압장치, 윤활유장치, 급수장치, 배수장치, 흡출관 수면 압하 장치, 운전제어장치 등으로 구성된다.

“**피뢰 등전위 본딩**(Lightning Equipotential Bonding)”이란 뇌전류에 의한 전위차를 줄이기 위해 직접적인 도전접속 또는 서지 보호장치를 통하여 분리된 금속부를 피뢰시스템에 본딩하는 것을 말한다.

“**피뢰레벨**(LPL, Lightning Protection Level)”이란 자연적으로 발생하는 뇌방전을 초과하지 않는 최대 그리고 최소 설계 값에 대한 확률과 관련된 일련의 뇌격전류 매개변수(파라미터)로 정해지는 레벨을 말한다.

“**피뢰시스템**(LPS, lightning protection system)”이란 구조물 뇌격으로 인한 물리적 손상을 줄이기 위해 사용되는 전체 시스템을 말하며, 외부 피뢰시스템과 내부 피뢰시스템으로 구성된다.

“**피뢰시스템의 자연적 구성부재**(Natural Component of LPS)”란 피뢰의 목적으로 특별히 설치하지는 않았으나 추가로 피뢰시스템으로 사용될 수 있거나, 피뢰시스템의 하나 이상의 기능을 제공하는 도전성 구성부재이다.

"**하중**"이란 구조물 또는 부재에 응력 및 변형을 발생시키는 일체의 작용을 말한다.

"**활동**"이란 흙에서 전단파괴가 일어나서 어떤 연결된 면을 따라서 엇갈림이 생기는 현상을 말한다.

"**PEN 도체**(protective earthing conductor and neutral conductor)"란 교류회로에서 중성선 겸용 보호도체를 말한다.

"**PEM 도체**(protective earthing conductor and a mid-point conductor)"란 직류회로에서 중간선 겸용 보호도체를 말한다.

"**PEL 도체**(protective earthing conductor and a line conductor)"란 직류회로에서 선도체 겸용 보호도체를 말한다.

113 안전을 위한 보호

113.1 일반 사항

안전을 위한 보호의 기본 요구사항은 전기설비를 적절히 사용할 때 발생할 수 있는 위험과 장애로부터 인축 및 재산을 안전하게 보호함을 목적으로 하고 있다. 가축의 안전을 제공하기 위한 요구사항은 가축을 사육하는 장소에 적용할 수 있다.

113.2 감전에 대한 보호

1. 기본보호

   기본보호는 일반적으로 직접접촉을 방지하는 것으로, 전기설비의 충전부에 인축이 접촉하여 일어날 수 있는 위험으로부터 보호되어야 한다. 기본보호는 다음 중 어느 하나에 적합하여야 한다.

   (1) 인축의 몸을 통해 전류가 흐르는 것을 방지

   (2) 인축의 몸에 흐르는 전류를 위험하지 않는 값 이하로 제한

2. 고장보호

   고장보호는 일반적으로 기본절연의 고장에 의한 간접접촉을 방지하는 것이다.

   (1) 노출도전부에 인축이 접촉하여 일어날 수 있는 위험으로부터 보호되어야 한다.

   (2) 고장보호는 다음 중 어느 하나에 적합하여야 한다.

   ① 인축의 몸을 통해 고장전류가 흐르는 것을 방지

   ② 인축의 몸에 흐르는 고장전류를 위험하지 않는 값 이하로 제한

   ③ 인축의 몸에 흐르는 고장전류의 지속시간을 위험하지 않은 시간까지로 제한

113.3 열 영향에 대한 보호

고온 또는 전기 아크로 인해 가연물이 발화 또는 손상되지 않도록 전기설비를 설치하여야 한다. 또한 정상적으로 전기기기가 작동할 때 인축이 화상을 입지 않도록 하여야 한다.

113.4 과전류에 대한 보호

1. 도체에서 발생할 수 있는 과전류에 의한 과열 또는 전기·기계적 응력에 의한 위험으로부터 인축의 상해를 방지하고 재산을 보호하여야 한다.
2. 과전류에 대한 보호는 과전류가 흐르는 것을 방지하거나 과전류의 지속시간을 위험하지 않는 시간까지로 제한함으로써 보호할 수 있다.

113.5 고장전류에 대한 보호

1. 고장전류가 흐르는 도체 및 다른 부분은 고장전류로 인해 허용온도 상승 한계에 도달하지 않도록 하여야 한다. 도체를 포함한 전기설비는 인축의 상해 또는 재산의 손실을 방지하기 위하여 보호장치가 구비되어야 한다.
2. 도체는 113.4에 따라 고장으로 인해 발생하는 과전류에 대하여 보호되어야 한다.

113.6 과전압 및 전자기 장애에 대한 대책

1. 회로의 충전부 사이의 결함으로 발생한 전압에 의한 고장으로 인한 인축의 상해가 없도록 보호하여야 하며, 유해한 영향으로부터 재산을 보호하여야 한다.
2. 저전압과 뒤이은 전압 회복의 영향으로 발생하는 상해로부터 인축을 보호하여야 하며, 손상에 대해 재산을 보호하여야 한다.
3. 설비는 규정된 환경에서 그 기능을 제대로 수행하기 위해 전자기 장애로부터 적절한 수준의 내성을 가져야 한다. 설비를 설계할 때는 설비 또는 설치 기기에서 발생되는 전자기 방사량이 설비 내의 전기사용기기와 상호 연결 기기들이 함께 사용되는데 적합한지를 고려하여야 한다.

113.7 전원공급 중단에 대한 보호

전원공급 중단으로 인해 위험과 피해가 예상되면, 설비 또는 설치기기에 적절한 보호장치를 구비하여야 한다.

| 120 전선 |

121 전선의 선정 및 식별

121.1 전선 일반 요구사항 및 선정

1. 전선은 통상 사용 상태에서의 온도에 견디는 것이어야 한다.
2. 전선은 설치장소의 환경조건에 적절하고 발생할 수 있는 전기·기계적 응력에 견디는 능력이 있는 것을 선정하여야 한다.
3. 전선은 「전기용품 및 생활용품 안전관리법」의 적용을 받는 것 이외에는 한국산업표준(이하 "KS"라 한다)에 적합한 것을 사용하여야 한다.

121.2 전선의 식별

1. 전선의 색상은 표 121.2-1에 따른다.

표 121.2-1 전선식별

상(문자)	색상
L1	갈색
L2	흑색
L3	회색
N	청색
보호도체	녹색-노란색

2. 색상 식별이 종단 및 연결 지점에서만 이루어지는 나도체 등은 전선 종단부에 색상이 반영구적으로 유지될 수 있는 도색, 밴드, 색 테이프 등의 방법으로 표시해야 한다.
3. 제1 및 제2를 제외한 전선의 식별은 KS C IEC 60445(인간과 기계 간 인터페이스, 표시 식별의 기본 및 안전원칙－장비단자, 도체단자 및 도체의 식별)에 적합하여야 한다.

122 전선의 종류

122.1 절연전선

1. 저압 절연전선은 「전기용품 및 생활용품 안전관리법」의 적용을 받는 것 이외에는 KS에 적합한 것으로서 450/750 V 비닐절연전선 · 450/750 V 저 독성 난연 폴리올레핀절연전선 · 450/750 V 저 독성 난연 가교폴리올레핀절연전선 · 450/750 V 고무절연전선을 사용하여야 한다.

기준 및 법규

2. 고압·특고압 절연전선은 KS에 적합한 또는 동등 이상의 전선을 사용하여야 한다.
3. 제1 및 제2에 따른 절연전선은 다음 절연전선인 경우에는 예외로 한다.
   (1) 234.13.3의 1의 "가"에 의한 절연전선
   (2) 241.14.3의 1의 "나"의 단서에 의한 절연전선
   (3) 241.14.3의 4의 "나"에 의하여 241.14.3의 1의 "나"의 단서에 의한 절연전선
   (4) 341.4의 1의 "바"에 의한 특고압인하용 절연전선

122.2 코드

1. 코드는 「전기용품 및 생활용품 안전관리법」에 의한 안전인증을 취득한 것을 사용하여야 한다.
2. 코드는 이 규정에서 허용된 경우에 한하여 사용할 수 있다.

122.3 캡타이어케이블

캡타이어케이블은 「전기용품 및 생활용품 안전관리법」의 적용을 받는 것 이외에는 KS C IEC 60502-1[정격 전압 1 kV~30 kV 압출 성형 절연 전력 케이블 및 그 부속품-제1부 : 케이블(1 kV-3 kV)]에 적합한 것을 사용하여야 한다.

122.4 저압케이블

1. 사용전압이 저압인 전로(전기기계기구 안의 전로를 제외한다)의 전선으로 사용하는 케이블은 「전기용품 및 생활용품 안전관리법」의 적용을 받는 것 이외에는 KS에 적합한 것으로 0.6/1 kV 연피(鉛皮)케이블, 클로로프렌외장(外裝)케이블, 비닐외장케이블, 폴리에틸렌외장케이블, 무기물 절연케이블, 금속외장케이블, 저독성 난연 폴리올레핀외장케이블, 300/500 V 연질 비닐시스케이블, 제2에 따른 유선텔레비전용 급전겸용 동축 케이블(그 외부도체를 접지하여 사용하는 것에 한 한다)을 사용하여야 한다. 다만, 다음의 케이블을 사용하는 경우에는 예외로 한다.
   (1) 232.82에 따른 선박용 케이블
   (2) 232.89에 따른 엘리베이터용 케이블
   (3) 234.13 또는 241.14에 따른 통신용 케이블
   (4) 241.10의 "라"에 따른 용접용 케이블
   (5) 241.12.1의 "다"에 따른 발열선 접속용 케이블
   (6) 335.4의 2에 따른 물밑케이블
2. 유선텔레비전용 급전겸용 동축케이블은 KS C 3339(2012)[CATV용(급전겸용) 알루미늄파이프형 동축케이블]에 적합한 것을 사용한다.

122.5 고압 및 특고압케이블

1. 사용전압이 고압인 전로(전기기계기구 안의 전로를 제외한다)의 전선으로 사용하는 케이블은 KS에 적합한 것으로 연피케이블 · 알루미늄피케이블 · 클로로프렌외장케이블 · 비닐외장케이블 · 폴리에틸렌외장케이블 · 저독성 난연 폴리올레핀외장케이블 · 콤바인 덕트 케이블 또는 KS에서 정하는 성능 이상의 것을 사용하여야 한다. 다만, 고압 가공전선에 반도전성 외장 조가용 고압케이블을 사용하는 경우, 241.13의 1의 "가" (1)에 따라 비행장등화용 고압케이블을 사용하는 경우 또는 물밑전선로의 시설에 따라 물밑케이블을 사용하는 경우에는 그러하지 아니하다.
2. 사용전압이 특고압인 전로(전기기계기구 안의 전로를 제외한다)에 전선으로 사용하는 케이블은 절연체가 에틸렌 프로필렌고무 혼합물 또는 가교폴리에틸렌 혼합물인 케이블로서 선심 위에 금속제의 전기적 차폐층을 설치한 것이거나 파이프형 압력 케이블 · 연피케이블 · 알루미늄피케이블 그 밖의 금속피복을 한 케이블을 사용하여야 한다. 다만, 물밑전선로의 시설에서 특고압 물밑전선로의 전선에 사용하는 케이블에는 절연체가 에틸렌 프로필렌고무 혼합물 또는 가교폴리에틸렌 혼합물인 케이블로서 금속제의 전기적 차폐층을 설치하지 아니한 것을 사용할 수 있다.
3. 특고압 전로의 다중접지 지중 배전계통에 사용하는 동심중성선 전력케이블은 다음에 적합한 것을 사용하여야 한다.
   (1) 최대사용전압은 25.8 kV 이하일 것
   (2) 도체는 연동선 또는 알루미늄 선을 소선으로 구성한 원형 압축연선으로 할 것 연선 작업 전의 연동선 및 알루미늄선의 기계적, 전기적 특성은 각각 KS C 3101(전기용 연동선) 및 KS C 3111(전기용 경알루미늄선) 또는 이와 동등 이상이어야 한다. 도체 내부의 홈에는 물이 쉽게 침투하지 않도록 수밀 혼합물(컴파운드, 파우더 또는 수밀 테이프)을 충전하여야 한다.
   (3) 절연체는 동심원상으로 동시압출(3중 동시압출)한 내부 반 도전층, 절연층 및 외부 반 도전층으로 구성하여야 하며, 건식 방식으로 가교할 것
      ① 내부 반 도전층은 흑색의 반 도전 열경화성 컴파운드를 사용하며, 도체 위에 동심원상으로 완전 밀착되도록 압출성형하고, 도체와는 쉽게 분리되어야 한다. 도체에 접하는 부분에는 반도전성 테이프에 의한 세퍼레이터를 둘 수 있다.
      ② 절연층은 가교폴리에틸렌(XLPE) 또는 수트리억제 가교폴리에틸렌(TR- XLPE)을 사용하며, 도체 위에 동심원상으로 형성할 것
      ③ 외부 반 도전층은 흑색의 반 도전 열경화성 컴파운드를 사용하며, 절연층과 밀착되고 균일하게 압출성형하며, 접속작업 시 제거가 용이하도록 절연층과 쉽게 분리되어야 한다.
   (4) 중성선 수밀층은 물이 침투하면 자기부풀음성을 갖는 부풀음 테이프를 사용하

며, 구조는 다음 중 하나에 따라야 한다.

① 충실외피를 적용한 충실 케이블은 반도전성 부풀음 테이프를 외부 반 도전층 위에 둘 것

② 충실외피를 적용하지 않은 케이블은 중성선 아래 및 위에 두며, 중성선 아래층은 반도전성으로 할 것

(5) 중성선은 반도전성 부풀음 테이프 위에 형성하여야 하며, 꼬임방향은 Z 또는 S-Z 꼬임으로 할 것. 충실외피를 적용한 충실 케이블의 S-Z 꼬임의 경우 중성선 위에 적당한 바인더 실을 감을 수 있으며 피치는 중성선 층 외경의 6～10배로 꼬임할 것

(6) 외피

① 충실외피를 적용한 충실 케이블은 중성선 위에 흑색의 폴리에틸렌(PE)을 동심원상으로 압출 피복하여야 하며, 중성선의 소선 사이에도 틈이 없도록 폴리에틸렌으로 채울 것. 외피 두께는 중성선 위에서 측정하여야 한다.

② 충실외피를 적용하지 않은 케이블은 중성선 위에 흑색의 폴리염화비닐(PVC) 또는 할로겐 프리 폴리올레핀을 동심원상으로 압출 피복할 것

122.6 나전선 등

나전선(버스덕트의 도체, 기타 구부리기 어려운 전선, 라이팅 덕트의 도체 및 절연트롤리선의 도체를 제외한다) 및 지선·가공지선·보호도체·보호망·전력보안 통신용 약전류전선 기타의 금속선(절연전선·캡타이어케이블 및 241.14.3의 1의 "나" 단서에 따라 사용하는 피복선을 제외한다)은 KS에 적합한 것을 사용하여야 한다.

123 전선의 접속

전선을 접속하는 경우에는 234.9 또는 241.14의 규정에 의하여 시설하는 경우 이외에는 전선의 전기저항을 증가시키지 아니하도록 접속하여야 하며, 또한 다음에 따라야 한다.

1. 나전선 상호 또는 나전선과 절연전선 또는 캡타이어 케이블과 접속하는 경우에는 다음에 의할 것

(1) 전선의 세기[인장하중(引張荷重)으로 표시한다. 이하 같다.]를 20 % 이상 감소시키지 아니할 것. 다만, 점퍼선을 접속하는 경우와 기타 전선에 가하여지는 장력이 전선의 세기에 비하여 현저히 작을 경우에는 적용하지 않는다.

(2) 접속부분은 접속 관 기타의 기구를 사용할 것. 다만, 가공전선 상호, 전차선 상호 또는 광산의 갱도 안에서 전선 상호를 접속하는 경우에 기술상 곤란할 때에는 적용하지 않는다.

2. 절연전선 상호·절연전선과 코드, 캡타이어 케이블과 접속하는 경우에는 제1의 규정에 준하는 이외에 접속되는 절연전선의 절연물과 동등 이상의 절연성능이 있는 접속기를 사용하거나 접속부분을 그 부분의 절연전선의 절연물과 동등 이상의 절연성능이 있는 것으로 충분히 피복할 것
3. 코드 상호, 캡타이어 케이블 상호 또는 이들 상호를 접속하는 경우에는 코드 접속기·접속함 기타의 기구를 사용할 것. 다만, 공칭단면적이 10 ㎟ 이상인 캡타이어 케이블 상호를 접속하는 경우에는 접속부분을 제1 및 제2의 규정에 준하여 시설하고 또한, 절연피복을 완전히 유화(硫化)하거나 접속부분의 위에 견고한 금속제의 방호장치를 할 때 또는 금속 피복이 아닌 케이블 상호를 제1 및 제2의 규정에 준하여 접속하는 경우에는 적용하지 않는다.
4. 도체에 알루미늄(알루미늄 합금을 포함한다. 이하 같다)을 사용하는 전선과 동(동합금을 포함한다.)을 사용하는 전선을 접속하는 등 전기화학적 성질이 다른 도체를 접속하는 경우에는 접속부분에 전기적 부식(電氣的腐蝕)이 생기지 않도록 할 것
5. 도체에 알루미늄을 사용하는 절연전선 또는 케이블을 옥내배선·옥측 배선 또는 옥외배선에 사용하는 경우에 그 전선을 접속할 때에는 KS C IEC 60998-1(가정용 및 이와 유사한 용도의 저 전압용 접속기구)의 "11 구조", "13 절연저항 및 내전압", "14 기계적 강도", "15 온도 상승", "16 내열성"에 적합한 기구를 사용할 것
6. 두 개 이상의 전선을 병렬로 사용하는 경우에는 다음에 의하여 시설할 것
   (1) 병렬로 사용하는 각 전선의 굵기는 동선 50 ㎟ 이상 또는 알루미늄 70 ㎟ 이상으로 하고, 전선은 같은 도체, 같은 재료, 같은 길이 및 같은 굵기의 것을 사용할 것
   (2) 같은 극의 각 전선은 동일한 터미널러그에 완전히 접속할 것
   (3) 같은 극인 각 전선의 터미널러그는 동일한 도체에 2개 이상의 리벳 또는 2개 이상의 나사로 접속할 것
   (4) 병렬로 사용하는 전선에는 각각에 퓨즈를 설치하지 말 것
   (5) 교류회로에서 병렬로 사용하는 전선은 금속관 안에 전자적 불평형이 생기지 않도록 시설할 것
7. 밀폐된 공간에서 전선의 접속부에 사용하는 테이프 및 튜브 등 도체의 절연에 사용되는 절연 피복은 KS C IEC 60454(전기용 점착 테이프)에 적합한 것을 사용할 것

| 130 전로의 절연 |

131 전로의 절연 원칙

전로는 다음 이외에는 대지로부터 절연하여야 한다.

1. 수용장소의 인입구의 접지, 고압 또는 특고압과 저압의 혼촉에 의한 위험방지 시설, 피뢰기의 접지, 특고압 가공전선로의 지지물에 시설하는 저압 기계기구 등의 시설, 옥내에 시설하는 저압 접촉전선 공사 또는 아크 용접장치의 시설에 따라 저압전로에 접지공사를 하는 경우의 접지점
2. 고압 또는 특고압과 저압의 혼촉에 의한 위험방지 시설, 전로의 중성점의 접지 또는 옥내의 네온 방전등 공사에 따라 전로의 중성점에 접지공사를 하는 경우의 접지점
3. 계기용변성기의 2차 측 전로의 접지에 따라 계기용변성기의 2차 측 전로에 접지공사를 하는 경우의 접지점
4. 특고압 가공전선과 저 고압 가공전선의 병가에 따라 저압 가공 전선의 특고압 가공전선과 동일 지지물에 시설되는 부분에 접지공사를 하는 경우의 접지점
5. 중성점이 접지된 특고압 가공선로의 중성선에 25 kV 이하인 특고압 가공전선로의 시설에 따라 다중 접지를 하는 경우의 접지점
6. 파이프라인 등의 전열장치의 시설에 따라 시설하는 소구경관(박스를 포함한다)에 접지공사를 하는 경우의 접지점
7. 저압전로와 사용전압이 300 V 이하의 저압전로[자동제어회로 · 원방조작회로 · 원방감시장치의 신호회로 기타 이와 유사한 전기회로(이하 "제어회로 등" 이라 한다)에 전기를 공급하는 전로에 한 한다]를 결합하는 변압기의 2차 측 전로에 접지공사를 하는 경우의 접지점
8. 다음과 같이 절연할 수 없는 부분
   (1) 시험용 변압기, 기구 등의 전로의 절연내력 단서에 규정하는 전력선 반송용 결합 리액터, 전기울타리의 시설에 규정하는 전기울타리용 전원장치, 엑스선발생장치(엑스선관, 엑스선관용변압기, 음극 가열용 변압기 및 이의 부속 장치와 엑스선관 회로의 배선을 말한다. 이하 같다), 전기부식방지 시설에 규정하는 전기부식방지용 양극, 단선식 전기철도의 귀선(가공 단선식 또는 제3레일식 전기 철도의 레일 및 그 레일에 접속하는 전선을 말한다. 이하 같다) 등 전로의 일부를 대지로부터 절연하지 아니하고 전기를 사용하는 것이 부득이한 것
   (2) 전기욕기·전기로·전기보일러·전해조 등 대지로부터 절연하는 것이 기술상 곤란한 것
9. 저압 옥내직류 전기설비의 접지에 의하여 직류계통에 접지공사를 하는 경우의 접지점

132 전로의 절연저항 및 절연내력

1. 사용전압이 저압인 전로의 절연성능은 기술기준 제52조를 충족하여야 한다. 다만, 저압 전로에서 정전이 어려운 경우 등 절연저항 측정이 곤란한 경우 저항성분의 누설전류가 1 mA 이하이면 그 전로의 절연성능은 적합한 것으로 본다.
2. 고압 및 특고압의 전로(131, 회전기, 정류기, 연료전지 및 태양전지 모듈의 전로, 변압기의 전로, 기구 등의 전로 및 직류식 전기철도용 전차선을 제외한다)는 표 132-1에서 정한 시험전압을 전로와 대지 사이(다심케이블은 심선 상호 간 및 심선과 대지 사이)에 연속하여 10분간 가하여 절연내력을 시험하였을 때에 이에 견디어야 한다. 다만, 전선에 케이블을 사용하는 교류 전로로서 표 132-1에서 정한 시험전압의 2배의 직류전압을 전로와 대지 사이(다심케이블은 심선 상호 간 및 심선과 대지 사이)에 연속하여 10분간 가하여 절연내력을 시험하였을 때에 이에 견디는 것에 대하여는 그러하지 아니하다.

표 132-1 전로의 종류 및 시험전압

전로의 종류	시험전압
최대사용전압 7 kV 이하인 전로	최대사용전압의 1.5배의 전압
최대사용전압 7 kV 초과 25 kV 이하인 중성점 접지식 전로(중성선을 가지는 것으로서 그 중성선을 다중접지 하는 것에 한 한다.)	최대사용전압의 0.92배의 전압
최대사용전압 7 kV 초과 60 kV 이하인 전로(2란의 것을 제외한다.)	최대사용전압의 1.25배의 전압(10.5 kV 미만으로 되는 경우는 10.5 kV)
최대사용전압 60 kV 초과 중성점 비접지식전로(전위 변성기를 사용하여 접지하는 것을 포함한다.)	최대사용전압의 1.25배의 전압
최대사용전압 60 kV 초과 중성점 접지식 전로(전위 변성기를 사용하여 접지하는 것 및 6란과 7란의 것을 제외한다.)	최대사용전압의 1.1배의 전압 (75 kV 미만으로 되는 경우에는 75 kV)
최대사용전압이 60 kV 초과 중성점 직접 접지식 전로(7란의 것을 제외한다.)	최대사용전압의 0.72배의 전압
최대사용전압이 170 kV 초과 중성점 직접 접지식 전로로서 그 중성점이 직접 접지되어 있는 발전소 또는 변전소 혹은 이에 준하는 장소에 시설하는 것	최대사용전압의 0.64배의 전압
최대사용전압이 60 kV를 초과하는 정류기에 접속되고 있는 전로	교류 측 및 직류 고전압 측에 접속되고 있는 전로는 교류 측의 최대사용전압의 1.1배의 직류전압
	직류 측 중성선 또는 귀선이 되는 전로(이하 이 장에서 '직류 저압 측 전로'라 한다.)는 아래에 규정하는 계산식에 의하여 구한 값

표 132-1의 직류 저압측 전로의 절연내력시험 전압의 계산방법은 다음과 같이 한다.

$$E = V \times \frac{1}{\sqrt{2}} \times 0.5 \times 1.2$$

E : 교류 시험전압(V를 단위로 한다.)

V : 역변환기의 전류 실패 시 중성선 또는 귀선이 되는 전로에 나타나는 교류성 이상전압의 파고 값(V를 단위로 한다). 다만, 전선에 케이블을 사용하는 경우 시험전압은 E의 2배의 직류 전압으로 한다.

3. 최대사용전압이 60 kV를 초과하는 중성점 직접접지식 전로에 사용되는 전력케이블은 정격전압을 24시간 가하여 절연내력을 시험하였을 때 이에 견디는 경우, 제2의 규정에 의하지 아니할 수 있다(참고표준 : IEC 62067 및 IEC 60840).
4. 최대사용전압이 170 kV를 초과하고 양단이 중성점 직접접지 되어 있는 지중전선로는, 최대사용전압의 0.64배의 전압을 전로와 대지 사이(다심케이블에 있어서는, 심선상호 간 및 심선과 대지 사이)에 연속 60분간 절연내력시험을 했을 때 견디는 것인 경우 제2의 규정에 의하지 아니할 수 있다.
5. 특고압전로와 관련되는 절연내력은 설치하는 기기의 종류별 시험성적서 확인 또는 절연내력 확인방법에 적합한 시험 및 측정을 하고 결과가 적합한 경우에는 제2(표 132-1의 1을 제외한다)의 규정에 의하지 아니할 수 있다.
6. 고압 및 특고압의 전로에 전선으로 사용하는 케이블의 절연체가 XLPE 등 고분자 재료인 경우 0.1 Hz 정현파전압을 상 전압의 3배 크기로 전로와 대지사이에 연속하여 1시간 가하여 절연내력을 시험하였을 때에 이에 견디는 것에 대하여는 제2의 규정에 따르지 아니할 수 있다.

133 회전기 및 정류기의 절연내력

회전기 및 정류기는 표 133-1에서 정한 시험방법으로 절연내력을 시험하였을 때에 이에 견디어야 한다. 다만, 회전변류기 이외의 교류의 회전기로 표 133-1에서 정한 시험전압의 1.6배의 직류전압으로 절연내력을 시험하였을 때 이에 견디는 것을 시설하는 경우에는 그러하지 아니하다.

표 133-1 회전기 및 정류기 시험전압

<table>
<tr><th colspan="3">종류</th><th>시험전압</th><th>시험방법</th></tr>
<tr><td rowspan="3">회
전
기</td><td rowspan="2">발전기·
전동기·
조상기·기타
회전기(회전
변류기를
제외한다.)</td><td>최대사용전압
7 kV 이하</td><td>최대사용전압의 1.5배의 전압(500 V 미만으로 되는 경우에는 500 V)</td><td rowspan="3">권선과 대지 사이에 연속하여 10분간 가한다.</td></tr>
<tr><td>최대사용전압
7 kV 초과</td><td>최대사용전압의 1.25배의 전압(10.5 kV 미만으로 되는 경우에는 10.5 kV)</td></tr>
<tr><td colspan="2">회전변류기</td><td>직류 측의 최대사용전압의 1배의 교류전압(500 V 미만으로 되는 경우에는 500 V)</td></tr>
<tr><td rowspan="2">정
류
기</td><td colspan="2">최대사용전압 60 kV 이하</td><td>직류 측의 최대사용전압의 1배의 교류전압(500 V 미만으로 되는 경우에는 500 V)</td><td>충전부분과 외함 간에 연속하여 10분간 가한다.</td></tr>
<tr><td colspan="2">최대사용전압 60 kV 초과</td><td>교류 측의 최대사용전압의 1.1배의 교류전압 또는 직류 측의 최대사용전압의 1.1배의 직류전압</td><td>교류 측 및 직류 고전압 측 단자와 대지 사이에 연속하여 10분간 가한다.</td></tr>
</table>

134 연료전지 및 태양전지 모듈의 절연내력

연료전지 및 태양전지 모듈은 최대사용전압의 1.5배의 직류전압 또는 1배의 교류전압(500 V 미만으로 되는 경우에는 500 V)을 충전부분과 대지사이에 연속하여 10분간 가하여 절연내력을 시험하였을 때에 이에 견디는 것이어야 한다.

135 변압기 전로의 절연내력

1. 변압기[방전등용 변압기·엑스선관용 변압기·흡상 변압기·시험용 변압기·계기용 변성기와 241.9에 규정(241.9.1의 2 제외)하는 전기집진 응용장치용의 변압기 기타 특수 용도에 사용되는 것을 제외한다. 이하 같다]의 전로는 표 135-1에서 정하는 시험전압 및 시험방법으로 절연내력을 시험하였을 때에 이에 견디어야 한다.

표 135-1 변압기 전로의 시험전압

권선의 종류	시험전압	시험방법
최대 사용전압 7 kV 이하	최대 사용전압의 1.5배의 전압(500 V 미만으로 되는 경우에는 500 V) 다만, 중성점이 접지되고 다중 접지된 중성선을 가지는 전로에 접속하는 것은 0.92배의 전압(500 V 미만으로 되는 경우에는 500 V)	시험되는 권선과 다른 권선, 철심 및 외함 간에 시험전압을 연속하여 10분간 가한다.
최대 사용전압 7 kV 초과 25 kV 이하의 권선으로서 중성점 접지식전로(중선선을 가지는 것으로서 그 중성선에 다중 접지를 하는 것에 한한다)에 접속하는 것	최대 사용전압의 0.92배의 전압	
최대 사용전압 7 kV 초과 60 kV 이하의 권선(2란의 것을 제외한다)	최대 사용전압의 1.25배의 전압(10.5 kV 미만으로 되는 경우에는 10.5 kV)	
최대 사용전압이 60 kV를 초과하는 권선으로서 중성점 비접지식 전로(전위 변성기를 사용하여 접지하는 것을 포함한다. 8란의 것을 제외한다)에 접속하는 것	최대 사용전압의 1.25배의 전압	
최대 사용전압이 60 kV를 초과하는 권선(성형결선, 또는 스콧결선의 것에 한 한다)으로서 중성점 접지식 전로(전위 변성기를 사용하여 접지 하는 것, 6란 및 8란의 것을 제외한다)에 접속하고 또한 성형결선의 권선의 경우에는 그 중성점에, 스콧결선의 권선의 경우에는 T좌권선과 주좌권선의 접속점에 피뢰기를 시설하는 것	최대 사용전압의 1.1배의 전압 (75 kV 미만으로 되는 경우에는 75 kV)	시험되는 권선의 중성점 단자(스콧결선의 경우에는 T좌권선과 주좌권선의 접속점 단자. 이하 이 표에서 같다) 이외의 임의의 1단자, 다른 권선(다른 권선이 2개 이상 있는 경우에는 각권선)의 임의의 1단자, 철심 및 외함을 접지하고 시험되는 권선의 중성점 단자 이외의 각 단자에 3상 교류의 시험 전압을 연속하여 10분간 가한다. 다만, 3상 교류의 시험전압 가하기 곤란할 경우에는 시험되는 권선의 중성점 단자 및 접지되는 단자 이외의 임의의 1단자와 대지 사이에 단상교류의 시험전압을 연속하여 10분간 가하고 다시 중성점 단자와 대지 사

		이에 최대 사용전압의 0.64배(스콧결선의 경우에는 0.96배)의 전압을 연속하여 10분간 가할 수 있다.
최대 사용전압이 60 kV를 초과하는 권선(성형결선의 것에 한 한다. 8란의 것을 제외한다)으로서 중성점 직접 접지식 전로에 접속하는 것 다만, 170 kV를 초과하는 권선에는 그 중성점에 피뢰기를 시설하는 것에 한 한다.	최대 사용전압의 0.72배의 전압	시험되는 권선의 중성점 단자, 다른 권선(다른 권선이 2개 이상 있는 경우에는 각 권선)의 임의의 1단자, 철심 및 외함을 접지하고 시험되는 권선의 중성점 단자 이외의 임의의 1단자와 대지 사이에 시험전압을 연속하여 10분간 가한다. 이 경우에 중성점에 피뢰기를 시설하는 것에 있어서는 다시 중성점 단자의 대지간에 최대사용전압의 0.3배의 전압을 연속하여 10분간 가한다.
최대 사용전압이 170 kV를 초과하는 권선(성형결선의 것에 한 한다. 8란의 것을 제외한다)으로서 중성점 직접 접지식 전로에 접속하고 또한 그 중성점을 직접 접지하는 것	최대 사용전압의 0.64배의 전압	시험되는 권선의 중성점 단자, 다른 권선(다른 권선이 2개 이상 있는 경우에는 각 권선)의 임의의 1단자, 철심 및 외함을 접지하고 시험되는 권선의 중성점 단자 이외의 임의의 1단자와 대지 사이에 시험전압을 연속하여 10분간 가한다.
최대 사용전압이 60 kV를 초과하는 정류기에 접속하는 권선	정류기의 교류 측의 최대 사용전압의 1.1배의 교류전압 또는 정류기의 직류측의 최대 사용전압의 1.1배의 직류전압	시험되는 권선과 다른 권선, 철심 및 외함 간에 시험전압을 연속하여 10분간 가한다.
기타 권선	최대 사용전압의 1.1배의 전압(75 kV 미만으로 되는 경우는 75 kV)	시험되는 권선과 다른 권선, 철심 및 외함 간에 시험전압을 연속하여 10분간 가한다.

2. 특고압전로와 관련되는 절연내력은 설치하는 기기의 종류별 시험성적서 확인 또는 절연내력 확인방법에 적합한 시험 및 측정을 하고 결과가 적합한 경우에는 제1의 규정에 의하지 아니할 수 있다.

136 기구 등의 전로의 절연내력

1. 개폐기 · 차단기 · 전력용 커패시터 · 유도전압조정기 · 계기용변성기 기타의 기구의 전로 및 발전소 · 변전소 · 개폐소 또는 이에 준하는 곳에 시설하는 기계기구의 접속선 및 모선(전로를 구성하는 것에 한 한다. 이하 "기구 등의 전로"라 한다)은 표 136-1에서 정하는 시험전압을 충전 부분과 대지 사이(다심케이블은 심선 상호 간 및 심선

과 대지 사이)에 연속하여 10분간 가하여 절연내력을 시험하였을 때에 이에 견디어야 한다. 다만, 접지형계기용변압기 · 전력선 반송용 결합커패시터 · 뇌서지 흡수용 커패시터 · 지락검출용 커패시터 · 재기전압 억제용 커패시터 · 피뢰기 또는 전력선반송용 결합리액터로서 다음에 따른 표준에 적합한 것 혹은 전선에 케이블을 사용하는 기계기구의 교류의 접속선 또는 모선으로서 표 136-1에서 정한 시험전압의 2배의 직류전압을 충전부분과 대지 사이(다심케이블에서는 심선 상호 간 및 심선과 대지 사이)에 연속하여 10분간 가하여 절연내력을 시험하였을 때에 이에 견디도록 시설할 때에는 그러하지 아니하다.

표 136-1 기구 등의 전로의 시험전압

종류	시험전압
최대 사용전압이 7 kV 이하인 기구 등의 전로	최대 사용전압이 1.5배의 전압(직류의 충전 부분에 대하여는 최대 사용전압의 1.5배의 직류전압 또는 1배의 교류전압) (500 V 미만으로 되는 경우에는 500 V)
최대 사용전압이 7 kV를 초과하고 25 kV 이하인 기구 등의 전로로서 중성점 접지식 전로(중성선을 가지는 것으로서 그 중성선에 다중 접지하는 것에 한 한다.)에 접속하는 것	최대 사용전압의 0.92배의 전압
최대 사용전압이 7 kV를 초과하고 60 kV 이하인 기구 등의 전로(2란의 것을 제외한다.)	최대 사용전압의 1.25배의 전압 (10.5 kV 미만으로 되는 경우에는 10.5 kV)
최대 사용전압이 60 kV를 초과하는 기구 등의 전로로서 중성점 비접지식 전로(전위변성기를 사용하여 접지하는 것을 포함하고, 8란의 것을 제외한다.)에 접속하는 것	최대 사용전압의 1.25배의 전압
최대 사용전압이 60 kV를 초과하는 기구 등의 전로로서 중성점 접지식 전로(전위변성기를 사용하여 접지하는 것을 제외한다.)에 접속하는 것(7란과 8란의 것을 제외한다.)	최대 사용전압의 1.1배의 전압 (75 kV 미만으로 되는 경우에는 75 kV)
최대 사용전압이 170 kV를 초과하는 기구 등의 전로로서 중성점 직접 접지식 전로에 접속하는 것(7란과 8란의 것을 제외한다.)	최대 사용전압의 0.72배의 전압
최대 사용전압이 170 kV를 초과하는 기구 등의 전로로서 중성점 직접 접지식 전로 중 중성점이 직접 접지되어 있는 발전소 또는 변전소 혹은 이에 준하는 장소의 전로에 접속하는 것(8란의 것을 제외한다.)	최대 사용전압의 0.64배의 전압

<table>
<tr><td rowspan="2">최대 사용전압이 60 kV를 초과하는 정류기의 교류 측 및 직류 측 전로에 접속하는 기구 등의 전로</td><td>교류 측 및 직류 고전압 측에 접속하는 기구 등의 전로는 교류 측의 최대 사용전압의 1.1배의 교류전압 또는 직류 측의 최대 사용전압의 1.1배의 직류전압</td></tr>
<tr><td>직류 저압 측 전로에 접속하는 기구 등의 전로는 3100-2에 서 규정하는 계산식으로 구한 값</td></tr>
</table>

(1) 단서의 규정에 의한 접지형계기용변압기의 표준은 KS C 1706(2013)[계기용변성기(표준용 및 일반 계기용)]의 "6.2.3 내전압" 또는 KS C 1707(2011)[계기용변성기(전력수급용)]의 "6.2.4 내전압"에 적합할 것

(2) 단서의 규정에 의한 전력선 반송용 결합커패시터의 표준은 고압단자와 접지된 저압 단자 간 및 저압단자와 외함 간의 내전압이 각각 KS C 1706(2013)[계기용변성기(표준용 및 일반 계기용)]의 "6.2.3 내전압"에 규정하는 커패시터형 계기용변압기의 주 커패시터 단자 간 및 1차 접지 측 단자와 외함 간의 내전압의 표준에 준할 것

(3) 단서의 규정에 의한 뇌서지 흡수용 커패시터·지락검출용 커패시터·재기전압억제용 커패시터의 표준은 다음과 같다.

① 사용전압이 고압 또는 특고압일 것

② 고압단자 또는 특고압단자 및 접지된 외함 사이에 표 136-2에서 정하고 있는 공칭전압의 구분 및 절연계급의 구분에 따라 각각 같은 표에서 정한 교류전압 및 직류전압을 다음과 같이 일정시간 가하여 절연내력을 시험하였을 때에 이에 견디는 것일 것

㈎ 교류전압에서는 1분간

㈏ 직류전압에서는 10초간

표 136-2 뇌서지흡수용·지락검출용 · 재기전압억제용 커패시터의 시험전압

공칭전압의 구분(kV)	절연계급의 구분	시험전압	
		교류(kV)	직류(kV)
3.3	A	16	45
	B	10	30
6.6	A	22	60
	B	16	45
11	A	28	90
	B	28	75

22	A	50	150
	B	50	125
	C	50	180
33	A	70	200
	B	70	170
	C	70	240
66	A	140	350
	C	140	420
77	A	160	400
	C	160	480

A : B 또는 C 이외의 경우

B : 뇌서지 전압의 침입이 적은 경우 또는 피뢰기 등의 보호 장치에 의해서 이상전압이 충분히 낮게 억제되는 경우

C : 피뢰기 등의 보호 장치의 보호범위 외에 시설되는 경우

(4) 단서의 규정에 의한 직렬 갭이 있는 피뢰기의 표준은 다음과 같다.

① 건조 및 주수상태에서 2분 이내의 시간간격으로 10회 연속하여 상용주파 방전개시전압을 측정하였을 때 표 136-3의 상용주파 방전개시전압의 값 이상일 것

② 직렬 갭 및 특성요소를 수납하기 위한 자기용기 등 평상시 또는 동작 시에 전압이 인가되는 부분에 대하여 표 136-3의 "상용주파전압"을 건조 상태에서 1분간, 주수상태에서 10초간 가할 때 섬락 또는 파괴되지 아니할 것

③ ②와 동일한 부분에 대하여 표 136-3의 "뇌 임펄스전압"을 건조 및 주수상태에서 정·부양극성으로 뇌 임펄스전압(파두장 0.5 ㎲ 이상 1.5 ㎲ 이하, 파미장 32 ㎲ 이상 48 ㎲ 이하인 것 이하 이호에서 같다)에서 각각 3회 가할 때 섬락 또는 파괴되지 아니할 것

④ 건조 및 주수상태에서 표 136-3의 "뇌임펄스 방전개시전압(표준)"을 정·부양극성으로 각각 10회 인가하였을 때 모두 방전하고 또한, 정·부양극성의 뇌임펄스전압에 의하여 방전개시전압과 방전개시시간의 특성을 구할 때 0.5 ㎲에서의 전압 값은 같은 표의 "뇌 임펄스방전개시전압(0.5 ㎲)"의 값 이하일 것

⑤ 정·부양극성의 뇌 임펄스전류(파두장 0.5 ㎲ 이상 1.5 ㎲ 이하, 파미장 32 ㎲ 이상 48 ㎲ 이하의 파형인 것)에 의하여 제한전압과 방전전류와의 특성을 구할 때, 공칭방전전류에서의 전압 값은 표 136-3의 "제한전압"의 값 이하일 것

(5) 단서의 규정에 의한 전력선 반송용 결합리액터의 표준은 다음과 같다.

① 사용전압은 고압일 것

② 60 ㎐의 주파수에 대한 임피던스는 사용전압의 구분에 따라 전압을 가하였을

때에 표 136-4에서 정한 값 이상일 것

③ 권선과 철심 및 외함 간에 최대사용전압이 1.5배의 교류전압을 연속하여 10분간 가하였을 때에 (이에) 견딜 것

2. 특고압전로와 관련되는 절연내력은 설치하는 기기의 종류별 시험성적서 확인 또는 절연내력 확인방법에 적합한 시험 및 측정을 하고 결과가 적합한 경우에는 제1의 규정에 의하지 아니할 수 있다.

표 136-3 직렬 갭이 있는 피뢰기의 상용주파 방전개시전압

피뢰기 정격전압(실효값)[kV]	상용주파 방전 개시전압(실효값)[kV]	내전압[kV]			충격방전 개시전압(파고값)[kV]		제한전압(파고값)[kV]		
		상용주파 전압(실효값)[kV]	충격전압(파고값)[kV]						
			1.2×50 μs	250×2500 μs	1.2×50 μs	250×2500 μs	10 kA	5 kA	2.5 kA
7.5	11.25	21(20)	60	–	27	–	27	27	27
9	13.5	27(24)	75	–	32.5	–	–	–	32.5
12	18	50(45)	110	–	43	–	43	43	–
18	27	42(36)	125	–	65	–	–	–	65
21	31.5	70(60)	120	–	76	–	76	76	–
24	26	70(60)	150	–	87	–	87	87	–
72 75	112.5	175 (145)	350	–	270	–	270	270	–
138 144	207	325 (325)	750	–	460	–	460	–	–
288	432	450 (450)	1175	950	725	695	690	–	–

[비고] ( ) 안의 숫자는 주수시험 시 적용

표 136-4 전력선 반송용 결합리액터의 판정 임피던스

사용전압의 구분	전 압	임피던스
3.5 kV 이하	2 kV	500 kΩ
3.5 kV 초과	4 kV	1,000 kΩ

| 140 접지시스템 |

141 접지시스템의 구분 및 종류

1. 접지시스템은 계통접지, 보호접지, 피뢰시스템 접지 등으로 구분한다.
2. 접지시스템의 시설 종류에는 단독접지, 공통접지, 통합접지가 있다.

142 접지시스템의 시설

142.1 접지시스템의 구성요소 및 요구사항

142.1.1 접지시스템 구성요소

1. 접지시스템은 접지극, 접지도체, 보호도체 및 기타 설비로 구성하고, 140에 의하는 것 이외에는 KS C IEC 60364-5-54(저압전기설비-제5-54부 : 전기기기의 선정 및 설치-접지설비 및 보호도체)에 의한다.
2. 접지극은 접지도체를 사용하여 주 접지 단자에 연결하여야 한다.

142.1.2 접지시스템 요구사항

1. 접지시스템은 다음에 적합하여야 한다.
   (1) 전기설비의 보호 요구사항을 충족하여야 한다.
   (2) 지락전류와 보호도체 전류를 대지에 전달할 것. 다만, 열적, 열·기계적, 전기·기계적 응력 및 이러한 전류로 인한 감전 위험이 없어야 한다.
   (3) 전기설비의 기능적 요구사항을 충족하여야 한다.
2. 접지저항 값은 다음에 의한다.
   (1) 부식, 건조 및 동결 등 대지환경 변화에 충족하여야 한다.
   (2) 인체감전보호를 위한 값과 전기설비의 기계적 요구에 의한 값을 만족하여야 한다.

142.2 접지극의 시설 및 접지저항

1. 접지극은 다음에 따라 시설하여야 한다.
   (1) 토양 또는 콘크리트에 매입되는 접지극의 재료 및 최소 굵기 등은 KS C IEC 60364-5-54(저압전기설비-제5-54부 : 전기기기의 선정 및 설치-접지설비 및 보호도체)의 "표 54.1(토양 또는 콘크리트에 매설되는 접지극으로 부식방지 및 기계적 강도를 대비하여 일반적으로 사용되는 재질의 최소 굵기)"에 따라야 한다.
   (2) 피뢰시스템의 접지는 152.1.3을 우선 적용하여야 한다.
2. 접지극은 다음의 방법 중 하나 또는 복합하여 시설하여야 한다.
   (1) 콘크리트에 매입된 기초 접지극

(2) 토양에 매설된 기초 접지극
(3) 토양에 수직 또는 수평으로 직접 매설된 금속 전극(봉, 전선, 테이프, 배관, 판 등)
(4) 케이블의 금속외장 및 그 밖에 금속피복
(5) 지중 금속 구조물(배관 등)
(6) 대지에 매설된 철근콘크리트의 용접된 금속 보강재. 다만, 강화콘크리트는 제외한다.

3. 접지극의 매설은 다음에 의한다.
(1) 접지극은 매설하는 토양을 오염시키지 않아야 하며, 가능한 다습한 부분에 설치한다.
(2) 접지극은 동결 깊이를 감안하여 시설하되 고압 이상의 전기설비와 142.5에 의하여 시설하는 접지극의 매설깊이는 지표면으로부터 지하 0.75 m 이상으로 한다. 다만, 발전소·변전소·개폐소 또는 이에 준하는 곳에 접지극을 322.5의1의 "(1)"에 준하여 시설하는 경우에는 그러하지 아니하다.
(3) 접지도체를 철주 기타의 금속체를 따라서 시설하는 경우에는 (접지극을 철주의 밑면으로부터 0.3 m 이상의 깊이에 매설하는 경우 이외에는) 접지극을 지중에서 그 금속체로부터 1 m 이상 떼어 매설하여야 한다.

4. 접지시스템 부식에 대한 고려는 다음에 의한다.
(1) 접지극에 부식을 일으킬 수 있는 폐기물 집하장 및 번화한 장소에 접지극 설치는 피해야 한다.
(2) 서로 다른 재질의 접지극을 연결할 경우 전식을 고려하여야 한다.
(3) 콘크리트 기초 접지극에 접속하는 접지도체가 용융 아연도금강제인 경우 접속부를 토양에 직접 매설해서는 안 된다.

5. 접지극을 접속하는 경우에는 발열성 용접, 압착접속, 클램프 또는 그 밖의 적절한 기계적 접속장치로 접속하여야 한다.

6. 가연성 액체나 가스를 운반하는 금속제 배관은 접지설비의 접지극으로 사용 할 수 없다. 다만, 보호 등전위 본딩은 예외로 한다.

7. 수도관 등을 접지극으로 사용하는 경우는 다음에 의한다.
(1) 지중에 매설되어 있고 대지와의 전기저항 값이 3 Ω 이하의 값을 유지하고 있는 금속제 수도관로가 다음에 따르는 경우 접지극으로 사용이 가능하다.
① 접지도체와 금속제 수도관로의 접속은 안지름 75 ㎜ 이상인 부분 또는 여기에서 분기한 안지름 75 ㎜ 미만인 분기점으로부터 5 m 이내의 부분에서 하여야 한다. 다만, 금속제 수도관로와 대지 사이의 전기저항 값이 2 Ω 이하인 경우에는 분기점으로부터의 거리는 5 m를 넘을 수 있다.

② 접지도체와 금속제 수도관로의 접속부를 수도계량기로부터 수도 수용가 측에 설치하는 경우에는 수도계량기를 사이에 두고 양측 수도관로를 등전위 본딩 하여야 한다.

③ 접지도체와 금속제 수도관로의 접속부를 사람이 접촉할 우려가 있는 곳에 설치하는 경우에는 손상을 방지하도록 방호장치를 설치하여야 한다.

④ 접지도체와 금속제 수도관로의 접속에 사용하는 금속제는 접속부에 전기적 부식이 생기지 않아야 한다.

(2) 건축물·구조물의 철골 기타의 금속제는 이를 비접지식 고압전로에 시설하는 기계기구의 철대 또는 금속제 외함의 접지공사 또는 비접지식 고압전로와 저압전로를 결합하는 변압기의 저압전로의 접지공사의 접지극으로 사용할 수 있다. 다만, 대지와의 사이에 전기저항 값이 2 Ω 이하인 값을 유지하는 경우에 한한다.

142.3 접지도체·보호도체

142.3.1 접지도체

1. 접지도체의 선정

(1) 접지도체의 단면적은 142.3.2의 1에 의하며 큰 고장전류가 접지도체를 통하여 흐르지 않을 경우 접지도체의 최소 단면적은 다음과 같다.

① 구리는 6 ㎟ 이상

② 철제는 50 ㎟ 이상

(2) 접지도체에 피뢰시스템이 접속되는 경우, 접지도체의 단면적은 구리 16 ㎟ 또는 철 50 ㎟ 이상으로 하여야 한다.

2. 접지도체와 접지극의 접속은 다음에 의한다.

(1) 접속은 견고하고 전기적인 연속성이 보장되도록, 접속부는 발열성 용접, 압착접속, 클램프 또는 그 밖에 적절한 기계적 접속장치에 의해야 한다. 다만, 기계적인 접속장치는 제작자의 지침에 따라 설치하여야 한다.

(2) 클램프를 사용하는 경우, 접지극 또는 접지도체를 손상시키지 않아야 한다. 납땜에만 의존하는 접속은 사용해서는 안 된다.

3. 접지도체를 접지극이나 접지의 다른 수단과 연결하는 것은 견고하게 접속하고, 전기적, 기계적으로 적합하여야 하며, 부식에 대해 적절하게 보호되어야 한다. 또한, 다음과 같이 매입되는 지점에는 "안전 전기 연결" 라벨이 영구적으로 고정되도록 시설하여야 한다.

(1) 접지극의 모든 접지도체 연결지점

(2) 외부도전성 부분의 모든 본딩도체 연결지점

(3) 주 개폐기에서 분리된 주 접지단자

4. 접지도체는 지하 0.75 m 부터 지표상 2 m 까지 부분은 합성수지관(두께 2 ㎜ 미만의 합성수지제 전선관 및 가연성 콤바인 덕트관은 제외한다) 또는 이와 동등 이상의 절연효과와 강도를 가지는 몰드로 덮어야 한다.
5. 특고압 · 고압 전기설비 및 변압기 중성점 접지시스템의 경우 접지도체가 사람이 접촉할 우려가 있는 곳에 시설되는 고정설비인 경우에는 다음에 따라야 한다. 다만, 발전소·변전소·개폐소 또는 이에 준하는 곳에서는 개별 요구사항에 의한다.
   (1) 접지도체는 절연전선(옥외용 비닐절연전선은 제외) 또는 케이블(통신용 케이블은 제외)을 사용하여야 한다. 다만, 접지도체를 철주 기타의 금속체를 따라서 시설하는 경우 이외에는 접지도체의 지표상 0.6 m를 초과하는 부분에 대하여는 절연전선을 사용하지 않을 수 있다.
   (2) 접지극 매설은 142.2의 3에 따른다.
6. 접지도체의 굵기는 제1의 "(1)"에서 정한 것 이외에 고장 시 흐르는 전류를 안전하게 통할 수 있는 것으로서 다음에 의한다.
   (1) 특 고압 · 고압 전기설비용 접지도체는 단면적 6 ㎟ 이상의 연동선 또는 동등 이상의 단면적 및 강도를 가져야 한다.
   (2) 중성점 접지용 접지도체는 공칭단면적 16 ㎟ 이상의 연동선 또는 동등 이상의 단면적 및 세기를 가져야 한다. 다만, 다음의 경우에는 공칭단면적 6 ㎟ 이상의 연동선 또는 동등 이상의 단면적 및 강도를 가져야 한다.
      ① 7 kV 이하의 전로
      ② 사용전압이 25 kV 이하인 특고압 가공전선로. 다만, 중성선 다중접지 방식의 것으로서 전로에 지락이 생겼을 때 2초 이내에 자동적으로 이를 전로로부터 차단하는 장치가 되어 있는 것
   (3) 이동하여 사용하는 전기기계기구의 금속제 외함 등의 접지시스템의 경우는 다음의 것을 사용하여야 한다.
      ① 특고압 · 고압 전기설비용 접지도체 및 중성점 접지용 접지도체는 클로로프렌 캡타이어 케이블(3종 및 4종) 또는 클로로설포네이트 폴리에틸렌 캡타이어 케이블(3종 및 4종)의 1개 도체 또는 다심 캡타이어 케이블의 차폐 또는 기타의 금속체로 단면적이 10 ㎟ 이상인 것을 사용한다.
      ② 저압 전기설비용 접지도체는 다심 코드 또는 다심 캡타이어 케이블의 1개 도체의 단면적이 0.75 ㎟ 이상인 것을 사용한다. 다만, 기타 유연성이 있는 연동연선은 1개 도체의 단면적이 1.5 ㎟ 이상인 것을 사용한다.

142.3.2 보호도체

1. 보호도체의 최소 단면적은 다음에 의한다.

(1) 보호도체의 최소 단면적은 "(2)"에 따라 계산하거나 표 142.3-1에 따라 선정할 수 있다. 다만, "(3)"의 요건을 고려하여 선정한다.

표 142.3-1 보호도체의 최소 단면적

선 도체의 단면적 S (㎟, 구리)	보호도체의 최소 단면적(㎟, 구리)	
	보호도체의 재질	
	선 도체와 같은 경우	선 도체와 다른 경우
$S \leq 16$	S	$(k_1/k_2) \times S$
$16 < S \leq 35$	16[a]	$(k_1/k_2) \times 16$
$S > 35$	S[a]/2	$(k_1/k_2) \times (S/2)$

여기서,
k_1 : 도체 및 절연의 재질에 따라 KS C IEC 60364-5-54(저압전기설비-제5-54부 : 전기기기의 선정 및 설치-접지설비 및 보호도체)의 "표 A54.1(여러 가지 재료의 변수값)" 또는 KS C IEC 60364-4-43(저압전기설비-제4-43부 : 안전을 위한 보호-과전류에 대한 보호)의 "표 43A(도체에 대한 k값)"에서 선정된 선도체에 대한 k값
k_2 : KS C IEC 60364-5-54(저압전기설비-제5-54부 : 전기기기의 선정 및 설치-접지설비 및 보호도체)의 "표 A.54.2(케이블에 병합되지 않고 다른 케이블과 묶여 있지 않은 절연 보호도체의 k값) ~ 표 A.54.6(제시된 온도에서 모든 인접 물질에 손상 위험성이 없는 경우 나도체의 k값)"에서 선정된 보호도체에 대한 k값
a : PEN 도체의 최소 단면적은 중성선과 동일하게 적용한다[KS C IEC 60364-5-52(저압전기설비-제5-52부 : 전기기기의 선정 및 설치-배선설비) 참조].

(2) 차단시간이 5초 이하인 경우에만 다음 계산식을 적용한다.

$$S = \frac{\sqrt{I^2 t}}{k}$$

여기서, S : 단면적(㎟)
I : 보호 장치를 통해 흐를 수 있는 예상 고장전류 실효값(A)
t : 자동차단을 위한 보호 장치의 동작시간(s)
k : 보호도체, 절연, 기타 부위의 재질 및 초기온도와 최종온도에 따라 정해지는 계수로 KS C IEC 60364-5-54(저압전기설비-제5-54부 : 전기기기의 선정 및 설치-접지설비 및 보호도체)의 "부속서 A(기본보호에 관한 규정)"에 의한다.

(3) 보호도체가 케이블의 일부가 아니거나 선 도체와 동일 외함에 설치되지 않으면 단면적은 다음의 굵기 이상으로 하여야 한다.

① 기계적 손상에 대해 보호가 되는 경우는 구리 2.5㎟, 알루미늄 16㎟ 이상

② 기계적 손상에 대해 보호가 되지 않는 경우는 구리 4㎟, 알루미늄 16㎟ 이상

③ 케이블의 일부가 아니라도 전선관 및 트렁킹 내부에 설치되거나, 이와 유사한 방법으로 보호되는 경우 기계적으로 보호되는 것으로 간주한다.

(4) 보호도체가 두 개 이상의 회로에 공통으로 사용되면 단면적은 다음과 같이 선정

하여야 한다.

① 회로 중 가장 부담이 큰 것으로 예상되는 고장전류 및 동작시간을 고려하여 "(1)" 또는 "(2)"에 따라 선정한다.

② 회로 중 가장 큰 선 도체의 단면적을 기준으로 "(1)"에 따라 선정한다.

2. 보호도체의 종류는 다음에 의한다.

(1) 보호도체는 다음 중 하나 또는 복수로 구성하여야 한다.

① 다심케이블의 도체

② 충전도체와 같은 트렁킹에 수납된 절연도체 또는 나도체

③ 고정된 절연도체 또는 나도체

④ "(2)" ①, ② 조건을 만족하는 금속케이블 외장, 케이블 차폐, 케이블 외장, 전선묶음(편조전선), 동심도체, 금속관

(2) 전기설비에 저압개폐기, 제어반 또는 버스덕트와 같은 금속제 외함을 가진 기기가 포함된 경우, 금속함이나 프레임이 다음과 같은 조건을 모두 충족하면 보호도체로 사용이 가능하다.

① 구조·접속이 기계적, 화학적 또는 전기화학적 열화에 대해 보호할 수 있으며 전기적 연속성을 유지 하는 경우

② 도전성이 제1의 "(1)" 또는 "(2)"의 조건을 충족하는 경우

③ 연결하고자 하는 모든 분기 접속점에서 다른 보호도체의 연결을 허용하는 경우

(3) 다음과 같은 금속부분은 보호도체 또는 보호 본딩도체로 사용해서는 안 된다.

① 금속 수도관

② 가스·액체·분말과 같은 잠재적인 인화성 물질을 포함하는 금속관

③ 상시 기계적 응력을 받는 지지 구조물 일부

④ 가요성 금속배관. 다만, 보호도체의 목적으로 설계된 경우는 예외로 한다.

⑤ 가요성 금속전선관

⑥ 지지선, 케이블트레이 및 이와 비슷한 것

3. 보호도체의 전기적 연속성은 다음에 의한다.

(1) 보호도체의 보호는 다음에 의한다.

① 기계적인 손상, 화학적·전기화학적 열화, 전기역학적·열역학적 힘에 대해 보호되어야 한다.

② 나사접속·클램프접속 등 보호도체 사이 또는 보호도체와 타 기기 사이의 접속은 전기적 연속성 보장 및 충분한 기계적 강도와 보호를 구비하여야 한다.

③ 보호도체를 접속하는 나사는 다른 목적으로 겸용해서는 안 된다.

④ 접속부는 납땜(soldering)으로 접속해서는 안 된다.

(2) 보호도체의 접속부는 검사와 시험이 가능하여야 한다. 다만 다음의 경우는 예외로 한다.

① 화합물로 충전된 접속부

② 캡슐로 보호되는 접속부

③ 금속관, 덕트 및 버스 덕트에서의 접속부

④ 기기의 한 부분으로서 규정에 부합하는 접속부

⑤ 용접(welding)이나 경 납땜(brazing)에 의한 접속부

⑥ 압착 공구에 의한 접속부

4. 보호도체에는 어떠한 개폐장치를 연결해서는 안 된다. 다만, 시험목적으로 공구를 이용하여 보호도체를 분리할 수 있는 접속점을 만들 수 있다.
5. 접지에 대한 전기적 감시를 위한 전용장치(동작센서, 코일, 변류기 등)를 설치하는 경우, 보호도체 경로에 직렬로 접속하면 안 된다.
6. 기기·장비의 노출도전부는 다른 기기를 위한 보호도체의 부분을 구성하는데 사용할 수 없다. 다만, 제2의 "(2)"에서 허용하는 것은 제외한다.

142.3.3 보호도체의 단면적 보강

1. 보호도체는 정상 운전상태에서 전류의 전도성 경로(전기자기 간섭 보호용 필터의 접속 등으로 인한)로 사용되지 않아야 한다.
2. 전기설비의 정상 운전상태에서 보호도체에 10 mA를 초과하는 전류가 흐르는 경우, 다음에 의해 보호도체를 증강하여 사용하여야 한다.

(1) 보호도체가 하나인 경우 보호도체의 단면적은 전 구간에 구리 10 ㎟ 이상 또는 알루미늄 16 ㎟ 이상으로 하여야 한다.

(2) 추가로 보호도체를 위한 별도의 단자가 구비된 경우, 최소한 고장보호에 요구되는 보호도체의 단면적은 구리 10 ㎟, 알루미늄 16 ㎟ 이상으로 한다.

142.3.4 보호도체와 계통도체 겸용

1. 보호도체와 계통도체를 겸용하는 겸용도체(중성선과 겸용, 선도체와 겸용, 중간도체와 겸용 등)는 해당하는 계통의 기능에 대한 조건을 만족하여야 한다.
2. 겸용도체는 고정된 전기설비에서만 사용할 수 있으며 다음에 의한다.

(1) 단면적은 구리 10 ㎟ 또는 알루미늄 16 ㎟ 이상이어야 한다.

(2) 중성선과 보호도체의 겸용도체는 전기설비의 부하 측으로 시설하여서는 안 된다.

(3) 폭발성 분위기 장소는 보호도체를 전용으로 하여야 한다.

3. 겸용도체의 성능은 다음에 의한다.

(1) 공칭전압과 같거나 높은 절연성능을 가져야 한다.

(2) 배선설비의 금속 외함은 겸용도체로 사용해서는 안 된다. 다만, KS C IEC 60439-2(저전압 개폐장치 및 제어장치 부속품-제2부 : 버스바 트렁킹 시스템의 개별 요구사항)에 의한 것 또는 KS C IEC 61534-1(전원 트랙-제1부 : 일반요구사항)에 의한 것은 제외한다.

4. 겸용도체는 다음 사항을 준수하여야 한다.
(1) 전기설비의 일부에서 중성선 · 중간도체 · 선도체 및 보호도체가 별도로 배선되는 경우, 중성선 · 중간도체 · 선도체를 전기설비의 다른 접지된 부분에 접속해서는 안 된다. 다만, 겸용도체에서 각각의 중성선 · 중간도체 · 선도체와 보호도체를 구성하는 것은 허용한다.
(2) 겸용도체는 보호도체용 단자 또는 바에 접속되어야 한다.
(3) 계통외 도전부는 겸용도체로 사용해서는 안 된다.

142.3.5 보호접지 및 기능접지의 겸용도체

1. 보호접지와 기능접지 도체를 겸용하여 사용할 경우 142.3.2에 대한 조건과 143 및 153.2(피뢰시스템 등전위 본딩)의 조건에도 적합하여야 한다.
2. 전자통신기기에 전원공급을 위한 직류귀환 도체는 겸용도체(PEL 또는 PEM)로 사용 가능하고, 기능접지도체와 보호도체를 겸용할 수 있다.

142.3.6 감전보호에 따른 보호도체

과전류 보호 장치를 감전에 대한 보호용으로 사용하는 경우, 보호도체는 충전도체와 같은 배선설비에 병합시키거나 근접한 경로로 설치하여야 한다.

142.3.7 주 접지단자

1. 접지시스템은 주 접지단자를 설치하고, 다음의 도체들을 접속하여야 한다.
(1) 등전위 본딩도체
(2) 접지도체
(3) 보호도체
(4) 관련이 있는 경우, 기능성 접지도체
2. 여러 개의 접지단자가 있는 장소는 접지단자를 상호 접속하여야 한다.
3. 주 접지 단자에 접속하는 각 접지도체는 개별적으로 분리할 수 있어야 하며, 접지저항을 편리하게 측정할 수 있어야 한다. 다만, 접속은 견고해야 하며 공구에 의해서만 분리되는 방법으로 하여야 한다.

142.4 전기수용가 접지

142.4.1 저압수용가 인입구 접지

1. 수용장소 인입구 부근에서 다음의 것을 접지극으로 사용하여 변압기 중성점 접지를 한 저압전선로의 중성선 또는 접지 측 전선에 추가로 접지공사를 할 수 있다.
   (1) 지중에 매설되어 있고 대지와의 전기저항 값이 3 Ω 이하의 값을 유지하고 있는 금속제 수도관로
   (2) 대지 사이의 전기저항 값이 3 Ω 이하인 값을 유지하는 건물의 철골
2. 제1에 따른 접지도체는 공칭단면적 6 ㎟ 이상의 연동선 또는 이와 동등 이상의 세기 및 굵기의 쉽게 부식하지 않는 금속선으로서 고장 시 흐르는 전류를 안전하게 통할 수 있는 것이어야 한다. 다만, 접지도체를 사람이 접촉할 우려가 있는 곳에 시설할 때에는 142.3.1의 6에 따른다.

142.4.2 주택 등 저압수용장소 접지

1. 저압수용장소에서 계통접지가 TN-C-S 방식인 경우에 보호도체는 다음에 따라 시설하여야 한다.
   (1) 보호도체의 최소 단면적은 142.3.2의 1에 의한 값 이상으로 한다.
   (2) 중성선 겸용 보호도체(PEN)는 고정 전기설비에만 사용할 수 있고, 그 도체의 단면적이 구리는 10 ㎟ 이상, 알루미늄은 16 ㎟ 이상이어야 하며, 그 계통의 최고전압에 대하여 절연되어야 한다.
2. 제1에 따른 접지의 경우에는 감전보호용 등전위 본딩을 하여야 한다. 다만, 이 조건을 충족시키지 못하는 경우에 중성선 겸용 보호도체를 수용장소의 인입구 부근에 추가로 접지하여야 하며, 그 접지저항 값은 접촉전압을 허용접촉전압 범위 내로 제한하는 값 이하로 하여야 한다.

142.5 변압기 중성점 접지

1. 변압기의 중성점 접지 저항값은 다음에 의한다.
   (1) 일반적으로 변압기의 고압·특고압 측 전로 1선 지락전류로 150을 나눈 값과 같은 저항값 이하
   (2) 변압기의 고압·특고압 측 전로 또는 사용전압이 35 kV 이하의 특고압 전로가 저압측 전로와 혼촉하고 저압전로의 대지전압이 150 V를 초과하는 경우 저항값은 다음에 의한다.
      ① 1초 초과 2초 이내에 고압·특고압 전로를 자동으로 차단하는 장치를 설치할 때는 300을 나눈 값 이하
      ② 1초 이내에 고압 · 특고압 전로를 자동으로 차단하는 장치를 설치할 때는 600

을 나눈 값 이하

2. 전로의 1선 지락전류는 실측값에 의한다. 다만, 실측이 곤란한 경우에는 선로정수 등으로 계산한 값에 의한다.

142.6 공통접지 및 통합접지

1. 고압 및 특고압과 저압 전기설비의 접지극이 서로 근접하여 시설되어 있는 변전소 또는 이와 유사한 곳에서는 다음과 같이 공통접지시스템으로 할 수 있다.
   (1) 저압 전기설비의 접지극이 고압 및 특고압 접지극의 접지저항 형성영역에 완전히 포함되어 있다면 위험전압이 발생하지 않도록 이들 접지극을 상호 접속하여야 한다.
   (2) 접지시스템에서 고압 및 특고압 계통의 지락사고 시 저압계통에 가해지는 상용주파 과전압은 표 142.6-1 에서 정한 값을 초과해서는 안 된다.

표 142.6-1 저압설비 허용 상용주파 과전압

고압계통에서 지락고장시간(초)	저압설비 허용 상용주파 과전압(V)	비고
>5	U_0 + 250	중성선 도체가 없는 계통에서 U_0는 선간전압을 말한다.
≤5	U_0 + 1200	
1. 순시 상용주파 과전압에 대한 저압기기의 절연 설계기준과 관련된다. 2. 중성선이 변전소 변압기의 접지계통에 접속된 계통에서, 건축물 외부에 설치한 외함이 접지되지 않은 기기의 절연에는 일시적 상용주파 과전압이 나타날 수 있다.		

   (3) 고압 및 특고압을 수전 받는 수용가의 접지계통을 수전 전원의 다중 접지된 중성선과 접속하면 "(2)"의 요건은 충족하는 것으로 간주할 수 있다.
   (4) 기타 공통접지와 관련한 사항은 KS C IEC 61936-1(교류 1 kV 초과 전력설비-제1부 : 공통 규정)의 "10 접지시스템"에 의한다.
2. 전기설비의 접지설비, 건축물의 피뢰설비·전자통신설비 등의 접지극을 공용하는 통합접지시스템으로 하는 경우 다음과 같이 하여야 한다.
   (1) 통합접지시스템은 제1에 의한다.
   (2) 낙뢰에 의한 과전압 등으로부터 전기전자기기 등을 보호하기 위해 153.1의 규정에 따라 서지 보호 장치를 설치하여야 한다.

142.7 기계기구의 철대 및 외함의 접지

1. 전로에 시설하는 기계기구의 철대 및 금속제 외함(외함이 없는 변압기 또는 계기용

변성기는 철심)에는 140에 의한 접지공사를 하여야 한다.

2. 다음의 어느 하나에 해당하는 경우에는 제1의 규정에 따르지 않을 수 있다.
   (1) 사용전압이 직류 300 V 또는 교류 대지전압이 150 V 이하인 기계기구를 건조한 곳에 시설하는 경우
   (2) 저압용의 기계기구를 건조한 목재의 마루 기타 이와 유사한 절연성 물건 위에서 취급하도록 시설하는 경우
   (3) 저압용이나 고압용의 기계기구, 341.2에서 규정하는 특고압 전선로에 접속하는 배전용 변압기나 이에 접속하는 전선에 시설하는 기계기구 또는 333.32의 1과 4에서 규정하는 특고압 가공전선로의 전로에 시설하는 기계기구를 사람이 쉽게 접촉할 우려가 없도록 목주 기타 이와 유사한 것의 위에 시설하는 경우
   (4) 철대 또는 외함의 주위에 적당한 절연대를 설치하는 경우
   (5) 외함이 없는 계기용 변성기가 고무·합성수지 기타의 절연물로 피복한 것일 경우
   (6) 「전기용품 및 생활용품 안전관리법」의 적용을 받는 이중절연구조로 되어 있는 기계기구를 시설하는 경우
   (7) 저압용 기계기구에 전기를 공급하는 전로의 전원측에 절연 변압기(2차 전압이 300 V 이하이며, 정격용량이 3 kVA 이하인 것에 한한다)를 시설하고 또한 그 절연 변압기의 부하측 전로를 접지하지 않은 경우
   (8) 물기 있는 장소 이외의 장소에 시설하는 저압용의 개별 기계기구에 전기를 공급하는 전로에 「전기용품 및 생활용품 안전관리법」의 적용을 받는 인체감전보호용 누전 차단기(정격감도전류가 30 mA 이하, 동작시간이 0.03초 이하의 전류동작형에 한한다)를 시설하는 경우
   (9) 외함을 충전하여 사용하는 기계기구에 사람이 접촉할 우려가 없도록 시설하거나 절연대를 시설하는 경우

143 감전보호용 등전위 본딩

143.1 등전위 본딩의 적용

1. 건축물·구조물에서 접지도체, 주 접지단자와 다음의 도전성 부분은 등전위 본딩하여야 한다. 다만, 이들 부분이 다른 보호도체로 주 접지단자에 연결된 경우는 그러하지 아니하다.
   (1) 수도관·가스관 등 외부에서 내부로 인입되는 금속배관
   (2) 건축물·구조물의 철근, 철골 등 금속보강재
   (3) 일상생활에서 접촉이 가능한 금속제 난방배관 및 공조 설비 등 계통외 도전부

2. 주 접지단자에 보호 등전위 본딩 도체, 접지도체, 보호도체, 기능성 접지도체를 접속하여야 한다.

143.2 등전위 본딩 시설

143.2.1 보호 등전위 본딩

1. 건축물·구조물의 외부에서 내부로 들어오는 각종 금속제 배관은 다음과 같이 하여야 한다.
   (1) 1개소에 집중하여 인입하고, 인입구 부근에서 서로 접속하여 등전위 본딩 바에 접속하여야 한다.
   (2) 대형건축물 등으로 1개소에 집중하여 인입하기 어려운 경우에는 본딩 도체를 1개의 본딩 바에 연결한다.
2. 수도관·가스관의 경우 내부로 인입된 최초의 밸브 후단에서 등전위 본딩을 하여야 한다.
3. 건축물·구조물의 철근, 철골 등 금속보강재는 등전위 본딩을 하여야 한다.

143.2.2 보조 보호 등전위 본딩

1. 보조 보호 등전위 본딩의 대상은 전원자동차단에 의한 감전보호방식에서 고장 시 자동차단시간이 211.2.3의 3에서 요구하는 계통별 최대차단시간을 초과하는 경우이다.
2. 제1의 차단시간을 초과하고 2.5 m 이내에 설치된 고정기기의 노출도전부와 계통외 도전부는 보조 보호 등전위 본딩을 하여야 한다. 다만, 보조 보호 등전위 본딩의 유효성에 관해 의문이 생길 경우 동시에 접근 가능한 노출도전부와 계통외 도전부 사이의 저항 값(R)이 다음의 조건을 충족하는지 확인하여야 한다.

   교류 계통 : $R \leq \dfrac{50\ V}{I_a}$ [Ω]

   직류 계통 : $R \leq \dfrac{120\ V}{I_a}$ [Ω]

   I_a : 보호 장치의 동작전류(A)
   (누전차단기의 경우 $I_{\Delta n}$(정격감도전류), 과전류 보호 장치의 경우 5초 이내 동작전류)

143.2.3 비접지 국부 등전위 본딩

1. 절연성 바닥으로 된 비접지 장소에서 다음의 경우 국부 등전위 본딩을 하여야 한다.
   (1) 전기설비 상호 간이 2.5 m 이내인 경우
   (2) 전기설비와 이를 지지하는 금속체 사이
2. 전기설비 또는 계통외 도전부를 통해 대지에 접촉하지 않아야 한다.

143.3 등전위 본딩 도체

143.3.1 보호 등전위 본딩 도체

1. 주 접지단자에 접속하기 위한 등전위 본딩 도체는 설비 내에 있는 가장 큰 보호접지도체 단면적의 $\frac{1}{2}$ 이상의 단면적을 가져야 하고 다음의 단면적 이상이어야 한다.
   (1) 구리도체 6 ㎟
   (2) 알루미늄 도체 16 ㎟
   (3) 강철 도체 50 ㎟
2. 주 접지단자에 접속하기 위한 보호 본딩 도체의 단면적은 구리도체 25 ㎟ 또는 다른 재질의 동등한 단면적을 초과할 필요는 없다.
3. 등전위 본딩 도체의 상호접속은 153.2.1의 2를 따른다.

143.3.2 보조 보호 등전위 본딩 도체

1. 두 개의 노출도전부를 접속하는 경우 도전성은 노출도전부에 접속된 더 작은 보호도체의 도전성보다 커야 한다.
2. 노출도전부를 계통외 도전부에 접속하는 경우 도전성은 같은 단면적을 갖는 보호도체의 $\frac{1}{2}$ 이상이어야 한다.
3. 케이블의 일부가 아닌 경우 또는 선로도체와 함께 수납되지 않은 본딩 도체는 다음 값 이상이어야 한다.
   (1) 기계적 보호가 된 것은 구리도체 2.5 ㎟, 알루미늄 도체 16 ㎟
   (2) 기계적 보호가 없는 것은 구리도체 4 ㎟, 알루미늄 도체 16 ㎟

| 150 피뢰시스템 |

151 피뢰시스템의 적용범위 및 구성

151.1 적용범위

다음에 시설되는 피뢰시스템에 적용한다.

1. 전기전자설비가 설치된 건축물·구조물로서 낙뢰로부터 보호가 필요한 것 또는 지상으로부터 높이가 20 m 이상인 것
2. 전기설비 및 전자설비 중 낙뢰로부터 보호가 필요한 설비

151.2 피뢰시스템의 구성

1. 직격뢰로부터 대상물을 보호하기 위한 외부 피뢰시스템
2. 간접뢰 및 유도뢰로부터 대상물을 보호하기 위한 내부 피뢰시스템

151.3 피뢰시스템 등급선정

피뢰시스템 등급은 대상물의 특성에 따라 KS C IEC 62305-1(피뢰시스템-제1부 : 일반원칙)의 "8.2 피뢰레벨", KS C IEC 62305-2(피뢰시스템-제2부 : 리스크관리), KS C IEC 62305-3(피뢰시스템-제3부 : 구조물의 물리적 손상 및 인명위험)의 "4.1 피뢰시스템의 등급"에 의한 피뢰레벨 따라 선정한다. 다만, 위험물의 제조소 등에 설치하는 피뢰시스템은 Ⅱ 등급 이상으로 하여야 한다.

152 외부 피뢰시스템

152.1 수뢰부시스템

1. 수뢰부시스템의 선정은 다음에 의한다.
   (1) 돌침, 수평도체, 메시도체의 요소 중에 한 가지 또는 이를 조합한 형식으로 시설하여야 한다.
   (2) 수뢰부시스템 재료는 KS C IEC 62305-3(피뢰시스템-제3부 : 구조물의 물리적 손상 및 인명위험)의 "표 6(수뢰도체, 피뢰침, 대지 인입봉과 인하도선의 재료, 형상과 최소단면적)"에 따른다.
   (3) 자연적 구성부재가 KS C IEC 62305-3(피뢰시스템-제3부 : 구조물의 물리적 손상 및 인명위험)의 "5.2.5 자연적 구성부재"에 적합하면 수뢰부시스템으로 사용할 수 있다.

2. 수뢰부시스템의 배치는 다음에 의한다.
   (1) 보호각법, 회전구체법, 메시법 중 하나 또는 조합된 방법으로 배치하여야 한다. 다만, 피뢰시스템의 보호각, 회전구체 반경, 메시 크기의 최댓값은 KS C IEC 62305-3(피뢰시스템-제3부 : 구조물의 물리적 손상 및 인명위험)의 "표 2(피뢰시스템의 등급별 회전구체 반지름, 메시 치수와 보호각의 최댓값)" 및 "그림 1(피뢰시스템의 등급별 보호각)"에 따른다.
   (2) 건축물·구조물의 뾰족한 부분, 모서리 등에 우선하여 배치한다.
3. 지상으로부터 높이 60 m를 초과하는 건축물·구조물에 측뢰 보호가 필요한 경우에는 수뢰부시스템을 시설하여야 하며, 다음에 따른다.
   (1) 전체 높이 60 m를 초과하는 건축물·구조물의 최상부로부터 20 % 부분에 한하며, 피뢰시스템 등급 Ⅳ의 요구사항에 따른다.
   (2) 자연적 구성부재가 제1의 "(3)"에 적합하면, 측뢰 보호용 수뢰부로 사용할 수 있다.
4. 건축물·구조물과 분리되지 않은 수뢰부시스템의 시설은 다음에 따른다.
   (1) 지붕 마감재가 불연성 재료로 된 경우 지붕표면에 시설할 수 있다.
   (2) 지붕 마감재가 높은 가연성 재료로 된 경우 지붕재료와 다음과 같이 이격하여 시설한다.
      ① 초가지붕 또는 이와 유사한 경우 0.15 m 이상
      ② 다른 재료의 가연성 재료인 경우 0.1 m 이상
5. 건축물·구조물을 구성하는 금속판 또는 금속배관 등 자연적 구성부재를 수뢰부로 사용하는 경우 제1의 "(3)" 조건에 충족하여야 한다.

152.2 인하도선시스템

1. 수뢰부시스템과 접지시스템을 전기적으로 연결하는 것으로 다음에 의한다.
   (1) 복수의 인하도선을 병렬로 구성해야 한다. 다만, 건축물·구조물과 분리된 피뢰시스템인 경우 예외로 할 수 있다.
   (2) 도선경로의 길이가 최소가 되도록 한다.
   (3) 인하도선시스템 재료는 KS C IEC 62305-3(피뢰시스템-제3부 : 구조물의 물리적 손상 및 인명위험)의 "표 6(수뢰도체, 피뢰침, 대지 인입봉과 인하도선의 재료, 형상과 최소단면적)"에 따른다.
2. 배치 방법은 다음에 의한다.
   (1) 건축물·구조물과 분리된 피뢰시스템인 경우
      ① 뇌전류의 경로가 보호대상물에 접촉하지 않도록 하여야 한다.
      ② 별개의 지주에 설치되어 있는 경우 각 지주마다 1가닥 이상의 인하도선을 시설한다.

③ 수평도체 또는 메시도체인 경우 지지 구조물마다 1가닥 이상의 인하도선을 시설한다.

(2) 건축물·구조물과 분리되지 않은 피뢰시스템인 경우

① 벽이 불연성 재료로 된 경우에는 벽의 표면 또는 내부에 시설할 수 있다. 다만, 벽이 가연성 재료인 경우에는 0.1 m 이상 이격하고, 이격이 불가능 한 경우에는 도체의 단면적을 100 ㎟ 이상으로 한다.

② 인하도선의 수는 2가닥 이상으로 한다.

③ 보호대상 건축물·구조물의 투영에 따른 둘레에 가능한 한 균등한 간격으로 배치한다. 다만, 노출된 모서리 부분에 우선하여 설치한다.

④ 병렬 인하도선의 최대 간격은 피뢰시스템 등급에 따라 Ⅰ·Ⅱ 등급은 10 m, Ⅲ 등급은 15 m, Ⅳ 등급은 20 m로 한다.

3. 수뢰부시스템과 접지극시스템 사이에 전기적 연속성이 형성되도록 다음에 따라 시설하여야 한다.

(1) 경로는 가능한 한 루프 형성이 되지 않도록 하고, 최단거리로 곧게 수직으로 시설하여야 하며, 처마 또는 수직으로 설치 된 홈통 내부에 시설하지 않아야 한다.

(2) 철근콘크리트 구조물의 철근을 자연적 구성부재의 인하도선으로 사용하기 위해서는 해당 철근 전체 길이의 전기저항 값은 0.2 Ω 이하가 되어야 하며, 전기적 연속성은 KS C IEC 62305-3(피뢰시스템-제3부 : 구조물의 물리적 손상 및 인명위험)의 "4.3 철근콘크리트 구조물에서 강제 철골조의 전기적 연속성"에 따라야 한다.

(3) 시험용 접속점을 접지극시스템과 가까운 인하도선과 접지극시스템의 연결부분에 시설하고, 이 접속점은 항상 폐로 되어야 하며 측정 시에 공구 등으로만 개방할 수 있어야 한다. 다만, 자연적 구성부재를 이용하거나, 자연적 구성부재 등과 본딩을 하는 경우에는 예외로 한다.

4. 인하도선으로 사용하는 자연적 구성부재는 KS C IEC 62305-3(피뢰시스템-제3부 : 구조물의 물리적 손상 및 인명위험)의 "4.3 철근콘크리트 구조물에서 강제 철골조의 전기적 연속성"과 "5.3.5 자연적 구성 부재"의 조건에 적합해야 하며 다음에 따른다.

(1) 각 부분의 전기적 연속성과 내구성이 확실하고, 제1의 "(3)"에서 인하도선으로 규정된 값 이상인 것

(2) 전기적 연속성이 있는 구조물 등의 금속제 구조체(철골, 철근 등)

(3) 구조물 등의 상호 접속된 강제 구조체

(4) 건축물 외벽 등을 구성하는 금속 구조재의 크기가 인하도선에 대한 요구사항에 부합하고 또한 두께가 0.5 ㎜ 이상인 금속판 또는 금속관

(5) 인하도선을 구조물 등의 상호 접속된 철근·철골 등과 본딩하거나, 철근·철골 등을 인하도선으로 사용하는 경우 수평 환상도체는 설치하지 않아도 된다.

(6) 인하도선의 접속은 152.4에 따른다.

152.3 접지극시스템

1. 뇌전류를 대지로 방류시키기 위한 접지극시스템은 다음에 의한다.
   (1) A형 접지극(수평 또는 수직접지극) 또는 B형 접지극(환상도체 또는 기초접지극) 중 하나 또는 조합하여 시설할 수 있다.
   (2) 접지극시스템의 재료는 KS C IEC 62305-3(피뢰시스템-제3부 : 구조물의 물리적 손상 및 인명위험)의 "표 7(접지극의 재료, 형상과 최소치수)"에 따른다.
2. 접지극시스템 배치는 다음에 의한다.
   (1) A형 접지극은 최소 2개 이상을 균등한 간격으로 배치해야 하고, KS C IEC 62305-3(피뢰시스템-제3부 : 구조물의 물리적 손상 및 인명위험)의 "5.4.2.1 A형 접지극 배열"에 의한 피뢰시스템 등급별 대지 저항률에 따른 최소길이 이상으로 한다.
   (2) B형 접지극은 접지극 면적을 환산한 평균반지름이 KS C IEC 62305-3(피뢰시스템-제3부 : 구조물의 물리적 손상 및 인명위험)의 "그림 3(LPS 등급별 각 접지극의 최소길이)"에 의한 최소길이 이상으로 하여야 하며, 평균반지름이 최소길이 미만인 경우에는 해당하는 길이의 수평 또는 수직매설 접지극을 추가로 시설하여야 한다. 다만, 추가하는 수평 또는 수직매설 접지극의 수는 최소 2개 이상으로 한다.
   (3) 접지극시스템의 접지저항이 10 Ω 이하인 경우 제2의 "(1)"과 "(2)"에도 불구하고 최소 길이 이하로 할 수 있다.
3. 접지극은 다음에 따라 시설한다.
   (1) 지표면에서 0.75 m 이상 깊이로 매설 하여야 한다. 다만, 필요시는 해당 지역의 동결심도를 고려한 깊이로 할 수 있다.
   (2) 대지가 암반지역으로 대지저항이 높거나 건축물·구조물이 전자통신시스템을 많이 사용하는 시설의 경우에는 환상도체 접지극 또는 기초접지극으로 한다.
   (3) 접지극 재료는 대지에 환경오염 및 부식의 문제가 없어야 한다.
   (4) 철근콘크리트 기초 내부의 상호 접속된 철근 또는 금속제 지하구조물 등 자연적 구성부재는 접지극으로 사용할 수 있다.

152.4 부품 및 접속

1. 재료의 형상에 따른 최소단면적은 KS C IEC 62305-3(피뢰시스템-제3부 : 구조물의 물리적 손상 및 인명위험)의 "표 6(수뢰도체, 피뢰침, 대지 인입 봉과 인하도선의 재료, 형상과 최소단면적)"에 따른다.
2. 피뢰시스템용의 부품은 KS C IEC 62305-3(구조물의 물리적 손상 및 인명위험) 표 5(피뢰시스템의 재료와 사용조건)에 의한 재료를 사용하여야 한다. 다만, 기계적, 전기적, 화학적 특성이 동등 이상인 경우 다른 재료를 사용할 수 있다.
3. 도체의 접속부 수는 최소한으로 하여야 하며, 접속은 용접, 압착, 봉합, 나사 조임, 볼트 조임 등의 방법으로 확실하게 하여야 한다. 다만, 철근콘크리트 구조물 내부의 철골조의 접속은 152.2의 3의 "(2)"에 따른다.

152.5 옥외에 시설된 전기설비의 피뢰시스템

1. 고압 및 특고압 전기설비에 대한 피뢰시스템은 152.1 내지 152.4에 따른다.
2. 외부에 낙뢰차폐선이 있는 경우 이것을 접지하여야 한다.
3. 자연적 구성부재의 조건에 적합한 강철제 구조체 등을 자연적 구성부재 인하도선으로 사용할 수 있다.

153 내부 피뢰시스템

153.1 전기전자설비 보호

153.1.1 일반사항

1. 전기전자설비의 뇌 서지에 대한 보호는 다음에 따른다.
   (1) 피뢰구역의 구분은 KS C IEC 62305-4(피뢰시스템-제4부 : 구조물 내부의 전기전자시스템)의 "4.3 피뢰구역(LPZ)"에 의한다.
   (2) 피뢰구역 경계부분에서는 접지 또는 본딩을 하여야 한다. 다만, 직접 본딩이 불가능한 경우에는 서지 보호 장치를 설치한다.
   (3) 서로 분리된 구조물 사이가 전력선 또는 신호선으로 연결된 경우 각각의 피뢰구역은 153.1.3의 2의 "(3)"에 의한 방법으로 서로 접속한다.
2. 전기전자기기의 선정 시 정격 임펄스 내전압은 KS C IEC 60364-4-44(저압설비 제4-44부 : 안전을 위한 보호-전압 및 전기자기 방행에 대한 보호)의 표 44.B(기기에 요구되는 정격 임펄스 내전압)에서 제시한 값 이상이어야 한다.

153.1.2 전기적 절연

1. 수뢰부 또는 인하도선과 건축물·구조물의 금속부분, 내부시스템 사이의 전기적인 절연은 KS C IEC 62305-3(피뢰시스템-제3부 : 구조물의 물리적 손상 및 인명위험)의 "6.3 외부 피뢰시스템의 전기적 절연"에 의한 이격거리로 한다.
2. 제1에도 불구하고 건축물·구조물이 금속제 또는 전기적 연속성을 가진 철근콘크리트 구조물 등의 경우에는 전기적 절연을 고려하지 않아도 된다.

153.1.3 접지와 본딩

1. 전기. 전자설비를 보호하기 위한 접지와 피뢰 등전위 본딩은 다음에 따른다.
   (1) 뇌서지 전류를 대지로 방류시키기 위한 접지를 시설하여야 한다.
   (2) 전위차를 해소하고 자계를 감소시키기 위한 본딩을 구성하여야 한다.
2. 접지극은 152.3에 의하는 것 이외에는 다음에 적합하여야 한다.
   (1) 전자 · 통신설비(또는 이와 유사한 것)의 접지는 환상도체 접지극 또는 기초접지극으로 한다.
   (2) 개별 접지시스템으로 된 복수의 건축물·구조물 등을 연결하는 콘크리트덕트·금속제 배관의 내부에 케이블(또는 같은 경로로 배치된 복수의 케이블)이 있는 경우 각각의 접지 상호 간은 병행 설치된 도체로 연결하여야 한다. 다만, 차폐케이블인 경우는 차폐선을 양끝에서 각각의 접지시스템에 등전위 본딩 하는 것으로 한다.
3. 전자 · 통신설비(또는 이와 유사한 것)에서 위험한 전위차를 해소하고 자계를 감소시킬 필요가 있는 경우 다음에 의한 등전위 본딩 망을 시설하여야 한다.
   (1) 등전위 본딩 망은 건축물·구조물의 도전성 부분 또는 내부설비 일부분을 통합하여 시설한다.
   (2) 등전위 본딩 망은 메시 폭이 5 m 이내가 되도록 하여 시설하고 구조물과 구조물 내부의 금속부분은 다중으로 접속한다. 다만, 금속 부분이나 도전성 설비가 피뢰구역의 경계를 지나가는 경우에는 직접 또는 서지 보호 장치를 통하여 본딩한다.
   (3) 도전성 부분의 등전위 본딩은 방사형, 메시형 또는 이들의 조합형으로 한다.

153.1.4 서지 보호 장치 시설

1. 전기전자설비 등에 연결된 전선로를 통하여 서지가 유입되는 경우, 해당 선로에는 서지 보호 장치를 설치하여 한다.
2. 서지 보호 장치의 선정은 다음에 의한다.
   (1) 전기설비의 보호는 KS C IEC 61643-12(저 전압 서지 보호 장치-제12부 : 저전압 배전 계통에 접속한 서지 보호 장치-선정 및 적용 지침)와 KS C IEC

60364-5-53(건축 전기 설비-제5-53부 : 전기 기기의 선정 및 시공-절연, 개폐 및 제어)에 따르며, KS C IEC 61643-11(저압 서지 보호 장치-제11부 : 저압 전력 계통의 저압 서지 보호 장치-요구사항 및 시험방법)에 의한 제품을 사용하여야 한다.

(2) 전자·통신설비(또는 이와 유사한 것)의 보호는 KS C IEC 61643-22(저 전압 서지 보호 장치-제22부 : 통신망과 신호망 접속용 서지 보호 장치-선정 및 적용 지침)에 따른다.

3. 지중 저압수전의 경우, 내부에 설치하는 전기전자기기의 과전압범주별 임펄스내전압이 규정값에 충족하는 경우는 서지 보호 장치를 생략할 수 있다.

153.2.2 금속제 설비의 등전위 본딩

1. 건축물·구조물과 분리된 외부 피뢰시스템의 경우, 등전위 본딩은 지표면 부근에서 시행하여야 한다.
2. 건축물·구조물과 접속된 외부 피뢰시스템의 경우, 피뢰 등전위 본딩은 다음에 따른다.
   (1) 기초부분 또는 지표면 부근 위치에서 하여야 하며, 등전위 본딩 도체는 등전위 본딩 바에 접속하고, 등전위 본딩 바는 접지시스템에 접속하여야 한다. 또한 쉽게 점검할 수 있도록 하여야 한다.
   (2) 153.1.2의 전기적 절연 요구조건에 따른 안전 이격거리를 확보할 수 없는 경우에는 피뢰시스템과 건축물·구조물 또는 내부설비의 도전성 부분은 등전위 본딩 하여야 하며, 직접 접속하거나 충전부인 경우는 서지 보호 장치를 경유하여 접속하여야 한다. 다만, 서지 보호 장치를 사용하는 경우 보호레벨은 보호구간 기기의 임펄스 내전압보다 작아야 한다.
3. 건축물 · 구조물에는 지하 0.5 m와 높이 20 m 마다 환상도체를 설치한다. 다만 철근콘크리트, 철골구조물의 구조체에 인하도선을 등전위 본딩하는 경우 환상도체는 설치하지 않아도 된다.

153.2.3 인입설비의 등전위 본딩

1. 건축물·구조물의 외부에서 내부로 인입되는 설비의 도전부에 대한 등전위 본딩은 다음에 의한다.
   (1) 인입구 부근에서 143.1에 따라 등전위 본딩한다.
   (2) 전원선은 서지 보호 장치를 사용하여 등전위 본딩한다.
   (3) 통신 및 제어선은 내부와의 위험한 전위차 발생을 방지하기 위해 직접 또는 서지 보호 장치를 통해 등전위 본딩한다.

2. 가스관 또는 수도관의 연결부가 절연체인 경우, 해당설비 공급사업자의 동의를 받아 적절한 공법(절연 방전 갭 등 사용)으로 등전위 본딩하여야 한다.

153.2.4 등전위 본딩 바

1. 설치위치는 짧은 도전성 경로로 접지시스템에 접속할 수 있는 위치이어야 한다.
2. 접지시스템(환상접지전극, 기초접지전극, 구조물의 접지보강재 등)에 짧은 경로로 접속하여야 한다.
3. 외부 도전성 부분, 전원선과 통신선의 인입점이 다른 경우 여러 개의 등전위 본딩 바를 설치할 수 있다.

2장 저압 전기설비

| 200 통칙 |

201 적용범위

교류 1 kV 또는 직류 1.5 kV 이하인 저압의 전기를 공급하거나 사용하는 전기설비에 적용하며 다음의 경우를 포함한다.

1. 전기설비를 구성하거나, 연결하는 선로와 전기기계기구 등의 구성품
2. 저압 기기에서 유도된 1 kV 초과 회로 및 기기(예 : 저압 전원에 의한 고압방전등, 전기집진기 등)

202 배전방식

202.1 교류 회로

1. 3상 4선식의 중성선 또는 PEN 도체는 충전도체는 아니지만 운전전류를 흘리는 도체이다.
2. 3상 4선식에서 파생되는 단상 2선식 배전방식의 경우 두 도체 모두가 선도체이거나 하나의 선 도체와 중성선 또는 하나의 선 도체와 PEN 도체이다.
3. 모든 부하가 선간에 접속된 전기설비에서는 중성선의 설치가 필요하지 않을 수 있다.

202.2 직류 회로

PEL과 PEM 도체는 충전도체는 아니지만 운전전류를 흘리는 도체이다. 2선식 배전방식이나 3선식 배전방식을 적용한다.

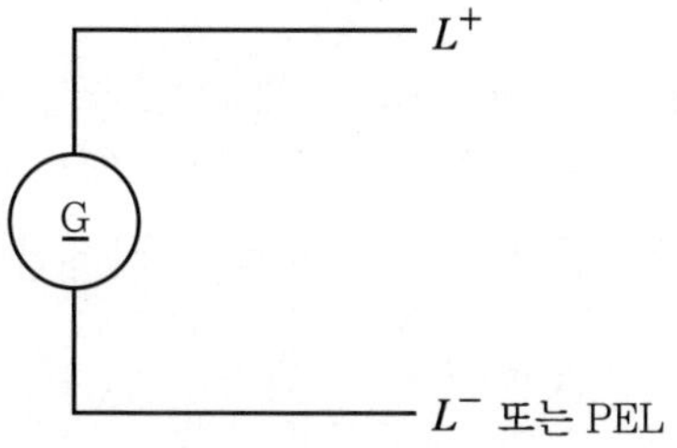

그림 202.2-1 2선식

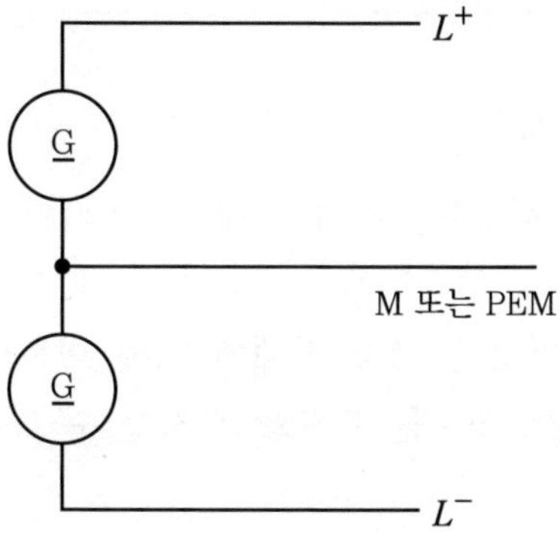

그림 202.2-2 3선식

| 203 계통접지의 방식 |

203.1 계통접지 구성

1. 저압전로의 보호도체 및 중성선의 접속 방식에 따라 접지계통은 다음과 같이 분류한다.
   (1) TN 계통
   (2) TT 계통
   (3) IT 계통
2. 계통접지에서 사용되는 문자의 정의는 다음과 같다.
   (1) 제1문자 – 전원계통과 대지의 관계
      T : 한 점을 대지에 직접 접속
      I : 모든 충전부를 대지와 절연시키거나 높은 임피던스를 통하여 한 점을 대지에 직접 접속
   (2) 제2문자 – 전기설비의 노출도전부와 대지의 관계
      T : 노출도전부를 대지로 직접 접속. 전원계통의 접지와는 무관
      N : 노출도전부를 전원계통의 접지점(교류계통에서는 통상적으로 중성점, 중성점이 없을 경우는 선도체)에 직접 접속
   (3) 그 다음 문자(문자가 있을 경우) – 중성선과 보호도체의 배치
      S : 중성선 또는 접지된 선도체 외에 별도의 도체에 의해 제공되는 보호 기능
      C : 중성선과 보호 기능을 한 개의 도체로 겸용(PEN 도체)
3. 각 계통에서 나타내는 그림의 기호는 다음과 같다.

표 203.1-1 기호 설명

기호 설명	
	중성선(N), 중간도체(M)
	보호도체(PE)
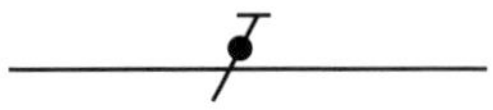	중성선과 보호도체 겸용(PEN)

203.2 TN 계통

전원 측의 한 점을 직접접지하고 설비의 노출도전부를 보호도체로 접속시키는 방식으로 중성선 및 보호도체(PE 도체)의 배치 및 접속방식에 따라 다음과 같이 분류한다.

1. TN-S 계통은 계통 전체에 대해 별도의 중성선 또는 PE 도체를 사용한다. 배전계통에서 PE 도체를 추가로 접지할 수 있다.

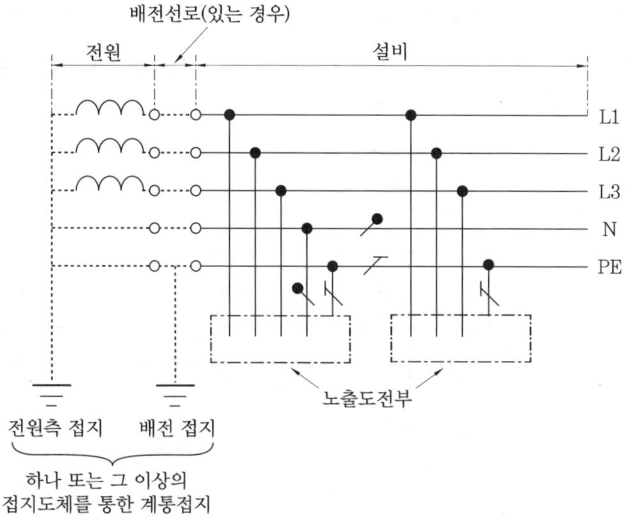

그림 203.2-1 계통 내에서 별도의 중성선과 보호도체가 있는 TN-S 계통

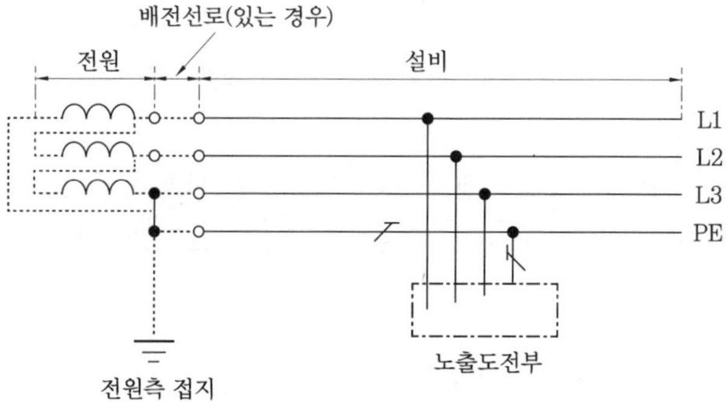

그림 203.2-2 계통 내에서 별도의 접지된 선도체와 보호도체가 있는 TN-S 계통

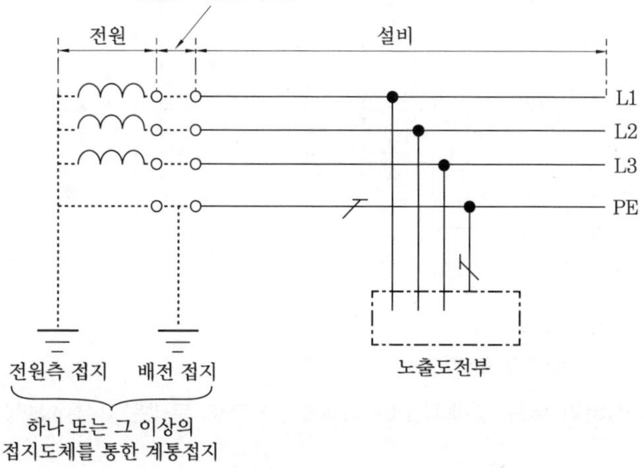

그림 203.2-3 계통 내에서 접지된 보호도체는 있으나 중성선의 배선이 없는 TN-S 계통

2. TN-C 계통은 그 계통 전체에 대해 중성선과 보호도체의 기능을 동일도체로 겸용한 PEN 도체를 사용한다. 배전계통에서 PEN 도체를 추가로 접지할 수 있다.

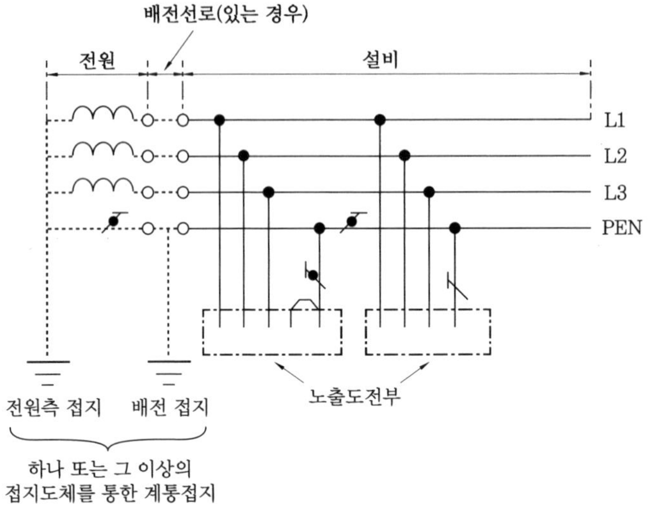

그림 203.2-4 TN-C 계통

3. TN-C-S계통은 계통의 일부분에서 PEN 도체를 사용하거나, 중성선과 별도의 PE 도체를 사용하는 방식이 있다. 배전계통에서 PEN 도체와 PE 도체를 추가로 접지할 수 있다.

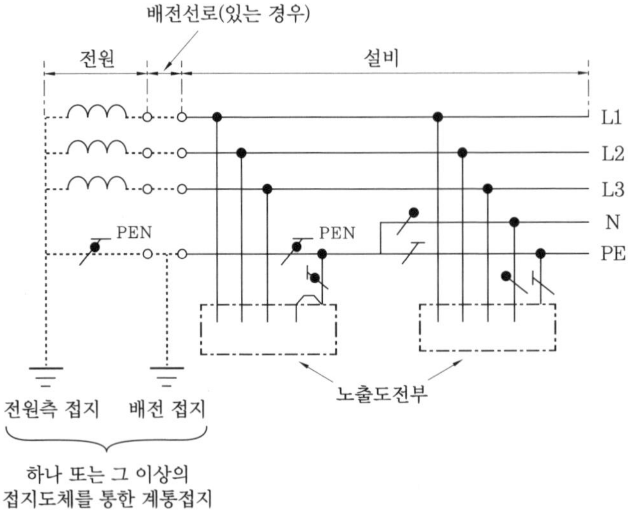

그림 203.2-5 설비의 어느 곳에서 PEN이 PE와 N으로 분리된 3상 4선식 TN-C-S 계통

203.3 TT 계통

전원의 한 점을 직접 접지하고 설비의 노출도전부는 전원의 접지전극과 전기적으로 독립적인 접지극에 접속시킨다. 배전계통에서 PE 도체를 추가로 접지할 수 있다.

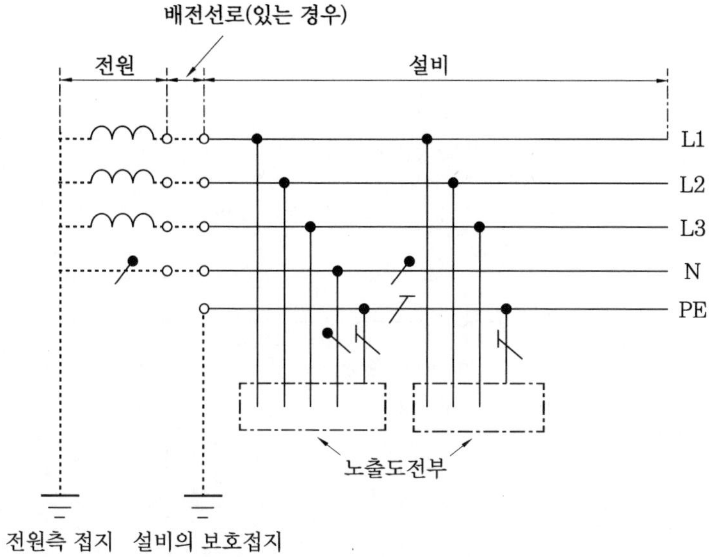

그림 203.3-1 설비 전체에서 별도의 중성선과 보호도체가 있는 TT 계통

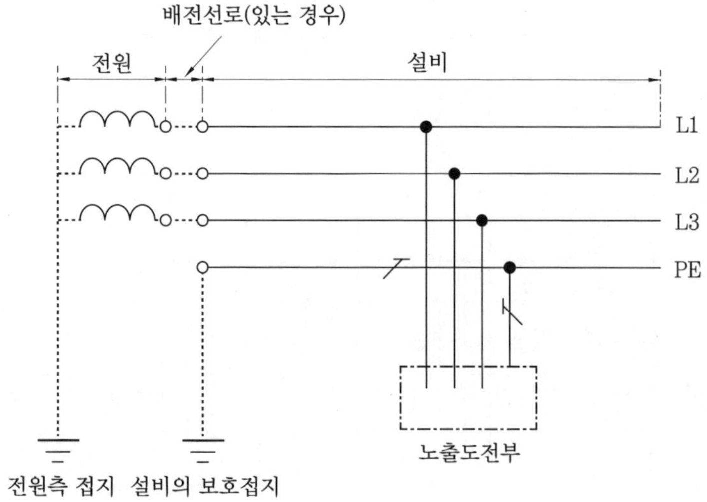

그림 203.3-2 설비 전체에서 접지된 보호도체가 있으나 배전용 중성선이 없는 TT 계통

203.4 IT 계통

1. 충전부 전체를 대지로부터 절연시키거나 한 점을 임피던스를 통해 대지에 접속시킨다. 전기설비의 노출도전부를 단독 또는 일괄적으로 계통의 PE 도체에 접속시킨다. 배전계통에서 추가접지가 가능하다.
2. 계통은 충분히 높은 임피던스를 통하여 접지할 수 있다. 이 접속은 중성점, 인위적 중성점, 선도체 등에서 할 수 있다. 중성선은 배선할 수도 있고, 배선하지 않을 수도 있다.

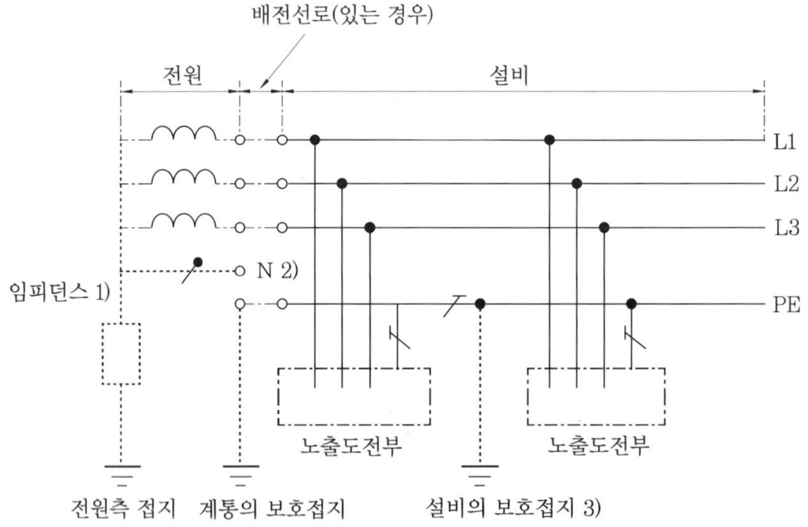

그림 203.4-1 계통 내의 모든 노출도전부가 보호도체에 의해 접속되어 일괄 접지된 IT 계통

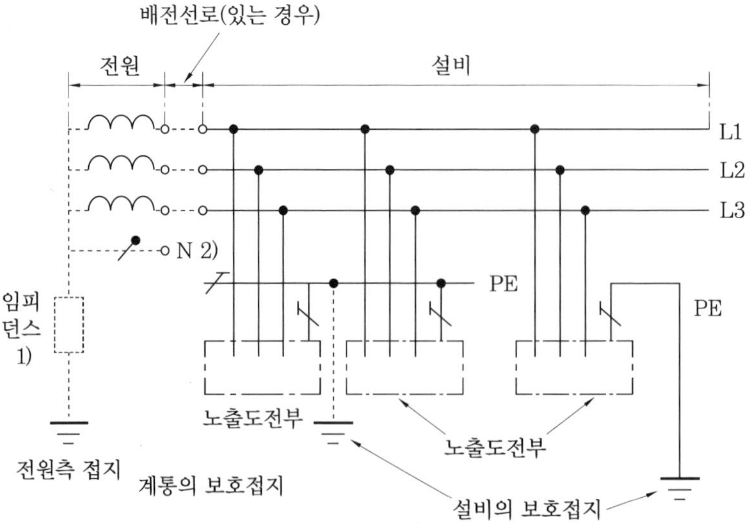

그림 203.4-2 노출도전부가 조합으로 또는 개별로 접지된 IT 계통

| 210 안전을 위한 보호 |

211 감전에 대한 보호

211.1 보호대책 일반 요구사항

211.1.1 적용범위

인축에 대한 기본보호와 고장보호를 위한 필수 조건을 규정하고 있다. 외부영향과 관련된 조건의 적용과 특수설비 및 특수 장소의 시설에 있어서의 추가적인 보호의 적용을 위한 조건도 규정한다.

211.1.2 일반 요구사항

1. 안전을 위한 보호에서 별도의 언급이 없는 한 다음의 전압 규정에 따른다.
   (1) 교류전압은 실효값으로 한다.
   (2) 직류전압은 리플 프리로 한다.
2. 보호대책은 다음과 같이 구성하여야 한다.
   (1) 기본보호와 고장보호를 독립적으로 적절하게 조합
   (2) 기본보호와 고장보호를 모두 제공하는 강화된 보호 규정
   (3) 추가적 보호는 외부영향의 특정 조건과 특정한 특수 장소(240)에서의 보호대책의 일부로 규정
3. 설비의 각 부분에서 하나 이상의 보호대책은 외부영향의 조건을 고려하여 적용하여야 한다.
   (1) 다음의 보호대책을 일반적으로 적용하여야 한다.
      ① 전원의 자동차단(211.2)
      ② 이중절연 또는 강화절연(211.3)
      ③ 한 개의 전기사용기기에 전기를 공급하기 위한 전기적 분리(211.4)
      ④ SELV와 PELV에 의한 특별저압(211.5)
   (2) 전기기기의 선정과 시공을 할 때는 설비에 적용되는 보호대책을 고려하여야 한다.
4. 특수설비 또는 특수 장소의 보호대책은 240에 해당되는 특별한 보호대책을 적용하여야 한다.
5. 장애물을 두거나 접촉범위 밖에 배치하는 보호대책(211.8)은 다음과 같은 사람이 접근할 수 있는 설비에 사용하여야 한다.
   (1) 숙련자 또는 기능자
   (2) 숙련자 또는 기능자의 감독 아래에 있는 사람
6. 숙련자와 기능자의 통제 또는 감독이 있는 설비에 적용 가능한 보호대책(211.9)은

다음과 같다. 다만, 무단 변경이 발생하지 않도록 설비는 숙련자 또는 기능자의 감독 아래에 있는 경우에 적용하여야 한다.

(1) 비도전성 장소

(2) 비접지 국부 등전위 본딩

(3) 두 개 이상의 전기사용기기에 공급하기 위한 전기적 분리

7. 보호대책의 특정 조건을 충족시킬 수 없는 경우에는 보조대책을 적용하는 등 동등한 안전수준을 달성할 수 있도록 시설하여야 한다.

8. 동일한 설비, 설비의 일부 또는 기기 안에서 달리 적용하는 보호대책은 한 가지 보호대책의 고장이 다른 보호대책에 나쁜 영향을 줄 수 있으므로 상호 영향을 주지 않도록 하여야 한다.

9. 고장보호에 관한 규정은 다음 기기에서는 생략할 수 있다.

(1) 건물에 부착되고 접촉범위 밖에 있는 가공선 애자의 금속 지지물

(2) 가공선의 철근강화콘크리트주로서 그 철근에 접근할 수 없는 것

(3) 볼트, 리벳트, 명판, 케이블 클립 등과 같이 크기가 작은 경우(약 50 ㎜ × 50 ㎜ 이내) 또는 배치가 손에 쥘 수 없거나 인체의 일부가 접촉할 수 없는 노출도전부로서 보호도체의 접속이 어렵거나 접속의 신뢰성이 없는 경우

(4) 211.3에 따라 전기기기를 보호하는 금속관 또는 다른 금속제 외함

211.2 전원의 자동차단에 의한 보호대책

211.2.1 보호대책 일반 요구사항

1. 전원의 자동차단에 의한 보호대책

(1) 기본보호는 211.2.2에 따라 충전부의 기본절연 또는 격벽이나 외함에 의한다.

(2) 고장보호는 211.2.3부터 211.2.7까지에 따른 고장일 경우 보호 등전위 본딩 및 자동차단에 의한다.

(3) 추가적인 보호로 누전차단기를 시설할 수 있다.

2. 누설전류 감시 장치는 보호 장치는 아니지만 전기설비의 누설전류를 감시하는데 사용된다. 다만, 누설전류 감시 장치는 누설전류의 설정 값을 초과하는 경우 음향 또는 음향과 시각적인 신호를 발생시켜야 한다.

211.2.2 기본보호의 요구사항

모든 전기설비는 211.7의 조건에 따라야 한다. 숙련자 또는 기능자에 의해 통제 또는 감독되는 경우에는 211.8에서 규정하고 있는 조건에 따를 수 있다.

211.2.3 고장보호의 요구사항

1. 보호접지

(1) 노출도전부는 계통접지별로 규정된 특정조건에서 보호도체에 접속하여야 한다.
(2) 동시에 접근 가능한 노출도전부는 개별적 또는 집합적으로 같은 접지계통에 접속하여야 한다. 보호접지에 관한 도체는 140에 따라야하고, 각 회로는 해당 접지단자에 접속된 보호도체를 이용하여야 한다.

2. 보호 등전위 본딩

143.2.1에서 정하는 도전성 부분은 보호 등전위 본딩으로 접속하여야 하며, 건축물 외부로부터 인입된 도전부는 건축물 안쪽의 가까운 지점에서 본딩하여야 한다. 다만, 통신케이블의 금속외피는 소유자 또는 운영자의 요구사항을 고려하여 보호 등전위 본딩에 접속해야 한다.

3. 고장시의 자동차단

(1) "(5)" 및 "(6)"에서 규정하는 것을 제외하고 보호 장치는 회로의 선도체와 노출도전부 또는 선 도체와 기기의 보호도체 사이의 임피던스가 무시할 정도로 되는 고장의 경우"(2)", "(3)" 또는 "(4)"에 규정된 차단시간 내에서 회로의 선 도체 또는 설비의 전원을 자동으로 차단하여야 한다.
(2) 표 211.2-1에 최대 차단시간은 32 A 이하 분기회로에 적용한다.

표 211.2-1 32 A 이하 분기회로의 최대 차단시간

(단위 : 초)

계통	$50\text{ V} < U_0 \le 120\text{ V}$		$120\text{ V} < U_0 \le 230\text{ V}$		$230\text{ V} < U_0 \le 400\text{ V}$		$U_0 > 400\text{ V}$	
	교류	직류	교류	직류	교류	직류	교류	직류
TN	0.8	[비고1]	0.4	5	0.2	0.4	0.1	0.1
TT	0.3	[비고1]	0.2	0.4	0.07	0.2	0.04	0.1

TT 계통에서 차단은 과전류 보호 장치에 의해 이루어지고 보호 등전위 본딩은 설비 안의 모든 계통외 도전부와 접속되는 경우 TN 계통에 적용 가능한 최대차단시간이 사용될 수 있다.
U_0는 대지에서 공칭교류전압 또는 직류 선간전압이다.

[비고1] 차단은 감전보호 외에 다른 원인에 의해 요구될 수도 있다.
[비고2] 누전차단기에 의한 차단은 211.2.4 참조.

(3) TN 계통에서 배전회로(간선)와 "(2)"의 경우를 제외하고는 5초 이하의 차단시간을 허용한다.
(4) TT 계통에서 배전회로(간선)와 "(2)"의 경우를 제외하고는 1초 이하의 차단시간을 허용한다.
(5) 공칭대지전압 U_0가 교류 50 V 또는 직류 120 V를 초과하는 계통에서 "(2)", "(3)" 또는 "(4)"에 의해 요구되는 자동차단시간 요구사항은 전원의 출력전압이 5초 이내에 교류 50 V로 또는 직류 120 V로 또는 더 낮게 감소된다면 보호도체나 대지로의 고장일 경우 요구되지 않는다. 이 경우 감전보호 외에 다른 차단요구사

항에 관한 것을 고려하여야 한다.

(6) "(1)"에 따른 자동차단이 "(2)", "(3)" 또는 "(4)"에 의해 요구되는 시간에 적절하게 이루어질 수 없을 경우 211.6.2에 따라 추가적으로 보조 보호 등전위 본딩을 하여야 한다.

4. 추가적인 보호

다음에 따른 교류계통에서는 211.2.4에 따른 누전차단기에 의한 추가적 보호를 하여야 한다.

(1) 일반적으로 사용되며 일반인이 사용하는 정격전류 20 A 이하 콘센트

(2) 옥외에서 사용되는 정격전류 32 A 이하 이동용 전기기기

211.2.4 누전차단기의 시설

1. 전원의 자동차단에 의한 저압전로의 보호대책으로 누전차단기를 시설해야할 대상은 다음과 같다. 누전차단기의 정격 동작전류, 정격 동작시간 등은 211.2.6의 3 등과 같이 적용대상의 전로, 기기 등에서 요구하는 조건에 따라야 한다.

(1) 금속제 외함을 가지는 사용전압이 50 V를 초과하는 저압의 기계기구로서 사람이 쉽게 접촉할 우려가 있는 곳에 시설하는 것에 전기를 공급하는 전로이다. 다만, 다음의 어느 하나에 해당하는 경우에는 적용하지 않는다.

① 기계기구를 발전소·변전소·개폐소 또는 이에 준하는 곳에 시설하는 경우

② 기계기구를 건조한 곳에 시설하는 경우

③ 대지전압이 150 V 이하인 기계기구를 물기가 있는 곳 이외의 곳에 시설하는 경우

④ 「전기용품 및 생활용품 안전관리법」의 적용을 받는 이중절연구조의 기계기구를 시설하는 경우

⑤ 그 전로의 전원 측에 절연변압기(2차 전압이 300 V 이하인 경우에 한 한다)를 시설하고 또한 그 절연변압기의 부하 측의 전로에 접지하지 아니하는 경우

⑥ 기계기구가 고무·합성수지 기타 절연물로 피복된 경우

⑦ 기계기구가 유도전동기의 2차 측 전로에 접속되는 것일 경우

⑧ 기계기구가 131의 8에 규정하는 것일 경우

⑨ 기계기구 내에 「전기용품 및 생활용품 안전관리법」의 적용을 받는 누전차단기를 설치하고 또한 기계기구의 전원 연결선이 손상을 받을 우려가 없도록 시설하는 경우

(2) 주택의 인입구 등 이 규정에서 누전차단기 설치를 요구하는 전로

(3) 특고압전로, 고압전로 또는 저압전로와 변압기에 의하여 결합되는 사용전압 400 V 초과의 저압전로 또는 발전기에서 공급하는 사용전압 400 V 초과의 저압전로(발

전소 및 변전소와 이에 준하는 곳에 있는 부분의 전로를 제외한다).

(4) 다음의 전로에는 전기용품안전기준 "K60947-2의 부속서 P"의 적용을 받는 자동복구 기능을 갖는 누전차단기를 시설할 수 있다.

① 독립된 무인 통신 중계소·기지국

② 관련법령에 의해 일반인의 출입을 금지 또는 제한하는 곳

③ 옥외의 장소에 무인으로 운전하는 통신 중계기 또는 단위기기 전용회로. 단, 일반인이 특정한 목적을 위해 지체하는(머물러 있는) 장소로서 버스정류장, 횡단보도 등에는 시설할 수 없다.

2. 저압용 비상용 조명장치·비상용승강기·유도등·철도용 신호장치, 비접지 저압전로, 322.5의 6에 의한 전로, 기타 그 정지가 공공의 안전 확보에 지장을 줄 우려가 있는 기계기구에 전기를 공급하는 전로의 경우, 그 전로에서 지락이 생겼을 때에 이를 기술원 감시소에 경보하는 장치를 설치한 때에는 제1에서 규정하는 장치를 시설하지 않을 수 있다.

3. IEC 표준을 도입한 누전차단기를 저압전로에 사용하는 경우 일반인이 접촉할 우려가 있는 장소(세대 내 분전반 및 이와 유사한 장소)에는 주택용 누전차단기를 시설하여야 한다.

211.2.5 TN 계통

1. TN 계통에서 설비의 접지 신뢰성은 PEN 도체 또는 PE 도체와 접지극과의 효과적인 접속에 의한다.

2. 접지가 공공계통 또는 다른 전원계통으로부터 제공되는 경우 그 설비의 외부 측에 필요한 조건은 전기공급자가 준수하여야 한다. 조건에 포함된 예는 다음과 같다.

(1) PEN 도체는 여러 지점에서 접지하여 PEN 도체의 단선위험을 최소화할 수 있도록 한다.

(2) $R_B / R_E \leq 50/(U_0 - 50)$

R_B : 병렬 접지극 전체의 접지저항 값(Ω)

R_E : 1선 지락이 발생할 수 있으며 보호도체와 접속되어 있지 않는 계통외 도전부의 대지와의 접촉저항의 최솟값(Ω)

U_0 : 공칭대지전압(실효값)

3. 전원 공급계통의 중성점이나 중간점은 접지하여야 한다. 중성점이나 중간점을 접지할 수 없는 경우에는 선 도체 중 하나를 접지하여야 한다. 설비의 노출도전부는 보호도체로 전원공급계통의 접지점에 접속하여야 한다.

4. 다른 유효한 접지점이 있다면, 보호도체(PE 및 PEN 도체)는 건물이나 구내의 인입구 또는 추가로 접지하여야 한다.

5. 고정설비에서 보호도체와 중성선을 겸하여(PEN 도체) 사용될 수 있다. 이러한 경우에는 PEN 도체에는 어떠한 개폐장치나 단로 장치가 삽입되지 않아야 하며, PEN 도체는 142.3.2의 조건을 충족하여야 한다.
6. 보호 장치의 특성과 회로의 임피던스는 다음 조건을 충족하여야 한다.

$$Z_s \times I_a \leq U_0$$

Z_s : 다음과 같이 구성된 고장루프임피던스(Ω)
- 전원의 임피던스
- 고장점까지의 선 도체 임피던스
- 고장점과 전원 사이의 보호도체 임피던스

I_a : 211.2.3의 3의 "(3)" 또는 표 211.2-1에서 제시된 시간 내에 차단장치 또는 누전차단기를 자동으로 동작하게 하는 전류(A)

U_0 : 공칭대지전압(V)

7. TN 계통에서 과전류 보호 장치 및 누전차단기는 고장보호에 사용할 수 있다. 누전차단기를 사용하는 경우 과전류보호 겸용의 것을 사용해야 한다.
8. TN-C 계통에는 누전차단기를 사용해서는 아니 된다. TN-C-S 계통에 누전차단기를 설치하는 경우에는 누전차단기의 부하 측에는 PEN 도체를 사용할 수 없다. 이러한 경우 PE 도체는 누전차단기의 전원 측에서 PEN 도체에 접속하여야 한다.

211.2.6 TT 계통

1. 전원계통의 중성점이나 중간점은 접지하여야 한다. 중성점이나 중간점을 이용할 수 없는 경우, 선 도체 중 하나를 접지하여야 한다.
2. TT 계통은 누전차단기를 사용하여 고장보호를 하여야 하며, 누전차단기를 적용하는 경우에는 211.2.4에 따라야 한다. 다만, 고장루프임피던스가 충분히 낮을 때는 과전류 보호 장치에 의하여 고장보호를 할 수 있다.
3. 누전차단기를 사용하여 TT 계통의 고장보호를 하는 경우에는 다음에 적합하여야 한다.
   (1) 211.2.3의 3의 "(4)" 또는 표 211.2-1에서 요구하는 차단시간
   (2) $R_A \times I_{\Delta n} \leq 50\ V$

   여기서, R_A : 노출도전부에 접속된 보호도체와 접지극 저항의 합(Ω)

   $I_{\Delta n}$: 누전차단기의 정격동작전류(A)

4. 과전류 보호 장치를 사용하여 TT 계통의 고장보호를 할 때에는 다음의 조건을 충족하여야 한다.

$$Z_s \times I_a \leq U_0$$

여기서, Z_s : 다음과 같이 구성된 고장루프임피던스(Ω)

- 전원
- 고장점까지의 선 도체
- 노출도전부의 보호도체
- 접지도체
- 설비의 접지극
- 전원의 접지극

I_a : 211.2.3의 3의 "(3)" 또는 표 211.2-1에서 요구하는 차단시간 내에 차단장치가 자동 작동하는 전류(A)

U_0 : 공칭대지전압(V)

211.2.7 IT 계통

1. 노출도전부 또는 대지로 단일고장이 발생한 경우에는 고장전류가 작기 때문에 제2의 조건을 충족시키는 경우에는 211.2.3의 3에 따른 자동차단이 절대적 요구사항은 아니다. 그러나 두 곳에서 고장발생 시 동시에 접근이 가능한 노출도전부에 접촉되는 경우에는 인체에 위험을 피하기 위한 조치를 하여야 한다.
2. 노출도전부는 개별 또는 집합적으로 접지하여야 하며, 다음 조건을 충족하여야 한다.
   (1) 교류계통 : $R_A \times I_d \leq 50\ V$
   (2) 직류계통 : $R_A \times I_d \leq 120\ V$

   여기서, R_A : 접지극과 노출도전부에 접속된 보호도체 저항의 합

   I_d : 하나의 선 도체와 노출도전부 사이에서 무시할 수 있는 임피던스로 1차 고장이 발생했을 때의 고장전류(A)로 전기설비의 누설전류와 총 접지임피던스를 고려한 값
3. IT 계통은 다음과 같은 감시 장치와 보호 장치를 사용할 수 있으며, 1차 고장이 지속되는 동안 작동되어야 한다. 절연 감시 장치는 음향 및 시각신호를 갖추어야 한다.
   (1) 절연 감시 장치
   (2) 누설 전류 감시 장치
   (3) 절연 고장점 검출 장치
   (4) 과전류 보호 장치
   (5) 누전차단기
4. 1차 고장이 발생한 후 다른 충전도체에서 2차 고장이 발생하는 경우 전원자동차단 조건은 다음과 같다.
   (1) 노출도전부가 같은 접지계통에 집합적으로 접지된 보호도체와 상호 접속된 경우에는 TN 계통과 유사한 조건을 적용한다.
   ① 중성선과 중점선이 배선되지 않은 경우에는 다음의 조건을 충족해야 한다.

$$2I_a Z_s \leq U$$

② 중성선과 중점선이 배선된 경우에는 다음 조건을 충족해야 한다.

$$2I_aZ_s' \le U_0$$

여기서, U_0 : 선 도체와 중성선 또는 중점선 사이의 공칭전압(V)

U : 선간 공칭전압(V)

Z_s : 회로의 선 도체와 보호도체를 포함하는 고장루프임피던스(Ω)

Z_s' : 회로의 중성선과 보호도체를 포함하는 고장루프임피던스(Ω)

I_a : TN 계통에 대한 211.2.3의 3의 "(2)" 또는 "(3)"에서 요구하는 차단시간 보호 장치를 동작 시키는 전류(A)

(2) 노출도전부가 그룹별 또는 개별로 접지되어 있는 경우 다음의 조건을 적용하여야 한다.

$$R_A \times I_d \le 50\ V$$

여기서, R_A : 접지극과 노출도전부 접속된 보호도체와 접지극 저항의 합

I_d : TT 계통에 대한 211.2.3의 3의 "(2)"또는 "(4)"에서 요구하는 차단시간 내에 보호장치를 동작 시키는 전류(A)

5. IT 계통에서 누전차단기를 이용하여 고장보호를 하고자 할 때는 211.2.4를 준용하여야 한다.

211.2.8 기능적 특별저압(FELV)

기능상의 이유로 교류 50 V, 직류 120 V 이하인 공칭전압을 사용하지만, SELV 또는 PELV(211.5)에 대한 모든 요구조건이 충족되지 않고 SELV와 PELV가 필요하지 않은 경우에는 기본보호 및 고장보호의 보장을 위해 다음에 따라야 한다. 이러한 조건의 조합을 FELV라 한다.

1. 기본보호는 다음 중 어느 하나에 따른다.
   (1) 전원의 1차 회로의 공칭전압에 대응하는 211.7에 따른 기본절연
   (2) 211.7에 따른 격벽 또는 외함
2. 고장보호는 1차 회로가 211.2.3부터 211.2.7까지에 명시된 전원의 자동차단에 의한 보호가 될 경우 FELV 회로 기기의 노출도전부는 전원의 1차 회로의 보호도체에 접속하여야 한다.
3. FELV 계통의 전원은 최소한 단순 분리형 변압기 또는 211.5.3에 의한다. 만약 FELV 계통이 단권변압기 등과 같이 최소한의 단순 분리가 되지 않은 기기에 의해 높은 전압계통으로부터 공급되는 경우 FELV 계통은 높은 전압계통의 연장으로 간주되고 높은 전압계통에 적용되는 보호방법에 의해 보호해야 한다.
4. FELV 계통용 플러그와 콘센트는 다음의 모든 요구사항에 부합하여야 한다.
   (1) 플러그를 다른 전압 계통의 콘센트에 꽂을 수 없어야 한다.

(2) 콘센트는 다른 전압 계통의 플러그를 수용할 수 없어야 한다.
(3) 콘센트는 보호도체에 접속하여야 한다.

211.3 이중절연 또는 강화절연에 의한 보호

211.3.1 보호대책 일반 요구사항

1. 이중 또는 강화절연은 기본절연의 고장으로 인해 전기기기의 접근 가능한 부분에 위험전압이 발생하는 것을 방지하기 위한 보호대책으로 다음에 따른다.
   (1) 기본보호는 기본절연에 의하며, 고장보호는 보조절연에 의한다.
   (2) 기본 및 고장보호는 충전부의 접근 가능한 부분의 강화절연에 의한다.
2. 이중 또는 강화절연에 의한 보호대책은 240의 몇 가지 제한 사항 이외에는 모든 상황에 적용 할 수 있다.
3. 이 보호대책이 유일한 보호대책으로 사용될 경우, 관련 설비 또는 회로가 정상 사용 시 보호대책의 효과를 손상시킬 수 있는 변경이 일어나지 않도록 실효성 있는 감시가 되는 것이 입증되어야 한다. 따라서, 콘센트를 사용하거나 사용자가 허가 없이 부품을 변경 할 수 있는 기기가 포함된 어떠한 회로에도 적용해서는 안 된다.

211.3.2 기본보호와 고장보호를 위한 요구사항

1. 전기기기
   (1) 이중 또는 강화절연을 사용하는 보호대책이 설비의 일부분 또는 전체 설비에 사용될 경우, 전기기기는 다음 중 어느 하나에 따라야 한다.
      ① 제1의 "(2)"
      ② 제1의 "(3)"와 제2
      ③ 제1의 "(4)"와 제2
   (2) 전기기기는 관련 표준에 따라 형식시험을 하고 관련표준이 표시된 다음과 같은 종류의 것이어야 한다.
      ① 이중 또는 강화절연을 갖는 전기기기(2종 기기)
      ② 2종 기기와 동등하게 관련 제품표준에서 공시된 전기기기로 전체 절연이 된 전기기기의 조립품과 같은 것[KS C IEC 60439-1(저 전압 개폐 장치 및 제어 장치 부속품-제1부 : 형식시험 및 부분 형식시험 부속품을 참조)]
   (3) 제1의 "(2)"의 조건과 동등한 전기기기의 안전등급을 제공하고, 제2의"가"에서 "다"까지의 조건을 충족하기 위해서는 기본 절연만을 가진 전기기기는 그 기기의 설치과정에서 보조절연을 하여야 한다.
   (4) 제1의 "(2)"의 조건과 동등한 전기기기의 안전등급을 제공하고, 제2의 "(2)"에서 "(3)"까지의 조건을 충족하기 위해서는 절연되지 않은 충전부를 가진 전기기기는

그 기기의 설치과정에서 강화절연을 하여야 한다. 다만, 이러한 절연은 그 구조의 특성상 이중 절연의 적용이 어려운 경우에만 인정된다.

2. 외함

(1) 모든 도전부가 기본절연만으로 충전부로부터 분리되어 작동하도록 되어 있는 전기기기는 최소한 보호등급 IPXXB 또는 IP2X 이상의 절연 외함 안에 수용해야 한다.

(2) 다음과 같은 요구사항을 적용한다.

① 전위가 나타날 우려가 있는 도전부가 절연 외함을 통과하지 않아야 한다.

② 절연 외함은 설치 및 유지보수를 하는 동안 제거될 필요가 있거나 제거될 수도 있는 절연재로 된 나사 또는 다른 고정수단을 포함해서는 안 되며, 이들은 외함의 절연성을 손상시킬 수 있는 금속제의 나사 또는 다른 고정수단으로 대체될 수 있는 것이어서는 안 된다. 또한, 기계적 접속부 또는 연결부(예 : 고정형 기기의 조작핸들)가 절연 외함을 관통해야 하는 경우에는 고장 시 감전에 대한 보호의 기능이 손상되지 않는 구조로 한다.

(3) 절연 외함의 덮개나 문을 공구 또는 열쇠를 사용하지 않고도 열 수 있다면, 덮개나 문이 열렸을 때 접근 가능한 전체 도전부는 사람이 무심코 접촉되는 것을 방지하기 위해 절연 격벽(IPXXB 또는 IP2X이상 제공)의 뒷부분에 배치하여야 한다. 이러한 절연 격벽은 공구 또는 열쇠를 사용해서만 제거할 수 있어야 한다.

(4) 절연 외함으로 둘러싸인 도전부를 보호도체에 접속해서는 안 된다. 그러나 외함 내 다른 품목의 전기기기의 전원회로가 외함을 관통하며 이 기기의 사용을 위해 필요한 경우 보호도체의 외함 관통 접속을 위한 시설이 가능하다. 다만, 외함 내에서 이들 도체 및 단자는 모두 충전부로 간주하여 절연하고 단자들은 PE 단자라고 표시하여야 한다.

(5) 외함은 이와 같은 방법으로 보호되는 기기의 작동에 나쁜 영향을 주어서는 안 된다.

3. 설치

(1) 제1에 따른 기기의 설치(고정, 도체의 접속 등)는 기기 설치 시방서에 따라 보호 기능이 손상되지 않는 방법으로 시설하여야 한다.

(2) 211.3.1의 3이 적용되는 경우를 제외하고 2종기기에 공급하는 회로는 각 배선점과 부속품까지 배선되어 단말 접속되는 회로 보호도체를 가져야 한다.

4. 배선계통

232에 따라 설치된 배선계통은 다음과 같은 경우 211.3.2의 요구사항을 충족하는 것으로 본다.

(1) 배선계통의 정격전압은 계통의 공칭전압 이상이며, 최소 300/500 V이어야 한다.

(2) 기본절연의 적절한 기계적 보호는 다음의 하나 이상이 되어야 한다.

① 비금속 외피케이블

② 비금속 트렁킹 및 덕트[KS C IEC 61084(전기설비용 케이블 트렁킹 및 덕트 시스템) 시리즈] 또는 비금속 전선관[KS C IEC 60614(전선관) 시리즈 또는 KS C IEC 61386(전기설비용 전선관 시스템) 시리즈]

(3) 배선계통은  기호나  기호에 의해 식별을 하여서는 안 된다.

211.4 전기적 분리에 의한 보호

211.4.1 보호대책 일반 요구사항

1. 전기적 분리에 의한 보호대책은 다음과 같다.

(1) 기본보호는 충전부의 기본절연 또는 211.7에 따른 격벽과 외함에 의한다.

(2) 고장보호는 분리된 다른 회로와 대지로부터 단순한 분리에 의한다.

2. 이 보호대책은 단순 분리된 하나의 비 접지 전원으로부터 한 개의 전기사용기기에 공급되는 전원으로 제한된다.(제3에서 허용되는 것은 제외한다)

3. 두 개 이상의 전기사용기기가 단순 분리된 비접지 전원으로부터 전력을 공급받을 경우 211.9.3을 충족하여야 한다.

211.4.2 기본보호를 위한 요구사항

모든 전기기기는 211.7 중 하나 또는 211.3에 따라 보호대책을 하여야 한다.

211.4.3 고장보호를 위한 요구사항

1. 전기적 분리에 의한 고장보호는 다음에 따른다.

(1) 분리된 회로는 최소한 단순 분리된 전원을 통하여 공급되어야 하며, 분리된 회로의 전압은 500 V 이하이어야 한다.

(2) 분리된 회로의 충전부는 어떤 곳에서도 다른 회로, 대지 또는 보호도체에 접속되어서는 안 되며, 전기적 분리를 보장하기 위해 회로 간에 기본절연을 하여야 한다.

(3) 가요 케이블과 코드는 기계적 손상을 받기 쉬운 전체 길이에 대해 육안으로 확인이 가능하여야 한다.

(4) 분리된 회로들에 대해서는 분리된 배선계통의 사용이 권장된다. 다만, 분리된 회로와 다른 회로가 동일 배선계통 내에 있으면 금속외장이 없는 다심케이블, 절연전선관 내의 절연전선, 절연 덕팅 또는 절연 트렁킹에 의한 배선이 되어야 하며 다음의 조건을 만족하여야 한다.

① 정격전압은 최대 공칭전압 이상일 것

② 각 회로는 과전류에 대한 보호를 할 것

(5) 분리된 회로의 노출도전부는 다른 회로의 보호도체, 노출도전부 또는 대지에 접속되어서는 아니 된다.

211.5 SELV와 PELV를 적용한 특별저압에 의한 보호

211.5.1 보호대책 일반 요구사항

1. 특별저압에 의한 보호는 다음의 특별저압 계통에 의한 보호대책이다.
   (1) SELV (Safety Extra-Low Voltage)
   (2) PELV (Protective Extra-Low Voltage)
2. 보호대책의 요구사항
   (1) 특별저압 계통의 전압한계는 KS C IEC 60449(건축전기설비의 전압밴드)에 의한 전압밴드 I의 상한 값인 교류 50 V 이하, 직류 120 V 이하이어야 한다.
   (2) 특별저압 회로를 제외한 모든 회로로부터 특별저압 계통을 보호 분리하고, 특별저압 계통과 다른 특별저압 계통 간에는 기본절연을 하여야 한다.
   (3) SELV 계통과 대지간의 기본절연을 하여야 한다.

211.5.2 기본보호와 고장보호에 관한 요구사항

1. 다음의 조건들을 충족할 경우에는 기본보호와 고장보호가 제공되는 것으로 간주한다.
   (1) 전압밴드 I의 상한 값을 초과하지 않는 공칭전압인 경우
   (2) 211.5.3 중 하나에서 공급되는 경우
   (3) 211.5.4의 조건에 충족하는 경우

211.5.3 SELV와 PELV용 전원

1. 특별저압 계통에는 다음의 전원을 사용해야 한다.
   (1) 안전절연변압기 전원[KS C IEC 61558-2-6(전력용 변압기, 전원 공급 장치 및 유사 기기의 안전-제2부 : 범용 절연 변압기의 개별 요구 사항에 적합한 것)]
   (2) "(1)"의 안전절연변압기 및 이와 동등한 절연의 전원
   (3) 축전지 및 디젤발전기 등과 같은 독립전원
   (4) 내부고장이 발생한 경우에도 출력단자의 전압이 211.5.1에 규정된 값을 초과하지 않도록 적절한 표준에 따른 전자장치
   (5) 안전절연변압기, 전동발전기 등 저압으로 공급되는 이중 또는 강화 절연된 이동용 전원

211.5.4 SELV와 PELV 회로에 대한 요구사항

1. SELV 및 PELV 회로는 다음을 포함하여야 한다.
   (1) 충전부와 다른 SELV와 PELV 회로 사이의 기본절연
   (2) 이중절연 또는 강화절연 또는 최고전압에 대한 기본절연 및 보호차폐에 의한 SELV 또는 PELV 이외의 회로들의 충전부로부터 보호 분리
   (3) SELV 회로는 충전부와 대지 사이에 기본절연
   (4) PELV 회로 및 PELV 회로에 의해 공급되는 기기의 노출도전부는 접지
2. 기본절연이 된 다른 회로의 충전부로부터 특별저압 회로 배선계통의 보호분리는 다음의 방법 중 하나에 의한다.
   (1) SELV와 PELV 회로의 도체들은 기본절연을 하고 비금속외피 또는 절연된 외함으로 시설하여야 한다.
   (2) SELV와 PELV 회로의 도체들은 전압밴드 I 보다 높은 전압 회로의 도체들로부터 접지된 금속시스 또는 접지된 금속 차폐물에 의해 분리하여야 한다.
   (3) SELV와 PELV 회로의 도체들이 사용 최고전압에 대해 절연된 경우 전압밴드 I 보다 높은 전압의 다른 회로 도체들과 함께 다심케이블 또는 다른 도체그룹에 수용할 수 있다.
   (4) 다른 회로의 배선계통은 211.3.2의 4에 의한다.
3. SELV와 PELV 계통의 플러그와 콘센트는 다음에 따라야 한다.
   (1) 플러그는 다른 전압 계통의 콘센트에 꽂을 수 없어야 한다.
   (2) 콘센트는 다른 전압 계통의 플러그를 수용할 수 없어야 한다.
   (3) SELV 계통에서 플러그 및 콘센트는 보호도체에 접속하지 않아야 한다.
4. SELV 회로의 노출도전부는 대지 또는 다른 회로의 노출도전부나 보호도체에 접속하지 않아야 한다.
5. 공칭전압이 교류 25 V 또는 직류 60 V를 초과하거나 기기가 (물에)잠겨 있는 경우 기본보호는 특별저압 회로에 대해 다음의 사항을 따라야 한다.
   (1) 211.7.1에 따른 절연
   (2) 211.7.2에 따른 격벽 또는 외함
6. 건조한 상태에서 다음의 경우는 기본보호를 하지 않아도 된다.
   (1) SELV 회로에서 공칭전압이 교류 25 V 또는 직류 60 V를 초과하지 않는 경우
   (2) PELV 회로에서 공칭전압이 교류 25 V 또는 직류 60 V를 초과하지 않고 노출도전부 및 충전부가 보호도체에 의해서 주 접지단자에 접속된 경우
7. SELV 또는 PELV 계통의 공칭전압이 교류 12 V 또는 직류 30 V를 초과하지 않는 경우에는 기본보호를 하지 않아도 된다.

211.6 추가적 보호

211.6.1 누전차단기

1. 기본보호 및 고장보호를 위한 대상 설비의 고장 또는 사용자의 부주의로 인하여 설비에 고장이 발생한 경우에는 사용 조건에 적합한 누전차단기를 사용하는 경우에는 추가적인 보호로 본다.
2. 누전차단기의 사용은 단독적인 보호대책으로 인정하지 않는다. 누전차단기는 211.2부터 211.5까지에 규정된 보호대책 중 하나를 적용할 때 추가적인 보호로 사용할 수 있다.

211.6.2 보조 보호 등전위 본딩

동시접근 가능한 고정기기의 노출도전부와 계통외 도전부에 143.2.2의 보조 보호 등전위 본딩을 한 경우에는 추가적인 보호로 본다.

211.7 기본보호 방법

211.7.1 충전부의 기본절연

1. 절연은 충전부에 접촉하는 것을 방지하기 위한 것으로 다음과 같이 하여야 한다.
   (1) 충전부는 파괴하지 않으면 제거될 수 없는 절연물로 완전히 보호되어야 한다.
   (2) 기기에 대한 절연은 그 기기에 관한 표준을 적용하여야 한다.

211.7.2 격벽 또는 외함

1. 격벽 또는 외함은 인체가 충전부에 접촉하는 것을 방지하기 위한 것으로 다음과 같이 하여야 한다.
   (1) 램프홀더 및 퓨즈와 같은 부품을 교체하는 동안 발생할 수 있는 큰 개구부 또는 기기의 관련 요구사항에 따른 적절한 기능에 필요한 큰 개구부를 제외하고 충전부는 최소한 IPXXB 또는 IP2X 보호등급의 외함 내부 또는 격벽 뒤쪽에 있어야 한다.
      ① 인축이 충전부에 무의식적으로 접촉하는 것을 방지하기 위한 충분한 예방대책을 강구하여야 한다.
      ② 사람들이 개구부를 통하여 충전부에 접촉할 수 있음을 알 수 있도록 하며 의도적으로 접촉하지 않도록 하여야 한다.
      ③ 개구부는 적절한 기능과 부품교환의 요구사항에 맞는 한 최소한으로 하여야 한다.
   (2) 쉽게 접근 가능한 격벽 또는 외함의 상부 수평면의 보호등급은 최소한 IPXXD 또는 IP4X 등급 이상으로 한다.

(3) 격벽 및 외함은 완전히 고정하고 필요한 보호등급을 유지하기 위해 충분한 안정성과 내구성을 가져야 하며, 정상 사용조건에서 관련된 외부영향을 고려하여 충전부로부터 충분히 격리하여야 한다.

(4) 격벽을 제거 또는 외함을 열거나, 외함의 일부를 제거할 필요가 있을 때에는 다음과 같은 경우에만 가능하도록 하여야 한다.

① 열쇠 또는 공구를 사용하여야 한다.

② 보호를 제공하는 외함이나 격벽에 대한 충전부의 전원 차단 후 격벽이나 외함을 교체 또는 다시 닫은 후에만 전원복구가 가능하도록 한다.

③ 최소한 IPXXB 또는 IP2X 보호등급을 가진 중간격벽에 의해 충전부와 접촉을 방지하는 경우에는 열쇠 또는 공구의 사용에 의해서만 중간 격벽의 제거가 가능하도록 한다.

(5) 격벽의 뒤쪽 또는 외함의 안에서 개폐기가 개로 된 후에도 위험한 충전상태가 유지되는 기기(커패시터 등)가 설치된다면 경고 표지를 해야 한다. 다만, 아크소거, 계전기의 지연 동작 등을 위해 사용하는 소 용량의 커패시터는 위험한 것으로 보지 않는다.

211.8 장애물 및 접촉범위 밖에 배치

211.8.1 목적

장애물을 두거나 접촉범위 밖에 배치하는 보호대책은 기본보호만 해당한다. 이 방법은 숙련자 또는 기능자에 의해 통제 또는 감독되는 설비에 적용한다.

211.8.2 장애물

1. 장애물은 충전부에 무의식적인 접촉을 방지하기 위해 시설하여야 한다. 다만, 고의적 접촉까지 방지하는 것은 아니다.
2. 장애물은 다음에 대한 보호를 하여야 한다.

(1) 충전부에 인체가 무의식적으로 접근하는 것

(2) 정상적인 사용상태에서 충전된 기기를 조작하는 동안 충전부에 무의식적으로 접촉하는 것

3. 장애물은 열쇠 또는 공구를 사용하지 않고 제거될 수 있지만, 비 고의적인 제거를 방지하기 위해 견고하게 고정하여야 한다.

211.8.3 접촉범위 밖에 배치

1. 접촉범위 밖에 배치하는 방법에 의한 보호는 충전부에 무의식적으로 접촉하는 것을 방지하기 위함이다.

2. 서로 다른 전위로 동시에 접근 가능한 부분이 접촉범위 안에 있으면 안 된다. 두 부분의 거리가 2.5 m 이하인 경우에는 동시 접근이 가능한 것으로 간주한다.

211.9 숙련자와 기능자의 통제 또는 감독이 있는 설비에 적용 가능한 보호대책

211.9.1 비도전성 장소

1. 충전부의 기본절연 고장으로 인하여 서로 다른 전위가 될 수 있는 부분들에 대한 동시접촉을 방지하기 위한 것으로 다음과 같이 하여야 한다.
   (1) 모든 전기기기는 211.7의 어느 하나에 적합하여야 한다.
   (2) 다음의 노출도전부는 일반적인 조건에서 사람이 동시에 접촉되지 않도록 배치해야 한다. 다만, 이 부분들이 충전부의 기본절연의 고장에 따라 서로 다른 전위로 되기 쉬운 경우에 한 한다.
      ① 두 개의 노출도전부
      ② 노출도전부와 계통외 도전부
   (3) 비도전성 장소에는 보호도체가 없어야 한다.
   (4) 절연성 바닥과 벽이 있는 장소에서 다음의 배치들 중 하나 또는 그 이상이 적용되면 211.9.1의 "(2)"를 충족시킨다.
      ① 노출도전부 상호간, 노출도전부와 계통외 도전부 사이의 상대적 간격은 두 부분 사이의 거리가 2.5 m 이상으로 한다.
      ② 노출도전부와 계통외 도전부 사이에 유효한 장애물을 설치한다. 이 장애물의 높이가 ①에 규정된 값까지 연장되면 충분하다.
      ③ 계통외 도전부의 절연 또는 절연 배치. 절연은 충분한 기계적 강도와 2 kV 이상의 시험전압에 견딜 수 있어야 하며, 누설전류는 통상적인 사용 상태에서 1 mA를 초과하지 말아야 한다.
   (5) KS C IEC 60364-6(검증)에 규정된 조건으로 매 측정 점에서의 절연성 바닥과 벽의 저항 값은 다음 값 이상으로 하여야 한다. 어떤 점에서의 저항이 규정된 값 이하이면 바닥과 벽은 감전보호 목적의 계통외 도전부로 간주된다.
      ① 설비의 공칭전압이 500 V 이하인 경우 50 kΩ
      ② 설비의 공칭전압이 500 V를 초과하는 경우 100 kΩ
   (6) 배치는 영구적이어야 하며, 그 배치가 유효성을 잃을 가능성이 없어야 한다. 이동용 또는 휴대용기기의 사용이 예상되는 곳에서의 보호도 보장하여야 한다.
   (7) 계통외 도전부에 의해 관련 장소의 외부로 전위가 발생하지 않도록 확실한 예방대책을 강구하여야 한다.

211.9.2 비 접지 국부 등전위 본딩에 의한 보호

1. 비 접지 국부 등전위 본딩은 위험한 접촉전압이 나타나는 것을 방지하기 위한 것으로 다음과 같이 한다.
   (1) 모든 전기기기는 211.7의 어느 하나에 적합하여야 한다.
   (2) 등전위 본딩용 도체는 동시에 접근이 가능한 모든 노출도전부 및 계통외 도전부와 상호 접속하여야 한다.
   (3) 국부 등전위 본딩 계통은 노출도전부 또는 계통외 도전부를 통해 대지와 직접 전기적으로 접촉되지 않아야 한다.
   (4) 대지로부터 절연된 도전성 바닥이 비접지 등전위 본딩 계통에 접속된 곳에서는 등전위 장소에 들어가는 사람이 위험한 전위차에 노출되지 않도록 주의하여야 한다.

211.9.3 두 개 이상의 전기사용기기에 전원 공급을 위한 전기적 분리

1. 개별회로의 전기적 분리는 회로의 기본절연의 고장으로 인해 충전될 수 있는 노출도전부에 접촉을 통한 감전을 방지하기 위한 것으로 다음과 같이 한다.
   (1) 모든 전기기기는 211.7의 어느 하나에 적합하여야 한다.
   (2) 두 개 이상의 장비에 전원을 공급하기 위한 전기적 분리에 따른 보호는 211.4(211.4.1의 2는 제외한다)와 다음의 조건을 준수하여야 한다.
      ① 분리된 회로가 손상 및 절연고장으로부터 보호될 수 있는 조치를 해야 한다.
      ② 분리된 회로의 노출도전부들은 절연된 비 접지 등전위 본딩 도체에 의해 함께 접속하여야 한다. 이러한 도체는 보호도체, 다른 회로의 노출도전부 또는 어떠한 계통외 도전부에도 접속되어서는 안 된다.
      ③ 모든 콘센트는 보호용 접속점이 있어야 하며 이 보호용 접속점은 (2)에 따라 시설된 등전위 본딩 계통에 연결하여야 한다.
      ④ 이중 또는 강화 절연된 기기에 공급하는 경우를 제외하고, 모든 가요케이블은 (2)의 등전위 본딩용 도체로 사용하기 위한 보호도체를 갖추어야 한다.
      ⑤ 2개의 노출도전부에 영향을 미치는 2개의 고장이 발생하고, 이들이 극성이 다른 도체에 의해 전원이 공급되는 경우 보호 장치에 의해 표 211.2-1에 제시된 제한 시간 내에 전원이 차단되도록 하여야 한다.

212 과전류에 대한 보호

212.1 일반사항

212.1.1 적용범위

과전류의 영향으로부터 회로도체를 보호하기 위한 요구사항으로서 과부하 및 단락고장이 발생할 때 전원을 자동으로 차단하는 하나 이상의 장치에 의해서 회로도체를 보호하기 위한 방법을 규정한다. 다만, 플러그 및 소켓으로 고정 설비에 기기를 연결하는 가요성 케이블(또는 가요성 전선)은 이 기준의 적용범위가 아니므로 과전류에 대한 보호가 반드시 이루어지지는 않는다.

212.1.2 일반 요구사항

과전류로 인하여 회로의 도체, 절연체, 접속부, 단자부 또는 도체를 감싸는 물체 등에 유해한 열적 및 기계적인 위험이 발생되지 않도록, 그 회로의 과전류를 차단하는 보호장치를 설치해야 한다.

212.2 회로의 특성에 따른 요구사항

212.2.1 선 도체의 보호

1. 과전류 검출기의 설치
   (1) 과전류의 검출은 제2를 적용하는 경우를 제외하고 모든 선도체에 대하여 과전류 검출기를 설치하여 과전류가 발생할 때 전원을 안전하게 차단해야 한다. 다만, 과전류가 검출된 도체 이외의 다른 선 도체는 차단하지 않아도 된다.
   (2) 3상 전동기 등과 같이 단상 차단이 위험을 일으킬 수 있는 경우 적절한 보호 조치를 해야 한다.
2. 과전류 검출기 설치 예외
   TT 계통 또는 TN 계통에서, 선 도체만을 이용하여 전원을 공급하는 회로의 경우, 다음 조건들을 충족하면 선 도체 중 어느 하나에는 과전류 검출기를 설치하지 않아도 된다.
   (1) 동일 회로 또는 전원 측에서 부하 불평형을 감지하고 모든 선 도체를 차단하기 위한 보호 장치를 갖춘 경우
   (2) "(1)"에서 규정한 보호 장치의 부하 측에 위치한 회로의 인위적 중성점으로부터 중성선을 배선하지 않는 경우

212.2.2 중성선의 보호

1. TT 계통 또는 TN 계통

(1) 중성선의 단면적이 선 도체의 단면적과 동등 이상의 크기이고, 그 중성선의 전류가 선도체의 전류보다 크지 않을 것으로 예상될 경우, 중성선에는 과전류 검출기 또는 차단장치를 설치하지 않아도 된다. 중성선의 단면적이 선 도체의 단면적보다 작은 경우 과전류 검출기를 설치할 필요가 있다. 검출된 과전류가 설계전류를 초과하면 선 도체를 차단해야 하지만, 중성선을 차단할 필요까지는 없다.

(2) "(1)"의 2가지 경우 모두 단락전류로부터 중성선을 보호해야 한다.

(3) 중성선에 관한 요구사항은 차단에 관한 것을 제외하고 중성선과 보호도체 겸용(PEN) 도체에도 적용한다.

2. IT 계통

중성선을 배선하는 경우 중성선에 과전류 검출기를 설치해야 하며, 과전류가 검출되면 중성선을 포함한 해당 회로의 모든 충전 도체를 차단해야 한다. 다음의 경우에는 과전류 검출기를 설치하지 않아도 된다.

(1) 설비의 전력 공급점과 같은 전원 측에 설치된 보호 장치에 의해 그 중성선이 과전류에 대해 효과적으로 보호되는 경우

(2) 정격감도전류가 해당 중성선 허용전류의 0.2배 이하인 누전차단기로 그 회로를 보호하는 경우

212.2.3 중성선의 차단 및 재폐로

중성선을 차단 및 재폐로 하는 회로의 경우에 설치하는 개폐기 및 차단기는 차단 시에는 중성선이 선 도체보다 늦게 차단되어야 하며, 재폐로 시에는 선도체와 동시 또는 그 이전에 재폐로 되는 것을 설치하여야 한다.

212.3 보호 장치의 종류 및 특성

212.3.1 과부하전류 및 단락전류 겸용 보호 장치

과부하전류 및 단락전류 모두를 보호하는 장치는 그 보호 장치 설치점에서 예상되는 단락전류를 포함한 모든 과전류를 차단 및 투입할 수 있는 능력이 있어야 한다.

212.3.2 과부하전류 전용 보호 장치

과부하전류 전용 보호 장치는 212.4의 요구사항을 충족하여야 하며, 차단용량은 그 설치점에서의 예상 단락전류 값 미만으로 할 수 있다.

212.3.3 단락전류 전용 보호 장치

단락전류 전용 보호 장치는 과부하 보호를 별도의 보호 장치에 의하거나, 212.4에서

과부하 보호 장치의 생략이 허용되는 경우에 설치할 수 있다.

이 보호 장치는 예상 단락전류를 차단할 수 있어야 하며, 차단기인 경우에는 이 단락전류를 투입할 수 있는 능력이 있어야 한다.

212.3.4 보호 장치의 특성

1. 과전류 보호 장치는 KS C 또는 KS C IEC 관련 표준(배선 차단기, 누전 차단기, 퓨즈 등의 표준)의 동작특성에 적합하여야 한다.
2. 과전류 차단기로 저압전로에 사용하는 범용의 퓨즈(「전기용품 및 생활용품 안전관리법」에서 규정하는 것을 제외한다)는 표 212.3-1에 적합한 것이어야 한다.

표 212.3-1 퓨즈(gG)의 용단특성

정격전류의 구분	시간	정격전류의 배수	
		불용단전류	용단전류
4 A 이하	60분	1.5배	2.1배
4 A 초과 16 A 미만	60분	1.5배	1.9배
16 A 이상 63 A 이하	60분	1.25배	1.6배
63 A 초과 160 A 이하	120분	1.25배	1.6배
160 A 초과 400 A 이하	180분	1.25배	1.6배
400 A 초과	240분	1.25배	1.6배

3. 과전류차단기로 저압전로에 사용하는 산업용 배선차단기(「전기용품 및 생활용품 안전관리법」에서 규정하는 것을 제외한다.)는 표 212.3-2에 주택용 배선차단기는 표 212.3-3 및 표 212.3-4에 적합한 것이어야 한다. 다만, 일반인이 접촉할 우려가 있는 장소(세대내 분전반 및 이와 유사한 장소)에는 주택용 배선차단기를 시설하여야 한다.

표 212.3-2 과전류 트립 동작시간 및 특성(산업용 배선차단기)

정격전류의 구분	시간	정격전류의 배수 (모든 극에 통전)	
		부동작 전류	동작 전류
63 A 이하	60분	1.05배	1.3배
63 A 초과	120분	1.05배	1.3배

표 212.3-3 순시트립에 따른 구분(주택용 배선차단기)

형	순시트립 범위
B	$3I_n$ 초과 ~ $5I_n$ 이하
C	$5I_n$ 초과 ~ $10I_n$ 이하
D	$10I_n$ 초과 ~ $20I_n$ 이하
비고 1. B, C, D : 순시트립 전류에 따른 차단기 분류 2. I_n : 차단기 정격전류	

표 212.3-4 과전류 트립 동작시간 및 특성(주택용 배선차단기)

정격전류의 구분	시간	정격전류의 배수 (모든 극에 통전)	
		부동작 전류	동작 전류
63 A 이하	60분	1.13배	1.45배
63 A 초과	120분	1.13배	1.45배

212.4 과부하전류에 대한 보호

212.4.1 도체와 과부하 보호장치 사이의 협조

과부하에 대해 케이블(전선)을 보호하는 장치의 동작특성은 다음의 조건을 충족해야 한다.

$$I_B \le I_n \le I_Z \text{ .... (식 212.4-1)}$$

$$I_2 \le 1.45 \times I_Z \text{ .... (식 212.4-2)}$$

여기서, I_B : 회로의 설계전류

I_Z : 케이블의 허용전류

I_n : 보호 장치의 정격전류

I_2 : 보호 장치가 규약시간 이내에 유효하게 동작하는 것을 보장하는 전류

1. 조정할 수 있게 설계 및 제작된 보호 장치의 경우, 정격전류 I_n은 사용현장에 적합하게 조정된 전류의 설정 값이다.
2. 보호 장치의 유효한 동작을 보장하는 전류 I_2는 제조자로부터 제공되거나 제품 표준에 제시되어야 한다.
3. 식 212.4-2에 따른 보호는 조건에 따라서는 보호가 불확실한 경우가 발생할 수 있다. 이러한 경우에는 식 212.4-2에 따라 선정된 케이블 보다 단면적이 큰 케이블을 선정하여야 한다.
4. I_B는 선 도체를 흐르는 설계전류이거나, 함유율이 높은 영상분 고조파(특히 제3고조파)가 지속적으로 흐르는 경우 중성선에 흐르는 전류이다.

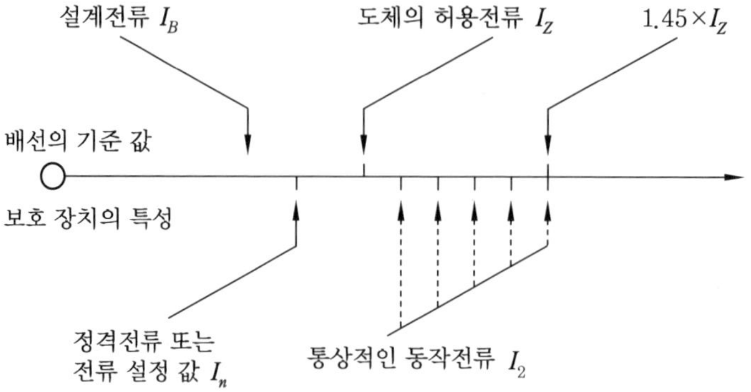

그림 212.4-1 과부하 보호 설계 조건도

212.4.2 과부하 보호 장치의 설치 위치

1. 설치위치

과부하 보호 장치는 전로 중 도체의 단면적, 특성, 설치방법, 구성의 변경으로 도체의 허용전류 값이 줄어드는 곳(이하 분기점이라 함)에 설치해야 한다.

2. 설치위치의 예외

과부하 보호 장치는 분기점(O)에 설치해야 하나, 분기점(O)과 분기회로의 과부하 보호 장치의 설치점 사이의 배선 부분에 다른 분기회로나 콘센트 회로가 접속되어 있지 않고, 다음 중 하나를 충족하는 경우에는 변경이 있는 배선에 설치할 수 있다.

(1) 그림 212.4-2와 같이 분기회로(S_2)의 과부하 보호 장치(P_2)의 전원 측에 다른 분기회로 또는 콘센트의 접속이 없고 212.5의 요구사항에 따라 분기회로에 대한 단락 보호가 이루어지고 있는 경우, P_2는 분기회로의 분기점(O)으로부터 부하 측으로 거리에 구애 받지 않고 이동하여 설치할 수 있다.

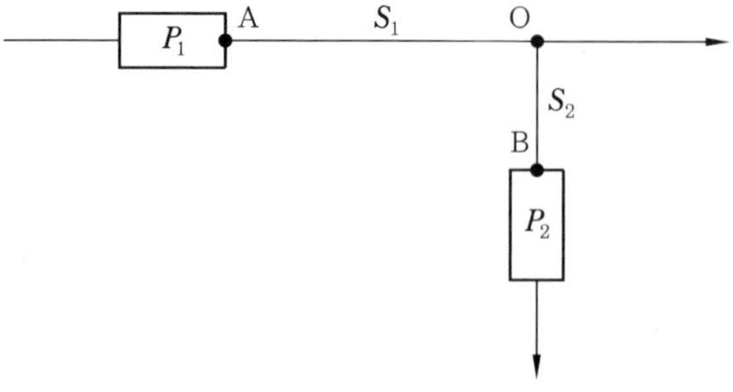

그림 212.4-2 분기회로(S_2)의 분기점(O)에 설치되지 않은 분기회로 과부하 보호 장치(P_2)

(2) 그림 212.4-3과 같이 분기회로 (S_2)의 보호 장치(P_2)는 (P_2)의 전원 측에서 분기점(O) 사이에 다른 분기회로 또는 콘센트의 접속이 없고, 단락의 위험과 화재 및 인체에 대한 위험성이 최소화 되도록 시설된 경우, 분기회로의 보호 장치 (P_2)는 분기회로의 분기점(O)으로부터 3 m 까지 이동하여 설치할 수 있다.

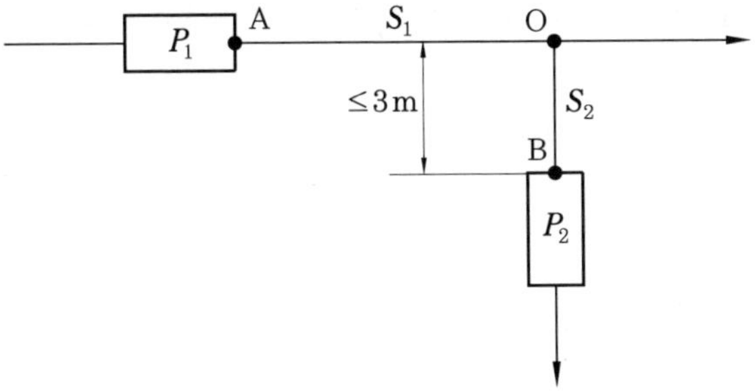

그림 212.4-3 분기회로(S_2)의 분기점(O)에서 3 m 이내에 설치된 과부하 보호 장치(P_2)

212.4.3 과부하 보호 장치의 생략

1. 다음과 같은 경우에는 과부하 보호 장치를 생략할 수 있다. 다만, 화재 또는 폭발 위험성이 있는 장소에 설치되는 설비 또는 특수설비 및 특수 장소의 요구사항들을 별도로 규정하는 경우에는 과부하 보호 장치를 생략할 수 없다.

(1) 일반사항

다음의 어느 하나에 해당되는 경우에는 과부하 보호장치 생략이 가능하다.

① 분기회로의 전원 측에 설치된 보호장치에 의하여 분기회로에서 발생하는 과부하에 대해 유효하게 보호되고 있는 분기회로

② 212.5의 요구사항에 따라 단락 보호가 되고 있으며, 분기점 이후의 분기회로에 다른 분기회로 및 콘센트가 접속되지 않는 분기회로 중, 부하에 설치된 과부하 보호 장치가 유효하게 동작하여 과부하전류가 분기회로에 전달되지 않도록 조치를 하는 경우

③ 통신회로용, 제어회로용, 신호회로용 및 이와 유사한 설비

(2) IT 계통에서 과부하 보호 장치 설치위치 변경 또는 생략

① 과부하에 대해 보호가 되지 않은 각 회로가 다음과 같은 방법 중 어느 하나에 의해 보호될 경우, 설치위치 변경 또는 생략이 가능하다.

(가) 211.3에 의한 보호수단 적용

(나) 2차 고장이 발생할 때 즉시 작동하는 누전차단기로 각 회로를 보호

(다) 지속적으로 감시되는 시스템의 경우 다음 중 어느 하나의 기능을 구비한 절연 감시 장치의 사용

㉮ 최초 고장이 발생한 경우 회로를 차단하는 기능

㉯ 고장을 나타내는 신호를 제공하는 기능이며 이 고장은 운전 요구사항 또는 2차 고장에 의한 위험을 인식하고 조치가 취해져야 한다.

② 중성선이 없는 IT 계통에서 각 회로에 누전 차단기가 설치된 경우에는 선도체 중의 어느 1개에는 과부하 보호 장치를 생략할 수 있다.

(3) 안전을 위해 과부하 보호 장치를 생략할 수 있는 경우
사용 중 예상치 못한 회로의 개방이 위험 또는 큰 손상을 초래할 수 있는 다음과 같은 부하에 전원을 공급하는 회로에 대해서는 과부하 보호 장치를 생략할 수 있다.
① 회전기의 여자회로
② 전자석 크레인의 전원회로
③ 전류변성기의 2차 회로
④ 소방설비의 전원회로
⑤ 안전설비(주거침입경보, 가스누출경보 등)의 전원회로

212.4.4 병렬 도체의 과부하 보호
하나의 보호 장치가 여러 개의 병렬도체를 보호할 경우, 병렬도체는 분기회로, 분리, 개폐장치를 사용할 수 없다.

212.5 단락전류에 대한 보호

이 기준은 동일회로에 속하는 도체 사이의 단락인 경우에만 적용하여야 한다.

212.5.1 예상 단락전류의 결정
설비의 모든 관련 지점에서의 예상 단락전류를 결정해야 한다. 이는 계산 또는 측정에 의하여 수행할 수 있다.

212.5.2 단락 보호 장치의 설치위치
1. 단락전류 보호 장치는 분기점(O)에 설치해야 한다. 다만, 그림 212.5-1과 같이 분기회로의 단락 보호 장치 설치점(B)과 분기점(O) 사이에 다른 분기회로 또는 콘센트의 접속이 없고 단락, 화재 및 인체에 대한 위험이 최소화될 경우, 분기회로의 단락 보호 장치 P_2는 분기점(O)으로부터 3 m까지 이동하여 설치할 수 있다.

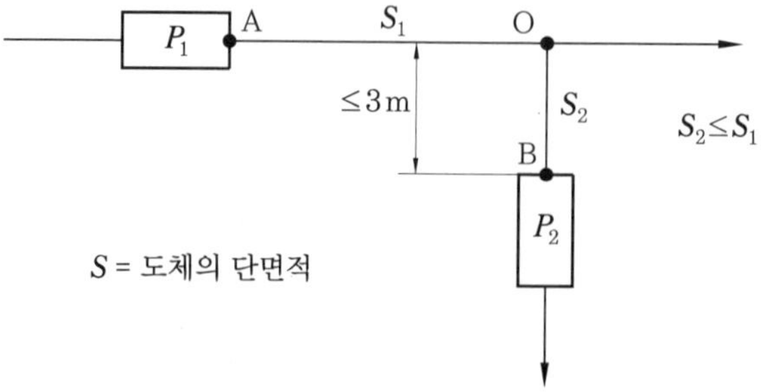

그림 212.5-1 분기회로 단락 보호 장치(P_2)의 제한된 위치 변경

2. 도체의 단면적이 줄어들거나 다른 변경이 이루어진 분기회로의 시작점(O)과 이 분기회로의 단락 보호 장치(P_2) 사이에 있는 도체가 전원 측에 설치되는 보호 장치(P_1)에 의해 단락 보호가 되는 경우에, P_2의 설치위치는 분기점(O)로부터 거리제한이 없이 설치할 수 있다. 단, 전원 측 단락 보호 장치(P_1)는 부하 측 배선(S_2)에 대하여 212.5.5에 따라 단락 보호를 할 수 있는 특성을 가져야 한다.

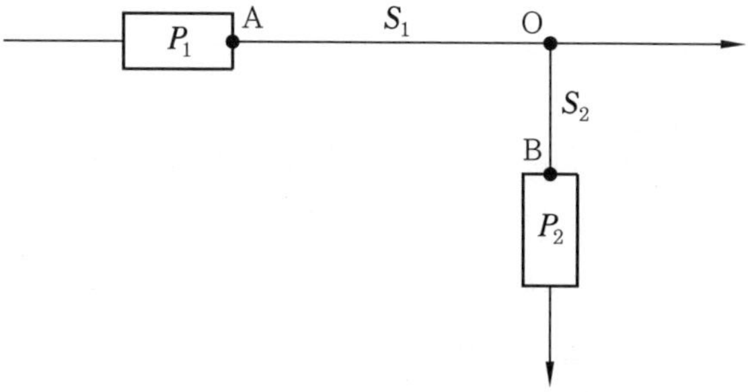

그림 212.5-2 분기회로 단락 보호 장치(P_2)의 설치위치

212.5.3 단락 보호 장치의 생략

1. 배선을 단락위험이 최소화할 수 있는 방법과 가연성 물질 근처에 설치하지 않는 조건이 모두 충족되면 다음과 같은 경우 단락 보호 장치를 생략할 수 있다.
   (1) 발전기, 변압기, 정류기, 축전지와 보호 장치가 설치된 제어반을 연결하는 도체
   (2) 212.4.3의 "(3)"과 같이 전원차단이 설비의 운전에 위험을 가져올 수 있는 회로다. 특정 측정회로이다.

212.5.4 병렬도체의 단락 보호

1. 여러 개의 병렬도체를 사용하는 회로의 전원 측에 1개의 단락 보호 장치가 설치되어 있는 조건에서, 어느 하나의 도체에서 발생한 단락고장이라도 효과적인 동작이 보증되는 경우, 해당 보호 장치 1개를 이용하여 그 병렬도체 전체의 단락 보호 장치로 사용할 수 있다.
2. 1개의 보호 장치에 의한 단락 보호가 효과적이지 못하면, 다음 중 1가지 이상의 조치를 취해야 한다.
   (1) 배선은 기계적인 손상 보호와 같은 방법으로 병렬도체에서의 단락위험을 최소화할 수 있는 방법으로 설치하고, 화재 또는 인체에 대한 위험을 최소화 할 수 있는 방법으로 설치하여야 한다.
   (2) 병렬도체가 2가닥인 경우 단락 보호 장치를 각 병렬도체의 전원 측에 설치해야 한다.
   (3) 병렬도체가 3가닥 이상인 경우 단락 보호 장치는 각 병렬도체의 전원 측과 부하 측에 설치해야 한다.

212.5.5 단락 보호 장치의 특성

1. 차단용량

정격차단용량은 단락전류 보호 장치 설치 점에서 예상되는 최대 크기의 단락전류 보다 커야한다. 다만, 전원 측 전로에 단락고장전류 이상의 차단능력이 있는 과전류차단기가 설치되는 경우에는 그러하지 아니하다. 이 경우에 두 장치를 통과하는 에너지가 부하 측 장치와 이 보호 장치로 보호를 받는 도체가 손상을 입지 않고 견뎌낼 수 있는 에너지를 초과하지 않도록 양쪽 보호 장치의 특성이 협조되도록 해야 한다.

2. 케이블 등의 단락전류

회로의 임의의 지점에서 발생한 모든 단락전류는 케이블 및 절연도체의 허용 온도를 초과하지 않는 시간 내에 차단되도록 해야 한다. 단락지속시간이 5초 이하인 경우, 통상 사용조건에서의 단락전류에 의해 절연체의 허용온도에 도달하기까지의 시간 t는 식 212.5-1과 같이 계산할 수 있다.

$$t = \left(\frac{kS}{I}\right)^2 \qquad \text{(식 212.5-1)}$$

여기서, t : 단락전류 지속시간(초)

S : 도체의 단면적(㎟)

I : 유효 단락전류(A, rms)

k : 도체 재료의 저항률, 온도계수, 열용량, 해당 초기온도와 최종온도를 고려한 계수로서, 일반적인 도체의 절연물에서 선도체에 대한 k 값은 표 212.5-1과 같다.

표 212.5-1 도체에 대한 k 값

구 분	도체절연 형식							
	PVC (열가소성)		PVC (열가소성) 90℃		에틸렌프로필렌 고무/가교폴리에틸렌(열경화성)	고무 (열경화성) 60℃	무기재료	
							PVC 외장	노출 비외장
단면적 (㎟)	≦300	>300	≦300	>300				
초기온도 (℃)	70		90		90	60	70	105
최종온도 (℃)	160	140	160	140	250	200	160	250

도체재료 : 구리	115	103	100	86	143	141	115	135/115 *
알루미늄	76	68	66	57	94	93	–	–
구리의 납땜접속	115	–			–	–	–	–

* 이 값은 사람이 접촉할 우려가 있는 노출 케이블에 적용되어야 한다.

1) 다음 사항에 대한 다른 k 값은 검토 중이다.
 - 가는 도체 (특히, 단면적이 10 ㎟ 미만)
 - 기타 다른 형식의 전선 접속
 - 노출 도체
2) 단락보호장치의 정격전류는 케이블의 허용전류보다 클 수도 있다.
3) 위의 계수는 KS C IEC 60724(정격전압 1 kV 및 3 kV 전기케이블의 단락 온도 한계)에 근거한다.
4) 계수 k의 계산방법에 대해서는 IEC 60364-5-54(전기기기의 선정 및 설치-접지설비 및 보호도체)의 "부속서 A" 참조

212.6 저압전로 중의 개폐기 및 과전류차단장치의 시설

212.6.1 저압전로 중의 개폐기의 시설

1. 저압전로 중에 개폐기를 시설하는 경우(이 규정에서 개폐기를 시설하도록 정하는 경우에 한 한다)에는 그 곳의 각 극에 설치하여야 한다.
2. 사용전압이 다른 개폐기는 상호 식별이 용이하도록 시설하여야 한다.

212.6.2 저압 옥내전로 인입구에서의 개폐기의 시설

1. 저압 옥내전로(242.5.1의 1에 규정하는 화약류 저장소에 시설하는 것을 제외한다. 이하 같다)에는 인입구에 가까운 곳으로서 쉽게 개폐할 수 있는 곳에 개폐기(개폐기의 용량이 큰 경우에는 적정 회로로 분할하여 각 회로별로 개폐기를 시설할 수 있다. 이 경우에 각 회로별 개폐기는 집합하여 시설하여야 한다)를 각 극에 시설하여야 한다.
2. 사용전압이 400 V 이하인 옥내 전로로서 다른 옥내전로(정격전류가 16 A 이하인 과전류 차단기 또는 정격전류가 16 A를 초과하고 20 A 이하인 배선차단기로 보호되고 있는 것에 한 한다)에 접속하는 길이 15 m 이하의 전로에서 전기의 공급을 받는 것은 제1의 규정에 의하지 아니할 수 있다.
3. 저압 옥내전로에 접속하는 전원측의 전로(그 전로에 가공 부분 또는 옥상 부분이 있는 경우에는 그 가공 부분 또는 옥상 부분보다 부하 측에 있는 부분에 한 한다)의 그 저압 옥내전로의 인입구에 가까운 곳에 전용의 개폐기를 쉽게 개폐할 수 있는 곳의 각 극에 시설하는 경우에는 제1의 규정에 의하지 아니할 수 있다.

212.6.3 저압전로 중의 전동기 보호용 과전류 보호 장치의 시설

1. 과전류차단기로 저압전로에 시설하는 과부하 보호 장치(전동기가 손상될 우려가 있는 과전류가 발생했을 경우에 자동적으로 이것을 차단하는 것에 한 한다)와 단락 보호 전용차단기 또는 과부하 보호 장치와 단락 보호 전용 퓨즈를 조합한 장치는 전동기에만 연결하는 저압전로에 사용하고 다음 각각에 적합한 것이어야 한다.
   (1) 과부하 보호 장치, 단락 보호 전용 차단기 및 단락 보호 전용 퓨즈는 「전기용품 및 생활용품 안전관리법」에 적용을 받는 것 이외에는 한국산업표준(이하 "KS"라 한다)에 적합하여야 하며, 다음에 따라 시설하여야 한다.
      ① 과부하 보호 장치로 전자접촉기를 사용할 경우에는 반드시 과부하계전기가 부착되어 있을 것
      ② 단락보호전용 차단기의 단락동작설정 전류 값은 전동기의 기동방식에 따른 기동돌입전류를 고려할 것
      ③ 단락보호전용 퓨즈는 표 212.6-5의 용단특성에 적합한 것일 것

표 212.6-5 단락 보호 전용 퓨즈(aM)의 용단특성

정격전류의 배수	불용단시간	용단시간
4배	60초 이내	-
6.3배	-	60초 이내
8배	0.5초 이내	-
10배	0.2초 이내	-
12.5배	-	0.5초 이내
19배	-	0.1초 이내

   (2) 과부하 보호 장치와 단락 보호 전용 차단기 또는 단락 보호 전용 퓨즈를 하나의 전용함 속에 넣어 시설한 것일 것
   (3) 과부하 보호 장치가 단락전류에 의하여 손상되기 전에 그 단락전류를 차단하는 능력을 가진 단락 보호 전용 차단기 또는 단락 보호 전용 퓨즈를 시설한 것일 것
   (4) 과부하 보호 장치와 단락 보호 전용 퓨즈를 조합한 장치는 단락 보호 전용 퓨즈의 정격전류가 과부하 보호 장치의 설정 전류(setting current) 값 이하가 되도록 시설한 것(그 값이 단락 보호 전용 퓨즈의 표준 정격에 해당하지 아니하는 경우는 단락 보호 전용 퓨즈의 정격전류가 그 값의 바로 상위의 정격이 되도록 시설한 것을 포함한다)일 것
2. 저압 옥내 시설하는 보호 장치의 정격전류 또는 전류 설정 값은 전동기 등이 접속되는 경우에는 그 전동기의 기동방식에 따른 기동전류와 다른 전기사용기계기구의 정격전류를 고려하여 선정하여야 한다.

3. 옥내에 시설하는 전동기(정격 출력이 0.2 ㎾ 이하인 것을 제외한다. 이하 여기에서 같다)에는 전동기가 손상될 우려가 있는 과전류가 생겼을 때에 자동적으로 이를 저지하거나 이를 경보하는 장치를 하여야 한다. 다만, 다음의 어느 하나에 해당하는 경우에는 그러하지 아니하다.
   ① 전동기를 운전 중 상시 취급자가 감시할 수 있는 위치에 시설하는 경우
   ② 전동기의 구조나 부하의 성질로 보아 전동기가 손상될 수 있는 과전류가 생길 우려가 없는 경우
   (3) 단상전동기[KS C 4204(2013)의 표준정격의 것을 말한다]로써 그 전원측 전로에 시설하는 과전류 차단기의 정격전류가 16 A(배선차단기는 20 A) 이하인 경우

212.6.4 분기회로의 시설
분기회로는 212.4.2, 212.4.3, 212.5.2, 212.5.3에 준하여 시설하여야 한다.

212.7 과부하 및 단락 보호의 협조

212.7.1 한 개의 보호 장치를 이용한 보호
과부하 및 단락전류 보호 장치는 212.4 및 212.5의 관련 요구사항을 만족하여야 한다.

212.7.2 개별 장치를 이용한 보호
212.4 및 212.5의 요구사항을 과부하 보 호장치와 단락 보호 장치에 각각 적용한다. 단락 보호 장치의 통과에너지가 과부하 보호 장치에 손상을 주지 않고 견딜 수 있는 값을 초과하지 않도록 보호 장치의 특성을 협조시켜야 한다.

212.8 전원 특성을 이용한 과전류 제한

도체의 허용전류를 초과하는 전류를 공급할 수 없는 전원으로부터 전류를 공급받은 도체의 경우 과부하 및 단락 보호가 적용된 것으로 간주한다.

213 과전압에 대한 보호

213.1 고압계통의 지락고장으로 인한 저압설비 보호

213.1.1 고압계통의 지락고장 시 저압계통에서의 과전압
1. 변전소에서 고압 측 지락고장의 경우, 다음 과전압의 유형들이 저압설비에 영향을 미칠 수 있다.
   (1) 상용주파 고장전압(U_f)
   (2) 상용주파 스트레스전압(U_1 및 U_2)

기준 및 법규

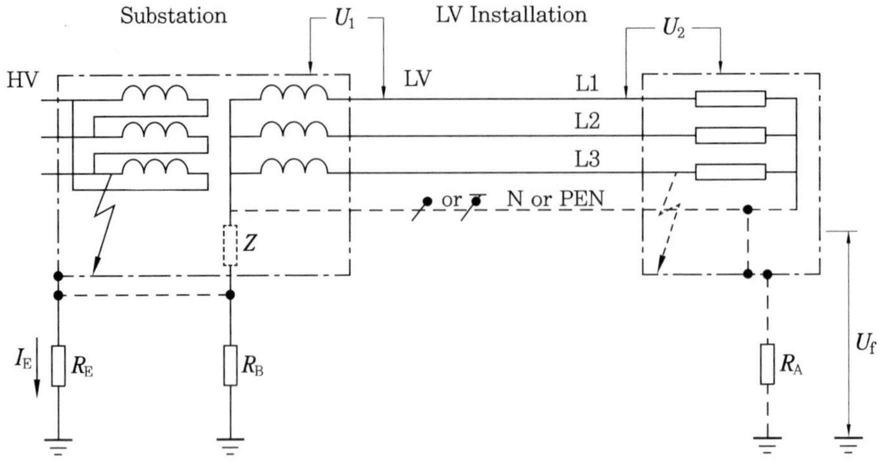

그림 213.1-1 고압계통의 지락고장 시 저압계통에서의 과전압 발생도

213.1.2 상용주파 스트레스전압의 크기와 지속시간

고압계통에서의 지락으로 인한 저압설비 내의 저압기기의 상용주파 스트레스전압(U_1과 U_2)의 크기와 지속시간은 표 142.6-1에 주어진 요구사항들을 초과하지 않아야 한다.

213.2 낙뢰 또는 개폐에 따른 과전압 보호

213.2.1 일반사항

이 절은 배전 계통으로부터 전달되는 기상현상에 기인한 과도 과전압 및 설비 내 기기에 의해 발생하는 개폐 과전압에 대한 전기설비의 보호를 다룬다.

213.2.2 기기에 요구되는 임펄스 내전압

기기의 정격 임펄스 내전압이 최소한 표 213.2-1에 제시된 필수 임펄스 내전압보다 작지 않도록 기기를 선정하여야 한다.

표 213.2-1 기기에 요구되는 정격 임펄스 내전압

설비의 공칭전압 (V)	교류 또는 직류 공칭전압에서 산출한 상전압 (V)	요구되는 정격 임펄스 내전압[a] (kV)			
		과전압 범주 IV (매우 높은 정격 임펄스 전압 장비)	과전압 범주 III (높은 정격 임펄스 전압 장비)	과전압 범주 II (통상 정격 임펄스 전압 장비)	과전압 범주 I (감축 정격 임펄스 전압 장비)
		예) 계기, 원격 제어 시스템	예) 배전반, 개폐기, 콘센트	예) 가전용 배전전기기기 및 도구	예) 민감한 전자 장비
120/208	150	4	2.5	1.5	0.8

(220/380)[b] 230/400 277/480	300	6	4	2.5	1.5
400/690	600	8	6	4	2.5
1000	1000	12	8	6	4
1500 D.C.	1500 D.C.			8	6
a : 임펄스 내전압은 충전도체와 보호도체 사이에 적용된다. b : 현재 국내 사용 전압이다.					

214 열 영향에 대한 보호

214.1 적용범위

1. 다음과 같은 영향으로부터 인축과 재산의 보호방법을 전기설비에 적용하여야 한다.
   (1) 전기기기에 의한 열적인 영향, 재료의 연소 또는 기능저하 및 화상의 위험
   (2) 화재 재해의 경우, 전기설비로부터 격벽으로 분리된 인근의 다른 화재 구획으로 전파되는 화염
   (3) 전기기기 안전 기능의 손상

214.2 화재 및 화상방지에 대한 보호

214.2.1 전기기기에 의한 화재방지

1. 전기기기에 의해 발생하는 열은 근처에 고정된 재료나 기기에 화재 위험을 주지 않아야 한다.
2. 고정기기의 온도가 인접한 재료에 화재의 위험을 줄 온도까지 도달할 우려가 있는 경우에 이 기기에는 다음과 같은 조치를 취하여야 한다.
   (1) 이 온도에 견디고 열전도율이 낮은 재료 위나 내부에 기기를 설치
   (2) 이 온도에 견디고 열전도율이 낮은 재료를 사용하여 건축구조물로부터 기기를 차폐
   (3) 이 온도에서 열이 안전하게 발산되도록 유해한 열적 영향을 받을 수 있는 재료로부터 충분히 거리를 유지하고 열전도율이 낮은 지지대에 의한 설치
3. 정상 운전 중에 아크 또는 스파크가 발생할 수 있는 전기기기에는 다음 중 하나의 보호조치를 취하여야 한다.
   (1) 내 아크 재료로 기기 전체를 둘러싼다.
   (2) 분출이 유해한 영향을 줄 수 있는 재료로부터 내 아크 재료로 차폐
   (3) 분출이 유해한 영향을 줄 수 있는 재료로부터 충분한 거리에서 분출을 안전하게

소멸시키도록 기기를 설치

4. 열의 집중을 야기하는 고정기기는 어떠한 고정물체나 건축부재가 정상조건에서 위험한 온도에 노출되지 않도록 충분한 거리를 유지하도록 하여야 한다.
5. 단일 장소에 있는 전기기기가 상당한 양의 인화성 액체를 포함하는 경우에는 액체, 불꽃 및 연소 생성물의 전파를 방지하는 충분한 예방책을 취하여야 한다.
   (1) 누설된 액체를 모을 수 있는 저유조를 설치하고 화재 시 소화를 확실히 한다.
   (2) 기기를 적절한 내화성이 있고 연소 액체가 건물의 다른 부분으로 확산되지 않도록 방지턱 또는 다른 수단이 마련된 방에 설치한다. 이러한 방은 외부공기로만 환기되는 것이어야 한다.
6. 설치 중 전기기기의 주위에 설치하는 외함의 재료는 그 전기기기에서 발생할 수 있는 최고 온도에 견디어야 한다. 이외 함의 구성 재료는 열전도율이 낮고 불연성 또는 난연성 재료로 덮는 등 발화에 대한 예방조치를 하지 않는 한 가연성 재료는 부적합하다.
7. 화재의 위험성이 높은 20 A 이하의 분기회로에는 전기 아크로 인한 화재의 우려가 없도록 KS C IEC 62606에 적합한 장치를 각각 시설할 수 있다.

214.2.2 전기기기에 의한 화상 방지

접촉범위 내에 있고, 접촉 가능성이 있는 전기기기의 부품 류는 인체에 화상을 일으킬 우려가 있는 온도에 도달해서는 안 되며, 표 214.2-1에 제시된 제한 값을 준수하여야 한다. 이 경우 우발적 접촉도 발생하지 않도록 보호를 하여야 한다.

표 214.2-1 접촉범위 내에 있는 기기에 접촉 가능성이 있는 부분에 대한 온도 제한

접촉할 가능성이 있는 부분	접촉할 가능성이 있는 표면의 재료	최고 표면온도(℃)
손으로 잡고 조작시키는 것	금속	55
	비금속	65
손으로 잡지 않지만 접촉하는 부분	금속	70
	비금속	80
통상 조작 시 접촉할 필요가 없는 부분	금속	80
	비금속	90

214.3 과열에 대한 보호

214.3.1 강제 공기 난방시스템

1. 강제 공기 난방시스템에서 중앙 축열기의 발열체가 아닌 발열체는 정해진 풍량에 도달할 때까지는 동작할 수 없고, 풍량이 정해진 값 미만이면 정지되어야 한다. 또

한 공기 덕트 내에서 허용온도가 초과하지 않도록 하는 2개의 서로 독립된 온도 제한 장치가 있어야 한다.

2. 열소자의 지지부, 프레임과 외함은 불연성 재료이어야 한다.

214.3.2 온수기 또는 증기발생기

1. 온수 또는 증기를 발생시키는 장치는 어떠한 운전 상태에서도 과열 보호가 되도록 설계 또는 공사를 하여야 한다. 보호 장치는 기능적으로 독립된 자동 온도조절장치로부터 독립적 기능을 하는 비자동 복귀형 장치이어야 한다. 다만, 관련된 표준 모두에 적합한 장치는 제외한다.
2. 장치에 개방 입구가 없는 경우에는 수압을 제한하는 장치를 설치하여야 한다.

214.3.3 공기난방설비

1. 공기난방설비의 프레임 및 외함은 불연성 재료이어야 한다.
2. 열복사에 의해 접촉되지 않는 복사 난방기의 측벽은 가연성 부분으로부터 충분한 간격을 유지하여야 한다. 불연성 격벽으로 간격을 감축하는 경우, 이 격벽은 복사 난방기의 외함 및 가연성 부분에서 0.01 m 이상의 간격을 유지하여야 한다.
3. 제작자의 별도 표시가 없으며, 복사 난방기는 복사 방향으로 가연성 부분으로부터 2 m 이상의 안전거리를 확보할 수 있도록 부착하여야 한다.

| 220 전선로 |

221 구내 · 옥측 · 옥상 · 옥내 전선로의 시설

221.1 구내인입선

221.1.1 저압 인입선의 시설

1. 저압 가공인입선은 222.16, 222.18, 222.19 및 332.11부터 332.15까지의 규정에 준하여 시설하는 이외에 다음에 따라 시설하여야 한다.
   (1) 전선은 절연전선 또는 케이블일 것
   (2) 전선이 케이블인 경우 이외에는 인장강도 2.30 kN 이상의 것 또는 지름 2.6 ㎜ 이상의 인입용 비닐절연전선일 것 다만, 경간이 15 m 이하인 경우는 인장강도 1.25 kN 이상의 것 또는 지름 2 ㎜ 이상의 인입용 비닐절연전선일 것
   (3) 전선이 옥외용 비닐절연전선인 경우에는 사람이 접촉할 우려가 없도록 시설하고, 옥외용 비닐절연전선 이외의 절연전선인 경우에는 사람이 쉽게 접촉할 우려가 없도록 시설할 것
   (4) 전선이 케이블인 경우에는 332.2(1의 "(3)"은 제외한다)의 규정에 준하여 시설할 것 다만, 케이블의 길이가 1 m 이하인 경우에는 조가하지 않아도 된다.
   (5) 전선의 높이는 다음에 의할 것
      ① 도로(차도와 보도의 구별이 있는 도로인 경우에는 차도)를 횡단하는 경우에는 노면상 5 m(기술상 부득이한 경우에 교통에 지장이 없을 때에는 3 m) 이상
      ② 철도 또는 궤도를 횡단하는 경우에는 레일면상 6.5 m 이상
      ③ 횡단보도교의 위에 시설하는 경우에는 노면상 3 m 이상
      ④ ①에서 ③까지 이외의 경우에는 지표상 4 m(기술상 부득이한 경우에 교통에 지장이 없을 때에는 2.5 m) 이상
2. 저압 가공인입선을 직접 인입한 조영물에 대하여는 위험의 우려가 없을 경우에 한하여 제1에서 준용하는 222.18의 1 및 332.11의 1의 "(2)"의 규정은 적용하지 아니한다.
3. 기술상 부득이한 경우는 저압 가공인입선을 직접 이입한 조영물 이외의 시설물(도로 · 횡단보도 교 · 철도 · 궤도 · 삭도, 교류 및 저압/고압의 전차선, 저압/고압 및 특고압 가공전선은 제외한다)에 대하여는 위험의 우려가 없는 경우에 한하여 제1에서 준용하는 332.11(3은 제외한다)부터 332.15까지 · 222.16 · 222.18(4는 제외한다)의 규정은 적용하지 아니한다. 이 경우에 저압 가공인입선과 다른 시설물 사이의 이격거리는 표 221.1-1에서 정한 값 이상이어야 한다.

표 221.1-1 저압 가공인입선 조영물의 구분에 따른 이격거리

시설물의 구분		이격거리
조영물의 상부 조영재	위쪽	2 m (전선이 옥외용 비닐절연전선 이외의 저압 절연전선인 경우는 1.0 m, 고압 절연전선, 특고압 절연전선 또는 케이블인 경우는 0.5 m)
	옆쪽 또는 아래쪽	0.3 m (전선이 고압 절연전선, 특고압 절연전선 또는 케이블인 경우는 0.15 m)
조영물의 상부 조영재 이외의 부분 또는 조영물 이외의 시설물		0.3 m (전선이 고압 절연전선, 특고압 절연전선 또는 케이블인 경우는 0.15 m)

4. 저압 인입선의 옥측 부분 또는 옥상부분은 221.2의 2부터 4까지의 규정에 준하여 시설하여야 한다.
5. 222.23에서 규정하는 저압 가공전선에 직접 접속하는 가공인입선은 제1의 규정에 불구하고 222.23의 규정에 준하여 시설할 수 있다.

221.1.2 연접 인입선의 시설

1. 저압 연접(이웃 연결) 인입선은 221.1.1의 규정에 준하여 시설하는 이외에 다음에 따라 시설하여야 한다.
   (1) 인입선에서 분기하는 점으로부터 100 m를 초과하는 지역에 미치지 아니할 것
   (2) 폭 5 m를 초과하는 도로를 횡단하지 아니할 것
   (3) 옥내를 통과하지 아니할 것

221.2 옥측 전선로

1. 저압 옥측 전선로는 다음의 어느 하나에 해당하는 경우에 한하여 시설할 수 있다.
   (1) 1구내 또는 동일 기초구조물 및 여기에 구축된 복수의 건물과 구조적으로 일체화된 하나의 건물(이하 “1구내 등”이라 한다)에 시설하는 전선로의 전부 또는 일부로 시설하는 경우
   (2) 1구내 등 전용의 전선로 중 그 구내에 시설하는 부분의 전부 또는 일부로 시설하는 경우
2. 저압 옥측 전선로는 다음에 따라 시설하여야 한다.
   (1) 저압 옥측 전선로는 다음의 공사방법에 의할 것
      ① 애자공사(전개된 장소에 한 한다.)

② 합성수지관 공사
③ 금속관공사(목조 이외의 조영물에 시설하는 경우에 한 한다.)
④ 버스 덕트 공사[목조 이외의 조영물(점검할 수 없는 은폐된 장소는 제외한다)에 시설하는 경우에 한 한다.]
⑤ 케이블공사(연피 케이블, 알루미늄 피 케이블 또는 무기물절연(MI) 케이블을 사용하는 경우에는 목조 이외의 조영물에 시설하는 경우에 한 한다.)

(2) 애자공사에 의한 저압 옥측 전선로는 다음에 의하고 또한 사람이 쉽게 접촉될 우려가 없도록 시설할 것
① 전선은 공칭단면적 4 ㎟ 이상의 연동 절연전선(옥외용 비닐절연전선 및 인입용 절연전선은 제외한다)일 것
② 전선 상호 간의 간격 및 전선과 그 저압 옥측 전선로를 시설하는 조영재 사이의 이격거리는 표 221.2-1에서 정한 값 이상일 것

표 221.2-1 시설 장소별 조영재 사이의 이격거리

시설 장소	전선 상호 간의 간격		전선과 조영재 사이의 이격거리	
	사용전압이 400 V 이하인 경우	사용전압이 400 V 초과인 경우	사용전압이 400 V 이하인 경우	사용전압이 400 V 초과인 경우
비나 이슬에 젖지 않는 장소	0.06 m	0.06 m	0.025 m	0.025 m
비나 이슬에 젖는 장소	0.06 m	0.12 m	0.025 m	0.045 m

③ 전선의 지지점 간의 거리는 2 m 이하일 것
④ 전선에 인장강도 1.38 kN 이상의 것 또는 지름 2 ㎜ 이상의 경동선을 사용하고 또한 전선 상호 간의 간격을 0.2 m 이상, 전선과 저압 옥측 전선로를 시설한 조영재 사이의 이격거리를 0.3 m 이상으로 하여 시설하는 경우에 한하여 옥외용 비닐절연전선을 사용하거나 지지점 간의 거리를 2 m를 초과하고 15 m 이하로 할 수 있다.
⑤ 사용전압이 400 V 이하인 경우에 다음에 의하고 또한 전선을 손상할 우려가 없도록 시설할 때에는 ① 및 ②(전선 상호 간의 간격에 관한 것에 한 한다)에 의하지 아니할 수 있다.
㈎ 전선은 공칭단면적 4 ㎟ 이상의 연동 절연전선 또는 지름 2 ㎜ 이상의 인입용 비닐절연전선일 것
㈏ 전선을 바인드 선에 의하여 애자에 붙이는 경우에는 각각의 선심을 애자의 다른 홈에 넣고 또한 다른 바인드 선으로 선심 상호 간 및 바인드선 상호 간

이 접촉하지 않도록 견고하게 시설할 것

(다) 전선을 접속하는 경우에는 각각의 선심의 접속점은 0.05 m 이상 띄울 것

(라) 전선과 그 저압 옥측 전선로를 시설하는 조영재 사이의 이격거리는 0.03 m 이상일 것

⑥ ⑤에 의하는 경우로 전선과 그 저압 옥측 전선로를 시설하는 조영재 사이의 이격거리를 0.3 m 이상으로 시설하는 경우에는 지지점 간의 거리를 2 m를 초과하고 15 m 이하로 할 수 있다.

⑦ 애자는 절연성·난연성 및 내수성이 있는 것일 것

(3) 합성수지관공사에 의한 저압 옥측 전선로는 232.11 규정에 준하여 시설할 것

(4) 금속관공사에 의한 저압 옥측 전선로는 232.12의 규정에 준하여 시설할 것

(5) 버스 덕트 공사에 의한 저압 옥측 전선로는 232.61의 규정에 준하여 시설하는 이외의 덕트는 물이 스며들어 고이지 않는 것일 것

(6) 케이블공사에 의한 저압 옥측 전선로는 다음의 어느 하나에 의하여 시설할 것

① 케이블을 조영재에 따라서 시설할 경우에는 232.51의 규정에 준하여 시설할 것

② 케이블을 조가용선에 조가하여 시설할 경우에는 332.2(1의 "라" 및 3을 제외한다)의 규정에 준하여 시설하고 또한 저압 옥측 전선로에 시설하는 전선은 조영재에 접촉하지 않도록 시설할 것

3. 저압 옥측 전선로의 전선이 그 저압 옥측 전선로를 시설하는 조영물에 시설하는 다른 저압 옥측 전선(저압 옥측 전선로의 전선·저압의 인입선 및 연접 인입선의 옥측 부분과 저압 옥측 배선을 말한다. 이하 같다)·관등회로의 배선·약 전류전선 등 또는 수관·가스관이나 이들과 유사한 것과 접근하거나 교차하는 경우에는 232.3.7의 2의 "(4)"에서 "(6)"의 규정에 준하여 시설하여야 한다.

4. 제3의 경우 이외에는 애자공사에 의한 저압 옥측 전선로의 전선이 다른 시설물[그 저압 옥측 전선로를 시설하는 조영재·가공전선·고압 옥측 전선(고압 옥측 전선로의 전선·고압 인입선의 옥측 부분 및 고압 옥측 배선을 말한다. 이하 같다.)·특고압 옥측 전선(특고압 옥측 전선로의 전선·특고압 인입선의 옥측 부분 및 특고압 옥측 배선을 말한다. 이하 같다) 및 옥상전선은 제외한다. 이하 같다]과 접근하는 경우 또는 애자공사에 의한 저압 옥측 전선로의 전선이 다른 시설물의 위나 아래에 시설되는 경우에 저압 옥측 전선로의 전선과 다른 시설물 사이의 이격거리는 표 221.2-2에서 정한 값 이상이어야 한다.

표 221.2-2 저압 옥측 전선로 조영물의 구분에 따른 이격거리

<table>
<tr><th>다른 시설물의 구분</th><th>접근 형태</th><th>이격거리</th></tr>
<tr><td rowspan="2">조영물의 상부 조영재</td><td>위쪽</td><td>2 m
(전선이 고압 절연전선, 특고압 절연전선 또는 케이블인 경우는 1 m)</td></tr>
<tr><td>옆쪽 또는 아래쪽</td><td>0.6 m
(전선이 고압 절연전선, 특고압 절연전선 또는 케이블인 경우는 0.3 m)</td></tr>
<tr><td>조영물의 상부 조영재 이외의 부분 또는 조영물 이외의 시설물</td><td></td><td>0.6 m
(전선이 고압 절연전선, 특고압 절연전선 또는 케이블인 경우는 0.3 m)</td></tr>
</table>

5. 애자공사에 의한 저압 옥측 전선로의 전선과 식물 사이의 이격거리는 0.2 m 이상이어야 한다. 다만, 저압 옥측 전선로의 전선이 고압 절연전선 또는 특고압 절연전선인 경우에 그 전선을 식물에 접촉하지 않도록 시설하는 경우에는 적용하지 아니한다.

221.3 옥상전선로

1. 저압 옥상전선로(저압의 인입선 및 연접인입선의 옥상부분은 제외한다. 이하 같다)는 다음의 어느 하나에 해당하는 경우에 한하여 시설할 수 있다.
   (1) 1구내 또는 동일 기초 구조물 및 여기에 구축된 복수의 건물과 구조적으로 일체화 된 하나의 건물(이하 "1구내 등"이라 한다)에 시설하는 전선로의 전부 또는 일부로 시설하는 경우
   (2) 1구내 등 전용의 전선로 중 그 구내에 시설하는 부분의 전부 또는 일부로 시설하는 경우
2. 저압 옥상전선로는 전개된 장소에 다음에 따르고 또한 위험의 우려가 없도록 시설하여야 한다.
   (1) 전선은 인장강도 2.30 kN 이상의 것 또는 지름 2.6 ㎜ 이상의 경동선을 사용할 것
   (2) 전선은 절연전선(OW전선을 포함한다) 또는 이와 동등 이상의 절연성능이 있는 것을 사용할 것
   (3) 전선은 조영재에 견고하게 붙인 지지주 또는 지지대에 절연성·난연성 및 내수성이 있는 애자를 사용하여 지지하고 또한 그 지지점 간의 거리는 15 m 이하일 것
   (4) 전선과 그 저압 옥상 전선로를 시설하는 조영재와의 이격거리는 2 m(전선이 고압 절연전선, 특고압 절연전선 또는 케이블인 경우에는 1 m) 이상일 것

3. 전선이 케이블인 저압 옥상전선로는 다음의 어느 하나에 해당할 경우에 한하여 시설할 수 있다.
   (1) 전선을 전개된 장소에 332.2(1의 "라"는 제외한다)의 규정에 준하여 시설하는 외에 조영재에 견고하게 붙인 지지주 또는 지지대에 의하여 지지하고 또한 조영재 사이의 이격거리를 1 m 이상으로 하여 시설하는 경우
   (2) 전선을 조영재에 견고하게 붙인 견고한 관 또는 트라프에 넣고 또한 트라프에는 취급자 이외의 자가 쉽게 열 수 없는 구조의 철제 또는 철근 콘크리트제 기타 견고한 뚜껑을 시설하는 외에 232.51.1의 4의 규정에 준하여 시설하는 경우
4. 저압 옥상전선로의 전선이 저압 옥측 전선, 고압 옥측 전선, 특고압 옥측 전선, 다른 저압 옥상전선로의 전선, 약 전류 전선 등, 안테나·수관·가스관 또는 이들과 유사한 것과 접근하거나 교차하는 경우에는 저압 옥상전선로의 전선과 이들 사이의 이격거리는 1 m(저압 옥상전선로의 전선 또는 저압 옥측 전선이나 다른 저압 옥상전선로의 전선이 저압 방호구에 넣은 절연전선 등·고압 절연전선·특고압 절연전선 또는 케이블인 경우에는 0.3 m) 이상이어야 한다.
5. 제4의 경우 이외에는 저압 옥상전선로의 전선이 다른 시설물(그 저압 옥상전선로를 시설하는 조영재·가공전선 및 고압의 옥상전선로의 전선은 제외한다)과 접근하거나 교차하는 경우에는 그 저압 옥상전선로의 전선과 이들 사이의 이격거리는 0.6 m(전선이 고압 절연전선, 특고압 절연전선 또는 케이블인 경우에는 0.3 m) 이상이어야 한다.
6. 저압 옥상전선로의 전선은 상시 부는 바람 등에 의하여 식물에 접촉하지 아니하도록 시설하여야 한다.

221.4 옥내전선로

옥내에 시설하는 전선로는 335.9에 따라 시설하여야 한다.

221.5 지상전선로

지상에 시설하는 전선로는 335.5에 따라 시설하여야 한다.

222 저압 가공전선로

222.1 목주의 강도 계산

가공전선로의 지지물로 사용하는 목주의 가공전선로와 직각 방향의 풍압하중에 대한 강도 계산 방법은 331.10에 준하여야 한다.

222.2 지선의 시설

지선은 331.11에 준하여 시설하여야 한다.

222.3 가공 약 전류 전선로의 유도장해 방지

가공 약 전류 전선로의 유도장해 방지는 332.1에 준하여야 한다.

222.4 가공케이블의 시설

가공케이블은 332.2에 준하여 시설하여야 한다.

222.5 저압 가공전선의 굵기 및 종류

1. 저압 가공전선은 나전선(중성선 또는 다중 접지된 접지 측 전선으로 사용하는 전선에 한 한다), 절연전선, 다심형 전선 또는 케이블을 사용하여야 한다.
2. 사용전압이 400 V 이하인 저압 가공전선은 케이블인 경우를 제외하고는 인장강도 3.43 kN 이상의 것 또는 지름 3.2 ㎜(절연전선인 경우는 인장강도 2.3 kN 이상의 것 또는 지름 2.6 ㎜ 이상의 경동선) 이상의 것이어야 한다.
3. 사용전압이 400 V 초과인 저압 가공전선은 케이블인 경우 이외에는 시가지에 시설하는 것은 인장강도 8.01 kN 이상의 것 또는 지름 5 ㎜ 이상의 경동선, 시가지 외에 시설하는 것은 인장강도 5.26 kN 이상의 것 또는 지름 4 ㎜ 이상의 경동선이어야 한다.
4. 사용전압이 400 V 초과인 저압 가공전선에는 인입용 비닐절연전선을 사용하여서는 안 된다.

222.6 저압 가공전선의 안전율

저압 가공전선이 다음의 어느 하나에 해당하는 경우에는 332.4의 규정에 준하여 시설하여야 한다.

(1) 다심형 전선인 경우

(2) 사용전압이 400 V 초과인 경우

222.7 저압 가공전선의 높이

1. 저압 가공전선의 높이는 다음에 따라야 한다.

(1) 도로[농로 기타 교통이 번잡하지 않은 도로 및 횡단 보도 교(도로 · 철도 · 궤도 등의 위를 횡단하여 시설하는 다리모양의 시설물로서 보행용으로만 사용되는 것

을 말한다. 이하 같다)를 제외한다. 이하 같다]를 횡단하는 경우에는 지표상 6 m 이상

(2) 철도 또는 궤도를 횡단하는 경우에는 레일면상 6.5 m 이상

(3) 횡단보도교의 위에 시설하는 경우에는 저압 가공전선은 그 노면상 3.5 m[전선이 저압 절연전선(인입용 비닐절연전선·450/750 V 비닐절연전선·450/750 V 고무절연전선·옥외용 비닐절연전선을 말한다. 이하 같다)·다심형 전선 또는 케이블인 경우에는 3 m] 이상

(4) "(1)"부터 "(3)"까지 이외의 경우에는 지표상 5 m 이상. 다만, 저압 가공전선을 도로 이외의 곳에 시설하는 경우 또는 절연전선이나 케이블을 사용한 저압 가공전선으로서 옥외 조명용에 공급하는 것으로 교통에 지장이 없도록 시설하는 경우에는 지표상 4 m 까지로 감할 수 있다.

2. 다리의 하부 기타 이와 유사한 장소에 시설하는 저압의 전기철도용 급전선은 제1의 "(4)"의 규정에도 불구하고 지표상 3.5 m까지로 감할 수 있다.

3. 저압 가공전선을 수면상에 시설하는 경우에는 전선의 수면상의 높이를 선박의 항해 등에 위험을 주지 않도록 유지하여야 한다.

222.8 저압 가공전선로의 지지물의 강도

저압 가공전선로의 지지물은 목주인 경우에는 풍압하중의 1.2배의 하중, 기타의 경우에는 풍압하중에 견디는 강도를 가지는 것이어야 한다.

222.9 저·고압 가공전선 등의 병행설치

저압 가공전선(다중 접지된 중성선은 제외한다)과 고압 가공전선을 동일 지지물에 시설하는 경우에는 332.8에 따라야 한다.

222.10 저압 보안공사

1. 저압 보안공사는 다음에 따라야 한다.

(1) 전선은 케이블인 경우 이외에는 인장강도 8.01 kN 이상의 것 또는 지름 5 ㎜(사용전압이 400 V 이하인 경우에는 인장강도 5.26 kN 이상의 것 또는 지름 4 ㎜ 이상의 경동선) 이상의 경동선이어야 하며, 또한 이를 222.6의 규정에 준하여 시설할 것

(2) 목주는 다음에 의할 것

① 풍압하중에 대한 안전율은 1.5 이상일 것

② 목주의 굵기는 말구(末口)의 지름 0.12 m 이상일 것

(3) 경간은 표 222.10-1에서 정한 값 이하일 것 다만, 전선에 인장강도 8.71 kN 이상의 것 또는 단면적 22 ㎟ 이상의 경동연선을 사용하는 경우에는 332.20의 1 또는 3의 규정에 준할 수 있다.

표 222.10-1 지지물 종류에 따른 경간

지지물의 종류	경간
목주·A종 철주 또는 A종 철근 콘크리트주	100 m
B종 철주 또는 B종 철근 콘크리트주	150 m
철탑	400 m

222.11 저압 가공전선과 건조물의 접근

저압 가공전선이 건조물과 접근상태로 시설되는 경우에는 332.11에 준하여 시설하여야 한다.

222.12 저압 가공전선과 도로 등의 접근 또는 교차

저압 가공전선이 도로 등과 접근 또는 교차상태로 시설되는 경우에는 332.12에 준하여 시설하여야 한다.

222.13 저압 가공전선과 가공 약 전류전선 등의 접근 또는 교차

저압 가공전선이 가공 약 전류전선 등과 접근 또는 교차상태로 시설되는 경우에는 332.13에 준하여 시설하여야 한다.

222.14 저압 가공전선과 안테나의 접근 또는 교차

저압 가공전선이 안테나와 접근 또는 교차상태로 시설되는 경우에는 332.14에 준하여 시설하여야 한다.

222.15 저압 가공전선과 교류전차선 등의 접근 또는 교차

저압 가공전선이 교류전차선 등과 접근 또는 교차상태로 시설되는 경우에는 332.15에 준하여 시설하여야 한다.

222.16 저압 가공전선 상호 간의 접근 또는 교차

저압 가공전선이 다른 저압 가공전선과 접근상태로 시설되거나 교차하여 시설되는 경우에는 저압 가공전선 상호 간의 이격거리는 0.6 m(어느 한 쪽의 전선이 고압 절연전선, 특고압 절연전선 또는 케이블인 경우에는 0.3 m) 이상, 하나의 저압 가공전선과 다른 저압 가공전선로의 지지물 사이의 이격거리는 0.3 m 이상이어야 한다.

222.17 고압 가공전선 등과 저압 가공전선 등의 접근 또는 교차

고압 가공전선이 저압 가공전선 또는 고압 전차선과 접근상태로 시설되거나 교차하는 경우 또는 고압 가공전선 등의 위에 시설되는 때에는 332.16에 준하여 시설하여야 한다.

222.18 저압 가공전선과 다른 시설물의 접근 또는 교차

1. 저압 가공전선이 건조물·도로·횡단 보도 교·철도·궤도·삭도, 가공 약 전류 전선로 등, 안테나, 교류 전차선, 저압/고압 전차선, 다른 저압 가공전선, 고압 가공전선 및 특고압 가공전선 이외의 시설물(이하 "다른 시설물"이라 한다)과 접근상태로 시설되는 경우에는 저압 가공전선과 다른 시설물 사이의 이격거리는 표 222.18-1에서 정한 값 이상이어야 한다.

표 222.18-1 저압 가공전선과 조영물의 구분에 따른 이격거리

다른 시설물의 구분		이격거리
조영물의 상부 조영재	위쪽	2 m (전선이 고압 절연전선, 특고압 절연전선 또는 케이블인 경우는 1.0 m)
	옆쪽 또는 아래쪽	0.6 m (전선이 고압 절연전선, 특고압 절연전선 또는 케이블인 경우는 0.3 m)
조영물의 상부 조영재 이외의 부분 또는 조영물 이외의 시설물		0.6 m (전선이 고압 절연전선, 특고압 절연전선 또는 케이블인 경우는 0.3 m)

2. 저압 가공전선이 다른 시설물의 위에서 교차하는 경우에는 제1의 규정에 준하여 시설하여야 한다.
3. 저압 가공전선이 다른 시설물과 접근하는 경우에 저압 가공전선이 다른 시설물의 아래쪽에 시설되는 때에는 상호 간의 이격거리를 0.6 m(전선이 고압 절연전선, 특고압 절연전선 또는 케이블인 경우에 0.3 m) 이상으로 하고 또한 위험의 우려가 없도록 시설하여야 한다.
4. 저압 가공전선을 다음의 어느 하나에 따라 시설하는 경우에는 제1부터 제3까지(이

격거리에 관한 부분에 한 한다)의 규정에 의하지 아니할 수 있다.

(1) 저압 방호 구에 넣은 저압 가공 나전 선을 건축 현장의 비계틀 또는 이와 유사한 시설물에 접촉하지 않도록 시설하는 경우

(2) 저압 방호구에 넣은 저압 가공절연전선 등을 조영물에 시설된 간이한 돌출간판 기타 사람이 올라갈 우려가 없는 조영재 또는 조영물 이외의 시설물에 접촉하지 않도록 시설하는 경우

(3) 저압 절연전선 또는 저압 방호구에 넣은 저압 가공 나전선을 조영물에 시설된 간이한 돌출간판 기타 사람이 올라갈 우려가 없는 조영재에 0.3 m 이상 이격하여 시설하는 경우

222.19 저압 가공전선과 식물의 이격거리

저압 가공전선은 상시 부는 바람 등에 의하여 식물에 접촉하지 않도록 시설하여야 한다. 다만, 저압 가공절연전선을 방호구에 넣어 시설하거나 절연내력 및 내마모성이 있는 케이블을 시설하는 경우는 그러하지 아니하다.

222.20 저압 옥측 전선로 등에 인접하는 가공전선의 시설

저압 옥측 전선로 또는 335.9의 2의 규정에 의하여 시설하는 저압 전선로에 인접하는 1경간의 가공전선은 221.1.1의 규정에 준하여 시설하여야 한다.

222.21 저압 가공전선과 가공 약 전류 전선 등의 공용설치

저압 가공전선과 가공 약 전류전선 등(전력보안 통신용의 가공 약 전류전선은 제외한다)을 동일 지지물에 시설하는 경우에는 332.21에 준하여 시설하여야 한다.

222.22 농사용 저압 가공전선로의 시설

1. 농사용 전등·전동기 등에 공급하는 저압 가공전선로는 그 저압 가공전선이 건조물의 위에 시설되는 경우, 도로·철도·궤도·삭도, 가 공약 전류전선 등, 안테나, 다른 가공전선 또는 전차선과 교차하여 시설되는 경우 및 수평거리로 이와 그 저압 가공전선로의 지지물의 지표상 높이에 상당하는 거리 안에 접근하여 시설되는 경우 이외의 경우에 한하여 다음에 따라 시설하는 때에는 222.7 및 332.2의 1의 규정에 의하지 아니할 수 있다.

(1) 사용전압은 저압일 것

(2) 저압 가공전선은 인장강도 1.38 kN 이상의 것 또는 지름 2 ㎜ 이상의 경동선일 것

(3) 저압 가공전선의 지표상의 높이는 3.5 m 이상일 것 다만, 저압 가공전선을 사람

이 쉽게 출입하지 못하는 곳에 시설하는 경우에는 3 m까지로 감할 수 있다.

(4) 목주의 굵기는 말구 지름이 0.09 m 이상일 것

(5) 전선로의 지지점 간 거리는 30 m 이하일 것

(6) 다른 전선로에 접속하는 곳 가까이에 그 저압 가공전선로 전용의 개폐기 및 과전류차단기를 각 극(과전류차단기는 중성극을 제외한다)에 시설할 것

222.23 구내에 시설하는 저압 가공전선로

1. 1구내에만 시설하는 사용전압이 400 V 이하인 저압 가공전선로의 전선이 건조물의 위에 시설되는 경우, 도로(폭이 5 m를 초과하는 것에 한 한다)·횡단보도 교·철도·궤도·삭도, 가공 약 전류전선 등, 안테나, 다른 가공전선 또는 전차선과 교차하여 시설되는 경우 및 이들과 수평거리로 그 저압 가공전선로의 지지물의 지표상 높이에 상당하는 거리 이내에 접근하여 시설되는 경우 이외에 한하여 다음에 따라 시설하는 때에는 222.5 및 222.18의 1부터 3까지의 규정에 의하지 아니할 수 있다.

(1) 전선은 지름 2 mm 이상의 경동선의 절연전선 또는 이와 동등 이상의 세기 및 굵기의 절연전선일 것 다만, 경간이 10 m 이하인 경우에 한하여 공칭단면적 4 ㎟ 이상의 연동 절연전선을 사용할 수 있다.

(2) 전선로의 경간은 30 m 이하일 것

(3) 전선과 다른 시설물과의 이격거리는 표 222.23-1에서 정한 값 이상일 것

표 222.23-1 구내에 시설하는 저압 가공전선로 조영물의 구분에 따른 이격거리

다른 시설물의 구분		이격거리
조영물의 상부 조영재	위쪽	1 m
	옆쪽 또는 아래쪽	0.6 m (전선이 고압 절연전선, 특고압 절연전선 또는 케이블인 경우는 0.3 m)
조영물의 상부 조영재 이외의 부분 또는 조영물 이외의 시설물		0.6 m (전선이 고압 절연전선, 특고압 절연전선 또는 케이블인 경우는 0.3 m)

2. 1구내에만 시설하는 사용전압이 400 V 이하인 저압 가공전선로의 전선은 그 저압 가공전선이 도로(폭이 5 m를 초과하는 것에 한정한다)·횡단보도교·철도 또는 궤도를 횡단하여 시설하는 경우 이외의 경우에 한하여 다음에 따라 시설하는 때에는 222.7의 1의 규정에 의하지 아니할 수 있다.

(1) 도로를 횡단하는 경우에는 4 m 이상이고 교통에 지장이 없는 높이일 것

(2) 도로를 횡단하지 않는 경우에는 3 m 이상의 높이일 것

기준 및 법규

222.24 저압 직류 가공전선로

사용전압 1.5 kV 이하인 직류 가공전선로는 다음과 같이 시설하여야 하며 이 조에서 정하지 않은 사항은 관련 KEC를 준용하여 시설하여야 한다.

1. 전로의 전선 상호간 및 전로와 대지 사이의 절연저항은 기술기준 제52조의 표에서 정한 값 이상이어야 한다.
2. 가공전선로의 접지시스템은 KS C IEC 60364-5-54에 따라 시설하여야 한다.
3. 전로에 지락이 생겼을 때에는 자동으로 전선로를 차단하는 장치를 시설하여야 하며 IT 계통인 경우에는 다음 각 호에 따라 시설하여야 한다.
   (1) 전로의 절연상태를 지속적으로 감시할 수 있는 장치를 설치하고 지락 발생 시 전로를 차단하거나 고장이 제거되기 전까지 관리자가 확인할 수 있는 음향 또는 시각적인 신호를 지속적으로 보낼 수 있도록 시설하여야 한다.
   (2) 한 극의 지락고장이 제거되지 않은 상태에서 다른 상의 전로에 지락이 발생했을 때에는 전로를 자동적으로 차단하는 장치를 시설하여야 한다.
4. 전로에는 과전류차단기를 설치하여야 하고 이를 시설하는 곳을 통과하는 단락전류를 차단하는 능력을 가지는 것이어야 한다.
5. 낙뢰 등의 서지로부터 전로 및 기기를 보호하기 위해 서지 보호 장치를 설치하여야 한다.
6. 기기 외함은 충전부에 일반인이 쉽게 접촉하지 못하도록 공구 또는 열쇠에 의해서만 개방할 수 있도록 설치하고, 옥외에 시설하는 기기 외함은 충분한 방수 보호등급(IPX4 이상)을 갖는 것이어야 한다.
7. 교류 전로와 동일한 지지물에 시설되는 경우 직류 전로를 구분하기 위한 표시를 하고, 모든 전로의 종단 및 접속점에서 극성을 식별하기 위한 표시(양극 - 적색, 음극 - 백색, 중점선/중성선 - 청색)를 하여야 한다.

223 지중전선로

223.1 지중전선로의 시설

지중전선로는 334.1에 준하여 시설하여야 한다.

223.2 지중함의 시설

지중함은 334.2에 준하여 시설하여야 한다.

223.3 케이블 가압장치의 시설

케이블 가압장치는 334.3에 준하여 시설하여야 한다.

223.4 지중전선의 피복 금속체(被覆金屬體)의 접지

지중전선의 피복 금속체의 접지는 334.4에 준하여 시설하여야 한다.

223.5 지중 약 전류전선의 유도장해 방지(誘導障害防止)

지중 약 전류전선의 유도장해 방지는 334.5에 준하여 시설하여야 한다.

223.6 지중전선과 지중 약 전류전선 등 또는 관과의 접근 또는 교차

지중전선과 지중 약 전류전선 등 또는 관과의 접근 또는 교차 시에는 334.6에 준하여 시설하여야 한다.

223.7 지중전선 상호 간의 접근 또는 교차

지중전선 상호 간의 접근 또는 교차 시에는 334.7에 준하여 시설하여야 한다.

| 230 배선 및 조명설비 등 |

231 일반사항

231.1 공통사항

231은 다음사항에 대한 공통 요구사항을 규정한다.
1. 전기설비의 안전을 위한 보호 방식
2. 전기설비의 적합한 기능을 위한 요구사항
3. 예상되는 외부 영향에 대한 요구사항

231.2 운전조건 및 외부영향

231.2.1 운전조건

1. 전압
   (1) 전기설비는 해당 사용기기의 표준전압에 적합한 것이어야 한다.
   (2) IT 계통 설비에서 중성선이 배선된 경우에는 상과 중성선 사이에 접속된 기기는 상간 전압에 대해 절연되어야 한다.
2. 전류
   (1) 전기설비는 정상 사용상태에서 설계 전류에 적합하도록 선정하여야 한다.
   (2) 전기설비는 보호 장치의 특성에 따라 비정상 조건에서 발생할 수 있는 고장전류를 흘려보낼 수 있어야 한다.
3. 주파수
   주파수가 전기설비의 특성에 영향을 미치는 경우, 전기설비의 정격 주파수는 관련 회로의 정격 주파수와 일치하여야 한다.
4. 전력
   전기설비는 부하율을 고려한 정상 운전조건에서 부하 특성이 적합하도록 선정하여야 한다.
5. 적합성
   전기설비의 시공 단계에서 적절한 예방 조치를 취하지 않은 경우, 개폐 조작을 포함한 정상 사용상태 동안 기타 다른 기기에 유해한 영향을 미치거나 전원을 손상시키지 않도록 하여야 한다.
6. 임펄스내전압
   전기설비는 설치 지점의 과전압 범주에 따라 213.2에서 규정한 최소 임펄스내전압을 견디는 것으로 선정하여야 한다.

231.2.2 외부 영향

1. 전기설비의 외부 영향과 특성의 요구사항은 KS C IEC 60364-5-51(전기기기의 선정 및 시공-공통 규칙)의 "표 51A"에 따라 시설하여야 한다.
2. 전기설비가 구조상의 이유로 설치 장소의 외부 영향 관련 조건을 만족하지 못한다면 이를 보완하기 위한 적절한 보호조치가 추가로 적용되어야 한다. 이러한 보호조치가 보호대상기기의 운전에 영향을 미쳐서는 안 된다.
3. 서로 다른 외부 영향이 동시에 발생할 경우 이 영향은 개별적으로 또는 상호적으로 영향을 미칠 수 있기 때문에 그에 맞는 안전 보호 등급을 제공하여야 한다.
4. 이 규정에서 명시하고 있는 외부 영향에 따른 전기설비를 선정하는 것은 설비가 적절한 기능을 수행하고 안전 보호 대책에 대한 신뢰성을 확보하는데 필요하다. 설비의 구성으로부터 만족하는 보호방식은 해당 설비가 외부 영향에 대한 성능시험을 만족하는 경우에만 주어진 조건의 외부 영향에 대해서 유효하다.

231.2.3 접근용이성

배선을 포함한 모든 전기설비는 운전, 검사 및 유지보수가 쉽고, 접속부에 접근이 용이하도록 설치하여야 한다. 이러한 설비는 외함 또는 구획 내에 기기를 설치함으로써 심각하게 손상되지 않도록 한다.

231.2.4 식별

1. 일반
   (1) 혼동 가능성이 있는 곳은 개폐장치 및 제어장치에 표찰이나 기타 적절한 식별 수단을 적용하여 그 용도를 표시하여야 한다.
   (2) 운전자가 개폐장치 및 제어장치의 동작을 감시할 수 없고, 이로 인하여 위험을 야기할 수 있는 경우에는 KS C IEC 60073(인간-컴퓨터 간 인터페이스, 표시와 확인을 위한 기본과 안전 지침-표시기와 작용기를 위한 코딩) 및 KS C IEC 60447[인간과 기계간 인터페이스(MMI), 표시, 식별의 기본 및 안전 원칙-작동 원칙]에 적합한 표시기를 운전자가 볼 수 있는 위치에 부착하여야 한다.
2. 배선 계통
   배선은 설비의 검사, 시험, 수리 또는 교체 시 식별할 수 있도록 121.2에 적합하게 표시하여야 한다.
3. 중성선 및 보호도체의 식별
   중성선 및 보호도체의 식별은 121.2에 따른다.
4. 식별
   보호 장치는 보호되는 회로를 쉽게 알아볼 수 있도록 배치하고 식별할 수 있도록 배치하여야 한다.

5. 도식 및 문서

(1) 다음에 해당하는 사항은 판독 가능한 도형, 차트, 표 또는 동등한 정보 형식 등을 사용하여 표시하여야 한다.

① 각 회로의 종류 및 구성(공급점, 도체의 수와 굵기, 배선의 종류)

② 211.1.2의 2의 규정 적용

③ 보호, 분리 및 개폐 기능을 수행하는 각 장치의 식별과 그 위치에 대해 필요한 정보

④ KS C IEC 60364-6(검증)에서 요구하는 검증에 취약한 모든 회로나 장비

(2) 사용되는 기호는 IEC 60617 시리즈에 따라야 한다.

231.2.5 유해한 상호 영향의 방지

1. 전기설비는 다른 설비에 유해한 영향을 미치지 않도록 시설하여야 하며, 해당 설비 뒤쪽에 안전판(backplate)이 설치되어 있지 않은 경우는 다음 요구사항이 충족되지 않는 한 건물의 표면에 설치해서는 안 된다.

(1) 건물 표면을 통하여 전압의 전이가 발생하지 않도록 조치를 취한 경우

(2) 전기설비와 건물의 가연성 표면 사이에 방화 구획이 설치된 경우

2. 건물 표면이 비금속이고 불연성인 경우에는 추가 조치가 필요하지 않다. 그렇지 않을 경우, 다음 중 하나로 이들 요구사항을 충족시켜야 한다.

(1) 건물 표면이 금속인 경우 금속부는 143.2.2 및 140에 따라 설비의 보호도체(PE) 또는 등전위 본딩 도체에 접속하여야 한다.

(2) 건물의 표면이 가연성인 경우 KS C IEC 60707(화염 노출 시 고체 비금속재료의 연소성-시험방법목록)에 따른 재료성능 등급 HF-1을 갖는 단열재를 이용하여 적절한 중간층을 두어 기기를 건물 표면에서 분리한다.

3. 전류의 종류 또는 사용 전압이 상이한 설비를 시설하는 경우 상호 영향을 방지하기 위해 조치를 취하여야 한다.

4. 전자기적합성(EMC)

(1) 내성 및 방출 수준의 선정

① 전기설비의 내성 수준은 정상운전조건에서 시설 할 경우에 KS C IEC 60364-5-51(전기기기의 선정 및 시공－공통규칙)의 "표 51A"의 전자기의 영향을 고려하여야 한다.

② 전기설비는 건물의 내부 또는 외부의 다른 전기설비에 무선 전도 및 전파로 전자적 간섭을 일으키지 않도록 충분히 낮은 방출 수준을 갖도록 선정해야 한다. 필요한 경우에는 213을 참조하여 방출을 최소화하기 위한 완화 수단을 설치하여야 한다.

231.2.6 보호도체 전류와 관련 조치사항

1. 정상운전과 전기설비 설계의 조건하에 전기설비에서 발생하는 보호도체의 전류는 안전보호 및 정상운전에 적합하여야 한다.
2. 제작자 정보를 활용할 수 없는 경우 전기설비의 보호도체 허용전류는 KS C IEC 61140(감전보호－설비 및 기기의 공통사항)의 "7.5.2 보호도체전류" 및 "부속서 B"의 규정을 준용해야 한다.
3. 절연변압기로 제한된 지역에만 전원을 공급함으로써 전기설비에서 보호도체 전류를 제한할 수 있다.
4. 보호도체는 어떠한 활선도체와 함께 신호용 귀로로 사용할 수 없다.

231.3 저압 옥내배선의 사용전선 및 중성선의 굵기

231.3.1 저압 옥내배선의 사용전선

1. 저압 옥내배선의 전선은 단면적 2.5 ㎟ 이상의 연동선 또는 이와 동등 이상의 강도 및 굵기의 것
2. 옥내배선의 사용 전압이 400 V 이하인 경우로 다음중 어느 하나에 해당하는 경우에는 제1을 적용하지 않는다.
   (1) 전광표시장치 기타 이와 유사한 장치 또는 제어 회로 등에 사용하는 배선에 단면적 1.5 ㎟ 이상의 연동선을 사용하고 이를 합성수지관 공사·금속관공사·금속몰드공사·금속덕트공사·플로어 덕트공사 또는 셀룰러 덕트공사에 의하여 시설하는 경우
   (2) 전광표시장치 기타 이와 유사한 장치 또는 제어회로 등의 배선에 단면적 0.75 ㎟ 이상인 다심케이블 또는 다심 캡타이어케이블을 사용하고 또한 과전류가 생겼을 때에 자동적으로 전로에서 차단하는 장치를 시설하는 경우
   (3) 234.8 및 234.11.5의 규정에 의하여 단면적 0.75 ㎟ 이상인 코드 또는 캡타이어케이블을 사용하는 경우
   (4) 242.11의 규정에 의하여 리프트 케이블을 사용하는 경우
   (5) 특별저압 조명용 특수 용도에 대해서는 KS C IEC 60364-7-715(특수설비 또는 특수장소에 관한 요구사항-특별 조명설비) 참조한다.

231.3.2 중성선의 단면적

1. 다음의 경우는 중성선의 단면적은 최소한 선도체의 단면적 이상이어야 한다.
   (1) 2선식 단상회로
   (2) 선 도체의 단면적이 구리선 16 ㎟, 알루미늄선 25 ㎟ 이하인 다상 회로
   (3) 제3고조파 및 제3고조파의 홀수배수의 고조파 전류가 흐를 가능성이 높고 전류

종합 고조파 왜형률이 15 ~ 33 %인 3상회로

2. 제3고조파 및 제3고조파 홀수배수의 전류 종합 고조파 왜형률이 33%를 초과하는 경우, KS C IEC 60364-5-52(저압전기설비-제5-52부 : 전기 기기의 선정 및 설치-배선설비)의 "부속서 E(고조파 전류가 평형3상 계통에 미치는 영향)"를 고려하여 아래와 같이 중성선의 단면적을 증가시켜야 한다.
   (1) 다심케이블의 경우 선 도체의 단면적은 중성선의 단면적과 같아야 하며, 이 단면적은 선 도체의 1.45×I_B(회로 설계전류)를 흘릴 수 있는 중성선을 선정한다.
   (2) 단심케이블은 선 도체의 단면적이 중성선 단면적보다 작을 수도 있다. 계산은 다음과 같다.
      ① 선 : I_B(회로 설계전류)
      ② 중성선 : 선 도체의 1.45I_B와 동등 이상의 전류
3. 다상 회로의 각 선 도체 단면적이 구리선 16 ㎟ 또는 알루미늄선 25 ㎟를 초과하는 경우 다음 조건을 모두 충족한다면 그 중성선의 단면적을 선도체 단면적보다 작게 해도 된다.
   (1) 통상적인 사용 시에 상(phase)과 제3고조파 전류 간에 회로 부하가 균형을 이루고 있고, 제3고조파 홀수배수 전류가 선도체 전류의 15 %를 넘지 않는다.
   (2) 중성선은 212.2.2에 따라 과전류 보호된다.
   (3) 중성선의 단면적은 구리선 16 ㎟, 알루미늄선 25 ㎟ 이상이다.

231.4 나전선의 사용 제한

1. 옥내에 시설하는 저압전선에는 나전선을 사용하여서는 아니 된다. 다만, 다음 중 어느 하나에 해당하는 경우에는 그러하지 아니하다.
   (1) 232.56의 규정에 준하는 애자공사에 의하여 전개된 곳에 다음의 전선을 시설하는 경우
      ① 전기로용 전선
      ② 전선의 피복 절연물이 부식하는 장소에 시설하는 전선
      ③ 취급자 이외의 자가 출입할 수 없도록 설비한 장소에 시설하는 전선
   (2) 232.61의 규정에 준하는 버스 덕트공사에 의하여 시설하는 경우
   (3) 232.71의 규정에 준하는 라이팅 덕트공사에 의하여 시설하는 경우
   (4) 232.81의 규정에 준하는 접촉 전선을 시설하는 경우
   (5) 241.8.3의 "가" 규정에 준하는 접촉 전선을 시설하는 경우

231.5 고주파 전류에 의한 장해의 방지

1. 전기기계기구가 무선설비의 기능에 계속적이고 또한 중대한 장해를 주는 고주파 전류를 발생시킬 우려가 있는 경우에는 이를 방지하기 위하여 다음 각 호에 따라 시설하여야 한다.
   (1) 형광 방전등에는 적당한 곳에 정전용량이 0.006 ㎌ 이상 0.5 ㎌ 이하[예열시동식(豫熱始動式)의 것으로 글로우 램프에 병렬로 접속할 경우에는 0.006 ㎌ 이상 0.01 ㎌ 이하]인 커패시터를 시설할 것
   (2) 사용전압이 저압으로서 정격출력이 1 kW 이하인 교류직권전동기(전기드릴용의 것을 제외한다. 이하 이 조에서 "소형교류직권전동기"라 한다)는 다음 중 어느 하나에 의할 것
      ① 단자 상호 간 및 각 단자의 소형교류직권전동기를 사용하는 전기기계기구(이하 이 조에서 "기계기구"라 한다)의 금속제 외함이나 소형교류직권전동기의 외함 또는 대지 사이에 각각 정전용량이 0.1 ㎌ 및 0.003 ㎌ 인 커패시터를 시설할 것
      ② 금속제 외함·철대 등 사람이 접촉할 우려가 있는 금속제 부분으로부터 소형교류직권전동기의 외함이 절연되어 있는 기계기구는 단자 상호 간 및 각 단자와 외함 또는 대지 사이에 각각 정전용량이 0.1 ㎌ 인 커패시터 및 정전용량이 0.003 ㎌을 초과하는 커패시터를 시설할 것
      ③ 각 단자와 대지와의 사이에 정전용량이 0.1 ㎌인 커패시터를 시설할 것
      ④ 기계기구에 근접할 곳에 기계기구에 접속하는 전선 상호 간 및 각 전선과 기계기구의 금속제 외함 또는 대지 사이에 각각 정전 용량이 0.1 ㎌ 및 0.003 ㎌ 인 커패시터를 시설할 것
   (3) 사용전압이 저압이고 정격 출력이 1 kW 이하인 전기드릴용의 소형교류직권전동기에는 단자 상호 간에 정전용량이 0.1 ㎌ 무유도형 커패시터를, 각 단자와 대지와의 사이에 정전용량이 0.003 ㎌인 충분한 측로효과가 있는 관통형 커패시터를 시설할 것
   (4) 네온점멸기에는 전원단자 상호 간 및 각 접점에 근접하는 곳에서 이 들에 접속하는 전로에 고주파전류의 발생을 방지하는 장치를 할 것
2. 제1의 "(1)"부터 "(3)"까지의 규정에 의하여 시설하여도 무선설비의 기능에 계속적이고 또한 중대한 장해를 주는 고주파전류를 발생시킬 우려가 있는 경우에는 그 전기기계기구에 근접한 곳에, 이에 접속하는 전로에는 고주파전류의 발생을 방지하는 장치를 하여야 한다. 이 경우에 고주파전류의 발생을 방지하는 장치의 접지 측 단자는 접지공사를 하지 아니한 전기기계기구의 금속제 외함·철대 등 사람이 접촉할 우려가 있는 금속제 부분과 접속하여서는 아니 된다.

3. 제1의 "(2)" 및 "(3)"의 커패시터(전로와 대지 사이에 시설하는 것에 한 한다)와 제1의 "(4)" 및 제2의 고주파 발생을 방지하는 장치의 접지 측 단자에는 140 및 211의 규정에 준하여 접지공사를 하여야 한다.
4. 제1의 "(1)"부터 "(3)"까지의 커패시터는 표 231.5-1에서 정하는 교류전압을 커패시터의 양단자 상호간 및 각 단자와 외함 간에 연속하여 1분간 가하여 절연내력을 시험하였을 때에 이에 견디는 것이어야 한다.

표 231.5-1 커패시터의 시험전압

정격전압(V)	시험전압(V)	
	단자 상호간	인출단자 및 일괄과 접지단자 및 케이스 사이
110	253	1,000
220	506	1,000

5. 제1의 "(4)" 및 제2의 고주파전류의 발생을 방지하는 장치의 표준은 다음에 적합한 것일 것
  (1) 네온점멸기의 각 접점에 근접하는 곳에서 이들에 접속하는 전로에 시설하는 경우에는 SPS-KTC-C6104-6553(C형 표준방송 수신 장해방지기)의 "4.구조" 및 "5.성능"의 DCR 2-10 또는 DCR 3-10에 관한 것에 적합한 것일 것
  (2) 네온점멸기의 전원단자 상호 간에 시설하는 경우에는 SPS-KTC-C6104-6553(C형 표준방송 수신 장해방지기)의 "4.구조" 및 "5.성능"의 DCB 3-66에 관한 것 또는 SPS-KTC-C6105-6552(F형 표준방송 수신 장해방지기)의 "4.구조" 및 "5.성능"에 적합한 것일 것
  (3) 예열기동열음극형광방전등(豫熱起動熱陰極螢光放電燈) 또는 교류직권전동기에 근접하는 곳에서 이들에 접속하는 전로에 시설하는 경우에는 SPS-KTC-C6104-6553(C형 표준방송 수신 장해방지기)에 "5.7 연속 내용성(連續耐用性)"에 적합한 것일 것

231.6 옥내전로의 대지 전압의 제한

1. 백열전등(전기스탠드 및 「전기용품 및 생활용품 안전관리법」의 적용을 받는 장식용의 전등기구를 제외한다. 이하 231.6에서 같다) 또는 방전등(방전관·방전등용 안정기 및 방전관의 점등에 필요한 부속품과 관등회로의 배선을 말하며 전기스탠드 기타 이와 유사한 방전등 기구를 제외한다. 이하 같다)에 전기를 공급하는 옥내(전기사용장소의 옥내의 장소를 말한다. 이하 이 장에서 같다)의 전로(주택의 옥내 전로를 제외한다)의 대지전압은 300 V 이하여야 하며 다음에 따라 시설하여야 한다. 다만, 대지

전압 150 V 이하의 전로인 경우에는 다음에 따르지 않을 수 있다.

(1) 백열전등 또는 방전등 및 이에 부속하는 전선은 사람이 접촉할 우려가 없도록 시설하여야 한다.

(2) 백열전등(기계 장치에 부속하는 것을 제외한다) 또는 방전등용 안정기는 저압의 옥내배선과 직접 접속하여 시설하여야 한다.

(3) 백열전등의 전구소켓은 키나 그 밖의 점멸기구가 없는 것이어야 한다.

2. 주택의 옥내전로(전기기계기구내의 전로를 제외한다)의 대지전압은 300 V 이하이어야 하며 다음 각 호에 따라 시설하여야 한다. 다만, 대지전압 150 V 이하의 전로인 경우에는 다음에 따르지 않을 수 있다.

(1) 사용전압은 400 V 이하여야 한다.

(2) 주택의 전로 인입구에는 「전기용품 및 생활용품 안전관리법」에 적용을 받는 감전보호용 누전차단기를 시설하여야 한다. 다만, 전로의 전원 측에 정격용량이 3 kVA 이하인 절연변압기(1차 전압이 저압이고 2차 전압이 300 V 이하인 것에 한한다)를 사람이 쉽게 접촉할 우려가 없도록 시설하고 또한 그 절연변압기의 부하 측 전로를 접지하지 않는 경우에는 예외로 한다.

(3) "(2)"의 누전차단기를 자연재해대책법에 의한 자연재해위험개선지구의 지정 등에서 지정되어진 지구 안의 지하주택에 시설하는 경우에는 침수 시 위험의 우려가 없도록 지상에 시설하여야 한다.

(4) 전기기계기구 및 옥내의 전선은 사람이 쉽게 접촉할 우려가 없도록 시설하여야 한다. 다만, 전기기계기구로서 사람이 쉽게 접촉할 우려가 있는 부분이 절연성이 있는 재료로 견고하게 제작되어 있는 것 또는 건조한 곳에서 취급하도록 시설된 것 및 142.7의 2의 "아"에 준하여 시설된 것은 예외로 한다.

(5) 백열전등의 전구소켓은 키나 그 밖의 점멸기구가 없는 것이어야 한다.

(6) 정격 소비 전력 3 kW 이상의 전기기계기구에 전기를 공급하기 위한 전로에는 전용의 개폐기 및 과전류 차단기를 시설하고 그 전로의 옥내배선과 직접 접속하거나 적정 용량의 전용콘센트를 시설하여야 한다.

(7) 주택의 옥내를 통과하여 그 주택 이외의 장소에 전기를 공급하기 위한 옥내배선은 사람이 접촉할 우려가 없는 은폐된 장소에 232.11에 준하는 합성수지관 공사 232.12에 준하는 금속관 공사 또는 232.51에 준하는 케이블 공사에 의하여 시설하여야 한다.

(8) 주택의 옥내를 통과하여 335.9에 의하여 시설하는 전선로는 사람이 접촉할 우려가 없는 은폐된 장소에 232.11에 준하는 합성수지관 공사 232.12에 준하는 금속관 공사나 232.51(232.51.3을 제외한다)에 준하는 케이블 공사에 의하여 시설하여야 한다.

3. 주택 이외의 곳의 옥내(여관, 호텔, 다방, 사무소, 공장 등 또는 이와 유사한 곳의 옥내를 말한다. 이하 같다)에 시설하는 가정용 전기기계기구(소형 전동기·전열기·라디오 수신기·전기스탠드·「전기용품 및 생활용품 안전관리법」의 적용을 받는 장식용 전등기구 기타의 전기기계기구로서 주로 주택 그 밖에 이와 유사한 곳에서 사용하는 것을 말하며 백열전등과 방전등을 제외한다. 이하 같다)에 전기를 공급하는 옥내전로의 대지전압은 300 V 이하이어야 하며, 가정용 전기기계기구와 이에 전기를 공급하기 위한 옥내배선과 배선기구(개폐기·차단기·접속기 그 밖에 이와 유사한 기구를 말한다. 이하 같다)를 231.6의 2의 "(1)", "(3)"부터 "(5)"까지의 규정에 준하여 시설하거나 또는 취급자 이외의 자가 쉽게 접촉할 우려가 없도록 시설하여야 한다.

232 배선설비

232.1 적용범위

이 규정은 배선설비의 선정 및 설치에 대하여 적용한다.

232.2 배선설비 공사의 종류

1. 사용하는 전선 또는 케이블의 종류에 따른 배선설비의 설치방법(버스바트렁킹 시스템 및 파워트랙시스템은 제외)은 표 232.2-1에 따르며, 232.4의 외부적인 영향을 고려하여야 한다.

표 232.2-1 전선 및 케이블의 구분에 따른 배선설비의 공사방법

<table>
<tr><th rowspan="3" colspan="2">전선
및
케이블</th><th colspan="8">공사방법</th></tr>
<tr><th colspan="3">케이블공사</th><th rowspan="2">전선관
시스템</th><th rowspan="2">케이블
트렁킹
시스템
(몰드형,
바닥
매입형
포함)</th><th rowspan="2">케이블
덕팅
시스템</th><th rowspan="2">케이블
트레이
시스템
(래더,
브래킷
등 포함)</th><th rowspan="2">애자
공사</th></tr>
<tr><th>비고정</th><th>직접
고정</th><th>지지선</th></tr>
<tr><td colspan="2">나전선</td><td>-</td><td>-</td><td>-</td><td>-</td><td>-</td><td>-</td><td>-</td><td>+</td></tr>
<tr><td colspan="2">절연전선[b]</td><td>-</td><td>-</td><td>-</td><td>+</td><td>+[a]</td><td>+</td><td>-</td><td>+</td></tr>
<tr><td rowspan="2">케이블
(외장 및
무기질
절연물을
포함)</td><td>다심</td><td>+</td><td>+</td><td>+</td><td>+</td><td>+</td><td>+</td><td>+</td><td>0</td></tr>
<tr><td>단심</td><td>0</td><td>+</td><td>+</td><td>+</td><td>+</td><td>+</td><td>+</td><td>0</td></tr>
</table>

+ : 사용할 수 있다. - : 사용할 수 없다. 0 : 적용할 수 없거나 실용상 일반적으로 사용할 수 없다.
a : 케이블 트렁킹시스템이 IP4X 또는 IPXXD급의 이상의 보호조건을 제공하고, 도구 등을 사용하여 강제적으로 덮개를 제거할 수 있는 경우에 한하여 절연전선을 사용할 수 있다. b : 보호 도체 또는 보호 본딩도체로 사용되는 절연전선은 적절하다면 어떠한 절연 방법이든 사용할 수 있고 전선관시스템, 트렁킹시스템 또는 덕팅시스템에 배치하지 않아도 된다.

2. 시설상태에 따른 배선설비의 설치방법은 표 232.2-2를 따르며 이 표에 포함되어 있지 않는 케이블이나 전선의 다른 설치방법은 이 규정에서 제시된 요구사항을 충족할 경우에만 허용하며 또한 표 232.2-2의 33, 40 등 번호는 KS C IEC 60364-5-52(전기기기의 선정 및 시공-배선설비) “부속서 A(설치방법)”에 따른 설치방법을 말한다.

표 232.2-2 시설 상태를 고려한 배선설비의 공사방법

시설 상태		공사방법							
		케이블공사			전선관 시스템	케이블 트렁킹 시스템 (몰드형, 바닥 매입형 포함)	케이블 덕팅 시스템	케이블 트레이 시스템 (래더, 브래킷 등 포함)	애자 공사
		비고정	직접 고정	지지선					
건물의 빈공간	접근 가능	40	33	0	41, 42	6, 7, 8, 9, 12	43, 44	30, 31, 32, 33, 34	-
	접근 불가	40	0	0	41, 42	0	43	0	0
케이블채널		56	56	-	54, 55	0		30, 31, 32, 34	-
지중 매설		72, 73	0	-	70, 71	-	70, 71	0	-
구조체 매입		57, 58	3	-	1, 2, 59, 60	50, 51, 52, 53	46, 45	0	-
노출표면에 부착		-	20, 21, 22, 23, 33	-	4, 5	6, 7, 8, 9, 12	6, 7, 8, 9	30, 31, 32, 34	36
가공/기중		-	33	35	0	10, 11	10, 11	30, 31, 32, 34	36
창틀 내부		16	0	-	16	0	0	0	-

문틀 내부	15	0	–	15	0	0	0	–
수중(물속)	+	+	–	+	–	+	0	–
– : 사용할 수 없다. 0 : 적용할 수 없거나 실용상 일반적으로 사용할 수 없다. + : 제조자 지침에 따름								

3. 표 232.2-1 및 표232.2-2의 설치방법에는 아래와 같은 배선방법이 있다.

표 232.2-3 공사방법의 분류

종류	공사방법
전선관시스템	합성수지관 공사, 금속관공사, 가요전선관 공사
케이블 트렁킹시스템	합성수지몰드 공사, 금속몰드공사, 금속 트렁킹 공사[a]
케이블 덕팅시스템	플로어 덕트공사, 셀룰러 덕트 공사, 금속 덕트 공사[b]
애자공사	애자공사
케이블트레이시스템 (래더, 브래킷 포함)	케이블트레이공사
케이블공사	고정하지 않는 방법, 직접 고정하는 방법, 지지선 방법
a : 금속본체와 커버가 별도로 구성되어 커버를 개폐할 수 있는 금속 덕트 공사를 말한다. b : 본체와 커버 구분 없이 하나로 구성된 금속 덕트 공사를 말한다.	

232.3 배선설비 적용 시 고려사항

232.3.1 회로 구성

1. 하나의 회로도체는 다른 다심케이블, 다른 전선관, 다른 케이블 덕팅시스템 또는 다른 케이블 트렁킹시스템을 통해 배선해서는 안 된다. 또한 다심 케이블을 병렬로 포설하는 경우 각 케이블은 각상의 1가닥의 도체와 중성선이 있다면 중성선도 포함하여야 한다.
2. 여러 개의 주 회로에 공통 중성선을 사용하는 것은 허용되지 않는다. 다만, 단상 교류 최종 회로는 하나의 선 도체와 한 다상 교류회로의 중성선으로부터 형성될 수도 있다. 이 다상회로는 모든 선 도체를 단로하도록 단로장치에 의해 설치하여야 한다.
3. 여러 회로가 하나의 접속 상자에서 단자 접속되는 경우 각 회로에 대한 단자는 KS C IEC 60998(가정용 및 이와 유사한 용도의 저 전압용 접속기구) 시리즈에 따른 접속기 및 KS C IEC 60947-7-1(저 전압 개폐장치 및 제어장치)에 따른 단자블록에 관한 것을 제외하고 절연 격벽으로 분리해야 한다.
4. 모든 도체가 최대공칭전압에 대해 절연되어 있다면 여러 회로를 동일한 전선관시스

템, 케이블 덕팅시스템 또는 케이블 트렁킹시스템의 분리된 구획에 설치할 수 있다.

232.3.2 병렬접속

두 개 이상의 선 도체(충전도체) 또는 PEN 도체를 계통에 병렬로 접속하는 경우, 다음에 따른다.

1. 병렬도체 사이에 부하전류가 균등하게 배분될 수 있도록 조치를 취한다. 도체가 같은 재질, 같은 단면적을 가지고, 거의 길이가 같고, 전체 길이에 분기회로가 없으며 다음과 같을 경우 이 요구사항을 충족하는 것으로 본다.
   (1) 병렬도체가 다심케이블, 트위스트(twist) 단심케이블 또는 절연전선인 경우
   (2) 병렬도체가 비트위스트(non-twist) 단심케이블 또는 삼각형태(trefoil) 혹은 직사각형(flat) 형태의 절연전선이고 단면적이 구리 50 ㎟, 알루미늄 70 ㎟ 이하인 것
   (3) 병렬도체가 비트위스트(non-twist) 단심케이블 또는 삼각형태(trefoil) 혹은 직사각형(flat) 형태의 절연전선이고 단면적이 구리 50 ㎟, 알루미늄 70 ㎟를 초과하는 것으로 이 형상에 필요한 특수 배치를 적용한 것. 특수한 배치법은 다른 상 또는 극의 적절한 조합과 이격으로 구성한다.
2. 232.5.1에 적합하도록 부하전류를 배분하는데 특별히 주의한다. 적절한 전류분배를 할 수 없거나 4가닥 이상의 도체를 병렬로 접속하는 경우에는 버스바트렁킹시스템의 사용을 고려한다.

232.3.3 전기적 접속

1. 도체 상호간, 도체와 다른 기기와의 접속은 내구성이 있는 전기적 연속성이 있어야 하며, 적절한 기계적 강도와 보호를 갖추어야 한다.
2. 접속 방법은 다음 사항을 고려하여 선정한다.
   (1) 도체와 절연재료
   (2) 도체를 구성하는 소선의 가닥수와 형상
   (3) 도체의 단면적
   (4) 함께 접속되는 도체의 수
3. 접속부는 다음의 경우를 제외하고 검사, 시험과 보수를 위해 접근이 가능하여야 한다.
   (1) 지중 매설용으로 설계된 접속부
   (2) 충전재 채움 또는 캡슐 속의 접속부
   (3) 실링 히팅시스템(천정난방설비), 플로어 히팅시스템(바닥난방설비) 및 트레이스 히팅시스템(열선난방설비) 등의 발열체와 리드선과의 접속부
   (4) 용접(welding), 연 납땜(soldering), 경 납땜(brazing) 또는 적절한 압착공구로 만든 접속부

(5) 적절한 제품표준에 적합한 기기의 일부를 구성하는 접속부

4. 통상적인 사용 시에 온도가 상승하는 접속부는 그 접속부에 연결하는 도체의 절연물 및 그 도체 지지물의 성능을 저해하지 않도록 주의해야 한다.

5. 도체접속(단말뿐 아니라 중간 접속도)은 접속함, 인출함 또는 제조자가 이 용도를 위해 공간을 제공한 곳 등의 적절한 외함 안에서 수행되어야 한다. 이 경우, 기기는 고정접속장치가 있거나 접속장치의 설치를 위한 조치가 마련되어 있어야 한다. 분기회로 도체의 단말부는 외함 안에서 접속되어야 한다.

6. 전선의 접속점 및 연결점은 기계적 응력이 미치지 않아야 한다. 장력(스트레스) 완화장치는 전선의 도체와 절연체에 기계적인 손상이 가지 않도록 설계되어야 한다.

7. 외함 안에서 접속되는 경우 외함은 충분한 기계적 보호 및 관련 외부 영향에 대한 보호가 이루어져야 한다.

8. 다중선, 세선, 극세선의 접속

(1) 다중선, 세선, 극세선의 개별 전선이 분리되거나 분산되는 것을 막기 위해서 적합한 단말부를 사용하거나 도체 끝을 적절히 처리하여야 한다.

(2) 적절한 단말 부를 사용한다면 다중선, 세선, 극세선의 전체 도체의 말단을 연납땜(soldering)하는 것이 허용된다.

(3) 사용 중 도체의 연납땜(soldering)한 부위와 연납땜(soldering)하지 않은 부위의 상대적인 위치가 움직이게 되는 연결점에서는 세선 및 극세선 도체의 말단을 납땜하는 것이 허용되지 않는다.

(4) 세선과 극세선은 KS C IEC 60228(절연케이블용 도체)의 5등급과 6등급의 요구사항에 적합하여야 한다.

9. 전선관, 덕트 또는 트렁킹의 말단에서 시스를 벗긴 케이블과 시스 없는 케이블의 심선은 제5의 요구사항대로 외함 안에 수납하여야 한다.

10. 전선 및 케이블 등의 접속방법에 대하여는 123에 적합하도록 한다.

232.3.4 교류회로-전기자기적 영향(맴돌이 전류 방지)

1. 강자성체(강제금속관 또는 강제덕트 등) 안에 설치하는 교류회로의 도체는 보호도체를 포함하여 각 회로의 모든 도체를 동일한 외함에 수납하도록 시설하여야 한다. 이러한 도체를 철제 외함에 수납하는 도체는 집합적으로 금속물질로 둘러싸이도록 시설하여야 한다.

2. 강선외장 또는 강대외장 단심케이블은 교류회로에 사용해서는 안 된다. 이러한 경우 알루미늄 외장케이블을 권장한다.

232.3.5 하나의 다심케이블 속의 복수회로

모든 도체가 최대공칭전압에 대해 절연되어 있는 경우, 동일한 케이블에 복수의 회로

를 구성할 수 있다.

232.3.6 화재의 확산을 최소화하기 위한 배선설비의 선정과 공사

1. 화재의 확산위험을 최소화하기 위해 적절한 재료를 선정하고 다음에 따라 공사하여야 한다.
   (1) 배선설비는 건축구조물의 일반 성능과 화재에 대한 안정성을 저해하지 않도록 설치하여야 한다.
   (2) 최소한 KS C IEC 60332-1-2(화재 조건에서의 전기/광섬유케이블 시험)에 적합한 케이블 및 자소 성(自燒性)으로 인정받은 제품은 특별한 예방조치 없이 설치할 수 있다.
   (3) KS C IEC 60332-1-2(화재 조건에서의 전기/광섬유케이블 시험)의 화염 확산을 저지하는 요구사항에 적합하지 않은 케이블을 사용하는 경우는 기기와 영구적 배선설비의 접속을 위한 짧은 길이에만 사용할 수 있으며, 어떠한 경우에도 하나의 방화구획에서 다른 구획으로 관통시켜서는 안 된다.
   (4) KS C IEC 60439-2(저 전압 개폐장치 및 제어장치 부속품), KS C IEC 61537(케이블 관리 - 케이블 트레이시스템 및 케이블 래더시스템), KS C IEC 61084(전기설비용 케이블 트렁킹 및 덕트시스템) 시리즈 및 KS C IEC 61386(전기설비용 전선관시스템) 시리즈 표준에서 자소성으로 분류되는 제품은 특별한 예방조치 없이 시설할 수 있다. 화염 전파를 저지하는 유사 요구사항이 있는 표준에 적합한 그 밖의 제품은 특별한 예방조치 없이 시설할 수 있다.
   (5) KS C IEC 60439-2(저 전압 개폐장치 및 제어장치 부속품), KS C IEC 60570(등기구 전원 공급용 트랙시스템), KS C IEC 61537-A(케이블 관리 - 케이블 트레이시스템 및 케이블 래더시스템), KS C IEC 61084(전기설비용 케이블 트렁킹 및 덕트시스템) 시리즈 및 KS C IEC 61386(전기설비용 전선관시스템) 시리즈 및 KS C IEC 61534(파워트랙시스템) 시리즈 표준에서 자소성으로 분류되지 않은 케이블 이외의 배선설비의 부분은 그들의 개별 제품표준의 요구사항에 모든 다른 관련 사항을 준수하여 사용하는 경우 적절한 불연성 건축 부재로 감싸야 한다.
2. 배선설비 관통부의 밀봉
   (1) 배선설비가 바닥, 벽, 지붕, 천장, 칸막이, 중공벽 등 건축구조물을 관통하는 경우, 배선설비가 통과한 후에 남는 개구부는 관통 전의 건축구조 각 부재에 규정된 내화등급에 따라 밀폐하여야 한다.
   (2) 내화성능이 규정된 건축구조부재를 관통하는 배선설비는 제1에서 요구한 외부의 밀폐와 마찬가지로 관통 전에 각 부의 내화등급이 되도록 내부도 밀폐하여야 한다.

(3) 관련 제품 표준에서 자소성으로 분류되고 최대 내부단면적이 710㎟ 이하인 전선관, 케이블 트렁킹 및 케이블 덕팅시스템은 다음과 같은 경우라면 내부적으로 밀폐하지 않아도 된다.

① 보호등급 IP33에 관한 KS C IEC 60529(외곽의 방진 보호 및 방수 보호 등급) 의 시험에 합격한 경우

② 관통하는 건축 구조 체에 의해 분리된 구획의 하나 안에 있는 배선설비의 단말이 보호등급 IP33에 관한 KS C IEC 60529(외함의 밀폐 보호등급 구분(IP코드))의 시험에 합격한 경우

(4) 배선설비는 그 용도가 하중을 견디는데 사용되는 건축구조부재를 관통해서는 안 된다. 다만, 관통 후에도 그 부재가 하중에 견딘다는 것을 보증할 수 있는 경우는 제외한다.

(5) "(1)" 또는 "(2)"를 충족시키기 위한 밀폐 조치는 그 밀폐가 사용되는 배선설비와 같은 등급의 외부영향에 대해 견디고, 다음 요구사항을 모두 충족하여야 한다.

① 연소 생성물에 대해서 관통하는 건축구조부재와 같은 수준에 견딜 것

② 물의 침투에 대해 설치되는 건축구조부재에 요구되는 것과 동등한 보호등급을 갖출 것

③ 밀폐 및 배선설비는 밀폐에 사용된 재료가 최종적으로 결합 조립되었을 때 습성을 완벽하게 막을 수 있는 경우가 아닌 한 배선설비를 따라 이동하거나 밀폐 주위에 모일 수 있는 물방울로부터의 보호 조치를 갖출 것

④ 다음의 어느 한 경우라면 ③의 요구사항이 충족될 수 있다.

㈎ 케이블 클리트, 케이블 타이 또는 케이블 지지 재는 밀폐재로부터 750㎜ 이내에 설치하고 그것들이 밀폐 재에 인장력을 전달하지 않을 정도까지 밀폐부의 화재측의 지지재가 손상되었을 때 예상되는 기계적 하중에 견딜 수 있다.

㈏ 밀폐방식 그 자체가 충분한 지지 기능을 갖도록 설계한다.

232.3.7 배선설비와 다른 공급설비와의 접근

1. 다른 전기 공급설비의 접근

KS C IEC 60449(건축전기설비의 전압 밴드)에 의한 전압밴드Ⅰ과 전압밴드Ⅱ 회로는 다음의 경우를 제외하고는 동일한 배선설비 중에 수납하지 않아야 한다.

(1) 모든 케이블 또는 도체가 존재하는 최대 전압에 대해 절연되어 있는 경우

(2) 다심케이블의 각 도체가 케이블에 존재하는 최대 전압에 절연되어 있는 경우

(3) 케이블이 그 계통의 전압에 대해 절연되어 있으며, 케이블이 케이블 덕팅시스템 또는 케이블 트렁킹시스템의 별도 구획에 설치되어 있는 경우

(4) 케이블이 격벽을 써서 물리적으로 분리되는 케이블 트레이시스템에 설치되어 있는 경우

(5) 별도의 전선관, 케이블 트렁킹시스템 또는 케이블 덕팅시스템을 이용하는 경우

(6) 저압 옥내배선이 다른 저압 옥내배선 또는 관등회로의 배선과 접근하거나 교차하는 경우에 애자공사에 의하여 시설하는 저압 옥내배선과 다른 저압 옥내배선 또는 관등회로의 배선 사이의 이격거리는 0.1 m(애자공사에 의하여 시설하는 저압 옥내배선이 나전선인 경우에는 0.3 m) 이상이어야 한다. 다만, 다음의 어느 하나에 해당하는 경우에는 그러하지 아니하다.

① 애자공사에 의하여 시설하는 저압 옥내배선과 다른 애자공사에 의하여 시설하는 저압 옥내배선 사이에 절연성의 격벽을 견고하게 시설하거나 어느 한쪽의 저압 옥내배선을 충분한 길이의 난연성 및 내수성이 있는 견고한 절연관에 넣어 시설하는 경우

② 애자공사에 의하여 시설하는 저압 옥내배선과 애자공사에 의하여 시설하는 다른 저압 옥내배선 또는 관등회로의 배선이 병행하는 경우에 상호 간의 이격거리를 60 ㎜ 이상으로 하여 시설할 때

③ 애자공사에 의하여 시설하는 저압 옥내배선과 다른 저압 옥내배선(애자공사에 의하여 시설하는 것을 제외한다) 또는 관등회로의 배선 사이에 절연성의 격벽을 견고하게 시설하거나 애자공사에 의하여 시설하는 저압 옥내배선이나 관등회로의 배선을 충분한 길이의 난연성 및 내수성이 있는 견고한 절연관에 넣어 시설하는 경우

2. 통신 케이블과의 접근

지중 통신케이블과 지중 전력케이블이 교차하거나 접근하는 경우 100 ㎜ 이상의 간격을 유지하거나 "(1)" 또는 "(2)"의 요구사항을 충족하여야 한다.

(1) 케이블 사이에 예를 들어 벽돌, 케이블 보호 캡(점토, 콘크리트), 성형블록(콘크리트) 등과 같은 내화격벽을 갖추거나, 케이블 전선관 또는 내화물질로 만든 트로프(troughs)에 의해 추가보호 조치를 하여야 한다.

(2) 교차하는 부분에 대해서는, 케이블 사이에 케이블 전선관, 콘크리트 제 케이블 보호 캡, 성형블록 등과 같은 기계적인 보호 조치를 하여야 한다.

(3) 지중 전선이 지중 약 전류전선 등과 접근하거나 교차하는 경우에 상호 간의 이격거리가 저압 지중 전선은 0.3 m 이하인 때에는 지중 전선과 지중 약전류전선 등 사이에 견고한 내화성(콘크리트 등의 불연 재료로 만들어진 것으로 케이블의 허용온도 이상으로 가열시킨 상태에서도 변형 또는 파괴되지 않는 재료를 말한다)의 격벽(隔壁)을 설치하는 경우 이외에는 지중 전선을 견고한 불연성(不燃性) 또는 난연성(難燃性)의 관에 넣어 그 관이 지중 약 전류전선 등과 직접 접촉하지 아

니하도록 하여야 한다. 다만, 다음의 어느 하나에 해당하는 경우에는 그러하지 아니하다.

① 지중 약 전류전선 등이 전력보안 통신선인 경우에 불연성 또는 자소성이 있는 난연성의 재료로 피복한 광섬유케이블인 경우 또는 불연성 또는 자소성이 있는 난연성의 관에 넣은 광섬유케이블인 경우

② 지중 약 전류전선 등이 전력보안 통신선인 경우

③ 지중 약 전류전선 등이 불연성 또는 자소성이 있는 난연성의 재료로 피복한 광섬유케이블인 경우 또는 불연성 또는 자소성이 있는 난연성의 관에 넣은 광섬유케이블로서 그 관리자와 협의한 경우

(4) 저압 옥내배선이 약 전류전선 등 또는 수관·가스관이나 이와 유사한 것과 접근하거나 교차하는 경우에 저압 옥내배선을 애자공사에 의하여 시설하는 때에는 저압 옥내배선과 약 전류전선 등 또는 수관·가스관이나 이와 유사한 것과의 이격거리는 0.1 m(전선이 나전선인 경우에 0.3 m) 이상이어야 한다. 다만, 저압 옥내배선의 사용전압이 400 V 이하인 경우에 저압 옥내배선과 약 전류전선 등 또는 수관·가스관이나 이와 유사한 것과의 사이에 절연성의 격벽을 견고하게 시설하거나 저압 옥내배선을 충분한 길이의 난연성 및 내수성이 있는 견고한 절연 관에 넣어 시설하는 때에는 그러하지 아니하다.

(5) 저압 옥내배선이 약 전류전선 또는 수관·가스관이나 이와 유사한 것과 접근하거나 교차하는 경우에 저압 옥내배선을 합성수지몰드 공사·합성수지관 공사·금속관 공사·금속몰드 공사·가요전선관 공사·금속 덕트 공사·버스덕트 공사·플로어덕트 공사·셀룰러덕트 공사·케이블 공사·케이블 트레이 공사 또는 라이팅 덕트 공사에 의하여 시설할 때에는 "(6)"의 항목의 경우 이외에는 저압 옥내배선이 약 전류전선 또는 수관·가스관이나 이와 유사한 것과 접촉하지 아니하도록 시설하여야 한다.

(6) 저압 옥내배선을 합성수지몰드 공사·합성수지관 공사·금속관 공사·금속몰드 공사·가요전선관 공사·금속덕트 공사·버스덕트 공사·플로어 덕트 공사·케이블 트레이 공사 또는 셀룰러 덕트 공사에 의하여 시설하는 경우에는 다음의 어느 하나에 해당하는 경우 이외에는 전선과 약 전류전선을 동일한 관·몰드·덕트·케이블 트레이나 이들의 박스 기타의 부속품 또는 풀 박스 안에 시설하여서는 아니 된다.

① 저압 옥내배선을 합성수지관 공사·금속관 공사·금속몰드 공사 또는 가요전선관 공사에 의하여 시설하는 전선과 약 전류전선을 각각 별개의 관 또는 몰드에 넣어 시설하는 경우에 전선과 약 전류전선 사이에 견고한 격벽을 시설하고 또한 금속제 부분에 접지공사를 한 박스 또는 풀박스 안에 전선과 약 전류전선

을 넣어 시설할 때

② 저압 옥내배선을 금속 덕트 공사·플로어 덕트 공사 또는 셀룰러 덕트 공사에 의하여 시설하는 경우에 전선과 약 전류전선 사이에 견고한 격벽을 시설하고 또한 접지공사를 한 덕트 또는 박스 안에 전선과 약 전류전선을 넣어 시설할 때

③ 저압 옥내배선을 버스덕트 공사 및 케이블트레이공사 이외의 공사에 의하여 시설하는 경우에 약 전류전선이 제어회로 등의 약 전류전선이고 또한 약 전류전선에 절연전선과 동등 이상의 절연성능이 있는 것(저압 옥내배선과 식별이 쉽게 될 수 있는 것에 한 한다)을 사용할 때

④ 저압 옥내배선을 버스덕트 공사 및 케이블 트레이 공사 이외에 공사에 의하여 시설하는 경우에 약 전류전선에 접지공사를 한 금속제의 전기적 차폐층이 있는 통신용 케이블을 사용할 때

⑤ 저압 옥내배선을 케이블 트레이 공사에 의하여 시설하는 경우에 약 전류전선이 제어회로 등의 약 전류전선이고 또한 약 전류전선을 금속관 또는 합성수지관에 넣어 케이블 트레이에 시설할 때

3. 비 전기 공급설비와의 접근

(1) 배선설비는 배선을 손상시킬 우려가 있는 열, 연기, 증기 등을 발생시키는 설비에 접근해서 설치하지 않아야 한다. 다만, 배선에서 발생한 열의 발산을 저해하지 않도록 배치한 차폐물을 사용하여 유해한 외적 영향으로부터 적절하게 보호하는 경우는 제외한다. 각종 설비의 빈 공간(cavity)이나 비어있는 지지대(service shaft) 등과 같이 특별히 케이블 설치를 위해 설계된 구역이 아닌 곳에서는 통상적으로 운전하고 있는 인접 설비(가스관, 수도관, 스팀관 등)의 해로운 영향을 받지 않도록 케이블을 포설하여야 한다.

(2) 응결을 일으킬 우려가 있는 공급설비(예를 들면 가스, 물 또는 증기공급 설비) 아래에 배선설비를 포설하는 경우는 배선설비가 유해한 영향을 받지 않도록 예방조치를 마련하여야 한다.

(3) 전기 공급설비를 다른 공급설비와 접근하여 설치하는 경우는 다른 공급설비에서 예상할 수 있는 어떠한 운전을 하더라도 전기공급설비에 손상을 주거나 그 반대의 경우가 되지 않도록 각 공급설비사이의 충분한 이격을 유지하거나 기계적 또는 열적 차폐물을 사용하는 등의 방법으로 전기공급 설비를 배치한다.

(4) 전기공급설비가 다른 공급설비와 매우 접근하여 배치가 된 경우는 다음 두 조건을 충족하여야 한다.

① 다른 공급설비의 통상 사용 시 발생할 우려가 있는 위험에 대해 배선설비를 적절히 보호한다.

② 금속제의 다른 공급설비는 계통외 도전부로 간주하고, 211.4에 의한 보호에 따른 고장보호를 한다.

(5) 배선설비는 승강기(또는 호이스트)설비의 일부를 구성하지 않는 한 승강기(또는 호이스트) 통로를 지나서는 안 된다.

(6) 가스계량기 및 가스관의 이음부(용접 이음매를 제외한다)와 전기설비의 이격거리는 다음에 따라야 한다.

① 가스계량기 및 가스관의 이음부와 전력량계 및 개폐기의 이격거리는 0.6 m 이상

② 가스계량기와 점멸기 및 접속기의 이격거리는 0.3 m 이상

③ 가스관의 이음부와 점멸기 및 접속기의 이격거리는 0.15 m 이상

232.3.8 금속외장 단심케이블

동일 회로의 단심케이블의 금속 시스 또는 비자성체 강대외장은 그 배선의 양단에서 모두 접속하여야 한다. 또한 통전용량을 향상시키기 위해 단면적 50 ㎟ 이상의 도체를 가진 케이블의 경우는 시스 또는 비전도성 강대외장은 접속하지 않는 한쪽 단에서 적절한 절연을 하고, 전체 배선의 한쪽 단에서 함께 접속해도 된다. 이 경우 다음과 같이 시스 또는 강대외장의 대지전압을 제한하기 위해 접속지점으로부터의 케이블 길이를 제한하여야 한다.

1. 최대 전압을 25 V로 제한하는 등으로 케이블에 최대부하의 전류가 흘렀을 때 부식을 일으키지 않을 것
2. 케이블에 단락전류가 발생했을 때 재산피해(설비손상)나 위험을 초래하지 않을 것

232.3.9 수용가 설비에서의 전압강하

1. 다른 조건을 고려하지 않는다면 수용가 설비의 인입구로부터 기기까지의 전압강하는 표 232.3-1의 값 이하이어야 한다.

표 232.3-1 수용가설비의 전압강하

설비의 유형	조명(%)	기타(%)
A – 저압으로 수전하는 경우	3	5
B – 고압 이상으로 수전하는 경우[a]	6	8
a : 가능한 한 최종회로 내의 전압강하가 A 유형의 값을 넘지 않도록 하는 것이 바람직하다. 사용자의 배선설비가 100 m를 넘는 부분의 전압강하는 미터 당 0.005 % 증가할 수 있으나 이러한 증가분은 0.5 %를 넘지 않아야 한다.		

2. 다음의 경우에는 표 232.3-1보다 더 큰 전압강하를 허용할 수 있다.

(1) 기동 시간 중의 전동기

(2) 돌입전류가 큰 기타 기기

3. 다음과 같은 일시적인 조건은 고려하지 않는다.
   (1) 과도과전압
   (2) 비정상적인 사용으로 인한 전압 변동

232.4 배선설비의 선정과 설치에 고려해야 할 외부 영향

배선설비는 예상되는 모든 외부 영향에 대한 보호가 이루어져야 한다.

232.4.1 주위온도

1. 배선설비는 그 사용 장소의 최고와 최저온도 범위에서 통상 운전의 최고허용온도(표 232.5-1 참조)를 초과하지 않도록 선정하여 시공하여야 한다.
2. 케이블과 배선기구 류 등의 배선설비의 구성품은 해당 제품표준 또는 제조자가 제시하는 한도 내의 온도에서만 시설하거나 취급하여야 한다.

232.4.2 외부 열원

외부 열원으로부터의 악영향을 피하기 위해 다음 대책 중의 하나 또는 이와 동등한 유효한 방법을 사용하여 배선설비를 보호하여야 한다.

1. 차폐
2. 열원으로부터의 충분한 이격
3. 발생할 우려가 있는 온도상승을 고려한 구성품의 선정
4. 단열 절연슬리브접속(sleeving) 등과 같은 절연재료의 국부적 강화

232.4.3 물의 존재(AD) 또는 높은 습도(AB)

1. 배선설비는 결로 또는 물의 침입에 의한 손상이 없도록 선정하고 설치하여야 한다. 설치가 완성된 배선설비는 개별 장소에 알맞은 IP 보호등급에 적합하여야 한다.
2. 배선설비 안에 물의 고임 또는 응결될 우려가 있는 경우는 그것을 배출하기 위한 조치를 마련하여야 한다.
3. 배선설비가 파도에 움직일 우려가 있는 경우(AD6)는 기계적 손상에 대해 보호하기 위해 충격(AG), 진동(AH), 및 기계적 응력(AJ)의 조치 중 한 가지 이상의 대책을 세워야 한다.

232.4.4 침입고형물의 존재(AE)

1. 배선설비는 고형물의 침입으로 인해 일어날 수 있는 위험을 최소화할 수 있도록 선정하고 설치하여야 한다. 완성한 배선설비는 개별 장소에 맞는 IP 보호등급에 적합하여야 한다.

2. 영향을 미칠 수 있는 정도의 먼지가 존재하는 장소(AE4)는 추가 예방 조치를 마련하여 배선설비의 열 발산을 저해할 수 있는 먼지나 기타의 물질이 쌓이는 것을 방지하여야 한다.
3. 배선설비는 먼지를 쉽게 제거할 수 있어야 한다.

232.4.5 부식 또는 오염 물질의 존재(AF)

1. 물을 포함한 부식 또는 오염 물질로 인해 부식이나 열화의 우려가 있는 경우 배선설비의 해당 부분은 이들 물질에 견딜 수 있는 재료로 적절히 보호하거나 제조하여야 한다.
2. 상호 접촉에 의한 영향을 피할 수 있는 특별 조치가 마련되지 않았다면 전해작용이 일어날 우려가 있는 서로 다른 금속은 상호 접촉하지 않도록 배치하여야 한다.
3. 상호 작용으로 인해 또는 개별적으로 열화 또는 위험한 상태가 될 우려가 있는 재료는 상호 접속시키지 않도록 배치하여야 한다.

232.4.6 충격(AG)

1. 배선설비는 설치, 사용 또는 보수 중에 충격, 관통, 압축 등의 기계적 응력 등에 의해 발생하는 손상을 최소화하도록 선정하고 설치하여야 한다.
2. 고정 설비에 있어 중간 가혹도(AG2) 또는 높은 가혹도(AG3)의 충격이 발생할 수 있는 경우는 다음을 고려하여야 한다.
   (1) 배선설비의 기계적 특성
   (2) 장소의 선정
   (3) 부분적 또는 전체적으로 실시하는 추가 기계적 보호 조치
   (4) 위 고려사항들의 조합
3. 바닥 또는 천장 속에 설치하는 케이블은 바닥, 천장, 또는 그 밖의 지지물과의 접촉에 의해 손상을 받지 않는 곳에 설치하여야 한다.
4. 케이블과 전선의 설치 후에도 전기설비의 보호등급이 유지되어야 한다.

232.4.7 진동(AH)

1. 중간 가혹도(AH2) 또는 높은 가혹도(AH3)의 진동을 받은 기기의 구조체에 지지 또는 고정하는 배선설비는 이들 조건에 적절히 대비해야 한다.
2. 고정형 설비로 조명기기 등 현수형 전기기기는 유연성 심선을 갖는 케이블로 접속해야 한다. 다만, 진동 또는 이동의 위험이 없는 경우는 예외로 한다.

232.4.8 그 밖의 기계적 응력(AJ)

1. 배선설비는 공사 중, 사용 중 또는 보수 시에 케이블과 절연전선의 외장이나 절연물과 단말에 손상을 주지 않도록 선정하고 설치하여야 한다.

2. 전선관시스템, 덕팅시스템, 트렁킹시스템, 트레이 및 래더 시스템에 케이블 및 전선을 설치하기 위해 실리콘유를 함유한 윤활유를 사용해서는 안 된다.
3. 구조체에 매입하는 전선관 시스템, 케이블 덕팅시스템, 그 밖에 설비를 위해 특별히 설계된 전선관 조립품은 절연전선 또는 케이블을 설치하기 전에 그 연결구간이 완전하게 시공되어야 한다.
4. 배선설비의 모든 굴곡 부는 전선과 케이블이 손상을 받지 않으며 단말부가 응력을 받지 않는 반지름을 가져야 한다.
5. 전선과 케이블이 연속적으로 지지되지 않은 공사방법인 경우는 전선과 케이블이 그 자체의 무게나 단락전류로 인한 전자력(단면적이 50 ㎟ 이상의 단심케이블인 경우)에 의해 손상을 받지 않도록 적절한 간격과 적절한 방법으로 지지하여야 한다.
6. 배선설비가 영구적인 인장 응력을 받는 경우(수직 포설에서의 자기 중량 등)는 전선과 케이블이 자체 중량에 의해 손상되지 않도록 필요한 단면적을 갖는 적절한 종류의 케이블이나 전선 등의 설치방법을 선정하여야 한다.
7. 전선 또는 케이블을 인입 또는 인출이 가능하도록 의도된 배선설비는 그 작업을 위해 설비에 접근할 수 있는 적절한 방법을 갖추고 있어야 한다.
8. 바닥에 매입한 배선설비는 바닥 용도에 따른 사용에 의해 발생하는 손상을 방지하기 위해 충분히 보호하여야 한다.
9. 벽속에 견고하게 고정하여 매입하는 배선설비는 수평 또는 수직으로 벽의 가장자리와 평행하게 포설하여야 한다. 다만, 천장속이나 바닥속의 배선설비는 실용적인 최단 경로를 취할 수 있다.
10. 배선설비는 도체 및 접속부에 기계적응력이 걸리는 것을 방지하도록 시설하여야 한다.
11. 지중에 매설되는 케이블, 전선관 또는 덕팅 시스템 등은 기계적인 손상에 대한 보호를 하거나 그러한 손상의 위험을 최소화할 수 있는 깊이로 매설하여야 한다. 매설케이블은 덮개 또는 적당한 표시 테이프로 표시하여야 한다. 매설 전선관과 덕트는 적절하게 식별할 수 있는 조치를 취하여야 한다.
12. 케이블 지지대 및 외함은 케이블 또는 절연전선의 피복 손상이 용이한 날카로운 가장자리가 없어야 한다.
13. 케이블 및 전선은 고정방법에 의해 손상을 입지 않아야 한다.
14. 신축 이음부를 통과하는 케이블, 버스 바 및 그 밖의 전기적 도체는 가요성 배선방식을 사용하는 등 예상되는 움직임으로 인해 전기설비가 손상되지 않도록 선정 및 시공하여야 한다.
15. 배선이 고정 칸막이(파티션 등)를 통과하는 장소에는 금속시스케이블, 금속외장케이블 또는 전선관이나 그로미트(고리)를 사용하여 기계적인 손상에 대해 배선을 보

호하여야 한다.

16. 배선설비는 건축물의 내 하중을 받는 구조체 요소를 관통하지 않도록 한다. 다만, 관통배선 후 내 하중 요소를 보증하는 경우에는 예외로 한다.

232.4.9 식물과 곰팡이의 존재(AK)

1. 경험 또는 예측에 의해 위험조건(AK2)이 되는 경우, 다음을 고려하여야 한다.
   (1) 폐쇄형 설비(전선관, 케이블 덕트 또는 케이블 트렁킹)
   (2) 식물에 대한 이격거리 유지
   (3) 배선설비의 정기적인 청소

232.4.10 동물의 존재(AL)

1. 경험 또는 예측을 통해 위험 조건(AL2)이 되는 경우, 다음을 고려하여야 한다.
   (1) 배선설비의 기계적 특성 고려
   (2) 적절한 장소의 선정
   (3) 부분적 또는 전체적인 기계적 보호조치의 추가
   (4) 위 고려사항들의 조합

232.4.11 태양 방사(AN) 및 자외선 방사

경험 또는 예측에 의해 영향을 줄 만한 양의 태양방사(AN2) 또는 자외선이 있는 경우 조건에 맞는 배선설비를 선정하여 시공하거나 적절한 차폐를 하여야 한다. 다만, 이온 방사선을 받는 기기는 특별한 주의가 필요하다.

232.4.12 지진의 영향(AP)

1. 해당 시설이 위치하는 장소의 지진 위험을 고려하여 배선설비를 선정하고 설치하여야 한다.
2. 지진 위험도가 낮은 위험도(AP2) 이상인 경우, 특히 다음 사항에 주의를 기울여야 한다.
   (1) 배선설비를 건축물 구조에 고정 시 가요성을 고려하여야 한다. 예를 들어, 비상설비 등 모든 중요한 기기와 고정 배선 사이의 접속은 가요성을 고려하여 선정하여야 한다.

232.4.13 바람(AR)

진동(AH)과 그 밖의 기계적 응력(AJ)에 준하여 보호조치를 취하여야 한다.

232.4.14 가공 또는 보관된 자재의 특성(BE)

232.3.6 화재의 확산을 최소화하기 위한 조치를 참조한다.

232.4.15 건축물의 설계(CB)

1. 구조체 등의 변위에 의한 위험(CB3)이 존재하는 경우는 그 상호변위를 허용하는 케이블의 지지와 보호 방식을 채택하여 전선과 케이블에 과도한 기계적 응력이 실리지 않도록 하여야 한다.
2. 가요성 구조체 또는 비고정 구조체(CB4)에 대해서는 가요성 배선방식으로 한다.

232.5 허용전류

232.5.1 절연물의 허용온도

1. 정상적인 사용 상태에서 내용기간 중에 전선에 흘러야 할 전류는 통상적으로 표 232.5-1에 따른 절연물의 허용온도 이하이어야 한다. 그 전류값은 232.5.2의 1에 따라 선정하거나 232.5.2의 3에 따라 결정하여야 한다.

표 232.5-1 절연물의 종류에 대한 최고허용온도

절연물의 종류	최고허용온도(℃)[a,d]
열가소성 물질[폴리염화비닐(PVC)]	70(도체)
열경화성 물질[가교폴리에틸렌(XLPE) 또는 에틸렌프로필렌고무(EPR) 혼합물]	90(도체)[b]
무기물(열가소성 물질 피복 또는 나도체로 사람이 접촉할 우려가 있는 것)	70(시스)
무기물(사람의 접촉에 노출되지 않고, 가연성 물질과 접촉할 우려가 없는 나도체)	105(시스)[b,c]

a : 이 표에서 도체의 최고허용온도(최대연속운전온도)는 KS C IEC 60364-5-52(저압전기설비-제5-52부 : 전기기기의 선정 및 설치-배선설비)의 "부속서 B(허용전류)"에 나타낸 허용전류값의 기초가 되는 것으로서 KS C IEC 60502(정격전압 1 kV ~ 30 kV 압출 성형 절연 전력케이블 및 그 부속품) 및 IEC 60702(정격전압 750 V 이하 무기물 절연 케이블 및 단말부) 시리즈에서 인용하였다.
b : 도체가 70℃를 초과하는 온도에서 사용될 경우, 도체에 접속되어 있는 기기가 접속 후에 나타나는 온도에 적합한지 확인하여야 한다.
c : 무기절연(MI)케이블은 케이블의 온도 정격, 단말 처리, 환경조건 및 그 밖의 외부영향에 따라 더 높은 허용 온도로 할 수 있다.
d : (공인)인증 된 경우, 도체 또는 케이블 제조자의 규격에 따라 최대허용온도 한계(범위)를 가질 수 있다.

2. 표 232.5-1은 KS C IEC 60439-2(저 전압 개폐장치 및 제어장치 부속품 - 제2부 : 부스 바 트렁킹 시스템의 개별 요구사항), KS C IEC 61534-1(전원 트랙 - 제1부 : 일반 요구사항) 등에 따라 제조자가 허용전류 범위를 제공해야 하는 버스 바 트렁킹 시스템, 전원 트랙시스템 및 라이팅 트랙시스템에는 적용하지 않는다.
3. 다른 종류의 절연물에 대한 허용온도는 케이블 표준 또는 제조자 시방에 따른다.

232.5.2 허용전류의 결정

1. 절연도체와 비 외장 케이블에 대한 전류가 KS C IEC 60364-5-52(저압전기설비-제5-52부 : 전기기기의 선정 및 설치-배선설비)의 "부속서 B(허용전류)"에 주어진 필요한 보정 계수를 적용하고, KS C IEC 60364-5-52(저압전기설비-제5-52부 : 전기 기기의 선정 및 설치-배선설비)의 "부속서 A(공사방법)"를 참조하여 KS C IEC 60364-5-52(저압전기설비-제5-52부 : 전기 기기의 선정 및 설치-배선설비)의 "부속서 B(허용전류)"의 표(공사방법, 도체의 종류 등을 고려 허용전류)에서 선정된 적절한 값을 초과하지 않는 경우 232.5.1의 요구사항을 충족하는 것으로 간주한다.
2. 허용전류의 적정 값은 KS C IEC 60287(전기 케이블-전류 정격 계산) 시리즈에서 규정한 방법, 시험 또는 방법이 정해진 경우 승인된 방법을 이용한 계산을 통해 결정할 수도 있다. 이것을 사용하려면 부하 특성 및 토양 열 저항의 영향을 고려하여야 한다.
3. 주위온도는 해당 케이블 또는 절연전선이 무부하일 때 주위 매체의 온도이다.

232.5.3 복수회로로 포설된 그룹

1. KS C IEC 60364-5-52(저압전기설비-제5-52부 : 전기 기기의 선정 및 설치-배선설비)의 "부속서 B(허용전류)"의 그룹감소계수는 최고허용온도가 동일한 절연전선 또는 케이블의 그룹에 적용한다.
2. 최고허용온도가 다른 케이블 또는 절연전선이 포설된 그룹의 경우 해당 그룹의 모든 케이블 또는 절연전선의 허용전류용량은 그룹의 케이블 또는 절연전선 중에서 최고허용온도가 가장 낮은 것을 기준으로 적절한 집합감소계수를 적용하여야 한다.
3. 사용조건을 알고 있는 경우, 1가닥의 케이블 또는 절연전선이 그룹 허용전류의 30 % 이하를 유지하는 경우는 해당 케이블 또는 절연전선을 무시하고 그 그룹의 나머지에 대하여 감소계수를 적용할 수 있다.

232.5.4 통전도체의 수

1. 한 회로에서 고려해야 하는 전선의 수는 부하 전류가 흐르는 도체의 수이다. 다상회로 도체의 전류가 평형상태로 간주되는 경우는 중성선을 고려할 필요는 없다. 이 조건에서 4심 케이블의 허용전류는 각 상이 동일 도체 단면적인 3심 케이블의 허용전류와 같다. 4심, 5심 케이블에서 3도체만이 통전도체일 때 허용전류를 더 크게 할 수 있다. 이것은 15 % 이상의 THDi(전류 종합 고조파 왜형률)가 있는 제3고조파 또는 3의 홀수(기수) 배수 고조파가 존재하는 경우에는 별도로 고려해야 한다.
2. 선전류의 불평 형으로 인해 다심케이블의 중성선에 전류가 흐르는 경우, 중성선 전류에 의한 온도 상승은 1가닥 이상의 선 도체에 발생한 열이 감소함으로써 상쇄된다. 이 경우, 중성선의 굵기는 가장 많은 선 전류에 따라 선택하여야 한다. 중성선

은 어떠한 경우에도 제1에 적합한 단면적을 가져야 한다.

3. 중성선 전류 값이 도체의 부하전류보다 커지는 경우는 회로의 허용전류를 결정하는 데 있어서 중성선도 고려하여야 한다. 중선선의 전류는 3상회로의 3배수 고조파(영상분 고조파) 전류를 무시할 수 없는 데서 기인한다. 고조파 함유율이 기본파 선 전류의 15 %를 초과하는 경우 중성선의 굵기는 선 도체 이상이어야 한다. 고조파 전류에 의한 열의 영향 및 고차 고조파 전류에 대응하는 감소계수를 KS C IEC 60364-5-52(저압전기설비-제5-52부 : 전기 기기의 선정 및 설치-배선설비)의 "부속서 E(고조파 전류가 평형3상 계통에 미치는 영향)"에 나타내었다.
4. 보호도체로만 사용되는 도체(PE 도체)는 고려하지 않는다. PEN 도체는 중성선과 같은 방법으로 취급한다.

232.5.5 배선경로 중 설치조건의 변화

배선경로 중의 일부에서 다른 부분과 방열조건이 다른 경우 배선경로 중 가장 나쁜 조건의 부분을 기준으로 허용전류를 결정하여야 한다(단, 배선이 0.35 m 이하인 벽을 관통하는 장소에서만 방열조건이 다른 경우에는 이 요구사항을 무시할 수 있다).

232.10 전선관시스템

232.11 합성수지관 공사

232.11.1 시설조건

1. 전선은 절연전선(옥외용 비닐절연전선을 제외한다)일 것
2. 전선은 연선일 것 다만, 다음의 것은 적용하지 않는다.
   (1) 짧고 가는 합성수지관에 넣은 것
   (2) 단면적 10 ㎟(알루미늄 선은 단면적 16 ㎟) 이하의 것
3. 전선은 합성수지관 안에서 접속점이 없도록 할 것
4. 중량물의 압력 또는 현저한 기계적 충격을 받을 우려가 없도록 시설할 것

232.11.2 합성수지관 및 부속품의 선정

1. 합성수지관 공사에 사용하는 경질비닐 전선관 및 합성수지제 전선관, 기타 부속품 등(관 상호 간을 접속하는 것 및 관의 끝에 접속하는 것에 한하며 리듀서를 제외한다)은 다음에 적합한 것이어야 한다.
   (1) 합성수지제의 전선관 및 박스 기타의 부속품은 다음 (1)에 적합한 것일 것 다만, 부속품 중 금속제의 박스 및 다음 (2)에 적합한 분진방폭형(粉塵防爆型) 가요성 부속은 그러하지 아니하다.
      ① 합성수지제의 전선관 및 박스 기타의 부속품

㈎ 합성수지제의 전선관은 KS C 8431(경질 폴리염화비닐 전선관)의 "7. 성능" 및 "8. 구조" 또는 KS C 8454[합성 수지 제 휨(가요) 전선관]의 "4. 일반 요구사항", "7. 성능", "8. 구조" 및 "9. 치수" 또는 KS C 8455(파상형 경질 폴리에틸렌 전선관)의 "7. 재료 및 제조방법", "8. 치수", "10. 성능" 및 "11. 구조"를 따른다.

㈏ 박스는 KS C 8436(합성수지제 박스 및 커버)의 "5. 성능", "6. 겉모양 및 모양", "7. 치수" 및 "8. 재료"를 따른다.

㈐ 부속품은 KS C IEC 61386-21-A(전기설비용 전선관 시스템-제21부 : 경질 전선관 시스템의 개별 요구사항)의 "4. 일반요구사항", "6. 분류", "9. 구조" 및 "10. 기계적 특성", "11. 전기적 특성", "12. 내열 특성"을 따른다.

② 분진방폭형(粉塵防爆型) 가요성 부속

㈎ 구조

이음매 없는 단동(丹銅), 인청동(隣靑銅)이나 스테인리스의 가요 관에 단동·황동이나 스테인리스의 편조피복을 입힌 것 또는 232.13.2의 1에 적합한 2종 금속제의 가요전선관에 두께 0.8 ㎜ 이상의 비닐 피복을 입힌 것의 양쪽 끝에 커넥터 또는 유니온 커플링을 견고히 접속하고 안쪽 면은 전선을 넣거나 바꿀 때에 전선의 피복을 손상하지 아니하도록 매끈한 것일 것

㈏ 완성품

실온에서 그 바깥지름의 10배의 지름을 가지는 원통의 주위에 180° 구부린 후 직선상으로 환원시키고 다음에 반대방향으로 180° 구부린 후 직선상으로 환원시키는 조작을 10회 반복하였을 때에 금이 가거나 갈라지는 등의 이상이 생기지 아니하는 것일 것

(2) 관의 끝부분 및 안쪽 면은 전선의 피복을 손상하지 아니하도록 매끈한 것일 것

(3) 관[합성수지제 휨(가요) 전선관을 제외한다]의 두께는 2 ㎜ 이상일 것 다만, 전개된 장소 또는 점검할 수 있는 은폐된 장소로서 건조한 장소에 사람이 접촉할 우려가 없도록 시설한 경우(옥내배선의 사용전압이 400 V 이하인 경우에 한 한다)에는 그러하지 아니하다.

232.11.3 합성수지관 및 부속품의 시설

1. 관 상호간 및 박스와는 관을 삽입하는 깊이를 관의 바깥지름의 1.2배(접착제를 사용하는 경우에는 0.8배) 이상으로 하고 또한 꽂음 접속에 의하여 견고하게 접속할 것
2. 관의 지지점 간의 거리는 1.5 m 이하로 하고, 또한 그 지지 점은 관의 끝·관과 박스의 접속점 및 관 상호 간의 접속점 등에 가까운 곳에 시설할 것

3. 습기가 많은 장소 또는 물기가 있는 장소에 시설하는 경우에는 방습 장치를 할 것
4. 합성수지관을 금속제의 박스에 접속하여 사용하는 경우 또는 232.11.2의 1의 단서에 규정하는 분진방폭형 가요성 부속을 사용 하는 경우에는 박스 또는 분진 방폭형 가요성 부속에 211과 140에 준하여 접지공사를 할 것 다만, 사용전압이 400 V 이하로서 다음 중 하나에 해당하는 경우에는 그러하지 아니하다.
   (1) 건조한 장소에 시설하는 경우
   (2) 옥내배선의 사용전압이 직류 300 V 또는 교류 대지 전압이 150 V 이하로서 사람이 쉽게 접촉할 우려가 없도록 시설하는 경우
5. 합성수지관을 풀 박스에 접속하여 사용하는 경우에는 제1의 규정에 준하여 시설할 것 다만, 기술상 부득이한 경우에 관 및 풀 박스를 건조한 장소에서 불연성의 조영재에 견고하게 시설하는 때에는 그러하지 아니하다.
6. 난연성이 없는 콤바인 덕트 관은 직접 콘크리트에 매입하여 시설하는 경우 이외에는 전용의 불연성 또는 난연성의 관 또는 덕트에 넣어 시설할 것
7. 합성수지제 휨(가요) 전선관 상호 간은 직접 접속하지 말 것

232.12 금속관공사

232.12.1 시설조건

1. 전선은 절연전선(옥외용 비닐절연전선을 제외한다)일 것
2. 전선은 연선일 것 다만, 다음의 것은 적용하지 않는다.
   (1) 짧고 가는 금속관에 넣은 것
   (2) 단면적 10 ㎟(알루미늄 선은 단면적 16 ㎟) 이하의 것
3. 전선은 금속관 안에서 접속점이 없도록 할 것

232.12.2 금속관 및 부속품의 선정

1. 금속관공사에 사용하는 금속관과 박스 기타의 부속품(관 상호 간을 접속하는 것 및 관의 끝에 접속하는 것에 한하며 리듀서를 제외한다)은 다음에 적합한 것이어야 한다.
   (1) ①에 정하는 표준에 적합한 금속제의 전선관(가요전선관을 제외한다) 및 금속제 박스 기타의 부속품 또는 황동이나 동으로 견고하게 제작한 것일 것 다만, 분진 방폭형 가요성 부속 기타의 방폭형의 부속품으로서 (2)와 (3)에 적합한 것과 절연부싱은 그러하지 아니하다.
      ① 금속제의 전선관 및 금속제 박스 기타의 부속품은 다음에 적합한 것일 것
         ㈎ 강제 전선관
         KS C 8401(강제전선관)의 "4. 굽힘 성", "5. 내식성", "7. 치수, 무게 및 유효

나사부의 길이와 바깥지름 및 무게의 허용차"의 "표 1", "표 2" 및 "표 3"의 호칭 방법, 바깥지름, 바깥지름의 허용차, 두께, 유효나사부의 길이(최소치), "8. 겉모양", "9.1 재료"와 "9.2 제조방법"의 9.2.2, 9.2.3 및 9.2.4

(나) 알루미늄 전선관

KS C IEC 60614-2-1-A(전선관-제2-1부 : 금속 제 전선관의 개별규정)의 "7. 치수", "8. 구조", "9. 기계적 특성", "10. 내열성", "11. 내화성"

(다) 금속제 박스

KS C 8458(금속제 박스 및 커버)의 "4. 성능", "5. 구조", "6. 모양 및 치수" 및 "7. 재료"

(라) 부속품

KS C 8460(금속제 전선관용 부속품)의 "7. 성능", "8. 구조", "9. 모양 및 치수", 및 "10. 재료"

② 금속관의 방폭형 부속품 중 가요성 부속의 표준은 다음에 적합한 것일 것

(가) 분진방폭형의 가요성 부속의 구조는 이음매 없는 단동·인청동이나 스테인리스의 가요 관에 단동·황동이나 스테인레스의 편조 피복을 입힌 것 또는 표 232.12-1에 적합한 2종 금속제의 가요전선관에 두께 0.8 ㎜ 이상의 비닐 피복을 입힌 것의 양쪽 끝에 커넥터 또는 유니온 커플링을 견고히 접속하고 안쪽 면은 전선을 넣거나 바꿀 때에 전선의 피복을 손상하지 아니하도록 매끈한 것일 것

(나) 분진방폭형의 가요성 부속의 완성품은 실온에서 그 바깥지름의 10배의 지름을 가지는 원통의 주위에 180° 구부린 후 직선상으로 환원시키고 다음에 반대방향으로 180° 구부린 후 직선상으로 환원시키는 조작을 10회 반복하였을 때에 금이 가거나 갈라지는 등의 이상이 생기지 아니하는 것일 것

(다) 내압(耐壓)방폭형의 가요성 부속의 구조는 이음매 없는 단동·인청동이나 스테인리스의 가요 관에 단동·황동이나 스테인리스의 편 조피복을 입힌 것의 양쪽 끝에 커넥터 또는 유니온 커플링을 견고히 접속하고 안쪽 면은 전선을 넣거나 바꿀 때에 전선의 피복을 손상하지 아니하도록 매끈한 것일 것

(라) 내압(耐壓)방폭형의 가요성 부속의 완성품은 실온에서 그 바깥지름의 10배의 지름을 가지는 원통의 주위에 180° 구부린 후 직선상으로 환원시키고 다음에 반대방향으로 180° 구부린 후 직선상으로 환원시키는 조작을 10회 반복한 후 196 N/cm^2의 수압을 내부에 가하였을 때에 금이 가거나 갈라지는 등의 이상이 생기지 아니하는 것일 것

(마) 안전증 방폭형의 가요성 부속의 구조는 표 232.12-1에 적합한 1종 금속제의 가요전선관에 단동·황동이나 스테인레스의 편조 피복을 입힌 것 또는 표

232.12-1에 적합한 2종 금속제의 가요전선관에 두께 0.8 ㎜ 이상의 비닐을 피복한 것의 양쪽 끝에 커넥터 또는 유니온 커플링을 견고히 접속하고 안쪽 면은 전선을 넣거나 바꿀 때에 전선의 피복을 손상하지 아니하도록 매끈한 것일 것

(바) 안전증 방폭형의 가요성 부속의 완성품은 실온에서 그 바깥지름의 10배의 지름을 가지는 원통의 주위에 180° 구부린 후 직선상으로 환원시키고 다음에 반대방향으로 180° 구부린 후 직선상으로 환원시키는 조작을 10회 반복하였을 때 금이 가거나 갈라지는 등의 이상이 생기지 아니하는 것일 것

표 232.12-1 금속제 가요전선관 및 박스 기타의 부속품

1종 금속제 가요전선관	KS C 8422(금속제 가요전선관)의 "7. 성능" 표 1의 "내식성, 인장, 굽힘", "8.1 가요관의 내면", "9. 치수" 표 2의 "1종 가요관의 호칭, 재료의 최소두께, 최소 안지름, 바깥지름, 바깥지름의 허용차" 및 "10. 재료 a"의 규정에 적합한 것이어야 하며 조편의 이음매는 심하게 두께가 늘어나지 아니하고 1종 금속제 가요전선관의 세기를 감소시키지 아니하는 것일 것
2종 금속제 가요전선관	KS C 8422(금속제 가요전선관)의 "7. 성능" 표 1의 "내식성, 인장, 압축, 전기저항, 굽힘, 내수", "8.1 가요관의 내면", "9. 치수" 표 3 "2종 가요관의 호칭, 최소 안지름, 바깥지름, 바깥지름의 허용차" 및 "10. 재료 b"의 규정에 적합한 것일 것
금속제 가요전선관용 부속품	KS C 8459(금속제 가요전선관용 부속품)의 "7. 성능", "8. 구조", "9. 모양 및 치수", "그림 4 ~ 15" 및 "10. 재료"에 적합한 것일 것

③ 금속관의 방폭형 부속품 중 ②에 규정하는 것 이외의 것은 다음의 표준에 적합할 것

(가) 재료는 건식 아연도금 법에 의하여 아연도금을 한 위에 투명한 도료를 칠하거나 기타 적당한 방법으로 녹이 스는 것을 방지하도록 한 강(鋼) 또는 가단주철(可鍛鑄鐵)일 것

(나) 안쪽 면 및 끝부분은 전선을 넣거나 바꿀 때에 전선의 피복을 손상하지 아니하도록 매끈한 것일 것

(다) 전선관과의 접속부분의 나사는 5턱 이상 완전히 나사결합이 될 수 있는 길이일 것

(라) 접합면(나사의 결합부분을 제외한다)은 KS C IEC 60079-1(폭발성 분위기-제1부 : 내압 방폭 구조"d") "5. 방폭 접합"의 "5.1 일반 요구사항"에 적합한 것일 것. 다만, 금속·합성고무 등의 난연성 및 내구성이 있는 패킹을 사용하고 이를 견고히 접합면에 붙일 경우에 그 틈새가 있을 경우 이 틈새는 KS C

IEC 60079-1(폭발성 분위기-제1부 : 내압 방폭 구조"d") "5.2.2 틈새"의 "표 1" 및 "표 2"의 최댓값을 넘지 않아야 한다.

(마) 접합면 중 나사의 접합은 KS C IEC 60079-1(폭발성 분위기-제1부 : 내압 방폭 구조"d")의 "5.3 나사 접합"의 "표 3" 및 "표 4"에 적합한 것일 것

(바) 완성품은 KS C IEC 60079-1(폭발성 분위기-제1부 : 내압 방폭구 조"d")의 "15.1.2 폭발압력(기준압력)측정" 및 "15.1.3 압력시험"에 적합한 것일 것

(2) 관의 두께는 다음에 의할 것

① 콘크리트에 매입하는 것은 1.2 mm 이상

② ① 이외의 것은 1 mm 이상. 다만, 이음매가 없는 길이 4 m 이하인 것을 건조하고 전개된 곳에 시설하는 경우에는 0.5 mm까지로 감할 수 있다.

(3) 관의 끝부분 및 안쪽 면은 전선의 피복을 손상하지 아니하도록 매끈한 것일 것

232.12.3 금속관 및 부속품의 시설

1. 관 상호 간 및 관과 박스 기타의 부속품과는 나사접속 기타 이와 동등 이상의 효력이 있는 방법에 의하여 견고하고 또한 전기적으로 완전하게 접속할 것

2. 관의 끝 부분에는 전선의 피복을 손상하지 아니하도록 적당한 구조의 부싱을 사용할 것 다만, 금속관공사로부터 애자사용공사로 옮기는 경우에는 그 부분의 관의 끝부분에는 절연부싱 또는 이와 유사한 것을 사용하여야 한다.

3. 습기가 많은 장소 또는 물기가 있는 장소에 시설하는 경우에는 방습 장치를 할 것

4. 관에는 211과 140에 준하여 접지공사를 할 것 다만, 사용전압이 400 V 이하로서 다음 중 하나에 해당하는 경우에는 그러하지 아니하다.

(1) 관의 길이(2개 이상의 관을 접속하여 사용하는 경우에는 그 전체의 길이를 말한다. 이하 같다)가 4 m 이하인 것을 건조한 장소에 시설하는 경우

(2) 옥내배선의 사용전압이 직류 300 V 또는 교류 대지 전압 150 V 이하로서 그 전선을 넣는 관의 길이가 8 m 이하인 것을 사람이 쉽게 접촉할 우려가 없도록 시설하는 경우 또는 건조한 장소에 시설하는 경우

5. 금속관을 금속제의 풀 박스에 접속하여 사용하는 경우에는 제1의 규정에 준하여 시설하여야 한다. 다만, 기술상 부득이한 경우에는 관 및 풀 박스를 건조한 곳에서 불연성의 조영재에 견고하게 시설하고 또한 관과 풀 박스 상호 간을 전기적으로 접속하는 때에는 그러하지 아니하다.

232.13 금속제 가요전선관공사

232.13.1 시설조건

1. 전선은 절연전선(옥외용 비닐절연전선을 제외한다)일 것

2. 전선은 연선일 것 다만, 단면적 10 ㎟(알루미늄 선은 단면적 16 ㎟) 이하인 것은 그러하지 아니하다.
3. 가요전선관 안에는 전선에 접속점이 없도록 할 것
4. 가요전선관은 2종 금속제 가요전선관일 것 다만, 전개된 장소 또는 점검할 수 있는 은폐된 장소(옥내배선의 사용전압이 400 V 초과인 경우에는 전동기에 접속하는 부분으로서 가요성을 필요로 하는 부분에 사용하는 것에 한 한다)에는 1종 가요전선관(습기가 많은 장소 또는 물기가 있는 장소에는 비닐 피복 1종 가요전선관에 한 한다)을 사용할 수 있다.

232.13.2 가요전선관 및 부속품의 선정

1. 표 232.12-1에 적합한 금속제 가요전선관 및 박스 기타의 부속품일 것
2. 안쪽 면은 전선의 피복을 손상하지 아니하도록 매끈한 것일 것

232.13.3 가요전선관 및 부속품의 시설

1. 관 상호 간 및 관과 박스 기타의 부속품과는 견고하고 또한 전기적으로 완전하게 접속할 것
2. 가요전선관의 끝부분은 피복을 손상하지 아니하는 구조로 되어 있을 것
3. 2종 금속제 가요전선관을 사용하는 경우에 습기 많은 장소 또는 물기가 있는 장소에 시설하는 때에는 비닐 피복 2종 가요전선관일 것
4. 1종 금속제 가요전선관에는 단면적 2.5 ㎟ 이상의 나연 동선을 전체 길이에 걸쳐 삽입 또는 첨가하여 그 나연 동선과 1종 금속제가요전선관을 양쪽 끝에서 전기적으로 완전하게 접속할 것 다만, 관의 길이가 4 m 이하인 것을 시설하는 경우에는 그러하지 아니하다.
5. 가요전선관공사는 211과 140에 준하여 접지공사를 할 것

232.20 케이블 트렁킹 시스템

232.21 합성수지몰드 공사

232.21.1 시설조건

1. 전선은 절연전선(옥외용 비닐절연전선을 제외한다)일 것
2. 합성수지몰드 안에는 전선에 접속점이 없도록 할 것 다만, 합성수지몰드 안의 전선을 KS C 8436(합성수지제 박스 및 커버)의"5 성능", "6 겉모양 및 모양", "7 치수" 및 "8 재료"에 적합한 합성 수지제의 조인트 박스를 사용하여 접속할 경우에는 그러하지 아니하다.
3. 합성수지몰드 상호 간 및 합성수지 몰드와 박스 기타의 부속품과는 전선이 노출되

지 아니하도록 접속할 것

232.21.2 합성수지몰드 및 박스 기타의 부속품의 선정

1. 합성수지몰드 공사에 사용하는 합성수지몰드 및 박스 기타의 부속품(몰드 상호 간을 접속하는 것 및 몰드 끝에 접속하는 것에 한 한다)은 KS C 8436(합성수지제 박스 및 커버)에 적합한 것일 것 다만, 부속품 중 콘크리트 안에 시설하는 금속제의 박스에 대하여는 그러하지 아니하다.
2. 합성수지몰드는 홈의 폭 및 깊이가 35 mm 이하, 두께는 2 mm 이상의 것일 것 다만, 사람이 쉽게 접촉할 우려가 없도록 시설하는 경우에는 폭이 50 mm 이하, 두께 1 mm 이상의 것을 사용할 수 있다.

232.22 금속몰드공사

232.22.1 시설조건

1. 전선은 절연전선(옥외용 비닐절연 전선을 제외한다)일 것
2. 금속몰드 안에는 전선에 접속점이 없도록 할 것 다만, 「전기용품 및 생활용품 안전관리법」에 의한 금속제 조인트 박스를 사용할 경우에는 접속할 수 있다.
3. 금속몰드의 사용전압이 400 V 이하로 옥내의 건조한 장소로 전개된 장소 또는 점검할 수 있는 은폐장소에 한하여 시설할 수 있다

232.22.2 금속몰드 및 박스 기타 부속품의 선정

금속몰드공사에 사용하는 금속몰드 및 박스 기타의 부속품(몰드 상호 간을 접속하는 것 및 몰드의 끝에 접속하는 것에 한 한다)은 다음에 적합한 것이어야 한다.

1. 「전기용품 및 생활용품 안전관리법」에서 정하는 표준에 적합한 금속제의 몰드 및 박스 기타 부속품 또는 황동이나 동으로 견고하게 제작한 것으로서 안쪽면이 매끈한 것일 것
2. 황동제 또는 동제의 몰드는 폭이 50 mm 이하, 두께 0.5 mm 이상인 것일 것

232.22.3 금속몰드 및 박스 기타 부속품의 시설

1. 몰드 상호 간 및 몰드 박스 기타의 부속품과는 견고하고 또한 전기적으로 완전하게 접속할 것
2. 몰드에는 211 및 140의 규정에 준하여 접지공사를 할 것 다만, 다음 중 하나에 해당하는 경우에는 그러하지 아니하다.
   (1) 몰드의 길이(2개 이상의 몰드를 접속하여 사용하는 경우에는 그 전체의 길이를 말한다. 이하 같다)가 4 m 이하인 것을 시설하는 경우
   (2) 옥내배선의 사용전압이 직류 300 V 또는 교류 대지 전압이 150 V 이하로서 그

전선을 넣는 관의 길이가 8 m 이하인 것을 사람이 쉽게 접촉할 우려가 없도록 시설하는 경우 또는 건조한 장소에 시설하는 경우

232.23 금속 트렁킹 공사

본체부와 덮개가 별도로 구성되어 덮개를 열고 전선을 교체하는 금속 트렁킹 공사방법은 232.31의 규정을 준용한다.

232.24 케이블트렌치공사

1. 케이블트렌치(옥내배선공사를 위하여 바닥을 파서 만든 도랑 및 부속설비를 말하며 수용가의 옥내 수전설비 및 발전설비 설치장소에만 적용한다)에 의한 옥내배선은 다음에 따라 시설하여야 한다.
   (1) 케이블트렌치 내의 사용 전선 및 시설방법은 232.41을 준용한다. 단, 전선의 접속부는 방습 효과를 갖도록 절연 처리하고 점검이 용이하도록 할 것
   (2) 케이블은 배선 회로별로 구분하고 2 m 이내의 간격으로 받침대등을 시설할 것
   (3) 케이블트렌치에서 케이블트레이, 덕트, 전선관 등 다른 공사방법으로 변경되는 곳에는 전선에 물리적 손상을 주지 않도록 시설할 것
   (4) 케이블트렌치 내부에는 전기배선설비 이외의 수관·가스관 등 다른 시설물을 설치하지 말 것
2. 케이블트렌치는 다음에 적합한 구조이어야 한다.
   (1) 케이블트렌치의 바닥 또는 측면에는 전선의 하중에 충분히 견디고 전선에 손상을 주지 않는 받침대를 설치할 것
   (2) 케이블트렌치의 뚜껑, 받침대 등 금속재는 내식성의 재료이거나 방식 처리를 할 것
   (3) 케이블트렌치 굴곡부 안쪽의 반경은 통과하는 전선의 허용곡률반경 이상이어야 하고 배선의 절연피복을 손상시킬 수 있는 돌기가 없는 구조일 것
   (4) 케이블트렌치의 뚜껑은 바닥 마감 면과 평평하게 설치하고 장비의 하중 또는 통행 하중 등 충격에 의하여 변형되거나 파손되지 않도록 할 것
   (5) 케이블트렌치의 바닥 및 측면에는 방수처리하고 물이 고이지 않도록 할 것
   (6) 케이블트렌치는 외부에서 고형물이 들어가지 않도록 IP2X 이상으로 시설할 것
3. 케이블트렌치가 건축물의 방화구획을 관통하는 경우 관통 부는 불연성의 물질로 충전(充塡)하여야 한다.
4. 케이블트렌치의 부속설비에 사용되는 금속재는 211과 140에 준하여 접지공사를 하여야 한다.

232.30 케이블 덕팅 시스템

232.31 금속 덕트공사

232.31.1 시설조건

1. 전선은 절연전선(옥외용 비닐절연전선을 제외한다)일 것
2. 금속 덕트에 넣은 전선의 단면적(절연피복의 단면적을 포함한다)의 합계는 덕트의 내부 단면적의 20 %(전광표시장치 기타 이와 유사한 장치 또는 제어회로 등의 배선만을 넣는 경우에는 50 %) 이하일 것
3. 금속 덕트 안에는 전선에 접속점이 없도록 할 것 다만, 전선을 분기하는 경우에는 그 접속점을 쉽게 점검할 수 있는 때에는 그러하지 아니하다.
4. 금속 덕트 안의 전선을 외부로 인출하는 부분은 금속 덕트의 관통부분에서 전선이 손상될 우려가 없도록 시설할 것
5. 금속 덕트 안에는 전선의 피복을 손상할 우려가 있는 것을 넣지 아니할 것
6. 금속 덕트에 의하여 저압 옥내배선이 건축물의 방화 구획을 관통하거나 인접 조영물로 연장되는 경우에는 그 방화벽 또는 조영 물 벽면의 덕트 내부는 불연성의 물질로 차폐하여야 함.

232.31.2 금속 덕트의 선정

1. 폭이 40 ㎜ 이상, 두께가 1.2 ㎜ 이상인 철판 또는 동등 이상의 기계적 강도를 가지는 금속제의 것으로 견고하게 제작한 것일 것
2. 안쪽 면은 전선의 피복을 손상시키는 돌기(突起)가 없는 것일 것
3. 안쪽 면 및 바깥 면에는 산화 방지를 위하여 아연도금 또는 이와 동등 이상의 효과를 가지는 도장을 한 것일 것

232.31.3 금속 덕트의 시설

1. 덕트 상호 간은 견고하고 또한 전기적으로 완전하게 접속할 것
2. 덕트를 조영 재에 붙이는 경우에는 덕트의 지지 점 간의 거리를 3 m(취급자 이외의 자가 출입할 수 없도록 설비한 곳에서 수직으로 붙이는 경우에는 6 m) 이하로 하고 또한 견고하게 붙일 것
3. 덕트의 본체와 구분하여 뚜껑을 설치하는 경우에는 쉽게 열리지 아니하도록 시설할 것
4. 덕트의 끝부분은 막을 것
5. 덕트 안에 먼지가 침입하지 아니하도록 할 것
6. 덕트는 물이 고이는 낮은 부분을 만들지 않도록 시설할 것
7. 덕트는 211과 140에 준하여 접지공사를 할 것

8. 옥내에 연접하여 설치되는 등 기구(서로 다른 끝을 연결하도록 설계된 등기구로서 내부에 전원공급용 관통배선을 가지는 것 "연접설치 등기구"라 한다)는 다음에 따라 시설할 것
   (1) 등 기구는 레이스웨이(raceway, KS C 8465)로 사용할 수 없다. 다만, 「전기용품 및 생활용품 안전관리법」에 의한 안전인증을 받은 등기구로서 다음에 의하여 시설하는 경우는 예외로 한다.
      ① 연접설치 등 기구는 KS C IEC 60598-1(등기구 - 제1부 : 일반 요구사항 및 시험)의 "12. 내구성 시험과 열 시험"에 적합한 것일 것
      ② 현수형 연접설치 등 기구는 개별 등 기구에 대해 KS C 8465(레이스웨이)에 규정된 "6.3 정하중"에 적합한 것일 것
      ③ 연접설치 등 기구에는 "연접설치 적합" 표시와 "최대연접설치 가능한 등기구의 수"를 표기할 것
      ④ 232.31.1 및 232.31.3에 따라 시설할 것
      ⑤ 연접설치 등 기구는 KS C IEC 61084-1(전기설비용 케이블 트렁킹 및 덕트 시스템 - 제1부 : 일반 요구사항)의 "12. 전기적 특성"에 적합하거나, 접지도체로 연결할 것
   (2) 그 밖에 설치장소의 환경조건을 고려하여 감전화재 위험의 우려가 없도록 시설하여야 한다.

232.32 플로어 덕트공사

232.32.1 시설조건

1. 전선은 절연전선(옥외용 비닐절연전선을 제외한다)일 것
2. 전선은 연선일 것 다만, 단면적 10 ㎟(알루미늄 선은 단면적 16 ㎟) 이하인 것은 그러하지 아니하다.
3. 플로어 덕트 안에는 전선에 접속점이 없도록 할 것 다만, 전선을 분기하는 경우에 접속점을 쉽게 점검할 수 있을 때에는 그러하지 아니하다.

232.32.2 플로어 덕트 및 부속품의 선정

플로어 덕트 및 박스 기타의 부속품(플로어 덕트 상호 간을 접속하는 것 및 플로어 덕트의 끝에 접속하는 것에 한 한다)은 KS C 8457(플로어 덕트용의 부속품)에 적합한 것이어야 한다.

232.32.3 플로어 덕트 및 부속품의 시설

1. 덕트 상호 간 및 덕트와 박스 및 인출구와는 견고하고 또한 전기적으로 완전하게 접속할 것

2. 덕트 및 박스 기타의 부속품은 물이 고이는 부분이 없도록 시설하여야 한다.
3. 박스 및 인출구는 마루 위로 돌출하지 아니하도록 시설하고 또한 물이 스며들지 아니하도록 밀봉할 것
4. 덕트의 끝부분은 막을 것
5. 덕트는 211과 140에 준하여 접지공사를 할 것

232.33 셀룰러 덕트공사

232.33.1 시설조건

1. 전선은 절연전선(옥외용 비닐절연전선을 제외한다)일 것
2. 전선은 연선일 것 다만, 단면적 10 ㎟(알루미늄 선은 단면적 16 ㎟) 이하의 것은 그러하지 아니하다.
3. 셀룰러 덕트 안에는 전선에 접속점을 만들지 아니할 것 다만, 전선을 분기하는 경우 그 접속점을 쉽게 점검할 수 있을 때에는 그러하지 아니하다.
4. 셀룰러 덕트 안의 전선을 외부로 인출하는 경우에는 그 셀룰러 덕트의 관통 부분에서 전선이 손상될 우려가 없도록 시설할 것

232.33.2 셀룰러 덕트 및 부속품의 선정

1. 강판으로 제작한 것일 것
2. 덕트 끝과 안쪽 면은 전선의 피복이 손상하지 아니하도록 매끈한 것일 것
3. 덕트의 안쪽 면 및 외면은 방청을 위하여 도금 또는 도장을 한 것일 것 다만, KS D 3602(강제갑판) 중 SDP 3에 적합한 것은 그러하지 아니하다.
4. 셀룰러 덕트의 판 두께는 표 232.33-1에서 정한 값 이상일 것

표 232.33-1 셀룰러 덕트의 선정

덕트의 최대 폭	덕트의 판 두께
150 ㎜ 이하	1.2 ㎜
150 ㎜ 초과 200 ㎜ 이하	1.4 ㎜[KS D 3602(강제 갑판) 중 SDP2, SDP3 또는 SDP2G에 적합한 것은 1.2 ㎜]
200 ㎜ 초과하는 것	1.6 ㎜

5. 부속품의 판 두께는 1.6 ㎜ 이상일 것
6. 저판을 덕트에 붙인 부분은 다음 계산식에 의하여 계산한 값의 하중을 저판에 가할 때 덕트의 각부에 이상이 생기지 않을 것

$$P=5.88D$$

여기서, P : 하중(N/m), D : 덕트의 단면적(cm^2)

232.33.3 셀룰러 덕트 및 부속품의 시설

1. 덕트 상호 간, 덕트와 조영물의 금속 구조 체, 부속품 및 덕트에 접속하는 금속체와는 견고하게 또한 전기적으로 완전하게 접속할 것
2. 덕트 및 부속품은 물이 고이는 부분이 없도록 시설할 것
3. 인출 구는 바닥 위로 돌출하지 아니하도록 시설하고 또한 물이 스며들지 아니하도록 할 것
4. 덕트의 끝부분은 막을 것
5. 덕트는 211과 140에 준하여 접지공사를 할 것

232.40 케이블트레이시스템

232.41 케이블트레이공사

케이블트레이공사는 케이블을 지지하기 위하여 사용하는 금속재 또는 불연성 재료로 제작된 유닛 또는 유닛의 집합체 및 그에 부속하는 부속 재 등으로 구성된 견고한 구조물을 말하며 사다리형, 펀칭형, 메시형, 바닥밀폐형 기타 이와 유사한 구조물을 포함하여 적용한다.

232.41.1 시설 조건

1. 전선은 연피케이블, 알루미늄 피 케이블 등 난연성 케이블(334.7의 1의 "가"에서 (1) - ㈎의 시험방법에 의한 시험에 합격한 케이블) 또는 기타 케이블(적당한 간격으로 연소(延燒)방지 조치를 하여야 한다) 또는 금속관 혹은 합성수지관 등에 넣은 절연전선을 사용하여야 한다.
2. 제1의 각 전선은 관련되는 각 규정에서 사용이 허용되는 것에 한하여 시설할 수 있다.
3. 케이블트레이 안에서 전선을 접속하는 경우에는 전선 접속부분에 사람이 접근할 수 있고 또한 그 부분이 측면 레일 위로 나오지 않도록 하고 그 부분을 절연처리 하여야 한다.
4. 수평으로 포설하는 케이블 이외의 케이블은 케이블 트레이의 가로대에 견고하게 고정시켜야 한다.
5. 저압 케이블과 고압 또는 특고압 케이블은 동일 케이블 트레이 안에 포설하여서는 아니 된다. 다만, 견고한 불연성의 격벽을 시설하는 경우 또는 금속외장 케이블인 경우에는 그러하지 아니하다.
6. 수평 트레이에 다심케이블을 포설 시 다음에 적합하여야 한다.
   (1) 사다리형, 바닥밀폐형, 펀칭형, 메시형 케이블 트레이 내에 다심케이블을 포설하는 경우 이들 케이블의 지름(케이블의 완성품의 바깥지름을 말한다. 이하 같다)의

합계는 트레이의 내측 폭 이하로 하고 단층으로 시설하여야 한다.

(2) 벽면과의 간격은 20 ㎜ 이상 이격하여 설치하여야 한다.

(3) 트레이 설치 및 케이블 허용전류의 저감계수는 KS C IEC 60364-5-52(전기기기의 선정 및 설치-배선설비) 표 B.52.20을 적용한다.

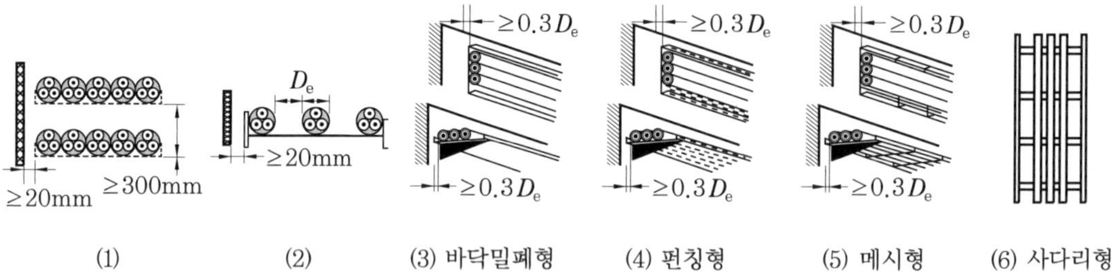

그림 232.41-1 수평 트레이의 다심케이블 공사방법

7. 수평 트레이에 단심케이블을 포설 시 다음에 적합하여야 한다.

(1) 사다리형, 바닥밀폐형, 펀칭형, 메시형 케이블 트레이 내에 단심케이블을 포설하는 경우 이들 케이블의 지름의 합계는 트레이의 내측 폭 이하로 하고 단층으로 포설하여야 한다. 단, 삼각포설 시에는 묶음단위 사이의 간격은 단심케이블 지름의 2배 이상 이격하여 포설하여야 한다(그림 232.41-2 참조).

(2) 벽면과의 간격은 20 ㎜ 이상 이격하여 설치하여야 한다.

(3) 트레이 설치 및 케이블 허용전류의 저감계수는 KS C IEC 60364-5-52(전기기기의 선정 및 설치-배선설비) 표 B.52.21을 적용한다.

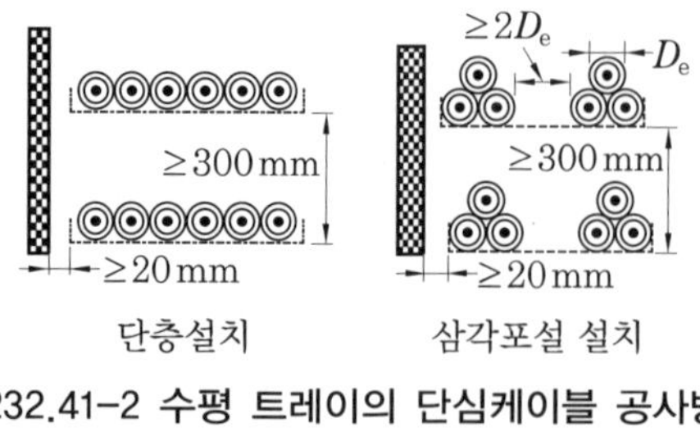

그림 232.41-2 수평 트레이의 단심케이블 공사방법

8. 수직 트레이에 다심케이블을 포설 시 다음에 적합하여야 한다.

(1) 사다리형, 바닥밀폐형, 펀칭형, 메시형 케이블트레이 내에 다심케이블을 포설하는 경우 이들 케이블의 지름의 합계는 트레이의 내측 폭 이하로 하고 단층으로 포설하여야 한다.

(2) 벽면과의 간격은 가장 굵은 케이블의 바깥지름의 0.3배 이상 이격하여 설치하여야 한다.

(3) 트레이 설치 및 케이블 허용전류의 저감계수는 KS C IEC 60364-5-52(전기기기의 선정 및 설치-배선설비) 표 B.52.20을 적용한다.

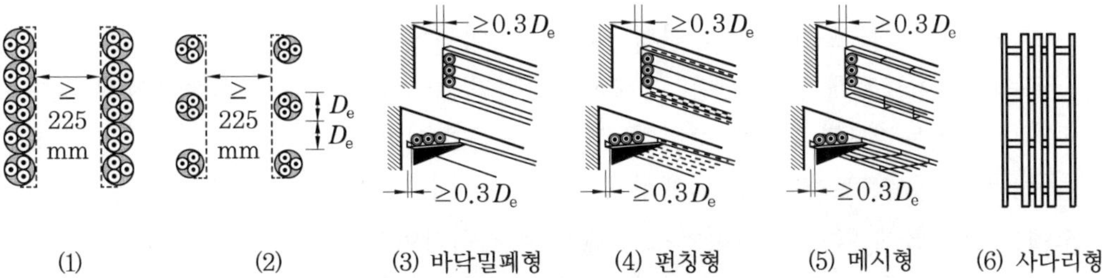

그림 232.41-3 수직 트레이의 다심케이블 공사방법

9. 수직 트레이에 단심케이블을 포설 시 다음에 적합하여야 한다.

(1) 사다리형, 바닥밀폐형, 펀칭형, 메시형 케이블 트레이 내에 단심케이블을 포설하는 경우 이들 케이블 지름의 합계는 트레이의 내측 폭 이하로 하고 단층으로 포설하여야 한다. 단, 삼각포설 시에는 묶음단위 사이의 간격은 단심케이블 지름의 2배 이상 이격하여 설치하여야 한다.

(2) 벽면과의 간격은 가장 굵은 단심케이블 바깥지름의 0.3배 이상 이격하여 설치하여야 한다.

(3) 트레이 설치 및 케이블 허용전류의 저감계수는 KS C IEC 60364-5-52(전기기기의 선정 및 설치-배선설비) 표 B.52.21을 적용한다.

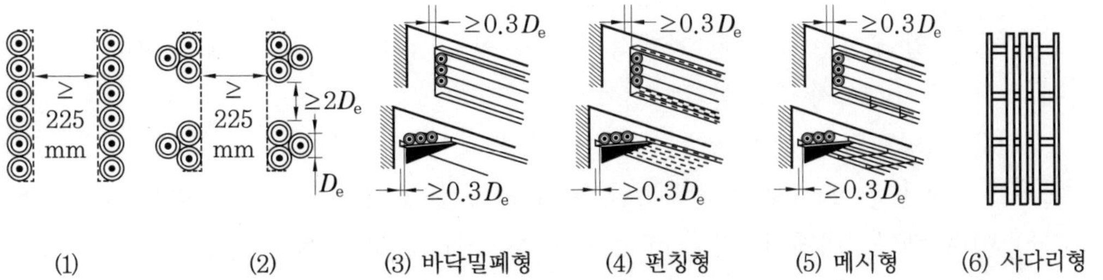

그림 232.41-4 수직 트레이의 단심케이블 공사방법

232.41.2 케이블트레이의 선정

1. 수용된 모든 전선을 지지할 수 있는 적합한 강도의 것이어야 한다. 이 경우 케이블 트레이의 안전율은 1.5 이상으로 하여야 한다.

2. 지지대는 트레이 자체 하중과 포설된 케이블 하중을 충분히 견딜 수 있는 강도를 가져야 한다.

3. 전선의 피복 등을 손상시킬 돌기 등이 없이 매끈하여야 한다.

4. 금속재의 것은 적절한 방식처리를 한 것이거나 내식성 재료의 것이어야 한다.

5. 측면 레일 또는 이와 유사한 구조 재를 부착하여야 한다.
6. 배선의 방향 및 높이를 변경하는데 필요한 부속 재 기타 적당한 기구를 갖춘 것이어야 한다.
7. 비금속제 케이블 트레이는 난연성 재료의 것이어야 한다.
8. 금속제 케이블트레이시스템은 기계적 및 전기적으로 완전하게 접속하여야 하며 금속제 트레이는 211과 140에 준하여 접지공사를 하여야 한다.
9. 케이블이 케이블트레이시스템에서 금속관, 합성수지관 등 또는 함으로 옮겨가는 개소에는 케이블에 압력이 가하여지지 않도록 지지하여야 한다.
10. 별도로 방호를 필요로 하는 배선부분에는 필요한 방호력이 있는 불연성의 커버 등을 사용하여야 한다.
11. 케이블트레이가 방화구획의 벽, 마루, 천장 등을 관통하는 경우에 관통부는 불연성의 물질로 충전(充塡)하여야 한다.
12. 케이블트레이 및 그 부속재의 표준은 KS C 8464(케이블 트레이) 또는 「전력산업기술기준(KEPIC)」 ECD 3100을 준용하여야 한다.

232.51 케이블공사

232.51.1 시설조건

케이블공사에 의한 저압 옥내배선(232.51.2 및 232.51.3에서 규정하는 것을 제외한다)은 다음에 따라 시설하여야 한다.

1. 전선은 케이블 및 캡타이어케이블일 것
2. 중량물의 압력 또는 현저한 기계적 충격을 받을 우려가 있는 곳에 포설하는 케이블에는 적당한 방호 장치를 할 것
3. 전선을 조영재의 아랫면 또는 옆면에 따라 붙이는 경우에는 전선의 지지 점 간의 거리를 케이블은 2 m(사람이 접촉할 우려가 없는 곳에서 수직으로 붙이는 경우에는 6 m) 이하 캡타이어케이블은 1 m 이하로 하고 또한 그 피복을 손상하지 아니하도록 붙일 것
4. 관 기타의 전선을 넣는 방호 장치의 금속제 부분·금속제의 전선 접속함 및 전선의 피복에 사용하는 금속 체에는 211과 140에 준하여 접지공사를 할 것 다만, 사용전압이 400 V 이하로서 다음 중 하나에 해당할 경우에는 관 기타의 전선을 넣는 방호 장치의 금속제 부분에 대하여는 그러하지 아니하다.
   (1) 방호 장치의 금속제 부분의 길이가 4 m 이하인 것을 건조한 곳에 시설하는 경우
   (2) 옥내배선의 사용전압이 직류 300 V 또는 교류 대지 전압이 150 V 이하로서 방호 장치의 금속제 부분의 길이가 8 m 이하인 것을 사람이 쉽게 접촉할 우려가 없도록 시설하는 경우 또는 건조한 것에 시설하는 경우

232.51.2 콘크리트 직매용 포설

저압 옥내배선은 232.51.1의 4의 규정에 준하여 시설하는 이외에 다음에 따라 시설하여야 한다.

1. 전선은 콘크리트 직매용(直埋用) 케이블 또는 334.1의 4의 "마"에서 "사"까지 정하는 구조의 개장을 한 케이블일 것
2. 공사에 사용하는 박스는 「전기용품 및 생활용품 안전관리법」의 적용을 받는 금속제이거나 합성 수지제의 것 또는 황동이나 동으로 견고하게 제작한 것일 것
3. 전선을 박스 또는 풀 박스 안에 인입하는 경우는 물이 박스 또는 풀박스 안으로 침입하지 아니하도록 적당한 구조의 부싱 또는 이와 유사한 것을 사용할 것
4. 콘크리트 안에는 전선에 접속점을 만들지 아니할 것

232.51.3 수직 케이블의 포설

1. 전선을 건조물의 전기 배선용의 파이프 샤프트 안에 수직으로 매어 달아 시설하는 저압 옥내배선은 232.51.1의 2 및 4의 규정에 준하여 시설하는 이외의 다음에 따라 시설하여야 한다.
   (1) 전선은 다음 중 하나에 적합한 케이블일 것
      ① KS C IEC 60502(정격전압 1 kV ~ 30 kV 압출 성형 절연 전력케이블 및 그 부속품)에 적합한 비닐외장케이블 또는 클로로프렌외장케이블(도체에 연알루미늄선, 반경 알루미늄선 또는 알루미늄 성형단선을 사용하는 것 및 ②에 규정하는 강심알루미늄 도체 케이블을 제외한다)로서 도체에 동을 사용하는 경우는 공칭단면적 25 ㎟ 이상, 도체에 알루미늄을 사용한 경우는 공칭단면적 35 ㎟ 이상의 것
      ② 강심알루미늄 도체 케이블은 「전기용품 및 생활용품 안전관리법」에 적합할 것
      ③ 수직조가용선 부(付) 케이블로서 다음에 적합할 것
         ㈎ 케이블은 인장강도 5.93 kN 이상의 금속선 또는 단면적이 22 ㎟ 아연도강연선으로서 단면적 5.3 ㎟ 이상의 조가용선을 비닐외장케이블 또는 클로로프렌외장케이블의 외장에 견고하게 붙인 것일 것
         ㈏ 조가용선은 케이블의 중량(조가용선의 중량을 제외한다)의 4배의 인장강도에 견디도록 붙인 것일 것
      ④ KS C IEC 60502(정격전압 1 kV ~ 30 kV 압출 성형 절연 전력케이블 및 그 부속품)에 적합한 비닐외장케이블 또는 클로로프렌외장케이블의 외장 위에 그 외장을 손상하지 아니하도록 좌상(座床)을 시설하고 또 그 위에 아연도금을 한 철선으로서 인장강도 294 N 이상의 것 또는 지름 1 ㎜ 이상의 금속선을 조밀하게 연합한 철선 개장 케이블

(2) 전선 및 그 지지부분의 안전율은 4 이상일 것
(3) 전선 및 그 지지부분은 충전부분이 노출되지 아니하도록 시설할 것
(4) 전선과의 분기부분에 시설하는 분기선은 케이블일 것
(5) 분기선은 장력이 가하여지지 아니하도록 시설하고 또한 전선과의 분기부분에는 진동 방지장치를 시설할 것
(6) "(5)"의 규정에 의하여 시설하여도 전선에 손상을 입힐 우려가 있을 경우에는 적당한 개소에 진동 방지장치를 더 시설할 것

2. 제1에서 규정하는 케이블은 242.2부터 242.5에서 규정하는 장소에 시설하여서는 아니 된다.

232.56 애자공사

232.56.1 시설조건

1. 전선은 다음의 경우 이외에는 절연전선(옥외용 비닐절연전선 및 인입용 비닐절연전선을 제외한다)일 것
   (1) 전기로용 전선
   (2) 전선의 피복 절연물이 부식하는 장소에 시설하는 전선
   (3) 취급자 이외의 자가 출입할 수 없도록 설비한 장소에 시설하는 전선
2. 전선 상호 간의 간격은 0.06 m 이상일 것
3. 전선과 조영재 사이의 이격거리는 사용전압이 400 V 이하인 경우에는 25 ㎜ 이상, 400 V 초과인 경우에는 45 ㎜(건조한 장소에 시설하는 경우에는 25 ㎜) 이상일 것
4. 전선의 지지점 간의 거리는 전선을 조영재의 윗면 또는 옆면에 따라 붙일 경우에는 2 m 이하일 것
5. 사용전압이 400 V 초과인 것은 제4의 경우 이외에는 전선의 지지점 간의 거리는 6 m 이하일 것
6. 저압 옥내배선은 사람이 접촉할 우려가 없도록 시설할 것 다만, 사용전압이 400 V 이하인 경우에 사람이 쉽게 접촉할 우려가 없도록 시설하는 때에는 그러하지 아니하다.
7. 전선이 조영재를 관통하는 경우에는 그 관통하는 부분의 전선을 전선마다 각각 별개의 난연성 및 내수성이 있는 절연관에 넣을 것 다만, 사용전압이 150 V 이하인 전선을 건조한 장소에 시설하는 경우로서 관통하는 부분의 전선에 내구성이 있는 절연테이프를 감을 때에는 그러하지 아니하다.

232.56.2 애자의 선정

사용하는 애자는 절연성·난연성 및 내수성의 것이어야 한다.

232.60 버스 바 트렁킹 시스템

232.61 버스 덕트 공사

232.61.1 시설조건

1. 덕트 상호 간 및 전선 상호 간은 견고하고 또한 전기적으로 완전하게 접속할 것
2. 덕트를 조영재에 붙이는 경우에는 덕트의 지지점 간의 거리를 3 m(취급자 이외의 자가 출입할 수 없도록 설비한 곳에서 수직으로 붙이는 경우에는 6 m) 이하로 하고 또한 견고하게 붙일 것
3. 덕트(환기형의 것을 제외한다)의 끝부분은 막을 것
4. 덕트(환기형의 것을 제외한다)의 내부에 먼지가 침입하지 아니하도록 할 것
5. 덕트는 211과 140에 준하여 접지공사를 할 것
6. 습기가 많은 장소 또는 물기가 있는 장소에 시설하는 경우에는 옥외용 버스 덕트를 사용하고 버스 덕트 내부에 물이 침입하여 고이지 아니하도록 할 것

232.61.2 버스덕트의 선정

1. 도체는 단면적 20 ㎟ 이상의 띠 모양, 지름 5 ㎜ 이상의 관모양이나 둥글고 긴 막대 모양의 동 또는 단면적 30 ㎟ 이상의 띠 모양의 알루미늄을 사용한 것일 것
2. 도체 지지물은 절연성·난연성 및 내수성이 있는 견고한 것일 것
3. 덕트는 표 232.61-1의 두께 이상의 강판 또는 알루미늄 판으로 견고히 제작한 것일 것

표 232.61-1 버스 덕트의 선정

덕트의 최대 폭(㎜)	덕트의 판 두께(㎜)		
	강 판	알루미늄판	합성수지판
150 이하	1.0	1.6	2.5
150 초과 300 이하	1.4	2.0	5.0
300 초과 500 이하	1.6	2.3	–
500 초과 700 이하	2.0	2.9	–
700 초과하는 것	2.3	3.2	–

4. 구조는 KS C IEC 60439-2(버스 바 트렁킹 시스템의 개별 요구사항)의 구조에 적합할 것
5. 완성품은 KS C IEC 60439-2(버스 바 트렁킹 시스템의 개별 요구사항)의 시험방법에 의하여 시험하였을 때에 “8. 시험 표준서”에 적합한 것일 것

232.70 파워트랙시스템

232.71 라이팅 덕트 공사

232.71.1 시설조건

1. 덕트 상호 간 및 전선 상호 간은 견고하게 또한 전기적으로 완전히 접속할 것
2. 덕트는 조영재에 견고하게 붙일 것
3. 덕트의 지지점 간의 거리는 2 m 이하로 할 것
4. 덕트의 끝부분은 막을 것
5. 덕트의 개구부(開口部)는 아래로 향하여 시설할 것 다만, 사람이 쉽게 접촉할 우려가 없는 장소에서 덕트의 내부에 먼지가 들어가지 아니하도록 시설하는 경우에 한하여 옆으로 향하여 시설할 수 있다.
6. 덕트는 조영재를 관통하여 시설하지 아니할 것
7. 덕트에는 합성수지 기타의 절연물로 금속재 부분을 피복한 덕트를 사용한 경우 이외에는 211과 140에 준하여 접지공사를 할 것 다만, 대지 전압이 150 V 이하이고 또한 덕트의 길이(2본 이상의 덕트를 접속하여 사용할 경우에는 그 전체 길이를 말한다)가 4 m 이하인 때는 그러하지 아니하다.
8. 덕트를 사람이 용이하게 접촉할 우려가 있는 장소에 시설하는 경우에는 전로에 지락이 생겼을 때에 자동적으로 전로를 차단하는 장치를 시설할 것

232.71.2 라이팅 덕트 및 부속품의 선정

라이팅 덕트 공사에 사용하는 라이팅 덕트 및 부속품은 KS C IEC 60570(등기구전원공급용트랙시스템)에 적합할 것

232.81 옥내에 시설하는 저압 접촉전선 배선

1. 이동기중기·자동청소기 그 밖에 이동하며 사용하는 저압의 전기기계기구에 전기를 공급하기 위하여 사용하는 접촉전선(전차선 및 241.8.3의 "가"에 규정하는 접촉전선을 제외한다. 이하 이 조에서 "저압 접촉전선"이라 한다)을 옥내에 시설하는 경우에는 기계기구에 시설하는 경우 이외에는 전개된 장소 또는 점검할 수 있는 은폐된 장소에 애자공사 또는 버스 덕트공사 또는 절연트롤리공사에 의하여야 한다.
2. 저압 접촉전선을 애자공사에 의하여 옥내의 전개된 장소에 시설하는 경우에는 기계기구에 시설하는 경우 이외에는 다음에 따라야 한다.
   (1) 전선의 바닥에서의 높이는 3.5 m 이상으로 하고 또한 사람이 접촉할 우려가 없도록 시설할 것 다만, 전선의 최대 사용전압이 60 V 이하이고 또한 건조한 장소

에 시설하는 경우로서 사람이 쉽게 접촉할 우려가 없도록 시설하는 경우에는 그러하지 아니하다.

(2) 전선과 건조물 또는 주행 크레인에 설치한 보도·계단·사다리·점검대(전선 전용 점검대로서 취급자 이외의 자가 쉽게 들어갈 수 없도록 자물쇠 장치를 한 것은 제외한다)이거나 이와 유사한 것 사이의 이격거리는 위쪽 2.3 m 이상, 옆쪽 1.2 m 이상으로 할 것 다만, 전선에 사람이 접촉할 우려가 없도록 적당한 방호장치를 시설한 경우는 그러하지 아니하다.

(3) 전선은 인장강도 11.2 kN 이상의 것 또는 지름 6 ㎜의 경동선으로 단면적이 28 ㎟ 이상인 것일 것 다만, 사용전압이 400 V 이하인 경우에는 인장강도 3.44 kN 이상의 것 또는 지름 3.2 ㎜ 이상의 경동선으로 단면적이 8 ㎟ 이상인 것을 사용할 수 있다.

(4) 전선은 각 지지 점에 견고하게 고정시켜 시설하는 것 이외에는 양쪽 끝을 장력에 견디는 애자 장치에 의하여 견고하게 인류(引留)할 것

(5) 전선의 지저점간의 거리는 6 m 이하일 것 다만, 전선에 구부리기 어려운 도체를 사용하는 경우 이외에는 전선 상호 간의 거리를, 전선을 수평으로 배열하는 경우에는 0.28 m 이상, 기타의 경우에는 0.4 m 이상으로 하는 때에는 12 m 이하로 할 수 있다.

(6) 전선 상호 간의 간격은 전선을 수평으로 배열하는 경우에는 0.14 m 이상, 기타의 경우에는 0.2 m 이상일 것 다만, 다음에 해당하는 경우에는 그러하지 아니하다.

① 전선 상호 간 및 집전장치(集電裝置)의 충전부분과 극성이 다른 전선 사이에 절연성이 있는 견고한 격벽을 시설하는 경우

② 전선을 표 232.81-1에서 정한 값 이하의 간격으로 지지하고 또한 동요하지 아니하도록 시설하는 이외에 전선 상호 간의 간격을 60 ㎜ 이상으로 하는 경우

표 232.81-1 전선 상호 간의 간격 판정을 위한 전선의 지지점 간격

단면적의 구분	지지점 간격
1 ㎠ 미만	1.5 m(굴곡 반지름이 1 m 이하인 곡선 부분에서는 1 m)
1 ㎠ 이상	2.5 m(굴곡 반지름이 1 m 이하인 곡선 부분에서는 1 m)

③ 사용전압이 150 V 이하인 경우로서 건조한 곳에 전선을 0.5 m 이하의 간격으로 지지하고 또한 집전장치의 이동에 의하여 동요하지 아니하도록 시설하는 이외에 전선 상호 간의 간격을 30 ㎜ 이상으로 하고 또한 그 전선에 전기를 공급하는 옥내배선에 정격전류가 60 A 이하인 과전류 차단기를 시설하는 경우

(7) 전선과 조영재 사이의 이격거리 및 그 전선에 접촉하는 집전장치의 충전부분과 조영재 사이의 이격거리는 습기가 많은 곳 또는 물기가 있는 곳에 시설하는 것은

기준 및 법규

45 ㎜ 이상, 기타의 곳에 시설하는 것은 25 ㎜ 이상일 것 다만, 전선 및 그 전선에 접촉하는 집전장치의 충전부분과 조영재 사이에 절연성이 있는 견고한 격벽을 시설하는 경우에는 그러하지 아니하다.

(8) 애자는 절연성, 난연성 및 내수성이 있는 것일 것

3. 저압 접촉전선을 애자공사에 의하여 옥내의 점검할 수 있는 은폐된 장소에 시설하는 경우에는 기계기구에 시설하는 경우 이외에는 제2의 "(3)", "(4)" 및 "(8)"의 규정에 준하여 시설하는 이외에 다음에 따라 시설하여야 한다.

(1) 전선에는 구부리기 어려운 도체를 사용하고 또한 이를 표 232.81-1에서 정한 값 이하의 지지 점 간격으로 동요하지 아니하도록 견고하게 고정시켜 시설할 것

(2) 전선 상호 간의 간격은 0.12 m 이상일 것

(3) 전선과 조영재 사이의 이격거리 및 그 전선에 접촉하는 집전장치의 충전부분과 조영재 사이의 이격거리는 45 ㎜ 이상일 것 다만, 전선 및 그 전선에 접촉하는 집전장치의 충전부분과 조영재 사이에 절연성이 있는 견고한 격벽을 시설하는 경우에 그러하지 아니하다.

4. 저압 접촉전선을 버스 덕트 공사에 의하여 옥내에 시설하는 경우에, 기계기구에 시설하는 경우 이외에는 232.61.1의 1 및 2의 규정에 준하여 시설하는 이외에 다음에 따라 시설하여야 한다.

(1) 버스 덕트는 다음에 적합한 것일 것

① 도체는 단면적 20 ㎟ 이상의 띠 모양 또는 지름 5 ㎜ 이상의 관모양이나 둥글고 긴 막대 모양의 동 또는 황동을 사용한 것일 것

② 도체 지지물은 절연성·난연성 및 내수성이 있는 견고한 것일 것

③ 덕트는 그 최대 폭에 따라 표 232.61-1의 두께 이상의 강판·알루미늄 판 또는 합성수지판(최대 폭이 300 ㎜ 이하의 것에 한 한다)으로 견고히 제작한 것일 것

④ 구조는 KS C 8449(2007)(트롤리버스관로)의 "6. 구조"에 적합한 것일 것

⑤ 완성품은 KS C 8449(2007)(트롤리버스관로)의 "8. 시험방법"에 의하여 시험하였을 때에 "5. 성능"에 적합한 것일 것

(2) 덕트의 개구부는 아래를 향하여 시설할 것

(3) 덕트의 끝 부분은 충전부분이 노출하지 아니하는 구조로 되어 있을 것

(4) 사용전압이 400 V 이하인 경우에는 금속제 덕트에 접지공사를 할 것

(5) 사용전압이 400 V 초과인 경우에는 금속제 덕트에 특별 접지공사를 할 것 다만, 사람이 접촉할 우려가 없도록 시설하는 경우에는 접지공사에 의할 수 있다.

5. 제4의 경우에 전선의 사용전압이 직류 30 V(사람이 전선에 접촉할 우려가 없도록 시설하는 경우에는 60 V) 이하로서 덕트 내부에 먼지가 쌓이는 것을 방지하기 위한

조치를 강구하고 또한 다음에 따라 시설할 때에는 제4의 규정에 따르지 아니할 수 있다.

(1) 버스 덕트는 다음에 적합한 것일 것

① 도체는 단면적 20 ㎟ 이상의 띠 모양 또는 지름 5 ㎜ 이상의 관모양이나 둥글고 긴 막대 모양의 동 또는 황동을 사용한 것일 것

② 도체 지지물은 절연성·난연성 및 내수성이 있고 견고한 것일 것

③ 덕트는 그 최대 폭에 따라 표 232.61-1의 두께 이상의 강판 또는 알루미늄판으로 견고하게 제작한 것일 것

④ 구조는 다음에 적합한 것일 것

㈎ KS C 8449(2002)(트롤리버스관로)의 "6. 구조[나충전 부와 비충전 금속 부 및 이극 나충전 부(異極裸充電部) 상호 간의 거리에 관한 부분은 제외한다]"에 적합한 것일 것

㈏ 나충전 부 상호 간 및 나충전 부와 비충전 금속부 간의 연면거리 및 공간거리는 각각 4 ㎜ 및 2.5 ㎜ 이상일 것

㈐ 사람이 쉽게 접촉할 우려가 있는 장소에 덕트를 시설할 경우는 도체 상호 간에 절연성이 있는 견고한 격벽을 만들고 또한 덕트와 도체간에 절연성이 있는 개재물이 있을 것

⑤ 완성품은 KS C 8449(2002)(트롤리버스관로)의 "8 시험방법(금속제 관로와 트롤리의 금속 프레임간의 접촉저항 시험에 관한 부분은 제외한다)"에 의하여 시험하였을 때에 "5. 성능"에 적합한 것일 것

(2) 덕트는 건조한 장소에 시설할 것

(3) 버스 덕트에 전기를 공급하기 위해서 1차측 전로의 사용전압이 400 V 이하인 절연변압기를 사용할 것

(4) "(3)"의 절연 변압기의 2차측 전로는 접지하지 아니할 것

(5) "(3)"의 절연 변압기는 1차권선과 2차권선 사이에 금속제 혼촉 방지판을 설치하고 또한 이것에 140의 규정을 준용하여 접지공사를 할 것

(6) "(3)"의 절연 변압기 교류 2 kV의 시험전압을 하나의 권선과 다른 권선, 철심 및 외함 간에 연속하여 1분간 가하여 절연내력을 시험하였을 때 이에 견디는 것일 것

6. 저압 접촉전선을 절연 트롤리 공사에 의하여 시설하는 경우에는 기계기구에 시설하는 경우 이외에는 다음에 따라 시설하여야 한다.

(1) 절연 트롤리선은 사람이 쉽게 접할 우려가 없도록 시설할 것

(2) 절연 트롤리 공사에 사용하는 절연 트롤리선 및 그 부속품(절연 트롤리선을 상호 접속하는 것 절연 트롤리선의 끝에 붙이는 것 및 행거에 한 한다)과 콜렉터는 다음에 적합한 것일 것

① 절연트롤리선의 도체는 지름 6 ㎜의 경동선 또는 이와 동등 이상의 세기의 것으로서 단면적이 28 ㎟ 이상의 것일 것
② 재료는 KS C 3134(2008)(절연트롤리장치)의 "7. 재료"에 적합할 것
③ 구조는 KS C 3134(2008)(절연트롤리장치)의 "6. 구조"에 적합할 것
④ 완성품은 KS C 3134(2008)(절연트롤리장치)의 "8. 시험방법"에 의하여 시험하였을 때에 "5. 성능"에 적합할 것

(3) 절연 트롤리선의 개구부는 아래 또는 옆으로 향하여 시설할 것
(4) 절연 트롤리선의 끝 부분은 충전부분이 노출되지 아니하는 구조의 것일 것
(5) 절연 트롤리선은 각 지지 점에서 견고하게 시설하는 것 이외에 그 양쪽 끝을 내장 인류장치에 의하여 견고하게 인류할 것
(6) 절연 트롤리선 지지점간의 거리는 표 232.81-2에서 정한 값 이상일 것 다만, 절연 트롤리선을 "(5)"의 규정에 의하여 시설하는 경우에는 6 m를 넘지 아니하는 범위 내의 값으로 할 수 있다.

표 232.81-2 절연 트롤리선의 지지점 간격

도체 단면적의 구분	지지점 간격
500 ㎟ 미만	2 m (굴곡 반지름이 3 m 이하의 곡선 부분에서는 1 m)
500 ㎟ 이상	3 m (굴곡 반지름이 3 m 이하의 곡선 부분에서는 1 m)

(7) 절연 트롤리선 및 그 절연 트롤리선에 접촉하는 집전장치는 조영재와 접촉되지 아니하도록 시설할 것
(8) 절연 트롤리선을 습기가 많은 장소 또는 물기가 있는 장소에 시설하는 경우에는 "나"에서 정하는 표준에 적합한 옥외용 행거 또는 옥외용 내장 인류장치를 사용할 것

7. 옥내에서 사용하는 기계기구에 시설하는 저압 접촉전선은 다음에 따라야 하며 또한 위험의 우려가 없도록 시설하여야 한다.
(1) 전선은 사람이 쉽게 접촉할 우려가 없도록 시설할 것 다만, 취급자 이외의 자가 쉽게 접근할 수 없는 곳에 취급자가 쉽게 접촉할 우려가 없도록 시설하는 경우에는 그러하지 아니하다.
(2) 전선은 절연성·난연성 및 내수성이 있는 애자로 기계기구에 접촉할 우려가 없도록 지지할 것 다만, 건조한 목재의 마루 또는 이와 유사한 절연성이 있는 것 위에서 취급하도록 시설된 기계기구에 시설되는 주행 레일을 저압 접촉전선으로 사용하는 경우에 다음에 의하여 시설하는 경우에는 그러하지 아니하다.

① 사용전압은 400 V 이하일 것
② 전선에 전기를 공급하기 위하여 변압기를 사용하는 경우에는 절연 변압기를 사용할 것 이 경우에 절연 변압기의 1차 측의 사용전압은 대지전압 300 V 이하이어야 한다.
③ 전선에는 140의 규정에 의하여 접지공사를 할 것

8. 옥내에 시설하는 접촉전선(기계기구에 시설하는 것을 제외한다)이 다른 옥내전선(342.3에서 규정하는 고압 접촉전선을 제외한다. 이하 이 항에서 같다), 약 전류전선 등 또는 수관·가스관이나 외와 유사한 것(여기에서 “다른 옥내전선 등”이라 한다)과 접근하거나 교차하는 경우에는 상호 간의 이격거리는 0.3 m(가스계량기 및 가스관의 이음부와는 0.6 m) 이상이어야 한다. 다만, 저압 접촉전선을 절연 트롤리 공사에 의하여 시설하는 경우에 상호 간의 이격거리는 0.1 m(가스계량기 및 가스관의 이음부는 제외) 이상으로 할 때, 또는 저압 접촉전선을 버스 덕트 공사에 의하여 시설하는 경우 버스 덕트 공사에 사용하는 덕트가 다른 옥내전선 등(가스계량기 및 가스관의 이음부는 제외)과 접촉하지 아니하도록 시설하는 때에는 그러하지 아니하다.
9. 옥내에 시설하는 저압 접촉전선에 전기를 공급하기 위한 전로에는 접촉전선 전용의 개폐기 및 과전류 차단기를 시설하여야 한다. 이 경우에 개폐기는 저압 접촉전선에 가까운 곳에 쉽게 개폐할 수 있도록 시설하고, 과전류 차단기는 각 극(다선식 전로의 중성극을 제외한다)에 시설하여야 한다.
10. 저압 접촉전선은 242.2(242.2의 3은 제외한다)부터 242.5에서 규정하는 옥내에 시설하여서는 아니 된다.
11. 저압 접촉전선은 옥내의 전개된 곳에 저압 접촉전선 및 그 주위에 먼지가 쌓이는 것을 방지하기 위한 조치를 강구하고 또한 면·마·견 그 밖의 타기 쉬운 섬유의 먼지가 있는 곳에서는 저압 접촉전선과 그 접촉전선에 접촉하는 집전장치가 사용 상태에서 떨어지지 아니하도록 시설하는 경우 이외에는 242.2.3에 규정하는 곳에 시설하여서는 아니 된다.
12. 옥내에 시설하는 저압 접촉전선(제7의 “나” 단서의 규정에 의하여 시설하는 것을 제외한다)과 대지 사이의 절연저항은 기술기준 제52조 표에서 정한 값 이상이어야 한다.

232.82 작업선 등의 실내 배선

1. 수상 또는 수중에 있는 작업선 등의 저압 옥내배선 및 저압 관등회로 배선의 케이블 배선에는 다음의 표준에 적합한 선박용 케이블을 사용할 수 있다.
(1) 정격전압은 600 V일 것

(2) 재료 및 구조는 KS C IEC 60092-350(2006)(선박용 전기설비-제350부 : 선박용 케이블의 구조 및 시험에 관한 일반 요구사항)의 "제2부 구조"에 적합할 것
(3) 완성품은 KS C IEC 60092-350(2006)(선박용 전기설비-제350부 : 선박용 케이블의 구조 및 시험에 관한 일반 요구사항)의 "제3부 시험요구사항"에 적합한 것일 것

232.84 옥내에 시설하는 저압용 배분전반 등의 시설

1. 옥내에 시설하는 저압용 배·분전반의 기구 및 전선은 쉽게 점검할 수 있도록 하고 다음에 따라 시설할 것
(1) 노출된 충전부가 있는 배전반 및 분전반은 취급자 이외의 사람이 쉽게 출입할 수 없도록 설치하여야 한다.
(2) 한 개의 분전반에는 한 가지 전원(1회선의 간선)만 공급하여야 한다. 다만, 안전확보가 충분하도록 격벽을 설치하고 사용전압을 쉽게 식별할 수 있도록 그 회로의 과전류 차단기 가까운 곳에 그 사용전압을 표시하는 경우에는 그러하지 아니하다.
(3) 주택용 분전반은 노출된 장소(신발장, 옷장 등의 은폐된 장소에는 시설할 수 없다)에 시설하며 구조는 KS C 8326 "7. 구조, 치수 및 재료"에 의한 것일 것
(4) 옥내에 설치하는 배전반 및 분전반은 불연성 또는 난연성(KS C 8326의 "8.10 캐비닛의 내연성 시험"에 합격한 것을 말한다)이 있도록 시설할 것
2. 옥내에 시설하는 저압용 전기계량기와 이를 수납하는 계기함을 사용할 경우는 쉽게 점검 및 보수할 수 있는 위치에 시설하고, 계기함은 KS C 8326 "7.20 재료"와 동등 이상의 것으로서 KS C 8326 "6.8 내연성"에 적합한 재료일 것

232.85 옥내에서의 전열 장치의 시설

1. 옥내에는 다음의 경우 이외에는 발열체를 시설하여서는 아니 된다.
(1) 기계기구의 구조상 그 내부에 안전하게 시설할 수 있는 경우
(2) 241.12(241.12.3을 제외한다), 241.11 또는 241.5의 규정에 의하여 시설하는 경우
2. 옥내에 시설하는 저압의 전열장치에 접속하는 전선은 열로 인하여 전선의 피복이 손상되지 아니하도록 시설하여야 한다.

233 전기기기

234 조명설비

234.1 등기구의 시설

234.1.1 적용범위

저압 조명설비 등을 일반장소에 시설 시 적용한다.

234.1.2 설치 요구사항

1. 등 기구는 제조사의 지침과 관련 KS 표준(KS C IEC 60598) 및 아래 항목을 고려하여 설치하여야 한다.
   (1) 등 기구는 다음을 고려하여 설치하여야 한다.
      ① 시동 전류
      ② 고조파 전류
      ③ 보상
      ④ 누설 전류
      ⑤ 최초 점화 전류
      ⑥ 전압강하
   (2) 램프에서 발생되는 모든 주파수 및 과도전류에 관련된 자료를 고려하여 보호방법 및 제어장치를 선정하여야 한다.

234.1.3 열 영향에 대한 주변의 보호

1. 등기구의 주변에 발광과 대류 에너지의 열 영향은 다음을 고려하여 선정 및 설치하여야 한다.
   (1) 램프의 최대 허용 소모전력
   (2) 인접 물질의 내열성
      ① 설치 지점
      ② 열 영향이 미치는 구역
   (3) 등 기구 관련 표시
   (4) 가연성 재료로부터 적절한 간격을 유지하여야 하며, 제작자에 의해 다른 정보가 주어지지 않으면, 스포트라이트나 프로젝터는 모든 방향에서 가연성 재료로부터 다음의 최소 거리를 두고 설치하여야 한다.
      ① 정격용량 100 W 이하 : 0.5 m
      ② 정격용량 100 W 초과 300 W 이하 : 0.8 m
      ③ 정격용량 300 W 초과 500 W 이하 : 1.0 m
      ④ 정격용량 500 W 초과 : 1.0 m 초과

3장 고압·특고압 전기설비

| 300 통칙 |

301 적용범위

교류 1 kV 초과 또는 직류 1.5 kV를 초과하는 고압 및 특고압 전기를 공급하거나 사용하는 전기설비에 적용한다. 고압 및 특고압 전기설비에서 적용하는 전압의 구분은 111.1의 2에 따른다.

302 기본원칙

302.1 일반사항

설비 및 기기는 그 설치장소에서 예상되는 전기적, 기계적, 환경적인 영향에 견디는 능력이 있어야 한다.

302.2 전기적 요구사항

1. 중성점 접지방법
   중성점 접지방식의 선정 시 다음을 고려하여야 한다.
   (1) 전원공급의 연속성 요구사항
   (2) 지락고장에 의한 기기의 손상제한
   (3) 고장부위의 선택적 차단
   (4) 고장위치의 감지
   (5) 접촉 및 보폭전압
   (6) 유도 성 간섭
   (7) 운전 및 유지보수 측면
2. 전압 등급
   사용자는 계통 공칭전압 및 최대운전전압을 결정하여야 한다.
3. 정상 운전 전류
   설비의 모든 부분은 정의된 운전조건에서의 전류를 견딜 수 있어야 한다.

4. 단락전류
 (1) 설비는 단락전류로부터 발생하는 열적 및 기계적 영향에 견딜 수 있도록 설치되어야 한다.
 (2) 설비는 단락을 자동으로 차단하는 장치에 의하여 보호되어야 한다.
 (3) 설비는 지락을 자동으로 차단하는 장치 또는 지락상태 자동표시장치에 의하여 보호되어야 한다.

5. 정격 주파수
 설비는 운전될 계통의 정격주파수에 적합하여야 한다.

6. 코로나
 코로나에 의하여 발생하는 전자기장으로 인한 전파 장해는 331.1에 범위를 초과하지 않도록 하여야 한다.

7. 전계 및 자계
 가압된 기기에 의해 발생하는 전계 및 자계의 한도가 인체에 허용 수준 이내로 제한되어야 한다.

8. 과전압
 기기는 낙뢰 또는 개폐동작에 의한 과전압으로부터 보호되어야 한다.

9. 고조파
 고조파 전류 및 고조파 전압에 의한 영향이 고려되어야 한다.

302.3 기계적 요구사항

1. 기기 및 지지구조물
 기기 및 지지구조물은 그 기초를 포함하며, 예상되는 기계적 충격에 견디어야 한다.

2. 인장하중
 인장하중은 현장의 가혹한 조건에서 계산된 최대도체인장력을 견딜 수 있어야 한다.

3. 빙설하중
 전선로는 빙설로 인한 하중을 고려하여야 한다.

4. 풍압하중
 풍압하중은 그 지역의 지형적인 영향과 주변 구조물의 높이를 고려하여야 한다.

5. 개폐전자기력
 지지물을 설계할 때에는 개폐전자기력이 고려되어야 한다.

6. 단락전자기력
 단락 시 전자기력에 의한 기계적 영향을 고려하여야 한다.

7. 도체 인장력의 상실
   인장애자련이 설치된 구조물은 최악의 하중이 가해지는 애자나 도체(케이블)의 손상으로 인한 도체인장력의 상실에 견딜 수 있어야 한다.
8. 지진하중
   지진의 우려성이 있는 지역에 설치하는 설비는 지진하중을 고려하여 설치하여야 한다.

302.4 기후 및 환경조건

설비는 주어진 기후 및 환경조건에 적합한 기기를 선정하여야 하며, 정상적인 운전이 가능하도록 설치하여야 한다.

302.5 특별요구사항

설비는 작은 동물과 미생물의 활동으로 인한 안전에 영향이 없도록 설치하여야 한다.

| 310 안전을 위한 보호 |

311 안전보호

311.1 절연수준의 선정

절연수준은 기기최고전압 또는 충격내전압을 고려하여 결정하여야 한다.

311.2 직접 접촉에 대한 보호

1. 전기설비는 충전부에 무심코 접촉하거나 충전부 근처의 위험구역에 무심코 도달하는 것을 방지하도록 설치되어져야 한다.
2. 계통의 도전성 부분(충전부, 기능상의 절연부, 위험전위가 발생할 수 있는 노출 도전성 부분 등)에 대한 접촉을 방지하기 위한 보호가 이루어져야 한다.
3. 보호는 그 설비의 위치가 출입제한 전기운전구역 여부에 의하여 다른 방법으로 이루어질 수 있다.

311.3 간접 접촉에 대한 보호

전기설비의 노출도전성 부분은 고장 시 충전으로 인한 인축의 감전을 방지하여야 하며, 그 보호방법은 320을 따른다.

311.4 아크고장에 대한 보호

전기설비는 운전 중에 발생되는 아크고장으로부터 운전자가 보호될 수 있도록 시설해야 한다.

311.5 직격뢰에 대한 보호

낙뢰 등에 의한 과전압으로부터 전기설비 등을 보호하기 위해 피뢰시스템을 시설하고, 그 밖의 적절한 조치를 하여야 한다.

311.6 화재에 대한 보호

전기기기의 설치 시에는 공간분리, 내화벽, 불연재료의 시설 등 화재예방을 위한 대책을 고려하여야 한다.

311.7 절연유 누설에 대한 보호

1. 환경보호를 위하여 절연유를 함유한 기기의 누설에 대한 대책이 있어야 한다.

2. 옥내기기의 절연유 유출방지설비
   (1) 옥내기기가 위치한 구역의 주위에 누설되는 절연유가 스며들지 않는 바닥에 유출방지 턱을 시설하거나 건축물 안에 지정된 보존구역으로 집유한다.
   (2) 유출방지 턱의 높이나 보존구역의 용량을 선정할 때 기기의 절연유량뿐만 아니라 화재보호시스템의 용수량을 고려하여야 한다.
3. 옥외설비의 절연유 유출방지설비
   (1) 절연유 유출방지설비의 선정은 기기에 들어 있는 절연유의 양, 우수 및 화재보호시스템의 용수량, 근접 수로 및 토양조건을 고려하여야 한다.
   (2) 집유 조 및 집수탱크가 시설되는 경우 집수탱크는 최대 용량 변압기의 유량에 대한 집유 능력이 있어야 한다.
   (3) 벽, 집유 조 및 집수탱크에 관련된 배관은 액체가 침투하지 않는 것이어야 한다.
   (4) 절연유 및 냉각액에 대한 집유 조 및 집수탱크의 용량은 물의 유입으로 지나치게 감소되지 않아야 하며, 자연배수 및 강제배수가 가능하여야 한다.
   (5) 다음의 추가적인 방법으로 수로 및 지하수를 보호하여야 한다.
      (1) 집유조 및 집수탱크는 바닥으로부터 절연유 및 냉각액의 유출을 방지하여야 한다.
      (2) 배출된 액체는 유수분리장치를 통하여야 하며 이 목적을 위하여 액체의 비중을 고려하여야 한다.

311.8 SF_6의 누설에 대한 보호

1. 환경보호를 위하여 SF_6가 함유된 기기의 누설에 대한 대책이 있어야 한다.
2. SF_6 가스 누설로 인한 위험성이 있는 구역은 환기가 되어야 하며, 세부 사항은 IEC 62271-4 : 2013(고압 개폐 및 제어 장치-제4부 : SF_6 및 그 혼합물의 취급절차)을 따른다.

311.9 식별 및 표시

1. 표시, 게시판 및 공고는 내구성과 내 부식성이 있는 물질로 만들고 지워지지 않는 문자로 인쇄되어야 한다.
2. 개폐기반 및 제어반의 운전 상태는 주 접점을 운전자가 쉽게 볼 수 있는 경우를 제외하고 표시기에 명확히 표시되어야 한다.
3. 케이블 단말 및 구성품은 확인되어야 하고 배선목록 및 결선도에 따라서 확인할 수 있도록 관련된 상세 사항이 표시되어야 한다.
4. 모든 전기기기실에는 바깥쪽 및 각 출입구의 문에 전기기기실임과 어떤 위험성을 확인할 수 있는 안내판 또는 경고판과 같은 정보가 표시되어야 한다.

| 320 접지설비 |

321 고압·특고압 접지계통

321.1 일반사항

1 고압 또는 특고압 기기는 접촉전압 및 보폭전압의 허용 값 이내의 요건을 만족하도록 시설하여야 한다.
2. 고압 또는 특고압 기기가 출입제한 된 전기설비 운전구역 이외의 장소에 설치되었다면 KS C IEC 61936-1(교류 1kV 초과 전력설비-제1부 : 공통 규정)의 "10. 접지시스템"에 의한다.
3. 모든 케이블의 금속시스(sheath) 부분은 접지를 하여야 한다.
4. 고압 또는 특고압 전기설비 접지는 140 및 321의 해당 부분을 적용한다.

321.2 접지시스템

1. 고압 또는 특고압 전기설비의 접지는 원칙적으로 142.6에 적합하여야 한다.
2. 고압 또는 특고압과 저압 접지시스템이 서로 근접한 경우에는 다음과 같이 시공하여야한다.
   (1) 고압 또는 특고압 변전소 내에서만 사용하는 저압전원이 있을 때 저압 접지시스템이 고압 또는 특고압 접지시스템의 구역 안에 포함되어 있다면 각각의 접지시스템은 서로 접속하여야 한다.
   (2) 고압 또는 특고압 변전소에서 인입 또는 인출되는 저압전원이 있을 때, 접지시스템은 다음과 같이 시공하여야 한다.
      ① 고압 또는 특고압 변전소의 접지시스템은 공통 및 통합접지의 일부분이거나 또는 다중 접지된 계통의 중성선에 접속되어야 한다. 다만, 공통 및 통합접지시스템이 아닌 경우 표 321.2-1에 따라 각각의 접지시스템 상호 접속 여부를 결정하여야 한다.
      ② 고압 또는 특고압과 저압 접지시스템을 분리하는 경우의 접지극은 고압 또는 특고압 계통의 고장으로 인한 위험을 방지하기 위해 접촉전압과 보폭전압을 허용 값 이내로 하여야 한다.
      ③ 고압 및 특고압 변전소에 인접하여 시설된 저압전원의 경우, 기기가 너무 가까이 위치하여 접지계통을 분리하는 것이 불가능한 경우에는 공통 또는 통합접지로 시공하여야 한다.

표 321.2-1 접지전위상승(EPR, Earth Potential Rise) 제한 값에 의한 고압 또는 특고압 및 저압 접지시스템의 상호접속의 최소요건

저압계통의 형태[a,b]		대지전위상승(EPR) 요건		
		접촉전압	스트레스 전압[c]	
			고장지속시간 $t_f \le 5$ s	고장지속시간 $t_f > 5$ s
TT		해당 없음	EPR ≤ 1200 V	EPR ≤ 250 V
TN		EPR ≤ $F \cdot U_{Tp}$ ([d,e])	EPR ≤ 1200 V	EPR ≤ 250 V
IT	보호도체 있음	TN 계통에 따름	EPR ≤ 1200 V	EPR ≤ 250 V
	보호도체 없음	해당 없음	EPR ≤ 1200 V	EPR ≤ 250 V

a : 저압계통은 142.5.2를 참조한다.
b : 통신기기는 ITU 추천사항을 적용 한다.
c : 적절한 저압기기가 설치되거나 EPR이 측정이나 계산에 근거한 국부전위차로 치환된다면 한계 값은 증가할 수 있다.
d : F의 기본 값은 2이다. PEN 도체를 대지에 추가 접속한 경우보다 높은 F 값이 적용될 수 있다. 어떤 토양구조에서는 F 값은 5까지 될 수도 있다. 이 규정은 표토 층이 보다 높은 저항률을 가진 경우 등 층별 저항률의 차이가 현저한 토양에 적용 시 주의가 필요하다. 이 경우의 접촉전압은 EPR의 50 %로 한다. 단, PEN 또는 저압 중간도체가 고압 또는 특고압접지계통에 접속되었다면 F의 값은 1로 한다.
e : U_{Tp} 는 허용접촉전압을 의미한다[KS C IEC 61936-1(교류 1 kV 초과 전력설비－공통규정) "그림 12(허용접촉전압 U_{Tp})" 참조]

322 혼촉에 의한 위험방지 시설

322.1 고압 또는 특고압과 저압의 혼촉에 의한 위험방지 시설

1. 고압전로 또는 특고압전로와 저압전로를 결합하는 변압기(322.2에 규정하는 것 및 철도 또는 궤도의 신호용 변압기를 제외한다)의 저압 측의 중성점에는 142.5의 규정에 의하여 접지공사(사용전압이 35 kV 이하의 특고압전로로서 전로에 지락이 생겼을 때에 1초 이내에 자동적으로 이를 차단하는 장치가 되어 있는 것 및 333.32의 1 및 4에 규정하는 특고압 가공전선로의 전로 이외의 특고압전로와 저압전로를 결합하는 경우에 계산된 접지저항 값이 10 Ω을 넘을 때에는 접지저항 값이 10 Ω 이하인 것에 한 한다)를 하여야 한다. 다만, 저압전로의 사용전압이 300 V 이하인 경우에 그 접지공사를 변압기의 중성점에 하기 어려울 때에는 저압 측의 1단자에 시행할 수 있다.
2. 제1의 접지공사는 변압기의 시설장소마다 시행하여야 한다. 다만, 토지의 상황에 의하여 변압기의 시설장소에서 142.5의 규정에 의한 접지저항 값을 얻기 어려운 경

우, 인장강도 5.26 kN 이상 또는 지름 4 ㎜ 이상의 가공 접지도체를 332.4의 2, 332.5, 332.6, 332.8, 332.11부터 332.15까지 및 222.18의 저압가공전선에 관한 규정에 준하여 시설할 때에는 변압기의 시설장소로부터 200 m까지 떼어놓을 수 있다.

3. 제1의 접지공사를 하는 경우에 토지의 상황에 의하여 제2의 규정에 의하기 어려울 때에는 다음에 따라 가공공동지선(架空共同地線)을 설치하여 2 이상의 시설장소에 142.5의 규정에 의하여 접지공사를 할 수 있다.
   (1) 가공공동지선은 인장강도 5.26 kN 이상 또는 지름 4 ㎜ 이상의 경동선을 사용하여 332.4의 2, 332.5, 332.8, 332.11부터 332.15까지 및 222.18의 저압가공전선에 관한 규정에 준하여 시설할 것
   (2) 접지공사는 각 변압기를 중심으로 하는 지름 400 m 이내의 지역으로서 그 변압기에 접속되는 전선로 바로 아래의 부분에서 각 변압기의 양쪽에 있도록 할 것 다만, 그 시설장소에서 접지공사를 한 변압기에 대하여는 그러하지 아니하다.
   (3) 가공공동지선과 대지 사이의 합성 전기저항 값은 1 km를 지름으로 하는 지역 안마다 142.6에 의해 접지저항 값을 가지는 것으로 하고 또한 각 접지도체를 가공공동지선으로부터 분리하였을 경우의 각 접지도체와 대지 사이의 전기저항 값은 300 Ω 이하로 할 것
4. 제3의 가공공동지선에는 인장강도 5.26 kN 이상 또는 지름 4 ㎜의 경동선을 사용하는 저압 가공전선의 1선을 겸용할 수 있다.
5. 직류단선 식 전기철도용 회전변류기·전기로·전기보일러 기타 상시 전로의 일부를 대지로부터 절연하지 아니하고 사용하는 부하에 공급하는 전용의 변압기를 시설한 경우에는 제1의 규정에 의하지 아니할 수 있다.

322.2 혼촉 방지 판이 있는 변압기에 접속하는 저압 옥외전선의 시설 등

1. 고압전로 또는 특고압전로와 비접지식의 저압전로를 결합하는 변압기(철도 또는 궤도의 신호용변압기를 제외한다)로서 그 고압권선 또는 특고압권선과 저압권선 간에 금속제의 혼촉 방지 판(混觸防止板)이 있고 또한 그 혼촉 방지 판에 142.5의 규정에 의하여 접지공사(사용전압이 35 kV 이하의 특고압전로로서 전로에 지락이 생겼을 때 1초 이내에 자동적으로 이것을 차단하는 장치를 한 것과 333.32의 1 및 4에 규정하는 특고압 가공전선로의 전로 이외의 특고압전로와 저압전로를 결합하는 경우에 계산된 접지저항 값이 10 Ω을 넘을 때에는 접지저항 값이 10 Ω 이하인 것에 한 한다)를 한 것에 접속하는 저압전선을 옥외에 시설할 때에는 다음에 따라 시설하여야 한다.
   (1) 저압전선은 1구내에만 시설할 것
   (2) 저압 가공전선로 또는 저압 옥상전선로의 전선은 케이블일 것

(3) 저압 가공전선과 고압 또는 특고압의 가공전선을 동일 지지물에 시설하지 아니할 것 다만, 고압 가공전선로 또는 특고압 가공전선로의 전선이 케이블인 경우에는 그러하지 아니하다.

322.3 특고압과 고압의 혼촉 등에 의한 위험방지 시설

1. 변압기(322.1의 5에 규정하는 변압기를 제외한다)에 의하여 특고압전로(333.32의 1에 규정하는 특고압 가공전선로의 전로를 제외한다)에 결합되는 고압전로에는 사용전압의 3배 이하인 전압이 가하여진 경우에 방전하는 장치를 그 변압기의 단자에 가까운 1극에 설치하여야 한다. 다만, 사용전압의 3배 이하인 전압이 가하여진 경우에 방전하는 피뢰기를 고압전로의 모선의 각상에 시설하거나 특고압권선과 고압권선 간에 혼촉 방지 판을 시설하여 접지저항 값이 10 Ω 이하 또는 142.5의 규정에 따른 접지공사를 한 경우에는 그러하지 아니하다.
2. 제1에서 규정하고 있는 장치의 접지는 140의 규정에 따라 시설하여야 한다.

322.4 계기용변성기의 2차 측 전로의 접지

1. 고압의 계기용변성기의 2차 측 전로에는 140의 규정에 의하여 접지공사를 하여야 한다.
2. 특고압 계기용변성기의 2차 측 전로에는 140의 규정에 의하여 접지공사를 하여야 한다.

322.5 전로의 중성점의 접지

1. 전로의 보호 장치의 확실한 동작의 확보, 이상 전압의 억제 및 대지전압의 저하를 위하여 특히 필요한 경우에 전로의 중성점에 접지공사를 할 경우에는 다음에 따라야 한다.
   (1) 접지극은 고장 시 그 근처의 대지 사이에 생기는 전위차에 의하여 사람이나 가축 또는 다른 시설물에 위험을 줄 우려가 없도록 시설할 것
   (2) 접지도체는 공칭단면적 16 ㎟ 이상의 연동선 또는 이와 동등 이상의 세기 및 굵기의 쉽게 부식하지 아니하는 금속선(저압 전로의 중성점에 시설하는 것은 공칭단면적 6 ㎟ 이상의 연동선 또는 이와 동등 이상의 세기 및 굵기의 쉽게 부식하지 않는 금속선)으로서 고장 시 흐르는 전류가 안전하게 통할 수 있는 것을 사용하고 또한 손상을 받을 우려가 없도록 시설할 것
   (3) 접지도체에 접속하는 저항기·리액터 등은 고장 시 흐르는 전류를 안전하게 통할 수 있는 것을 사용할 것

(4) 접지도체·저항기·리액터 등은 취급자 이외의 자가 출입하지 아니하도록 설비한 곳에 시설하는 경우 이외에는 사람이 접촉할 우려가 없도록 시설할 것

2. 제1에 규정하는 경우 이외의 경우로서 저압전로에 시설하는 보호 장치의 확실한 동작을 확보하기 위하여 특히 필요한 경우에 전로의 중성점에 접지공사를 할 경우(저압전로의 사용전압이 300 V 이하의 경우에 전로의 중성점에 접지공사를 하기 어려울 때에 전로의 1단자에 접지공사를 시행할 경우를 포함한다) 접지도체는 공칭단면적 6 ㎟ 이상의 연동선 또는 이와 동등 이상의 세기 및 굵기의 쉽게 부식하지 않는 금속선으로서 고장 시 흐르는 전류가 안전하게 통할 수 있는 것을 사용하고 또한 140의 규정에 준하여 시설하여야 한다.

3. 변압기의 안정권선(安定卷線)이나 유휴권선(遊休卷線) 또는 전압조정기의 내장권선(內藏卷線)을 이상전압으로부터 보호하기 위하여 특히 필요할 경우에 그 권선에 접지공사를 할 때에는 140의 규정에 의하여 접지공사를 하여야 한다.

4. 특고압의 직류전로의 보호 장치의 확실한 동작의 확보 및 이상전압의 억제를 위하여 특히 필요한 경우에 대해 그 전로에 접지공사를 시설할 때에는 제1에 따라 시설하여야 한다.

5. 연료전지에 대하여 전로의 보호 장치의 확실한 동작의 확보 또는 대지전압의 저하를 위하여 특히 필요할 경우에 연료전지의 전로 또는 이것에 접속하는 직류전로에 접지공사를 할 때에는 제1에 따라 시설하여야 한다.

6. 계속적인 전력공급이 요구되는 화학공장·시멘트공장·철강공장 등의 연속공정설비 또는 이에 준하는 곳의 전기설비로서 지락전류를 제한하기 위하여 저항기를 사용하는 중성점 고저항 접지설비는 다음에 따를 경우 300 V 이상 1 kV 이하의 3상 교류계통에 적용할 수 있다.

(1) 자격을 가진 기술원("계통 운전에 필요한 지식 및 기능을 가진 자"를 말한다)이 설비를 유지관리 할 것

(2) 계통에 지락검출장치가 시설될 것

(3) 전압선과 중성선 사이에 부하가 없을 것

(4) 고저항 중성점접지계통은 다음에 적합할 것

① 접지저항기는 계통의 중성점과 접지극 도체와의 사이에 설치할 것 중성점을 얻기 어려운 경우에는 접지변압기에 의한 중성점과 접지극 도체 사이에 접지저항기를 설치한다.

② 변압기 또는 발전기의 중성점에서 접지저항기에 접속하는 점까지의 중성선은 동선 10 ㎟ 이상, 알루미늄선 또는 동복 알루미늄 선은 16 ㎟ 이상의 절연전선으로서 접지저항기의 최대정격전류이상일 것

③ 계통의 중성점은 접지 저항기를 통하여 접지할 것

④ 변압기 또는 발전기의 중성점과 접지저항기 사이의 중성선은 별도로 배선할 것

⑤ 최초 개폐장치 또는 과전류 보호 장치와 접지저항기의 접지 측 사이의 기기 본딩 점퍼(기기 접지도체와 접지저항기 사이를 잇는 것)는 도체에 접속점이 없어야 한다.

⑥ 접지극 도체는 접지저항기의 접지 측과 최초 개폐장치의 접지 접속점 사이에 시설할 것

⑦ 기기 접지 점퍼의 굵기는 다음의 ㈎ 또는 ㈏에 의할 것

㈎ 접지극 도체를 접지저항기에 연결할 때는 기기 접지 점퍼는 다음 ㉮, ㉯, ㉰의 예외사항을 제외하고 표 322.5-1에 의한 굵기일 것

㉮ 접지극 전선이 접지봉, 관, 판으로 연결될 때는 16 ㎟ 이상일 것

㉯ 콘크리트 매입 접지극으로 연결될 때는 25 ㎟ 이상일 것

㉰ 접지링으로 연결되는 접지극 전선은 접지링과 같은 굵기 이상일 것

표 322.5-1 기기 접지 점퍼의 굵기

상전선 최대 굵기(㎟)	접지극 전선(㎟)
30 이하	10
38 또는 50	16
60 또는 80	25
80 초과 175까지	35
175 초과 300까지	50
300 초과 550까지	70
550 초과	95

㈏ 접지극 도체가 최초 개폐장치 또는 과전류장치에 접속될 때는 기기 접지점퍼의 굵기는 10 ㎟ 이상으로서 접지저항기의 최대전류 이상의 허용전류를 갖는 것일 것

5장 분산형 전원설비

| 500 통칙 |

501 일반사항

501.1 목적

5장은 전기설비기술기준(이하 "기술기준"이라한다)에서 정하는 분산형 전원설비의 안전성능에 대한 구체적인 기술적 사항을 정하는 것을 목적으로 한다.

501.2 적용범위

1. 5장은 기술기준에서 정한 안전성능에 대하여 구체적인 실현 수단을 규정한 것으로 분산형 전원설비의 설계, 제작, 시설 및 검사하는데 적용한다.
2. 5장에서 정하지 않은 사항은 관련 한국전기설비규정을 준용하여 시설하여야 한다.

501.3 안전원칙

1. 분산형 전원설비 주위에는 위험하다는 표시를 하여야 하며 또한 취급자가 아닌 사람이 쉽게 접근할 수 없도록 351.1에 따라 시설하여야 한다.
2. 분산형 전원 발전장치의 보호기준은 212.6.3의 보호 장치를 적용한다,
3. 급경사지 붕괴위험구역 내에 시설하는 분산형 전원설비는 해당구역 내의 급경사지의 붕괴를 조장하거나 또는 유발할 우려가 없도록 시설하여야 한다.
4. 분산형 전원설비의 인체 감전보호 등 안전에 관한 사항은 113에 따른다.
5. 분산형 전원의 피뢰설비는 150에 따른다.
6. 분산형 전원설비 전로의 절연저항 및 절연내력은 132에 따른다.
7. 연료전지 및 태양전지 모듈의 절연내력은 134에 따른다.

502 용어의 정의

1. "**풍력터빈**"이란 바람의 운동에너지를 기계적 에너지로 변환하는 장치(가동부 베어링, 나셀, 블레이드 등의 부속물을 포함)를 말한다.
2. "**풍력터빈을 지지하는 구조물**"이란 타워와 기초로 구성된 풍력터빈의 일부분을 말한다.

기준 및 법규

3. **"풍력발전소"**란 단일 또는 복수의 풍력터빈(풍력터빈을 지지하는 구조물을 포함)을 원동기로 하는 발전기와 그 밖의 기계기구를 시설하여 전기를 발생시키는 곳을 말한다.
4. **"자동정지"**란 풍력터빈의 설비보호를 위한 보호 장치의 작동으로 인하여 자동적으로 풍력터빈을 정지시키는 것을 말한다.
5. **"MPPT"**란 태양광발전이나 풍력발전 등이 현재 조건에서 가능한 최대의 전력을 생산할 수 있도록 인버터 제어를 이용하여 해당 발전원의 전압이나 회전속도를 조정하는 최대출력추종(MPPT, Maximum Power Point Tracking) 기능을 말한다.
6. 기타 용어는 112에 따른다.

503 분산형 전원 계통 연계설비의 시설

503.1 계통 연계의 범위

분산형 전원설비 등을 전력계통에 연계하는 경우에 적용하며, 여기서 전력계통이라 함은 전기판매사업자의 계통, 구내계통 및 독립전원계통 모두를 말한다.

503.2 시설기준

503.2.1 전기 공급방식 등

분산형 전원설비의 전기 공급방식, 측정 장치 등은 다음에 따른다.

(1) 분산형 전원설비의 전기 공급방식은 전력계통과 연계되는 전기 공급방식과 동일할 것

(2) 분산형 전원설비 사업자의 한 사업장의 설비 용량 합계가 250 kVA 이상일 경우에는 송·배전계통과 연계지점의 연결 상태를 감시 또는 유효전력, 무효전력 및 전압을 측정할 수 있는 장치를 시설할 것

503.2.2 저압계통 연계 시 직류유출방지 변압기의 시설

분산형 전원설비를 인버터를 이용하여 전기판매사업자의 저압 전력계통에 연계하는 경우 인버터로부터 직류가 계통으로 유출되는 것을 방지하기 위하여 접속점(접속설비와 분산형 전원설비 설치자 측 전기설비의 접속점을 말한다)과 인버터 사이에 상용주파수 변압기(단권변압기를 제외한다)를 시설하여야 한다. 다만, 다음을 모두 충족하는 경우에는 예외로 한다.

(1) 인버터의 직류 측 회로가 비접지인 경우 또는 고주파 변압기를 사용하는 경우

(2) 인버터의 교류출력 측에 직류 검출기를 구비하고, 직류 검출 시에 교류출력을 정지하는 기능을 갖춘 경우

503.2.3 단락전류 제한장치의 시설

분산형 전원을 계통 연계하는 경우 전력계통의 단락용량이 다른 자의 차단기의 차단용량 또는 전선의 순시허용전류 등을 상회할 우려가 있을 때에는 그 분산형 전원 설치자가 전류제한리액터 등 단락전류를 제한하는 장치를 시설하여야 하며, 이러한 장치로도 대응할 수 없는 경우에는 그 밖에 단락전류를 제한하는 대책을 강구하여야 한다.

503.2.4 계통 연계용 보호 장치의 시설

1. 계통 연계하는 분산형 전원설비를 설치하는 경우 다음에 해당하는 이상 또는 고장 발생 시 자동적으로 분산형 전원설비를 전력계통으로부터 분리하기 위한 장치 시설 및 해당 계통과의 보호협조를 실시하여야 한다.
   (1) 분산형 전원설비의 이상 또는 고장
   (2) 연계한 전력계통의 이상 또는 고장
   (3) 단독운전 상태
2. 제1의 "(2)"에 따라 연계한 전력계통의 이상 또는 고장 발생 시 분산형 전원의 분리 시점은 해당 계통의 재폐로 시점 이전이어야 하며, 이상 발생 후 해당 계통의 전압 및 주파수가 정상범위 내에 들어올 때까지 계통과의 분리 상태를 유지하는 등 연계한 계통의 재 폐로방식과 협조를 이루어야 한다.
3. 단순 병렬운전 분산형 전원설비의 경우에는 역 전력 계전기를 설치한다. 단, 「신에너지 및 재생에너지 개발 · 이용 · 보급 촉진법」 제2조 제1호 및 제2호의 규정에 의한 신 · 재생에너지를 이용하여 동일 전기 사용 장소에서 전기를 생산하는 합계 용량이 50 kW 이하의 소규모 분산형 전원(단, 해당 구내계통 내의 전기사용 부하의 수전계약전력이 분산형 전원 용량을 초과하는 경우에 한 한다)으로서 제1의 "(3)"에 의한 단독운전 방지기능을 가진 것을 단순 병렬로 연계하는 경우에는 역 전력계전기 설치를 생략할 수 있다.

503.2.5 특고압 송전계통 연계 시 분산형 전원 운전제어장치의 시설

분산형 전원설비를 송전사업자의 특고압 전력계통에 연계하는 경우 계통안정화 또는 조류억제 등의 이유로 운전제어가 필요할 때에는 그 분산형 전원설비에 필요한 운전제어장치를 시설하여야 한다.

503.2.6 연계용 변압기 중성점의 접지

분산형 전원설비를 특고압 전력계통에 연계하는 경우 연계용 변압기 중성점의 접지는 전력계통에 연결되어 있는 다른 전기설비의 정격을 초과하는 과전압을 유발하거나 전력계통의 지락고장 보호협조를 방해하지 않도록 시설하여야 한다.

기준 및 법규

| 510 전기저장장치 |

511 일반사항

이차전지를 이용한 전기저장장치(이하 "전기저장장치"라 한다)는 다음에 따라 시설하여야 한다.

511.1 시설장소의 요구사항

1. 전기저장장치의 이차전지, 제어반, 배전반의 시설은 기기 등을 조작 또는 보수·점검할 수 있는 충분한 공간을 확보하고 조명 설비를 설치하여야 한다.
2. 전기저장장치를 시설하는 장소는 폭발성 가스의 축적을 방지하기 위한 환기시설을 갖추고 제조사가 권장하는 온도·습도·수분·분진 등 적정 운영환경을 상시 유지하여야 한다.
3. 침수의 우려가 없도록 시설하여야 한다.
4. 전기저장장치 시설장소에는 기술기준 제21조제1항과 같이 외벽 등 확인하기 쉬운 위치에 "전기저장장치 시설장소" 표지를 하고, 일반인의 출입을 통제하기 위한 잠금장치 등을 설치하여야 한다.

511.2 설비의 안전 요구사항

1. 충전부분은 노출되지 않도록 시설하여야 한다.
2. 고장이나 외부 환경요인으로 인하여 비상상황 발생 또는 출력에 문제가 있을 경우 전기저장장치의 비상정지 스위치 등 안전하게 작동하기 위한 안전시스템이 있어야 한다.
3. 모든 부품은 충분한 내열성을 확보하여야 한다.

511.3 옥내전로의 대지전압 제한

주택의 전기저장장치의 축전지에 접속하는 부하 측 옥내배선을 다음에 따라 시설하는 경우에 주택의 옥내전로의 대지전압은 직류 600 V 까지 적용할 수 있다.

(1) 전로에 지락이 생겼을 때 자동적으로 전로를 차단하는 장치를 시설할 것

(2) 사람이 접촉할 우려가 없는 은폐된 장소에 합성수지관배선, 금속관배선 및 케이블배선에 의하여 시설하거나, 사람이 접촉할 우려가 없도록 케이블배선에 의하여 시설하고 전선에 적당한 방호장치를 시설할 것

512 전기저장장치의 시설

512.1 시설기준

512.1.1 전기배선

전기배선은 다음에 의하여 시설하여야 한다.

(1) 전선은 공칭단면적 2.5㎟ 이상의 연동선 또는 이와 동등 이상의 세기 및 굵기의 것일 것

(2) 배선설비 공사는 옥내에 시설할 경우에는 232.11, 232.12, 232.13, 232.51 또는 232.3.7의 규정에 준하여 시설할 것

(3) 옥측 또는 옥외에 시설할 경우에는 232.11, 232.12, 232.13 또는 232.51(232.51.3은 제외할 것)의 규정에 준하여 시설할 것

512.1.2 단자와 접속

1. 단자의 접속은 기계적, 전기적 안전성을 확보하도록 하여야 한다.
2. 단자를 체결 또는 잠글 때 너트나 나사는 풀림방지 기능이 있는 것을 사용하여야 한다.
3. 외부터미널과 접속하기 위해 필요한 접점의 압력이 사용기간 동안 유지되어야 한다.
4. 단자는 도체에 손상을 주지 않고 금속표면과 안전하게 체결되어야 한다.

512.1.3 지지물의 시설

이차전지의 지지물은 부식성 가스 또는 용액에 의하여 부식되지 아니하도록 하고 적재하중 또는 지진 기타 진동과 충격에 대하여 안전한 구조이어야 한다.

512.2 제어 및 보호 장치 등

512.2.1 충전 및 방전 기능

1. 충전기능

(1) 전기저장장치는 배터리의 SOC 특성(충전상태 : State of Charge)에 따라 제조자가 제시한 정격으로 충전할 수 있어야 한다.

(2) 충전할 때에는 전기저장장치의 충전상태 또는 배터리 상태를 시각화하여 정보를 제공해야 한다.

2. 방전기능

(1) 전기저장장치는 배터리의 SOC 특성에 따라 제조자가 제시한 정격으로 방전할 수 있어야 한다.

(2) 방전할 때에는 전기저장장치의 방전상태 또는 배터리 상태를 시각화하여 정보를 제공해야 한다.

512.2.2 제어 및 보호 장치

1. 전기저장장치를 계통에 연계하는 경우 503.2.4의 1 및 2에 따라 시설하여야 한다.
2. 전기저장장치가 비상용 예비전원 용도를 겸하는 경우에는 다음에 따라 시설하여야 한다.
   (1) 상용전원이 정전되었을 때 비상용 부하에 전기를 안정적으로 공급할 수 있는 시설을 갖출 것
   (2) 관련 법령에서 정하는 전원유지시간 동안 비상용 부하에 전기를 공급할 수 있는 충전용량을 상시 보존하도록 시설할 것
3. 전기저장장치의 접속점에는 쉽게 개폐할 수 있는 곳에 개방상태를 육안으로 확인할 수 있는 전용의 개폐기를 시설하여야 한다.
4. 전기저장장치의 이차전지는 다음에 따라 자동으로 전로로부터 차단하는 장치를 시설하여야 한다.
   (1) 과전압 또는 과전류가 발생한 경우
   (2) 제어장치에 이상이 발생한 경우
   (3) 이차전지 모듈의 내부 온도가 급격히 상승할 경우
5. 212.3.4에 의하여 직류 전로에 과전류차단기를 설치하는 경우 직류 단락전류를 차단하는 능력을 가지는 것이어야 하고 "직류용" 표시를 하여야 한다.
6. 기술기준 제14조에 의하여 전기저장장치의 직류 전로에는 지락이 생겼을 때에 자동적으로 전로를 차단하는 장치를 시설하여야 한다.
7. 발전소 또는 변전소 혹은 이에 준하는 장소에 전기저장장치를 시설하는 경우 전로가 차단되었을 때에 경보하는 장치를 시설하여야 한다.

512.2.3 계측장치

전기저장장치를 시설하는 곳에는 다음의 사항을 계측하는 장치를 시설하여야 한다.

(1) 축전지 출력 단자의 전압, 전류, 전력 및 충방전 상태
(2) 주요변압기의 전압, 전류 및 전력

512.2.4 접지 등의 시설

금속제 외함 및 지지대 등은 140의 규정에 따라 접지공사를 하여야 한다.

515 특정 기술을 이용한 전기저장장치의 시설

515.1 적용범위

20 kWh를 초과하는 리튬·나트륨·레독스플로우 계열의 이차전지를 이용한 전기저장장치의 경우 기술기준 제53조의3제2항의 “적절한 보호 및 제어장치를 갖추고 폭발의 우려가 없도록 시설”하는 것은 511, 512 및 515에서 정한 사항을 말한다.

515.2 시설장소의 요구사항

515.2.1 전용건물에 시설하는 경우

1. 515.1의 전기저장장치를 일반인이 출입하는 건물과 분리된 별도의 장소에 시설하는 경우에는 515.2.1에 따라 시설하여야 한다.
2. 전기저장장치 시설장소의 바닥, 천장(지붕), 벽면 재료는 「건축물의 피난·방화구조 등의 기준에 관한 규칙」에 따른 불연 재료이어야 한다. 단, 단열재는 준 불연 재료 또는 이와 동등 이상의 것을 사용할 수 있다.
3. 전기저장장치 시설장소는 지표면을 기준으로 높이 22 m 이내로 하고 해당 장소의 출구가 있는 바닥면을 기준으로 깊이 9 m 이내로 하여야 한다.
4. 이차전지는 전력변환장치(PCS) 등의 다른 전기설비와 분리된 격실(이하 515에서 ‘이차전지실’)에 설치하고 다음에 따라야 한다.
   (1) 이차전지실의 벽면 재료 및 단열재는 제2의 것과 같아야 한다.
   (2) 이차전지는 벽면으로부터 1 m 이상 이격하여 설치하여야 한다. 단, 옥외의 전용 컨테이너에서 적정 거리를 이격한 경우에는 규정에 의하지 아니할 수 있다.
   (3) 이차전지와 물리적으로 인접 시설해야 하는 제어장치 및 보조설비(공조설비 및 조명설비 등)는 이차전지 실내에 설치할 수 있다.
   (4) 이차전지 실 내부에는 가연성 물질을 두지 않아야 한다.
5. 511.1의 2에도 불구하고 인화성 또는 유독성 가스가 축적되지 않는 근거를 제조사에서 제공하는 경우에는 이차전지 실에 한하여 환기시설을 생략할 수 있다.
6. 전기저장장치가 차량에 의해 충격을 받을 우려가 있는 장소에 시설되는 경우에는 충돌방지장치 등을 설치하여야 한다.
7. 전기저장장치 시설장소는 주변 시설(도로, 건물, 가연물질 등)로부터 1.5 m 이상 이격하고 다른 건물의 출입구나 피난계단 등 이와 유사한 장소로부터는 3 m 이상 이격하여야 한다.

515.2.2 전용건물 이외의 장소에 시설하는 경우

1. 515.1의 전기저장장치를 일반인이 출입하는 건물의 부속공간에 시설(옥상에는 설치

할 수 없다)하는 경우에는 515.2.1 및 515.2.2에 따라 시설하여야 한다.

2. 전기저장장치 시설장소는 「건축물의 피난방화구조 등의 기준에 관한 규칙」에 따른 내화구조이어야 한다.
3. 이차전지모듈의 직렬 연결체(이하 515에서 '이차전지 랙')의 용량은 50 kWh 이하로 하고 건물 내 시설 가능한 이차전지의 총 용량은 600 kWh 이하이어야 한다.
4. 이차전지 랙과 랙 사이 및 랙과 벽면 사이는 각각 1 m 이상 이격하여야 한다. 다만, 제2에 의한 벽이 삽입된 경우 이차 전지 랙과 랙 사이의 이격은 예외로 할 수 있다.
5. 이차전지 실은 건물 내 다른 시설(수전설비, 가연물질 등)로부터 1.5 m 이상 이격하고 각 실의 출입구나 피난계단 등 이와 유사한 장소로부터 3 m 이상 이격하여야 한다.
6. 배선설비가 이차 전지 실 벽면을 관통하는 경우 관통 부는 해당 구획부재의 내화성능을 저하시키지 않도록 충전(充塡)하여야 한다.

515.3 제어 및 보호 장치 등

1. 낙뢰 및 서지 등 과도과전압으로부터 주요 설비를 보호하기 위해 직류 전로에 직류 서지 보호 장치(SPD)를 설치하여야 한다.
2. 제조사가 정하는 정격 이상의 과충전, 과방전, 과전압, 과전류, 지락전류 및 온도 상승, 냉각장치 고장, 통신 불량 등 긴급 상황이 발생한 경우에는 관리자에게 경보하고 즉시 전기저장장치를 자동 및 수동으로 정지시킬 수 있는 비상정지장치를 설치하여야 하며 수동 조작을 위한 비상정지장치는 신속한 접근 및 조작이 가능한 장소에 설치하여야 한다.
3. 전기저장장치의 상시 운영정보 및 제2호의 긴급상황 관련 계측정보 등은 이차전지 실 외부의 안전한 장소에 안전하게 전송되어 최소 1개월 이상 보관될 수 있도록 하여야 한다.
4. 전기저장장치의 제어장치를 포함한 주요 설비 사이의 통신장애를 방지하기 위한 보호대책을 고려하여 시설하여야 한다.
5. 전기저장장치는 정격 이내의 최대 충전범위를 초과하여 충전하지 않도록 하여야 하고 만(滿)충전 후 추가 충전은 금지하여야 한다.

| 520 태양광발전설비 |

521 일반사항

521.1 설치장소의 요구사항

1. 인버터, 제어반, 배전반 등의 시설은 기기 등을 조작 또는 보수점검 할 수 있는 충분한 공간을 확보하고 필요한 조명 설비를 시설하여야 한다.
2. 인버터 등을 수납하는 공간에는 실내온도의 과열 상승을 방지하기 위한 환기시설을 갖추어야하며 적정한 온도와 습도를 유지하도록 시설하여야 한다.
3. 배전반, 인버터, 접속장치 등을 옥외에 시설하는 경우 침수의 우려가 없도록 시설하여야 한다.
4. 태양전지 모듈을 지붕에 시설하는 경우 취급자에게 추락의 위험이 없도록 점검통로를 안전하게 시설하여야 한다.
5. 태양전지 모듈의 직렬군 최대개방전압이 직류 750 V 초과 1500 V 이하인 시설 장소는 다음에 따라 울타리 등의 안전조치를 하여야 한다.
   (1) 태양전지 모듈을 지상에 설치하는 경우는 351.1의 1에 의하여 울타리·담 등을 시설하여야 한다.
   (2) 태양전지 모듈을 일반인이 쉽게 출입할 수 있는 옥상 등에 시설하는 경우는 "(1)" 또는 341.8의 1의 "바"에 의하여 시설하여야 하고 식별이 가능하도록 위험 표시를 하여야 한다.
   (3) 태양전지 모듈을 일반인이 쉽게 출입할 수 없는 옥상·지붕에 설치하는 경우는 모듈 프레임 등 쉽게 식별할 수 있는 위치에 위험 표시를 하여야 한다.
   (4) 태양전지 모듈을 주차장 상부에 시설하는 경우는 "(2)"와 같이 시설하고 차량의 출입 등에 의한 구조물, 모듈 등의 손상이 없도록 하여야 한다.
   (5) 태양전지 모듈을 수상에 설치하는 경우는 "(3)"과 같이 시설하여야 한다.

521.2 설비의 안전 요구사항

1. 태양전지 모듈, 전선, 개폐기 및 기타 기구는 충전부분이 노출되지 않도록 시설하여야 한다.
2. 모든 접속함에는 내부의 충전부가 인버터로부터 분리된 후에도 여전히 충전상태일 수 있음을 나타내는 경고가 붙어 있어야 한다.
3. 태양광설비의 고장이나 외부 환경요인으로 인하여 계통연계에 문제가 있을 경우 회로분리를 위한 안전시스템이 있어야 한다.

521.3 옥내전로의 대지전압 제한

주택의 태양전지모듈에 접속하는 부하 측 옥내배선(복수의 태양전지모듈을 시설하는 경우에는 그 집합체에 접속하는 부하 측의 배선)의 대지전압 제한은 511.3에 따른다.

522 태양광설비의 시설

522.1 간선의 시설기준

522.1.1 전기배선

1. 전선은 다음에 의하여 시설하여야 한다.
   (1) 모듈 및 기타 기구에 전선을 접속하는 경우는 나사로 조이고, 기타 이와 동등 이상의 효력이 있는 방법으로 기계적·전기적으로 안전하게 접속하고, 접속점에 장력이 가해지지 않도록 할 것
   (2) 배선시스템은 바람, 결빙, 온도, 태양방사와 같이 예상되는 외부 영향을 견디도록 시설할 것
   (3) 모듈의 출력배선은 극성별로 확인할 수 있도록 표시할 것
   (4) 직렬 연결된 태양전지모듈의 배선은 과도과전압의 유도에 의한 영향을 줄이기 위하여 스트링 양극간의 배선간격이 최소가 되도록 배치할 것
   (5) 기타 사항은 512.1.1에 따를 것
2. 단자와 접속은 512.1.2에 따른다.

522.2 태양광설비의 시설기준

522.2.1 태양전지 모듈의 시설

태양광설비에 시설하는 태양전지 모듈(이하 "모듈"이라 한다)은 다음에 따라 시설하여야 한다.

(1) 모듈은 자중, 적설, 풍압, 지진 및 기타의 진동과 충격에 대하여 탈락하지 아니하도록 지지물에 의하여 견고하게 설치할 것
(2) 모듈의 각 직렬군은 동일한 단락전류를 가진 모듈로 구성하여야 하며 1대의 인버터(멀티스트링 인버터의 경우 1대의 MPPT 제어기)에 연결된 모듈 직렬 군이 2병렬 이상일 경우에는 각 직렬군의 출력전압 및 출력전류가 동일하게 형성되도록 배열할 것

522.2.2 전력변환장치의 시설

인버터, 절연변압기 및 계통 연계 보호 장치 등 전력변환장치의 시설은 다음에 따라 시설하여야 한다.

(1) 인버터는 실내·실외용을 구분할 것
(2) 각 직렬군의 태양전지 개방전압은 인버터 입력전압 범위 이내일 것
(3) 옥외에 시설하는 경우 방수등급은 IPX4 이상일 것

522.2.3 모듈을 지지하는 구조물
모듈의 지지물은 다음에 의하여 시설하여야 한다.
(1) 자중, 적재하중, 적설 또는 풍압, 지진 및 기타의 진동과 충격에 대하여 안전한 구조일 것
(2) 부식 환경에 의하여 부식되지 아니하도록 다음의 재질로 제작할 것
① 용융아연 또는 용융아연-알루미늄-마그네슘합금 도금된 형강
② 스테인리스 스틸(STS)
③ 알루미늄합금
④ 상기와 동등이상의 성능(인장강도, 항복강도, 압축강도, 내구성 등)을 가지는 재질로서 KS제품 또는 동등이상의 성능의 제품일 것
(3) 모듈 지지대와 그 연결부재의 경우 용융아연도금처리 또는 녹 방지 처리를 하여야 하며, 절단가공 및 용접부위는 방식처리를 할 것
(4) 설치 시에는 건축물의 방수 등에 문제가 없도록 설치하여야 하며 볼트조립은 헐거움이 없이 단단히 조립하여야 하며, 모듈-지지대의 고정 볼트에는 스프링 와셔 또는 풀림방지너트 등으로 체결할 것

522.3 제어 및 보호 장치 등

522.3.1 어레이 출력 개폐기
1. 어레이 출력 개폐기는 다음과 같이 시설하여야 한다.
(1) 태양전지 모듈에 접속하는 부하 측의 태양전지 어레이에서 전력변환장치에 이르는 전로(복수의 태양전지 모듈을 시설한 경우에는 그 집합체에 접속하는 부하 측의 전로)에는 그 접속점에 근접하여 개폐기 기타 이와 유사한 기구(부하전류를 개폐할 수 있는 것에 한 한다)를 시설할 것
(2) 어레이 출력개폐기는 점검이나 조작이 가능한 곳에 시설할 것

522.3.2 과전류 및 지락 보호 장치
1. 모듈을 병렬로 접속하는 전로에는 그 전로에 단락전류가 발생할 경우에 전로를 보호하는 과전류차단기 또는 기타 기구를 시설하여야 한다. 단, 그 전로가 단락전류에 견딜 수 있는 경우에는 그러하지 아니하다.

2. 태양전지 발전설비의 직류 전로에 지락이 발생했을 때 자동적으로 전로를 차단하는 장치를 시설하고 그 방법 및 성능은 IEC 60364-7-712(2017) 712.42 또는 712.53에 따를 수 있다.

522.3.3 상주감시를 하지 아니하는 태양광발전소의 시설

상주감시를 하지 아니하는 태양광발전소의 시설은 351.8에 따른다.

522.3.4 접지설비

1. 태양전지 모듈의 프레임은 지지물과 전기적으로 완전하게 접속하여야 한다.
2. 수상에 시설하는 태양전지 모듈 등의 금속제는 접지를 해야하고, 접지 시 접지극을 수중에 띄우거나, 수중 바닥에 노출된 상태로 시설하여서는 아니 된다.
3. 기타 접지시설은 140의 규정에 따른다.

522.3.5 피뢰설비

태양광설비의 외부 피뢰시스템은 150의 규정에 따라 시설한다.

522.3.6 태양광설비의 계측장치

태양광설비에는 전압과 전류 또는 전압과 전력을 계측하는 장치를 시설하여야 한다.

| 530 풍력발전설비 |

531 일반사항

531.1 나셀 등의 접근 시설

나셀 등 풍력발전기 상부시설에 접근하기 위한 안전한 시설물을 강구하여야 한다.

531.2 항공장애 표시등 시설

발전용 풍력설비의 항공장애등 및 주간장애표지는 「항공법」 제83조(항공장애 표시등의 설치 등)의 규정에 따라 시설하여야 한다.

531.3 화재방호설비 시설

500 kW 이상의 풍력터빈은 나셀 내부의 화재 발생 시, 이를 자동으로 소화할 수 있는 화재방호설비를 시설하여야 한다.

532 풍력설비의 시설

532.1 간선의 시설기준

1. 간선은 다음에 의해 시설하여야 한다.
  (1) 풍력발전기에서 출력배선에 쓰이는 전선은 CV선 또는 TFR-CV선을 사용하거나 동등 이상의 성능을 가진 제품을 사용하여야 하며, 전선이 지면을 통과하는 경우에는 피복이 손상되지 않도록 별도의 조치를 취할 것
  (2) 기타 사항은 512.1.1에 따를 것
2. 단자와 접속은 512.1.2에 따른다.

532.2 풍력설비의 시설기준

532.2.1 풍력터빈의 구조

기술기준 제169조에 의한 풍력터빈의 구조에 적합한 것은 다음의 요구사항을 충족하는 것을 말한다.

1. 풍력터빈의 선정에 있어서는 시설장소의 풍황(風況)과 환경, 적용규모 및 적용형태 등을 고려하여 선정하여야 한다.
2. 풍력터빈의 유지, 보수 및 점검 시 작업자의 안전을 위한 다음의 잠금장치를 시설하여야 한다.

기준 및 법규

(1) 풍력터빈의 로터, 요 시스템 및 피치 시스템에는 각각 1개 이상의 잠금장치를 시설하여야 한다.
(2) 잠금장치는 풍력터빈의 정지장치가 작동하지 않더라도 로터, 나셀, 블레이드의 회전을 막을 수 있어야 한다.

3. 풍력터빈의 강도계산은 다음 사항을 따라야 한다.
(1) 최대풍압하중 및 운전 중의 회전력 등에 의한 풍력터빈의 강도계산에는 다음의 조건을 고려하여야 한다.
① 사용조건
(가) 최대풍속
(나) 최대회전수
② 강도조건
(가) 하중조건
(나) 강도계산의 기준
(다) 피로하중
(2) "(1)"의 강도계산은 다음 순서에 따라 계산하여야 한다.
① 풍력터빈의 제원(블레이드 직경, 회전수, 정격출력 등)을 결정
② 자중, 공기력, 원심력 및 이들에서 발생하는 모멘트를 산출
③ 풍력터빈의 사용조건(최대풍속, 풍력터빈의 제어)에 의해 각부에 작용하는 하중을 계산
④ 각부에 사용하는 재료에 의해 풍력터빈의 강도조건
⑤ 하중, 강도조건에 의해 각부의 강도계산을 실시하여 안전함을 확인
(3) "(2)"의 강도 계산개소에 가해진 하중의 합계는 다음 순서에 의하여 계산하여야 한다.
① 바람에너지를 흡수하는 블레이드의 강도계산
② 블레이드를 지지하는 날개 축, 날개 축을 유지하는 회전축의 강도계산
③ 블레이드, 회전축을 지지하는 나셀과 타워를 연결하는 요 베어링의 강도계산

532.2.2 풍력터빈을 지지하는 구조물의 구조 등

기술기준 제172조에 의한 풍력터빈을 지지하는 구조물은 다음과 같이 시설한다.

1. 풍력터빈을 지지하는 구조물의 구조, 성능 및 시설조건은 다음을 따른다.
(1) 풍력터빈을 지지하는 구조물은 자중, 적재하중, 적설, 풍압, 지진, 진동 및 충격을 고려하여야 한다. 다만, 해상 및 해안가 설치시는 염해 및 파랑하중에 대해서도 고려하여야 한다.
(2) 동결, 착설 및 분진의 부착 등에 의한 비정상적인 부식 등이 발생하지 않도록 고려하여야 한다.

(3) 풍속변동, 회전수변동 등에 의해 비정상적인 진동이 발생하지 않도록 고려하여야 한다.

2. 풍력터빈을 지지하는 구조물의 강도계산은 다음을 따른다.

(1) 제1에 의한 풍력터빈 및 지지물에 가해지는 풍하중의 계산방식은 다음 식과 같다.

$$P = CqA$$

여기서, P : 풍압력(N)
C : 풍력계수
q : 속도압(N/m^2)
A : 수풍면적(m^2)

① 풍력계수 C는 풍동실험 등에 의해 규정되는 경우를 제외하고, [건축구조설계기준]을 준용한다.

② 풍속압 q는 다음의 계산식 혹은 풍동실험 등에 의해 구하여야 한다.

㈎ 풍력터빈 및 지지물의 높이가 16 m 이하인 부분

$$q = 60\left(\frac{V}{60}\right)^2 \sqrt{h}$$

㈏ 풍력터빈 및 지지물의 높이가 16 m 초과하는 부분

$$q = 120\left(\frac{V}{60}\right)^2 \sqrt[4]{h}$$

여기서, V는 지표면상의 높이 10 m에서의 재현기간 50년에 상당하는 순간최대풍속(m/s)으로 하고 관측 자료에서 산출한다. h는 풍력터빈 및 지지물의 지표에서의 높이(m)로 하고 풍력터빈을 기타 시설물 지표면에서 돌출한 것의 상부에 시설하는 경우에는 주변의 지표면에서의 높이로 한다.

③ 수풍면적 A는 수풍면의 수직투영면적으로 한다.

(2) 풍력터빈 지지물의 강도계산에 이용하는 지진하중은 지역계수를 고려하여야 한다.

(3) 풍력터빈의 적재하중은 컷 아웃 시, 공진풍속 시, 폭풍 시 하중을 고려하여야 한다.

3. 풍력터빈을 지지하는 구조물 기초는 당해 구조물에 제1의 "(1)"에 의해 견디어야하는 하중에 대하여 충분한 안전율을 적용하여 시설하여야 한다.

532.3 제어 및 보호 장치 등

532.3.1 제어 및 보호 장치 시설의 일반 요구사항

기술기준 제174조에서 요구하는 제어 및 보호 장치는 다음과 같이 시설하여야 한다.

(1) 제어장치는 다음과 같은 기능 등을 보유하여야 한다.
① 풍속에 따른 출력 조절
② 출력제한
③ 회전속도제어
④ 계통과의 연계
⑤ 기동 및 정지
⑥ 계통 정전 또는 부하의 손실에 의한 정지
⑦ 요잉에 의한 케이블 꼬임 제한

(2) 보호 장치는 다음의 조건에서 풍력발전기를 보호하여야 한다.
① 과풍속
② 발전기의 과출력 또는 고장
③ 이상 진동
④ 계통 정전 또는 사고
⑤ 케이블의 꼬임 한계

532.3.2 주전원 개폐장치

풍력터빈은 작업자의 안전을 위하여 유지, 보수 및 점검 시 전원 차단을 위해 풍력터빈 타워의 기저부에 개폐장치를 시설하여야 한다.

532.3.3 상주감시를 하지 아니하는 풍력발전소의 시설

상주감시를 하지 아니하는 풍력발전소의 시설은 351.8에 따른다.

532.3.4 접지설비

1. 접지설비는 풍력발전설비 타워기초를 이용한 통합접지공사를 하여야 하며, 설비 사이의 전위차가 없도록 등전위 본딩을 하여야 한다.
2. 기타 접지시설은 140의 규정에 따른다.

532.3.5 피뢰설비

1. 기술기준 제175조의 규정에 준하여 다음에 따라 피뢰설비를 시설하여야 한다.
   (1) 피뢰설비는 KS C IEC 61400-24(풍력발전기-낙뢰보호)에서 정하고 있는 피뢰구역(Lightning Protection Zones)에 적합하여야 하며, 다만 별도의 언급이 없다면 피뢰레벨(Lightning Protection Level : LPL)은 I 등급을 적용하여야 한다.
   (2) 풍력터빈의 피뢰설비는 다음에 따라 시설하여야 한다.
   ① 수뢰부를 풍력터빈 선단부분 및 가장자리 부분에 배치하되 뇌격전류에 의한 발열에 용손(溶損)되지 않도록 재질, 크기, 두께 및 형상 등을 고려할 것

② 풍력터빈에 설치하는 인하도선은 쉽게 부식되지 않는 금속선으로서 뇌격전류를 안전하게 흘릴 수 있는 충분한 굵기여야 하며, 가능한 직선으로 시설할 것
③ 풍력터빈 내부의 계측 센서용 케이블은 금속관 또는 차폐케이블 등을 사용하여 뇌유도과전압으로부터 보호할 것
④ 풍력터빈에 설치한 피뢰설비(리셉터, 인하도선 등)의 기능저하로 인해 다른 기능에 영향을 미치지 않을 것

(3) 풍향·풍속계가 보호범위에 들도록 나셀 상부에 피뢰침을 시설하고 피뢰도선은 나셀프레임에 접속하여야 한다.

(4) 전력·제어기기 등의 피뢰설비는 다음에 따라 시설하여야 한다.
① 전력기기는 금속시스케이블, 내뢰변압기 및 서지 보호 장치(SPD)를 적용할 것
② 제어기기는 광케이블 및 포토커플러를 적용할 것

(5) 기타 피뢰설비시설은 150의 규정에 따른다.

532.3.6 풍력터빈 정지장치의 시설

기술기준 제170조에 따른 풍력터빈 정지장치는 표 532.3-1과 같이 자동으로 정지하는 장치를 시설하는 것을 말한다.

표 532.3-1 풍력터빈 정지장치

이상상태	자동정지장치	비고
풍력터빈의 회전속도가 비정상적으로 상승	○	
풍력터빈의 컷 아웃 풍속	○	
풍력터빈의 베어링 온도가 과도하게 상승	○	정격 출력이 500 kW 이상인 원동기(풍력터빈은 시가지 등 인가가 밀집해 있는 지역에 시설된 경우 100 kW 이상)
풍력터빈 운전 중 나셀진동이 과도하게 증가	○	시가지 등 인가가 밀집해 있는 지역에 시설된 것으로 정격출력 10 kW 이상의 풍력 터빈
제어용 압유장치의 유압이 과도하게 저하된 경우	○	용량 100 kVA 이상의 풍력발전소를 대상으로 함
압축공기장치의 공기압이 과도하게 저하된 경우	○	
전동식 제어장치의 전원전압이 과도하게 저하된 경우	○	

기준 및 법규

532.3.7 계측장치의 시설

풍력터빈에는 설비의 손상을 방지하기 위하여 운전 상태를 계측하는 다음의 계측장치를 시설하여야 한다.

(1) 회전속도계
(2) 온도계
(3) 풍속계
(4) 압력계
(5) 나셀(nacelle) 내의 진동을 감시하기 위한 진동계

Ⅱ. 분산형 전원 배전계통연계기술기준

제 1 장 총칙

1. 제1조(목적)

이 기준은 아래의 근거에 의거하여 분산형 전원을 한전계통에 연계하기 위한 표준적인 기술요건을 정하는 것을 목적으로 한다.

(1) 전기사업법 제15조(송·배전용 전기설비의 이용요금 등)에 의해 제정된 송·배전용 전기설비의 이용규정의 제39조(배전용 전기설비의 접속 및 성능기준)에 따라 전력시장운영규칙에 정해지지 않은 사항을 적용하기 위해 운영한다.

(2) 전기사업법 제18조(전기품질의 유지) 및 전기사업법 제27조의2(전력계통의 신뢰도 유지)에 따라 고시된 전력계통 신뢰도 및 전기품질 유지기준 제3조(전력계통 신뢰도 및 전기품질 유지) 2항에 의거하여 고시에서 요구되는 세부 기술적인 사항에 대한 별도의 기준을 마련하기 위해 운영한다.

2. 제2조 범위(적용)

이 기준은 분산형 전원을 설치한 자(이하 "분산형 전원 설치자"라 한다)가 해당 분산형 전원을 한국전력공사(이하 "한전"이라 한다)의 배전계통(이하 "계통"이라 한다)에 연계하고자 하는 경우에 적용한다.

3. 제3조(용어정의)

이 기준에서 사용하는 용어는 다음 각 호와 같이 정의한다.

(1) 분산형 전원(DER, Distributed Energy Resources)

대규모 집중형 전원과는 달리 소규모로 전력소비지역 부근에 분산하여 배치가 가능한 전원으로서 다음 각 목의 하나에 해당하는 발전설비를 말한다.

① 전기사업법 제2조 제4호의 규정에 의한 발전사업자(신에너지 및 재생에너지 개발·이용·보급 촉진법 제2조 제1, 2호의 규정에 의한 신·재생에너지를 이용하여 전기를 생산하는 발전사업자와 집단에너지사업법 제48조의 규정에 의한 발전사업의 허가를 받은 집단에너지사업자를 포함한다) 또는 전기사업법 제2조 제12호의 규정에 의한 구역전기사업자의 발전설비로서 전기사업법 제43조의 규정에 의한 전력시장운영규칙

제1.1.2조 제1호에서 정항 중앙급전발전기가 아닌 발전설비 또는 전력시장운영규칙을 적용받지 않는 발전설비

② 전기사업법 제2조 제19호의 규정에 의한 자가용 전기설비에 해당하는 발전설비(이하 "자가용 발전설비"라 한다) 또는 전기사업법 시행규칙 제3조 제1항 제2호의 규정에 의해 일반용 전기설비에 해당하는 저압 10 kW 이하 발전기(이하 "저압 소용량 일반용 발전설비"라 한다)

③ 양방향 분산형 전원은 아래와 같이 전기를 저장하거나 공급할 수 있는 시스템을 말한다.

(가) 전기저장장치(ESS : Energy Storage System)

: 전기설비기술기준 제3조 제1항 제28호의 규정에 의한 전기를 저장하거나 공급할 수 있는 시스템을 말한다.

(나) 전기자동차 충·방전시스템(V2G : Vehicle to Grid)

: 전기설비기술기준 제53조의 2에 따른 전기자동차와 고정식 충·방전설비를 갖추어, 전기자동차에 전기를 저장하거나 공급할 수 있는 시스템을 말한다.

(2) Hybrid 분산형 전원

Hybrid 분산형 전원은 태양광, 풍력발전 등의 분산형 전원에 ESS 설비(배터리, PCS 등 포함)를 혼합하여 발전하는 유형을 말한다.

(3) 한전계통(Area EPS : Electric Power System)

구내계통에 전기를 공급하거나 그로부터 전기를 공급받는 한전의 계통을 말하는 것으로 접속설비를 포함한다.(그림 1 참조)

(4) 구내계통(Local EPS : Electric Power System)

분산형 전원 설치자 또는 전기사용자의 단일 구내(담, 울타리, 도로 등으로 구분되고, 그 내부의 토지 또는 건물들의 소유자나 사용자가 동일한 구역을 말한다. 이하 같다) 또는 제4조 제2항 제4호 단서에 규정된 경우와 같이 여러 구내의 집합 내에 완전히 포함되는 계통을 말한다.(그림 1 참조)

(5) 연계(interconnection)

분산형 전원을 한전계통과 병렬운전하기 위하여 계통에 전기적으로 연결하는 것을 말한다.

(6) 연계 시스템(interconnection System)

분산형 전원을 한전계통에 연계하기 위해 사용되는 모든 연계 설비 및 기능들의 집합체를 말한다.(그림 2 참조)

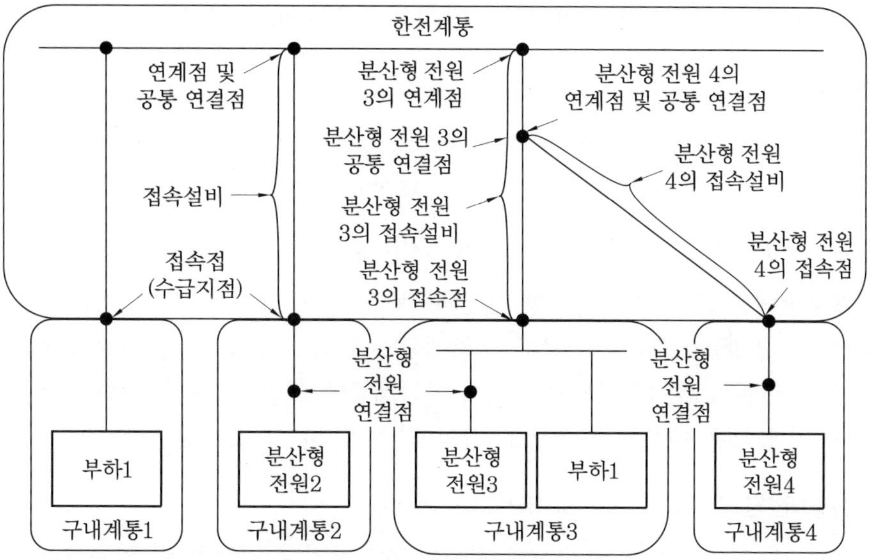

비고 1. 점선은 계통의 경계를 나타냄(다수의 구내계통 존재 가능)
2. 연계시점 : 분산형 전원3 → 분산형 전원4

[그림 1] 연계관련 용어 간의 관계

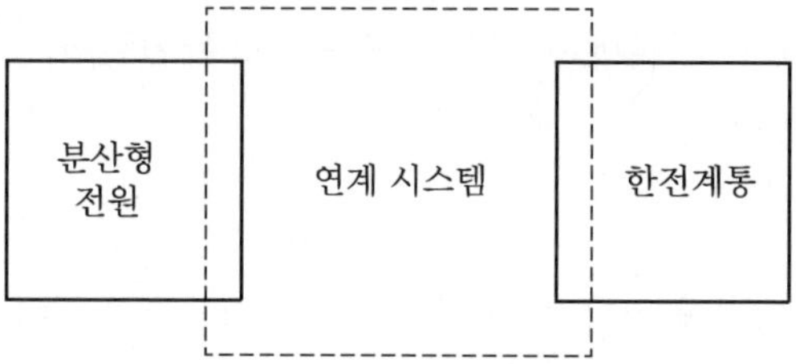

[그림 2] 연계 계략도

(7) 연계점

제4조에 따라 접속설비를 일반선로로 할 때에는 접속 설비가 검토 대상 분산형 전원 연계 시점의 공용 한전계통(다른 분산형 전원 설치자 또는 전기사용자와 공용하는 한전계통의 부분을 말한다. 이하 같다)에 연결되는 지점을 말하며, 접속설비를 전용선로로 할 때에는 특고압의 경우 접속설비가 한전의 변전소 내 분산형 전원 설치자 측 인출 개폐장치(CB : Circuit Breaker)의 분산형 전원 설치자 측 단자에 연결되는 지점, 저압의 경우 접속설비가 가공배전용 변압기(P.Tr)의 2차 인하선 또는 지중배전용 변압기의 2차측 단자에 연결되는 지점을 말한다.(그림 1 참조)

(8) 접속설비

제6호에 의한 연계점으로부터 검토 대상 분산형 전원 설치자의 전기설비에 이르기까지

의 전선로와 이에 부속하는 개폐장치 및 기타 관련 설비를 말한다.(그림 1 참조)

(9) 접속점

접속설비와 분산형 전원 설치자 측 전기설비가 연결되는 지점을 말한다. 한전계통과 구내계통의 경계가 되는 책임한계점으로서 수급지점이라고도 한다.(그림 1 참조)

(10) 공통 연결점(PCC : Point of Common Coupling)

한전계통상에서 검토 대상 분산형 전원으로부터 전기적으로 가장 가까운 지점으로서 다른 분산형 전원 또는 전기사용 부하가 존재하거나 연결될 수 있는 지점을 말한다. 검토 대상 분산형 전원으로부터 생산된 전력이 한전계통에 연결된 다른 분산형 전원 또는 전기사용 부하에 영향을 미치는 위치로도 정의할 수 있다.(그림 1 참조)

(11) 분산형 전원 연결점(Point of DR Connection)

구내계통 내에서 검토 대상 분산형 전원이 존재하거나 연결될 수 있는 지점을 말한다. 분산형 전원이 해당 구내계통에 전기적으로 연결되는 분전반 등을 분산형 전원 연결점으로 볼 수 있다.(그림 1 참조)

(12) 검토점(POE : Point of Evaluation)

분산형 전원 연계 시 이 기준에서 정한 기술요건들이 충족되는지를 검토하는데 있어 기준이 되는 지점을 말한다.

(13) 단순병렬

제1호 나목에 의한 자가용 발전설비 또는 저압 소용량 일반용 발전설비를 한전계통에 연계하여 운전하되, 생산한 전력의 전부를 구내계통 내에서 자체적으로 소비하기 위한 것으로서 생산한 전력이 한전계통으로 송전되지 않는 병렬 형태를 말한다.

(14) 역송병렬

분산형 전원을 한전계통에 연계하여 운전하되, 생산한 전력의 전부 또는 일부가 한전계통으로 송전되는 병렬 형태를 말한다.

(15) 단독운전(Islanding)

한전계통의 일부가 한전계통의 전원과 전기적으로 분리된 상태에서 분산형 전원에 의해서만 가압되는 상태를 말한다.

(16) 연계용량

계통에 연계하과 하는 단위 분산형 전원에 속한 발전설비 정격출력(교류 발전설비의 경우에는 발전기의 정격출력, 직류 발전설비의 경우에는 사용 전 검사필증 용량을 말한다.

이하 같다)의 합계와 발전용 변압기 설비용량의 합계 중에서 작은 것을 말한다. 단, Hybrid 분산형 전원의 경우 최대출력 가능용량을 연계용량으로 한다.(Hybrid 풍력은 풍력발전 설비용량에 PCS 정격용량을 더한 값과 발전용 변압기 총용량 중 작은 것을, Hybrid 태양광은 태양광발전 설비용량과 발전용 변압기 총용량 중 작은 것)

(17) ESS 설비용량

ESS 설비용량은 ESS의 직류전력으로 변환하는 장치(PCS)의 정격출력을 말한다.

(18) 주변압기 누적연계용량

해당 주변압기에서 공급되는 특고압 일반선로 및 전용선로에 역송병렬 형태로 연계된 모든 분산형 전원(기존 연계된 분산형 전원과 신규로 연계 예정인 분산형 전원 포함)과 전용변압기(상계거래용 변압기 포함)를 통해 저압계통에 연계된 모든 분산형 전원 연계용량의 누적 합을 말한다.

(19) 특고압 일반선로 누적연계용량

해당 특고압 일반선로에 역송병렬 형태로 연계된 모든 분산형 전원(기존 연계된 분산형 전원과 신규로 연계 예정인 분산형 전원 포함)과 해당 특고압 일반선로에서 공급되는 전용변압기(상계거래용 변압기 포함)를 통해 저압계통에 연계된 모든 분산형 전원 연계용량의 누적 합을 말한다.

(20) 배전용 변압기 누적연계용량

해당 배전용 변압기(주상변압기 및 지상변압기)에서 공급되는 저압 일반선로 및 전용선로에 역송병렬 형태로 연계된 모든 분산형 전원(기존 연계된 분산형 전원과 신규로 연계 예정인 분산형 전원 포함) 연계용량의 누적 합을 말한다.

(21) 저압 일반선로 누적연계용량

해당 저압 일반선로에 역송병렬 형태로 연계된 모든 분산형 전원(기존 연계된 분산형 전원과 신규로 연계 예정인 분산형 전원 포함) 연계용량의 누적 합을 말한다.

(22) 간소검토용량

상세한 기술평가 없이 제2장 제2절의 기술요건을 만족하는 것으로 간주할 수 있는 분산형 전원의 연계가능 최소용량으로 제2장 제1절의 기술요건만을 만족하는 경우 연계가 가능한 용량기준을 의미하며, 분산형 전원이 연계되는 대상 계통의 설비용량(주변압기 및 배전용 변압기 용량, 선로운전용량 등)에 대한 분산형 전원의 누적연계용량의 비율로 정의한다.

(23) 상시운전용량

22,900 V 일반 배전선로(전선 ACSR-OC 160 mm^2 및 CNCV 325 mm^2, 3분할 3연계 적

용)의 상시운전용량은 10,000 kVA, 22,900 V 특수 배전선로(ACSR-OC 240 mm^2 및 CNCV 325 mm^2「전력구 구간」, CNCV 600 mm^2「관로 구간」, 3분할 3연계 적용)의 상시 운전용량은 15,000 kVA로 평상시의 운전 최대용량을 의미하며, 변전소 주변압기의 용량, 전선의 열적허용전류, 선로 전압강하, 비상 시 부하전환능력, 선로의 분할 및 연계 등 해당 배전계통 운전여건에 따라 하향 조정될 수 있다.

(24) 일반선로

일반 다수의 전기사용자에게 전기를 공급하기 위하여 설치한 배전선로를 말한다.

(25) 전용선로

특정 분산형 전원 설치자가 전용(專用)하기 위한 배전선로로서 한전이 소유하는 선로를 말한다.

(26) 전압요동(電壓搖動, voltage fluctuation)

연속적이거나 주기적인 전압변동[voltage change, 어느 일정한 지속시간(duration) 동안 유지되는 연속적인 두 레벨 사이의 전압 실횻값 또는 최댓값의 변화를 말한다. 이하 같다]을 말한다.

(27) 플리커(flicker)

입력 전압의 요동(fluctuation)에 기인한 전등 조면 강도의 인지 가능한 변화를 말한다.

(28) 상시 전압변동률

분산형 전원 연계 전 계통의 안전상태 전압 실횻값과 연계 후 분산형 전원 정격출력을 기준으로 한 계통의 안정 상태 전압 실횻값 간의 차이(steady-state voltage change)를 계통의 공칭전압에 대한 백분율로 나타낸 것을 말한다.

(29) 순시 전압변동률

분산형 전원의 기동, 탈락 혹은 빈번한 출력변동 등으로 인해 과도상태가 지속되는 동안 발생하는 기폰파 계통전압 실횻값의 급격한 변동(rapid voltage change, 예를 들어 실횻값의 최댓값과 최솟값의 차이 등을 말한다)을 계통의 공칭전압에 대한 백분율로 나타낸 것을 말한다.

(30) 전압 상한여유도

배전선로의 최소부하 조건에서 산정한 특고압 계통의 임의의 지점의 전압과 전기사업법 제18조 및 동법 시향규칙 제18조에서 정한 표준전압 및 허용오차의 상한치(220 V + 13 V)를 특고압으로 환산한 전압의 차이를 공칭전압에 대한 백분율로 표시한 값을 말한다. 즉, 특고압 계통의 임의의 지점에서 산출한 전압 상한여유도는 해당 배전선로에서 분산형 전원에 의한 전압변동(전압 상승)을 허용할 수 있는 여유를 의미한다.

(31) 전압 하한여유도

배전선로의 최대부하 조건에서 산정한 특고압 계통의 임의의 지점의 전압과 전기사업법 제18조 및 동법 시행규칙 제18조에서 정한 표준전압 및 허용오차의 하한치(220 V−13 V)를 특고압으로 환산한 전압의 차이를 공칭전압에 대한 백분율로 표시한 값을 말한다. 즉, 특고압 계통의 임의의 지점에서 산출한 전압 하한여유도는 해당 배전선로에서 분산형 전원에 의한 전압변동(전압강하)을 허용할 수 있는 여유를 의미한다.

(32) 전자기 장해(EMI, ElectroMagnetic Interference)

전자기기의 동작을 방해, 중지 또는 약화시키는 외란을 말한다.

(33) 서지(surge)

전기기기나 계통 운영 중에 발생하는 과도 전압 또는 전류로서, 일반적으로 최댓값까지 급격히 상승하고 하강 시에는 상승 시보다 서서히 떨어지는 수 ms 이내의 지속시간을 갖는 파형의 것을 말한다.

(34) OLTC

On Load Tap Changer의 머리글자로, 부하공급 상태에서 TAP 위치를 변화시켜 전압조정이 가능한 장치를 말한다.

(35) 자동전압조정장치

주변압기 OLTC에 부가된 부속장치로서 부하의 크기에 따라 적정한 전압을 자동으로 조정할 수 있도록 신호를 공급하는 장치를 말한다.

(36) 전용 변압기

저압 분산형 전원의 배전 계통연계를 위해 일반 전기사용자가 연결되지 않은 발전 전용 배전용 변압기를 말하며 한전이 소유한다.

(37) 상계거래용 변압기

상계거래 연계용량이 배전용 변압기 용량의 50 %를 초과하는 경우로 상계거래를 신청하는 고객이 전기공급과 발전을 동시에 하기 위해 설치하는 전용 배전용 변압기를 말하며, 한전이 소유한다. 단, 상계거래용 변압기의 경우 다른 고객의 전기공급에는 활용 가능하나, 추가 발전설비 연계는 불가하다.

(38) 발전구역

분산형 전원 연계의 기준이 되는 구역으로 전기공급약관 제18조에 규정한 전기사용장소와 동일한 장소를 의미한다.

4. 제4조(연계 요건 및 연계의 구분)

(1) 분산형 전원을 계통에 연계하고자 할 경우, 공공 인축과 설비의 안전, 전력 공급 신뢰도 및 전기품질을 확보하기 위한 기술적인 제반 요건이 충족되어야 한다.

(2) 제2장 제1절의 기술요건을 만족하고 한전계통 저압 배전용 변압기의 분산형 전원 연계 가능용량에 여유가 있을 경우, 저압 한전계통에 연계할 수 있는 분산형 전원은 다음과 같다.

① 분산형 전원의 연계용량이 500 kW 미만이고 배전용 변압기 누적연계용량이 해당 배전용 변압기 용량의 50 % 이하인 경우, 다음 각 목에 따라 해당 저압계통에 연계할 수 있다. 다만, 분산형 전원의 출력전류의 합은 해당 저압 전선의 허용전류를 초과할 수 없다.

㈎ 분산형 전원의 연계용량이 연계하고자 하는 해당 배전용 변압기(지상 또는 주상) 용량의 25 % 이하인 경우 다음 각 목에 따라 간소검토 또는 연계용량 평가를 통해 저압 일반선로로 연계할 수 있다.

㉮ 간소검토 : 저압 일반선로 누적연계용량이 해당 변압기 용량의 25 % 이하인 경우

㉯ 연계용량 평가 : 저압 일반선로 누적연계용량이 해당 변압기 용량의 25 % 초과 시, 제2장 제2절에서 정한 기술요건을 만족하는 경우

㈏ 분산형 전원의 연계용량이 연계하고자 하는 해당 배전용 변압기(주상 또는 지상) 용량의 25 %를 초과하거나, 제2장 제2절에서 정한 기술요건에 적합하지 않은 경우 접속설비를 저압 전용선로로 할 수 있다.

② 배전용 변압기 누적연계용량이 해당 변압기 용량의 50 %를 초과하는 경우 전용변압기(상계거래용 변압기 포함)를 설치하여 연계할 수 있다. 단, 아래의 조건에서는 예외로 한다.

㈎ 4 kW 이하 상계거래의 경우는 배전용 변압기 누적연계용량이 해당 배전용 변압기 용량의 50 % 초과 시 배전용 변압기의 직전 1년간 평균 상시이용률 이내에서 해당 배전용 변압기를 통해 저압에 연계할 수 있다. 단, 평균 상시이용률이 50 % 이상인 경우만 적용 가능하며, 배전용 변압기 누적연계용량이 상시이용률을 초과하는 경우에는 상계거래용 변압기를 설치하여 연계한다.

㈏ 4 kW 이하 단상 상계거래에 한해 현재 연계 예정인 배전용 변압기가 3상인이고, 해당 배전용 변압기의 누적연계용량이 변압기 용량 50 %를 초과하는 경우 다른 상 배전용 변압기 누적연계용량이 변압기 용량의 50 % 이내에서 상분리를 통해 연계할 수 있다.

③ 분산형 전원의 연계용량이 500 kW 미만인 경우라도 분산형 전원 설치자가 희망하고 한전이 이를 타당하다고 인정하는 경우에는 특고압 한전계통에 연계할 수 있다.

④ 동일한 발전구역 내에서 개별 분산형 전원의 연계용량은 500 kW미만이나 그 연계용량의 총합은 500 kW 이상이고, 그 명의나 회계주체(법인)가 각기 다른 복수의 단위 분산형 전원이 존재할 경우에는 제2항 제1호, 제2호에 따라 각각의 단위 분산형 전원을 저압 한전계통에 연계할 수 있다. 다만, 각 분산형 전원 설치자가 희망하고, 계통의 효율적 이용, 유지보수 편의성 등 경제적, 기술적으로 타당한 경우에는 대표 분산형 전원 설치자의 발전용 변압기 설비를 공용하여 제3항에 따라 특고압 한전계통에 연계할 수 있다.

⑤ 저압 한전계통에 연계하는 분산형 전원의 연계용량이 150 kW 이상 500 kW 미만인 경우 기본공급약관시행세칙 제14조 3항에 따라, 분산형 전원 설치자의 발전구역 내에 한전 지중공급설비 설치장소를 제공받아 전용으로 공급함을 원칙으로 한다. 다만, 가공공급지역에 한해 하나의 공통연결점에서 단위 또는 합산 분산형 전원 연계용량이 500 kW 미만인 경우 발전구역 밖 주상변압기에서 연계가 가능하다.

⑥ 전기방식이 교류 단상 220 V인 분산형 전원을 저압 한전계통에 연계할 수 있는 용량은 100 kW 미만으로 한다.

⑦ 회전형 분산형 전원을 저압 한전계통에 연계할 경우 단순병렬 또는 전용변압기를 통하여 연계할 수 있다.

⑧ 저압 분산형 전원 연계용 전용 변압기는 무부하 손실이 적은 신품변압기로 주상은 아몰퍼스 변압기, 지상은 Compact형 변압기를 신설함을 원칙으로 한다. 단, 상계거래용 변압기는 주상의 경우 고효율 변압기를 신설한다.

(3) 제2장 제1절의 기술요건을 만족하고 한전계통 변전소 주변압기의 분산형 전원 연계 가능용량에 여유가 있을 경우, 특고압 한전계통 또는 전용변압기(상계거래용 변압기 포함)를 통해 저압 한전계통에 연계할 수 있는 분산형 정원은 다음과 같다.

① 분산형 전원의 연계용량이 10,000 kW 이하로 특고압 한전계통에 연계되거나 500 kW 미만으로 전용변압기(상계거래용 변압기 포함)를 통해 저압 한전계통에 연계되고 해당 특고압 일반선로 누적연계용량이 상시운전용량 이하인 경우 다음 각 목에 따라 해당 한전 계통에 연계할 수 있다. 다만, 분산형 전원의 출력전류의 합은 해당 특고압 전선의 허용전류를 초과할 수 없다.

㈎ 간소검토 : 주 변압기 누적연계용량이 해당 주 변압기 용량의 15 % 이하이고, 특고압 일반선로 누적연계용량이 해당 특고압 일반선로 상시운전용량의 15 % 이하인 경우 간소검토 용량으로 하여 특고압 일반선로에 연계할 수 있다.

㈏ 연계용량 평가 : 주 변압기 누적연계용량이 해당 주 변압기 용량의 15 %를 초과하거나, 특고압 일반설로 누적연계용량이 해당 특고압 일반선로 상시운전용량의

15 %를 초과하는 경우에 대해서는 제2장 제2절에서 정한 기술요건을 만족하는 경우에 한하여 해당 특고압 일반선로에 연계할 수 있다.

㈐ 분산형 전원의 연계로 인해 제2장 제1절 및 제2절에서 정한 기술요건을 만족하지 못하는 경우 원칙적으로 전용선로로 연계하여야 한다. 단, 기술적 문제를 해결할 수 있는 보완 대책이 있고 설비보강 등의 합의가 있는 경우에 한하여 특고압 일반선로에 연계할 수 있다.

(2) 분산형 전원의 연계용량이 10,000 kW를 초과하거나 특고압 일반설로 누적연계용량이 해당 선로의 상시운전용량을 초과하는 경우 다음 각 목에 따른다.

① 개별 분산형 전원의 연계용량이 10,000 kW 이하라도 특고압 일반선로 누적연계용량이 해당 특고압 일반선로 상시운전용량을 초과하는 경우에는 접속설비를 특고압 전용선로로 함을 원칙으로 한다.

② 개별 분산형 전원의 연계용량이 14,000 kW 초과 20,000 kW 이하인 경우에는 접속설비를 대용량 배전방식에 의해 연계함을 원칙으로 한다.

③ 접속설비를 전용선로로 하는 경우, 향후 불특정 다수의 다른 일반 전기사용자에게 전기를 공급하기 위한 선로경과지 확보에 현저한 지장이 발생하거나 발생할 우려가 있다고 한전이 인정하는 경우에는 접속설비를 지중 배전선로로 구성함을 원칙으로 한다.

④ 접속설비를 전용선로로 연계하는 분산형 전원은 제2장 제2절 제23조에서 정한 단락용량 기술요건을 만족해야 한다.

(3) 제1, 2항에도 불구하고 다음 각 목을 모두 만족하는 경우에 한하여 특고압 일반선로의 연계되는 분산형 전원을 상시운전용량의 20 % 범위 내에서 추가로 연계할 수 있다.

① 특고압 공용 배전선로에 연계된 태양광(ESS 연계 태양광 포함)을 제외한 분산형 전원의 누적연계용량이 2,000 kW를 초과하지 않는 경우

② 연계하고자 하는 분산형 전원의 연계용량이 10,000 kW를 초과하지 않는 경우

(4) 단순병렬로 연계되는 분산형 전원의 경우 제2장 제1절의 기술요건을 만족하는 경우 배전용 변압기 및 저압 일반선로 누적연계용량과 주 변압기 및 특고압 일반선로 누적연계용량 합산 대상에서 제외할 수 있다.

(5) 기술기준 제2장 제1절의 기술요건 만족여부를 검토할 때, 분산형 전원 용량은 해당 단위 분산형 전원에 속한 발전설비 정격 출력의 합계(Hybrid 분산형 전원의 경우 최대출력을 기준으로 산정한 연계용량)를 기준으로 하며, 검토점은 특별히 달리 규정된 내용이 없는 한 제3조 제9호에 의한 공통 연결점으로 함을 원칙으로 하나, 측정이나 시험수행 시 편의상 제3조 제8호에 의한 접속점 또는 제10호에 의한 분산형 전원 연결점 등을 검토점으로 할 수 있다.

(6) 기술기준 제2장 제2절의 기술요건 만족여부를 검토할 때, 분산형 전원 용량은 저압연

계의 경우 해당 배전용 변압기 및 저압 일반선로 누적연계용량을 기준으로 하며, 특고압 연계의 경우 해당 주변압기 및 특고압 일반선로 누적연계용량을 기준으로 한다. 다만, 전용변압기(상계거래용 변압기 포함)를 통해 연계하는 분산형 전원의 경우 특고압 연계에 준하여 검토한다.

(7) Hybrid 분산형 전원의 ESS 충전은 분산형 전원의 발전전력에 의해서만 이루어져야 하며, 소내 부하공급용 전력에 의한 충전은 허용되지 않는다. 이때 ESS 정격용량은 풍력·태양광 등 분산형 전원의 발전과 동시 또는 각각 가능하다. 단, 아래 조건 하에서 ESS의 PCS 용량이 설비용량을 초과할 수 있다.
① PCS의 정격용량이 발전설비 용량의 110 % 이하이고, PCS 입출력을 발전 설비용량 이하로 운전하도록 설정할 경우
② PCS 연계변압기의 정격용량을 발전 설비용량 이하로 설치하고, PCS 입출력을 발전 설비용량 이하로 운전하도록 설정할 경우
※ 위 기준 1호 및 2호에 해당하는 사업자는 PCS 운전 확약서 제출

5. 제5조(협의 등)

(1) 이 기준에 명시되지 않은 사항은 관련 법령, 규정 등에서 정하는 바에 따라 분산형 전원 설치자와 한전이 협의하여 결정한다.

(2) 한전은 이 기준에서 정한 기술요건의 만족여부 검토·확인, 연계계통의 운영 등을 위하여 필요할 때에는 이 기준의 취지에 따라 세부 시행 지침, 절차 등을 정하여 운영할 수 있다.

(3) 분산형 전원 사업자의 합의가 있는 경우, 분산형 전원에 대한 운전역률, 유효전력 및 무효전력 제어 등에 관한 기술적 내용을 한전과 분산형 전원 사업자간 상호 협의하여 체결할 수 있다.

(4) 분산형 전원의 연계가 배전계통 운영 및 전기사용자의 전력품질에 영향을 미친다고 판단되는 경우, 분산형 전원에 대한 한전의 원격제어 및 탈락 기능에 대한 기술적 협의를 거쳐 계통연계를 검토할 수 있다.

제2장 연계기술기준

1. 제6조(전기방식)

(1) 분산형 전원의 전기방식은 연계하고자 하는 계통의 전기방식과 동일해야 함을 원칙으로 한다. 단, 3상 수전고객이 단상인버터를 설치하여 분산형 전원을 계통에 연계하는 경우는 다음 표 2.1에 의한다.

표 2.1 3상 수전 단상 인버터 설치기준

구분	인버터 용량
1상 또는 2상 설치 시	각 상에 4 kW 이하로 설치
3상 설치 시	상별 동일 용량 설치

(2) 분산형 전원의 연계구분에 따른 연계계통의 전기방식은 다음 표 2.2에 의한다.

표 2.2 연계구분에 따른 계통의 전기방식

구분	연계계통의 전기방식
저압 한전 계통연계	교류 단상 220 V 또는 교류 3상 380 V 중 기술적으로 타당하다고 한전이 정한 1가지 전기방식
특고압 한전 계통연계	교류 3상 22,900 V

2. 제7조(한전계통 접지와의 협조)

(1) 역송병렬 형태의 분산형 전원 연계 시 그 접지방식은 해당 한전계통에 연결되어 있는 타 설비의 정격을 초과하는 과전압을 유발하거나 한전계통의 지락고장 보호협조를 방해해서는 안 된다. 단, 분산형 전원 설치자가 비접지방식을 사용하여 연계하고자 하는 경우 한전계통 접지와의 협조를 만족할 수 있는 별도의 대책을 수립하여야 한다.

3. 제8조(동기화)

(1) 분산형 전원의 계통연계 또는 가압된 구내계통의 가압된 한전계통에 대한 연계에 대하여 병렬연계 장치의 투입 순간에 표 2.3의 모든 동기화 변수들이 제시된 제한범위 이내에 있어야 하며, 만일 어느 하나의 변수라도 제시된 범위를 벗어날 경우에는 병렬연계 장치가 투입되지 않아야 한다.

표 2.3 계통연계를 위한 동기화 변수 제한범위

분산형 전원 정격용량 합계(kW)	주파수 차 (Δf, Hz)	전압 차 (ΔV, %)	위상각 차 ($\Delta \Phi$, °)
0 ~ 500	0.3	10	20
500 초과 ~ 1,500	0.2	5	15
1,500 초과 ~ 20,000 미만	0.1	3	10

4. 제9조(비의도적인 한전계통 가압)

분산형 전원은 한전계통이 가압되어 있지 않을 때 한전계통을 가압해서는 안 된다.

5. 제10조(감시설비)

(1) 특고압 또는 전용 변압기를 통해 저압 한전계통에 연계하는 역송병렬의 분산형 전원이 하나의 공통 연결점에서 단위 분산형 전원의 용량 또는 분산형 전원 용량의 총합이 250 kW 이상일 경우 분산형 전원 설치자는 분산형 전원 연결점에 연계상태, 유·무효전력 출력, 운전 역률 및 전압 등의 전력품질을 감시하기 위한 설비를 갖추어야 한다.

(2) 한전계통 운영상 필요할 경우 한전은 분산형 전원 설치자에게 제1항에 의한 감시설비와 한전계통 운영시스템의 실시간 연계를 요구하거나 실시간 연계가 기술적으로 불가할 경우 감시기록 제출을 요구할 수 있으며, 분산형 전원 설치자는 이에 응하여야 한다.

6. 제11조(분리장치)

(1) 접속점에는 접근이 용이하고 잠금이 가능하며 개방상태를 육안으로 확인할 수 있는 분리장치를 설치하여야한다.(단, 단순병렬 분산형 전원은 1항의 조건을 만족하는 경우 책임분계점 개폐기로 대체 가능하다.)

(2) 제4조 제3항에 따라 역송병렬 형태의 분산형 전원이 특고압 한전계통에 연계되는 경우 제1항에 의한 분리장치는 연계용량에 관계없이 전압·전류 감시기능, 고장표시(FI, Fault Indication) 기능 등을 구비한 자동개폐기를 설치하여야 한다. 다만, 전용변압기를 통해 한전계통에 연계하는 단독 또는 합산용량 100 kW 이상 저압 분산형 전원의 경우 변압기 1차측에 전압·전류 감시기능, 고장표시(FI, Fault Indication) 기능, 고장전류 감지 및 자동차단 기능 등을 구비한 자동차단기를 설치하여야 한다.

7. 제12조(연계 시스템의 건전성)

(1) 전자기 장해로부터의 보호 : 연계 시스템은 전자기 장해 환경에 견딜 수 있어야 하며, 전자기 장해의 영향으로 인하여 연계 시스템이 오동작하거나 그 상태가 변화되어서는 안 된다.

(2) 내서지 성능 : 연계 시스템은 서지를 견딜 수 있는 능력을 갖추어야 한다.

8. 제13조(한전계통 이상 시 분산형 전원 분리 및 재병입)

(1) 한전계통의 고장 : 분산형 전원은 연계된 한전계통 선로의 고장 시 해당 한전계통에 대한 가압을 즉시 중지하여야 한다.

(2) 한전계통 재폐로와의 협조 : 제1항에 의한 분산형 전원 분리시점은 해당 한전계통의 재폐로 시점 이전이어야 한다.

(3) 전압

① 연계 시스템의 보호장치는 각 선간전압의 실횻값 또는 기본파 값을 감지해야 한다. 단, 구내계통을 한전계통에 연결하는 변압기가 Y-Y 결선 접지방식의 것 또는 단상 변압기일 경우에는 각 상전압을 감지해야 한다.

② 제1호의 전압 중 어느 값이나 표 2.4와 같은 비정상 범위 내에 있을 경우 분산형 전원은 해당 분리시간(clearing time) 내에 한전계통에 대한 가압을 중지하여야 한다.

③ 다음 각 목의 하나에 해당하는 경우에는 분산형 전원 연결점에서 제1호에 의한 전압을 검출할 수 있다.

㈎ 하나의 구내계통에서 분산형 전원 용량의 총합이 30 kW 이하인 경우

㈏ 연계 시스템 설비가 단독운전 방지시험을 통과한 것으로 확인될 경우

㈐ 분산형 전원용량의 총합이 구내계통의 15분간 최대수요전력 연간 최솟값의 50 % 미만이고, 한전계통으로의 유·무효전력 역송이 허용되지 않는 경우

(4) 주파수

계통 주파수가 표 2.5와 같은 비정상 범위 내에 있을 경우 분산형 전원은 해당 분리시간 내에 한전계통에 대한 가압을 중지하여야 한다.

표 2.5 비정상 주파수에 대한 분산형 전원 분리시간

분산형 전원 용량	주파수 범위주 (Hz)	분리시간주 (초)
용량무관	$f > 61.5$	0.16
	$f < 57.5$	300
	$f < 57.0$	0.16

주) 분리시간이란 비정상 상태의 시작부터 분산형 전원의 계통가압 중지까지의 시간을 말하며, 필요할 경우 주파수 범위 정정치와 분리시간을 현장에서 조정할 수 있어야 한다. 저주파수 계전기 정정치 조정 시에는 한전계통 운영과의 협조를 고려하여야 한다.

(5) 한전계통에의 재병입(再並入, reconnection)

① 한전계통에서 이상 발생 후 해당 한전계통의 전압 및 주파수가 정상범위 내에 들어올 때까지 분산형 전원의 재병입이 발생해서는 안 된다.

② 분산형 전원 연계 시스템은 안정상태의 한전계통 전압 및 주파수가 정상범위로 복원된 후 그 범위 내에서 5분간 유지되지 않는 한 분산형 전원의 재병입이 발생하지 않도록 하는 지연기능을 갖추어야 한다.

Ⅲ. 신에너지 및 재생에너지 개발 · 이용 · 보급 촉진법(일부 발췌)

1. 제1조(목적)

이 법은 신에너지 및 재생에너지의 기술개발 및 이용 · 보급 촉진과 신에너지 및 재생에너지 산업의 활성화를 통하여 에너지원을 다양화하고, 에너지의 안정적인 공급, 에너지 구조의 환경 친화 적 전환 및 온실가스 배출의 감소를 추진함으로써 환경의 보전, 국가경제의 건전하고 지속적인 발전 및 국민복지의 증진에 이바지함을 목적으로 한다.

2. 제2조(정의) 이 법에서 사용하는 용어의 뜻은 다음과 같다.

(1) "**신에너지**"란 기존의 화석연료를 변환시켜 이용하거나 수소 · 산소 등의 화학 반응을 통하여 전기 또는 열을 이용하는 에너지로서 다음 각 목의 어느 하나에 해당하는 것을 말한다.

① 수소에너지

② 연료전지

③ 석탄을 액화 · 가스화한 에너지 및 중질잔사유(重質殘渣油)를 가스화한 에너지로서 대통령령으로 정하는 기준 및 범위에 해당하는 에너지

④ 그 밖에 석유 · 석탄 · 원자력 또는 천연가스가 아닌 에너지로서 대통령령으로 정하는 에너지

(2) "**재생에너지**"란 햇빛 · 물 · 지열(地熱) · 강수(降水) · 생물유기체 등을 포함하는 재생 가능한 에너지를 변환시켜 이용하는 에너지로서 다음 각 목의 어느 하나에 해당하는 것을 말한다.

① 태양에너지

② 풍력

③ 수력

④ 해양에너지

⑤ 지열에너지

⑥ 생물자원을 변환시켜 이용하는 바이오에너지로서 대통령령으로 정하는 기준 및 범위에 해당하는 에너지

⑦ 폐기물에너지(비재생폐기물로부터 생산된 것은 제외한다)로서 대통령령으로 정하는 기준 및 범위에 해당하는 에너지

⑧ 그 밖에 석유 · 석탄 · 원자력 또는 천연가스가 아닌 에너지로서 대통령령으로 정하는 에너지

(3) "**신에너지 및 재생에너지 설비**"(이하 "신 · 재생에너지 설비"라 한다)란 신에너지 및 재생에너지(이하 "신 · 재생에너지"라 한다)를 생산 또는 이용하거나 신 · 재생에너지의 전력계통 연계조건을 개선하기 위한 설비로서 산업통상자원부령으로 정하는 것을 말한다.

(4) "**신 · 재생에너지 발전**"이란 신 · 재생에너지를 이용하여 전기를 생산하는 것을 말한다.

(5) "**신 · 재생에너지 발전사업자**"란 「전기사업법」 제2조제4호에 따른 발전사업자 또는 같은 조 제19호에 따른 자가용전기설비를 설치한 자로서 신 · 재생에너지 발전을 하는 사업자를 말한다.

3. 제4조(시책과 장려 등)

(1) 정부는 신 · 재생에너지의 기술개발 및 이용 · 보급의 촉진에 관한 시책을 마련하여야 한다.

(2) 정부는 지방자치단체, 「공공기관의 운영에 관한 법률」 제4조에 따른 공공기관(이하 "공공기관"이라 한다), 기업체 등의 자발적인 신 · 재생에너지 기술개발 및 이용 · 보급을 장려하고 보호 · 육성하여야 한다.

4. 제5조(기본계획의 수립)

(1) 산업통상자원부장관은 관계 중앙행정기관의 장과 협의를 한 후 제8조에 따른 신 · 재생에너지정책심의회의 심의를 거쳐 신 · 재생에너지의 기술개발 및 이용 · 보급을 촉진하기 위한 기본계획(이하 "기본계획"이라 한다)을 5년마다 수립하여야 한다.

(2) 기본계획의 계획기간은 10년 이상으로 하며, 기본계획에는 다음 각 호의 사항이 포함되어야 한다.

① 기본계획의 목표 및 기간

② 신 · 재생에너지원별 기술개발 및 이용 · 보급의 목표

③ 총 전력생산량 중 신 · 재생에너지 발전량이 차지하는 비율의 목표

④ 「에너지법」 제2조제10호에 따른 온실가스의 배출 감소 목표

⑤ 기본계획의 추진방법

⑥ 신 · 재생에너지 기술수준의 평가와 보급전망 및 기대효과

⑦ 신 · 재생에너지 기술개발 및 이용 · 보급에 관한 지원 방안

⑧ 신 · 재생에너지 분야 전문인력 양성계획

⑨ 직전 기본계획에 대한 평가

⑩ 그 밖에 기본계획의 목표달성을 위하여 산업통상자원부장관이 필요하다고 인정하는 사항

(3) 산업통상자원부장관은 신 · 재생에너지의 기술개발 동향, 에너지 수요 · 공급 동향의 변화, 그 밖의 사정으로 인하여 수립된 기본계획을 변경할 필요가 있다고 인정하면 관계 중앙행정기관의 장과 협의를 한 후 제8조에 따른 신 · 재생에너지정책심의회의 심의를 거쳐 그 기본계획을 변경할 수 있다.

5. 제6조(연차별 실행계획)

(1) 산업통상자원부장관은 기본계획에서 정한 목표를 달성하기 위하여 신 · 재생에너지의 종류별로 신 · 재생에너지의 기술개발 및 이용 · 보급과 신 · 재생에너지 발전에 의한 전기의 공급에 관한 실행계획(이하 "실행계획"이라 한다)을 매년 수립 · 시행하여야 한다.
(2) 산업통상자원부장관은 실행계획을 수립 · 시행하려면 미리 관계 중앙행정기관의 장과 협의하여야 한다.
(3) 산업통상자원부장관은 실행계획을 수립하였을 때에는 이를 공고하여야 한다.

6. 제7조(신 · 재생에너지 기술개발 등에 관한 계획의 사전협의)

국가기관, 지방자치단체, 공공기관, 그 밖에 대통령령으로 정하는 자가 신 · 재생에너지 기술개발 및 이용 · 보급에 관한 계획을 수립 · 시행하려면 대통령령으로 정하는 바에 따라 미리 산업통상자원부장관과 협의하여야 한다.

7. 제8조(신 · 재생에너지정책심의회)

(1) 신 · 재생에너지의 기술개발 및 이용 · 보급에 관한 중요 사항을 심의하기 위하여 산업통상자원부에 신 · 재생에너지정책심의회(이하 "심의회"라 한다)를 둔다.
(2) 심의회는 다음 각 호의 사항을 심의한다.
  ① 기본계획의 수립 및 변경에 관한 사항. 다만, 기본계획의 내용 중 대통령령으로 정하는 경미한 사항을 변경하는 경우는 제외한다.
  ② 신 · 재생에너지의 기술개발 및 이용 · 보급에 관한 중요 사항
  ③ 신 · 재생에너지 발전에 의하여 공급되는 전기의 기준가격 및 그 변경에 관한 사항
  ④ 신 · 재생에너지 이용 · 보급에 필요한 관계 법령의 정비 등 제도개선에 관한 사항
  ⑤ 그 밖에 산업통상자원부장관이 필요하다고 인정하는 사항
(3) 심의회의 구성 · 운영과 그 밖에 필요한 사항은 대통령령으로 정한다.

8. 제9조(신 · 재생에너지 기술개발 및 이용 · 보급 사업비의 조성)

정부는 실행계획을 시행하는 데에 필요한 사업비를 회계연도마다 세출예산에 계상(計上)하여야 한다.

9. 제12조의5(신 · 재생에너지 공급의무화 등)

(1) 산업통상자원부장관은 신 · 재생에너지의 이용 · 보급을 촉진하고 신 · 재생에너지산업의 활성화를 위하여 필요하다고 인정하면 다음 각 호의 어느 하나에 해당하는 자 중 대통령령으로 정하는 자(이하 "공급의무자"라 한다)에게 발전량의 일정량 이상을 의무적으로 신 · 재생에너지를 이용하여 공급하게 할 수 있다.

① 「전기사업법」 제2조에 따른 발전사업자

② 「집단에너지사업법」 제9조 및 제48조에 따라 「전기사업법」 제7조제1항에 따른 발전사업의 허가를 받은 것으로 보는 자

③ 공공기관

(2) 제1항에 따라 공급의무자가 의무적으로 신 · 재생에너지를 이용하여 공급하여야 하는 발전량(이하 "의무공급량"이라 한다)의 합계는 총전력생산량의 25 % 이내의 범위에서 연도별로 대통령령으로 정한다. 이 경우 균형 있는 이용 · 보급이 필요한 신 · 재생에너지에 대하여는 대통령령으로 정하는 바에 따라 총의무공급량 중 일부를 해당 신 · 재생에너지를 이용하여 공급하게 할 수 있다.

(3) 공급의무자의 의무공급량은 산업통상자원부장관이 공급의무자의 의견을 들어 공급의무자별로 정하여 고시한다. 이 경우 산업통상자원부장관은 공급의무자의 총발전량 및 발전원(發電源) 등을 고려하여야 한다.

(4) 공급의무자는 의무공급량의 일부에 대하여 3년의 범위에서 그 공급의무의 이행을 연기할 수 있다.

(5) 공급의무자는 제12조의7에 따른 신 · 재생에너지 공급인증서를 구매하여 의무공급량에 충당할 수 있다.

(6) 산업통상자원부장관은 제1항에 따른 공급의무의 이행 여부를 확인하기 위하여 공급의무자에게 대통령령으로 정하는 바에 따라 필요한 자료의 제출 또는 제5항에 따라 구매하여 의무공급량에 충당하거나 제12조의7제1항에 따라 발급받은 신 · 재생에너지 공급인증서의 제출을 요구할 수 있다.

(7) 제4항에 따라 공급의무의 이행을 연기할 수 있는 총량과 연차별 허용량, 그 밖에 필요한 사항은 대통령령으로 정한다.

10. 제12조의6(신 · 재생에너지 공급 불이행에 대한 과징금)

(1) 산업통상자원부장관은 공급의무자가 의무공급량에 부족하게 신 · 재생에너지를 이용하여 에너지를 공급한 경우에는 대통령령으로 정하는 바에 따라 그 부족분에 제12조의 7에 따른 신 · 재생에너지 공급인증서의 해당 연도 평균거래 가격의 100분의 150을 곱한 금액의 범위에서 과징금을 부과할 수 있다.

(2) 제1항에 따른 과징금을 납부한 공급의무자에 대하여는 그 과징금의 부과기간에 해당하

는 의무공급량을 공급한 것으로 본다.

(3) 산업통상자원부장관은 제1항에 따른 과징금을 납부하여야 할 자가 납부기한까지 그 과징금을 납부하지 아니한 때에는 국세 체납처분의 예를 따라 징수한다.

(4) 제1항 및 제3항에 따라 징수한 과징금은 「전기사업법」에 따른 전력산업기반기금의 재원으로 귀속된다.

11. 제12조의7(신·재생에너지 공급인증서 등)

(1) 신·재생에너지를 이용하여 에너지를 공급한 자(이하 "신·재생에너지 공급자"라 한다)는 산업통상자원부장관이 신·재생에너지를 이용한 에너지 공급의 증명 등을 위하여 지정하는 기관(이하 "공급인증기관"이라 한다)으로부터 그 공급 사실을 증명하는 인증서(전자문서로 된 인증서를 포함한다. 이하 "공급인증서"라 한다)를 발급받을 수 있다. 다만, 제17조에 따라 발전차액을 지원받은 신·재생에너지 공급자에 대한 공급인증서는 국가에 대하여 발급한다.

(2) 공급인증서를 발급받으려는 자는 공급인증기관에 대통령령으로 정하는 바에 따라 공급인증서의 발급을 신청하여야 한다.

(3) 공급인증기관은 제2항에 따른 신청을 받은 경우에는 신·재생에너지의 종류별 공급량 및 공급기간 등을 확인한 후 다음 각 호의 기재사항을 포함한 공급인증서를 발급하여야 한다. 이 경우 균형 있는 이용·보급과 기술개발 촉진 등이 필요한 신·재생에너지에 대하여는 대통령령으로 정하는 바에 따라 실제 공급량에 가중치를 곱한 양을 공급량으로 하는 공급인증서를 발급할 수 있다.

① 신·재생에너지 공급자

② 신·재생에너지의 종류별 공급량 및 공급기간

③ 유효기간

(4) 공급인증서의 유효기간은 발급받은 날부터 3년으로 하되, 제12조의5제5항 및 제6항에 따라 공급의무자가 구매하여 의무공급량에 충당하거나 발급받아 산업통상자원부장관에게 제출한 공급인증서는 그 효력을 상실한다. 이 경우 유효기간이 지나거나 효력을 상실한 해당 공급인증서는 폐기하여야 한다.

(5) 공급인증서를 발급받은 자는 그 공급인증서를 거래하려면 제12조의9제2항에 따른 공급인증서 발급 및 거래시장 운영에 관한 규칙으로 정하는 바에 따라 공급인증기관이 개설한 거래시장(이하 "거래시장"이라 한다)에서 거래하여야 한다.

(6) 산업통상자원부장관은 다른 신·재생에너지와의 형평을 고려하여 공급인증서가 일정 규모 이상의 수력을 이용하여 에너지를 공급하고 발급된 경우 등 산업통상자원부령으로 정하는 사유에 해당할 때에는 거래시장에서 해당 공급인증서가 거래될 수 없도록 할 수 있다.

(7) 산업통상자원부장관은 거래시장의 수급조절과 가격안정화를 위하여 대통령령으로 정하는 바에 따라 국가에 대하여 발급된 공급인증서를 거래할 수 있다. 이 경우 산업통상자원부장관은 공급의무자의 의무공급량, 의무이행실적 및 거래시장 가격 등을 고려하여야 한다.

(8) 신·재생에너지 공급자가 신·재생에너지 설비에 대한 지원 등 대통령령으로 정하는 정부의 지원을 받은 경우에는 대통령령으로 정하는 바에 따라 공급인증서의 발급을 제한할 수 있다.

12. 제12조의8(공급인증기관의 지정 등)

(1) 산업통상자원부장관은 공급인증서 관련 업무를 전문적이고 효율적으로 실시하고 공급인증서의 공정한 거래를 위하여 다음 각 호의 어느 하나에 해당하는 자를 공급인증기관으로 지정할 수 있다.

① 제31조에 따른 신·재생에너지센터

② 「전기사업법」 제35조에 따른 한국전력거래소

③ 제12조의9에 따른 공급인증기관의 업무에 필요한 인력·기술능력·시설·장비 등 대통령령으로 정하는 기준에 맞는 자

(2) 제1항에 따라 공급인증기관으로 지정받으려는 자는 산업통상자원부장관에게 지정을 신청하여야 한다.

(3) 공급인증기관의 지정방법·지정절차, 그 밖에 공급인증기관의 지정에 필요한 사항은 산업통상자원부령으로 정한다.

13. 제12조의9(공급인증기관의 업무 등)

(1) 제12조의8에 따라 지정된 공급인증기관은 다음 각 호의 업무를 수행한다.

① 공급인증서의 발급, 등록, 관리 및 폐기

② 국가가 소유하는 공급인증서의 거래 및 관리에 관한 사무의 대행

③ 거래시장의 개설

④ 공급의무자가 제12조의5에 따른 의무를 이행하는데 지급한 비용의 정산에 관한 업무

⑤ 공급인증서 관련 정보의 제공

⑥ 그 밖에 공급인증서의 발급 및 거래에 딸린 업무

(2) 공급인증기관은 업무를 시작하기 전에 산업통상자원부령으로 정하는 바에 따라 공급인증서 발급 및 거래시장 운영에 관한 규칙(이하 "운영규칙"이라 한다)을 제정하여 산업통상자원부장관의 승인을 받아야 한다. 운영규칙을 변경하거나 폐지하는 경우(산업통상자원부령으로 정하는 경미한 사항의 변경은 제외한다)에도 또한 같다.

(3) 산업통상자원부장관은 공급인증기관에 제1항에 따른 업무의 계획 및 실적에 관한 보고를 명하거나 자료의 제출을 요구할 수 있다.

(4) 산업통상자원부장관은 다음 각 호의 어느 하나에 해당하는 경우에는 공급인증기관에 시정기간을 정하여 시정을 명할 수 있다.

① 운영규칙을 준수하지 아니한 경우

② 제3항에 따른 보고를 하지 아니하거나 거짓으로 보고한 경우

③ 제3항에 따른 자료의 제출 요구에 따르지 아니하거나 거짓의 자료를 제출한 경우

14. 제23조의2(신·재생에너지 연료 혼합의무 등)

(1) 산업통상자원부장관은 신·재생에너지의 이용·보급을 촉진하고 신·재생에너지 산업의 활성화를 위하여 필요하다고 인정하는 경우 대통령령으로 정하는 바에 따라 「석유 및 석유대체연료 사업법」 제2조에 따른 석유정제업자 또는 석유수출입업자(이하 "혼합의무자"라 한다)에게 일정 비율(이하 "혼합의무비율"이라 한다) 이상의 신·재생에너지 연료를 수송용 연료에 혼합하게 할 수 있다.

(2) 산업통상자원부장관은 제1항에 따른 혼합의무의 이행 여부를 확인하기 위하여 혼합의무자에게 대통령령으로 정하는 바에 따라 필요한 자료의 제출을 요구할 수 있다.

Ⅳ. 신·재생에너지법 시행령 (일부 발췌)

1. 제1조(목적)

이 영은 「신에너지 및 재생에너지 개발·이용·보급 촉진법」에서 위임된 사항과 그 시행에 필요한 사항을 규정함을 목적으로 한다.

2. 제2조(석탄을 액화·가스화한 에너지 등의 기준 및 범위)

(1) 「신에너지 및 재생에너지 개발·이용·보급 촉진법」(이하 "법"이라 한다) 제2조제1호다목에서 "대통령령으로 정하는 기준 및 범위에 해당하는 에너지"란 별표 1 제1호 및 제2호에 따른 석탄을 액화·가스화한 에너지 및 중질잔사유(重質殘渣油)를 가스화한 에너지를 말한다.

(2) 법 제2조 제2호 바목에서 "대통령령으로 정하는 기준 및 범위에 해당하는 에너지"란 별표 1 제3호에 따른 바이오에너지를 말한다.

(3) 법 제2조 제2호 사목에서 "대통령령으로 정하는 기준 및 범위에 해당하는 에너지"란 별표 1 제4호에 따른 폐기물에너지를 말한다.

(4) 법 제2조 제2호 아목에서 "대통령령으로 정하는 에너지"란 별표 1 제5호에 따른 수열에너지를 말한다.

3. 제3조(신·재생에너지 기술개발 등에 관한 계획의 사전협의)

(1) 법 제7조에서 "대통령령으로 정하는 자"란 다음 각 호의 어느 하나에 해당하는 자를 말한다.

① 정부로부터 출연금을 받은 자

② 정부출연기관 또는 제1호에 따른 자로부터 납입자본금의 100분의 50이상을 출자 받은 자

(2) 법 제7조에 따라 신에너지 및 재생에너지(이하 "신·재생에너지"라 한다) 기술개발 및 이용·보급에 관한 계획을 협의하려는 자는 그 시행 사업연도 개시 4개월 전까지 산업통상자원부장관에게 계획서를 제출하여야 한다.

(3) 산업통상자원부장관은 제2항에 따라 계획서를 받았을 때에는 다음 각 호의 사항을 검토하여 협의를 요청한 자에게 그 의견을 통보하여야 한다.

① 법 제5조에 따른 신·재생에너지의 기술개발 및 이용·보급을 촉진하기 위한 기본계획(이하 "기본계획"이라 한다)과의 조화성

② 시의성(時宜性)
③ 다른 계획과의 중복성
④ 공동연구의 가능성

4. 제4조(신·재생에너지정책심의회의 구성)

(1) 법 제8조 제1항에 따른 신·재생에너지정책심의회(이하 "심의회"라 한다)는 위원장 1명을 포함한 20명 이내의 위원으로 구성한다.
(2) 심의회의 위원장은 산업통상자원부 소속 에너지 분야의 업무를 담당하는 고위공무원단에 속하는 일반직공무원 중에서 산업통상자원부장관이 지명하는 사람으로 하고, 위원은 다음 각 호의 사람으로 한다.
① 기획재정부, 과학기술정보통신부, 농림축산식품부, 산업통상자원부, 환경부, 국토교통부, 해양수산부의 3급 공무원 또는 고위공무원단에 속하는 일반직공무원 중 해당 기관의 장이 지명하는 사람 각 1명
② 신·재생에너지 분야에 관한 학식과 경험이 풍부한 사람 중 산업통상자원부장관이 위촉하는 사람

5. 제4조의2(심의회위원의 해촉 등)

(1) 제4조 제2항 제1호에 따라 위원을 지명한 자는 위원이 다음 각 호의 어느 하나에 해당하는 경우에는 그 지명을 철회할 수 있다.
① 심신장애로 인하여 직무를 수행할 수 없게 된 경우
② 직무와 관련된 비위사실이 있는 경우
③ 직무태만, 품위손상이나 그 밖의 사유로 인하여 위원으로 적합하지 아니하다고 인정되는 경우
④ 위원 스스로 직무를 수행하는 것이 곤란하다고 의사를 밝히는 경우
(2) 산업통상자원부장관은 제4조 제2항 제2호에 따른 위원이 제1항 각 호의 어느 하나에 해당하는 경우에는 해당 위원을 해촉(解囑)할 수 있다.

6. 제5조(심의회의 운영)

(1) 심의회의 위원장은 심의회의 회의를 소집하고 그 의장이 된다.
(2) 심의회의 회의는 재적위원 과반수의 출석으로 개의(開議)하고, 출석위원 과반수의 찬성으로 의결한다.

7. 제6조(간사 등)

(1) 심의회에 간사 및 서기 각 1명을 둔다.
(2) 간사 및 서기는 산업통상자원부 소속 공무원 중에서 산업통상자원부장관이 지명하는 사람으로 한다.

8. 제7조(신 · 재생에너지 전문위원회)

(1) 심의회의 원활한 심의를 위하여 필요한 경우에는 심의회에 신 · 재생에너지전문위원회(이하 "전문위원회"라 한다)를 둘 수 있다.

(2) 전문위원회의 위원은 신 · 재생에너지 분야에 관한 전문지식을 가진 사람으로서 산업통상자원부장관이 위촉하는 사람으로 한다.

9. 제7조의2(전문위원회 위원의 해촉)

산업통상자원부장관은 제7조 제2항에 따른 전문위원회의 위원이 제4조의 2제 1항 각 호의 어느 하나에 해당하는 경우에는 해당 위원을 해촉할 수 있다.

10. 제8조(수당 등)

심의회 또는 전문위원회의 위원 중 회의에 참석한 위원에게는 예산의 범위에서 수당과 여비를 지급할 수 있다. 다만, 공무원인 위원이 그 소관 업무와 직접 관련되어 심의회에 출석하는 경우에는 그러하지 아니하다.

11. 제9조(운영세칙)

제4조, 제4조의2, 제5조부터 제7조까지, 제7조의2 및 제8조에서 규정한 사항 외에 심의회 또는 전문위원회의 운영에 필요한 사항은 심의회의 의결을 거쳐 심의회의 위원장이 정한다.

12. 제10조(심의회의 심의사항에서 제외되는 기본계획의 경미한 변경)

법 제8조 제2항 제1호 단서에서 "대통령령으로 정하는 경미한 사항을 변경하는 경우"란 기본계획에서 정한 예산의 규모에 영향을 미치지 아니하는 범위에서 기본계획의 내용 중 그 계획의 집행을 위한 세부 사항을 변경하는 경우를 말한다.

13. 제11조(조성된 사업비를 사용하는 사업)

법 제10조 제16호에서 "대통령령으로 정하는 사업"이란 다음 각 호의 사업을 말한다.

(1) 신 · 재생에너지 기술개발 및 이용 · 보급에 관한 학술활동의 지원

(2) 법 제31조 제1항에 따른 신 · 재생에너지센터(이하 "센터"라 한다)의 신 · 재생에너지 기술개발 및 이용 · 보급사업에 대한 지원 및 관리

(3) 신 · 재생에너지 관련 사업자에 대한 융자, 보증 등 금융 지원

14. 제12조(기술료의 징수 등)

(1) 법 제11조 제1항에 따라 산업통상자원부장관과 협약을 맺은 자(이하 이 조에서 "사업주관기관"이라 한다)의 장 또는 대표자는 신 · 재생에너지 연구 · 개발사업의 성과를 생산과정에 이용하려는 자로부터 신청을 받아 이용하게 할 수 있다.

(2) 제1항에 따라 신·재생에너지 연구·개발사업의 성과를 생산과정에 이용한 자가 신제품 생산·원가 절감 또는 품질 향상의 효과를 얻을 경우에는 사업주관 기관의 장 또는 대표자는 해당 이용자로부터 협약의 내용에 따라 기술료를 징수할 수 있다. 다만, 그 이용자가 해당 신·재생에너지 연구·개발사업에 참여한 자로서 「중소기업기본법」 제2조에 따른 중소기업자에 해당하는 경우에는 기술료를 감면할 수 있다.

15. 제15조(신·재생에너지 공급의무비율 등)

(1) 법 제12조 제2항에 따른 예상 에너지 사용량에 대한 신·재생에너지 공급의무비율은 다음 각 호와 같다.
  ① 「건축법 시행령」 별표 1 제5호부터 제16호까지, 제23호 가목부터 다목까지, 제24호 및 제26호부터 제28호까지의 용도의 건축물로서 신축·증축 또는 개축하는 부분의 연면적이 1천 제곱미터 이상인 건축물(해당 건축물의 건축 목적, 기능, 설계 조건 또는 시공 여건상의 특수성으로 인하여 신·재생에너지 설비를 설치하는 것이 불합리하다고 인정되는 경우로서 산업통상자원부장관이 정하여 고시하는 건축물은 제외한다) : 별표 2에 따른 비율 이상
  ② 제1호 외의 건축물 : 산업통상자원부장관이 용도별 건축물의 종류로 정하여 고시하는 비율 이상
(2) 제1항 제1호에서 "연면적"이란 「건축법 시행령」 제119조제1항제4호에 따른 연면적을 말하되, 하나의 대지(垈地)에 둘 이상의 건축물이 있는 경우에는 동일한 건축허가를 받은 건축물의 연 면적 합계를 말한다.
(3) 제1항에 따른 건축물의 예상 에너지사용량의 산정기준 및 산정방법 등은 신·재생에너지의 균형 있는 보급과 기술개발의 촉진 및 산업 활성화 등을 고려하여 산업통상자원부장관이 정하여 고시한다.

16. 제16조(신·재생에너지 설비 설치의무기관)

(1) 법 제12조 제2항 제3호에서 "대통령령으로 정하는 금액 이상"이란 연간 50억 원 이상을 말한다.
(2) 법 제12조 제2항 제5호에서 "대통령령으로 정하는 비율 또는 금액 이상을 출자한 법인"이란 다음 각 호의 어느 하나에 해당하는 법인을 말한다.
  ① 납입자본금의 100의 50 이상을 출자한 법인
  ② 납입자본금으로 50억 원 이상을 출자한 법인

17. 제17조(신·재생에너지 설비의 설치계획서 제출 등)

(1) 법 제12조 제2항에 따라 같은 항 각 호의 어느 하나에 해당하는 자(이하 "설치의무기관"

이라 한다)의 장 또는 대표자가 제15조 제1항 각 호의 어느 하나에 해당하는 건축물을 신축·증축 또는 개축하려는 경우에는 신·재생에너지 설비의 설치계획서(이하 "설치계획서"라 한다)를 해당 건축물에 대한 건축허가를 신청하기 전에 산업통상자원부장관에게 제출하여야 한다.

(2) 산업통상자원부장관은 설치계획서를 받은 날부터 30일 이내에 타당성을 검토한 후 그 결과를 해당 설치의무기관의 장 또는 대표자에게 통보하여야 한다.

(3) 산업통상자원부장관은 설치계획서를 검토한 결과 제15조 제1항에 따른 기준에 미달한다고 판단한 경우에는 미리 그 내용을 설치의무기관의 장 또는 대표자에게 통지하여 의견을 들을 수 있다.

18. 제18조(신·재생에너지 설비의 설치 및 확인 등)

(1) 설치의무기관의 장 또는 대표자는 제17조 제2항에 따른 검토결과를 반영하여 신·재생에너지 설비를 설치하여야 하며, 설치를 완료하였을 때에는 30일 이내에 신·재생에너지 설비 설치확인신청서를 산업통상자원부장관에게 제출하여야 한다.

(2) 산업통상자원부장관은 제1항에 따른 신·재생에너지 설비 설치확인신청서를 받았을 때에는 제17조 제2항에 따른 검토 결과를 반영하였는지 확인한 후 신·재생에너지 설비 설치확인서를 발급하여야 한다.

(3) 산업통상자원부장관은 설치의무기관의 신·재생에너지 설비 설치 및 신·재생에너지 이용 현황을 주기적으로 점검하여 공표할 수 있다.

19. 제18조의3(신·재생에너지 공급의무자)

(1) 법 제12조의5 제1항에서 "대통령령으로 정하는 자"란 다음 각 호의 어느 하나에 해당하는 자를 말한다.

① 법 제12조의5 제1항 제1호 및 제2호에 해당하는 자로서 50만 kW 이상의 발전설비(신·재생에너지 설비는 제외한다)를 보유하는 자

② 「한국수자원공사법」에 따른 한국수자원공사

③ 「집단에너지사업법」 제29조에 따른 한국지역난방공사

(2) 산업통상자원부장관은 제1항 각 호에 해당하는 자(이하 "공급의무자"라 한다)를 공고하여야 한다.

20. 제18조의4(연도별 의무공급량의 합계 등)

(1) 법 제12조의5 제2항 전단에 따른 의무공급량(이하 "의무공급량"이라 한다)의 연도별 합계는 공급의무자의 다음 계산식에 따른 총전력생산량에 별표 3에 따른 비율을 곱한 발전량 이상으로 한다. 이 경우 의무공급량은 법 제12조의7에 따른 공급인증서(이하 "공

급인증서"라 한다)를 기준으로 산정한다.

총 전력생산량 = 지난 연도 총 전력생산량 − (신·재생에너지 발전량 + 「전기사업법」 제2조 제16호 '나'목 중 산업통상자원부장관이 정하여 고시하는 설비에서 생산된 발전량)

(2) 산업통상자원부장관은 3년마다 신·재생에너지 관련 기술 개발의 수준 등을 고려하여 별표 3에 따른 비율을 재검토하여야 한다. 다만, 신·재생에너지의 보급 목표 및 그 달성 실적과 그 밖의 여건 변화 등을 고려하여 재검토 기간을 단축할 수 있다.

(3) 법 제12조의5 제2항 후단에 따라 공급하게 할 수 있는 신·재생에너지의 종류 및 의무공급량에 대하여 2015년 12월 31일까지 적용하는 기준은 별표 4와 같다. 이 경우 공급의무자별 의무공급량은 산업통상자원부장관이 정하여 고시한다.

(4) 제3항에 따라 공급하는 신·재생에너지에 대해서는 산업통상자원부장관이 정하여 고시하는 비율 및 방법 등에 따라 공급인증서를 구매하여 의무공급량에 충당할 수 있다.

(5) 공급의무자는 법 제12조의5 제4항에 따라 연도별 의무공급량(공급의무의 이행이 연기된 의무공급량은 포함하지 아니한다. 이하 같다)의 100분의 20을 넘지 아니하는 범위에서 공급의무의 이행을 연기할 수 있다. 이 경우 공급의무자는 연기된 의무공급량의 공급이 완료되기까지는 그 연기된 의무공급량 중 매년 100분의 20 이상을 연도별 의무공급량에 우선하여 공급하여야 한다.

(6) 공급의무자는 법 제12조의5 제4항에 따라 공급의무의 이행을 연기하려는 경우에는 연기할 의무공급량, 연기 사유 등을 산업통상자원부장관에게 다음 연도 2월 말일까지 제출하여야 한다.

21. 제18조의6(과징금의 부과 및 납부)

(1) 산업통상자원부장관은 법 제12조의6 제1항에 따라 과징금을 부과하기 위하여 과징금 부과 통지를 할 때에는 공급 불이행분과 과징금의 금액을 분명하게 적은 문서로 하여야 한다.

(2) 제1항에 따라 통지를 받은 자는 통지를 받은 날부터 30일 이내에 과징금을 산업통상자원부장관이 정하는 수납기관에 내야 한다. 다만, 천재지변이나 그 밖의 부득이한 사유로 그 기간에 과징금을 낼 수 없을 때에는 그 사유가 해소된 날부터 7일 이내에 내야 한다.

(3) 제2항에 따라 과징금을 받은 수납기관은 과징금을 낸 자에게 영수증을 내주어야 한다.

(4) 과징금의 수납기관은 제2항에 따라 과징금을 받았을 때에는 지체 없이 그 사실을 산업통상자원부장관에게 통보하여야 한다.

(5) 과징금은 분할하여 낼 수 없다.

22. 제18조의7(신 · 재생에너지 공급인증서의 발급 제한 등)

(1) 산업통상자원부장관은 법 제12조의7 제7항에 따라 국가에 대하여 발급된 공급인증서의 거래가격과 거래물량 등을 포함한 거래계획을 수립하고, 그 계획에 따라 공급인증서를 거래할 수 있다.
(2) 법 제12조의7 제8항에서 "신 · 재생에너지 설비에 대한 지원 등 대통령령으로 정하는 정부의 지원을 받은 경우"란 법 제10조 각 호의 사업 또는 다른 법령에 따라 지원된 신 · 재생에너지 설비로서 그 설비에 대하여 국가나 지방자치단체로부터 무상지원금을 받은 경우를 말한다.
(3) 제2항에 따른 무상지원금을 받은 신 · 재생에너지 공급자(신 · 재생에너지를 이용하여 에너지를 공급한 자를 말한다)에 대해서는 지원받은 무상지원금에 해당하는 비율을 제외한 부분에 대한 공급인증서를 발급하되, 무상지원금에 해당하는 부분에 대한 공급인증서는 국가 또는 지방자치단체에 대하여 그 지원 비율에 따라 발급한다.
(4) 법 제12조의7 제1항 단서 및 이 조 제3항에 따라 발급된 공급인증서의 거래 및 관리에 관한 사무는 산업통상자원부장관이 담당하되, 산업통상자원부장관이 지정하는 기관으로 하여금 대행하게 할 수 있다.
(5) 제4항에 따라 공급인증서를 거래하여 얻은 수익금은 「전기사업법」에 따른 전력산업기반기금의 재원(財源)으로 한다.

23. 제18조의8(신 · 재생에너지 공급인증서의 발급 신청 등)

(1) 법 제12조의7 제2항에 따라 공급인증서를 발급받으려는 자는 법 제12조의9 제2항에 따른 공급인증서 발급 및 거래시장 운영에 관한 규칙에서 정하는 바에 따라 신 · 재생에너지를 공급한 날부터 90일 이내에 발급 신청을 하여야 한다.
(2) 제1항에 따른 신청기간 내에 공급인증서 발급을 신청하지 못했으나 법 제12조의7 제1항에 따른 공급인증기관(이하 이 조에서 "공급인증기관"이라 한다)이 그 신청기간 내에 신 · 재생에너지 공급 사실을 확인한 경우에는 제1항에도 불구하고 제1항에 따른 신청기간이 만료되는 날에 공급인증서 발급을 신청한 것으로 본다.
(3) 제1항 및 제2항에 따라 발급 신청을 받은 공급인증기관은 발급 신청을 한 날부터 30일 이내에 공급인증서를 발급해야 한다.

24. 제18조의9(신 · 재생에너지의 가중치)

법 제12조의7 제3항 후단에 따른 신 · 재생에너지의 가중치는 해당 신 · 재생에너지에 대한 다음 각 호의 사항을 고려하여 산업통상자원부장관이 정하여 고시하는 바에 따른다.
(1) 환경, 기술개발 및 산업 활성화에 미치는 영향
(2) 발전 원가

(3) 부존(賦存) 잠재량
(4) 온실가스 배출 저감(低減)에 미치는 효과
(5) 전력 수급의 안정에 미치는 영향
(6) 지역주민의 수용(受容) 정도

25. 제26조의2(신·재생에너지 연료 혼합의무)

「석유 및 석유대체연료 사업법」 제2조에 따른 석유정제업자 또는 석유수출입업자(이하 "혼합의무자"라 한다)는 법 제23조의2 제1항에 따라 연도별로 별표 6의 계산식에 의하여 산정하는 양 이상의 신·재생에너지 연료를 수송용 연료에 혼합하여야 한다.

※ [별표 6] 신·재생에너지 연료의 혼합량 산정 계산식 [2021년 7월 1일부터 시행]
「석유 및 석유대체연료 사업법」 제2조에 따른 석유정제업자 또는 석유수출입업자가 수송용 연료에 혼합하여야 하는 신·재생에너지 연료의 연도별 의무혼합량은 다음 계산식에 따라 산정한다.

연도별 의무혼합량 = (연도별 혼합의무비율) × [수송용 연료(혼합된 신·재생에너지 연료를 포함한다)의 내수판매량]

비고 1. 연도별 혼합의무비율은 다음과 같다.

해당연도		수송용 연료에 대한 신·재생에너지 연료 혼합의무비율
2021년	1월 1일부터 6월 30일까지	0.03
	7월 1일부터 12월 31일까지	0.035
2022 ~ 2023년		0.035
2024 ~ 2026년		0.04
2027 ~ 2029년		0.045
2030년 이후		0.05

※ 산업통상자원부장관은 신·재생에너지 기술개발 수준, 연료 수급 상황 등을 고려하여 2021년 7월 1일을 기준으로 3년마다(매 3년이 되는 해의 7월 1일 전까지를 말한다) 연도별 혼합의무비율을 재검토한다. 다만, 신·재생에너지 연료 혼합의무의 이행실적과 국내외 시장여건 변화 등을 고려하여 재검토기간을 단축할 수 있다.

2. 수송용 연료의 종류 : 자동차용 경유
3. 신·재생에너지 연료의 종류 : 바이오디젤
4. 내수 판매량 : 해당연도의 내수 판매량 [2022년 1월 1일부터 시행]
5. 그 밖에 신·재생에너지 연료의 혼합량 산정에 필요한 사항은 산업통상자원부장관이 정하여 고시한다.

기준 및 법규

부록 2

1. 출제문제
2. 모의고사

1. 출제문제

2018 년도 출제문제(1회차) 및 해설

신재생에너지(태양광) 발전설비기사

1과목 태양광발전 이론(기획)

1. 피뢰소자에 대한 설명으로 틀린 것은?

① 피뢰소자의 접지 측 배선은 되도록 짧게 한다.
② 태양전지 어레이의 보호를 위해 모듈마다 설치한다.
③ 낙뢰를 비롯한 이상전압으로부터 전력계통을 보호한다.
④ 동일회로에서도 배선이 긴 경우에는 배선의 양단에 설치하는 것이 좋다.

해설 태양전지 어레이의 보호를 위해 피뢰기는 접속함에 설치한다.

2. 태양전지의 개방전압에 대한 설명 중 틀린 것은?

① 태양전지로부터 얻을 수 있는 최대전압이다.
② 태양전지의 두 전극 사이에 무한대의 부하를 연결한 경우 두 전극 사이의 전위차이다.
③ 태양전지 흡수층을 구성하는 물질의 밴드갭 에너지에 따라 변화한다.
④ 출력전력이 최대일 때 태양전지의 두 전극 사이에서 발생하는 전위차에 해당한다.

해설 출력전력이 최대일 때 태양전지의 두 전극 사이에서 발생하는 전위차는 동작전압이다.

3. 지열발전에서 지열유체가 증기와 열수인 경우 지열유체를 증기분리로 유도하여 증기와 열수를 분리하고, 분리한 증기로 터빈을 가동시켜 발전하는 방식은?

① 증기발전
② 바이너리 사이클 방식
③ 싱글 플래시 방식
④ 더블 플래시 방식

4. 독립형 태양광발전의 응용 예로 가장 적절하지 않은 것은?

① 위성용 전원
② 양식장 부표
③ 태양광 자동차
④ (MW)급 태양광발전소

해설 (MW)급 태양광발전소는 계통 연계형이다.

5. 에너지가 1.08 eV인 광자의 파장은? (단, 플랑크 상수는 4.136×10^{-15} eVs, c는 2.998×10^{8} m/s이다.)

① $0.75\ \mu m$ ② $1.15\ \mu m$
③ $1.42\ \mu m$ ④ $1.75\ \mu m$

정답 1. ② 2. ④ 3. ③ 4. ④ 5. ②

해설 광자의 파장 $\lambda = \frac{h \times c}{E_g}$,

h(플랑크 상수) : 4.136×10^{-15} eVs,

c(광속) : 2.998×10^{8} m/s

따라서 $\frac{h \times c}{E_g}$

$$= \frac{4.136 \times 10^{-15} \times 2.998 \times 10^{8}}{1.08}$$

$$= \frac{12.39973}{1.08} \times 10^{-7} \fallingdotseq 1.15\ \mu\text{m}$$

6. 변압기를 사용하여 220 V, 60 Hz 교류전압을 12 V의 교류전압으로 바꾸려고 한다. 이 변압기의 1차 권선수가 350회일 때 2차 코일의 권선수는?

① 17회 ② 19회
③ 21회 ④ 30회

해설 2차 코일의 권수 $\frac{V_2}{V_1} = \frac{N_2}{N_1}$ 로부터

$$N_2 = \frac{V_2}{V_1} \times N_1 = \frac{12}{220} \times 350 \fallingdotseq 19\text{회}$$

7. 태양전지 모듈 중 박막계열의 모듈이 아닌 것은?

① a-Si 모듈
② CIS 모듈
③ CdTe 모듈
④ Multi Cristaline 모듈

해설 박막계열 모듈 : a-Si, CdTe, CIS/CIGS,

8. 태양광을 이용한 독립형 전원 시스템용 축전지 선정 시 고려사항으로 틀린 것은?

① 설치예정 장소의 일사량 데이터를 조사한다.
② 부하에 필요한 입력 전력량을 검토한다.
③ 축전지의 기대수명에서 방전심도(DOD)를 설정한다.
④ 설치장소의 일조량을 고려하여 부조 일수를 산정하지 않는다.

해설 설치장소의 일조량을 고려하여 부조일수를 산정한다.

9. 피뢰기가 구비해야 할 조건 중 틀린 것은?

① 충전 개시전압이 낮을 것
② 속류의 차단능력이 충분할 것
③ 상용주파 방전 개시전압이 높을 것
④ 방전내량이 작으면서 제한전압이 높을 것

해설 피뢰기는 방전내량이 크고, 제한전압이 낮아야 한다.

10. 다음 교류의 파형률이란?

① $\frac{\text{실횻값}}{\text{평균값}}$ ② $\frac{\text{평균값}}{\text{실횻값}}$

③ $\frac{\text{실횻값}}{\text{최댓값}}$ ④ $\frac{\text{최댓값}}{\text{실횻값}}$

해설 교류에서 파형률이란 평균값과 실횻값의 비이다.

11. 다음 그림과 같은 인버터 회로방식의 명칭으로 옳은 것은?

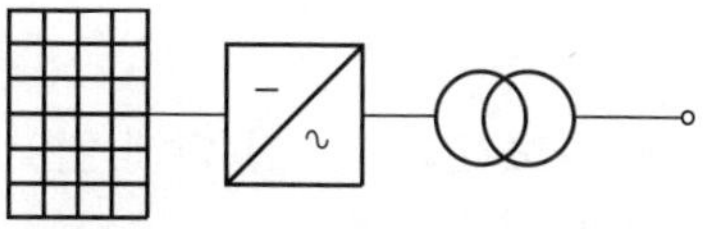

① 트랜스리스 방식
② 고주파 변압기 절연방식
③ On-line 인버터 절연방식
④ 상용주파 변압기 절연방식

해설 상용주파 변압기 절연방식은 태양전지의 직류출력을 교류로 바꾼 뒤 상용주파 변압기로 절연하는 방식이다.

2018년

정답 ● 6. ② 7. ④ 8. ④ 9. ④ 10. ① 11. ④

12. 다음 그림은 태양광발전시스템의 독립형 시스템을 나타내고 있다. A의 명칭은?

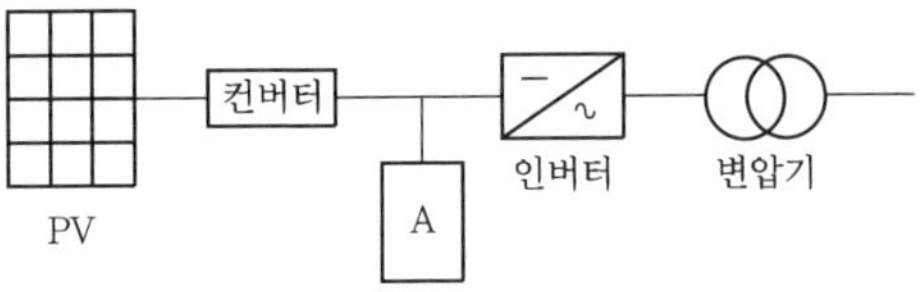

① 어레이　② 인버터
③ 축전지　④ 컨버터

해설 컨버터와 인버터 사이에 직류를 충전하기 위해 축전지를 삽입한다.

13. 계통 연계형 태양광발전시스템에서 주파수의 변동을 검출하지 않고, 전압 또는 전류의 급변현상만을 이용하여 단독운전을 검출하는 방식은?

① 부하변동방식
② 주파수 시프트 방식
③ 무효전력 변동방식
④ 주파수 변화율 검출방식

해설 단독운전 방지기능의 종류
- 수동적 방식 : 제3고조파 왜율 급증방식, 주파수 변화율 방식, 전압위상 도약 검출방식
- 능동적 방식 : 주파수 시프트 방식, 유효전력방식, 무효전력방식, 부하변동 검출방식

14. 다음 [보기]의 (　) 안에 알맞은 내용은 무엇인가?

[보기]
표준 시험상태 : 태양광 모듈온도(A), 분광분포(B), 방사조도(C)

① A : 20℃, B : AM 1.0, C : 1000 W/m^2
② A : 20℃, B : AM 1.5, C : 1200 W/m^2
③ A : 25℃, B : AM 1.5, C : 1200 W/m^2
④ A : 25℃, B : AM 1.5, C : 1000 W/m^2

해설 표준 시험상태(STC) : 모듈온도 25℃, 분광분포 AM 1.5, 방사조도 1000 W/m^2

15. 다음 [보기]의 태양광발전 설비용 인버터 중 변압기형 인버터의 절연저항 측정순서로 옳은 것은?

[보기]
㉠ 직류측의 모든 입력단자 및 교류측의 모든 출력단자를 각각 단락
㉡ 분전반 내의 분기 개폐기 개방
㉢ 교류단자와 대지간의 절연저항 측정
㉣ 태양전지 회로를 접속함에서 분리

① ㉣→㉠→㉡→㉢
② ㉠→㉡→㉢→㉣
③ ㉡→㉣→㉢→㉠
④ ㉣→㉡→㉠→㉢

해설 태양전지 회로를 접속함에서 분리→분전반 내의 분기 개폐기 개방→직류측의 모든 입력단자 및 교류측의 모든 출력단자를 각각 단락→교류단자와 대지간의 절연저항 측정

16. STC 조건 하에서 다음 표와 같이 모듈의 특성이 주어질 때 정격출력은 약 몇 W인가?

단락 전류	개방 전압	최대 동작 전압	최대 동작 전류	효율
9.12 A	60.31 V	48.73 V	8.62 A	16.4 %

① 68.88　② 90.20
③ 420.05　④ 550.03

해설 정격출력=최대 동작전압×최대 동작전류=48.73×8.62=420.0526 W

정답 12. ③ 13. ① 14. ④ 15. ④ 16. ③

17. 인버터의 자동운전 정지기능에 대한 설명 중 틀린 것은?

① 흐린 날이나 비 오는 날은 운전을 정지한다.
② 일사량이 기동전압 이하일 경우 자동 정지한다.
③ 태양광 모듈의 출력을 감시하여 자동으로 운전한다.
④ 태양광 모듈의 출력이 적어 인버터 출력이 거의 0으로 되면 대기상태가 된다.

해설 흐린 날이나 비 오는 날에도 다소 작지만, 출력이 발생하므로 운전을 정지하지는 않는다.

18. 전천 일사강도 I_g와 직달 일사강도 I_d 및 산란 일사강도 I_s의 관계식을 옳게 나타낸 것은? (단, θ는 태양의 고도각이다.)

① $I_g = I_d \sin\theta + I_s$
② $I_s = I_d \sin\theta + I_g$
③ $I_g = I_s \sin\theta + I_d$
④ $I_d = I_s \sin\theta + I_g$

19. 1 W·S와 동일한 단위는?

① 1 J ② 1 kWh
③ 1 kg·m ④ 860 cal

해설 $1\,\text{W}\cdot\text{s} = 1\,\text{J} = 1\,\text{N}\cdot\text{m} = 1\,\text{kg}\cdot\text{m}^2/\text{s}^2$

20. 수용가 전력요금 절감 및 전력회사 피크전력대응으로 설비투자를 절감할 수 있는 축전지 부착 계통연계 시스템은?

① 방재 대응형
② 부하 평준화 대응형
③ 계통 안정화 대응형
④ 계통 평준화 대응형

해설 • 방재 대응 : 정전 시 비상부하, 평상 시 계통연계 시스템으로 동작하지만, 정전 시 인버터 자립운전, 복전 후 재충전
• 부하 평준화 : 전력부하 피크 억제, 태양전지 출력과 축전지 출력을 병행, 부하 피크 시 기본 전력요금 절감

2과목 태양광발전 설계

21. 태양전지 어레이의 점검과 시험방법에 있어 출력확인사항으로 틀린 것은?

① 단락전류의 확인
② 정격 주파수의 확인
③ 모듈의 정격전압 측정
④ 모듈의 개방전압 측정

해설 • 태양전지 어레이는 교류가 아닌 직류이므로 주파수 측정은 필요하지 않다.
• 태양전지 어레이의 점검과 시험방법에 있어 출력확인사항으로는 단락전류의 확인, 개방전압의 확인, 모듈의 정격전압 측정, 모듈의 개방전압 측정이 있다.

22. 태양광발전시스템 부지 선정 시 현장의 환경조건 조사사항으로 틀린 것은?

① 빛 장해
② 가로등 밝기
③ 염해, 공해의 유무
④ 동계 적설

해설 부지선정 시 현장의 환경조건 조사사항 : 음영 유무, 공해 및 염해, 자연재해(홍수, 태풍) 피해 가능성 여부, 겨울철 적설량, 빛 장해 등

정답 • 17. ① 18. ① 19. ① 20. ② 21. ② 22. ②

23. 태양광발전시스템 출력이 32000 W, 모듈 최대출력이 250 W, 모듈의 직렬 수가 16장일 때 모듈의 병렬 수는?

① 7　　② 8
③ 9　　④ 10

해설 모듈의 병렬 수

$$= \frac{\text{시스템 출력}}{\text{모듈의 직렬수} \times \text{모듈의 최대출력}}$$

$$= \frac{32000}{16 \times 250} = 8$$

24. 분산형 전원의 저압연계가 가능한 기준 용량은 몇 kW 미만인가?

① 500　　② 1000
③ 2000　　④ 2500

해설 • 분산형 전원의 저압연계가 가능한 기준용량 : 500 kW 미만
• 분산형 전원의 특고압 연계가 가능한 기준용량 : 500 kW 이상

25. 다음 전기도면의 기호 중 전열기는?

① (G)　　② (M)
③ [RC]　　④ (H)

해설 (G) : 발전기, (M) : 전동기,
[RC] : 역류 계전기, (H) : 전열기

26. 태양광발전 사업을 하고자 하는 경우 일반적으로 실시하는 경제성 분석평가로 틀린 것은?

① 순 현가　　② 할인율
③ 비용 편익비　　④ 내부 수익률

해설 할인율은 경제성 분석평가 방법이 아니라 그 평가에 필요한 요소이다.

27. 태양광발전소 내 남북으로 설치된 어레이 최적 경사각이 30°일 때 어레이 경사각이 최적 경사각보다 10° 낮을 경우 나타나는 효과로 틀린 것은?

① 발전량이 줄어든다.
② 대지 이용률이 감소한다.
③ 어레이 간 이격거리가 짧아진다.
④ 어레이 간 음영길이가 줄어든다.

해설 경사각이 낮아지면 이격거리(d)도 짧아지므로 이용률($= \frac{\text{어레이 길이}}{\text{이격거리}}$)은 커진다.

28. 1000만 원을 투자하여 첫해에는 400만 원, 둘째 해에는 800만 원의 현금유입이 있을 때 자본비율이 10 %라면 이 투자안의 순 현가(NPV)는?

① 10.4　　② 24.8
③ 62.5　　④ 82.8

해설 순 현가

$$= \left\{ \frac{400}{(1+0.1)^1} + \frac{800}{(1+0.1)^2} \right\} - \frac{1000}{(1+0.1)^0}$$

$$\fallingdotseq (363.64 + 661.16) - 1000 = 24.8$$

29. 다음 [조건]에서 월간 발전량(kWh/월)은? (단, 종합설계계수는 0.66을 적용하며 기타조건은 무시한다.)

조건
• 태양전지 어레이 출력 : 10800 W • 월 적산 어레이 경사면 일사량 : 115.94 kWh/m^2 · 월 • 표준상태의 일사강도 : 1 kW/m^2

① 826.4　　② 853.4
③ 987.3　　④ 1120.9

해설 월간 발전량 = 태양전지 어레이 출력
$\times \frac{\text{월 적산 어레이 경사면 일사량}}{\text{표준상태의 일사강도}}$
× 종합설계계수

정답 23. ② 24. ① 25. ④ 26. ② 27. ② 28. ② 29. ①

$$= 10.8 \times \frac{115.94}{1} \times 0.66 \fallingdotseq 826.42 \text{ kWh/월}$$

30. SPD(Surge Protective Device)를 시험에 의해 분류할 경우 클래스 I등급 시험의 파형 크기(파두장/파미장)와 종류로 옳은 것은?

① 8/20(μs)의 전류파형
② 8/20(μs)의 전압파형
③ 10/350(μs)의 전류파형
④ 10/350(μs)의 전압파형

해설 피뢰소자의 보호영역(LPZ)

구분	내용
LPZ Ⅰ, 클래스 Ⅰ	10/350(μs) 파형기준의 임펄스 전류, 주 배전반 MB/ACB 패널
LPZ Ⅱ, 클래스 Ⅱ	8/20(μs) 파형기준의 최대 방전 전류, 2차 배전반 SB/P 패널
LPZ Ⅲ, 클래스 Ⅲ	전압 1.2/50(μs), 8/20(μs) 파형기준의 임펄스 전류, 콘센트

31. 분산전원의 저압계통 병입 시 순시전압 변동률이 최대 몇 %를 초과하지 않아야 하는가?

① 3　　② 4
③ 5　　④ 6

해설 • 저압 상시전압 변동률 : 3% 이하
• 저압 순시전압 변동률 : 6% 이하

32. 단독운전 방지기능 중 능동적인 방법이 아닌 것은?

① 부하변동방식
② 유효전력 변동방식
③ 주파수 시프트 방식
④ 주파수 변화율 검출방식

해설 단독운전 방지기능 중 능동적 방법 : 부하변동방식, 유효전력 변동방식, 무효전력 변동방식, 주파수 시프트 방식

33. 태양광발전시스템 사업을 할 경우 경제성은 사업에 중요한 부분을 차지한다. 경제성 용어인 IRR의 의미는 무엇인가?

① 투자 수익률
② 순 현재가치
③ 내부 수익률
④ 예산조달 비용

해설 IRR(Internal Rate of Return) : 편익과 비용의 현재가치를 동일하게 할 경우의 비용에 대한 이자율을 산정하는 방법으로 내부 수익률을 말한다.

34. 공사설계도에 필수항목으로 가장 거리가 먼 것은?

① 평면도　　② 배치도
③ 시방서　　④ 입체도

해설 설계도서의 필수항목 : 시방서, 평면도, 배치도, 수량 산출서, 단선 결선도

35. 전기사업의 허가를 받는 경우 시·도지사에게 받을 수 있는 발전시설의 최대용량(kW)은?

① 1000 kW
② 2000 kW
③ 3000 kW　　]
④ 4000 kW

해설 • 3000 kW 이하 : 시·도지사
• 3000 kW 초과 : 산업통상자원부장관

36. 계절별 태양의 남중고도가 가장 낮은 시기는?

① 춘분　　② 추분
③ 동지　　④ 하지

해설 남중고도 크기 : 동지<춘·추분<하지

정답 30. ③ 31. ④ 32. ④ 33. ③ 34. ④ 35. ③ 36. ③

2018년

37. 도면에 사용되는 선의 종류에서 중심선, 절단선, 기준선 등의 용도로 사용되는 선의 종류는?

① 굵은 실선　② 가는 실선
③ 1점 쇄선　④ 2점 쇄선

해설 토목 도면기호

굵은 실선(외형선)	─────
가는 실선(치수선)	─────
1점 쇄선(중심선)	-·-·-·-
2점 쇄선 (가상 외형선, 인접한 외형선)	-··-··-

38. 도면의 작성 및 관리에 필요한 정보를 모아서 기재한 것을 무엇이라 하는가?

① 범례　② 시방서
③ 표제란　④ 도면 목록표

39. 전기사업용 전기설비의 공사계획 인가 또는 신고 시 산업통상자원부의 인가가 필요한 발전소 출력기준은?

① 10000 kW 이상
② 30000 kW 이상
③ 50000 kW 이상
④ 100000 kW 이상

40. 1000 m^2 면적에 하나의 어레이를 구성하여 태양광발전시스템을 설치할 때 모듈 효율 15 %, 일사량 500 W/m^2이면 생산되는 전력(kW)은? (단, 기타조건은 무시한다.)

① 50 kW　② 75 kW
③ 100 kW　④ 200 kW

해설 어레이의 최대전력
=일사량×면적×효율
=500×1000×0.15
=75000 W = 75 kW

3과목 태양광발전 시공

41. 가공전선로에서 발생할 수 있는 코로나 현상의 방지대책이 아닌 것은?

① 복도체를 사용한다.
② 가선금구를 개량한다.
③ 선간거리를 크게 한다.
④ 바깥지름이 작은 전선을 사용한다.

해설 바깥지름이 큰 전선을 사용한다.

42. 감리원은 공사가 시작된 경우에 공사업자로부터 착공 신고서를 제출받아 적정성 여부를 검토 후 며칠 이내에 발주자에게 보고하여야 하는가?

① 5일　② 7일
③ 14일　④ 30일

43. 착공신고 보고서류에 포함할 사항이 아닌 것은?

① 시공 상세도
② 공사 시작 전 사진
③ 공사도급 계약서 및 산출 내역서
④ 현장 기술자 경력확인서 및 자격증 사본

해설 착공신고 보고서류
- 시공 책임자 지정 통지서
- 공사예정 공정표
- 공사 시작 전 사진
- 공사도급 계약서 및 산출 내역서
- 현장 기술자 경력확인서 및 자격증 사본
- 품질관리 계획서

44. 태양광발전시스템 구조물의 설치공사 순서를 [보기]에서 찾아 옳게 나타낸 것은?

정답 37. ③ 38. ③ 39. ① 40. ② 41. ④ 42. ② 43. ① 44. ①

보기

㉠ 어레이 가대공사
㉡ 어레이 기초공사
㉢ 어레이 설치공사
㉣ 배선공사
㉤ 점검 및 검사

① ㉡→㉠→㉢→㉣→㉤
② ㉠→㉡→㉢→㉣→㉤
③ ㉣→㉡→㉠→㉢→㉤
④ ㉣→㉠→㉡→㉢→㉤

45. **비상주감리원의 업무범위가 아닌 것은?**

① 기성 및 준공검사
② 설계변경 및 계약금액 조정의 심사
③ 감리 업무 수행 계획서, 감리원 배치 계획서 검토
④ 정기적으로 현장 시공 상태를 종합적으로 점검·확인·평가하고, 기술지도

해설 비상주감리원의 업무범위
- 설계도서 등의 검토
- 기성 및 준공검사
- 중요한 설계변경에 대한 기술검토
- 상주감리원이 수행하지 못하는 현장 조사분석 및 시공상의 문제점에 대한 기술검토와 민원사항에 대한 현지조사 및 해결방안 검토
- 설계변경 및 계약금액 조정의 심사
- 정기적으로 현장 시공 상태를 종합적으로 점검·확인·평가하고, 기술지도

46. **감리원이 작성하는 전력 시설물의 유지관리 지침서 내용에 포함되지 않는 것은?**

① 시설물 유지관리 방법
② 시설물의 규격 및 기능 설명서
③ 시설물의 시운전 결과 보고서
④ 시설물 유지관리기구에 대한 의견서

해설 감리원의 전력 시설물의 유지관리 지침
- 시설물의 규격 및 기능 설명서
- 시설물 유지기구에 대한 의견서
- 시설물 유지관리 방법
- 특이사항

47. **가공전선로에서 전선의 이도에 관한 설명으로 틀린 것은?**

① 이도는 지지물의 높이를 결정한다.
② 이도는 온도변화의 영향과 무관하다.
③ 이도가 크면 전선이 진동하므로 지락사고의 위험이 있다.
④ 이도가 작으면 전선의 장력이 증가하여 단선의 우려가 있다.

해설 이도는 온도에 따라 길이에 영향을 받는다.

48. **태양전지 모듈 등의 시설방법으로 틀린 것은?**

① 충전부분은 노출되지 않도록 시설한다.
② 전선은 공칭단면적 $2.5\,\text{mm}^2$ 이상의 연동선 또는 이와 동등 이상의 세기 및 굵기의 것이어야 한다.
③ 태양전지 모듈에 접속하는 부하측의 전로에는 그 접속점에 근접하여 개폐기 기타 이와 유사한 기구를 시설하여야 한다.
④ 태양전지 모듈을 병렬로 접속하는 전로에는 그 전로에 단락이 생긴 경우에 전로를 보호하는 보호 계전기를 시설하여야 한다.

해설 보호 계전기는 어레이 직류계통에는 사용하지 않는다.

2018년

49. 절연저항의 측정 시 전로전압에 대한 절연저항 값으로 맞는 것은? (KEC 개정으로 문제 대체)

① SELV 및 PELV – 0.5 MΩ
② FELV 및 500 V – 0.6 MΩ
③ 500 V 초과 1000 V 이하 – 0.8 MΩ
④ 1000 V 초과 – 1.0 MΩ

해설 절연저항 값

전로의 사용전압	절연저항
SELV 및 PELV	0.5 MΩ
FELV, 500 V 이하	1.0 MΩ
500 V 초과	1.0 MΩ

50. 태양전지 모듈의 취부방향은 대부분 좌우가 긴 횡방향으로 설치되나 상하가 긴 종방향으로 설치할 때, 그 이유로 틀린 것은?

① 적설지대에 적합하다.
② 세정효과가 좋아진다.
③ 발전부지가 작게 된다.
④ 먼지, 꽃가루 등이 많은 지역에 적합하다.

해설 상하가 긴 종방향으로 설치하는 이유는 적설지대나 먼지, 꽃가루 등이 많은 지역에 세정효과가 커서 적합하기 때문이다.

51. 감리원이 공사업자로부터 물가변동에 따른 계약금액 조정요청을 받은 경우에 작성하여 제출하도록 되어 있는 서류가 아닌 것은?

① 물가변동 조정 요청서
② 계약금액 조정 요청서
③ 안전 관리비 집행근거서류
④ 품목조정률 또는 지수조정률에 대한 산출근거

해설 물가변동에 따른 계약금액 조정요청 시 제출서류

• 물가변동 조정 요청서
• 계약금액 조정 요청서
• 품목조정률 산출근거
• 계약금액 조정 산출근거

52. 인버터의 시험항목 중에서 독립형 및 연계형에서 모두 시험해야 하는 정상특성 시험에 속하지 않는 것은?

① 효율시험 ② 온도상승시험
③ 누설전류시험 ④ 부하차단시험

해설 인버터의 독립형 및 계통 연계형 시험항목

• 독립형 : 누설전류시험, 온도상승시험, 효율시험
• 계통 연계형 : 대기손실시험, 자동기동·정지시험, 최대전력 추종시험

53. 책임설계감리원이 설계감리의 기성 및 준공을 처리할 때 발주자에게 제출하는 서류 중 감리기록 서류에 해당하지 않는 것은?

① 설계감리일지
② 설계감리 요청서
③ 설계감리 지시부
④ 설계감리 결과 보고서

해설 설계감리기록 서류

• 설계감리일지
• 설계감리 지시부
• 설계감리 기록부
• 설계감리 요청서

54. 태양전지 모듈과 인버터 간의 배선에 대해 옳게 설명한 것은?

① 태양전지 어레이의 지중배선은 1.0 m 이상의 깊이로 매설한다.

정답 49. ① 50. ③ 51. ③ 52. ④ 53. ④ 54. ③

② 태양전지 모듈 접속용 케이블은 반드시 극성표시를 하지 않아도 된다.

③ 태양전지 모듈 사이의 배선은 2.5 mm^2 이상의 전선을 사용하면 단락전류에 견딜 수 있다.

④ 태양전지 접속함에서 인버터까지의 배선은 전압강하율 5 % 이내로 할 것을 권장하고 있다.

해설 ① 태양전지 어레이의 지중배선은 1.2 m 이상의 깊이로 매설한다.
② 태양전지 모듈 접속용 케이블은 반드시 극성표시를 하여 오배선을 방지한다.
④ 태양전지 접속함에서 인버터까지의 배선은 전압강하율 3 % 이내로 하여야 한다.

55. 배전선로의 장주에 전선로를 병가할 경우 전선로의 순위를 나타낸 것으로 옳은 것은?

① 통신선은 중성선 또는 저압전선로의 하단에 배치한다.

② 전용 전선로 또는 이와 유사한 전선로는 일반 전선로보다 하단에 배치한다.

③ 원거리에 전송하는 전선로는 근거리에 전송하는 전선로보다 하단에 배치한다.

④ 서로 다른 전압의 전선로를 동일 지지물에 병가할 경우에는 높은 전압의 전선로를 하단에 배치한다.

해설 통신선은 전력선에 의한 유도장해를 방지하기 위해 중성선 또는 저압전선로의 하단에 설치한다.

56. 태양전지 모듈의 연결공사에 대한 설명으로 틀린 것은?

① 전선의 연결부위는 전선관 내에서 연결하여야 한다.

② 금속관 상호간 및 관과 박스의 접속은 견고하고 전기적으로 완전하게 접속하여야 한다.

③ 태양전지 모듈 결선 시 Junction Box Hole에 맞는 방수 커넥터를 사용한다.

④ 사용전압이 400 V 이상인 경우 금속관에는 특별 제3종 접지공사를 한다.

해설 전선의 연결은 분전반, 접속함, 배관용 박스 등에서만 시행하며 전선관 내에서는 시행하지 않는다.

57. 자가용 전기설비 사용 전 검사를 실시하기 전이나 실시한 후에 신청인 및 전기안전관리자 등 검사입회자에게 회의를 통해 설명하고 확인시켜야 할 사항이 아닌 것은?

① 안전작업 수칙

② 준공 표지판 설치

③ 검사에 필요한 안전자료 검토 및 확인

④ 검사결과 부적합 사항의 조치내용 및 개수방법, 기술적인 조언 및 권고

해설 사용 전 검사에 대한 확인사항
- 준공 표지판 설치
- 검사의 목적과 내용
- 안전작업 수칙, 검사의 절차 및 방법
- 검사에 필요한 기술자료 검토 및 확인
- 검사에 필요한 안전자료 검토 및 확인

58. 태양전지 모듈은 사업 계획서상에 제시된 설치용량의 몇 %를 초과하지 않아야 하는가?

① 101 ② 103

③ 105 ④ 110

해설 태양전지 모듈은 사업 계획서상에 제시된 설치용량의 110 %를 초과하지 않아야 한다.

2018년

정답 55. ① 56. ① 57. ④ 58. ④

59. 분산형 전원의 이상 또는 고장 발생 시 이로 인한 영향이 연계된 계통으로 파급되지 않도록 태양광발전시스템에 설치해야 하는 보호 계전기가 아닌 것은?

① 과전압 계전기
② 과전류 계전기
③ 저전압 계전기
④ 저주파수 계전기

해설 과전류 계전기는 단락전류나 과전류 발생 시 사용하는 계전기이다.

60. 태양광발전 접지 시스템의 구성요소가 아닌 것은? (KEC 개정으로 문제 대체)

① 접지극 ② 보조극
③ 접지도체 ④ 보호도체

해설 접지 시스템의 구성요소에는 접지극, 접지도체, 보호도체가 있다.

4과목 태양광발전 운영

61. 배전반의 케이블 단말부 및 접속부, 관통부 등의 점검내용으로 틀린 것은?

① 부하 개폐기의 절연유 누출
② 볼트의 풀림 등에 의한 진동
③ 코로나 방전에 의한 과열냄새
④ 곤충 및 설치류 등의 침입흔적

해설 부하 개폐기에는 절연유가 사용되지 않는다.

62. 계통 연계형과 독립형의 태양광발전용 인버터가 실외인 경우 IP(방진, 방수)는 최소 몇 등급 이상인가?

① IP20 ② IP44
③ IP56 ④ IP57

해설 계통 연계형 3상 실내/실외 : IP20/IP44, 독립형 3상 실내/실외 : IP20/IP44

63. 태양광발전설비 운영방법과 관련하여 틀린 것은?

① 모듈은 고압 분사기를 이용하여 정기적으로 물을 뿌려준다.
② 모듈 표면의 온도가 높을수록 발전효율이 높으므로 강한 빛을 받도록 한다.
③ 구조물 및 전선에 부분적인 발청현상이 있을 경우 도포처리를 해준다.
④ 태양광발전설비의 고장요인이 대부분 인버터에서 발생하므로 정기적으로 정상 여부를 확인한다.

해설 모듈 표면의 온도가 높을수록 발전효율이 낮아진다.

64. 태양광발전 모듈에 차광이 모듈의 부하로 작용하여 태양광발전시스템의 출력을 저하시킬 경우 조치로 옳은 것은?

① 제너 다이오드를 설치한다.
② 스트링 다이오드를 설치한다.
③ 블록킹 다이오드를 설치한다.
④ 바이패스 다이오드를 설치한다.

해설 차광으로 음영 발생 시 우회로를 형성하기 위해 바이패스 다이오드를 설치한다.

65. 자가용 전기설비 중 태양광발전설비의 전력변환장치의 검사항목으로 틀린 것은?

① 윤활유 ② 외관검사
③ 절연저항 ④ 절연내력

해설 전력변환장치(PCS)에는 윤활유가 들어가지 않는다.

66. 다음 ( ) 안에 들어갈 내용으로 옳은 것은?

정답 59. ② 60. ② 61. ① 62. ② 63. ② 64. ④ 65. ① 66. ②

태양광발전설비로서 용량 ( ) kW 미만은 소유자 또는 점유자가 안전공사 및 전기안전관리 대행사업자에게 안전관리 업무를 대행하게 할 수 있다.

① 500 ② 1000
③ 1500 ④ 2000

해설 태양광발전설비의 용량이 1000 kW 미만은 대행업자에게 안전관리를 위탁할 수 있다.

67. 태양광발전시스템 구조물의 고장으로 틀린 것은?

① 마찰음 ② 핫 스팟
③ 이상 진동음 ④ 구조물 변형

해설 핫 스팟은 태양전지의 과열현상이므로 구조물과는 관련이 없다.

68. 전기안전관리자는 유지관리를 위해서 점검 등의 결과가 부적합인 경우에 조치방법으로 틀린 것은?

① 소유자는 전기안전관리자가 안전관리를 위해 부적합 전기설비에 대하여 의견을 제시하는 경우에는 이를 따르지 않아도 된다.
② 전기안전관리자는 전기설비기술기준에 적합하지 않은 전기설비 중 경미한 전기공사에 대하여 필요한 경우에는 직접 수리할 수 있다.
③ 전기안전관리자는 검사 및 점검결과가 전기설비기술기준에 적합하지 않을 때에는 소유자에게 알려 부적합 전기설비의 수리·개조·보수 등 필요한 조치를 취하도록 하여야 한다.
④ 전기안전관리자는 부적합 전기설비에 대한 조치가 취해지기 전에 전기설비의 운용에 따른 안전 확보를 위해 필요하다고 판단되는 경우 전기설비의 사용을 일시 정지하거나 제한할 수 있다.

해설 소유자는 전기안전관리자가 안전관리를 위해 부적합 전기설비에 대하여 의견을 제시하는 경우에는 이를 따라야 한다.

69. 전기사업 허가 신청서에서 신청내용으로 틀린 것은?

① 설치장소
② 사업의 종류
③ 사업의 시작일자
④ 사업구역 또는 특정한 공급구역

해설 전기사업 허가 신청서에서 신청내용으로 시작일자는 포함되지 않는다.

70. 태양광발전시스템의 인버터 점검 시 조치내용으로 틀린 것은?

① 상회전 확인 후 정상 시 재운전
② 전자접촉기 교체 점검 후 재운전
③ 계통전압 확인 후 정상 시 5분 후 재기동
④ 태양전지 전압 점검 후 정상 시 3분 후 재기동

해설 태양전지 전압 점검 후 정상 시 5분 후 재기동

71. 중대형 태양광발전용 인버터의 효율시험 시 교류전원을 정격전압 및 정격 주파수로 운전하고 운전 시작 후 몇 시간 후에 측정하는가?

① 2 ② 4
③ 6 ④ 8

해설 중대형 태양광발전용 인버터의 효율시험 시 교류전원을 정격전압 및 정격 주파수로 운전하고 운전 시작 후 최소 2시간 후에 측정한다.

2018년

정답 67. ② 68. ① 69. ③ 70. ④ 71. ①

72. 태양전지소자 – 제3부 : 기준스펙트럼 조사강도를 이용한 지상용 태양전지 소자의 측정원리(KS C IEC 60904의 3)의 적용범위로 틀린 것은?

① 모듈
② 시스템
③ 태양전지의 하부조직
④ 보호 덮개가 없는 태양전지는 제외

73. 태양광발전시스템의 운전 시 확인요소로 틀린 것은?

① 어레이 구조물의 접지의 연속성 확인
② 태양광발전 모듈, 어레이의 단락전류 측정
③ 태양광발전 모듈, 어레이의 전압, 극성확인
④ 무변압기 방식 인버터를 사용할 경우 교류측 비접지의 확인

해설 무변압기 방식 인버터를 사용할 경우 직류측 비접지의 확인

74. 방향과 경사가 서로 다른 하부 어레이들로 구성된 태양광발전시스템의 인버터 운영방식으로 적합한 것은?

① 모듈형
② 분산형
③ 중앙집중형
④ 마스터–슬레이브형

해설 분산형이 방향과 경사가 서로 다른 하부 어레이들로 구성된 태양광발전시스템에 가장 적합하다.

75. 태양광발전시스템의 손실인자가 아닌 것은 어느 것인가?

① 음영
② 모듈의 오염
③ 높은 주변온도
④ 계통 단락용량

해설 태양광발전 손실인자 : 높은 주변온도, 음영, 모듈의 오염

76. 고압 활선 작업 시의 안전조치 사항이 아닌 것은?

① 절연용 보호구 착용
② 절연용 방호구 설치
③ 단락접지기구의 철거
④ 활선 작업용 장치 사용

해설 단락접지기구의 철거는 작업 후의 조치사항이다.

77. 태양광발전시스템 성능평가의 대분류의 종류로 틀린 것은?

① 사이트
② 신뢰성
③ 설비 생산비용
④ 설비 설치비용

해설 태양광발전 시스템의 성능평가 요소 : 사이트, 신뢰성, 발전성능, 설치가격(경제성)

78. 사용전압이 300 V를 초과하고 교류 1000 V 또는 직류 1500 V 이하의 작업에 사용하는 절연고무장갑의 종별로 옳은 것은 어느 것인가?

① A종 ② B종 ③ C종 ④ D종

해설 절연고무장갑의 종별

종류	사용 구분
A종	300 V 초과 1000 V의 교류, 1500 V 이하의 직류
B종	1000 V의 교류, 1500 V 초과 3500 V 이하의 직류
C종	3500 V 초과 7000 V 이하의 교류

정답 ● 72. ④ 73. ④ 74. ② 75. ④ 76. ③ 77. ③ 78. ①

79. 태양광발전시스템의 성능평가 및 시스템 트러블과 관계가 없는 것은?

① 직류지락
② ELB 트립
③ 인버터 운전정지
④ 컴퓨터의 조작오류

해설 시스템 트러블 : 인버터 운전정지, 직류지락, 계통지락, ELB 트립

80. 태양광발전시스템의 성능분석을 위한 요소로 틀린 것은?

① 성능계수
② 발전전력량
③ 가대의 탄성계수
④ 어레이의 변환효율

해설 성능분석요소 : 태양광 어레이 변환효율, 시스템 발전효율, 시스템 성능계수, 발전전력량, 시스템 가동률

정답 79. ④ 80. ③

2018 년도 출제문제(2회차) 및 해설

1과목 태양광발전 이론(기획)

1. 위도 36.5°에서 하지 시 남중고도는?

① 30° ② 45°
③ 60° ④ 77°

해설 하지 시 남중고도 = 90° − 위도 + 23.5°
= 90° − 36.5° + 23.5° = 77°

2. 태양전지 모듈의 온도에 대한 일반적인 특성이 아닌 것은?

① 태양전지 모듈은 정(+)의 온도 특성이 있다.
② 태양전지 모듈온도가 상승할 경우 개방전압과 최대출력은 저하한다.
③ 계절에 따라 온도변화로 출력이 변동된다.
④ 태양전지 모듈의 표면온도는 외기온도에 비례해서 맑은 날에는 20 ~ 40℃ 정도 높다.

해설 태양전지 모듈은 온도가 올라가면 출력이 감소하므로 부(−)의 온도 특성이 있다.

3. 0.5 V의 전압을 갖는 태양광 전지 24개를 (6개 직렬 × 4개 병렬) 연결하여 부하에 접속하였다. 부하에 인가된 전압(V)은?

① 3 V ② 12 V ③ 15 V ④ 18 V

해설 부하 인가전압

$$= \frac{\text{태양전지의 총 개수} \times \text{개별전압}}{\text{태양전지 병렬 수}}$$

$$= \frac{24 \times 0.5}{4} = 3\text{ V}$$

4. P형의 실리콘 반도체를 만들기 위해 실리콘에 도핑하는 원소로 적당하지 않은 것은 어느 것인가?

① 인듐(In)
② 갈륨(Ga)
③ 비소(As)
④ 알루미늄(Al)

해설 불순물 반도체
- P형 반도체 : 붕소, 갈륨, 인듐, 알루미늄
- N형 반도체 : 비소, 인, 안티몬, 비스무트

5. 전원전압 100 V, 소비전력 100 W인 백열전구에 흐르는 전류는 몇 A인가?

① 1 ② 0.6
③ 6 ④ 60

해설 $I = \frac{P}{V} = \frac{100}{100} = 1\text{ A}$

6. 2500 W 인버터의 입력전압 범위가 22 ~ 32 V이고, 최대출력에서 효율은 88 %이다. 이때 최대정격에서 인버터의 최대 입력전류는?

① 약 78 A
② 약 88 A
③ 약 129 A
④ 약 143 A

해설 인버터의 최대 입력전류

$$= \frac{\text{인버터 전력}}{\text{인버터 최소 입력전압} \times \text{효율}}$$

$$= \frac{2500}{22 \times 0.88} \fallingdotseq 129.13\text{ A}$$

정답 ● 1. ④ 2. ① 3. ① 4. ③ 5. ① 6. ③

7. 태양열발전시스템에 대한 설명 중 틀린 것은?

① 홈통형 : 공정열이나 화학반응을 위해 열을 제공한다.

② 파라볼라 접시형 : 집열기에서 태양열 에너지를 직접 열로 변환시켜 이용한다.

③ 진공관형 : 집열관 내의 가열된 열매체는 파이프를 통해 열교환기로 수송되어 증기를 생산한다.

④ 파워 타워형 : 집광비는 300 ~ 1500 sun 정도이며 1500℃ 이상에서도 동작이 가능하다.

해설 진공관형 : 집열관 내의 가열된 열매체는 파이프를 통해 열교환기로 수송되어 중온수를 생산한다.

8. 태양전지 모듈의 바이패스 다이오드에 대한 설명 중 틀린 것은?

① 태양전지 모듈의 원활한 동작을 위하여 바이패스 다이오드는 발전하는 동안 계속 동작하여야 한다.

② 일반적으로 바이패스 다이오드는 태양전지 모듈의 단자함 내부에 위치한다.

③ 일반적으로 박막 태양전지 모듈의 경우 바이패스 다이오드를 사용하지 않는다.

④ 바이패스 다이오드는 태양전지 모듈의 동작을 원활하게 하기 위한 부품이다.

해설 바이패스 다이오드는 태양전지 셀에 음영이 발생한 경우에만 출력저하를 방지하기 위해 동작한다.

9. 태양전지 모듈에 다른 태양전지 회로와 축전지의 전류가 유입되는 것을 방지하기 위해 설치하는 것은?

① 피뢰소자

② 바이패스 소자

③ 역류방지 소자

④ 정류 다이오드

해설 역류방지 소자 : 태양전지 모듈에 다른 태양전지 회로와 축전지의 전류가 유입되는 것을 방지하는 용도로 사용된다.

10. 다수의 태양광 모듈의 스트링을 접속하게 하여 보수점검이 용이하도록 한 것은?

① 분전반

② 개폐기

③ 접속함

④ SPD(서지 보호기)

11. 독립형 태양광발전시스템은 매일 충·방전을 반복해야 한다. 이 경우 축전지의 수명(충·방전 cycle)에 직접적으로 영향을 미치는 것이 아닌 것은?

① 보수율

② 방전심도

③ 방전횟수

④ 사용온도

해설 축전지의 기대수명 결정요소 : 방전횟수, 방전심도, 사용온도

12. 태양광발전시스템이 계통과 연계 시 계통 측에 정전이 발생한 경우 계통 측으로 전력이 공급되는 것을 방지하는 인버터의 기능은?

① 자동운전 정지기능

② 단독운전 방지기능

③ 자동전류 조정기능

④ 최대전력 추종기능

2018년

정답 7. ③ 8. ① 9. ③ 10. ③ 11. ① 12. ②

13. 다음 비정질 실리콘 모듈의 충진율(fill factor)로 가장 적합한 것은?

① 0.35 ~ 0.55　② 0.56 ~ 0.61
③ 0.75 ~ 0.85　④ 0.86 ~ 0.95

14. 독립형 태양광발전설비의 종류가 아닌 것은?

① 복합형
② 계통 연계형
③ 축전지가 없는 형
④ 축전지가 있는 형

해설 태양광발전시스템은 독립형과 계통 연계형의 두 가지로 구분된다.

15. 결정질 태양전지의 에너지 손실이 가장 적은 부분은?

① 직렬저항
② 재결합 손실
③ 전면 접촉으로 초래된 반사와 차광
④ 단파장 복사에서의 너무 높은 광자 에너지

해설 결정질 태양전지의 에너지 손실 : 직렬저항 < 재결합 손실 < 반사와 차광 < 단파장 손실

16. 태양광발전시스템에서 안전을 확보하기 위해 과전압 계전기, 부족전압 계전기, 주파수 상승 계전기, 주파수 저하 계전기 등에 필요로 하는 설치기능은?

① 자동전압 조정기능
② 직류지락 검출기능
③ 최대전력 추종기능
④ 계통연계 보호기능

해설 계통연계 보호기능 계전기 : 과전압 계전기, 부족전압 계전기, 과주파수 계전기, 부족주파수 계전기

17. 다음 중 연료전지의 종류가 아닌 것은?

① 인산형(PAFC)
② 용융 탄산염형(MCFC)
③ 분산전해질형(PEFC)
④ 고체산화물형(SOFC)

해설 연료전지의 종류 : 인산형, 용융 탄산염형, 알칼리형, 고체산화물형, 고분자 전해질형

18. 정전용량 5 μF의 콘덴서에 1000 V의 전압을 가할 때 축적되는 전하는?

① 5×10^{-3} C　② 6×10^{-3} C
③ 7×10^{-3} C　④ 8×10^{-3} C

해설 축적되는 전하

Q=콘덴서의 정전용량×전압

$=5\times10^{-6}\times1000=5\times10^{-3}$ C

19. 실리콘 태양전지와 비교해서 화합물 반도체 GaAs(갈륨비소) 태양전지의 특징은?

① 모든 파장영역에서 빛의 흡수율이 떨어진다.
② 접합영역에서 전자와 정공의 재결합이 낮다.
③ 빛의 흡수가 뛰어나 후면에서 재결합이 거의 발생하지 않는다.
④ 접합영역이나 표면에서의 재결합보다 내부에서의 재결합이 많이 발생한다.

해설 GaAs 전지의 특징

- 접합영역이나 표면에서의 재결합보다 내부에서의 재결합이 많이 발생한다.
- 모든 파장영역에서 빛의 흡수율이 떨어진다.
- 접합영역에서 전자와 정공의 재결합이 낮다.
- 빛의 흡수가 뛰어나 후면에서 재결합이 많이 발생한다.

정답 13. ② 14. ② 15. ① 16. ④ 17. ③ 18. ① 19. ③

20. **태양광발전시스템에 사용되는 인버터 회로에 대한 설명 중 틀린 것은?**

① 직류전압을 교류전압으로 변환하는 장치를 인버터라 한다.
② 전류형 인버터와 전압형 인버터로 구분할 수 있다.
③ 전류방식에 따라 타려식과 자려식으로 구분할 수 있다.
④ 인버터의 부하장치는 직류 직권전동기를 사용할 수 있다.

해설 인버터 회로의 특징
- 전류형 인버터와 전압형 인버터로 구분할 수 있다.
- 직류를 교류로 변환하는 장치이다.
- 전류방식에 따라 타려식과 자려식으로 구분할 수 있다.

2과목 태양광발전 설계

21. **태양광발전설비 모니터링 시스템의 구축 메인화면에 표시할 내용으로 거리가 먼 것은?**

① 대기온도
② 누적 발전량
③ 축열부의 유량
④ 인버터 상태(ON/OFF)

해설 축열부 유량은 태양열의 모니터링 시스템의 계측요소이다.

22. **경사도계수 0.6, 노출계수 0.9, 기본 지붕적설하중이 0.6 N/m^2, 적설면적이 100 m^{2}일 때 적설하중은 얼마인가?**

① 25.4 N ② 32.4 N
③ 40.8 N ④ 90.5 N

해설 적설하중=경사도계수×노출계수×기본적설하중×적설면적
$=0.6\times0.9\times0.6\times100$
$=32.4\text{ N}$

23. **태양광발전설비의 음영발생 원인이 아닌 것은?**

① 대기 중의 습도
② 나뭇잎 또는 새의 배설물
③ 건물이나 식재 등의 장애물
④ PV 어레이 상호배치에 의한 생성

해설 대기 중의 습도는 음영발생 요인이 아니다.

24. **태양광발전시스템 부지 선정 시 일반적 고려사항이 아닌 것은?**

① 부지의 가격이 저렴한 곳인지 확인
② 높은 장애물(산, 건물 등)의 주변지형을 확인
③ 일사량이 좋은 지역이고 동향인지 확인
④ 토사, 암반의 지내력 등 지반지질 상태 확인

해설 일사량이 좋은 지역이고 남향인지 확인한다.

25. **설계도서의 의미를 가장 적합하게 설명한 것은?**

① 구조물 등을 그린 도면으로 건축물, 시설물, 기타 각종 사물의 예정된 계획을 공학적으로 나타낸 도면이다.
② 설계, 공사에 대한 시공 중의 지시 등 도면으로 표현될 수 없는 문장이나 수치 등을 표현한 것으로 공사수행에 관련된 제반규정 및 요구사항을 표시한 것이다.

정답 ● 20. ④ 21. ③ 22. ② 23. ① 24. ③ 25. ③

③ 공사계약에 있어 발주자로부터 제시된 도면 및 그 시공기준을 정한 시방서류로서 설계도면, 표준 시방서, 특기시방서, 현장 설명서 및 현장 설명에 대한 질문 회답서 등을 총칭하는 것이다.
④ 각종 기계·장치 등의 요구조건을 만족시키고 또한 합리적, 경제적인 제품을 만들기 위해 그 계획을 종합하여 설계하고 구체적인 내용을 명시하는 일을 일컫는다.

26. 표준 시험조건(STC)의 기준으로 틀린 것은?

① 모든 시험의 기준온도는 25℃ 이다.
② 모든 시험의 풍속조건은 10 m/s로 한다.
③ 빛의 일사강도는 1000 W/m^2를 기준으로 한다.
④ 수광조건은 대기질량(AM : Air Mass) 1.5의 지역을 기준으로 한다.

해설 표준 시험조건에서 풍속은 1 m/s로 한다.

27. 인버터(PCS) 주요 기능에 대한 설명으로 옳지 않은 것은?

① 계통절체기능
② 계통연계 보호기능
③ 자동전압 조정기능
④ 최대전력 추종제어(MPPT)기능

해설 인버터의 기능
- 단독운전 방지기능
- 자동전압 조정기능
- 자동운전 정지기능
- 직류검출기능
- 계통연계 보호기능
- 최대전력 추종제어(MPPT)기능

28. 태양광 어레이 전선 굵기를 산정하기 위한 기준이 아닌 것은?

① 전압강하 ② 역률
③ 전류 ④ 전력손실

해설 태양광 어레이 전선 굵기를 산정하기 위한 기준 : 전압, 전류, 전압강하, 전력손실

29. 대기질량(AM : Air Mass)에 대한 설명으로 틀린 것은?

① AM 0은 대기권 밖일 때
② AM 1.0은 바다 표면에 태양빛이 90°로 비추는 상태일 때
③ AM 1.5는 태양빛이 180°로 비추는 스펙트럼일 때
④ AM 2.0은 태양빛이 30°로 비추는 상태일 때

해설 AM 1.5는 태양빛이 41.8°로 비추는 스펙트럼일 때

30. 분산형 전원의 전기품질관리 항목에 해당하지 않는 것은?

① 역률
② 고조파
③ 노이즈
④ 직류유입 제한

해설 분산형 전원의 전기품질관리 항목 : 전압, 역률, 주파수, 고조파, 직류유입 제한

31. 250 W의 모듈을 사용하고 모듈의 온도에 따른 전압변동 범위가 30 ~ 50 V에서 모듈을 직렬연결할 때 최대 설치가능 모듈의 개수는? (단, 인버터의 동작전압은 420 ~ 720 V, 설치간격, 기타손실 및 다른 조건은 무시한다.)

① 13 ② 14
③ 15 ④ 16

정답 26. ② 27. ① 28. ② 29. ③ 30. ③ 31. ②

해설 직렬연결 시 모듈의 개수

$= \frac{\text{인버터의 최대전압}}{\text{최대 전압변동 범위}} = \frac{720}{50} = 14.4$

즉, 14개이다.

32. 태양광발전소 부지 선정 절차로 옳은 것은?

① 지역설정 → 지자체 방문 공부확인 → 토지이용 협의 및 소유자 파악 → 현장조사
② 지역설정 → 현장조사 → 지자체 방문 공부확인 → 토지이용 협의 및 소유자 파악
③ 지역설정 → 주변지역 지가조사 → 지자체 방문 공부확인 → 현장조사
④ 지역설정 → 지자체 방문 공부확인 → 현장조사 → 주변지역 지가조사

33. 우리나라 다음 지역의 태양전지 어레이의 연중 최적 경사각으로 적합한 것은?

• 경도 126° 37′ 57″
• 위도 35° 33′ 57″

① 10 ~ 15°
② 15 ~ 20°
③ 30 ~ 35°
④ 45 ~ 70°

해설 최적 경사각은 그 지역의 위도와 같을 때이므로 위도 35°가 포함된 경사각이다.

34. 경제성 분석 중 편익분석 방법의 종류가 아닌 것은?

① 순 현재가치 분석법
② 비용 편익비 분석법
③ 편중 미분 분석법
④ 내부 수익률법

해설 편익분석 방법의 종류 : 순 현재가치 분석법, 비용 편익비 분석법, 내부 수익률법

35. 태양광발전시스템의 22.9 kV 특별고압 가공선로 1회선에 연계 가능한 용량으로 옳은 것은?

① 30 kW 이하
② 100 kW 이하
③ 10000 kW 이하
④ 30000 kW 이하

36. 한국전력공사의 22.9 kV 배전선로와 연계하는 발전사업자용 태양광설비를 계획 시 선로 및 계통에서 한국전력 변전설비 및 배전선로에 대해 검토해야 할 사항이 아닌 것은?

① 변전소의 배전용 변압기 전체용량
② 한 변전소에 연계되어 있는 전체 발전설비용량
③ 한 변압기에 연계되는 발전 설비용량
④ 연계하고자 하는 배전선로에 연계되어 있는 전체 발전 설비용량

37. 공사 시방서의 작성요령으로 적합하지 않은 것은?

① 공사의 질적 요구조건을 기술한다.
② 사용할 자재의 성능, 규격, 시험 및 검증에 관하여 기술한다.
③ 도면에 표시되는 내용을 참조하여 치수를 정확히 기재한다.
④ 시공 시 유의해야할 사항을 착공 전, 시공 중, 시공완료 후로 구분하여 작성한다.

해설 도면에 표기된 치수는 공사 시방서에 표기하지 않는다.

2018년

정답 32. ② 33. ③ 34. ③ 35. ③ 36. ① 37. ③

38. 다음 전기기호 중에서 KS에서 표기하는 진공 차단기(VCB)는 어느 것인가?

① 
② 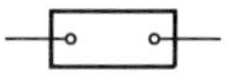
③ 
④ 

해설 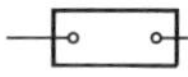 진공 차단기(VCB)
 기중 차단기(ACB)

39. 태양전지 어레이(길이 2.58 m, 경사각 30°)가 남북으로 설치되어 있으며, 앞면 어레이의 높이는 약 1.5 m, 뒷면 어레이에 입사각이 20°일 때 앞면 어레이의 그림자 길이(m)는?

① 약 2.8 m ② 약 3.3 m
③ 약 4.1 m ④ 약 5.2 m

해설 그림자 길이$(L)=\dfrac{\text{어레이 길이}}{\tan(\text{입사각})}$

$$=\frac{1.5}{\tan 20°}\fallingdotseq\frac{1.5}{0.364}\fallingdotseq 4.12\text{ m}$$

40. 태양전지 어레이의 경사각에 대한 설명 중 틀린 것은?

① 적설을 고려하여 선정한다.
② 경사각을 낮출수록 대지 이용률이 감소한다.
③ 건축물의 경사진 지붕을 이용할 경우 지붕의 경사각으로 한다.
④ 태양광 어레이가 지면과 이루는 각을 말한다.

해설 경사각을 낮출수록 대지 이용률이 증가한다.

3과목 태양광발전 시공

41. 송전선로의 안정도 증진방법이 아닌 것은?

① 계통을 연계한다.
② 전압변동을 적게 한다.
③ 직렬 리액턴스를 크게 한다.
④ 중간 조상방식을 채택한다.

해설 직렬 리액턴스를 크게 하면 전력이 적어지므로 안정도가 떨어진다.

42. 태양광발전 설비공사의 사용 전 검사를 받으려면 검사를 받고자 하는 날의 며칠 전에 어느 기관에 신청을 해야 하는가?

① 7일 전, 한국전기안전공사
② 10일 전, 한국전기안전공사
③ 7일 전, 한국에너지공단(신·재생에너지센터)
④ 10일 전, 한국에너지공단(신·재생에너지센터)

해설 태양광발전 설비공사의 사용 전 검사는 7일 전에 한국전기안전공사에 신청해야 한다.

43. 태양광발전시스템에 일반적으로 적용하는 CV 케이블의 장점으로 틀린 것은?

① 내열성이 우수하다.
② 내수성이 우수하다.
③ 내후성이 우수하다.
④ 도체의 최고 허용온도는 연속사용의 경우 90℃, 단락 시에는 230℃이다.

해설 내후성은 CV 케이블과는 관계가 없다.

정답 38. ② 39. ③ 40. ② 41. ③ 42. ① 43. ③

44. **신에너지 및 재생에너지 개발·이용·보급 촉진법에 의한 태양광발전설비에서 안전관리 대행사업자가 업무를 대행할 수 있는 발전설비의 최대용량은 얼마인가?**

① 500 kW 미만
② 750 kW 미만
③ 1000 kW 미만
④ 4000 kW 미만

45. **태양광발전설비의 어레이에서 중계 단자함까지 전선관을 사용할 경우 전선관의 굵기로 옳은 것은?**

① 케이블의 굵기가 같을 경우 전선피복물을 포함한 단면적의 합계를 50 % 이하로 한다.
② 케이블의 굵기가 같을 경우 전선피복물을 포함한 단면적의 합계를 32 % 이하로 한다.
③ 케이블의 굵기가 다를 경우 전선피복물을 포함한 단면적의 합계를 50 % 이하로 한다.
④ 케이블의 굵기가 다를 경우 전선피복물을 포함한 단면적의 합계를 32 % 이하로 한다.

해설 케이블의 굵기가 같을 경우 전선피복물을 포함한 단면적의 합계를 48 % 이하로 하며 다를 경우는 32 % 이하로 한다.

46. **지방자치단체를 당사자로 하는 계약에 관한 법률에 의거하여 표준 계약서를 작성하고자 한다. 이때 필요한 붙임서류가 아닌 것은?**

① 입찰 유의서 ② 특별 시방서
③ 산출 내역서 ④ 과업 내용서

해설 특별 시방서는 공사계약문서로 건설공사 관리에 필요한 시공기준이다.

47. **접지저항을 감소시키는 접지저항 저감제가 갖추어야 할 조건이 아닌 것은?**

① 사람과 가축에 안전할 것
② 전기적으로 양호한 부도체일 것
③ 접지전극을 부식시키지 않을 것
④ 계절에 따른 접지저항 변동이 작을 것

해설 부도체는 접지저항이 크므로 접지저항 저감제의 역할이 불가능하다.

48. **책임설계감리원이 설계감리의 기성 및 준공을 처리할 때 발주자에게 제출해야 하는 감리기록 서류가 아닌 것은?**

① 품질관리 기록부
② 설계감리 지시부
③ 설계감리 기록부
④ 설계자와 협의사항 기록부

해설 책임설계감리원이 발주자에게 제출해야 하는 감리기록 서류에는 설계감리일지, 설계감리 지시부, 설계감리 기록부, 설계감리 요청서, 설계자와 협의사항 기록부가 있다.

49. **다음 그림은 태양광발전시스템의 일반적인 시공 절차이다. ㉠~㉢에 알맞은 내용으로 옳은 것은?**

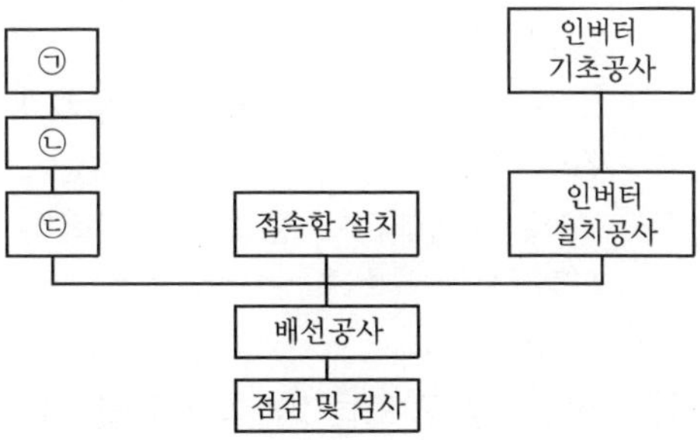

① ㉠ : 어레이 가대공사, ㉡ : 어레이 설치공사, ㉢ : 어레이 기초공사
② ㉠ : 어레이 기초공사, ㉡ : 어레이 가대공사, ㉢ : 어레이 설치공사

정답 ● 44. ③ 45. ④ 46. ② 47. ② 48. ① 49. ②

③ ㉠ : 어레이 기초공사, ㉡ : 어레이 배선공사, ㉢ : 어레이 가대공사
④ ㉠ : 어레이 배선공사, ㉡ : 어레이 가대공사, ㉢ : 어레이 설치공사

50. 태양광발전시스템의 전기공사 절차 중 옥내공사에 해당하는 것은?

① 분전반 개조
② 접속함 설치
③ 전력량계 설치
④ 태양전지 모듈간의 배선

해설 ②, ③, ④는 옥외공사이다.

51. 저압 옥내간선 굵기 선정 시 고려사항이 아닌 것은?

① 허용전류 ② 전압강하
③ 전자유도 ④ 기계적 강도

해설 간선 굵기 선정 시 고려사항 : 허용전류, 전압강하, 고조파, 기계적 강도

52. 태양광발전시스템의 시공 절차 중 간선 공사 순서로 가장 옳은 것은?

① 모듈 → 인버터 → 어레이 → 접속반 → 계통간선
② 모듈 → 어레이 → 인버터 → 접속반 → 계통간선
③ 모듈 → 인버터 → 접속반 → 어레이 → 계통간선
④ 모듈 → 어레이 → 접속반 → 인버터 → 계통간선

53. 저압 태양광 모듈 2차측 회로를 비접지 방식으로 할 경우 비접지 확인방법이 아닌 것은?

① 검전기로 확인
② 전류계로 확인
③ 회로 시험기로 확인
④ 간이 측정기로 확인

해설 전류계로는 비접지 확인이 불가능하다.

54. 가공 송전선에 댐퍼를 설치하는 이유는?

① 코로나 방지
② 전자유도 감소
③ 전선 진동방지
④ 현수애자 경사방지

해설 가공 송전선에 댐퍼를 설치하는 이유는 전선의 진동방지이다.

55. 설계자의 요구에 의해 변경사항이 발생할 때 설계감리원은 기술적인 적합성을 검토·확인 후 누구에게 승인을 받아야 하는가?

① 발주자
② 공사업자
③ 상주감리원
④ 지원업무 수행자

해설 설계자의 요구에 의해 변경사항이 발생할 때 설계감리원은 기술적인 적합성을 검토·확인 후 발주자에게 승인을 받아야 한다.

56. 진상용 콘덴서의 설치효과가 아닌 것은?

① 전압강하의 경감
② 수용가 전기요금 증가
③ 설비용량의 여유분 증가
④ 배전선 및 변압기의 손실경감

해설 진상용 콘덴서의 설치효과로 전기요금이 절감된다.

57. 계통연계 운전 중인 태양광발전시스템이 단독운전하는 경우 전력계통으로부터 최대 몇 초 이내에 분리시켜야 하는가?

정답 50. ① 51. ③ 52. ④ 53. ② 54. ③ 55. ① 56. ② 57. ④

① 0.2초 ② 0.3초
③ 0.4초 ④ 0.5초

해설 태양광발전시스템이 단독운전하는 경우 전력계통으로부터 최대 0.5초 이내에 분리되어야 한다.

58. 태양전지 모듈의 배선 후 확인할 사항 중 태양전지 어레이 검사항목이 아닌 것은?

① 전압 및 극성확인
② 퓨즈용량 확인
③ 단락전류 확인
④ 비접지 확인

해설 모듈의 배선 후 확인할 사항 중 태양전지 어레이 검사항목에는 전압 및 극성확인, 단락전류 확인, 비접지 확인이 있다.

59. 독립형 전원 시스템용 축전지 선정 시 고려사항으로 옳은 것은?

① 자기방전이 클 것
② 과충전이 우수할 것
③ 충·방전 사이클 특성이 우수할 것
④ 온도저하 시 입력 특성이 우수할 것

해설 독립형 전원 시스템용 축전지 선정 시 고려사항
- 충·방전 사이클 특성이 우수할 것
- 자기방전이 작을 것
- 온도저하 시 출력 특성이 좋을 것

60. 발전사업 허가를 받은 후 변경 허가를 받지 않아도 되는 경우는?

① 공급전압이 변경되는 경우
② 설비용량이 변경되는 경우
③ 전력 수용가의 전력량이 변경되는 경우
④ 사업구역 또는 특정한 공급구역이 변경되는 경우

해설 전력 수용가의 전력량이 변경되는 경우에는 변경 허가를 받지 않아도 된다.

4과목 태양광발전 운영

61. 태양광발전시스템의 유지보수 및 관리를 위해 취한 행동으로 틀린 것은?

① 모듈이 설치된 지붕구조가 구부러져 있어 바르게 한다.
② 모듈이 정확히 고정되어 있는지 확인하고 느슨한 부분을 충분히 조였다.
③ 흙과 먼지를 제거하기 위하여 산성세제와 물을 사용하여 충분히 청소하였다.
④ 모듈 표면의 긁힌 상처를 없애기 위해 물과 스폰지를 사용하여 가볍게 청소하였다.

해설 흙과 먼지를 제거하기 위해서는 중성세제와 물을 사용하여 충분히 청소해야 한다.

62. 태양광발전시스템의 전기안전관리 업무를 전문으로 하는 자의 요건 중에서 개인장비가 아닌 것은?

① 절연안전모
② 저압 검전기
③ 접지저항 측정기
④ 절연저항 측정기

해설 절연안전모는 보호구에 해당한다.

63. 태양광발전시스템에 사용되는 인버터의 출력측 절연저항 측정 순서로 옳은 것은?

> ㉠ 직류측의 모든 입력단자 및 교류측의 모든 출력단자를 각각 단락
> ㉡ 태양전지 회로를 접속함에서 분리
> ㉢ 교류단자와 대지간의 절연저항을 측정
> ㉣ 분전반 내의 분기 차단기 개방

① ㉠→㉡→㉣→㉢
② ㉡→㉣→㉠→㉢

2018년

정답 58. ② 59. ③ 60. ③ 61. ③ 62. ① 63. ②

③ ㉢→㉣→㉠→㉡
④ ㉡→㉠→㉣→㉢

64. 중대형 태양광발전용 인버터를 실내에 쉽게 접근이 가능하도록 설치할 경우 충전부의 보호벽 표면의 고체침투에 대한 보호등급은 최소 얼마 이상이어야 하는가?

① IP15 ② IP20
③ IP30 ④ IP44

해설 3상 실내형은 IP20 이상, 실외형은 IP 44 이상이어야 한다.

65. 송·변전설비의 정기점검에 대한 설명으로 틀린 것은?

① 배전반의 기능을 확인하기 위한 것이다.
② 필요에 따라서는 기기를 분해하여 점검한다.
③ 원칙적으로 정전을 시키고 무전압상태에서 기기의 이상상태를 점검한다.
④ 운전 중 이상상태를 발견한 경우에는 배전반의 문을 열고 이상 정도를 확인한다.

해설 정전상태에서 무전압으로 점검하는 것은 정기점검이고, 운전 중에 실시하는 점검은 일상점검이다.

66. 태양광 모듈의 고장으로 틀린 것은?

① 핫 스팟
② 백화현상
③ 프레임 변형
④ 환기팬 소음

해설 태양광 모듈에는 환기팬을 사용하지 않는다.

67. 사업계획에 포함되어야 할 사항 중 전기설비 개요에 포함되어야 할 사항에 해당하지 않는 것은? (단, 전기설비가 태양광설비인 경우이다.)

① 인버터의 종류
② 집광판의 면적
③ 태양전지의 종류
④ 2차 전지의 종류

해설 전기설비 개요에 포함되어야 할 사항 : 태양전지의 종류, 인버터의 종류, 집광판의 면적, 출력전압 및 정격출력

68. 태양광발전시스템 유지보수 시 일반적인 점검 종류가 아닌 것은?

① 일상점검 ② 정기점검
③ 임시점검 ④ 특수점검

해설 태양광발전시스템 유지보수 시의 점검 종류에는 일상점검, 임시점검, 정기점검이 있다.

69. 태양광발전용 모니터링 시스템의 육안점검 사항으로 틀린 것은?

① 인터넷 접속 상태
② 통신단자 이상 유무
③ 센서접속 이상 유무
④ 오일 온도의 상승 여부

해설 오일 온도의 상승 여부는 변압기의 육안검사이다.

70. 수변설비의 변류기 안전진단을 위한 시험항목이 아닌 것은?

① 극성시험
② 포화시험
③ Ratio 시험
④ 보호 계전기 시험

정답 64. ② 65. ④ 66. ④ 67. ④ 68. ④ 69. ④ 70. ④

해설 변류기 안전진단 시험 : 극성시험, 포화시험, Ratio 시험, 권선저항시험

71. 결정질 실리콘 태양광발전 모듈의 성능 평가 시험항목으로 틀린 것은?

① 열점 내구성 시험
② 온도 사이클 시험
③ 과도응답 특성시험
④ 바이패스 다이오드 열 시험

해설 과도응답 특성시험은 인버터의 시험항목이다.

72. 태양광발전시스템에서 복사에너지의 강도를 측정하는 데 일반적으로 사용되는 기기는 무엇인가?

① 풍속계 ② 일사계
③ 온도계 ④ 풍향계

해설 복사에너지의 강도를 측정하는 데 일반적으로 일사계를 사용한다.

73. 태양광발전시스템에서 정기점검 사항 중 인버터의 투입저지 시한 타이머 동작시험 관련 인버터가 정지하여 자동기동할 때 몇 분 정도 시간이 소요되는가?

① 1분 ② 3분
③ 5분 ④ 10분

해설 인버터의 투입저지 시한 타이머는 정지하여 자동기동할 때 5분이 소요된다.

74. 태양광발전 모듈 접속점의 상태를 파악하기 위한 측정 및 점검방법 중 옳은 것은?

① 다기능 측정
② 과전압 측정
③ 접지저항 측정
④ 절연저항 측정

해설 태양광발전 모듈 접속점의 상태를 파악하기 위해서는 전류 및 전압을 측정하는 다기능 측정을 시행한다.

75. 태양광발전시스템 품질관리에서 성능평가를 위한 측정요소 중 설치가격 평가방법에 해당하지 않는 것은?

① 시스템 설치단가
② 인버터 설치단가
③ 계측표시장치 단가
④ 발전전력 판매단가

해설 태양광발전시스템에서 성능평가를 위한 설치가격 평가방법 : 태양전지 설치단가, 시스템 설치단가, 인버터 설치단가, 계측표시장치 단가, 기초공사 단가

76. 결정질 실리콘 태양광발전 모듈의 외관검사 시 최소 몇 Lx 이상의 광 조사상태에서 진행하여야 하는가?

① 100 ② 500
③ 1000 ④ 2000

해설 결정질 실리콘 태양광발전 모듈의 외관검사 시 최소 1000 Lx 이상의 조도가 필요하다.

77. 태양광발전용 접속함의 시험항목으로 틀린 것은?

① 구조시험
② 광 조사시험
③ 내부식성 시험
④ 온도상승시험

해설 광 조사시험은 모듈의 시험항목이다.

2018년

정답 71. ③ 72. ② 73. ③ 74. ① 75. ④ 76. ③ 77. ②

78. 태양광발전시스템은 최대 정격출력전류의 최소 몇 %를 초과하는 직류전류를 배전계통으로 유입시켜서는 안 되는가?

① 0.5 ② 1
③ 2 ④ 5

해설 태양광발전시스템은 최대 정격출력전류의 최소 0.5%를 초과하는 직류전류를 배전계통으로 유입시켜서는 안 된다.

79. 유지 관리비의 구성요소로 틀린 것은?

① 유지비
② 운용지원비
③ 특수 관리비
④ 보수비와 개량비

해설 유지 관리비의 구성요소 : 유지비, 운용지원비, 보수비와 개량비

80. 태양광발전 모듈이 태양광에 노출되는 경우에 따라 유기되는 열화정도를 시험하기 위한 장치는?

① UV시험장치
② 염수분무장치
③ 항온항습장치
④ 솔라 시뮬레이터

해설 UV시험장치 : 태양전지 모듈의 열화정도를 시험하는 장치

정답 ● 78. ① 79. ③ 80. ①

2018 년도 출제문제(4회차) 및 해설

1과목 태양광발전 이론(기획)

1. 태양광발전시스템에서 추적제어방식에 따른 분류가 아닌 것은?

① 프로그램 추적법
② 감지식 추적법
③ 양방향 추적법
④ 혼합식 추적법

해설 추적제어방식 : 프로그램 추적법, 감지식 추적법, 혼합식 추적법

2. 태양광발전 경사각에 대한 설명으로 가장 거리가 먼 것은?

① 적도지방의 경사각은 0°일 때 가장 효율적이다.
② 우리나라의 중부지방은 경사각이 37°일 때 가장 효율적이다.
③ 태양광 모듈과 지표면이 이루는 각도를 말한다.
④ 최적의 경사각은 그 지역의 위도와 관계없이 항상 90°일 때이다.

해설 고정식 태양전지 어레이의 경사각은 그 지방의 위도와 같을 때 가장 효율적이다.

3. 태양광발전용 PCS의 회로방식 중 소형·경량으로 회로가 복잡하고 고효율화를 위한 특별한 기술이 요구되는 회로방식은?

① 상용주파 절연방식
② 고주파 절연방식
③ 무변압기 방식
④ 전류절연 방식

해설 회로방식의 특징
- 고주파 절연방식 : 소형·경량이고 회로가 복잡하다.
- 상용주파 절연방식 : 내뢰성과 내 노이즈성이 좋지만, 상용주파 변압기를 사용하므로 무게가 무겁다.
- 무변압기(트랜스리스) 방식 : 소형·경량이고 저렴하면서 신뢰성이 높으므로 가장 많이 사용되는 방식이다.

4. 파장이 546 nm인 광자의 에너지를 전자볼트(eV)로 환산했을 때 옳은 것은? (단, h는 4.136×10^{-15}, c는 2.99×10^{8}로 계산한다.)

① 2.27 eV ② 3.28 eV
③ 3.62 eV ④ 4.14 eV

해설 광자의 에너지$=\dfrac{h\times c}{\text{파장}}$

$$=\frac{(4.136\times10^{-15})\times(2.99\times10^{8})}{546\times10^{-9}}$$

$\fallingdotseq 2.265$ eV

5. 태양전지 제조과정 중 표면 조직화에 대한 설명 중 틀린 것은?

① 표면 조직화는 표면 반사손실을 줄이거나 입사경로를 증가시킬 목적이다.
② 표면 조직화는 광 흡수율을 높여 단락전류를 높이기 위함이다.
③ 태양전지의 표면을 피라미드 또는 요철구조로 형성화하는 방법이다.
④ 표면 조직화는 태양전지의 곡선인자 값을 향상시키게 된다.

정답 1. ③ 2. ④ 3. ② 4. ① 5. ④

해설 표면 조직화는 태양전지의 표면을 요철구조로 만들어 표면 반사손실을 줄여 광흡수율을 높이고, 단락전류(I_{sc})를 높인다. 따라서 충진율$=\dfrac{I_{mpp}\times V_{mpp}}{I_{sc}\times V_{oc}}$은 낮아진다.

6. 면적이 250 cm^2이고 변환효율이 20 %인 결정질 실리콘 태양전지의 표준조건에서의 출력은?

① 0.4 W ② 0.5 W
③ 4.0 W ④ 5.0 W

해설 출력=면적×1000 W/m^2× 변환효율
=0.0250×1000 W/m^2×0.2 = 5.0 W

7. 축전지 충전방식 중 자기방전 양만을 항상 충전하는 방식은?

① 보통충전 ② 급속충전
③ 부동충전 ④ 세류충전

해설 축전지의 충전방식
- 급속충전 : 평상전류의 2배로 급속충전하는 방식이다.
- 부동충전 : 충전지와 부하를 병렬로 연결한 상태로 방전된 만큼 충전하는 방식이다.
- 세류충전 : 자체방전을 보상하기 위해 일정한 방전전류로 충전하는 방식이다.

8. 결정계 실리콘 태양전지 모듈에서 표면온도와 발전출력의 일반적인 관계는?

① 표면온도가 높아지면 발전출력이 증가한다.
② 표면온도가 높아지면 발전출력이 감소한다.
③ 표면온도가 낮아지면 발전출력이 감소한다.
④ 표면온도가 낮아져도 발전출력에는 영향이 없다.

9. 다음 중 발전방식에 의한 이산화탄소 배출량으로 옳은 것은? (단, 생산규모 100 mW, 상정수명이 20년으로 가정한다.)

① 다결정 실리콘 : 40 ~ 45 g − CO_2 kWh
② 단결정 실리콘 : 60 ~ 80 g − CO_2 kWh
③ 아몰퍼스 실리콘 : 5 ~ 10 g − CO_2 kWh
④ 아몰퍼스 실리콘 : 100 ~ 150 g − CO_2 kWh

해설 이산화탄소 배출량
- 단결정 실리콘 : 10 ~ 20 g − CO_2 kWh
- 다결정 실리콘 : 40 ~ 45 g − CO_2 kWh
- 아몰퍼스 실리콘 : 1 ~ 3 g − CO_2 kWh

10. 계통 연계형 태양광발전시스템에서 축전지의 용량 산출 일반식으로 옳은 것은? (단, C : 축전지의 표시용량, K : 방전시간, I : 평균 방전전류, L : 보수율[수명말기의 용량 감소율]이다.)

① $C=K\dfrac{I}{L}$ ② $C=\dfrac{L}{I}$
③ $C=\dfrac{I}{KL}$ ④ $C=\dfrac{L}{KI}$

11. 다음 중 신·재생에너지의 분류에 해당되지 않는 것은?

① 태양열 ② 원자력발전
③ 바이오에너지 ④ 해양에너지

해설 원자력발전은 신·재생에너지에 포함되지 않는다.

12. 회로에서 입력전압이 24 V, 스위칭 주기가 50 μs, 듀티비 0.6, 부하저항 10 Ω 일 때 출력전압 V_o는 몇 V인가? (단, 인덕터의 전류는 일정하고, 커패시터의 C는 출력 전압의 리플 성분을 무시할 수 있을 정도로 매우 크다.)

정답 6. ④ 7. ④ 8. ② 9. ① 10. ① 11. ② 12. ③

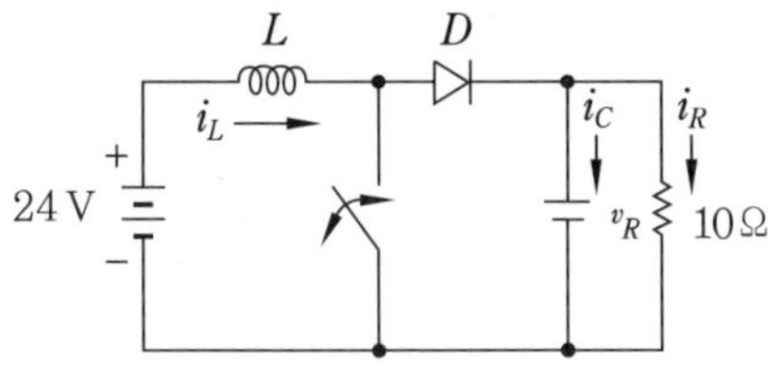

① 20 ② 40
③ 60 ④ 80

해설 스위치 on/off 시 $V_o = V_i\left(1+\frac{D}{1-D}\right)$

$= 24 \times \left(1+\frac{0.6}{1-0.6}\right) = 60\text{ V}$

13. P-N 접합 다이오드에 대한 설명 중 틀린 것은?

① 외부에서 바이어스를 가하지 않으면 확산전류와 드리프트 전류의 크기는 동일하다.
② N 영역의 전자는 드리프트에 의해 P 영역으로 이동한다.
③ P 영역의 정공은 확산에 의해 N 영역으로 이동한다.
④ 공핍층에서만 전기장이 존재한다.

해설 N 영역의 전자는 드리프트가 아닌 확산에 의해 P 영역으로 이동한다.

14. 태양광발전용 인버터의 회로방식으로 적당하지 않은 것은?

① 트랜스리스 방식
② 단권 변압기 절연방식
③ 고주파 변압기 절연방식
④ 상용주파 변압기 절연방식

해설 인버터의 회로방식 : 상용주파 변압기 절연방식, 고주파 변압기 절연방식, 트랜스리스 방식

15. 독립형 태양광발전 설비용 인버터에 필요한 조건 중 틀린 것은?

① 출력측 단락손상에 대한 보호
② 축전지 전압변동에 대한 내성
③ 교류측으로 직류의 역류 가능성
④ 급상승 전압보호

해설 독립형 태양광발전 인버터에서 교류측으로 직류가 유출되면 고조파가 발생되므로 직류유출 방지기능이 필요하다.

16. 다음 중 수직축 풍차가 아닌 것은?

① 사보니우스 풍차
② 프로펠러형 풍차
③ 크로스플로 풍차
④ 다리우스 풍차

해설 프로펠러형 풍차는 수평형 풍차이다.

17. 태양광발전시스템용 축전지로 사용되지 않는 것은?

① 니켈-카드뮴
② 니켈-수소
③ 리튬 이온
④ 망간

해설 태양광발전시스템용 축전지는 리튬, 니켈-수소, 니켈-카드뮴, 납축전지가 사용되며 망간전지는 1차 전지이다.

18. 인버터 데이터 중 모니터링 화면에 전송되는 것이 아닌 것은?

① 발전량
② 일사량, 온도
③ 입력전압, 전류, 전력
④ 출력전압, 전류, 전력

해설 인버터 데이터 중 모니터링 화면에 전송되는 것
- 발전량
- 인버터 입력 데이터 : 전압, 전류, 전력
- 인버터 출력 데이터 : 전압, 전류, 전력, 주파수, 누적발전량, 최대 출력량

정답 13. ② 14. ② 15. ③ 16. ② 17. ④ 18. ②

19. 축전지 설비의 설치기준에서 큐비클식 축전지 설비 이외의 발전설비와의 사이 이격거리(m)는?

① 0.5 m　　② 0.75 m
③ 1.0 m　　④ 2.0 m

해설 큐비클식 축전지 설비 이외의 발전설비와의 사이 이격거리는 1.0 m이다.

20. 태양전지의 특징에 대하여 설명한 내용 중 옳은 것을 [보기]에서 찾아 모두 나열한 것은?

보기
㉠ 태양전지가 전달하는 전력은 입사하는 빛의 세기에 따라 달라진다. ㉡ 태양전지로부터의 전류값은 부하저항에 따라 변하지 않는다. ㉢ 빛에 의한 전기화학적인 전위의 일시적인 변화로부터 기전력을 유도한다.

① ㉠　　② ㉠, ㉢
③ ㉠, ㉡　　④ ㉡, ㉢

해설 태양전지로부터의 전류값은 부하저항에 따라 변한다.

2과목 태양광발전 설계

21. 모니터링 시스템 주요 구성요소가 아닌 것은?

① 발전소 내 감시용 CCTV
② LOCAL 및 Web Monitoring
③ 기상관측장치
④ LBS

해설 LBS(Load Breaker Switch : 부하 개폐기)는 수·변전설비 구성요소이다.

22. 태양광발전 사업 허가기준에 대한 설명으로 맞지 않는 것은?

① 전기사업 수행에 필요한 재무능력 및 기술능력이 있을 것
② 전기사업이 계획대로 수행될 수 있을 것
③ 일정지역에 편중되어 전력계통의 운영에 지장을 초래해서는 안될 것
④ 태양광발전 사업 허가신청 시 환경영향 평가를 반드시 2회 받아야 될 것

해설 태양광발전 사업 허가기준
- 전기사업이 계획대로 수행될 수 있을 것
- 전기사업 수행에 필요한 재무능력 및 기술능력이 있을 것
- 일정지역에 편중되어 전력계통의 운영에 지장을 초래해서는 안될 것

23. 태양전지 간의 배선 또는 태양전지 모듈과 접속함, 파워컨디셔너 간의 배선이 갖추어야 될 특성으로 볼 수 없는 것은?

① 최대 내열온도 범위는 −40℃ ~ −90℃이다.
② 절연체 재질로는 XLPE, 외피에는 난연성 PVC를 사용한다.
③ 최소 곡률반경은 도선지름의 3 ~ 4배이다.
④ 회로의 단락전류에 견딜 수 있는 굵기의 케이블을 선정한다.

해설 최소 곡률반경은 도선지름의 6배이어야 한다.

24. 태양광발전설비를 뇌격으로부터 보호하기 위한 과전압 보호 장치(SPD) 설치 및 접지방식에 대한 다음 그림 중 가장 적절한 방식은?

정답 19. ③ 20. ② 21. ④ 22. ④ 23. ③ 24. ②

①

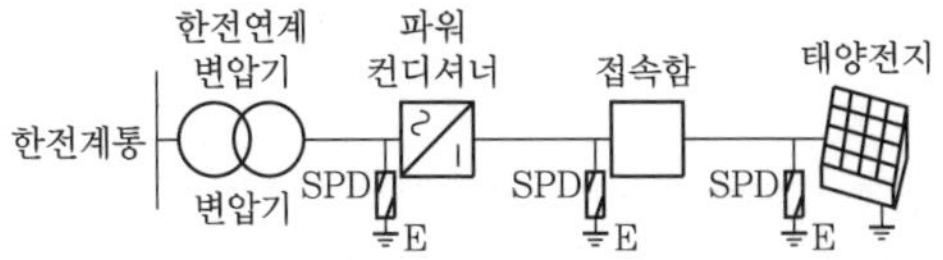

②

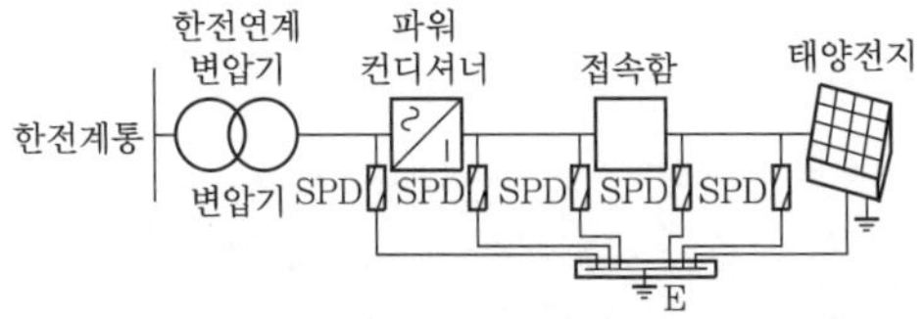

③

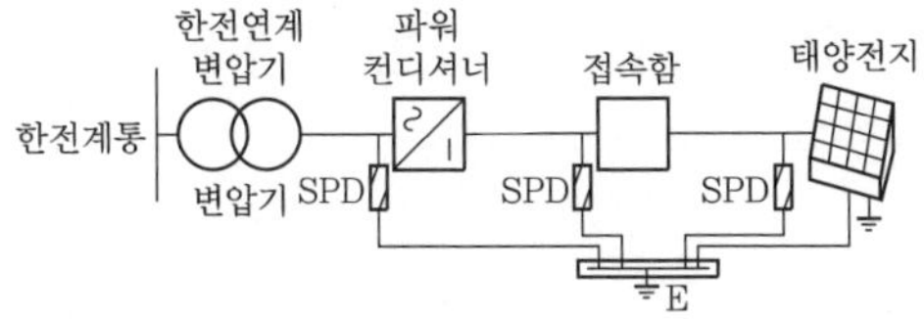

④

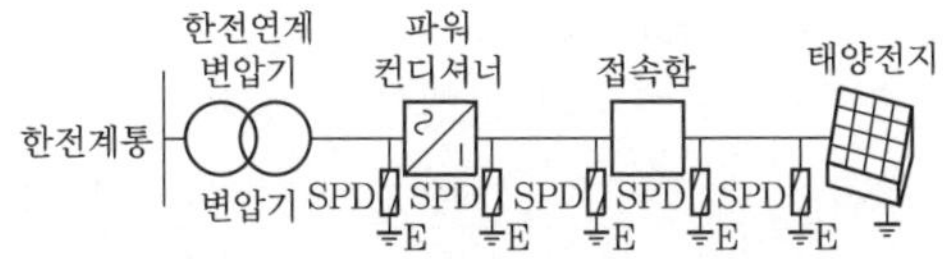

해설 SPD는 보호기기의 양단에 설치하고, 한곳에 모아서 접지한다.

25. 태양광발전설비 설치 시 반드시 필요한 설계도서에 해당되지 않는 것은?

① 배치도 ② 계획서
③ 시방서 ④ 평면도

해설 태양광발전설비 설치 시 반드시 필요한 설계도서에는 시방서, 배치도, 평면도, 설계도면, 현장 설명서, 공사 계약서, 내역서가 있다.

26. 피뢰 시스템의 보호 II 레벨의 회전구체 반경 r[m]의 최댓값은?

① 10 ② 20 ③ 30 ④ 45

해설 피뢰 시스템의 보호 II 레벨에서 회전구체의 반경은 30 m까지 보호할 수 있다.

27. 설계도서 적용 시 고려사항이 아닌 것은?

① 숫자로 나타낸 치수는 도면상 축척으로 잰 치수보다 우선한다.
② 특기 시방서는 당해 공사에 한하여 일반 시방서에 우선하여 적용한다.
③ 공사계약문서 상호간에 문제가 있을 때는 감리원에 의하여 최종적으로 결정한다.
④ 설계도면 및 시방서의 어느 한쪽에 기재되어 있는 것은 그 양쪽에 기재되어 있는 사항과 동일하게 다룬다.

해설 공사계약문서 상호간에 문제가 있을 때는 감리원의 의견을 참조하여 발주자가 최종적으로 결정한다.

2018년

28. 태양광 모듈 설치 시 태양을 향한 방향에 높이 5 m인 장애물이 있을 경우 장애물로부터 최소 이격거리(m)는? (단, 발전가능 한계시각에서의 태양의 고도각은 15°이다.)

① 약 8.2 m ② 약 10.5 m
③ 약 15.6 m ④ 약 18.7 m

해설 $\text{이격거리} = \dfrac{\text{높이}}{\tan\theta}$

$$= \frac{5}{\tan 15°} = \frac{5}{0.268} ≒ 18.7\,\text{m}$$

29. 가대 설계 시 적용하는 하중으로 가장 거리가 먼 것은?

① 적설하중 ② 우천하중
③ 지진하중 ④ 풍압하중

해설 가대 설계 시 하중 : 고정하중, 적설하중, 지진하중, 풍하중

정답 25. ② 26. ③ 27. ③ 28. ④ 29. ②

30. 다음의 [조건]에서 독립형 태양광발전시스템의 축전지 용량은?

조건
• 1일 적산 부하량 : 3.0 kWh • 일조가 없는 날 : 10일 • 보수율 : 0.8 • 축전지 공칭전압 : 2 V • 축전지 직렬연결 개수 : 48장 • 방전심도 : 65 %

① 601 ② 751 ③ 941 ④451

해설 축전지의 용량

$$= \frac{\text{1일 적산 부하량} \times \text{불일조일수}}{\text{보수율} \times \text{축전지 직렬개수} \times \text{축전지 공칭전압} \times \text{방전심도}}$$

$$= \frac{3000 \times 10}{0.8 \times 48 \times 2 \times 0.65} \fallingdotseq 601$$

31. 태양광발전시스템과 전력계통선의 연계를 위한 송·수전설비에서 중요한 송전용 변압기의 용량 산정에 고려사항이 아닌 것은 어느 것인가?

① DC 케이블의 굵기 선정
② 변압기 효율과 부하율의 관계
③ 변압기 뱅크방식에 따른 송전방식
④ 적정 변압기의 결선방식 선정

해설 송·수전설비 송전용 변압기의 용량 산정 시 고려사항
• 변압기 효율과 부하율의 관계
• 변압기 뱅크방식에 따른 송전방식
• 적정 변압기의 결선방식 선정

32. 태양전지의 기초 종류와 목적이 올바르게 설명된 것은?

① 말뚝기초 : 철탑 등의 기초에 자주 사용
② 직접기초 : 지지층이 얕은 경우 사용
③ 연속기초 : 하천 내의 교량 등에 사용
④ 주춧돌 기초 : 지지층이 깊을 경우 사용

해설 말뚝, 연속, 주춧돌 기초는 지지층이 깊을 경우에 사용한다.

33. 유리계면에 태양광에너지가 60°로 입사될 경우 태양광에너지의 반사율은 얼마인가? (단, 굴절률은 공기 : 1, 유리 : 1.526 이다.)

① 0.063 ② 0.073
③ 0.083 ④ 0.093

해설 굴절률에 따른 반사각

$$= \theta_2 = \sin^{-1}\left(\frac{n_1}{n_2}\right) \times \sin 60°$$

$$= \sin^{-1}(0.5675) \fallingdotseq 34.578°$$

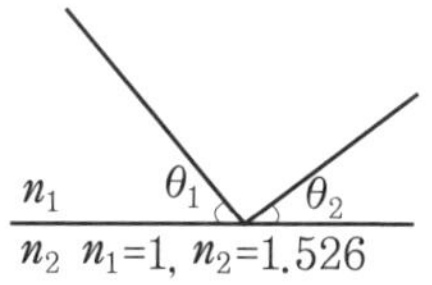

㉠ 유리계면과 평행한 반사율

$$R_1 = \frac{\tan^2(\theta_1 - \theta_2)}{\tan^2(\theta_1 + \theta_2)} = \frac{\tan^2(60 - 34.578)}{\tan^2(60 + 34.578)}$$

$$\fallingdotseq 0.001488$$

㉡ 유리계면과 수직한 반사율

$$R_2 = \frac{\sin^2(\theta_1 - \theta_2)}{\sin^2(\theta_1 + \theta_2)} = \frac{\sin^2(60 - 34.578)}{\sin^2(60 + 34.578)} \fallingdotseq 0.185$$

태양광에너지의 반사율

$$R = \frac{R_1 + R_2}{2} = \frac{0.001488 + 0.185}{2} \fallingdotseq 0.0932$$

34. 에어매스(Air Mass)의 뜻으로 옳은 것은 어느 것인가?

① 지구대기에 입사한 태양광의 입사각도
② 지구대기에 입사한 태양광과 대기분포의 비
③ 지구대기에 임의의 측정위치에서의 지구대기질량

정답 ● 30. ① 31. ① 32. ② 33. ④ 34. ④

④ 지구대기에 입사한 태양광이 통과한 대기노정의 길이

해설 AM : 입사 태양광선이 지구대기를 통과하여 도달하는 경로의 길이

35. 다음 중 수직하중에 해당하지 않는 것은 어느 것인가?

① 적설하중 ② 고정하중
③ 활하중 ④ 풍하중

해설 • 수직하중 : 고정하중, 적설하중, 활하중
• 수평하중 : 풍하중, 지진하중

36. 적설량이 많은 지역에서의 태양전지 어레이의 설계 경사각으로 가장 적절한 각은?

① 5° ② 15°
③ 45° ④ 90°

해설 적설량이 많은 지역에서의 태양전지 어레이의 설계 경사각으로 가장 적절한 각은 45°이다.

37. 태양광발전 사업추진 절차내용과 관련 기관이 틀린 것은?

① 사용 전 검사 – 한국전력공사
② 대상설비 확인 – 공급인증기관
③ 전력수급계약 체결 – 전력거래소
④ 사업개시 신고 – 산업통상자원부장관

해설 사용 전 검사는 한국전기안전공사에서 시행한다.

38. 어레이 설계 시 어레이 구조결정의 기술적 측면에서의 고려사항으로 틀린 것은?

① 구조 안정성
② 환경영향 평가 검토
③ 풍속, 풍압, 지진 고려
④ 건축물과의 결합(기초)방법 결정

해설 어레이 설계 시 어레이 구조결정의 기술적 측면에서의 고려사항
• 구조 안정성
• 풍속, 풍압, 지진 고려
• 내진, 건축물과의 결합(기초)방법 결정

39. 태양광발전설비 부지를 선정할 때 틀린 것은?

① 일조량이 많아야 한다.
② 일조시간이 길어야 한다.
③ 적설량이 적어야 한다.
④ 음영이 많아야 한다.

해설 음영이 없어야 한다.

40. 연차별 총 비용 대비 연차별 총 편익의 비를 토대로 사업의 타당성을 판단하는 경제성 분석모형은?

① 순 현재가치법
② 비용 편익비 분석
③ 내부 수익률
④ 자본 회수 기간법

해설 비용 편익비 분석 : 연차별 총 비용 대비 연차별 총 편익의 비를 계산하여 1보다 크면 경제성이 있다고 판정하는 방법

3과목 태양광발전 시공

41. 변압기의 Y–Y 결선방식의 특징이 아닌 것은?

① 기전력 파형은 제3고조파를 포함한 왜형파가 된다.
② 중성점을 접지할 수 있으므로 단절연 방식을 채택할 수 있다.
③ 상전압은 선간전압의 $\frac{1}{\sqrt{3}}$이 되어 고전압의 결선에 적용된다.

정답 35. ④ 36. ③ 37. ① 38. ② 39. ④ 40. ② 41. ②

④ 변압비, 임피던스가 서로 틀려도 순환 전류가 흐르지 않는다.

해설 중성점을 접지할 수 있으므로 단절연 방식을 채택할 수 없다.

42. 지붕에 설치하는 태양광발전 형태로 볼 수 있는 것은?

① 창재형 ② 차양형
③ 난간형 ④ 톱 라이트형

해설 지붕 설치형 : 경사 지붕형, 평지붕형, 지붕 건재형, 톱 라이트형

43. 공사업자가 감리원에게 제출하는 시공 계획서에 포함되지 않는 것은?

① 시공기준 내역서
② 세부 공정표
③ 주요 장비동원계획
④ 주요 기자재 및 인력투입계획

해설 시공 계획서 포함사항 : 현장 조직표, 공사 세부 공정표, 시공일정, 주요 장비동원계획, 주요 기자재 및 인력투입계획

44. 감리업자는 감리용역 착수 시 착수 신고서를 제출하여 발주자의 승인을 받아야 한다. 착수 신고서에 포함되지 않는 서류는?

① 공사예정 공정표
② 감리비 산출 내역서
③ 감리 업무 수행 계획서
④ 상주, 비상주감리원 배치 계획서

해설 착수 신고서 포함 서류
- 감리 업무 수행 계획서
- 감리비 산출 내역서
- 상주, 비상주감리원 배치 계획서와 감리원 경력 확인서
- 감리원 조직 구성내용과 감리원 투입기간 및 담당업무

45. 서지보호를 위해 SPD 설치 시 접속도체의 길이는 몇 m 이하로 하여야 하는가?

① 0.3 ② 0.5
③ 0.8 ④ 1.0

해설 SPD의 길이는 되도록 짧게, 도체의 길이는 0.5 m 이하가 되도록 하여야 한다.

46. 송전선로의 선로정수가 아닌 것은?

① 저항 ② 정전용량
③ 리액턴스 ④ 누설 컨덕턴스

해설 송전선로의 선로정수 : 저항, 인덕턴스, 정전용량, 누설 컨덕턴스

47. 접지극으로 사용 가능한 규격으로 적합하지 않은 것은?

① 동판을 사용하는 경우는 두께 0.6 mm 이상, 면적 800 cm^2 편면 이상의 것
② 동봉, 동피복강봉을 사용하는 경우는 지름 8 mm 이상, 길이 0.9 m 이상의 것
③ 탄소피복강봉을 사용하는 경우는 지름 8 mm 이상의 강심이고, 길이 0.9 m 이상의 것
④ 동복강판을 사용하는 경우는 두께 1.6 mm 이상, 길이 0.9 m 이상, 면적 250 cm^2 편면 이상의 것

해설 접지극 규격

종류	규격
동판	두께 0.7 mm 이상, 면적 900 cm^2 (한쪽 면) 이상
동봉, 동피복강봉	지름 8 mm 이상, 길이 0.9 m 이상
아연도금 가스철관, 후강전선관	외경 25 mm 이상, 길이 0.9 m 이상
아연도금 철봉	직경 12 mm 이상, 길이 0.9 m 이상

정답 42. ④ 43. ① 44. ① 45. ② 46. ③ 47. ①

동복강판	두께 1.6 mm 이상, 길이 0.9 m 이상, 면적 250 cm^2 (한쪽 면) 이상
탄소피복강봉	지름 8 mm 이상(강심), 길이 0.9 m 이상

48. 태양광전지 모듈과 접속함 간의 배선 공사를 금속 덕트로 시공할 경우 금속 덕트에 넣은 전선 단면적의 합계는 덕트 내부 단면적의 몇 % 이하로 하여야 하는가? (단, 전선의 단면적은 절연피복을 포함한다.)

① 20 ② 30 ③ 40 ④ 50

49. 접지공사 시공방법에 관한 설명으로 가장 옳지 않은 것은?

① 제3종 접지공사는 접지저항 값을 100Ω 이하로 한다.
② 제1종 및 특별 제3종 접지공사는 접지저항 값을 10Ω 이하로 한다.
③ 태양전지에서 인버터까지의 직류전로(어레이 주 회로)에는 특별 제3종 접지공사를 한다.
④ 제2종 접지공사는 변압기의 고압측 혹은 특별 고압측 전로의 1선 지락전류의 암페어 수로 150을 나눈 값과 같은 접지저항 값 이하로 한다.

해설 태양전지 어레이에서 인버터까지의 직류전로는 원칙적으로 접지공사를 하지 않는다.

50. 태양광발전시스템 시공 시 원칙적인 안전대책이 아닌 것은?

① 절연장갑을 사용한다.
② 절연처리된 공구를 사용한다.
③ 작업 전 태양전지 모듈 표면에 차광막을 씌워 태양전지의 출력을 막는다.
④ 강우 시 안전에 유의하면서 작업을 진행한다.

해설 강우 시에는 안전을 위해 작업을 하지 않는다.

51. 설계감리원의 설계도면 적정성 검토사항으로 옳지 않은 것은?

① 도면 작성의 법률적 근거를 제시하였는지의 여부
② 설계 입력 자료가 도면에 맞게 표시되었는지의 여부
③ 설계 결과물(도면)이 입력 자료와 비교해서 합리적으로 표시되었는지의 여부
④ 도면이 적정하게, 해석 가능하게, 실시 가능하며 지속성 있게 표현되었는지의 여부

해설 '도면 작성의 법률적 근거를 제시하였는지의 여부'는 검토사항이 아니다.

52. 태양광전지의 사용 전 검사의 세부내용이 아닌 것은?

① 외관검사
② 어레이 접지상태 확인
③ 전지 전기적 특성시험
④ 제어회로 및 경보시험

해설 제어회로 및 경보시험은 인버터 검사에 해당한다.

53. 태양전지 모듈의 배선이 끝나고 전기와 관련된 검사항목이 아닌 것은?

① 극성확인 ② 전압확인
③ 주파수 확인 ④ 단락전류 확인

해설 태양전지 모듈은 직류이므로 주파수는 관련이 없는 사항이다.

정답 48. ① 49. ③ 50. ④ 51. ① 52. ④ 53. ③

54. 접속반 설치공사 중 고려사항이 아닌 것은?

① 접속함 설치위치는 어레이 근처가 적합하다.

② 외함의 재질은 가급적 SUS304 재질로 제작 설치한다.

③ 접속함은 풍압 및 설계하중에 견디고, 방수, 방부형으로 제작한다.

④ 역류방지용 다이오드의 용량은 모듈 단락전류의 4배 이상으로 한다.

해설 역류방지용 다이오드의 용량은 모듈 단락전류의 2배 이상으로 한다.

55. 건축물에 태양광발전 설치방식 중 개구부의 블라인드 기능을 보유하고, 건축의 디자인을 손상시키지 않고 설치할 수 있는 방식은?

① 창재형　② 차양형
③ 난간형　④ 루버형

56. 감리원은 공사업자 등이 제출한 시설물의 유지관리지침 자료를 검토하여 공사 준공 후 며칠 이내에 발주자에게 제출하여야 하는가?

① 7일　② 14일　③ 20일　④ 30일

57. 태양광발전시스템의 시공 절차 중 간선공사 순서가 올바른 것은?

① 모듈 → 어레이 → 접속반 → 인버터 → 계통간 간선

② 모듈 → 인버터 → 어레이 → 접속반 → 계통간 간선

③ 어레이 → 모듈 → 인버터 → 접속반 → 계통간 간선

④ 모듈 → 인버터 → 접속반 → 어레이 → 계통간 간선

58. 전압변동에 의한 플리커 현상의 경감대책에 대한 설명으로 옳지 않은 것은?

① 전원계통에 리액터분을 보상하는 방법은 직렬 콘덴서 방식이다.

② 전압강하를 보상하는 방법은 상호보상 리액터 방식이다.

③ 부하와 무효전력 변동분을 흡수하는 방식은 사이리스터 이용 콘덴서 개폐 방식이 있다.

④ 플리커 부하전류의 변동분을 억제하는 방식은 병렬 리액터 방식이 있다.

해설 플리커 현상의 경감대책 : 직렬 리액터 설치나 상호보상 방식, 직렬 콘덴서 설치

59. 특기 시방서에 대한 설명으로 알맞은 것은?

① 일반적인 기술사항을 규정한 시방서

② 특정 공사를 위해 일반사항을 규정한 시방서

③ 공사 전반에 걸쳐 기술적인 사항을 규정한 시방서

④ 특정 자재의 종류, 유형, 치수, 설치 방법, 시험 및 검사항목 등을 명시한 시방서

해설 특기 시방서 : 공사의 특징에 따라 시방서의 적용범위, 시공 전반에 걸친 전문 분야에 대한 기술 등을 기록한 시방서

60. 화재 발생 시 다른 설비로 불길 확산방지를 위한 방화구획 관통부의 처리방법 중 배선을 옥외에서 옥내로 끌어들인 관통부분 처리방법에서 관통부분의 충전재 등이 가져야 할 성질은 무엇인가?

① 내열성, 냉방성　② 가요성, 내후성
③ 난연성, 내후성　④ 난연성, 내열성

정답 54. ④　55. ④　56. ②　57. ①　58. ④　59. ④　60. ④

해설 방화구획 관통부분 처리재료는 난연성, 내열성을 갖추어야 한다.

4과목 태양광발전 운영

61. 전기설비의 운전·조작에 관한 설명으로 틀린 것은?

① 전기안전관리자는 비상재해 발생 시를 대비하여 비상 연락망을 구축한다.
② 전기안전관리자는 전기설비의 운전·조작 또는 이에 대한 업무를 수행하여야 한다.
③ 전기안전관리자는 전기설비의 운전·조작 또는 이에 대한 업무를 감독하여야 한다.
④ 전기안전관리자가 부재 등의 사유로 전기설비의 운전·조작을 할 수 없을 경우 안전관리 교육을 받은 자 중 1명을 지정할 수 있다.

해설 전기안전관리자는 전기설비의 운전·조작 또는 이에 대한 업무를 감독하여야 한다.

62. 인버터 입출력회로의 절연저항 측정 시 주의사항에 관한 설명 중 틀린 것은?

① 트랜스리스 인버터의 경우는 제조업자가 추천하는 방법에 따라 측정한다.
② 측정할 때 서지 업서버 등 정격에 약한 회로들은 회로에서 분리시킨다.
③ 입출력 단자에 주 회로 이외의 제어단자 등이 있는 경우에는 이것을 포함해서 측정한다.
④ 정격전압이 입출력과 다를 때는 낮은 측의 전압을 절연 저항계의 선택기준으로 한다.

해설 정격전압이 입출력과 다를 때는 높은 측의 전압을 절연 저항계의 선택기준으로 한다.

63. 태양광발전시스템의 청소 시 유의사항으로 틀린 것은?

① 절연물은 충전부 간을 가로지르는 방향으로 청소한다.
② 문, 커버 등을 열기 전에 주변의 먼지나 이물질을 제거한다.
③ 청소걸레는 마른걸레를 사용하되, 걸레를 사용하는 경우 산성을 사용한다.
④ 컴프레서를 이용하여 공압을 사용하는 진공청소기를 이용한 흡입방식을 사용하고, 토출방식은 공기의 압력에 유의한다.

해설 산성인 경우는 모듈을 부식시킬 우려가 있으므로 중성 세제를 사용한다.

64. 태양광 어레이 회로의 전로 사용전압이 150 V 초과 300 V 이하인 경우 절연저항 값은 몇 MΩ 이상이어야 하는가?

① 0.1 ② 0.2
③ 0.3 ④ 0.4

65. 정기점검에 따른 배전반 점검항목이 아닌 것은?

① 가스 압력계
② 리미터 스위치
③ 명판과 표시물
④ 제어회로 단자부

해설 배전반에는 가스 압력계가 없다.

66. 송전설비 보수점검 작업 시 점검 전 유의사항이 아닌 것은?

정답 61. ② 62. ④ 63. ③ 64. ② 65. ① 66. ③

① 무전압 상태 확인
② 차단기 1차측의 통전 유무 확인
③ 점검 시 안전을 위하여 접지선을 제거
④ 작업 주변의 정리, 설비 및 기계의 안전 확인

해설 접지선의 제거는 작업 종료 후의 조치사항이다.

67. 일상점검 시 축전지의 육안점검 항목으로 틀린 것은?

① 통풍 ② 변형
③ 팽창 ④ 변색

해설 축전지의 육안점검 항목 : 외관점검, 변형, 변색, 팽창 유무

68. 다음 [보기]의 ( ) 안에 들어갈 내용으로 가장 옳은 것은?

보기
전기사업의 허가기준(제4조) 중 '대통령령으로 정하는 공급능력'이란 해당 특정한 공급구역 전력수요의 ( ) % 이상의 공급능력을 말한다.

① 30 ② 40
③ 50 ④ 60

69. 성능평가를 위한 측정요소에서 신뢰성 평가·분석 항목 중 시스템 트러블에 해당하지 않는 것은?

① 직류지락
② 인버터 정지
③ 계통지락
④ 컴퓨터 전원의 차단

해설 신뢰성 평가·분석의 시스템 트러블 : 인버터 정지, 직류지락, 계통지락, 원인불명

70. 다음 그림에서 태양광 어레이의 각 스트링의 개방전압 측정방법으로 틀린 것은?

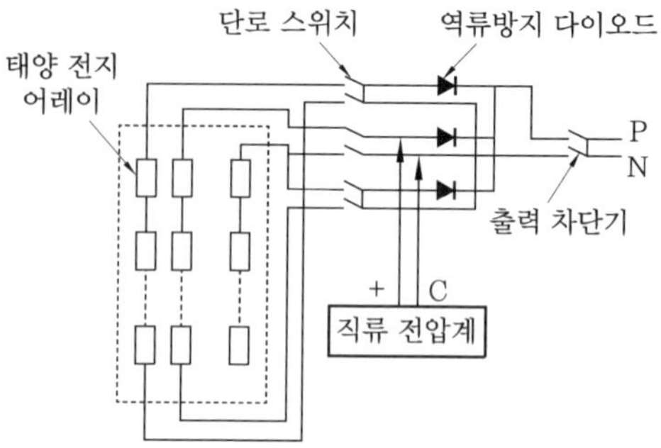

① 접속함의 출력 개폐기를 off 한다.
② 각 모듈이 음영에 영향을 받지 않는지 확인한다.
③ 접속함의 각 스트링 단로 스위치를 모두 off 한다.
④ 측정을 시행하는 스트링의 단로 스위치만 off 한다.

해설 접속함의 각 스트링 단로 스위치를 모두 off 한 뒤에 측정을 시행하는 스트링의 단로 스위치만 on 한다.

71. 다음 ( ) 안에 들어갈 절연저항 값은 얼마인가?

전로의 사용전압 구분		절연저항
400 V 미만	대지전압(접지식 전로는 대지간의 전압, 비접지식 전로는 전선간의 전압을 말한다.) 이하인 경우	0.1 MΩ 이상
	대지전압이 150 V 초과 300 V 이하인 경우(전압측 전선과 중심선 또는 대지간의 절연저항)	0.2 MΩ 이상
400 V 이상		( ) MΩ 이상

① 0.3　　② 0.4
③ 0.5　　④ 0.6

72. **검출기로 검출된 데이터를 컴퓨터 및 먼 거리에 설치한 표시장치에 전송하는 경우에 사용하는 기기는?**

① 일사량계
② 연산장치
③ 기억장치
④ 신호 변환기

73. **동일한 일사량 조건 하에서 태양광 모듈 온도가 상승할 경우 나타나는 현상으로 옳은 것은?**

① 개방단 전압(V_{oc})과 단락전류(I_{sc}) 모두 증가하여 최대출력 증가
② 개방단 전압(V_{oc})과 단락전류(I_{sc}) 모두 감소하여 최대출력 감소
③ 개방단 전압(V_{oc})은 증가하고, 단락전류(I_{sc})는 감소하여 최대출력 증가
④ 개방단 전압(V_{oc})은 감소하고, 단락전류(I_{sc})는 소폭 증가하여 최대출력 감소

해설 태양광 모듈 온도가 상승할 때 개방단 전압은 감소, 단락전류는 소폭 증가하여 최대출력이 감소한다.

74. **태양광 모듈의 온도 사이클 시험, 습도－동결시험, 고온고습시험을 하기 위한 환경 챔버는?**

① 염수분무장치
② UV시험장치
③ 항온항습장치
④ 우박시험장치

해설 항온항습장치 : 태양광 모듈의 온도 사이클 시험, 습도－동결시험, 고온고습시험 등을 시험하는 장치

75. **태양광발전설비 유지보수관리에 필요한 전기안전관리의 점검횟수 및 점검간격에 대한 기준으로 틀린 것은?**

① 설비용량 300 kW 이하, 월 1회, 점검간격 20일 이상
② 설비용량 300 kW 초과 ~ 500 kW 이하, 월 2회, 점검간격 10일 이상
③ 설비용량 500 kW 초과 ~ 700 kW 이하, 월 3회, 점검간격 7일 이상
④ 설비용량 1500 kW 초과 ~ 2000 kW 이하, 월 5회, 점검간격 5일 이상

해설 전기안전관리

용량		점검 횟수	점검 간격
저압	1 ~ 300 kW 이하	월 1회	20일 이상
	300 kW 초과	월 2회	10일 이상
고압	1 ~ 300 kW 이하	월 1회	20일 이상
	300 kW 초과 ~ 500 kW 이하	월 2회	10일 이상
	500 kW 초과 ~ 700 kW 이하	월 3회	7일 이상
	700 kW 초과 ~ 1500 kW 이하	월 4회	5일 이상
	1500 kW 초과 ~ 2000 kW 이하	월 5회	4일 이상
	2000 kW 초과 ~ 2500 kW 이하	월 6회	3일 이상

76. **충전부 작업 중에 접지면을 절연시켜 인체가 통전경로가 되지 않도록 하기 위해 사용하는 고무판의 사용범위가 아닌 것은?**

① 절연내력시험 시
② 노출 충전부가 있는 배전반 및 스위치 조작 시

정답 ● 72. ④　73. ④　74. ③　75. ④　76. ③

③ 정지된 회전기의 정류자면, 브러시면을 점검, 조정 작업 시
④ 배전반 내에서 계전기, 모선 등의 점검, 보수작업 시

해설 정지된 회전기의 정류자면, 브러시면을 점검하거나 조정 작업은 인체감전용 고무판의 사용범위가 아니다.

77. 소형 태양광 인버터의 교류전압, 주파수, 주파수 추종범위 시험에 대한 설명으로 가장 옳은 것은?

① 출력역률이 0.98이다.
② 각 차수별 왜형률은 3% 이내이다.
③ 출력전류의 종합 왜형률은 3% 이내이다.
④ 59.5 Hz와 60.5 Hz에서 교류 출력전력, 전류 왜형률, 역률 등을 측정한다.

해설 각 차수별 왜형률은 3% 이내이고, 출력전류의 종합 왜형률은 5% 이내이다.

78. 안전장비의 정기점검관리 보관요령으로 틀린 것은?

① 세척한 후에 그늘진 곳에 보관할 것
② 청결하고 습기가 없는 장소에 보관할 것
③ 보호구 사용 후에는 세척하여 항상 깨끗이 보관할 것
④ 한 달에 한 번 이상 책임 있는 감독자가 점검을 할 것

해설 세척한 후에는 건조시켜서 보관할 것

79. 성능평가를 위한 측정요소 중 설치가격 평가방법으로 가장 옳은 것은?

① 설치시설의 분류
② 설치시설의 지역
③ 설치각도와 방위
④ 인버터 설치단가

해설 설치가격 평가방법 : 시스템 설치단가, 태양전지 설치단가, 인버터 설치단가, 어레이 가대 설치단가, 기초공사 단가, 계측표시장치 단가

80. 송전설비 정기점검에 대한 설명 중 틀린 것은?

① 무전압상태에서 필요에 따라서는 기기를 분해하여 점검한다.
② 원칙적으로 정전시키고 무전압상태에서 기기의 이상상태를 점검한다.
③ 이상상태를 발견한 경우에는 배전반의 문을 열고 이상 정도를 확인한다.
④ 배전반의 기능을 확인하고 유지하기 위한 계획을 수립하여 점검하는 것이다.

해설 정기점검은 정전시키고 무전압상태에서 실시하는 점검이다.
* ③의 내용은 태양광발전시스템의 점검 중 일상점검에 관한 내용이다.

정답 77. ② 78. ① 79. ④ 80. ③

2019 년도 출제문제(1회차) 및 해설

신재생에너지(태양광) 발전설비기사

1과목 태양광발전 이론(기획)

1. 축전지 설계 시 유의해야 할 사항으로 틀린 것은?

① 가급적 자기 방전율이 높은 축전지를 선정한다.
② 축전지 직렬개수는 태양광발전 전지에서도 충전 가능한지 검토하여야 한다.
③ 축전지의 전압이 인버터 입력전압 범위에 포함되는지 확인하여 선정한다.
④ 방재 대응형에는 재해로 인한 정전 시에 태양광발전 전지에서 충전을 하기 위한 충전 전력량과 축전지 용량을 매칭할 필요가 있다.

해설 가급적 자기 방전율이 낮은 축전지를 선정한다.

2. 태양광발전 인버터에서 태양광발전 전지의 동작점을 항상 최대가 되도록 하는 기능은?

① 단독운전 방지기능
② 자동전압 조정기능
③ 자동운전 정지기능
④ 최대전력 추종제어기능

해설 태양광발전 인버터에서 태양광발전 전지의 동작점을 항상 최대가 되도록 하는 기능은 최대전력 추종제어기능(MPPT)이다.

3. 태양광발전 모듈의 I−V 특성곡선에서 일사량에 따라 가장 많이 변화하는 것은?

① 전압　② 전류
③ 저항　④ 커패시턴스

해설 일사량이 증가하면 모듈의 전류 또한 증가한다.

4. 태양광발전시스템에서 지락 발생 시 누전차단기로 보호할 수 없는 경우가 발생하는 이유는?

① 지락전류에 직류성분이 포함되어 있기 때문에
② 인버터 출력이 직접 계통에 접속되기 때문에
③ 태양광발전 전지와 계통측이 절연되어 있지 않기 때문에
④ 태양광발전 전지에서 발생하는 지락전류의 크기가 매우 크기 때문에

해설 지락이 발생하면 인버터의 교류측에 설치된 영상 변류기가 지락 직류전류를 검출하지 못하기 때문이다.

5. 풍력발전기가 바람의 방향을 향하도록 블레이드의 방향을 조절하는 것은?

① yaw control　② pitch control
③ passive control　④ active control

해설 yaw control : 바람의 방향을 향하도록 블레이드의 방향을 제어하는 장치

6. 태양광발전 어레이와 인버터 사이에 위치하는 접속함에 설치되는 소자가 아닌 것은?

① 피뢰소자　② 역류방지 소자
③ 직류출력 개폐기　④ 바이패스 소자

정답 1. ①　2. ④　3. ②　4. ①　5. ①　6. ④

해설 바이패스 소자는 모듈(어레이) 뒷면에 설치한다.

7. **트랜스리스 방식의 인버터를 선정할 경우 특히 주의해야 할 점은?**

① 계통연계 보호 장치
② 연계하는 계통의 전압과 결선방식
③ 태양광발전 모듈의 출력 특성 분석
④ 계통의 전압, 주파수, 상수 특성 분석

해설 트랜스리스 방식은 변압기를 사용하지 않으므로 연계계통의 전압 및 결선방식에 주의해야 한다.

8. **투명유리 위에 코팅된 투명전극과 그 위에 접착되어 있는 TiO_2 나노입자와 전해액으로 구성된 태양전지는?**

① 박막형　② 결정질 실리콘
③ 단결정 실리콘　④ 염료 감응형

해설 염료전지 : 유기염료와 나노기술을 이용하여 고도의 효율을 갖도록 개발한 태양전지

9. **서로 다른 두 종류의 금속을 접촉하여 두 접점에 온도를 다르게 하면 온도차에 의해서 열기전력이 발생하고 미소한 전류가 흐르는 현상은?**

① 홀(hall) 효과
② 펠티에(Peltier) 효과
③ 제벡(Seebeck) 효과
④ 광도전 효과

해설 제벡 효과 : 서로 다른 2개의 금속도체를 접속하여 온도차로 기전력을 얻는 열전효과

10. **어떤 회로에 $E=200+j50$[V]인 전압을 가했을 때 $I=5+j5$[A]의 전류가 흘렀다면 이 회로의 임피던스는 몇 Ω인가?**

① $15+j10$　② $25-j15$
③ $70+j30$　④ ∞

해설 임피던스 $Z=\frac{\text{전압}}{\text{전류}}=\frac{200+j50}{5+j5}$

$=\frac{(200+j50)}{(5+j5)(5-j5)}=\frac{1250-j750}{50}$

$=25-j15$

11. **태양광 도가니 인발공정(Czochraski 공정)을 거쳐서 생산되는 태양광발전 전지는?**

① 염료　② 다결정 실리콘
③ 단결정 실리콘　④ 비정질 실리콘

해설 인발공정(Czochraski 공정) : 단결정 실리콘 전지의 초기 제조공정 중의 하나이다.

12. **이상적인 변압기에 대한 설명으로 옳은 것은?**

① 단자 전류의 비는 권수비와 같다.
② 단자 전압의 비는 코일의 권수비와 같다.
③ 1차측 복소전력은 2차측 부하의 복소전력과 같다.
④ 1차측에서 본 전체 임피던스는 부하 임피던스에 권수비 자승의 역수를 곱한 것과 같다.

해설 변압기의 권수비에 따른 1차 및 2차 전압, 전류의 관계

$\frac{N_2}{N_1}=\frac{V_2}{V_1}=\frac{I_1}{I_2}$

13. **태양광발전 모듈의 특성치가 다음 [보기]와 같다. 모듈의 변환효율은 약 몇 %인가?**

보기	
• V_{oc} : 45.10V,	• I_{sc}: 8.57A,
• V_{mpp}: 35.70V,	• I_{mpp}: 8.27A,
• 사이즈 : 1956×992×40 mm	

① 14.1　② 14.7　③ 15.2　④ 16.5

정답 7. ② 8. ④ 9. ③ 10. ② 11. ③ 12. ② 13. ③

해설 변환효율 $= \frac{P_{max}}{A \times E} \times 100\ \%$

$$= \frac{35.70 \times 8.27}{1.956 \times 0.992 \times 1000} \times 100\ \% \fallingdotseq 15.2\ \%$$

14. 태양광발전 전지에서 직렬저항이 발생하는 원인이 아닌 것은?

① 전면 및 후면 금속전극의 저항
② 태양광발전 전지 내의 누설전류
③ 금속전극과 에미터, 베이스 사이의 접촉저항
④ 태양광발전 전지의 에미터와 베이스를 통한 전류흐름

해설 태양광발전 전지에서 직렬저항이 발생하는 원인
- 표면층의 면저항
- 금속전극의 자체저항
- 기판 자체저항
- 전지의 앞, 뒷면 금속 접촉저항

15. P-N 접합 다이오드에 역방향 바이어스 전압을 인가했을 때 접합면 주변에서 발생하는 물리적 특성에 해당하지 않는 것은?

① 전계가 강해진다.
② 접합 커패시턴스가 커진다.
③ 전위장벽이 높아진다.
④ 공간전하 영역의 폭이 넓어진다.

해설 P-N 접합에 역 바이어스가 가해진 때의 특성
- 공핍층(영역)이 넓어진다.
- 전위장벽이 높아진다.
- 접합용량이 작아진다.

16. 태양광발전 모듈을 구성하는 직렬 셀에 음영이 생길 경우 발생하는 출력저하 및 발열을 억제하기 위해 설치하는 소자는?

① 정류 다이오드
② 바이패스 다이오드
③ 역전류 방지 퓨즈
④ 역전류 방지 다이오드

해설 바이패스 다이오드 : 모듈을 구성하는 직렬 셀에 음영이 생길 경우 발생하는 출력저하 및 발열을 억제하기 위해 설치하는 소자

17. 태양광 과부하 또는 단락이 발생하면 계통으로부터 태양광발전시스템을 자동으로 차단시키는 과전류 보호 장치는?

① 누전 차단기
② 스트링 퓨즈
③ 배선용 차단기
④ 바이패스 다이오드

해설 배선용 차단기(MCCB) : 태양광발전시스템에서 단락이 발생하면 계통으로부터 자동으로 차단시키는 과전류 보호 장치

18. 연료전지의 특징에 대한 설명 중 틀린 것은?

① 도심지역에 설치운영이 가능하다.
② 기계적 에너지 변환과정에서 소음이 발생한다.
③ 다양한 발전용량에 맞게 제작이 가능하다.
④ 석탄가스, LNG, 메탄올 등 연료의 다양화가 가능하다.

해설 연료전지는 소음이 발생하지 않는다.

19. 태양광 지표면에서 태양을 올려보는 각(angle)이 30°인 경우에 AM(Air Mass) 값은?

① 0.5　② 1　③ 1.5　④ 2

해설 AM(Air Mass)
AM 1 : 90°, AM 1.5 : 41.8°, AM 2 : 30°

2019년

정답 14. ② 15. ② 16. ② 17. ③ 18. ② 19. ④

20. 태양광발전시스템 중 정상적으로 동작하고 있을 때 에너지 효율이 가장 좋은 방식은?

① 추적형 시스템
② 고정형 시스템
③ 반 고정형 시스템
④ 건물 일체형 시스템

해설 태양광발전시스템 중 추적형 시스템이 태양을 추적하며 빛을 받으므로 가장 효율이 좋다.

2과목 태양광발전 설계

21. IEC 76(Power Transformer)에서 변압기 Y-Δ 결선방식을 각 변위 표시기호로 나타낸 것으로 옳은 것은?

① Yy 0 ② Dy 1
③ Yd 1 ④ Dn 11

해설 변위 표시 : Y는 1차 Y 결선, y는 2차 Y 결선, D는 1차 Δ 결선, d는 2차 Δ 결선을 나타내며, 숫자는 1이면 지상, 11이면 진상을 나타낸다.

22. 태양광발전시스템의 도면배치 순서로 옳은 것은? (단, 배치는 태양광발전 모듈에서 계통방향으로 하며 태양광 모듈은 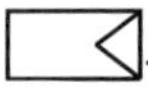로, 인버터는 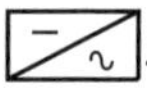로, 접속함은 로, 변압기는 로 나타낸다.)

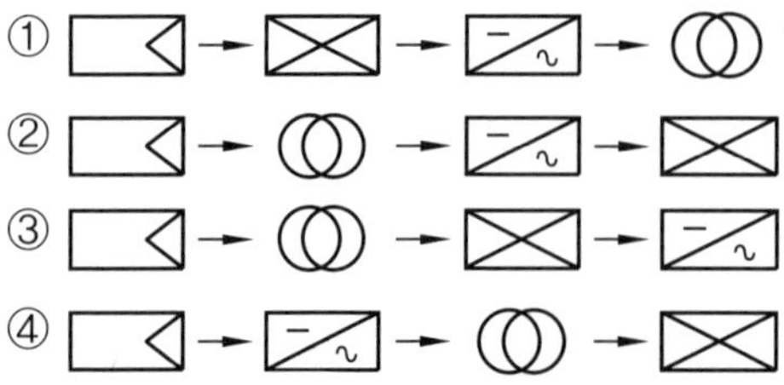

해설 도면배치 순서 : 모듈 → 접속함 → 인버터 → 변압기

23. 계통 연계형 태양광발전시스템 설계 시 갖추어야 할 기초자료가 아닌 것은?

① 청명일수
② 지질조사
③ 최대 폭설량
④ 순간풍속 및 최대풍속

해설 청명일수는 설계 시가 아니라 기획 시의 기초자료이다.

24. 개발행위 허가만으로 태양광발전소를 건설할 수 있는 관리지역의 면적제한 기준은 최대 몇 m^2인가?

① 7000 ② 10000
③ 15000 ④ 30000

해설 용도 지역별 허가면적(m^2)

지역	면적
관리지역, 농림지역, 공업지역	30000
주거, 상업, 자연녹지, 생산녹지지역	10000
보전녹지지역, 자연환경보전지역	5000

25. 전력품질에 들어가지 않는 항목은?

① 전압 ② 주파수
③ 발전량 ④ 정전시간

해설 전력품질에 들어가는 항목에는 전압, 주파수, 정전시간이 있다.

26. 태양광발전 전지(솔라 셀) 직렬연결 시 음영에 의한 출력은 몇 W인가? (단, 셀은 모두 5 W×10개이고, 음영에 의해 출력이 저하한 셀은 3.5 W×5개이다.)

① 28 ② 35 ③ 44 ④ 50

해설 모두 음영에 의한 출력에 따르므로 3.5×10 = 35 W이다.

정답 20. ① 21. ③ 22. ① 23. ① 24. ④ 25. ③ 26. ②

27. **태양광발전시스템을 평지에 고정식으로 설치하는 경우 국내에서 적용되고 있는 최적 경사각 범위로 가장 적합한 것은?**

① 10 ~ 20° ② 15 ~ 25°
③ 28 ~ 36° ④ 40 ~ 60°

28. **태양광발전 사업의 경제성 평가기준에 대한 설명으로 가장 옳은 것은?**

① 내부 수익률법에서 IRR<r이 될 경우 경제성이 있다고 판단한다.
② 내부 수익률법에서 IRR=r이 될 경우 경제성이 있다고 판단한다.
③ 비교 분석법에서 B/C Ratio<1일 때 경제성이 있다고 판단한다.
④ 순 현재가치 분석법에서 NPV>0일 때 경제성이 있다고 판단한다.

해설 사업의 평가기준

NPV법	B/C비법	IRR법	경제성의 판단
NPV>0	B/C비>1	IRR>r	사업의 경제성이 있음
NPV<0	B/C비<1	IRR<r	사업의 경제성이 없음

29. **태양광발전시스템을 이상전압으로부터 보호하기 위한 과전압 보호 장치(SPD) 선정으로 틀린 것은? (단, LPZ는 Lighting Protection Zone이다.)**

① 유도뢰만 있는 어레이에서는 LPZ Ⅲ(전압 1.2/50 μs+전류 8/20 μs를 조합)을 사용할 수 있다.
② 접속함에서 인버터까지의 전선로에는 LPZ Ⅱ(4/10 μs, I_{max}<10 kA)로 교류용을 선정한다.
③ 한전계통 인입부에는 외부의 직격뢰 침입을 고려하여 LPZ Ⅰ(10/350 μs, I_{imp}<15 kA) 이상을 선정한다.
④ 피뢰설비로부터 직격뢰 전류가 침입 가능한 위치에 설치된 어레이에는 LPZ Ⅰ(10/350 μs, I_{imp}<15 kA)을 선정한다.

해설 피뢰소자의 보호영역
- LPZ 0/1 : 10/350 μs 파의 임펄스 전류, class Ⅰ 적용, 주 배전반 MB/ACB 패널
- LPZ 1/2 : 8/20 μs 파의 최대 방전전류, class Ⅱ 적용, 2차 배전반 SB/P 패널
- LPZ 2/3 : 전압 1.2/50 μs, 8/20 μs 파의 임펄스 전류, class Ⅲ 적용, 콘센트

30. **800 kW로 전기사업허가를 득하였다. 다음 [보기]와 같은 주요 기자재를 사용하여 최대용량으로 태양광발전시스템을 설치하고자 할 때 모듈의 병렬 수는? (단, 모듈의 직렬 수는 19직렬로 하며, 토지면적은 충분히 여유 있는 것으로 한다. 기타사항은 신·재생에너지 설비지원 등에 관한 지침을 따른다.)**

보기
- 태양광발전 모듈 : 370 Wp
- 태양광발전 인버터 : 800 kW

① 111병렬 ② 115병렬
③ 119병렬 ④ 125병렬

해설 모듈의 병렬 수 $= \dfrac{\text{인버터 용량} \times 1.05}{\text{직렬수} \times \text{모듈용량}}$

$= \dfrac{800000 \times 1.05}{19 \times 370} \fallingdotseq 119.5 \rightarrow 119$

31. **120 kWp 태양광발전시스템을 밭에 설치할 때 REC 가중치는 얼마인가?**

① 1.11 ② 1.15
③ 1.17 ④ 1.20

해설 120 kWp 태양광발전시스템의 밭에서

정답 27. ③ 28. ④ 29. ② 30. ③ 31. ③

2019년

의 REC 가중치

$$= \frac{(99.999 \times 1.2) + (\text{설치용량} - 99.999) \times 1.0}{\text{설치용량}}$$

$$= \frac{(99.999 \times 1.2) + (120 - 99.999)}{120} \fallingdotseq 1.17$$

32. **태양광발전시스템의 방화대책에 대한 사항으로 틀린 것은?**

① 뇌해를 방지하기 위해 피뢰소자를 사용한다.

② 내진대책을 위하여 방화구획 관통부를 보강한다.

③ 염해를 방지하기 위해 이종금속 사이에 절연물을 사용한다.

④ 최다 적설 시를 대비하여 태양광발전 어레이가 매몰되지 않는 높이가 되도록 한다.

해설 내진대책을 위하여 방화구획 관통부를 보강하는 것은 화재확산을 방지함이 목적이다.

33. **가조시간과 일조시간에 대한 설명으로 틀린 것은?**

① 가조시간은 일출에서 일몰까지의 시간이다.

② 맑은 날은 가조시간과 일조시간이 동일하다.

③ 가조시간과 일조시간의 비를 발전율이라 한다.

④ 일조시간은 실제 지표면에 태양이 비치는 시간이다.

해설 가조시간과 일조시간의 비를 일조율이라 한다.

34. **다음 중 설계도서 해석 시 우선순위를 나열한 것으로 가장 옳은 것은?**

㉠ 설계도면	㉡ 공사 시방서
㉢ 전문 시방서	㉣ 산출 내역서
㉤ 감리자의 지시사항	㉥ 표준 시방서

① ㉠→㉡→㉢→㉣→㉤→㉥

② ㉡→㉠→㉢→㉥→㉣→㉤

③ ㉢→㉠→㉡→㉣→㉥→㉤

④ ㉤→㉡→㉠→㉥→㉢→㉣

35. **북위 35°에 위치한 태양광발전시스템의 어레이 경사각이 30°이다. 다음 [조건]에서 동지에 정오기준으로 어레이 간 음영의 영향을 받지 않는 최소 이격거리는? (단, 모듈의 긴 면을 가로로 하며, 모듈설치 간격은 무시한다.)**

조건

- 태양광발전 모듈의 크기 : 2 m×1 m
- 모듈의 어레이 구성 : 가로 2단 배치

① 2.06 m ② 2.15 m

③ 3.36 m ④ 3.51 m

해설 ㉠ 동지 시 태양 고도각

$= (90° - \text{위도} - 23.5°)$

$= (90° - 35° - 23.5° = 31.5°$

㉡ 이격거리 = 모듈길이

$$\times \frac{\sin(\text{경사각} + \text{고도각})}{\sin(\text{고도각})}$$

$$= 2 \times \frac{\sin(30° + 31.5°)}{\sin 31.5°}$$

$$= 2 \times \frac{\sin 61.5°}{\sin 31.5°} = 2 \times \frac{0.8788}{0.5225} \fallingdotseq 3.364 \text{ m}$$

36. **태양광발전 가대 설계 시 고려해야 할 수평하중은?**

① 자중 ② 풍하중

③ 적설하중 ④ 고정하중

해설 수평하중 : 풍하중, 지진하중
수직하중 : 고정하중, 적설하중, 활하중

정답 32. ② 33. ③ 34. ② 35. ③ 36. ②

37. 계통 연계형 1 MW 태양광발전시스템의 단선 결선도상에 표시되는 설비가 아닌 것은?

① VCB　② MOF
③ GPT　④ GTO

해설 GTO는 전력용 스위칭 소자이며, 단선 결선도상 소자에는 VCB(진공 차단기), MOF(계기용 변성기), GPT(접지 변압기)가 있다.

38. 송·배전용 전기설비 이용규정에 따라 태양광발전시스템에서 계통으로 유입되는 고조파 전류는 종합 왜형률이 몇 % 미만이어야 하는가?

① 1　② 2
③ 3　④ 5

39. 경사지붕 면적이 100 m^2×10 m인 건축물에 대한 태양광발전시스템을 설치하려고 한다. 165 Wp급 태양광발전 모듈의 가로길이가 1.6 m, 세로길이가 0.8 m, 모듈의 온도에 따른 전압범위가 28 ~ 42 [V_{mpp}]일 때 모듈의 설치 가능 개수는? (단, 인버터의 MPPT 전압범위는 150 ~ 540 [V_{mpp}], 효율은 92 %, 인버터의 기동전압, 모듈 설치간격 및 기타 손실 등은 무시한다.)

① 61개　② 67개
③ 72개　④ 76개

해설 ㉠ 가로길이 모듈 배치 가능 수

$= \frac{10}{1.6} = 6.25 \rightarrow$ 6개

㉡ 세로길이 모듈 배치 가능 수

$= \frac{10}{0.8} = 12.5 \rightarrow$ 12개

총 배치 가능 모듈 수 $= 6 \times 12 = 72$개

40. 태양광발전시스템의 월간 발전 가능량 (E_{PM}) 산출식으로 옳은 것은? (단, P_{AS} : 표준상태에서의 어레이 출력(kW), H_{AM} : 월 적산 어레이 표면(경사면) 일사량 (kWh/m^2·월), G_S : 표준상태에서의 일조 강도(kW/m^2), K : 종합설계계수이다.)

① $E_{PM} = P_{AS} \times \frac{H_{AM}}{G_S} \times K$ [kWh/월]

② $E_{PM} = P_{AS} \times \frac{G_S}{P_{AS}} \times K$ [kWh/월]

③ $E_{PM} = H_{AM} \times \frac{G_S}{P_{AS}} \times K$ [kWh/월]

④ $E_{PM} = P_{AS} \times \frac{H_{AM}}{(G_S \times K)} \times K$ [kWh/월]

3과목 태양광발전 시공

41. 태양광발전시스템 시공 절차 중 ( ) 안에 들어갈 순서로 옳은 것은?

> 현장조사 → 설계 → ( ) → 설비시공 → ( ) → 계통연계 시작

① 사용 전 검사, 공사계획 신고
② 공사계획 신고, 사용 전 검사
③ 공사계획 신고, 개발행위 준공
④ 사용 전 검사, 신·재생에너지 설치확인

42. 태양광발전 어레이 출력이 2 kW를 넘는 경우 접지선의 굵기(mm^2)로 적당한 것은?

① 0.75 mm^2　② 1.5 mm^2
③ 2.0 mm^2　④ 4.0 mm^2

해설
- 50 W 이하 : 1.5 mm^2
- 500 W ~ 2 kW 이하 : 2.5 mm^2
- 2 kW 초과 : 4 mm^2

정답 37. ④ 38. ④ 39. ③ 40. ① 41. ② 42. ④

43. 단말처리 중 시공 시 테이프 폭이 3/4로부터 2/3 정도로 중첩해 감아 놓으면 시간이 지남에 따라 융착하여 일체화하는 절연 테이프 종류는?

① 노튼 테이프
② 보호 테이프
③ 비닐절연 테이프
④ 자기융착 테이프

44. 전선의 표피효과에 관한 설명으로 옳은 것은?

① 도전율이 클수록, 투자율이 작을수록 커진다.
② 도전율이 작을수록, 비투자율이 클수록 커진다.
③ 전선의 단면적이 클수록, 주파수가 낮을수록 커진다.
④ 전선의 단면적이 클수록, 주파수가 높을수록 커진다.

해설 전선의 표피효과는 전선의 단면적이 클수록, 주파수가 낮을수록 커진다.

45. 전력 시설물의 설치·보수공사 발주자는 전력 시설물의 설치·보수공사의 품질확보 및 향상을 위하여 누구에게 공사감리를 발주하여야 하는가?

① 종합설계업을 등록한 자
② 전문설계업을 등록한 자
③ 전기공사업을 등록한 자
④ 공사감리업을 등록한 자

46. 지붕에 설치하는 태양광발전시스템 중 톱 라이트형의 특징이 아닌 것은?

① 셀(모듈)의 배치에 따라서 개구율을 바꿀 수 있다.
② 톱 라이트형의 채광 및 셀에 의한 차폐효과도 있다.
③ 양면 수광형의 태양광발전 전지 등 수직설치 공법이 가능하다.
④ 톱 라이트의 유리부분에 맞게 태양광발전 전지유리를 설치한 타입이다.

해설 톱 라이트형 : 유리부분에 맞게 태양전지 유리를 설치한 타입으로 채광 및 차폐효과가 있다.

47. 시공된 공사에 대한 재시공이 지시되는 경우가 아닌 것은?

① 관계규정에 맞지 않게 시공된 경우
② 시공된 공사의 품질확보가 미흡할 경우
③ 지진, 해일, 폭풍 등 불가항력적인 사태가 발생할 경우
④ 감리원의 확인·검사에 대한 승인을 받지 않고 후속공정을 진행하는 경우

해설 지진, 해일, 폭풍 등 불가항력적인 사태가 발생할 경우에는 공사가 전면 중지된다.

48. 태양광발전시스템의 전기배선에 관한 설명으로 틀린 것은?

① 모듈의 출력배선은 군별 및 극성별로 확인할 수 있도록 표시하여야 한다.
② 인버터 출력단과 계통연계점 간의 전압강하는 5% 이하로 하여야 한다.
③ 모듈에서 인버터에 이르는 배선에 사용되는 케이블은 모듈 전용선을 사용하여야 한다.
④ 케이블이 지면 위에 설치되거나 포설되는 경우에는 피복의 손상이 발생되지 않게 별도의 조치를 취해야 한다.

해설 인버터 출력단과 계통연계점 간의 전압강하는 3% 이하로 하여야 한다.

정답 ● 43. ④ 44. ③ 45. ④ 46. ③ 47. ③ 48. ②

49. 케이블 포설 시 주의사항으로 틀린 것은?

① 루프회로가 생기지 않도록 한다.
② 케이블은 가능하면 음영지역에 포설하면 안 된다.
③ 케이블 곡률 반지름을 넘지 않도록 주의한다.
④ 케이블은 절연이 손상되기 쉬우므로 겨울 기온에 유의하여 취급하여야 한다.

해설 케이블은 가능하면 자외선 열화방지를 위해 음영지역에 포설하여야 한다.

50. 다음 ( )의 내용으로 알맞은 것은?

태양광 모듈의 배열 및 결선방법은 출력전압과 설치장소 등이 다르기 때문에 ( )를 이용하여 시공 전과 시공 완료 후에 확인하는 것이 좋다.

① 체크 리스트
② 단선 결선도
③ 부품 사양서
④ 고정식 계통도

51. 다음 [보기]에서 접지설비 시공방법으로 옳은 것을 모두 고른 것은?

보기
㉠ 부식, 전식 등의 외적영향에 견딜 수 있도록 설치되어야 한다. ㉡ 접지저항 값은 전기설비에 대한 보호 및 기능적 요구사항에 적합해야 한다. ㉢ 지락전류는 열적, 기계적 및 전자력적 스트레스에 의한 위험이 없이 흘러야 한다.

① ㉠, ㉡　　② ㉠, ㉢
③ ㉡, ㉢　　④ ㉠, ㉡, ㉢

해설 모두 접지설비 시공방법에 해당한다.

52. 감리용역이 완료된 때에는 최대 며칠 이내에 공사감리 완료 보고서를 제출해야 하는가?

① 7일　　② 15일
③ 20일　　④ 30일

53. 가공전선로의 구비조건이 아닌 것은?

① 비중이 클 것
② 도전율이 클 것
③ 부식성이 작을 것
④ 기계적 강도가 클 것

해설 가공전선로의 구비조건
- 도전율이 클 것
- 비중이 작을 것
- 기계적 강도가 클 것
- 신장율이 클 것
- 부식성이 작을 것
- 가요성이 클 것

54. 설계감리원의 기본임무가 아닌 것은?

① 설계용역 계약 및 설계감리 용역 계약 내용이 이행될 수 있도록 하여야 한다.
② 과업 지시서에 따라 업무를 성실히 수행하고, 설계의 품질향상에 노력하여야 한다.
③ 설계 및 설계감리 용역 시행에 따른 업무연락, 문제점 파악 및 민원을 해결하여야 한다.
④ 해당 설계감리 용역이 관련법령 및 전기설비기술기준 등에 적합한 내용대로 설계되었는지의 여부를 확인 및 설계의 경제성 검토를 실시하고, 기술지도 등을 하여야 한다.

해설 '설계 및 설계감리 용역 시행에 따른 업무연락, 문제점 파악 및 민원을 해결하여야 한다.'는 설계감리원의 기본임무가 아니다.

2019년

정답 ● 49. ② 50. ① 51. ④ 52. ④ 53. ① 54. ③

55. 태양광발전시스템 사용 전 검사 시 검사항목 중 세부검사 내용이 아닌 것은?

① 절연저항 측정
② 접지저항 측정
③ 검전기로 정격전압 측정
④ 태양광전지 전기적 특성

해설 검전기로 통전유무만 측정한다.

56. 변압기 효율과 관계없는 것은?

① 철손 및 동손은 부하율에 따라 항상 비례한다.
② 철손과 동손이 같아질 때 효율이 최대가 된다.
③ 변압기의 규약효율은 $\frac{\text{출력(W)}}{\text{출력(W)}+\text{손실(W)}}\times 100\ \%$이다.
④ 최대부하(W), 평균부하(W)에서 부하율은$\left(\frac{\text{평균부하}}{\text{최대부하}}\right)\times 100\ \%$이다.

해설 변압기의 철손은 부하율에 관계없이 발생한다.

57. 태양광발전 어레이를 구성함에 있어서 태양광발전 케이블을 연결하는 배선공사 방법으로 적합한 것은?

① 접속함의 설치는 어레이에서 멀리 설치한다.
② 케이블의 굵기는 거리에 상관없이 사용할 수 있다.
③ 태양광발전 모듈간의 배선에 사용할 전선 사이즈는 단락전류에 충분히 견뎌야 한다.
④ 태양광발전 모듈의 접속용 케이블이 2가닥씩 나와 있으므로 반드시 극성을 확인할 필요는 없다.

해설 ① 접속함은 어레이에 가까운 곳에 설치한다.
② 케이블의 굵기는 거리에 따라 달라진다.
④ 케이블의 2가닥은 (+), (−) 극성 표시를 하여야 한다.

58. 전력 시설물 공사감리 업무 수행지침의 용어 정의에서 공사 또는 감리 업무가 원활하게 이루어 지도록 하기 위하여 감리원, 발주자, 공사업자가 사전에 충분한 검토와 협의를 통하여 모두가 동의하라는 조치가 이루어지도록 하는 것은?

① 지시 ② 조정
③ 승인 ④ 합의

59. 태양광발전시스템 시공방법으로 틀린 것은?

① 그림자의 영향을 받지 않도록 한다.
② 건축물의 방수에 문제가 없도록 설치한다.
③ 모듈의 설치용량은 인버터 설치용량의 105 % 이내로 한다.
④ 인버터 설치용량은 사업 계획서상의 인버터 설계용량 이하로 한다.

해설 모듈의 설치용량은 인버터 설치용량의 105 % 이내로 한다.

60. 전선로의 수평각도가 15° 이상의 곳에 사용하며 전선의 굵기나 종류가 다른 전선을 점퍼에서 접속할 경우나 장경간 중요도로, 철도 등을 횡단할 경우에도 사용하는 장주는?

① 핀장주 ② 내장주
③ 인류장주 ④ 보통장주

해설 내장주는 지지물 양쪽 경간의 차가 큰 곳이나 장경간에 사용하는 것이다.

정답 55. ③ 56. ① 57. ③ 58. ② 59. ④ 60. ②

4과목 태양광발전 운영

61. 태양광발전 모듈의 고장현상이 아닌 것은 어느 것인가?

① 마찰음
② 프레임 변형
③ 축전지
④ 백 시트 에어 바블링

해설 모듈에서 마찰음은 발생하지 않는다.

62. 태양광발전시스템의 정기점검에서 절연저항 측정의 대상이 아닌 것은?

① 인버터
② 접속함
③ 축전지
④ 태양광발전용 개폐기

해설 축전지는 절연저항 측정 대상이 아니다.

63. 전력량계의 점검항목 중 계기용 변압기와 변류기의 점검내용으로 틀린 것은?

① 가스압 저하 여부
② 절연물 등에 균열, 파손, 손상 여부
③ 단자부 볼트류 조임·이완 여부
④ 부싱 등에 이물질 및 먼지 등의 부착 여부

해설 가스압 저하 여부는 가스 절연 변압기 등의 점검항목이다.

64. 태양광발전(PV) 어레이 전류-전압 특성의 현장 측정방법(KSC 61829 : 2015)에서 전기적인 측정 데이터 및 측정 조건에 대한 기록사항으로 틀린 것은?

① 시험 어레이의 온도값(15분 전의 어레이 온도값을 의미함)
② 조사강도 센서의 출력값(15분 전의 센서 온도값을 의미함)
③ 시험 어레이의 전류-전압 특성(15분 전의 전류-전압 특성을 의미함)
④ 시험 실시 15분 전의 조사강도, 온도 및 풍속변동에 대한 정성적 분석(평가)

해설 어레이의 전류-전압 특성은 조건이 붙지 않아야 한다.

65. 일반적으로 태양광발전용 접속함을 설치하는 현장의 고도는 몇 m를 넘지 않아야 하는가?

① 300　　② 750
③ 1000　　④ 2000

66. 태양광발전시스템의 유지관리 시 비치하여야 하는 장비가 아닌 것은?

① 유온계
② 전력계측기
③ 멀티테스터
④ 적외선 온도 측정기

해설 태양광발전시스템의 유지관리 시 비치하여야 하는 장비에는 전력계측기, 멀티테스터, 적외선 온도 측정기가 있다.

67. 태양광발전시스템의 신뢰성 평가 및 분석항목에 대한 설명 중 틀린 것은?

① 운전 데이터의 결측 상황
② 정기점검, 개수정전, 계통정전 등의 수시정지 상황
③ 계측 트러블 – 컴퓨터 전원의 차단 및 조작오류
④ 시스템 트러블 – 인버터의 정지, 직류지락, 계통지락 등에 의한 시스템의 운전정지

해설 태양광발전시스템의 신뢰성 평가 및 분석항목
- 시스템 트러블
- 계측 트러블
- 계획정지
- 기타 원인 불명

2019년

정답 ● 61. ① 62. ③ 63. ① 64. ③ 65. ④ 66. ① 67. ②

68. 접속함의 정기점검 항목으로 틀린 것은?

① 접지선의 손상
② 외부배선의 손상
③ 운전 시 이상음
④ 외함의 부식 및 파손

해설 운전 시 이상음은 정기점검이 아닌 일상점검 항목이다.

69. 인버터의 계통전압이 규정치 이상일 경우 인버터의 표시내용으로 옳은 것은?

① Utility line fault
② Line phase sequence fault
③ Line over voltage fault
④ Inverter over current fault

해설 Line over voltage fault : 계통전압 규정치 초과

70. 일상점검 시 인버터의 육안검사 점검항목이 아닌 것은?

① 이상음
③ 외함의 부식 및 파손
③ 가대의 부식 및 녹
④ 외부배선(접속 케이블)

해설 가대는 인버터가 아닌 어레이의 구성요소이다.

71. 태양광발전시스템의 유지보수 점검(일상점검, 정기점검) 시 점검 빈도가 가장 높은 것은?

① 육안점검
② 절연저항 점검
③ 소음, 진동점검
④ 전압, 전류점검

해설 태양광발전시스템의 유지보수 점검 시 일반적으로 육안점검을 가장 많이 수행한다.

72. 태양광발전시스템에 사용되는 인버터의 사용전압이 300 V 초과 600 V 이하의 경우는 몇 V의 절연 저항계를 이용하는 것이 좋은가?

① 500 ② 750
③ 900 ④ 1000

해설
• 인버터 정격전압 300 V 이하 : 500 V 절연계
• 인버터 정격전압 300 V 초과 600 V 이하 : 1000 V 절연계

73. 소형 태양광발전용 인버터의 절연성능 시험항목이 아닌 것은?

① 내전압시험
② 감전보호시험
③ 절연저항시험
④ 출력측 단락시험

해설 태양광발전용 인버터의 절연성능 시험항목에는 절연저항시험, 절연거리시험, 내전압시험, 감전보호시험이 있다.

74. 태양광발전시스템의 스트링 다이오드의 결함을 점검하기 위한 방법은?

① 육안검사
② 입·출력 측정
③ 접지저항 측정
④ 과·저전압 측정

해설 태양광발전시스템의 역류방지 다이오드의 결함점검은 입력 및 출력 측정이다.

75. 산업안전보건기준에 관한 규칙에서 물체의 낙하, 충격, 물체의 끼임, 감전 또는 정전기의 대전에 의한 위험이 있는 작업을 하는 경우 사용하는 보호구는?

① 안전대 ② 보안경
③ 안전화 ④ 방진마스크

정답 68. ③ 69. ③ 70. ③ 71. ① 72. ④ 73. ④ 74. ② 75. ③

76. 태양광발전 모듈 및 어레이의 점검방법을 설명한 것으로 틀린 것은?

① 태양광발전 모듈은 현장 이동 중 파손될 수 있으므로 시공 시 외관검사를 하여야 한다.
② 먼지가 많은 설치장소에서는 태양광발전 모듈 표면의 오염검사와 청소유무를 확인한다.
③ 태양광발전 모듈 표면유리의 금, 변형, 이물질에 대한 오염과 프레임 등의 변형 및 지지대의 녹 발생 유무를 확인한다.
④ 태양광발전 모듈을 고정형이나 추적형으로 설치할 경우에는 세부적인 점검이 곤란하므로 시험 성적서를 확인하여 점검을 대체한다.

해설 태양광발전 모듈을 고정형이나 추적형으로 설치할 경우에는 세부적인 점검이 곤란하므로 시공 전과 공사 진행 중에 금, 파손 또는 변색이 없는지를 확인한다.

77. 절연고무장갑을 착용하여 감전 사고를 방지하여야 하는 작업의 경우가 아닌 것은?

① 충전부의 접속, 절단 및 보수 등의 작업을 하는 경우
② 건조한 장소에서의 개폐기 개방, 투입의 경우
③ 활선상태의 배전용 지지물에 누설전류의 발생 우려가 있는 경우
④ 정전 작업 시 역송전이 우려되는 선로나 기기에 단락접지를 하는 경우

해설 절연고무장갑은 건조한 장소에서의 개폐기 개방, 투입의 경우에는 착용하지 않아도 무방하다.

78. 태양광발전 사업계획 시 사업계획에 포함되어야 할 사항으로 틀린 것은?

① 사업구분
② 전기설비 개요
③ 사업계획 개요
④ 온실가스 감축계획

해설 온실가스 감축계획은 태양광발전 사업계획에 포함되지 않는다.

79. 점검계획의 수립에 있어서 점검의 내용 및 주기를 여러 가지 조건을 고려하여 결정할 경우 고려사항이 아닌 것은?

① 환경조건
② 설비의 가격
③ 설비의 사용기간
④ 설비의 중요도

해설 점검의 내용 및 주기 등을 결정할 경우 고려해야 할 사항에는 설비의 중요도, 설비의 사용기간, 환경조건, 고장이력 등이 있다.

80. 다음 태양광발전시스템 운영 시 비치목록으로 가장 적합하지 않은 것은?

① 발전시스템 일반 점검표
② 발전시스템 운영 매뉴얼
③ 발전시스템 비상 탈출구 위치도
④ 발전시스템 한전계통연계 관련 서류

해설 태양광발전시스템 운영 시 비치목록에는 시스템 계약서 사본, 한전계통연계 관련 서류, 운영 매뉴얼, 시스템 시방서, 구조물의 계산서, 준공 검사서, 일반 점검표가 있다.

2019년

정답 76. ④ 77. ② 78. ④ 79. ② 80. ③

2019 년도

출제문제(2회차) 및 해설

1과목 태양광발전 이론(기획)

1. 태양광발전 모듈의 출력에 직접적인 영향을 주는 항목이 아닌 것은?

① Air Mass(AM)
② 모듈 주위의 습도(%)
③ 모듈 표면온도(℃)
④ 태양의 일사강도(W/m^2)

해설 습도는 모듈의 출력에 직접적인 영향을 주지 않는다.

2. 태양열에너지의 장점이 아닌 것은?

① 무공해, 무한량의 청정에너지이다.
② 화석에너지에 비해 지역적 편중이 적은 분산형 에너지이다.
③ 계속적인 수요에 안정적인 공급이 가능한 에너지이다.
④ 지구 온난화 대책으로 탄산가스 배출을 저감할 수 있는 대체 에너지이다.

해설 태양열에너지는 눈 또는 비가 오거나 음영 발생 시 안정적인 공급이 불가능한 에너지라는 단점이 있다.

3. P-N 접합 구조의 반도체 소자가 빛을 흡수하였을 때 전자와 정공의 쌍이 생성되는 효과는?

① 홀 효과 ② 제벡효과
③ 광전효과 ④ 펀치효과

해설 P-N 반도체의 표면에 빛이 쪼여지면 전자와 정공의 쌍이 발생하는 현상을 광전효과라 한다.

4. 태양광발전 모듈 제작 순서가 다음 [보기]와 같을 때 ( ) 안에 들어갈 공정은?

보기
탭 달기(Tabbing) → 스트링(String) → 배치(Lay-up) → ( ) → 알루미늄 프레임(Framing) → 접합 단자함(Junction Box) → 품질평가

① 건조(Drying)
② 포장(Packing)
③ 절단(Cutting)
④ 라미네이션(Lamination)

해설 라미네이션 : 얇은 레이어를 덧씌워 표면을 보호하고 강도와 안정성을 높여주는 것

5. 태양광발전 전지의 직류출력을 상용 주파수의 교류로 변환 후 변압기에서 절연하는 방식은?

① PAM 방식
② 트랜스리스 방식
③ 상용주파 변압기 절연방식
④ 고주파 변압기 절연방식

해설 직류출력을 상용 주파수의 교류로 변환 후 변압기에서 절연하는 방식을 상용주파 변압기 절연방식이라 한다.

6. 태양광발전 모듈이 제각기 최대 전력점에서 작동하도록 모듈과 인버터가 한 개의 장치로 구성되는 인버터 시스템 방식은?

① 모듈 인버터 방식
② 마스터 슬레이브 방식

정답 1. ② 2. ③ 3. ③ 4. ④ 5. ③ 6. ①

③ 스트링 인버터 방식
④ 서브 어레이 인버터 방식

해설 모듈 인버터 방식은 모듈의 출력단에 인버터가 내장되는 방식이다.

7. **하이브리드 태양광발전시스템에 대한 설명으로 틀린 것은?**

① 보조전원으로는 풍력이나 수력발전이 포함된다.
② 하나 혹은 하나 이상의 보조전원을 포함한다.
③ 화석연료를 사용한 발전기는 하이브리드 시스템에 포함되지 않는다.
④ 계통 연계형이나 독립형 중에 선택해서 사용할 수 있는 시스템이다.

해설 하이브리드 시스템은 태양광발전시스템에 풍력, 수력 및 다른 모든 에너지원과 결합하여 전력을 공급하는 시스템이다.

8. **전선로에 침입하는 이상전압의 높이를 완화하고 파고치를 저하시키는 장치는?**

① 서지 흡수기
② 수퍼커패시터
③ 내뢰 트랜스
④ 역류방지 다이오드

해설 전선로에 침입하는 이상전압의 높이를 완화하고 파고치를 저하시키는 장치는 서지 흡수기(surge absorber)이다.

9. **태양광발전 전지의 변환효율에 대한 설명으로 틀린 것은?**

① 태양광발전 전지의 성능을 나타내는 파라미터이다.
② 태양으로부터 입사된 에너지에 대한 출력 전기에너지의 비로 정의된다.
③ 태양광 스펙트럼이나 새시, 전지의 온도에 영향을 받는다.
④ 지상에서 사용되는 태양광발전 전지의 효율은 모듈온도 25℃, AM 1.0 조건에서 측정된다.

해설 지상에서 사용되는 태양광발전 전지의 효율은 모듈온도 25℃, AM 1.5 조건에서 측정된다.

10. **다음 [보기]는 독립형 축전지 용량(C)의 산출식이다. ( ) 안에 알맞은 내용은?**

[보기]

$$C=\frac{\text{1일 소비전력량}\times\text{불일조일수}}{(\quad)\times\text{방전심도}\times\text{총 전지전압}}\,[\text{Ah}]$$

① 효율 ② 셀 수
③ 역률 ④ 보수율

11. **기어리스(Gearless)형 풍력발전기의 장점이 아닌 것은?**

① 단극형 발전기 사용으로 제작비용이 저렴하다.
② 증속기어의 제거로 기계적 소음을 저감한다.
③ 역률제어가 가능하여 출력에 무관하게 고역률을 실현할 수 있다.
④ 나셀(Nacelle) 구조가 매우 간단하고 단순해서 유지보수 시 간편성이 증대된다.

해설 기어리스형 풍력발전기는 가격이 고가이다.

12. **태양광발전 전지의 충진율(Fill Factor)에 대한 설명으로 틀린 것은?**

① 충진율이 낮을수록 태양광발전 전지의 성능품질이 좋음을 나타낸다.

2019년

정답 ● 7. ③ 8. ① 9. ④ 10. ④ 11. ① 12. ①

② 충진율은 개방전압(V_{oc})과 단락전류(I_{sc})의 곱에 대한 최대출력의 비로 정의된다.
③ 충진율은 태양광발전 전지의 특성을 표시하는 파라미터로서 내부 직렬저항 및 병렬저항으로부터의 영향을 받는다.
④ 충진율은 최대 동작전류(I_{mpp})와 최대 동작전압(V_{mpp})이 단락전류(I_{sc})와 개방전압(V_{oc})에 가까운 정도를 나타낸다.

해설 충진율이 높을수록 태양광발전 전지의 성능품질이 좋음을 나타낸다.

13. 전류의 이동으로 발생하는 현상이 아닌 것은?

① 화학작용 ② 발열작용
③ 탄화작용 ④ 자기작용

해설 전류의 이동으로 발생하는 현상에는 발열작용, 자기작용, 화학작용이 있다.

14. STC 조건에서 최대전압이 45 V, 전압 온도계수가 −0.2 V/℃인 결정질 태양광발전 모듈 10장이 직렬로 연결되어 있다. 외기 온도가 −10℃일 때 최대전압은 몇 V인가?

① 475 ② 515 ③ 520 ④ 545

해설 $V_{mpp}(T)$
$= V_{mpp} + \text{온도계수} \times (T - 25℃)$
$= 45 + \{(-0.2) \times (-10 - 25)\} = 52\text{ V}$
모듈이 10장이므로 $52 \times 10 = 520$ V이다.

15. 10 A의 전류를 흘렸을 때의 전력이 50 W인 저항에 20 A의 전류를 흘렸다면 소비전력은 몇 W인가?

① 150 ② 200 ③ 300 ④ 500

해설 $R = \frac{P}{I^2} = \frac{50}{10^2} = 0.5\Omega$, 20 A 시의 전력 $= I^2R = 20^2 \times 0.5 = 200\text{ W}$

16. 10 A의 인버터의 부분 부하 동작을 고려하여 부분율의 가중치를 달리하여 계산하는 효율은?

① 최대효율
② 정격효율
③ 추적효율
④ 유로효율

해설 유로효율 : 출력에 따른 가중치를 두고 측정하는 것으로 고효율의 성능척도 방법

17. 태양광발전 인버터에 대한 설명으로 틀린 것은?

① 무변압기 인버터는 효율이 나쁘다.
② PWM 원리로 정현파를 재생한다.
③ MPPT를 이용한 최대전력을 생산한다.
④ 절연 변압기를 사용하는 인버터는 노이즈에 강하다.

해설 무변압기 방식은 효율이 좋고 신뢰성이 높다.

18. 일정전압의 직류전원에 저항을 접속하고 전류를 흘릴 때 이 전류값을 20 % 증가시키기 위해서 저항값을 어떻게 하면 되는가?

① 저항값을 43 % 감소시킨다.
② 저항값을 52 % 감소시킨다.
③ 저항값을 80 % 감소시킨다.
④ 저항값을 83 % 감소시킨다.

해설 ㉠ $R = \frac{V}{1.2I}$

㉡ $R = \frac{V}{I} \times \frac{1}{1.2}$ 이므로

㉠÷㉡ $= \frac{1}{1.2} \fallingdotseq 0.83 \rightarrow 83\%$

19. 독립형 태양광발전시스템의 특징으로 옳은 것은?

정답 13. ③ 14. ③ 15. ② 16. ④ 17. ① 18. ④ 19. ③

① 생산된 에너지를 전력계통으로 송전할 수 있다
② 정전 시 단독운전 방지기능을 보유하고 있다.
③ 태양광발전이 불가능한 경우를 대비하여 축전지를 사용한다.
④ 전력회사의 계통연계 규정에 맞추어 적절한 보호설비가 필요하다.

해설 독립형은 발전이 되지 않는 야간에 전력을 사용하기 위해 축전지가 필요하다.

20. 내부저항이 1.0 Ω인 1.5 V인 전지 두 개를 병렬로 연결한 후 외부에 2.5 Ω의 저항을 가지는 부하를 직렬로 연결하였다. 외부회로에 흐른 전류의 크기는?

① 0.3 A ② 0.5 A ③ 1.2 A ④ 1.5 A

해설 밀만의 정리를 이용하면

$$E_T = \frac{\frac{1.5}{1}+\frac{1.5}{1}}{\frac{1}{1}+\frac{1}{1}} = \frac{3}{2} = 1.5\,\text{V},$$

$$R_T = \frac{1}{\frac{1}{1}+\frac{1}{1}} = \frac{1}{2} = 0.5\,\Omega$$

$$I_T = \frac{E_T}{R_T+R_L} = \frac{1.5}{0.5+2.5} = \frac{1.5}{3} = 0.5\,\text{A}$$

2과목 태양광발전 설계

21. 태양광발전시스템 출력이 38500 W, 모듈 최대출력이 175 W, 모듈의 직렬개수가 20장일 때 병렬개수는?

① 9 ② 11 ③ 13 ④ 15

해설 $\text{병렬개수} = \frac{\text{태양광발전 출력}}{\text{직렬개수} \times \text{모듈용량}}$

$$= \frac{38500}{20\times175} = 11$$

22. 설계도면 작성에 관련된 내용과 가장 관계가 적은 것은?

① 전기설비별 KS 인증내역을 작성한다.
② 기본설계, 실시설계 순으로 작성한다.
③ 공사의 범위, 규모, 배치, 보완사항을 작성한다.
④ 배선도에 조명, 콘센트, 전기방재설비 등을 표기한다.

23. 태양광발전시스템 전기설계 절차로 옳은 것은?

① 설치면적 결정 → 직렬 결선 수 선정 → 병렬 수와 어레이 용량 산정 → 모듈 선정 → 인버터 선정
② 설치면적 결정 → 모듈 선정 → 인버터 선정 → 병렬 수와 어레이 용량 산정 → 직렬 결선 수 선정
③ 설치면적 결정 → 인버터 선정 → 모듈 선정 → 병렬 수와 어레이 용량 산정 → 직렬 결선 수 선정
④ 설치면적 결정 → 인버터 선정 → 모듈 선정 → 직렬 결선 수 선정 → 병렬 수와 어레이 용량 산정

24. 일조시간과 가조시간에 대한 설명으로 틀린 것은?

① 일조시간과 가조시간의 비를 일조율(%)이라 한다.
② 일조시간은 실제로 태양광선이 지표면을 내려 쬔 시간이다.
③ 구름이 많은 날씨일 경우 가조시간과 일조시간이 일치한다.
④ 가조시간이란 한 지방의 해 돋는 시간부터 해 지는 시간까지의 시간을 말한다.

해설 구름이 없이 청명한 날씨일 경우 가조시간과 일조시간이 일치한다.

정답 20. ② 21. ② 22. ① 23. ④ 24. ③

25. 다음 [보기]의 설계도면 중 태양광발전 시스템과 관계있는 것을 모두 고른 것은?

보기
㉠ 피뢰 설계도
㉡ 어레이 배치도
㉢ 접속반 내부 결선도

① ㉠
② ㉠, ㉡
③ ㉠, ㉢
④ ㉠, ㉡, ㉢

해설 피뢰 설계도, 어레이 배치도, 접속반 내부 결선도 모두 태양광발전시스템과 관계가 있다.

26. 태양광발전시스템의 통합 모니터링 구성요소가 아닌 것은?

① 자동기상 관측장치(AWS)
② 자동고장전류 계산장치(ACS)
③ 전력변환장치 감시 제어장치(AIS)
④ 태양광발전 모듈 계측 메인장치(SCS)

해설 자동고장전류 계산장치(ACS)는 모니터링 구성요소가 아니다.

27. 다음 [보기] 중 순 현재가치 분석을 위한 필요인자를 모두 고른 것은?

보기
㉠ 이자율
㉡ 할인율
㉢ 연차별 총 편익
㉣ 연차별 총 비용

① ㉠, ㉡
② ㉢, ㉣
③ ㉠, ㉡, ㉢
④ ㉡, ㉢, ㉣

해설 순 현재가치=연차별 총 편익−연차별 총 비용
* 계산 시 할인율이 포함된다.

28. 어레이 이격거리 산정을 위한 고려사항과 가장 관계가 없는 것은?

① 설치부지의 경사도를 반영하였다.
② 설치부지의 태양고도를 반영하였다.
③ 설치부지의 외부음영을 고려하였다.
④ 어레이에 모듈을 가로 배치하는 것으로 고려하였다.

해설 설치부지의 외부음영은 어레이 이격거리 산정을 위한 고려사항이 아니다.

29. 북위 36° 위치에 태양광발전소를 구축하고자 한다. 태양 고도각을 결정하는 기준이 되는 날의 남중고도는?

① 23.5° ② 30.5° ③ 54.0° ④ 76.5°

해설 어레이 설계 시 태양 고도각을 결정하는 기준은 동지이므로 동지의 남중고도= 90°−36°−23.5° = 30.5°이다.

30. 다음 [조건]에서 태양광발전 모듈의 최대 직렬연결 개수는?

조건
- 인버터 최대 입력전압(V_{max}) : 500 V
- 개방전압(V_{oc}) : 42.5 V
- 전압 온도계수(K_t) : −0.35 %/℃
- 최저온도(T_{min}) : −20℃
- 최고온도(T_{max}) : 60℃

① 6직렬 ② 8직렬
③ 10직렬 ④ 12직렬

해설 $V_{oc}(-20℃)$

$$= V_{oc}\left\{1+\left(-\frac{0.35}{100}\right)\times(-20-25)\right\}$$
$$= 42.5\times\{1+(-0.0035)\times(-45)\}$$
$$= 42.5\times1.1575 \fallingdotseq 49.19\text{ V}$$

$$\text{최대 직렬 수} = \frac{\text{인버터 최대 입력전압}}{V_{oc}(T_{min})}$$
$$= \frac{500}{49.19} \fallingdotseq 10.16 \rightarrow 10$$

정답 25. ④ 26. ② 27. ④ 28. ③ 29. ② 30. ③

31. **다음의 사전 환경성 검토업무 흐름도에서 ㉠~㉢에 들어갈 내용으로 옳은 것은?**

- 사업계획 수립 또는 허가신청
- 환경성 검토서 등 관련서류 구비
- ㉠
- ㉡
- ㉢
- 협의의견 이행 조치결과(계획) 통보
- 협의 내용 이행상황 확인

① ㉠ : 협의요청,
   ㉡ : 환경성 검토,
   ㉢ : 협의결과 통보
② ㉠ : 환경성 검토,
   ㉡ : 협의요청,
   ㉢ : 협의결과 통보
③ ㉠ : 환경성 검토,
   ㉡ : 협의결과 통보,
   ㉢ : 협의요청
④ ㉠ : 협의결과 통보,
   ㉡ : 협의요청,
   ㉢ : 환경성 검토

32. **단상 3선식의 전압강하 계산식은?**

① $e = \dfrac{35.6 \times L \times I}{1000 \times A}$

② $e = \dfrac{30.8 \times L \times I}{1000 \times A}$

③ $e = \dfrac{17.8 \times L \times I}{1000 \times A}$

④ $e = \dfrac{12.5 \times L \times I}{1000 \times A}$

해설 • 직류 2선식, 단상 2선식 :

$$e = \frac{35.6 \times L \times I}{1000 \times A}$$

• 단상 3선식, 3상 4선식 :

$$e = \frac{17.8 \times L \times I}{1000 \times A}$$

• 3상 3선식 : $e = \dfrac{30.8 \times L \times I}{1000 \times A}$

33. **태양광발전 어레이의 경사각과 방위각에 대한 설명으로 옳은 것은?**

① 경사각이 낮아질수록 어레이 사이의 이격거리가 길어진다.
② 경사각은 설치할 부지의 위도를 고려하여 설계하여야 한다.
③ 방위각은 남반구일 때 정남향으로, 북반구일 때 정북향으로 설치한다.
④ 경사각은 어레이가 정남향을 기준으로 동쪽 또는 서쪽으로 틀어진 각도를 말한다.

해설 • 경사각이 낮아질수록 어레이 사이의 이격거리가 길어진다.
• 방위각은 어레이가 정남향과 이루는 각도이다.
• 경사각은 어레이가 지평면과 이루는 각도이다.

34. **태양광발전시스템에 그림자가 발생하게 되면 일사량이 적어지면서 발전량이 감소한다. 일사량의 2가지 성분으로 옳은 것은?**

① 직달광 성분, 산란광 성분
② 직달광 성분, 수평면 일사성분
③ 사면 일사성분, 산란광 성분
④ 수평면 일사성분, 경사면 일사성분

35. **태양광발전시스템 이용률이 15.5 %일 때 일평균 발전시간(h/day)은 약 몇 시간인가?**

① 3.42　　② 3.50
③ 3.60　　④ 3.72

2019년

정답 ● 31. ① 32. ③ 33. ① 34. ①

해설 일평균 발전시간 $= 24 \times$ 이용률 $= 24 \times 0.155 = 3.72$

36. 태양광발전시스템 전기설계 계산서에 해당하지 않는 것은?

① 전압강하 계산서
② 구조 계산서
③ 보호 계전기 정정치 계산서
④ 모듈 및 어레이 직·병렬 계산서

해설 구조 계산서는 구조물 계산서이므로 전기설계 계산에 해당되지 않는다.

37. 토목 도면의 재료별 단면을 표시할 경우 지반에 해당하는 것은?

㉠	㉡
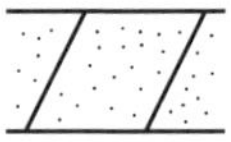	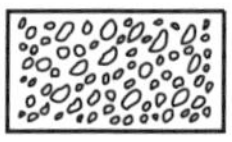
㉢	㉣
	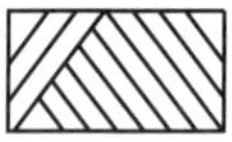

① ㉠　　② ㉡
③ ㉢　　④ ㉣

해설 토목 도면기호

콘크리트	자갈
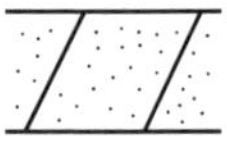	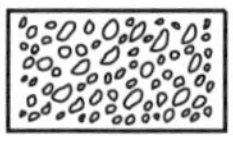
잡석	지반
	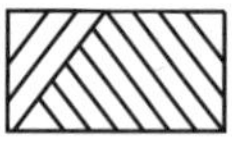

38. 다음과 같은 [조건]에서 자가소비형 태양광발전시스템의 설치용량은 약 몇 kW인가? (단, STC 조건을 기준으로 한다.)

조건
- 연 일사량 : 1356 kWh/m^2
- 연 부하소비량 : 3000 kWh
- 부하의 태양광발전시스템에 대한 의존율 : 50 %
- 설계여유계수 : 20 %
- 종합설계계수 : 80 %

① 1.22　　② 1.66
③ 2.55　　④ 3.00

해설 P_{AS}

$$= \frac{\text{연 부하소비량} \times \text{의존율} \times \text{설계여유율}}{\left(\frac{\text{연 일사량}}{1000}\right) \times \text{종합설계계수}}$$

$$= \frac{3000 \times 0.5 \times 1.2}{\left(\frac{1356}{1000}\right) \times 0.8} = 1659\text{ W} \fallingdotseq 1.66\text{ kW}$$

39. 설계도면 작성 시 정류기의 전기 도면기호로 옳은 것은?

① RC　　② (G)
③ 　　④ (T)

해설 전기 도면기호

룸 에어컨	발전기	정류기	소형 변압기
RC	(G)		(T)

40. 3000 kW 초과의 발전사업을 하기 위한 전기(발전)사업 허가권자는?

① 시·도지사
② 국무총리
③ 한국전력공사장
④ 산업통상자원부장관

해설 3000 kW 초과 : 산업통상자원부장관
3000 kW 이하 : 시·도지사

정답 35. ④ 36. ② 37. ④ 38. ② 39. ③ 40. ④

3과목 태양광발전 시공

41. 다음 [보기]에서 설명한 배전방식으로 가장 적합한 것은?

보기

- 전압변동 및 전력손실
- 부하의 증가에 대한 탄력성 향상
- 고장에 대한 보호방법이 적절하며 공급 신뢰도가 좋음
- 변압기의 공급전력을 서로 융통시킴으로서 변압기 용량 저감 가능
- 케스케이딩 현상 발생

① 방사상 방식
② 저압뱅킹 방식
③ 스포트 네트워크 방식
④ 저압 네트워크 방식

해설 저압뱅킹 방식
- 큰 전력손실
- 전압 변동률 감소
- 부하의 융통성 도모
- 케스케이딩 현상 발생
- 두 대 이상의 변압기 경유
- 부하가 밀집된 시가지에 적용

42. 다음 ㉠, ㉡에 들어갈 내용으로 옳은 것은?

전선관의 굵기는 동일 굵기의 전선을 동일 관 내에 넣는 경우에는 피복을 포함한 단면적의 총 합계가 관 내 단면적의 (㉠)% 이하로 할 수 있으며, 서로 다른 굵기의 전선을 동일 관 내에 넣는 경우에는 피복을 포함한 단면적의 총 합계가 관 내 단면적의 (㉡)% 이하가 되도록 선정하는 것이 일반적인 원칙이다.

① ㉠ : 32, ㉡ : 24
② ㉠ : 24, ㉡ : 32
③ ㉠ : 48, ㉡ : 32
④ ㉠ : 32, ㉡ : 48

해설
- 굵기가 동일한 케이블의 배선 : 피복을 포함한 단면적이 전선관의 48% 이하
- 굵기가 다른 케이블의 배선 : 피복을 포함한 단면적이 전선관의 32% 이하

43. 전력 시설물의 공사감리에서 비상주감리원의 업무에 해당되지 않는 것은?

① 설계도의 검토
② 안전관리 계획서 작성
③ 기성 및 준공검사
④ 설계변경 및 계약금액 조정

해설 비상주 감리원의 업무
- 설계도서 등의 검토
- 기성 및 준공검사
- 설계변경 및 계약금액 조정의 심사
- 중요한 설계변경에 대한 기술검토기성 및 준공검사
- 상주감리원이 수행하지 못하는 현장조사 분석 및 시공사의 문제점에 대한 기술검토

44. 인버터의 설치용량은 사업 계획서상의 인버터 설계용량 이상이어야 하고, 인버터에 연결된 모듈의 설치용량은 인버터 설치용량의 최대 몇 % 이내이어야 하는가?

① 100 ② 105
③ 110 ④ 120

45. 설계감리의 업무범위가 아닌 것은?

① 설계의 경제성 검토
② 공사기간 및 공사비의 적정성 검토
③ 주요 기자재 공급원의 검토와 승인
④ 설계내용의 시공 가능성에 대한 사전 검토

2019년

정답 41. ② 42. ③ 43. ② 44. ② 45. ③

해설 설계감리의 업무범위
- 설계의 경제성 검토
- 설계공정의 관리에 관한 검토
- 공사기간 및 공사비의 적정성 검토
- 설계내용의 시공성 가능성에 대한 사전 검토
- 전력 시설물 공사의 관계법령, 기술기준, 설계기준 및 시공기준의 적합성 검토

46. 배전선로에서 지락고장이나 단락고장사고가 발생하였을 때 고장을 검출하여 선로를 차단한 후 일정시간 경과하면 자동적으로 재투입 동작을 반복함으로써 고장구간을 제거할 수 있는 보호 장치는?

① 리클로저 ② 라인 퓨즈
③ 컷 아웃 스위치 ④ 배전용 차단기

47. 구조물 및 자재 종류별 검사에서 감리원의 검사절차로 옳은 것은?

㉠ 시공완료
㉡ 검사 요청서 제출
㉢ 시공관리 책임자 점검
㉣ 감리원 현장검사
㉤ 검사결과 통보

① ㉠→㉡→㉢→㉣→㉤
② ㉠→㉢→㉣→㉡→㉤
③ ㉠→㉢→㉡→㉣→㉤
④ ㉠→㉣→㉡→㉢→㉤

48. 송전전력, 부하역률, 송전거리, 전력손실 및 선간전압이 같을 경우 3상 3선식에서 한 가닥에 흐르는 전류는 단상 2선식의 경우 약 몇 %가 되는가?

① 57.7 ② 70.7
③ 115 ④ 141

해설 $\sqrt{3}\,I_{3상} = I_{2상}$, 3상 3선식에서 한 가닥에 흐르는 전류는 단상 2선식의 경우

$\rightarrow \sqrt{3}\,I_{3상} \times \frac{1}{3} = I_{2상}$,

$\frac{\sqrt{3}\,I_{3상}}{3I_{2상}}$, $\frac{I_{3상}}{I_{2상}} = \frac{\sqrt{3}}{3} \fallingdotseq 0.577 \rightarrow 57.7\,\%$

49. 태양광발전 모듈 배선을 금속관 공사로 시공할 경우에 대한 설명으로 틀린 것은?

① 옥외용 비닐 절연전선을 사용하여야 한다.
② 금속관 내에서 전선은 접속점을 만들어서는 안 된다.
③ 전선은 단면적 $10\ \text{mm}^2$을 초과하는 경우 연선을 사용하여야 한다.
④ 짧고 가는 금속관에 넣는 전선인 경우 단선을 사용할 수 있다.

해설 옥외용 비닐 절연전선은 유연성이 없으므로 금속관 공사에 부적합하다.

50. 매설 혹은 심타 접지극의 종류로 동판을 사용하는 경우 알맞은 치수는?

① 두께 $0.6\ \text{mm}$ 이상, 면적 $800\ \text{cm}^2$ 이상
② 두께 $0.6\ \text{mm}$ 이상, 면적 $900\ \text{cm}^2$ 이상
③ 두께 $0.7\ \text{mm}$ 이상, 면적 $800\ \text{cm}^2$ 이상
④ 두께 $0.7\ \text{mm}$ 이상, 면적 $900\ \text{cm}^2$ 이상

51. 전문 감리업 면허 보유자가 수행할 수 있는 영업범위는?

① 발전설비 10만 kW 미만의 전력 시설물
② 발전설비 12만 kW 미만의 전력 시설물
③ 발전설비 15만 kW 미만의 전력 시설물
④ 발전설비 20만 kW 미만의 전력 시설물

정답 ● 46. ① 47. ③ 48. ① 49. ① 50. ④ 51. ①

52. **자가용 전기설비 사용 전 검사에 대한 설명으로 틀린 것은?**

① 검사결과의 통지는 검사 완료일로부터 5일 이내에 검사 확인증을 신청인에게 통지하여야 한다.

② 검사결과 검사기준에 부적합 경우 사용 전 검사의 재검사 기간은 검사일 다음 날로부터 15일 이내로 한다.

③ 전기안전에 지장이 없는 경우라도 발전인가 출력보다 낮고, 저출력 운전 시에는 임시사용이 불가능하다.

④ 검사의 목적은 전기설비가 공사계획대로 설계·시공되었는가를 확인하여 전기설비의 안전성을 확보하는 것이다.

해설 전기설비의 임시사용 허가기준은 발전기의 출력이 인가를 받거나 신고한 출력보다 낮으나 사용상 안전에 지장이 없다고 인정되는 경우이다.

53. **태양광발전시스템의 구조물 설치를 위한 기초의 종류 중 지지층이 얕은 경우 적용하는 방식은 무엇인가?**

① 피어기초　　② 말뚝기초

③ 간접기초　　④ 직접기초

해설 • 지지층이 얕은 경우 : 직접기초(독립기초, 복합기초), 연속기초, 전면기초

• 지지층이 깊은 경우 : 말뚝기초, 피어기초, 케이슨 기초

54. **태양광발전 난연성, 절연의 신뢰성, 내습·내진성, 소형 및 경량화, 내전압 성능이 낮아 VCB와 조합 시 서지 흡수기를 설치하며, 단시간 과부하에 좋은 변압기는?**

① 유입 변압기

② 몰드 변압기

③ 아몰퍼스 변압기

④ H종 건식 변압기

55. **태양광발전 제1종 접지공사의 최대 접지저항 값은?**

① 1 Ω　② 5 Ω　③ 10 Ω　④ 100 Ω

해설 제1종 접지공사는 10 Ω 이하, 제3종 접지공사는 100 Ω 이하, 특별 제3종 접지공사는 10 Ω 이하이다.

56. **태양광발전 모듈과 인버터 간의 배선에 대한 설명으로 틀린 것은?**

① 태양광발전 모듈 접속 후 케이블은 반드시 극성표시 확인 후 설치한다.

② 태양광발전 모듈간 배선은 $2.5\,mm^2$ 이상의 전선을 사용하면 단락전류에 충분히 견딜 수 있다.

③ 접속함에서 인버터까지 배선의 길이가 60 cm 이내일 경우 전압강하는 5 % 이하로 한다.

④ 태양광발전 어레이 지중배선을 직접매설 방식에 의해 중량물의 압력을 받는 장소에 매설하는 경우 1.2 m 이상의 깊이로 한다.

해설 접속함에서 인버터까지 배선의 길이가 60 cm 이내일 경우 전압강하는 3 % 이하로 한다.

57. **옥상 또는 지붕 위에 설치한 태양전지 어레이에서 복수의 케이블을 배선하는데 그림과 같이 지붕 환기구 및 처마 밑에 배선하려고 한다. 이때 케이블의 곡률반경은 케이블 지름의 몇 배 이상으로 하여야 하는가?**

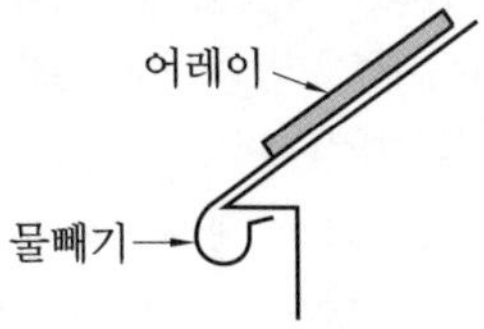

① 2배　② 4배　③ 6배　④ 8배

정답 52. ③ 53. ④ 54. ② 55. ③ 56. ③ 57. ③

해설 지붕위에 설치한 케이블의 물 빠짐을 위해 케이블 외경의 최소 6배 이상의 반경으로 하여야 한다.

58. 발주자가 설계변경을 지시할 경우 첨부 서류에 포함되지 않는 것은?

① 설계변경 개요서
② 수량산출 조서
③ 주요 기자재 및 인력투입계획
④ 설계변경 도면, 설계 설명서, 계산서

해설 주요 기자재 및 인력투입계획은 착공 신고서 포함서류이다.

59. KS C IEC 60364 저압계통의 접지방식이 아닌 것은?

① TT 방식 ② IT 방식
③ TN-C 방식 ④ TT-C 방식

해설 저압계통의 접지방식에는 TT 방식, IT 방식, TN 방식, TN-C 방식이 있다.

60. 태양광발전시스템 시공에서 모듈설치 및 결선의 체크리스트 항목이 아닌 것은?

① 전선의 자재는 KS 규격품을 사용하였는가?
② 모듈의 직·병렬연결 시 링 타입의 단자를 사용하여 연결하였는가?
③ 태양광발전 모듈의 전선은 접속함에 일반용 커넥터를 사용하여 결속하였는가?
④ 모듈간의 직렬배선은 바람에 흔들리지 않도록 일반용 케이블 타이로 단단히 고정하였는가?

해설 '모듈간의 직렬배선은 바람에 흔들리지 않도록 방수용 케이블 타이로 단단히 고정하였는가?'이다.

4과목 태양광발전 운영

61. 태양광발전시스템에서 배전계통으로 유입되는 종합 전압 고조파 왜형률은 최대 몇 %를 초과하지 않도록 하여야 하는가?

① 1 ② 3
③ 5 ④ 7

62. 사업 계획서 작성 시 태양광발전설비의 전기설비 개요에 포함되어야 할 사항으로 옳은 것은?

① 증발량 ② 연료의 종류
③ 집광판의 면적 ④ 회전날개의 수

해설 전기설비 개요에 포함되어야 할 사항에는 집광판의 면적, 태양전지의 정격전압 및 출력, 인버터의 종류가 있다.

63. 태양광발전시스템의 운영에 있어 계측기나 표시장치의 사용목적이 아닌 것은?

① 시스템의 성능 예측
② 시스템의 발전전력량 파악
③ 시스템의 운전상태 감시
④ 시스템의 성능을 평가하기 위한 데이터 수집

해설 계측기 및 표시장치의 사용목적은 운전상태 감시, 시스템 발전전력량 파악, 시스템 종합평가, 시스템 운영상황 홍보이다.

64. 태양광발전 어레이의 일상점검 시 외관검사 방법 중 관찰사항으로 틀린 것은?

① 접지저항 검사
② 변색, 낙엽 등의 유무
③ 가대의 녹 발생 유무
④ 태양광발전 어레이 표면의 오염검사

해설 접지저항 검사는 관찰사항이 아니라 측정사항이다.

정답 ● 58. ③ 59. ④ 60. ④ 61. ③ 62. ③ 63. ① 64. ①

65. 전원의 재투입 시 안전조치로 틀린 것은 어느 것인가?

① 모든 이상 유무 확인 후 전원을 투입한다.

② 모든 작업자가 작업 완료된 전기기기에서 떨어져 있는지 확인한다.

③ 차단장치나 단로기 등에 잠금장치 및 꼬리표를 부착한다.

④ 단락접지기구, 통전금지 표시, 개폐기 잠금장치 등 안전장치를 제거하고, 안전하게 통전할 수 있는지 확인한다.

해설 꼬리표 부착은 개방 후 조치이다.

66. 태양광발전시스템 운전특성의 측정방법(KS C 8535 : 2005)에서 용어 정의 중 다른 전원에서의 보충 전력량을 의미하는 것은?

① 백업 전력량

② 표준 전력량

③ 역조류 전력량

④ 계통 수전 전력량

해설 다른 전원에서의 보충 전력량은 백업 전력량이라 한다.

67. 독립형의 시험항목으로 옳은 것은?

① 교류출력전류 변형률 시험

② 단독운전 방지기능 시험

③ 자동기동 정지시험

④ 출력측 단락시험

68. 중대형 태양광발전용 인버터(KS C8565 : 2016)의 절연저항 시험에서 입력단자 및 출력단자를 각각 단락하고, 그 단자와 대지간의 절연저항을 측정하는 경우 품질기준으로 절연저항은 몇 MΩ 이상이어야 하는가?

① 0.5 ② 0.7 ③ 1.0 ④ 10

해설 단자와 대지간의 절연저항은 1MΩ 이상이어야 한다.

69. 솔라 시뮬레이터가 STC 측정목적으로 사용되도록 설계되어 있는 경우 시뮬레이터는 시험면에서 몇 W/m^2의 유효조사강도를 생성할 수 있어야 하는가?

① 500 ② 1000 ③ 1500 ④ 2000

해설 시험면에서 1000 W/m^2의 유효조사강도를 생성할 수 있어야 한다.

70. 전기사업법에 의해 전기사업용 태양광발전소의 태양광 전기설비 계통의 정기검사 시기는?

① 1년 이내 ② 3년 이내

③ 4년 이내 ④ 5년 이내

해설 태양광 전기설비 계통의 정기검사 시기는 4년 이내이다.

71. 태양광발전시스템 운전 중 점검사항에 해당하지 않는 것은?

① 인버터 표시부의 이상표시

② 축전지의 변색, 변형, 팽창

③ 접속함의 절연저항 및 개방전압

④ 인버터의 이음, 이취, 연기발생

해설 접속함의 절연저항 및 개방전압은 정기점검 사항이다.

72. 분산형 전원 배전계통연계기술기준에 의해 태양광발전시스템 및 그 연계 시스템의 운영 시 태양광발전시스템 연결점에서 최대 정격 출력전류의 몇 %를 초과하는 직류전류를 배전계통으로 유입시켜서는 안 되는가?

① 0.5 ② 0.7 ③ 1.0 ④ 3.0

정답 65. ③ 66. ① 67. ④ 68. ③ 69. ② 70. ③ 71. ③ 72. ①

73. **태양광발전시스템의 구조물에 발생하는 고장으로 틀린 것은?**

① 백화현상
② 구조물 변형
③ 이상 진동음
④ 녹 및 부식

해설 백화현상은 태양전지 모듈에서 발생하는 현상이다.

74. **태양광발전시스템의 안전관리 예방업무가 아닌 것은?**

① 시설물 및 작업장 위험방지
② 안전 관리비 실행 집행 및 관리
③ 안전 작업 관련 훈련 및 교육
④ 안전장구, 보호구, 소화설비의 설치, 점검, 정비

해설 안전 관리비 실행 집행 및 관리는 예산관리 사항이다.

75. **태양광발전시스템의 성능을 평가하기 위한 측정요소로 틀린 것은?**

① 가중치
② 사이트
③ 신뢰성
④ 설치가격

해설 태양광발전시스템의 성능을 평가하기 위한 측정요소에는 신뢰성, 사이트, 설치가격, 발전성능이 있다.

76. **태양광발전시스템의 고장별 조치방법을 나열한 것으로 틀린 것은?**

① 불량 모듈이 선별되어 교체 시에는 제조사와 관계없이 동일면적의 제품으로 교체되어야 한다.
② 인버터가 고장인 경우에는 유지보수 인력이 직접수리가 곤란하므로 제조업체에 A/S를 의뢰하여 보수한다.
③ 모듈의 단락전류는 음영에 의한 경우와 모듈 불량에 의한 경우의 문제로 판단되면 그 원인을 해소한다.
④ 태양광발전 모듈의 개방전압이 저하하는 원인은 셀 및 바이패스 다이오드의 손상에 기인하는 경우가 대부분이므로 손상된 모듈을 찾아서 교체하여야 한다.

해설 불량 모듈은 동일규격으로 교체해야 한다.

77. **자가용 전기설비 중 태양광발전설비의 태양전지 정기검사 시 세부검사 항목으로 틀린 것은?**

① 규격확인
② 누설전류
③ 외관검사
④ 전지의 전기적 특성시험

해설 태양전지의 세부검사 항목에는 규격확인, 외관검사, 전기적 특성시험이 있다.

78. **태양광발전시스템의 운영방법으로 틀린 것은?**

① 태양광발전시스템의 고장요인은 대부분 인버터에서 발생하므로 정기적으로 정상 가동 유무를 확인하여야 한다.
② 접속함에는 역류방지 다이오드, 차단기, 단자대 등이 내장되어 있으므로 누수나 습기 침투 여부의 정기적인 점검이 필요하다.
③ 태양광발전 모듈은 일사량이 높을수록 발전효율이 높으므로 어레이 각도를 태양의 남중고도를 고려하여 정기적으로 조절하면 발전량을 높일 수 있다.

정답 ● 73. ① 74. ② 75. ① 76. ① 77. ② 78. ④

④ 태양광발전 모듈 표면은 특수 강화 처리된 유리로 되어 있어 고압 세척기를 이용하거나 오염이 심한 경우 세제를 이용하여 세척을 하여도 무방하다.

해설 세척 시 유리가 마모되는 세제를 사용해서는 안 된다.

79. **송·배전설비의 유지관리 시 점검 후의 유의사항으로 옳지 않은 것은?**

① 준비 철저 및 연락
② 회로도에 의한 검토
③ 임시 접지선 제거 및 최종확인
④ 무전압 상태 확인 및 안전조치

해설 무전압 상태의 확인은 유지관리 시가 아닌 정기점검 시의 유의사항이다.

80. **정지상태의 점검으로 내전압시험 및 보호 계전기 등의 동작시험을 수행하는 점검은 무엇인가?**

① 일상점검 ② 운전점검
③ 정기점검 ④ 임시점검

해설 정기점검은 무전압 상태에서 제어장치의 기계점검, 절연저항 측정이며, 운전상태에서의 점검은 아니다.

2019년

정답 79. ④ 80. ③

2019 년도 출제문제(4회차) 및 해설

1과목 태양광발전 이론(기획)

1. 태양광발전 모듈과 인버터가 통합된 형태로서 태양광발전시스템의 확장이 유리한 인버터 운전방식은?

① 모듈 인버터 방식
② 병렬운전 인버터 방식
③ 스트링 인버터 방식
④ 중앙 집중형 인버터 방식

해설 모듈 인버터 방식 : 모듈과 인버터가 통합된 인버터 방식, 확장이 유리한 방식

2. 태양광발전시스템용 인버터의 단독운전 방지기능에서 능동적인 검출방식이 아닌 것은?

① 유효전력 변동방식
② 무효전력 변동방식
③ 주파수 시프트 방식
④ 전압위상 도약방식

해설 • 능동적인 검출방식 : 유효전력 변동방식, 무효전력 변동방식, 주파수 시프트 방식
• 수동적인 검출방식 : 전압위상 도약방식, 주파수 변화율 검출방식, 제3고조파 전압 급증방식

3. 전원으로부터 부하로 전력이 공급될 때, 최대전력 전달이 가능하기 위한 전원의 내부저항과 부하저항의 크기 관계는?

① 관계가 없음
② 내부저항 < 부하저항
③ 내부저항 > 부하저항
④ 내부저항 = 부하저항

해설 최대전력 전달이 가능하기 위한 전원의 내부저항과 부하저항의 크기 관계는 내부저항과 부하저항이 같은 경우이다.

4. 태양광발전 STC 조건에서 측정한 어떤 태양광발전 모듈의 최대출력이 100 W라면 태양광발전 전지온도가 45 ℃일 때 태양광발전 모듈의 최대출력(W)은? (단, 태양광발전 전지의 온도보정계수는 −0.5 %이다.)

① 90 W ② 92 W
③ 95 W ④ 100 W

해설 $P_{max}(T)$

$= P_{max}\{1+\text{온도계수}\times(T-25℃)\}$

$= 100\times\left\{1+\left(-\frac{0.5}{100}\right)\times(45-25)\right\}=90\text{ W}$

5. 전기를 생산하는 발전에는 여러 방식이 있고, 각각의 에너지 변환효율은 다르다. 다음 설명 중 가장 옳은 것은?

① 풍력발전이 화력발전보다 효율이 높다.
② 수력발전이 화력발전보다 효율이 높다.
③ 지열발전이 화력발전보다 효율이 높다.
④ 바이오에너지 발전이 원자력 발전보다 효율이 높다.

해설 • 풍력발전>화력발전,
• 수력발전<화력발전,
• 지열발전<화력발전,
• 바이오에너지 발전<원자력 발전

정답 1. ① 2. ④ 3. ④ 4. ① 5. ①

6. 전력변환장치(PCS)의 기능으로 옳은 것은?

① 단독운전기능, 수동전압 조정기능, 직류지락 검출기능
② 단독운전기능, 최대전력 추종제어기능, 직류지락 검출기능
③ 단독운전 방지기능, 최대전력 추종제어기능, 직류운전기능
④ 자동운전 정지기능, 최대전력 추종제어기능, 단독운전기능

해설 인버터(PCS)의 기능 : 단독운전 방지기능, 최대전력 추종제어기능, 자동운전 정지기능, 자동전압 조정기능, 직류지락 검출기능

7. 건물에 설치된 태양광발전시스템의 낙뢰 및 과전압 보호로 고려해야 하는 방법이 아닌 것은?

① 교류측에 과전압 보호장치를 설치해야 한다.
② 태양광발전시스템 접속함의 직류측에 서지 보호 장치를 설치해야 한다.
③ 태양광발전시스템이 외부에 노출되어 있다면 적절한 피뢰침을 설치해야 한다.
④ 낙뢰 보호 시스템이 있어도 반드시 태양광발전시스템은 접지 및 등전위면에 연결되어야 한다.

해설 접지 및 등전위는 과전압 보호라기보다 인체감전방지용이다.

8. P-N 접합 다이오드에 순방향 바이어스 전압을 인가할 때의 설명으로 옳은 것은?

① 커패시턴스가 커진다.
② 내부전계가 강해진다.
③ 전위장벽이 높아진다.
④ 공간전하 영역의 폭이 넓어진다.

해설 역방향 바이어스는 공핍층의 폭이 넓어지고, 순방향 바이어스에서는 좁아진다. 커패시턴스는 공핍층의 폭에 반비례하므로 순방향 바이어스 시 커진다.

9. 태양광발전 모듈의 지락에 대한 안전대책이 가장 필요한 인버터 방식은?

① 부하변동방식
② 트랜스리스 방식
③ 고주파 변압기 절연방식
④ 상용주파 변압기 절연방식

해설 트랜스리스 방식은 직류측과 교류측이 절연되어 있지 않으므로 지락에 대한 안전대책이 가장 필요하다.

10. 동일 출력전류(I) 특성을 가지는 N개의 태양광발전 전지를 같은 일사조건에서 서로 병렬로 연결했을 경우 출력전류 I_a에 대한 계산식은?

① $I_a = N \times I$　② $I_a = N \times I^2$
③ $I_a = \dfrac{I}{N}$　④ $I_a = \dfrac{N}{I}$

해설 병렬연결 시 전류 $I_a = N \times I$

11. 동일한 태양광발전 모듈에서 개방전압이 가장 높을 것으로 예상되는 상태는?

① 외기온도가 0℃이고, 일사량이 1000 W/m^2일 때
② 외기온도가 0℃이고, 일사량이 800 W/m^2일 때
③ 외기온도가 30℃이고, 일사량이 800 W/m^2일 때
④ 외기온도가 −10℃이고, 일사량이 1000 W/m^2일 때

해설 표준 조건(일사량 1000 W/m^2)에서 외기 온도가 낮을수록 개방전압이 올라간다.

2019년

정답 6. ④ 7. ④ 8. ① 9. ② 10. ① 11. ④

12. 연료전지 발전에 대한 설명으로 틀린 것은?

① 소음 및 공해배출이 적어 친환경적이다.
② 천연가스, 메탄올, 석탄가스 등 다양한 연료를 사용할 수 있다.
③ 도심 부근에 설치 가능하여 송배전 시의 설비 및 전력손실이 적다.
④ 수소의 연소로부터 공급되어지는 열에너지를 전기에너지로 변환한다.

해설 연료전지 발전 : 물의 전기분해의 역반응으로 수소와 산소의 결합에 의한 전기에너지의 변환에 의한 발전이다.

13. 1일 적산 부하전력량은 1.3 kWh, 불일조일은 10일, 보수율은 0.8, 공칭전압은 2 V를 갖는 납축전지 50개, 방전심도 65 %인 독립형 태양광발전시스템의 축전지 용량은 몇 Ah인가?

① 100 ② 250
③ 500 ④ 1000

해설 독립형 축전지의 용량(C)

$$= \frac{1일\ 소비전력량 \times 불일조일수}{보수율 \times 공칭\ 전지전압 \times 개수 \times 방전심도}$$

$$= \frac{1300 \times 10}{0.8 \times 2 \times 50 \times 0.65} = 250\ \text{Ah}$$

14. 태양광발전시스템에서 바이패스 소자의 설치 위치는?

① 단자함 ② 분전반
③ 변압기 내부 ④ 인버터 내부

해설 바이패스 소자는 모듈 단자함에 설치한다.

15. 태양광발전 전지를 사용한 발전방식의 장점이 아닌 것은?

① 친환경 발전이다.
② 유지관리가 용이하다.
③ 확산광(산란광)도 이용할 수 있다.
④ 급격한 전력수요에 대응이 가능하다.

해설 태양광발전 전지는 야간이나 음영이 많을 시 전력생산이 되지 않는 단점이 있다.

16. 독립형 태양광발전용 축전지의 기대수명에 큰 영향을 주는 요소가 아닌 것은?

① 습도 ② 온도
③ 방전심도 ④ 방전횟수

해설 독립형 축전지의 기대수명 영향 요소 : 온도, 방전심도, 방전횟수

17. 피뢰기가 구비해야 할 조건으로 틀린 것은?

① 제한전압이 낮을 것
② 충격방전 개시전압이 낮을 것
③ 속류의 차단능력이 충분할 것
④ 상용주파 방전개시전압이 낮을 것

해설 피뢰기의 구비조건으로 상용주파 방전개시전압이 높아야 한다.

18. 태양광발전 전지를 재료에 따라 구분한 것으로 틀린 것은?

① 절연체
② 화합물 반도체
③ 실리콘 반도체
④ 염료 감응형 및 유기물

해설 태양광발전 전지의 재료 구분 : 실리콘 반도체, 화합물 반도체, 염료 감응형, 유기물

19. 태양광발전시스템이 갖추어야 할 기본적인 조건이 아닌 것은?

① 안정성이 좋을 것
② 신뢰성이 좋을 것

정답 12. ④ 13. ② 14. ① 15. ④ 16. ① 17. ④ 18. ① 19. ③

③ 설치비용이 높을 것
④ 변환효율이 높을 것

해설 태양광발전시스템이 갖추어야 할 기본적인 조건으로 설치비용이 낮아야 한다.

20. 변압기에서 1차 전압이 120 V, 2차 전압이 12 V이고, 1차 권선수가 400회라면 2차 권선수는?

① 10회 ② 40회
③ 400회 ④ 4000회

해설 $\frac{N_2}{N_1} = \frac{V_2}{V_1}$ 으로부터

$$N_2 = N_1 \times \frac{V_2}{V_1} = 400 \times \frac{12}{120} = 40\text{회}$$

2과목 태양광발전 설계

21. 일반적으로 구조물이나 시설물 등을 공사 또는 제작할 목적으로 상세하게 작성된 도면은?

① 상세도
② 평면도
③ 정면도
④ 횡단면도

22. 일사량의 특징으로 틀린 것은?

① 1년 중 춘분경이 최대이다.
② 해안지역이 산악지역보다 일사량이 높다.
③ 지면 위 일사량은 공기 중에 있는 먼지에 의해 흡수 또는 산란되기도 한다.
④ 하루 중의 일사량은 태양고도가 가장 높을 때인 남중 시에 최대이다.

해설 1년 중 춘분경이 아닌 하지경일 때 일사량이 가장 높다.

23. 감리 업무 수행지침에 따른 설계도서에 포함되어야 할 서류로 적합하지 않은 것은?

① 설계도면
② 설계 설명서
③ 설계 내역서
④ 신·재생에너지 설비 확인서

해설 설계도서 : 설계도면, 설계 내역서, 설계 설명서

24. 태양광 입사각(태양 고도각)을 결정하기 위한 방법이 아닌 것은?

① 구조물 높이를 측정한다.
② 태양광발전 모듈의 경사각을 결정한다.
③ 태양광발전 모듈의 효율을 확인한다.
④ 음영의 영향을 받지 않는 이격거리를 계산한다.

해설 모듈의 효율은 입사각 결정에 무관하다.

25. 3000 kW 이하 전기(발전)사업 허가 시 필요한 서류가 아닌 것은? (단, 발전 설비 용량이 200 kW 이하인 전기사업은 제외한다.)

① 사업 계획서
② 송전관계 일람도
③ 전기사업 허가 신청서
④ 5년간 예상사업 손익 산출서

해설 3000 kW 이하 전기사업 허가 시 필요한 서류에는 전기사업 허가 신청서, 사업계획서, 송전관계 일람도가 있다.

26. 다음 중 지상설치의 기초형식에 대한 종류와 그림 설명으로 틀린 것은?

2019년

정답 20. ② 21. ① 22. ① 23. ④ 24. ③ 25. ④ 26. ①

①

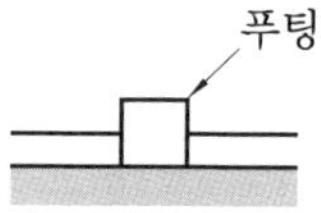

전면기초

②

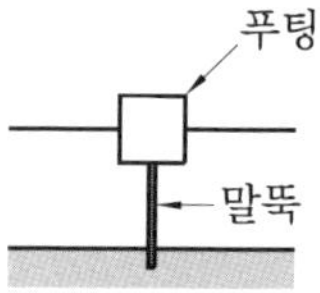

말뚝기초

③

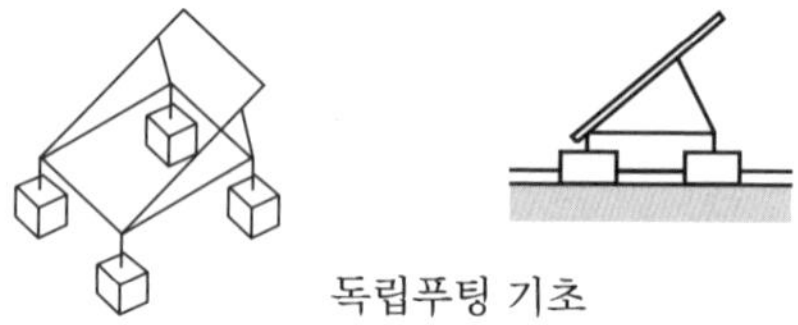

독립푸팅 기초

④

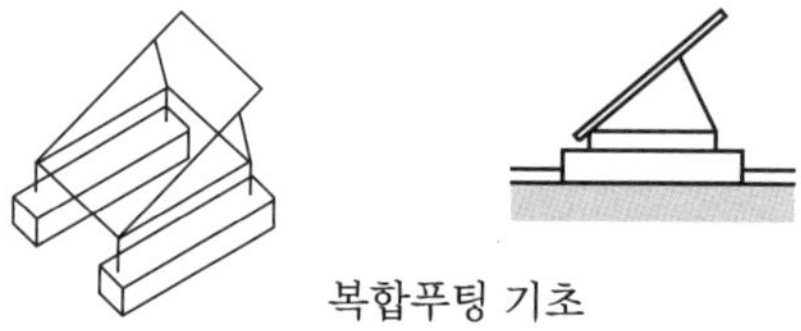

복합푸팅 기초

해설 ①은 독립(푸팅) 기초이다.

27. 태양광발전 어레이 가대를 설계하고자 할 때, 설계 순서를 옳게 나열한 것은?

㉠ 태양광발전 모듈의 배열결정 ㉡ 설치장소 결정 ㉢ 상정 최대하중 산출 ㉣ 지지대 기초설계 ㉤ 지지대 형태, 높이, 구조결정

① ㉠→㉡→㉢→㉣→㉤
② ㉡→㉠→㉤→㉢→㉣
③ ㉣→㉠→㉤→㉢→㉡
④ ㉠→㉡→㉣→㉢→㉤

28. 평지붕에 태양광발전시스템 설치를 위한 설계 검토 시 평지붕의 적설하중 관계식에 사용되지 않는 인자는?

① 온도계수
② 노출계수
③ 지붕면 외압계수
④ 지상적설하중의 기본값

해설 평지붕 적설하중=적설하중계수×노출계수×온도계수×중요도계수×지상적설하중의 기본값

29. 태양광발전시스템의 출력 18750 W, 태양광발전 모듈의 최대출력 250 W, 모듈의 직렬연결 개수가 5개일 때 최대 병렬연결 개수는?

① 13개 ② 15개
③ 17개 ④ 20개

해설 병렬연결 개수

$$= \frac{\text{태양광발전시스템 출력}}{\text{직렬개수} \times \text{모듈용량}} = \frac{18750}{5 \times 250} = 15\text{개}$$

30. 태양광발전시스템의 구성항목 중 초기 투자비로 보기 어려운 것은?

① 계통연계비용
② 설계 및 감리비
③ 인·허가 용역비
④ 운전유지 및 수선비

해설 운전유지 및 수선비는 운영비이다.

31. 전기실에 설치하는 소화설비로 적합하지 않은 것은?

① 이너젠 소화설비
② 하론가스 소화설비
③ 이산화탄소 소화설비
④ 스프링클러 소화설비

해설 전기실에는 물이 들어가면 안 되므로 스프링클러는 사용하지 않는다.

32. 가교 폴리에틸렌 절연 비닐 케이블을 나타내는 약호는?

정답 27. ② 28. ③ 29. ② 30. ④ 31. ④ 32. ③

① GV ② DV
③ CV ④ OW

해설 GV : 접지용 비닐 절연전선, DV : 인입용 비닐 절연전선, OW : 옥외용 비닐 절연전선

33. 태양광발전용 인버터의 입력한계전압이 800 (V_{DC})라면 이때 태양광발전 모듈의 최대 직렬 수는? (단, 모듈 온도변화는 −10 ~70℃로 하고, 기타조건은 표준상태이다.)

- V_{oc} : 45.16 V, • I_{sc} : 7.73 A
- V_{mpp} : 41.5 V, • I_{mpp} : 7.22 A
- 온도계수 I : 2 %/℃
- 온도계수 V : − 0.454 %/℃

① 13직렬 ② 15직렬
③ 17직렬 ④ 19직렬

해설 $V_{oc}(-10℃)$

$= 45.16 \times \left\{1 + \left(-\frac{0.454}{100}\right) \times (-10-25)\right\}$

≒ 52.34 V

최대 직렬 수

$= \frac{\text{인버터 최대 입력전압}}{\text{최저온도일 때 개방전압}} = \frac{800}{52.34}$

≒ 15.28 → 15개

34. 태양광발전 부지의 연간 경사면 일사량이 4784 MJ/m^{2}이고, 효율이 81 %일 때 일평균 발전시간은 약 얼마인가?

① 1.324 h/일 ② 2.949 h/일
③ 3.639 h/일 ④ 4.785 h/일

해설 연간 발전량$= \frac{4784}{3.6} \times 0.81$

=1076.4 kWh/m^2

〈참고〉 1 kWh/m^2=3.6MJ/m^2

1일 평균 발전시간

$= \frac{1076.4\,\text{kWh/m}^2}{1\,\text{kW/m}^2 \times 365\text{일}}$ ≒ 2.949 h/일

35. 부지선정 검토 시 법적 인·허가 및 신고사항에 포함되지 않는 것은?

① 문화재 지표조사
② 공작물 축조신고
③ 무연분묘 개장허가
④ 공급인증서 발급하기

해설 공급인증서는 부지선정과는 무관하다.

36. 태양광발전시스템의 감시(Monitoring) 설비에 대한 설명으로 틀린 것은? (단, 분산형 전원 배전계통연계기술기준 및 신·재생에너지 설비의 지원 등에 관한 지침에 따른다.)

① 일사량을 측정하기 위해 경사면 일사량계, 수평면 일사량계를 설치한다.
② 기상상태를 파악하기 위해 풍향 및 풍속계, 온도계, 습도계를 설치한다.
③ 250 kW 이상 발전설비의 연계점에 전력품질 감시설비를 설치해야 한다.
④ 20 kW 이상 발전설비에는 운전상황을 알 수 있는 모니터링 설비를 설치해야 한다.

해설 태양광발전시스템 모니터링 설비 설치 대상의 설비용량은 50 kW 이상이다.

37. 일조율에 관한 설명으로 옳은 것은 어느 것인가?

① 가조시간에 대한 일조시간의 비
② 해 뜨는 시간부터 해 지는 시간까지의 일사량
③ 지표면에 직접 도달하는 직달 일조강도의 적산
④ 구름의 방해 없이 지표면에 태양이 비친 시간

해설 일조율 : 가조시간에 대한 일조시간의 비

2019년

정답 ● 33. ② 34. ② 35. ④ 36. ④ 37. ①

38. 태양광발전 모듈에서 접속함까지의 직류 배선길이가 30 m이며, 어레이 전압이 300 V, 전류가 5 A일 때 전압강하는 몇 V인가? (단, 전선의 단면적은 4.0 mm^2 이다.)

① 1.335　　② 1.424
③ 1.789　　④ 1.924

해설 전압강하 $= \dfrac{35.6 \times L \times I}{1000 \times A}$

$= \dfrac{35.6 \times 30 \times 5}{1000 \times 4.0} = 1.335\ \text{V}$

39. 태양광발전 어레이의 세로길이를 3.6 m, 어레이의 경사각 33°, 그림자 고도각 15°로 산정하여 북위 37° 지방에서 태양광발전시스템을 건설하고자 할 때 어레이 간의 최소 이격거리는 약 몇 m인가?

① 9.7　　② 10.3
③ 11.4　　④ 13.6

해설 이격거리

$= 모듈의\ 길이 \times \dfrac{\sin(경사각 + 고도각)}{\sin(고도각)}$

$= 3.6 \times \dfrac{\sin(33^o + 15^o)}{\sin 15^o}$

$= 3.6 \times \dfrac{\sin 48^o}{\sin 15^o} = 3.6 \times \dfrac{0.743}{0.259} ≒ 10.3\ \text{m}$

40. 토목 도면에서 밭을 나타내는 기호는?

① 
② 
③ 
④ 

해설 토목 도면기호

과수	초지	밭	논	산림

3과목 태양광발전 시공

41. 전기설비기술기준의 판단기준에 따라 옥내에 시설하는 저압용 배·분전반 등의 시설방법으로 틀린 것은?

① 한 개의 분전반에는 한 가지 전원(1회선의 간선)만 공급하여야 한다.
② 배·분전반 안에 물이 스며들어 고이지 않도록 한 구조이어야 한다.
③ 옥내에 설치하는 배전반 및 분전반은 불연성 또는 난연성이 있도록 시설하여야 한다.
④ 노출된 충전부가 있는 배전반 및 분전반은 취급자 이외의 사람이 쉽게 출입할 수 없도록 설치하여야 한다.

해설 배·분전반은 옥내에 설치한다.

42. 굵기가 다른 케이블을 배선할 경우 전선관의 두께는 전선의 피복 절연물을 포함한 단면적이 전선관의 내 단면적의 최대 몇 % 이하가 되어야 하는가?

① 25　② 32　③ 48　④ 52

해설 • 굵기가 다른 케이블을 배선 시 : 32 % 이하
• 굵기가 동일한 케이블을 배선 시 : 48 % 이하

43. 전력계통에서 3권선 변압기(Y－Y－Δ)를 사용하는 주된 이유는?

① 승압용
② 노이즈 제거
③ 제3고조파 제거
④ 2가지 용량 사용

해설 전력계통에서 3권선 변압기(Y－Y－Δ)를 사용하는 주된 이유는 제3고조파를 제거하기 위해서이다.

정답 38. ① 39. ② 40. ③ 41. ② 42. ② 43. ③

44. 태양광발전시스템이 설치된 고층건물에 적용하는 뇌격거리를 반지름으로 하는 가상 구를 대지와 수뢰부가 동시에 접하도록 회전시켜 보호범위를 정하는 수뢰부(피뢰) 설계방식은?

① 메시법 ② 돌침방식
③ 회전구체법 ④ 수평도체 방식

해설 회전구체법 : 고층건물에 2개 이상의 수뢰부에 동시 또는 1개 이상의 수뢰부와 동시에 접하도록 구체를 회전시켜 구체 표면의 포물선으로부터 보호한다.

45. 태양광발전시스템의 접지공사 시설방법에 대한 설명으로 틀린 것은?

① 부득이한 상황을 제외하고는 접지선을 녹색으로 표시해야 한다.
② 태양광발전 어레이에서 인버터까지의 직류전로는 원칙적으로 접지공사를 실시해야 한다.
③ 접지선이 외상을 받을 우려가 있는 경우에는 합성수지관 또는 금속관에 넣어 보호하도록 한다.
④ 태양광발전 모듈의 접지는 1개 모듈을 해체하더라도 전기적 연속성이 유지되도록 한다.

해설 무변압기를 사용하므로 계통측으로 직류유출을 방지하기 위해 접지를 하지 않는다.

46. 다른 개폐기와 비교하여 전력퓨즈의 특징으로 틀린 것은?

① 고속도로 차단된다.
② 과전류에 용단되기 어렵다.
③ 차단능력이 크며, 재투입은 불가능하다.
④ 동작시간-전류 특성을 계전기처럼 자유롭게 조절할 수 없다.

해설 과전류에 용단되기 쉽다.

47. 전력 시설물 공사감리 업무 수행지침에 따른 감리용역 계약문서가 아닌 것은?

① 설계도서
② 과업 지시서
③ 감리비 산출 내역서
④ 기술용역 입찰 유의서

해설 감리용역 계약문서 : 감리용역 계약서, 기술용역 입찰 유의서, 기술용역 계약 일반조건, 과업 지시서, 감리비 산출 내역서

48. 다음은 태양광발전시스템 설치공사에 대한 일반적인 절차이다. ㉠~㉣에 들어갈 내용으로 옳은 것은?

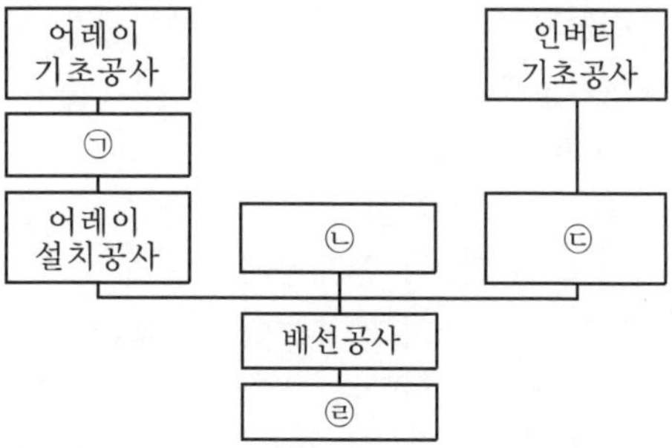

① ㉠ : 어레이 지지대 공사,
㉡ : 인버터 설치공사,
㉢ : 접속함 설치공사,
㉣ : 점검 및 검사
② ㉠ : 어레이 지지대 공사,
㉡ : 접속함 설치공사,
㉢ : 인버터 설치공사,
㉣ : 점검 및 검사
③ ㉠ : 어레이 지지대 공사,
㉡ : 인버터 설치공사,
㉢ : 점검 및 검사,
㉣ : 접속함 설치공사
④ ㉠ : 어레이 지지대 공사,
㉡ : 점검 및 검사,
㉢ : 접속함 설치공사,
㉣ : 인버터 설치공사

정답 44. ③ 45. ② 46. ② 47. ① 48. ②

49. 케이블 등이 방화구획을 관통할 경우 관통부분에 되 메우기 충전재 등을 사용하여 관통부 처리를 하여야 한다. 방화구획 관통부 처리 목적이 아닌 것은?

① 연기 확산방지
② 화열의 제한
③ 인명 안전대피
④ 전선의 절연강도 향상

해설 방화구획 관통부 처리 목적 : 화재 확산방지, 화열의 제한, 인명 안전대피

50. 태양광발전 어레이의 출력전압이 400 V를 넘는 경우 제 몇 종 접지공사를 하여야 하는가?

① 제1종 접지공사
② 제2종 접지공사
③ 제3종 접지공사
④ 특별 제3종 접지공사

해설 고압용 또는 특고압용 : 제1종 접지공사, 400 V 미만의 저압용 : 제3종 접지공사, 400 V 이상의 저압용 : 특별 제3종 접지공사

51. 전문 감리업 면허 보유자가 수행할 수 있는 영업범위는?

① 발전 설비용량 10만 kW 미만의 전력시설물
② 발전 설비용량 12만 kW 미만의 전력시설물
③ 발전 설비용량 15만 kW 미만의 전력시설물
④ 발전 설비용량 20만 kW 미만의 전력시설물

해설 전문 감리업 면허 보유자가 수행할 수 있는 영업범위는 발전 설비용량 10만 kW 미만의 전력 시설물이다.

52. 전력 시설물 공사감리 업무 수행지침에 따라 감리원은 미흡 또는 중대한 위해를 발생시킬 수 있다고 판단되거나 안전상 중대한 위험이 발생된 경우 공사 중지를 지시할 수 있는데 다음 중 전면 중지에 해당하는 것은?

① 동일공정에 있어 3회 이상 시정지시가 이행되지 않을 때
② 안전 시공상 중대한 위험이 예상되어 물적, 인적 중대한 피해가 예견될 때
③ 재시공 지시가 이행되지 않은 상태에서 다음 단계의 공정이 진행됨으로써 하자발생의 가능성이 판단될 때
④ 공사업자가 공사의 부실 발생 우려가 짙은 상황에서 적절한 조치를 취하지 않은 채 공사를 계속 진행할 때

해설 공사 전면 중지사항

- 시공 중 공사가 품질확보 미흡 및 중대한 위해를 발생시킬 우려가 있을 시
- 고의로 공사의 추진을 지연시키거나 공사의 부실우려가 짙은 상황에서 적절한 조치가 없이 진행 시
- 부분 중지가 이행되지 않음으로써 전체 공정에 영향을 끼칠 것으로 판단 시
- 지진, 해일, 폭풍 등 불가항력적인 사태가 발생하여 시공이 계속 불가능으로 판단 시
- 천재지변으로 발주자의 지시가 있을 시

53. 신·재생에너지 설비의 지원 등에 관한 지침에 따른 태양광발전 모듈의 시공기준으로 틀린 것은?

① 태양광 모듈은 인증받은 제품을 설치해야 한다.
② 전선, 피뢰침, 안테나 등 경미한 음영은 장애물로 보지 않는다.

정답 49. ④ 50. ④ 51. ① 52. ④ 53. ③

③ 사업 계획서상의 모듈 설계용량과 동일하게 설치할 수 없는 경우에는 설계용량의 105 %를 넘지 말아야 한다.

④ 모듈 일조면의 설치가 정남향으로 불가능할 경우에 한하여 정남향을 기준으로 동쪽 또는 서쪽방향으로 45° 이내에 설치하여야 한다.

해설 단위 모듈당 용량에 따라 설계용량과 동일하게 설치할 수 없는 경우에 한하여 설계용량의 110 % 이내까지 가능하다.

54. 보호 계전 시스템의 구성요소 중 검출부에 해당되지 않는 것은?

① 릴레이 ② 영상 변류기
③ 계기용 변류기 ④ 계기용 변압기

해설 • 계기용 변류기 : 전류 검출
• 계기용 변압기 : 전압 검출
• 영상 변류기 : 지락전류 검출

55. 전력 시설물 공사감리 업무 수행지침에 의해 감리원은 공사업자로부터 시공 상세도를 사전에 제출받아 검토·확인하여 승인한 후 시공할 수 있도록 해야 한다. 제출받은 날로부터 며칠 이내에 승인해야 하는가?

① 3일 ② 5일
③ 7일 ④ 14일

해설 감리원은 공사업자로부터 시공 상세도를 사전에 제출받아 검토·확인하여 제출일로부터 7일 이내에 승인한 후 시공할 수 있도록 해야 한다.

56. 전기설비기술기준의 판단기준 제188조 버스 덕트공사의 시설방법으로 틀린 것은?

① 덕트(환기형의 것을 제외한다.)의 끝부분은 막을 것

② 덕트 상호간 및 전선 상호간은 견고하고 또는 전기적으로 완전하게 접속할 것

③ 도체는 단면적 20 mm^2 이상의 둥글고 긴 막대모양의 알루미늄을 사용한 것일 것

④ 덕트를 조영재에 붙이는 경우에는 덕트의 지지점 간의 거리를 5 m(취급자 이외의 자가 출입할 수 없도록 설비한 곳에서 수직으로 붙이는 경우에는 10 m) 이하로 하고 또한 견고하게 붙일 것

해설 덕트를 조영재에 붙이는 경우에는 덕트의 지지점 간의 거리를 3 m(취급자 이외의 자가 출입할 수 없도록 설비한 곳에서 수직으로 붙이는 경우에는 6 m) 이하로 하고 또한 견고하게 붙일 것

57. 회로를 차단할 때 발생하는 아크를 진공 중으로 급속히 확산하여 소호하는 진공차단기의 특징이 아닌 것은?

① 높은 압력의 공기가 발생하므로 소음이 크다.

② 전류 재단현상이 발생하므로 개폐서지가 크다.

③ 접점 소모가 적으므로 차단기의 수명이 길다.

④ 소형경량으로 실내 큐비클에 설치가 가능하다.

해설 진공 차단기(VCB)는 진공 중에서 소음이 적다.

58. 태양광발전 모듈 간 직·병렬 배선방법으로 틀린 것은?

① 배선 접속부위는 빗물 등이 유입되지 않도록 자기융착 절연 테이프와 보호테이프로 감는다.

② 모듈 뒷면에는 접속용 케이블이 2개씩 나와 있으므로 반드시 극성(+, −) 표시를 확인 한 후 결선한다.

2019년

정답 • 54. ① 55. ③ 56. ④ 57. ① 58. ③

③ 태양광 모듈간의 배선은 동작전류에 충분히 견딜 수 있도록 단면적 1.5 mm^2 이상의 케이블을 사용한다.
④ 1대의 인버터에 연결된 태양광발전 모듈의 직렬군이 2병렬 이상일 경우에는 각 직렬군의 출력전압이 동일하게 형성되도록 배열한다.

해설 태양광 모듈간의 배선은 동작전류에 충분히 견딜 수 있도록 단면적 2.5 mm^2 이상의 케이블을 사용한다.

59. **전력 시설물 공사감리 업무 수행지침에 따라 태양광발전시스템의 준공검사 후 현장문서 인수·인계 사항이 아닌 것은?**

① 준공 사진첩
② 시공 계획서
③ 시설물 인수·인계서
④ 품질시험 및 검사성과 총괄 표

해설 태양광발전시스템의 준공 후 인수·인계 문서 : 준공 사진첩, 준공도면, 시설물 인수·인계서, 품질시험 및 검사성과 총괄표, 시험 성적서, 준공 내역서, 시공도

60. **설계감리원의 수행업무 범위에 포함되지 않는 것은?**

① 설계·감리용역을 발주
② 시공성 및 유지관리의 용이성 검토
③ 주요 설계용역 업무에 대한 기술자문
④ 설계업무의 공정 및 기성관리의 검토·확인

해설 설계감리원의 수행업무 범위 : 주요 설계용역 업무에 대한 기술자문, 시공성 및 유지관리의 용이성 검토, 설계업무의 공정 및 기성관리의 검토 및 확인, 설계감리 결과 보고서의 작성

4과목 태양광발전 운영

61. **태양광발전시스템의 운영 시 안전 및 유의사항으로 틀린 것은?**

① 태양광발전 어레이의 표면을 청소할 필요가 없다.
② 접속함 출력측 전압은 안정된 일사가 얻어질 때 측정한다.
③ 측정시간은 일사강도, 온도의 변동이 극히 적게 하기 위해 맑을 때, 태양이 남쪽에 있을 때의 전후 1시간에 실시하는 것이 바람직하다.
④ 태양광발전 모듈은 비오는 날에도 미소한 전압이 발생하고 있으므로 주의해서 측정해야 한다.

해설 태양광발전 어레이의 표면을 청소할 필요가 있다.

62. **태양광발전 모니터링 프로그램의 기능이 아닌 것은?**

① 데이터 수집기능
② 데이터 저장기능
③ 데이터 분석기능
④ 데이터 예측기능

해설 태양광발전 모니터링 프로그램의 기능 : 데이터 수집, 데이터 분석, 데이터 저장, 데이터 통계기능

63. **태양광발전시스템 작업 중 감전 방지대책으로 틀린 것은?**

① 절연처리된 공구들을 사용한다.
② 강우 시에는 작업을 중지한다.
③ 저압선로용 절연장갑을 착용한다.
④ 작업 전 태양광발전 모듈을 외부로 노출한다.

정답 59. ② 60. ① 61. ① 62. ④ 63. ④

해설 작업 전 태양광발전 모듈에 차광막을 씌워 빛을 차단한다.

64. 태양광발전용 인버터에 'Solar Cell UV fault'라고 표시되었을 경우 그 현상으로 옳은 것은?

① 계통전압이 규정한 값 이하일 때
② 계통전압이 규정한 값 초과일 때
③ 태양전지 전압이 규정값 이하일 때
④ 태양전지 전압이 규정값 초과일 때

해설 Solar Cell UV fault : 태양전지 전압이 규정값 이하일 때(UV : Under Voltage)

65. 태양광발전시스템의 사용전압이 저압인 전로에서 정전이 어려운 경우 등 절연저항 측정이 곤란한 경우에는 누설전류를 최대 몇 mA 이하로 유지하여야 하는가?

① 1 ② 3
③ 5 ④ 10

해설 사용전압이 저압인 전로에서 정전이 어려운 경우 등 절연저항 측정이 곤란한 경우에는 누설전류를 최대 1 mA 이하로 유지하여야 한다.

66. 태양광발전시스템 정기점검에 대한 설명으로 틀린 것은?

① 점검·시험은 원칙적으로 지상에서 실시한다.
② 100 kW 이상의 경우에는 매월 1회 이상 점검을 하여야 한다.
③ 100 kW 미만의 경우에는 매년 2회 이상 점검을 하여야 한다.
④ 3 kW 미만의 경우 법적으로는 정기점검을 하지 않아도 된다.

해설 300 kW 이상은 월 1회 이상 점검을 하여야 한다.

67. 태양광발전시스템 운전특성의 측정방법(KS C 8535 : 20)에서 축전지의 측정항목으로 틀린 것은?

① 충전전류
② 단자전압
③ 충전전력량
④ 역조류 전류

해설 축전지의 측정항목 : 충전전류, 방전전류, 단자전압, 충전전력량, 방전전력량

68. 정기점검에서 인버터의 측정 및 시험항목에 해당하지 않는 것은?

① 통풍확인
② 절연저항
③ 표시부 동작확인
④ 투입저지 시한 타이머 동작시험

해설 통풍확인은 인버터의 일상점검 항목이다.

69. 구역전기사업의 허가를 신청하는 경우 허가 신청서와 함께 첨부되는 서류의 종류로 틀린 것은?

① 발전원가 명세서
② 송전관계 일람도
③ 특정한 구역의 경계를 명시한 3만분의 1인 지형도
④ 전기사업법 시행규칙 별표 1의 작성요령에 따라 작성한 사업 계획서

해설 특정한 구역의 경계를 명시한 5만분의 1인 지형도

70. 결정질 실리콘 태양광발전 모듈(성능)(KS C 8561: 8561 : 2018)에서 외관검사 시 품질기준으로 틀린 것은?

① 모듈 외관에 크랙, 구부러짐, 갈라짐 등이 없는 것

정답 64. ③ 65. ① 66. ② 67. ④ 68. ① 69. ③ 70. ②

2019년

② 최대출력이 시험 전 값의 95% 이상일 것
③ 태양전지 간 접속 및 다른 접속부분에 결함이 없는 것
④ 태양전지와 태양전지, 태양전지와 프레임의 접촉이 없는 것

해설 최대출력이 시험 전 값의 95% 이상일 것은 결정질 실리콘 태양광발전 모듈의 의 외관검사 시 품질기준이 아니라 UV 전처리 시험의 품질기준이다.

71. 태양광발전 배전반 외부에서 이상한 소리, 냄새, 손상 등을 점검항목에 따라 점검하며, 이상상태 발견 시 배전반 문을 열고 이상 정도를 확인하는 점검은?

① 일상점검 ② 임시점검
③ 정기점검 ④ 특별점검

해설 오감으로 하는 점검은 일상점검이다.

72. 태양광발전시스템을 운영하기 위하여 필요한 계측장비로 틀린 것은?

① 폐쇄력 측정기
② I-V Checker
③ 열화상 카메라
④ 솔라 경로 추적기

해설 태양광발전 시스템을 운영하기 위하여 필요한 계측장비 : 열화상 카메라, I-V Checker, 솔라 경로 추적기, 절연 저항계, 접지 저항계, 누설전류 측정기

73. 태양광발전시스템의 전선에서 발생하는 고장으로 틀린 것은?

① 경화 ② 변색
③ 소음 ④ 표면 크랙

해설 태양광발전시스템의 전선에서 발생하는 고장의 종류 : 변색, 경화, 표면 크랙

74. 태양광발전시스템의 성능평가를 위한 사이트 평가요소가 아닌 것은?

① 설치용량
② 설치 대상기관
③ 설치시설의 지역
④ 설치가격의 경제성

해설 태양광발전 시스템의 성능평가를 위한 사이트 평가요소에는 실치용량, 설치 대상기관, 설치시설의 지역이 있다.

75. 태양광발전 어레이의 개방전압 측정의 목적이 아닌 것은?

① 인버터의 오동작 여부 검출
② 직렬 접속선의 미결선 검출
③ 동작 불량의 태양광발전 모듈 검출
④ 태양광발전 모듈의 잘못 연결된 극성 검출

해설 인버터의 오동작 여부 검출은 어레이 개방전압 측정과는 관계가 없다.

76. 태양광발전시스템 보호 계전기의 점검 내용으로 틀린 것은?

① 단자부의 볼트 이완 여부
② 부싱 단자부의 변색 여부
③ 접점 접촉상태의 양호 여부
④ 이물질, 먼지 등의 접착 여부

해설 부싱 단자부는 보호 계전기와는 무관하다.

77. 태양광발전시스템의 계측에서 관리해야 할 데이터 항목으로 틀린 것은?

① 조도
② 일일 발전량
③ 대기온도
④ 수평면 또는 경사면 일사량

정답 71. ① 72. ① 73. ③ 74. ④ 75. ① 76. ② 77. ①

해설 조도는 태양광발전시스템의 계측에서 관리해야 할 데이터 항목이 아니다.

78. 태양광발전시스템에서 유지보수 전의 안전조치로 틀린 것은?

① 잔류전하를 방전시키고 접지시킨다.
② 검전기로 무전압상태를 확인한다.
③ 차단기 앞에 '점검 중' 표지판을 설치한다.
④ 해당 단로기를 닫고 주 회로가 무전압이 되게 한다.

해설 해당 단로기를 열고 주 회로가 무전압이 되게 한다.

79. 태양광발전(PV) 모듈(안전)(KS C 8563 : 2015)에서 플라스틱 등 특정한 용도로 적용할 때 그 사용 용도의 적합성 여부를 미리 예측할 수 있도록 플라스틱 가연성을 시험하는 장치는?

① IP 시험기
② 트래킹 시험기
③ 난연성 시험기
④ 접근성 시험기

해설 난연성 시험기는 플라스틱 가연성 시험을 할 수 있다.

80. 태양광발전용 납축전지의 잔존용량 측정방법(KS C 8532 : 1995)에서 측정주기는 몇 분 이하로 하는가?

① 10 ② 20
③ 30 ④ 60

해설 납축전지의 잔존용량 측정주기는 10분 이하이다.

정답 78. ④ 79. ③ 80. ①

2020 년도 출제문제(1, 2회차) 및 해설

1과목 태양광발전 기획

1. 다음 그림과 같이 축전지 회로가 구성되어 있을 때, 단자 A, B 사이에 나타나는 출력전압과 축전지 용량은?

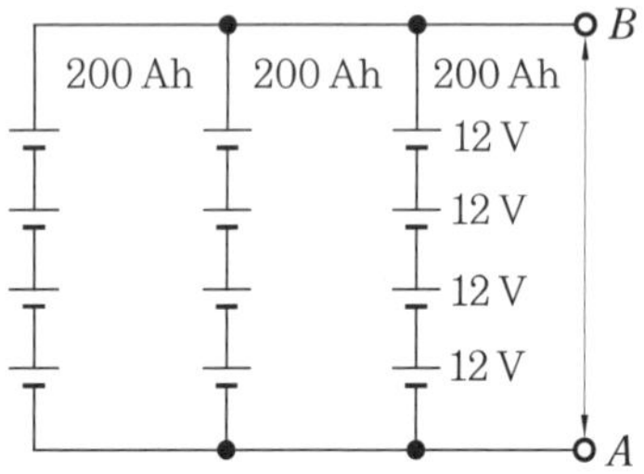

① DC 12 V, 200 Ah
② DC 12 V, 600 Ah
③ DC 48 V, 200 Ah
④ DC 48 V, 600 Ah

해설 ㉠ 출력전압 $V = 12 + 12 + 12 + 12 = 48\ \text{V}$

㉡ 축전지 용량 $Q = 200 + 200 + 200 = 600\ \text{Ah}$

2. 단독운전 방지기능이 없는 10 kW 태양광발전시스템이 380 V, 60 Hz의 계통전원에 연결되어 운전될 경우, 태양광발전시스템의 출력이 10 kW, 부하가 유효전력이 10 kW, 지상무효전력이 +9.5 kVar, 진상무효전력이 −10 kVar일 때 단독운전이 일어날 경우 예상되는 공진 주파수는 약 몇 Hz인가?

① 58.48 ② 59.32
③ 60.00 ④ 61.38

해설 지상무효전력 $P_{+q} = \dfrac{V^2}{2\pi f L}$에서

$$L = \frac{V^2}{2\pi f P_{+q}} = \frac{380^2}{2 \times 3.14 \times 60 \times 9.5 \times 10^3} \fallingdotseq 0.04034$$

진상무효전력 $P_{+q} = \dfrac{V^2}{(1/2\pi f C)}$에서

$$C = \frac{P_{+q}}{2\pi f V^2} = \frac{10 \times 10^3}{2 \times 3.14 \times 60 \times 380^2} \fallingdotseq 0.00018379$$

따라서 공진 주파수 $f = \dfrac{1}{2\pi\sqrt{LC}}$

$$= \frac{1}{2 \times 3.14 \times \sqrt{0.04034 \times 0.00018379}} \fallingdotseq \frac{1000}{6.28 \times 2.72288} \fallingdotseq 58.48\ \text{Hz}$$

3. 신·재생에너지 설비의 지원 등에 관한 규정에 따라 위반행위별 사업참여 제한기준 중 사업내용 위반에 해당하지 않는 것은 어느 것인가?

① 허위 또는 부정한 방법으로 신청서를 제출한 경우
② 허위 또는 부정한 방법으로 설치확인을 받은 경우
③ 허위 또는 부정한 방법으로 보조금을 수령한 경우
④ 센터의 장의 시정요구에 정당한 사유 없이 응하지 않는 경우

정답 1. ④ 2. ① 3. ②

해설 신·재생에너지 설비지원에 관한 법률 제52조 제1항

내용	제한기준
가. 허위 또는 부정한 방법으로 신청서를 제출한 경우 나. 허위 또는 부정한 방법으로 보조금을 수령한 경우 다. 수혜자 및 참여기업이 특별한 사유없이 사업을 포기하는 경우 라. 센터의 장의 시정요구에 정당한 사유 없이 응하지 않는 경우	2년 이상
마. 센터의 장의 승인 없이 사업계획 또는 사업내용(설치용량·사업기간 등)을 변경한 경우	1년 이상

4. **부지선정 시 일반적으로 고려되어야 하는 사항으로 틀린 것은?**

① 풍향조건 ② 지리적인 조건
③ 행정상의 조건 ④ 건설 환경적 조건

해설 부지선정 시 고려사항 : 지리적 조건, 행정상 조건, 건설 환경적 조건, 전력계통과의 연계, 경제성

5. **전기공사업법에서 명시하고 있는 하자 담보 책임기간이 다른 공사는?**

① 변전설비공사
② 태양광발전설비공사
③ 배전설비공사 중 철탑공사
④ 지중송전을 위한 케이블 공사

해설 • 3년 : 변전설비 중 그 밖의 시설, 태양광발전설비공사, 배전설비공사 중 철탑공사
• 5년 : 지중송전을 위한 케이블 공사

6. **표준상태에서의 태양광발전 어레이 출력이 20000 W, 월 적산 어레이 표면(경사면) 일사량이 275 (kWh/m^2·월), 표준상태에서의 일사강도가 1 (kW/m^2), 종합설계계수가 0.85일 때 월간 발전량(kWh/월)은?**

① 4675 ② 4.675
③ 112200 ④ 140250

해설 월간 발전량 $= E_{PM}$

$$= P_{AS} \times \frac{H_{AM}}{1(\mathrm{kW/m^2})} \times K$$

$= 20 \times 275 \times 0.85$

$= 4675$ (kWh/월)

7. **역류방지 다이오드(Blocking Diode)의 역할에 대한 설명으로 옳은 것은?**

① 과전류가 흐를 때 회로를 차단한다.
② 태양광발전 모듈의 최적 운전점을 추적한다.
③ 태양광발전시스템의 외함을 접지하는 데 사용한다.
④ 태양광이 없을 때 축전지로부터 태양전지를 보호한다.

해설 역류방지 다이오드의 설치목적은 다른 회로로부터 또는 축전지로부터의 역류전류를 방지하기 위해서이다.

8. **전기사업법에 따라 전력수급 기본계획의 수립 시 기본계획에 포함되어야 할 사항으로 틀린 것은?**

① 분산형 전원의 개발에 관한 사항
② 분산형 전원의 확대에 관한 사항
③ 전력수급의 기본방향에 관한 사항
④ 주요 송전·변전설비계획에 관한 사항

해설 전력수급 기본계획 수립 시 기본계획에 포함되어야 할 사항
• 전력수급의 기본방향에 관한 사항
• 전력수급의 장기전망에 관한 사항
• 전기설비 시설계획에 관한 사항
• 전력수요의 관리사항
• 분산형 전원의 확대에 관한 사항
• 주요 송전·변전설비계획에 관한 사항

2020년

정답 4. ① 5. ④ 6. ① 7. ④ 8. ①

9. 일조시간과 가조시간에 대한 설명으로 틀린 것은?

① 일조시간과 가조시간의 비를 일조율(%)이라 한다.
② 일조시간은 실제로 태양광선이 지표면을 내리쬔 시간이다.
③ 구름이 많은 날씨일 경우 가조시간과 일조시간이 일치한다.
④ 가조시간이란 한 지방의 해 돋는 시간부터 해 지는 시간까지를 말한다.

해설 구름이 많은 날씨일 경우 일조시간과 가조시간이 다르다.

10. 전기사업법에 따라 발전사업 허가를 신청하는 경우로서 사업 계획서만 제출하여도 되는 발전 설비용량은 몇 kW 이하인가? (단, 구역전기사업의 허가 외의 허가를 신청하는 경우이다.)

① 200 ② 300
③ 500 ④ 1000

해설 전기사업법에서 200 kW 이하 발전사업 허가신청 시 제출서류 : 사업 허가 신청서, 사업 계획서

11. 태양광발전 전지를 재료에 따라 구분한 것으로 틀린 것은?

① 유기물 ② 폴리머형
③ 리튬 이온형 ④ 염료 감응형

해설 태양전지의 종류는 실리콘(단결정, 다결정, 비정질, 박막형), 화합물 반도체(CdTe, CIS), 신소재(염료전지), 유기물, 폴리머 등으로 분류한다.

12. 신에너지 및 재생에너지 개발·이용·보급 촉진법에 따른 신·재생에너지 통계 전문기관은?

① 통계청
② 한국전력거래소
③ 신·재생에너지센터
④ 한국에너지기술연구원

13. 국토의 계획 및 이용에 관한 법률에 따라 개발행위 허가의 경미한 변경으로 틀린 것은?

① 사업기간을 단축하는 경우
② 부지면적 또는 건축물 연면적을 10 % 범위에서 축소하는 경우
③ 관계 법령의 개정에 따라 허가받은 사항을 불가피하게 변경하는 경우
④ 도시·군 관리계획의 변경에 따라 허가받은 사항을 불가피하게 변경하는 경우

해설 개발행위의 경미한 변경 중의 하나인 건축물 연면적은 5 % 범위 내에서 축조가 가능하다.

14. 전기공사업법에 따른 발전설비 공사의 종류가 아닌 것은?

① 화력발전소 ② 비상용 발전기
③ 태양광발전소 ④ 태양열발전소

해설 전기공사업법에 따른 발전설비 공사의 종류
- 화력발전소
- 수력발전소
- 태양광발전소
- 태양열발전소

15. 국토의 계획 및 이용에 관한 법률에 따른 농림지역에서의 개발행위 허가의 규모로 옳은 것은?

① 5천 m^2 미만
② 1만 m^2 미만
③ 3만 m^2 미만
④ 5만 m^2 미만

정답 9. ③ 10. ① 11. ③ 12. ③ 13. ② 14. ② 15. ③

해설 용도 지역별 허가면적

㉠ 도시지역

- 주거지역, 상업지역, 자연녹지지역, 생산녹지지역 : 1만 m^2 미만
- 공업지역 : 3만 m^2 미만
- 보전녹지지역 : 5천 m^2 미만

㉡ 관리지역 : 3만 m^2 미만

㉢ 농림지역 : 3만 m^2 미만

㉣ 자연환경보전지역 : 5천 m^2 미만

16. 신에너지 및 재생에너지 개발·이용·보급 촉진법에 따라 신에너지 및 재생에너지 기술개발 및 이용·보급에 관한 계획을 협의하려는 자는 그 시행 사업연도 개시 몇 개월 전까지 산업통상자원부장관에게 계획서를 제출하여야 하는가?

① 1 ② 3

③ 4 ④ 6

해설 신·재생에너지 기술개발 및 이용·보급에 관한 계획을 협의하려는 자는 그 시행 사업연도 개시 1개월 전까지 산업통상자원부장관에게 계획서를 제출해야 한다.

17. 계통 연계형 태양광발전용 인버터의 기능으로 틀린 것은?

① 직류지락 검출기능

② 자동전압 조정기능

③ 최대전력 추종제어기능

④ 교류를 직류로 변환하는 기능

해설 태양광발전 인버터의 기능 : 자동전압 조정, 자동운전 정지, 단독운전 방지, 계통 연계 보호, 최대전력 추종제어, 직류 및 지락 검출기능

18. 표면온도 −15℃에서 태양광발전 모듈의 V_{mpp}와 V_{oc}는 각각 약 몇 V인가?

- P_{mpp} : 250 W
- V_{mpp} : 30.8 V
- V_{oc} : 38.3 V
- 온도에 따른 전압 변동률 : −0.32 %/℃

① V_{mpp} : 14.74, V_{oc} : 23.20

② V_{mpp} : 24.74, V_{oc} : 33.20

③ V_{mpp} : 34.74, V_{oc} : 43.20

④ V_{mpp} : 44.74, V_{oc} : 53.20

해설 ㉠ $V_{mpp}(-15℃)$

$$= 30.8 \times \left\{1 + \left(-\frac{0.32}{100}\right) \times (-15 - 25)\right\}$$

$$= 30.8 \times 1.128 ≒ 34.74\ \text{V}$$

㉡ $V_{oc}(-15℃) = 38.3 \times 1.128 ≒ 43.20\ \text{V}$

19. 전기사업법에서 정의하는 '송전선로'란 어느 부분을 연결하는 전선로(통신용으로 전용하는 것은 제외한다.)와 이에 속하는 전기설비를 말하는가?

① 발전소와 변전소 간

② 전기수용설비 상호 간

③ 변전소와 전기수용설비 간

④ 발전소와 전기수용설비 간

해설 송전선로는 발전소와 변전소 간을 연결하는 전선로이다.

20. 신에너지 및 재생에너지 개발·이용·보급 촉진법에 따라 산업통상자원부장관이 수립하는 신·재생에너지의 기술개발 및 이용·보급을 촉진하기 위한 기본계획의 계획기간은 몇 년 이상인가?

① 1 ② 3

③ 5 ④ 10

해설 신·재생에너지 기본계획의 기간은 10년 이상이다.

2020년

정답 16. ① 17. ④ 18. ③ 19. ① 20. ④

2과목 태양광발전 설계

21. 토목 도면에서 밭을 나타내는 기호는?

① ② ③ ④

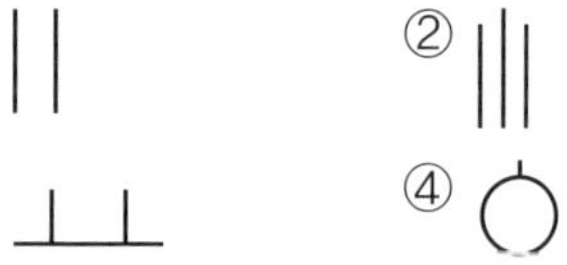

해설

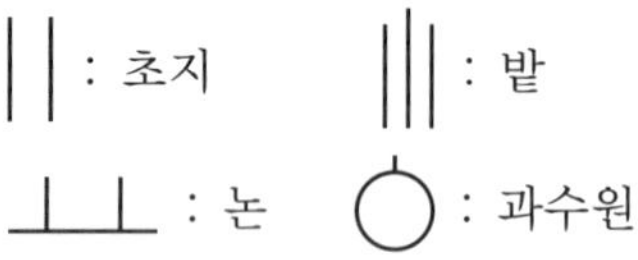

22. 건축구조기준 설계하중(KDS 41 10 15 : 2019)에 따른 적설하중에 대한 설명으로 틀린 것은?

① 최소 지상적설하중은 0.5 kN/m²로 한다.
② 우리나라의 기본 지상적설하중 중 가장 높은 지방은 6.0 kN/m²이다.
③ 지붕의 경사도가 15°이하 혹은 70°를 초과하는 경우에는 불균형 적설하중을 고려하지 않아도 된다.
④ 지상적설하중이 0.5 kN/m²보다 작은 지역에서는 퇴적량에 의한 추가하중을 고려하지 않아도 무방하다.

해설 우리나라에서 가장 높은 적설하중 지역은 강원도 대관령의 7 kN/m²이다.

23. 전기설비기술기준의 판단기준에 따라 22.9 kV 가공전선과 그 지지물·완금류·지주 사이의 이격거리는 몇 cm 이상으로 하여야 하는가?

① 15 ② 20
③ 25 ④ 30

해설 22.9 kV 가공전선과 그 지지물·완금류·지주 사이의 이격거리는 20 cm 이상으로 하여야 한다.

24. 태양광발전 어레이 설치 지역의 설계속도압이 1000 N/m², 태양광발전 어레이의 유효 수압면적이 7 m²일 경우 풍하중은 얼마인가? (단, 가스트 영향계수는 1.8, 풍력계수는 1.3을 적용하며, 기타 주어지지 않은 조건은 무시한다.)

① 9.75 kN ② 13.50 kN
③ 16.38 kN ④ 17.55 kN

해설 풍하중=설계속도압×가스트 영향계수×풍력계수×유효수압면적=1000×1.8×1.3×7=16380 N/m²=16.38 kN/m²

25. 신·재생발전기 계통연계기준에 따라 신·재생발전기의 역률은 몇 % 이상으로 유지하여 운전하여야 하는가?

① 85 ② 90
③ 95 ④ 100

해설 분산형 전원(신·재생발전기)의 역률은 90% 이상으로 유지한다.

26. 설계하중을 시간의 변동에 따라 구분한 것으로 틀린 것은?

① 활하중 ② 영구하중
③ 임시하중 ④ 우발하중

해설 활하중은 일시적인 하중이다.

27. 전력기술관리법에 따라 해당되는 전력시설물의 설계도서는 설계감리를 받아야 한다. 법에 따른 전력 시설물 중 설계감리 대상에 해당하지 않는 것은?

① 용량 80만 kW 이상의 발전설비
② 전압 20만 V 이상의 송·배전설비
③ 전압 10만 V 이상의 수전설비·구내배전설비·전력사용설비
④ 전기철도의 수전설비·철도신호설비·구내배전설비·전차선설비·전력사용설비

정답 ● 21. ② 22. ② 23. ② 24. ③ 25. ② 26. ① 27. ②

해설 전력 시설물 중 설계감리 대상으로 전압 30만V 이상의 송·배전설비이다.

28. 분산형 전원 배전계통연계기술기준에 따라 전기방식이 교류 단상 220V인 분산형 전원을 저압 한전계통에 연계할 수 있는 용량은?

① 100kW 미만
② 150kW 미만
③ 250kW 미만
④ 500kW 미만

29. 전기설비기술기준의 판단기준에 따라 일반 주택 및 아파트 각 호실의 현관 등은 몇 분 이내에 소등되도록 타임스위치를 시설하여야 하는가?

① 1 ② 2
③ 3 ④ 5

해설 일반주택 및 아파트 각 호실의 현관 등은 3분 이내에 소등되도록 타임스위치를 시설하여야 한다.

30. 내선규정에 따라 케이블 콘크리트에 직접 매설하는 경우 케이블은 철근 등을 따라 포설하는 것을 원칙으로 하고 바인드선 등으로 철근 등에 몇 m 이하의 간격으로 고정하여야 하는가?

① 1 ② 2
③ 3 ④ 4

해설 케이블을 콘크리트에 직접 매설하는 경우 케이블은 철근 등을 따라 포설하는 것을 원칙으로 하고 바인드선 등으로 철근 등에 1m의 이하의 간격으로 고정하여야 한다.

31. 설계감리 업무 수행지침에 따른 설계감리원의 기본임무에 해당하지 않는 것은?

① 설계용역 계약 및 설계감리 용역 계약 내용이 충실히 이행될 수 있도록 하여야 한다.
② 과업 지시서에 따라 업무를 성실히 수행하고, 설계의 품질향상에 노력하여야 한다.
③ 설계감리 용역을 시행함에 있어 설계기간과 준공처리 등을 감안해서 충분한 기간을 부여하여 최적의 설계품질이 확보되도록 노력하여야 한다.
④ 설계공정의 진척에 따라 설계자로부터 필요한 자료 등을 제출받아 설계용역이 원활히 추진될 수 있도록 설계감리 업무를 수행하여야 한다.

해설 설계감리원의 기본임무

- 설계용역 계약 및 설계감리 용역 계약 내용이 충실히 이행될 수 있도록 하여야 한다.
- 해당 설계감리 용역이 관련법령 및 전기설비기술기준 등에 적합한 내용대로 설계되어 있는지의 여부를 확인 및 설계의 경제성 검토를 실시하고, 기술지도 등을 하여야 한다.
- 설계공정의 진척에 따라 설계자로부터 필요한 자료 등을 제출받아 설계 용역이 원활히 추진될 수 있도록 설계감리 업무를 수행하여야 한다.
- 과업 지시서에 따라 업무를 성실히 수행하고, 설계의 품질향상에 노력하여야 한다.

32. 모듈에서 접속함까지 직류배선이 30m이며, 모듈 전압이 300V, 전류가 5A일 때, 전압강하는 몇 V인가? (단, 전선의 단면적은 4.0 mm^2이다.)

① 1.335 ② 1.425
③ 1.787 ④ 1.925

정답 28. ① 29. ③ 30. ① 31. ③ 32. ①

해설 단상 2선식, 직류 2선식

전압강하 $e = \frac{35.6 \times L \times I}{1000A}$

여기서, L : 전선길이

I : 전류

A : 전선의 단면적

$e = \frac{35.6 \times 30 \times 5}{1000 \times 4} = 1.335$

33. **전력 시설물 공사감리 업무 수행지침에 따라 감리원이 해당 공사 착공 전에 실시하는 설계도서 검토내용에 포함되지 않는 것은?**

① 현장조건에 부합 및 시공의 실제 가능 여부
② 설계도서의 누락, 오류 등 불명확한 부분의 존재 여부
③ 시공사가 제출한 물량 내역서와 발주사가 제공한 산출 내역서의 수량 일치 여부
④ 설계도면, 설계 설명서, 기술 계산서, 산출 내역서 등의 내용에 대한 상호일치 여부

해설 감리 업무 수행지침에 따른 착공 전 설계도서 검토사항

- 현장조건에 부합 여부
- 시공의 실제 가능 여부
- 설계도면, 설계 설명서, 기술 계산서, 산출 내역서 등의 내용에 대한 상호일치 여부
- 설계도서의 누락, 오류 등 불명확한 부분의 존재 여부
- 발주자가 제공한 물량 내역서와 공사업자가 제출한 산출 내역서의 수량 일치 여부

34. **케이블 화재에 대한 설명으로 틀린 것은 어느 것인가?**

① 연소가 빠르다.
② 연소에너지가 낮고 열기가 강하다.
③ 부식성 가스 및 유독성 가스가 발생한다.
④ 연기 발생으로 피난, 소화활동에 지장을 준다.

해설 연소에너지가 높고, 열기가 강하다.

35. **전기설비기술기준의 판단기준에 따라 분산형 전원을 전력계통에 연계하는 경우 인버터로부터 직류가 계통으로 유출되는 것을 방지하기 위하여 접속점과 인버터 사이에 설치하는 것은? (단, 단권변압기는 제외한다.)**

① 차단기
② 전력퓨즈
③ 보호 계전기
④ 상용 주파수 변압기

36. **전력기술관리법에 따라 시·도지사는 감리업자가 공사감리를 성실하게 하지 아니하여 일반인에게 위해(危害)를 끼친 경우 산업통상자원부령으로 정하는 바에 따라 그 등록을 몇 개월 이내의 기간을 정하여 그 영업의 전부 또는 일부의 정지를 명할 수 있는가?**

① 1 ② 3 ③ 6 ④ 9

37. **건축일반용어(KS F 1526 : 2010)의 제도 및 설계에 따라 건축물 또는 물체의 세부를 상세하게 나타내어 그린 도면은?**

① 상세도 ② 투상도
③ 배치도 ④ 배면도

해설 상세도 : 구조물이나 시설물 등을 공사 또는 제작할 목적으로 상세하게 그린 도면

정답 33. ③ 34. ② 35. ④ 36. ③ 37. ①

38. 태양광발전 어레이 세로길이(L)가 3 m, 태양광발전 어레이의 경사각을 33°, 동지 시 발전한계시각에서의 태양 고도각을 20°로 산정하여 북위 37°지방에서 태양광발전소를 건설할 때 어레이 간 최소 이격거리 d는 약 몇 m인가?

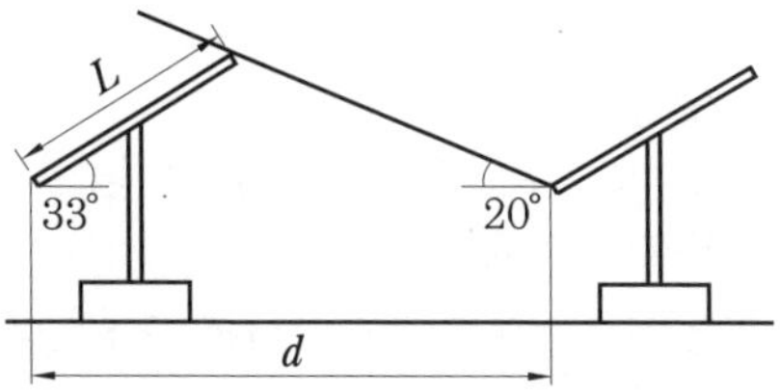

① 4 ② 5 ③ 6 ④ 7

해설 이격거리

$= \text{어레이 길이} \times \dfrac{\sin(\text{경사각}+\text{고도각})}{\sin(\text{고도각})}$

$= 3\times\dfrac{\sin(33°+20°)}{\sin(20°)}$

$= 3\times\dfrac{0.7986}{0.342}$

$\fallingdotseq 7\text{ m}$

39. 전력 시설물 공사감리 업무 수행지침에 따라 책임감리원은 분기 보고서를 작성하여 발주자에게 제출하여야 한다. 보고서는 매 분기 말 다음 달 며칠 이내로 제출하여야 하는가?

① 5 ② 7 ③ 15 ④ 30

40. 태양광발전설비의 공사에 적용하는 시방서에 관련된 내용 중 틀린 것은?

① 공사 시방서는 설계도면에서 표현이 곤란한 설계 내용 및 세부 공사방법 등을 기술한다.
② 표준 시방서는 시설물의 안전 및 공사 시행의 적정성과 품질확보 등을 위하여 시설물별로 정한 표준적인 시공기준을 말한다.
③ 시방서란 어떤 프로젝트의 품질에 관한 요구사항들을 규정하는 공사계약문서의 일부분으로서 공사의 품질과 직접적으로 관련된 문서이다.
④ 전문 시방서는 공사 시방서를 기본으로 모든 공종을 대상으로 하여 특정한 공사의 시공 등에 활용하기 위한 종합적인 시공기준을 말한다.

해설 전문 시방서 : 시설물별 표준 시방서를 기준으로 모든 공종을 대상으로 하여 특정한 공사의 시공 또는 공사 시방서를 작성하기 위한 종합적인 시방기준이다.

3과목 태양광발전 시공

41. 도선의 길이가 3배로 늘어나고 반지름이 $\dfrac{1}{3}$로 줄어들 경우 그 도선의 저항은 어떻게 변하겠는가? (단, 고유저항에는 변화가 없다.)

① 9배 증가 ② $\dfrac{1}{9}$로 감소
③ 27배 증가 ④ $\dfrac{1}{27}$로 감소

해설 도선의 길이(l)에 비례하고, 면적 S(반지름 제곱)에 반비례하므로 식 $R=\rho\dfrac{l}{S}$에서 $\dfrac{3l}{\left(\dfrac{1}{3}\right)^2}$이므로 $3\times 9 = 27$배로 증가한다.

42. 태양광발전 어레이의 절연저항 측정에 대한 내용으로 옳은 것은?

① 측정 시 온도는 고려하지 않는다.
② 일사시간 동안에는 단락용 개폐기를 이용한다.
③ 발전량이 적어 위험성이 낮은 비 오는 날 측정하는 것이 좋다.

2020년

정답 38. ④ 39. ② 40. ④ 41. ③ 42. ②

④ 사용전압 400 V 이상일 때 절연저항 측정기준은 0.1 MΩ 이상이다.

해설 절연저항 측정 시 단락 개폐기를 이용한다.

43. **앵커(KCS 11 60 00 : 2016)에 따라 앵커의 삽입 작업에 대한 설명으로 틀린 것은?**

① 앵커는 삽입 작업대 또는 크레인 등의 장비에 의해서 삽입하여야 한다.
② 소요길이까지 삽입 후 지지대를 설치하여 앵커를 공 내에 고정시킨다.
③ 공에서 누수가 있을 경우에는 공 입구를 부직포로 막아 토사유출을 방지하여야 한다.
④ 앵커 삽입 시 앵커가 천공구멍의 중앙에 위치하도록 앵커에 중심 결정구를 5 m 간격으로 부착한다.

해설 앵커 삽입 시 앵커가 천공구멍의 중앙에 위치하도록 앵커에 중심 결정구를 1～3 m 간격으로 부착한다.

44. **태양광발전 어레이용 가대의 재질 및 형태에 따른 검토사항으로 틀린 것은? (단, 가대의 재질은 강재+용융 아연도금으로 한다.)**

① 20년 이상의 내구성을 가져야 한다.
② 절삭 등의 가공이 쉽고 무거워야 한다.
③ 불필요한 가공을 피할 수 있도록 규격화되어야 한다.
④ 염해, 공해 등을 고려하여 녹이 발생하지 않아야 한다.

해설 절삭 등의 가공이 쉽고 가벼워야 한다.

45. **건물에 설치된 태양광발전시스템의 낙뢰 및 과전압 보호로 고려되어야 하는 방법이 아닌 것은?**

① 교류측에 과전압 보호 장치를 설치해야 한다.
② 태양광발전시스템 접속함의 직류측에 서지 보호 장치를 설치해야 한다.
③ 태양광발전시스템이 외부에 노출되어 있다면 적절한 피뢰침을 설치해야 한다.
④ 낙뢰 보호 시스템이 있어도 반드시 태양광발전시스템을 접지 및 등전위면에 연결해야 한다.

해설 등전위면에만이 아니라 단독으로도 연결할 수 있다.

46. **가정에 공급하는 교류 전압이 220 V일 때, 이 220 V는 무슨 값을 의미하는가?**

① 실횻값 ② 최댓값
③ 순시값 ④ 평균값

해설 일반적으로 가정에 공급되는 220 V는 실횻값이다.

47. **단상 브리지 정류회로에서 출력전압의 피크값이 20 V라면 그 평균값은 약 몇 V인가?**

① 3.18 ② 6.37 ③ 9.0 ④ 12.73

해설 평균값

$$= \frac{\sqrt{2}}{\pi} V_m = \frac{2}{\pi} V$$

$$= \frac{2}{3.1416} \times 20 \fallingdotseq 12.73\text{ V}$$

48. **다른 개폐기기와 비교하여 전력퓨즈의 특징으로 틀린 것은?**

① 고속도 차단된다.
② 릴레이가 필요하다.
③ 소형으로 차단 능력이 크며, 재투입은 불가능하다.

정답 43. ④ 44. ② 45. ④ 46. ① 47. ④ 48. ②

④ 동작시간-전류 특성을 계전기처럼 자유롭게 조절할 수 없다.

해설 전력퓨즈는 릴레이가 필요 없다.

49. 송전전력, 부하역률, 송전거리, 전력손실 및 선간전압이 같을 경우 3상 3선식에서 전선 한 가닥에 흐르는 전류는 단상 2선식의 경우의 약 몇 %가 되는가?

① 57.7 ② 70.7 ③ 141 ④ 115

해설 $\frac{1}{\sqrt{3}} \fallingdotseq 0.577 \rightarrow 57.7\,\%$

50. 보호 계전장치의 구성요소 중 검출부에 해당되지 않는 것은?

① 릴레이 ② 영상 변류기
③ 계기용 변류기 ④ 계기용 변압기

해설 검출부는 CT(계기용 변류기), PT(계기용 변압기), ZCT(영상 변류기) 등이다.

51. 애자의 구비조건으로 틀린 것은?

① 누설전류가 적을 것
② 기계적 강도가 클 것
③ 충분한 절연내력을 가질 것
④ 온도의 급변에 잘 견디고 습기를 잘 흡수할 것

해설 ④ 습기를 흡수하지 말 것

52. 계약상의 큰 변경이나 불가항력 등에 의한 공정지연이 발생하지 않는 한 사업종료 때까지 수정되지 않는 공정표는?

① 관리기준공정표
② 사업기본공정표
③ 건설종합공정표
④ 분야별 종합공정표

해설 사업기본공정표는 공사가 완료될 때까지 수정되지 않는다.

53. 태양광발전시스템을 계통에 연계하는 경우 자동적으로 태양광발전시스템을 전력계통으로부터 분리하기 위한 장치를 시설하지 않아도 되는 경우는?

① 태양광발전시스템의 단독운전 상태
② 연계한 전력계통의 이상 또는 고장
③ 태양광발전시스템의 이상 또는 고장
④ 태양광발전용 모니터링 설비의 단독운전 상태

해설 모니터링 설비는 계통에서 분리대상이 아니다.

54. 토사기초 터파기에 대한 설명으로 틀린 것은?

① 토사기초 터파기 부위의 지지력 및 침하량은 설계도서에 명시된 허용 지지력 및 허용 침하량 기준을 만족하여야 한다.
② 토사기초 지반에서는 터파기 후 지하수와 주변 유입수를 차단하거나 타 부위로 유도 배수하여 지반의 이완, 변형 및 연약화가 진행되지 않도록 조치하여야 한다.
③ 기초 터파기 바닥면이 동결할 경우에는 설계감리원과 협의하여 동결토를 제거하고, 양질의 재료로 치환하는 등 자연지반과 동등 이상의 지내력을 갖도록 조치한다.
④ 토사기초 지반의 토질이 설계도서와 상이하거나 연약한 지반이 분포할 가능성이 있는 지역에서 시추조사 등의 방법으로 지층분포상태와 허용 지지력 및 기초형식의 적합성을 확인하여 공사감독자의 승인을 받아야 한다.

2020년

정답 49. ① 50. ① 51. ④ 52. ② 53. ④ 54. ③

해설 기초 터파기 바닥면이 동결할 경우에는 공사감독자와 협의하여 동결토를 제거하고, 양질의 재료로 치환하는 등 자연지반과 동등 이상의 지내력을 갖도록 조치한다.

55. 전력용 케이블의 지중매설 시공방법(KS C 3140 : 2014)에 따라 관로 인입식 전선로 시공 시 사용되는 강관의 접속방법으로 틀린 것은?

① 나사 박기
② 볼 조인트
③ 접착 접합
④ 패킹 개재 꽂음(고무링 접합)

해설 케이블의 지중매설 시공방법에 따라 관로 인입식 전선로 시공 시 강관의 접속방법
- 나사 박기
- 볼 조인트
- 패킹 개재 꽂음(고무링 접합)

56. 저압 전기설비-제5-52부 : 전기기기의 선정 및 설치-배선설비(KS C IEC 60364-5-52 : 2012)에 따라 도체 및 케이블과 관련한 설치방법에 대한 설명으로 틀린 것은?

① 나도체의 애자사용 시공
② 절연전선의 케이블 트레이 시공
③ 절연전선의 케이블덕팅 시스템 시공
④ 외장케이블(외장 및 무기질 절연물을 포함)의 직접 고정 시공

해설 전자기기의 선정 및 설치에서 배선설비에 따라 도체 및 케이블과 관련된 설치방법에서 절연전선의 케이블 트레이 시공은 포함되지 않는다.

57. 전력계통 검토 시 단락전류의 계산목적으로 틀린 것은?

① 보호 계전기 세팅
② 변압기 용량 결정
③ 통신유도장해 검토
④ 차단기 차단용량 결정

해설 단락전류의 계산 목적
- 보호 계전기 세팅
- 차단기 차단용량 결정
- 통신유도장해 검토
- 전력기기의 기계적 강도 및 정격결정

58. 변압기에서 1차 전압이 120 V, 2차 전압이 12 V일 때 1차 권선수가 400회라면 2차 권선수는 몇 회인가?

① 10회 ② 40회
③ 400회 ④ 4000회

해설 $\frac{V_1}{V_2}=\frac{N_1}{N_2}$,

$$N_2=\frac{N_1\times V_2}{V_1}=\frac{400\times 12}{120}=40\text{회}$$

59. 금속제 케이블트레이의 종류 중 길이방향의 양 옆면 레일을 각각의 가로방향 부재로 연결한 조립 금속구조인 것은?

① 사다리형 ② 통풍 채널형
③ 바닥 밀폐형 ④ 바닥 통풍형

60. 밴드갭 에너지는 반도체의 특성을 구분하는 매우 중요한 요소다. Si, GaAs, Ge를 밴드갭 에너지의 크기 순으로 옳게 나열한 것은?

① Si>GaAs>Ge
② GaAs>Ge>Si
③ GaAs>Si>Ge
④ Ge>GaAs>Si

해설 밴드갭 에너지의 크기 순서는 GaAs>Si>Ge이다.

정답 55. ③ 56. ② 57. ② 58. ② 59. ① 60. ③

4과목 태양광발전 운영

61. **결정질 실리콘 태양광발전 모듈(성능)(KS C 8561 : 2020)에 따른 시험장치에 해당하지 않는 것은?**

① 항온항습장치
② 단자강도 시험장치
③ 용량보존 시험장치
④ 기계적 하중 시험장치

해설 결정질 실리콘 태양광발전 모듈 시험장치에는 항온항습장치, 단자강도 시험장치, 기계적 하중 시험장치, 온도계측 시험장치, 우박 시험장치 등이 있다.

62. **태양광발전시스템 운영에 있어서 월별 운영 계획이 아닌 것은?**

① 인버터 및 주요 동력기기의 상태 점검
② 일별 운영계획의 분석 및 중요사항 점검
③ 월간 발전량 분석을 통한 효율성 감소 방안 강구
④ 모듈, 인버터, 지지대 등의 정기점검 실시 및 계획 수립

해설 ③ 월간 발전량 분석을 통한 효율성 증가방안 강구

63. **자가용 전기설비 중 태양광발전시스템의 정기검사 시 태양광 전지의 세부 종목이 아닌 것은?**

① 절연저항 ② 외관검사
③ 규격확인 ④ 절연내력

해설 태양전지의 검사 시 세부 종목에는 규격확인, 외관검사, 절연저항이 있다.

64. **전원의 재투입 시 안전조치로 틀린 것은 어느 것인가?**

① 유자격자가 시험 및 육안검사를 실시한다.
② 차단장치나 단로기 등에 잠금장치 및 꼬리표를 부착한다.
③ 전기기기 등에서 모든 작업자가 완전히 철수했는지를 직접 확인한다.
④ 유자격자는 필요한 경우, 회로 및 설비를 안전하게 가압할 수 있도록 모든 기구, 점퍼선, 단락선, 접지선 및 기타 철거하여야 할 모든 장치들이 제대로 철거되었는지를 확인하여야 한다.

해설 단로기 잠금장치, 꼬리표 부착은 재투입 전 작업 시 실시사항이다.

65. **태양광발전 접속함(KS C 8567 : 2019)에 따라 소형(3회로 이하) 접속함의 경우 실외에 설치 시 보호등급(IP)으로 옳은 것은?**

① IP25 이상 ② IP50 이상
③ IP54 이상 ④ IP55 이상

해설 소형(3회로 이하) 실내형과 실외형 : IP54 이상

66. **태양광발전시스템 운전 특성의 측정 방법(KS C 8535 : 2005)에서 축전지의 측정항목으로 틀린 것은?**

① 단자전압 ② 충전전류
③ 충전전력량 ④ 역조류전류

해설 축전지의 측정항목에는 충전전류, 충전전력량, 단자전압이 있다.

67. **전기안전관리자의 직무 고시에 따라 태양광발전소 안전관리자가 갖추어야 할 안전장비와 그 장비의 권장 교정 및 시험주기로 옳은 것은?**

① 절연장화 1년
② 고압 검전기 2년

정답 ● 61. ③ 62. ③ 63. ④ 64. ② 65. ③ 66. ④ 67. ①

③ 절연안전모 2년
④ 고압 절연장갑 3년

해설 안전장비 교정 및 시험주기 : 고압 검전기(1년), 절연안전모(1년), 고압 절연장갑(1년), 절연장화(1년)

68. **전기설비에 있어서 감전예방의 종류 중 직접 접촉에 대한 감전 예방사항이 아닌 것은?**

① 장애물에 의한 보호
② 단독시행에 의한 보호
③ 충전부 절연에 의한 보호
④ 격벽 또는 외함에 의한 보호

해설 직접 접촉 감전 예방사항
• 장애물에 의한 보호
• 격벽 또는 외함에 의한 보호
• 충전부 절연에 의한 보호

69. **인버터에 'Solar Cell UV Fault'로 표시되었을 경우의 현상으로 옳은 것은?**

① 태양전지 전압이 규정치 이하일 때
② 태양전지 전력이 규정치 이하일 때
③ 태양전지 전류가 규정치 이하일 때
④ 태양전지 주파수가 규정치 이하일 때

해설 UV : Under Voltage의 약자로 규정 이하의 전압을 의미한다.

70. **전력 시설물 공사감리 업무 수행지침에 따른 태양광발전시스템 시공 후 감리원의 준공도면 등의 검토·확인 사항이 아닌 것은?**

① 공사업자로부터 가능한 한 준공예정일 2개월 전까지 준공 설계도서를 제출받아 검토·확인하여야 한다.
② 준공 설계도서 등을 검토·확인하고 완공된 목적물이 발주자에게 차질없이 인계될 수 있도록 지도·감독하여야 한다.
③ 준공도면은 공사 시방서에 정한 방법으로 작성되어야 하며, 모든 준공도면에는 발주자의 확인·서명이 있어야 한다.
④ 공사업자가 작성·제출한 준공도면이 실제 시공된 대로 작성되었는지 여부를 검토·확인하여 발주자에게 제출하여야 한다.

해설 준공도서는 필히 설계자의 날인 후 제출해야 한다.

71. **태양광발전용 변압기의 정기점검 시 점검대상에 해당하지 않는 것은?**

① 온도계 ② 냉각팬
③ 유면계 ④ 조작장치

해설 변압기 정기점검 시 점검대상 : 온도계와 냉각팬(파손 및 과열 방지), 유면계(절연유 내압시험)

72. **태양광발전용 모니터링 프로그램의 기능이 아닌 것은?**

① 데이터 수집 기능
② 데이터 분석 기능
③ 데이터 예측 기능
④ 데이터 통계 기능

해설 모니터링 프로그램 기능 : 데이터의 수집, 저장, 분석, 통계 기능

73. **배전반 외부에서 이상한 소리, 냄새, 손상 등을 점검항목에 따라 점검하며, 이상 상태 발견 시 배전반 문을 열고 이상 정도를 확인하는 점검은?**

① 일상점검 ② 특별점검
③ 정기점검 ④ 사용 전 점검

해설 일상점검은 주로 외관검사이며 월 1회 정도 실시한다.

정답 68. ② 69. ① 70. ③ 71. ④ 72. ③ 73. ①

74. 도체의 저항, 두 점 사이의 전압 및 전류의 세기를 측정하는 검사장비는?

① 검전기 ② 멀티미터
③ 접지 저항계 ④ 오실로스코프

해설 멀티미터는 전압, 전류, 저항의 세기를 측정한다.

75. 태양광발전소에 선임된 전기안전관리자의 직무범위로 틀린 것은?

① 전기설비의 운전·조작 또는 이에 대한 업무의 감독
② 전기재해의 발생을 예방하거나 그 피해를 줄이기 위하여 필요한 응급조치
③ 전기설비의 공사·유지 및 운용에 관한 업무 및 이에 종사하는 사람에 대한 안전교육
④ 전기수용설비의 증설 또는 변경공사로서 총 공사비가 1억 원 이상인 공사의 감리 업무

해설 감리 업무는 안전관리자와 관계가 없는 업무이다.

76. 중대형 태양광발전용 인버터(계통 연계형, 독립형)(KS C 8565 : 2016)에 따라 누설전류 시험 시 누설전류는 몇 mA 이하이어야 하는가?

① 5 ② 10 ③ 15 ④ 20

77. 신·재생에너지 공급인증서를 뜻하는 용어는?

① SMP ② REC
③ RPS ④ REP

78. 태양광발전시스템의 일상점검 시 태양광발전 어레이의 육안점검 항목이 아닌 것은 어느 것인가?

① 접지저항
② 지지대의 부식 및 녹
③ 표면의 오염 및 파손
④ 외부배선(접속 케이블)의 손상

해설 접지저항은 측정사항이므로 육안검사가 불가능하다.

79. 산업안전보건기준에 관한 규칙에 따라 근로자가 충전전로를 취급하거나 그 인근에서 작업하는 경우 그 충전전로의 선간전압이 22.9 kV라면 충전전로에 대한 접근 한계거리는 몇 cm인가?

① 60 ② 90
③ 110 ④ 130

해설 충전전로의 선간전압이 22.9 kV에서 접근 한계거리는 90 cm이다.

80. 다음 중 고장원인을 예방하기 위해 사전에 점검계획 수립 시 고려사항을 모두 고른 것은?

㉠ 설비의 사용기간 ㉡ 설비의 중요도 ㉢ 환경조건 ㉣ 고장이력 ㉤ 부하상태

① ㉠, ㉣, ㉤
② ㉠, ㉡, ㉣, ㉤
③ ㉡, ㉢, ㉣, ㉤
④ ㉠, ㉡, ㉢, ㉣, ㉤

해설 사전 점검계획 시 고려사항
- 설비의 사용기간
- 설비의 중요도
- 환경조건
- 고장이력
- 부하상태

정답 74. ② 75. ④ 76. ① 77. ② 78. ① 79. ② 80. ④

2020 년도 출제문제(3회차) 및 해설

1과목 태양광발전 기획

1. 태양광발전시스템을 1000 m^2 부지에 하나의 어레이로 설치할 때 모듈효율 15 %, 일사량 500 W/m^2이면 생산되는 전력(kW)은? (단, 기타조건은 무시한다.)

① 75 kW ② 750 kW
③ 7500 kW ④ 75000 kW

해설 출력 P = 일사량(W/m^2) × 면적(m^2) × 효율
$= 500 \times 1000 \times 0.15 \times 10^{-3} = 75$ kW

2. 신에너지 및 재생에너지 개발·이용·보급 촉진법령에 따라 대통령령으로 정하는 신·재생에너지 품질검사기관이 아닌 것은?

① 한국석유관리원
② 한국임업진흥원
③ 한국에너지공단
④ 한국가스안전공사

해설 신·재생에너지 품질검사기관
- 한국석유관리원
- 한국임업진흥원
- 한국가스안전공사

3. 태양광발전시스템에서 바이패스 다이오드의 설치 위치는?

① 분전반
② 인버터 내부
③ 적산전력계 내부
④ 태양광발전 모듈용 단자함

해설 바이패스 다이오드의 설치 위치는 모듈의 뒷면 단자함이다.

4. 태양광발전의 장점으로 옳은 것은?

① 에너지 밀도가 높아 대전력을 얻기가 용이하다.
② 풍부한 실리콘 재료로 인해 시스템 설치비용이 적게 든다.
③ 전력 생산량에 대한 일사량 의존도가 낮아 설비이용률이 높다.
④ 실 수용지에 직접 설치가 가능하고, 무인 자동화 운전이 가능하다.

해설 태양광발전의 장점
- 청정에너지이다.
- 반영구적 에너지이다.
- 유지보수가 용이하다.
- 에너지 밀도가 높다.
- 무인화가 가능하다.

5. 신에너지 및 재생에너지 개발·이용·보급 촉진법령에 따라 산업통사자원부장관이 신·재생에너지 관련 통계의 조사·작성·분석 및 관리에 관한 업무의 전부 또는 일부를 하게 할 수 있도록 산업통상자원부령으로 정하는 바에 따라 지정하는 전문성이 있는 기관은?

① 통계청
② 한국전기안전공사
③ 신·재생에너지센터
④ 한국에너지기술연구원

해설 신·재생에너지센터는 신·재생에너지 관련 조사·통계·작성·분석 등의 업무를 수행하는 기관이다.

정답 1. ① 2. ③ 3. ④ 4. ④ 5. ③

6. 전기공사업법령에 따라 전기공사를 공사업자에게 주는 자를 의미하는 용어의 정의로 옳은 것은?

① 발주자 ② 감리자
③ 수급자 ④ 도급자

해설 도급을 주는 자는 발주자이다.

7. 국토의 계획 및 이용에 관한 법령에 따라 개발행위 허가를 받아야 하는 행위로 틀린 것은?

① 흙·모래·자갈·바위 등의 토석을 채취하는 행위(토지의 형질변경을 목적으로 하는 것을 제외한다.)
② 절토(땅 깎기)·성토(흙 쌓기)·정지·포장 등의 방법으로 토지의 형상을 변경하는 행위와 공유 수면의 매립(경작을 위한 토지의 형질변경은 제외한다.)
③ 녹지지역·관리지역·농림지역 및 자연환경보전지역 안에서 관계법령에 따른 허가·인가 등을 받지 아니하고 행하는 토지의 분할(「건축법」 제57조에 따른 건축물이 있는 대지는 제외한다.)
④ 녹지지역·관리지역 또는 자연환경보전지역 안에서 건축물의 울타리 안(적법한 절차에 의하여 조성된 대지에 한한다.)에 위치한 토지에 물건을 1월 이상 쌓아놓는 행위

해설 녹지지역, 자연환경보전지역 안에서 건축물의 울타리 안에 물건을 쌓아 놓아서는 안 된다.

8. 국내 태양광 발전 부지 선정 시 일반적인 고려사항으로 틀린 것은?

① 일사량이 좋고 남향이어야 한다.
② 바람이 잘 들 수 있는 부지가 좋다.
③ 용량에 맞는 부지를 선정해야 한다.
④ 같은 지역이라도 저지대 부지가 좋다.

해설 저지대는 피하는 것이 좋다.

9. 전기사업법령에 따른 전기사업의 허가기준으로 틀린 것은?

① 전기사업이 계획대로 수행될 수 있을 것
② 발전소가 특정지역에 집중되어 전력계통의 운영에 용이할 것
③ 전기사업을 적정하게 수행하는 데 필요한 재무능력 및 기술능력이 있을 것
④ 배전사업의 경우 둘 이상의 배전사업자의 사업구역 중 그 전부 또는 일부가 중복되지 아니할 것

해설 발전소가 특정지역에 편중되어 전력계통의 운영에 지장을 주지 않아야 한다.

10. 태양광발전용 인버터의 단독운전 방지기능에서 능동적인 검출방식이 아닌 것은?

① 부하변동방식
② 주파수 시프트 방식
③ 무효전력 변동방식
④ 전압위상 도약방식

해설 단독운전 방지기능에서 능동적 방식 : 주파수 시프트 방식, 유효전력 변동방식, 무효전력 변동방식, 부하변동방식

11. 위도가 35°인 지역의 하지 시 태양의 남중고도는 몇 도(°)인가?

① 68.5° ② 78.5° ③ 88.5° ④ 58.5°

해설 하지 시의 남중고도
$=90° - \text{위도} + 23.5°$
$=90° - 35° + 23.5° = 78.5°$

12. 전기사업법령에 따라 3000 kW를 초과하는 태양광발전 사업 허가절차를 나타낸 것으로 옳은 것은?

2020년

정답 6. ① 7. ④ 8. ④ 9. ② 10. ④ 11. ② 12. ①

㉠ 발전사업 신청서 접수 ㉡ 전기사업 허가증 발급 ㉢ 발전사업 신청서 작성 및 제출 ㉣ 신청인에 통지 ㉤ 전기위원회 심의 ㉥ 전기안전공사 심의 ㉦ 태양광발전산업협회 심의

① ㉢→㉠→㉤→㉡→㉣
② ㉠→㉢→㉥→㉡→㉣
③ ㉢→㉠→㉡→㉦→㉣
④ ㉢→㉠→㉦→㉡→㉣

해설 전기안전공사와 태양광발전산업협회는 태양광발전 사업 허가와는 무관하다.

13. 전기공사업법령에 따라 변전기기 설치 등과 같은 변전설비공사의 하자 담보 책임 기간은?

① 1년　② 2년
③ 3년　④ 4년

14. 전기사업법령에 따라 기금을 사용할 경우 대통령령으로 정하는 전력산업과 관련한 중요사업에 해당하지 않는 것은?

① 전기의 특수적 공급을 위한 사업
② 전력사업 분야 전문인력의 양성 및 관리
③ 전력사업 분야 개발기술의 사업화 지원사업
④ 전력사업 분야의 시험·평가 및 검사시설의 구축

해설 전기의 특수적 공급을 위한 사업은 대통령령으로 정하는 전력산업과 관련한 중요사업이 아니다.

15. 신·재생에너지 공급 의무화 제도 및 연료 혼합 의무화 제도 관리·운영지침에 따라 신·재생에너지 발전 설비용량이 몇 kW 미만인 발전소는 공급인증서 발급수수료 및 거래수수료를 면제하는가?

① 100　② 200
③ 500　④ 1000

해설 신·재생에너지 설비용량이 100 kW 미만이면 공급인증서 발급 및 거래수수료가 면제된다.

16. 다음 설명에 대한 것으로 옳은 것은?

투자에 드는 지출액의 현재가치가 미래에 그 투자에서 기대되는 현금 수입액의 현재가치와 같아지는 할인율

① 비용 편익률　② 투자 회수율
③ 내부 수익률　④ 순 현재가치율

해설 내부 수익률(IRR) : 투자로 지출되는 편익과 비용의 현재가치가 동일하게 되는 수익률

17. 신에너지 및 재생에너지 개발·이용·보급 촉진법의 제정 목적으로 틀린 것은?

① 에너지원의 단일화
② 온실가스 배출의 감소
③ 에너지의 안정적인 공급
④ 에너지 구조의 환경친화적 전환

해설 신에너지 및 재생에너지 개발·이용·보급 촉진법의 제정 목적
- 에너지원의 다양화
- 온실가스 배출의 감소
- 에너지의 안정적인 공급
- 에너지 구조의 환경친화적 전환

18. 독립형 태양광발전설비의 전원 시스템용 축전지 용량 선정 시 고려사항에 해당하지 않는 것은?

① 보수율　② 설계습도
③ 부조일수　④ 방전심도(DOD)

정답 13. ③ 14. ① 15. ① 16. ③ 17. ① 18. ②

해설 독립형 전원 시스템용 축전지 용량 선정

$$C = \frac{1일\ 소비전력량 \times 부조일수}{보수율 \times 방전심도 \times 총\ 전지전압}$$

19. 전기사업법령에 따라 전기사업자가 사업에 필요한 전기설비를 설치하고 사업을 시작하기 위하여 정당한 사유가 없다면 산업통상자원부장관이 지정한 준비기간은 몇 년이 넘을 수 없는가?

① 3년 ② 5년 ③ 7년 ④ 10년

20. 면적이 200 cm^2이고 변환효율이 20 %인 태양광발전 모듈에 AM 1.5의 빛을 입사시킬 경우에 생성되는 전력 W은?
(단, 수직복사 E는 1000 W/m^2이고, 온도는 25℃이다.)

① 3 ② 4 ③ 5 ④ 6

해설 출력 P = 일사강도×면적×변환효율
$= 1000 \times 200 \times 10^{-4} \times 0.2 = 4\ W$

2과목 태양광발전 설계

21. 지반조사 중 본조사 시 검토하여야 하는 사항으로 틀린 것은?

① 지진 이력 ② 투수조건
③ 동결 가능성 ④ 지반 성층상태

해설 지반조사 사항에는 동결 가능성, 지반 성층상태, 매설물의 유무 및 그 상태가 있다.

22. 전기설비기술기준의 판단기준에 따라 가반형(可搬型)의 용접전극을 사용하는 아크 용접장치의 용접 변압기 1차측 전로의 대지전압은 몇 V 이하이어야 하는가?

① 30 ② 60 ③ 150 ④ 300

23. 전기실에 설치하는 소화설비로 적합하지 않은 것은?

① 이너젠 소화설비
② 할론가스 소화설비
③ 스프링클러 소화설비
④ 이산화탄소 소화설비

해설 스프링클러는 물을 사용하기 때문에 감전위험이 있어 사용해서는 안 된다.

24. 전기 도면 관련기호 중 전동기를 나타내는 기호는?

① (M) ② (H)
③ (G) ④ (T)

해설 ① : 전동기
② : 전열기
③ : 발전기
④ : 변압기

25. 신·재생발전기 계통연계기준에 따라 배전계통의 일부가 배전계통의 전원과 전기적으로 분리된 상태에서 신·재생발전기에 의해서만 가압되는 상태를 말하는 것은?

① 단독운전 ② 전압요동
③ 출력 증가율 ④ 역송 병렬운전

해설 단독운전 : 부하의 일부가 배전계통의 전원과 분리된 상태에서 분산형 전원에 의해서만 전력을 공급받는 상태

26. 설계도서 작성에 대한 설명으로 틀린 것은?

① 기본설계, 실시설계 순으로 작성한다.
② 실시설계는 기본 설계도서에 따라 상세하게 설계하여 도면, 공사 시방서 및 공사비 예산서를 작성한다.

정답 19. ④ 20. ② 21. ① 22. ④ 23. ③ 24. ① 25. ① 26. ③

③ 공사 시방서는 시설물의 안전 및 공사 시행의 적정성과 품질확보 등을 위하여 시설물별로 정한 표준적인 시공기준이다.
④ 기본설계란 기본계획으로 완성된 건축물의 개요(용도, 구조, 규모, 형상 등), 구조계획 등을 설비기능 면에서 재검토하는 것이다.

해설 공사 시방서는 시공기준을 말하며, 표준 시방서 및 전문 시방서를 기본으로 작성한다.

27. 평지붕에 태양광발전시스템 설치를 위한 설계 검토 시, 평지붕의 적설하중 산정에 사용되지 않는 인자는?

① 노출계수
② 온도계수
③ 지붕면 외압계수
④ 지상적설하중의 기본값

해설 평지붕의 적설하중=지붕적설하중계수×노출계수×온도계수×중요도계수×지상적설하중의 기본값

28. 분산형 전원 배전계통연계기술기준에 따라 태양광발전시스템 및 그 연계 시스템의 운영 시 태양광발전시스템 연결점에서 최대 정격 출력전류의 몇 %를 초과하는 직류 전류를 배전계통으로 유입시켜서는 안 되는가?

① 0.3 ② 0.5
③ 0.7 ④ 1.0

29. 고정 전기기계기구에 부속하는 코드 및 캡타이어 케이블의 시설기준으로 틀린 것은?

① 코드 및 캡타이어 케이블은 가급적 길게 할 것
② 코드 및 캡타이어 케이블은 현저한 충격을 받지 않도록 할 것
③ 코드 및 캡타이어 케이블을 부득이하게 지지하여야 할 경우 단지 그 이동을 방지할 수 있을 정도로 그칠 것
④ 코드 및 캡타이어 케이블의 외상을 예방하기 위해 금속관 등의 내부에 배선할 경우 관 또는 몰드의 말단에 적당한 부싱을 사용할 것

해설 코드 및 캡타이어 케이블은 짧게 시설한다.

30. 전기설비기술기준의 판단기준에 따라 전선을 접속하는 경우 전선의 세기를 몇 % 이상 감소시키지 않아야 하는가?

① 10 ② 20
③ 25 ④ 30

31. 전력 시설물 공사감리 업무 수행지침에 따라 감리원이 공사업자로부터 물가변동에 따른 계약금액 조정 요청을 받은 경우 공사업자로 하여금 작성·제출하도록 하는 서류 목록이 아닌 것은?

① 물가변동 조정 요청서
② 계약금액 조정 요청서
③ 계약금액 조정 산출 근거
④ 안전 관리비 사용 내역서

해설 물가변동으로 인한 계약금액 조정과 관련하여 공사업자가 작성·제출해야 할 서류 목록
- 물가변동 조정 요청서
- 계약금액 조정 요청서
- 품목 조정률 또는 지수 조정률의 산출 근거
- 계약금액 조정 산출 근거
- 그 밖에 설계변경 시 필요한 서류

정답 27. ③ 28. ② 29. ① 30. ② 31. ④

32. 전력기술관리법령에 따라 설계업 또는 감리업을 등록한 자는 등록사항이 변경된 경우, 변경사유가 발생한 날부터 며칠 이내에 산업통상자원부령으로 정하는 바에 따라 시·도지사에게 신고하여야 하는가?

① 7 ② 10 ③ 15 ④ 30

33. 전력 시설물 공사감리 업무 수행지침에 따라 감리원은 공사업자로부터 시공 상세도를 사전에 제출받아 검토·확인하여 승인한 후 시공할 수 있도록 하여야 한다. 제출받은 날로부터 며칠 이내에 승인하여야 하는가?

① 3 ② 5 ③ 7 ④ 14

34. 전기설비기술기준의 판단기준에 따라 저압 옥내 직류전기설비의 접지시설을 양(+)도체로 접지하는 경우 무엇에 대한 보호인가?

① 지락 ② 감전
③ 단락 ④ 과부하

해설 저압 옥내 직류전기설비의 접지시설을 양(+)도체로 접지하는 것은 감전보호이다.

35. 전력기술관리법령에 따라 설계업 또는 감리업을 휴업·재개업(再開業) 또는 폐업한 경우에는 산업통상자원부령으로 정하는 바에 따라 누구에게 신고하여야 하는가?

① 시·도지사
② 전기안전공사장
③ 전기기술인협회장
④ 산업통상자원부장관

36. 태양광발전 모듈에서 인버터까지의 전압강하 계산식은? (단, A : 전선의 단면적[mm^2], I : 전류[A], L : 전선 1가닥의 길이[m]이다.)

① $\dfrac{17.8\times L\times I}{1000\times A}$ ② $\dfrac{30.8\times L\times I}{1000\times A}$

③ $\dfrac{33.6\times L\times I}{1000\times A}$ ④ $\dfrac{35.6\times L\times I}{1000\times A}$

해설 모듈에서 인버터까지는 직류 2선식이므로 전압강하 $e=\dfrac{35.6\times L\times I}{1000\times A}$ 이다.

37. 전력 시설물 공사관리 업무 수행지침에 따라 감리원은 공사가 시작된 경우 공사업자로부터 착공 신고서를 제출받아 적정성 여부를 검토하여 며칠 이내에 발주자에게 보고하여야 하는가?

① 2 ② 3 ③ 5 ④ 7

38. 설계감리 업무 수행지침에 따라 감리원이 발주자에게 제출하는 설계감리 업무 수행 계획서에 포함되지 않는 것은?

① 보안대책 및 보안각서
② 세부공정계획 및 업무 흐름도
③ 설계감리 검토의견 및 조치 결과서
④ 용역명, 설계감리규모 및 설계감리기간

해설 감리원이 발주자에게 제출하는 설계감리 업무 수행 계획서
- 용역명, 설계감리규모 및 설계감리기간
- 세부공정계획 및 업무 흐름도
- 보안대책 및 보안각서

39. 태양광발전시스템 출력이 38500 W, 모듈 최대출력이 175 W, 모듈의 직렬개수가 20장일 때, 병렬개수는?

① 10 ② 11
③ 12 ④ 13

해설 병렬 수

$$=\frac{P}{\text{직렬 수}\times\text{모듈 1매 최대출력}}$$

$$=\frac{38500}{20\times 175}=11$$

2020년

정답 32. ④ 33. ③ 34. ② 35. ① 36. ④ 37. ④ 38. ③ 39. ②

40. 태양광발전 어레이 가대를 설계하고자 한다. 다음 중 설계 순서를 옳게 나열한 것은?

㉠ 태양광발전 모듈의 배열 결정
㉡ 설치장소 결정
㉢ 상정최대하중 산출
㉣ 지지대 기초 설계
㉤ 지지대의 형태, 높이, 구조 결정

① ㉠→㉢→㉤→㉡→㉣
② ㉡→㉠→㉤→㉢→㉣
③ ㉠→㉤→㉢→㉤→㉡
④ ㉡→㉢→㉠→㉤→㉣

3과목 태양광발전 시공

41. 케이블 트레이 시공방식의 장점이 아닌 것은?

① 방열특성이 좋다.
② 허용전류가 크다.
③ 재해를 거의 받지 않는다.
④ 장래 부하 증설 시 대응력이 크다.

해설 재해를 전혀 받지 않을 수는 없다.

42. 궤도전자가 강한 에너지를 받아 원자 내의 궤도를 이탈하여 자유전자가 되는 것을 무엇이라 하는가?

① 여기 ② 전리
③ 공진 ④ 방사

해설 전리 : 원자궤도에서 원자가 전자를 잃으면서 궤도상에 자유전자를 생성하는 것

43. 공정관리 시스템에서 관리적 측면의 공정관리 시스템이 아닌 것은?

① 시간관리 ② 지원 도구
③ 자원관리 ④ 생산성 관리

해설 관리적 측면의 공정관리 시스템
- 시간관리
- 자원관리
- 생산성 관리

44. 터파기(KCS 11 20 15 : 2016)에 따라 굴착 작업 시 유의사항으로 틀린 것은?

① 굴착 주위에 과다한 압력을 피하도록 하여야 한다.
② 굴착 중 물이 고이지 않도록 배수장비를 갖춘다.
③ 방호계획은 고정시설물뿐만 아니라 차량 및 주민 등에 대해서도 수립한다.
④ 정해진 깊이보다 깊이 굴착된 경우는 지하수위 상승공법을 사용하여 원지반보다 연약하지 않도록 한다.

해설 정해진 깊이보다 더 깊게 굴착 시는 되메우기 공법으로 연약지반을 보강한다.

45. 가요전선관 공사의 시설방법에 대한 설명으로 틀린 것은?

① 가요전선관 상호의 접속은 커플링으로 하여야 한다.
② 가요전선관과 박스의 접속은 접속기로 접속하여야 한다.
③ 전선은 절연전선(옥외용 비닐 절연전선을 제외한다.)을 사용한다.
④ 습기가 많은 장소 또는 물기가 있는 장소에는 2종 가요전선관을 사용한다.

해설 습기가 많은 장소 또는 물기가 있는 장소에는 방수 가요전선관을 사용한다.

46. 태양광발전용 구조물의 기초공사에 관련된 내용으로 틀린 것은?

정답 ● 40. ② 41. ③ 42. ② 43. ② 44. ④ 45. ④ 46. ④

① 설계하중에 대한 구조적 안정성을 확보해야 한다.
② 현장 여건을 고려하여 시공의 가능성을 판단해야 한다.
③ 기초의 침하 정도는 구조물의 허용 침하량 이내에 있어야 한다.
④ 국부적인 지반 쇄굴의 저항을 고려하여 최대한의 깊이를 유지해야 한다.

해설 구조물의 기초공사에서 가능하면 최소 깊이를 유지해야 한다.

47. 계통의 사고에 대해 보호 대상물을 보호하고 사고의 파급을 최소화해주는 보호 협조 기기는?

① 개폐기
② 변압기
③ 보호 계전기
④ 한전 계량기

48. 다음 중 태양광발전설비 인버터 출력회로의 절연저항 측정 순서를 옳게 연결한 것은?

㉠ 태양전지 회로를 접속함에서 분리한다. ㉡ 분전반 내의 분기 차단기를 개방한다. ㉢ 직류측의 모든 입력단자 및 교류측의 전체 출력단자를 각각 단락한다. ㉣ 교류단자와 대지간의 절연저항을 측정한다.

① ㉠→㉡→㉢→㉣
② ㉡→㉠→㉢→㉣
③ ㉢→㉠→㉡→㉣
④ ㉠→㉢→㉡→㉣

49. 저항 50 Ω, 인덕턴스 200 mH의 직렬회로에 주파수 50 Hz의 교류를 접속하였다면, 이 회로의 역률은 약 몇 %인가?

① 52.3 ② 62.3
③ 72.3 ④ 82.3

해설 역률 $\cos\theta = \frac{R}{Z} \times 100\ \%$

$= \frac{R}{\sqrt{R^2 + X_L^2}} \times 100\ \%$

여기서, R : 저항, Z : 임피던스

$X_L = 2\pi f L$

$= 2 \times 3.14 \times 50 \times 200 \times 10^{-3}$

$= 62.83\ \Omega$

$\therefore \cos\theta = \frac{50}{\sqrt{50^2 + 62.83^2}} \times 100$

$= 62.268 \fallingdotseq 62.3\ \%$

50. 송전방식 중 직류 송전방식에 비해 교류 송전방식의 장점이 아닌 것은?

① 회전자계를 쉽게 얻을 수 있다.
② 계통을 일관되게 운용할 수 있다.
③ 전압의 승·강압 변경이 용이하다.
④ 역률이 항상 1로 송전효율이 좋아진다.

해설 교류 송전방식은 무효전력에 의한 송전손실이 크다.

51. 배전선로에서 지락 고장이나 단락 고장 사고가 발생하였을 때 고장을 검출하여 선로를 차단한 후 일정 시간이 경과하면 자동적으로 재투입 동작을 반복함으로써 고장 구간을 제거할 수 있는 보호장치는?

① 리클로저
② 라인퓨즈
③ 배전용 차단기
④ 컷아웃 스위치

해설 리클로저 : 낙뢰나 강풍 등에 의해 가공 배전선로 사고 시 신속하게 고장구간을 차단하고, 아크 소멸 후 재투입이 가능한 개폐장치

2020년

정답 47. ③ 48. ① 49. ② 50. ④ 51. ①

52. 전기설비기술기준의 판단기준에 따라 태양전지 발전소에 시설하는 태양전지 모듈, 전선 및 개폐기, 기타 기구의 시설방법이 아닌 것은?

① 충전부분은 노출되지 않도록 시설하여야 한다.
② 태양전지 모듈의 프레임은 지지물과 전기적으로 완전하게 접속하여야 한다.
③ 전선은 공칭단면적 $1.0\,mm^2$ 이상의 연동선 또는 이와 동등 이상의 세기 및 굵기의 것이어야 한다.
④ 태양전지 발전설비의 직류 전로에 지락이 발생했을 때 자동적으로 전로를 차단하는 장치를 시설하여야 한다.

해설 태양전지 발전소 시설 전선은 공칭단면적 $2.5\,mm^2$ 이상의 연동선 또는 이와 동등 이상의 세기 및 굵기의 것이어야 한다.

53. 전등 설비용량 250 W, 전열 설비용량 800 W, 전동기 설비용량 200 W, 기타 설비용량 150 W인 수용가가 있다. 이 수용가의 최대수용전력이 910 W이면 수용률(%)은 얼마인가?

① 65 % ② 70 %
③ 75 % ④ 80 %

해설 수용률(설비 이용률)

$= \dfrac{\text{최대수용전력}}{\text{총 설비용량}} \times 100\,\%$이므로,

총 설비용량 $= 250+800+200+150=1400$

$\therefore$ 수용률 $= \dfrac{910}{1400} \times 100 = 65\,\%$

54. 전기사업법령에 따라 사업용 전기설비의 사용 전 검사는 받고자 하는 날의 며칠 전까지 한국전기안전공사로 신청해야 하는가?

① 3일 ② 5일
③ 7일 ④ 10일

55. 신·재생에너지 설비의 지원 등에 관한 지침에 따른 전기배선에 대한 설명으로 틀린 것은?

① 모듈의 출력배선은 군별 및 극성별로 확인할 수 있도록 표시하여야 한다.
② 가공 전선로를 시설하는 경우에는 목주, 철주, 콘크리트주 등 지지물을 설치하여 케이블의 장력 등을 분산시켜야 한다.
③ 모듈간 배선은 바람에 흔들림이 없도록 코팅된 와이어 또는 동등 이상(내구성) 재질의 타이(Tie)로 단단히 고정하여야 한다.
④ 수상형을 포함한 모든 유형의 모듈에서 인버터에 이르는 배선에 사용되는 케이블은 모듈 전용선 또는 단심(1C) 난연성 케이블(TFR-CV, F-CV, FR-CV 등)을 사용하여야 한다.

해설 태양전지 모듈배선

- 모듈에서 인버터에 이르는 배선에 사용되는 케이블은 모듈 전용선 또는 단심(1C) 난연성 케이블(TFR-CV, F-CV, FR-CV 등)을 사용하여야 한다.
- 태양전지 모듈을 포함한 모든 충전부분은 노출되지 않도록 시설해야 한다.

56. 전선에 전류의 밀도가 도선의 중심으로 들어갈수록 작아지는 현상은?

① 근접효과
② 표피효과
③ 접지효과
④ 페란티 현상

해설 표피효과 : 주파수가 증가하면 도체의 겉 둘레의 전류밀도가 커지고, 도체의 중심에 가까워질수록 전류밀도가 작아지는 현상

정답 52. ③ 53. ① 54. ③ 55. ④ 56. ②

57. 이미터 접지형 증폭기에서 베이스 접지 시 전류증폭률 α가 0.9이면, 전류이득 β는 얼마인가?

① 0.45 ② 0.9
③ 4.5 ④ 9.0

해설 $\beta = \frac{\alpha}{1-\alpha} = \frac{0.9}{1-0.9} = 9.0$

58. 태양광발전설비에 적용되는 반(Panel)의 시공기준에 대한 설명으로 틀린 것은?

① 베이스용 형강은 기초볼트로 바닥면에 고정하여야 한다.
② 반류에는 고정된 베이스용 형강의 위에 반을 설치하고, 볼트로 고정한다.
③ 수평이동 및 전도(넘어짐) 사고를 방지할 수 있도록 필요한 안전대책을 검토한다.
④ 장치로부터 발생되는 발열에 대하여 환기설비 또는 냉각설비를 고려하지 않는다.

해설 반(Panel)에 발생되는 발열에는 바이패스 다이오드를 설치한다.

59. 태양광발전시스템이 설치된 고층 건물에 적용하는 방법으로 뇌격거리를 반지름으로 하는 가상 구를 대지와 수뢰부가 동시에 접하도록 회전시켜 보호범위를 정하는 방법은 무엇인가?

① 메쉬법
② 돌침방식
③ 회전구체법
④ 수평도체 방식

60. 250 mm 현수애자 1개의 건조 섬락전압은 100 kV이다. 현수애자 10개를 직렬로 연결한 애자련의 건조 섬락전압이 850 kV일 때 연능률은 얼마인가?

① 0.12 ② 0.85
③ 1.18 ④ 8.5

해설 연능률 $\eta = \frac{V_n}{n \times V_1}$

여기서, V_n : 애자련 전체의 섬락전압(kV)
n : 애자련 1개의 애자개수
V_1 : 애자 1개의 섬락전압

$\eta = \frac{850}{10 \times 100} = 0.85$

4과목 태양광발전 운영

61. 태양광발전시스템의 점검계획 시 고려해야 할 사항이 아닌 것은?

① 고장이력
② 설비의 중요도
③ 설비의 사용기간
④ 설비의 운영비용

해설 태양광발전시스템 점검계획 시 고려사항
- 설비의 사용기간
- 설비의 중요도
- 환경조건
- 고장이력
- 부하상태

62. 전기사업법령에 따라 전기안전관리자의 선임신고를 한 자가 선임신고증명서의 발급을 요구한 경우에는 산업통상자원부령으로 정하는 바에 따라 어디에서 선임신고증명서를 발급하는가?

① 고용노동부
② 전력기술인단체
③ 산업통상자원부
④ 한국산업인력공단

해설 전기안전관리자 선임신고증명서 발급기관은 전력기술인협회(단체)이다.

정답 57. ④ 58. ④ 59. ③ 60. ② 61. ④ 62. ②

63. 절연 보호구의 선정 및 사용에 관한 기술지침에 따른 C종 절연고무장갑의 사용전압 범위로 옳은 것은?

① 300 V를 초과하고, 교류 600 V 이하
② 600 V 또는 직류 750 V를 초과하고, 3500 V 이하
③ 3500 V를 초과하고, 7000 V 이하
④ 12000 V 이상

해설 C종 절연고무장갑의 사용전압 범위는 3500 V 초과 7000 V 이하이다.

64. 태양광발전용 납축전지의 잔존용량 측정방법(KS C 8532 : 1955)에서 사용하는 전압계와 전류계의 계급은?

① 0.2급 이상 ② 0.3급 이상
③ 0.4급 이상 ④ 0.5급 이상

해설 납축전지의 잔존용량 측정방법에서 사용하는 전압계와 전류계의 계급은 0.5급 또는 그 이상이다.

65. 태양광발전시스템의 점검 시 감전 방지 대책으로 틀린 것은?

① 저압 절연장갑을 착용한다.
② 작업 전 접지선을 제거한다.
③ 절연 처리된 공구를 사용한다.
④ 모듈 표면에 차광시트를 씌워 태양광을 차단한다.

해설 작업 전 접지선을 설치한 뒤 작업 후 접지선을 제거한다.

66. 태양광발전용 인버터의 일상점검에 대한 설명으로 틀린 것은?

① 통풍구가 막혀 있지 않은지를 점검한다.
② 외함의 부식 및 파손이 없는지를 점검한다.
③ 육안점검에 의해서 매년 1회 정도 실시한다.
④ 외부배선(접속 케이블)의 손상 여부를 점검한다.

해설 육안점검에 의한 일상점검은 매월 1회 정도 실시한다.

67. 일반부지에 설치하는 태양광발전시스템의 설비용량 99 kW, 일 평균발전시간 3.6 h, 연 일수 365일, REC 판매가격 173981(원/REC)일 때 연간 공급인증서 판매수익은 약 몇 만 원인가?

① 1920만 원 ② 2286만 원
③ 2716만 원 ④ 4115만 원

해설 일반부지의 REC 가중치는 1.2이므로 REC 판매가격은 $173981 \times 1.2 = 208777$(원/kW),
연간 공급인증서 판매가격 $= 99 \times 208777 \times 3.6 \times 365 \fallingdotseq 27158990$원 $\fallingdotseq$ 2716만 원

68. 결정질 실리콘 태양광발전 모듈(성능)(KS C 8561 : 2020)에 따른 시험장치에 대한 설명으로 틀린 것은?

① 솔라 시뮬레이터 : 태양광발전 모듈의 발전성능을 옥외에서 시험하기 위한 인공 광원
② 우박 시험장치 : 우박의 충격에 대한 태양광발전 모듈의 기계적 강도를 조사하기 위한 시험장치
③ UV시험장치 : 태양광발전 모듈이 태양광에 노출되는 경우에 따라서 유기되는 열화 정도를 시험하기 위한 장치
④ 항온항습장치 : 태양광발전 모듈의 온도 사이클 시험, 습도-동결시험, 고온·고습시험을 하기 위한 환경 챔버

해설 솔라 시뮬레이터
태양광발전 모듈의 발전성능을 옥내에서 시험하기 위한 인공 광원

정답 63. ③ 64. ④ 65. ② 66. ③ 67. ③ 68. ①

69. **전기사업법령에 따라 태양광발전소의 태양광발전 전기설비 계통의 정기검사 시기는?**

① 1년 이내 ② 2년 이내
③ 3년 이내 ④ 4년 이내

해설 태양광발전 전기설비의 정기점검 주기는 4년 이내이다.

70. **태양광발전시스템의 상태를 파악하기 위하여 설치하는 계측기기로 틀린 것은?**

① 전압계
② 조도계
③ 전류계
④ 전력량계

해설 태양광발전시스템의 상태를 파악하기 위하여 설치하는 계측기기
: 전압계, 전류계, 전력계, 전력량계

71. **태양광발전 어레이 개방전압 측정 시 주의사항으로 틀린 것은?**

① 측정은 직류 전류계로 한다.
② 태양광발전 어레이의 표면을 청소하는 것이 필요하다.
③ 각 스트링의 측정은 안정된 일사강도가 얻어질 때 실시한다.
④ 태양광발전 어레이는 비 오는 날에도 미소한 전압을 발생하고 있으니 주의한다.

해설 측정은 직류 전압계로 한다.

72. **태양광발전시스템의 구조물에 발생하는 고장으로 틀린 것은?**

① 황색 변이
② 녹 및 부식
③ 이상 진동음
④ 구조물 변형

해설 황색변이는 모듈에서 발생한다.

73. **배전반의 일상점검 내용이 아닌 것은?**

① 접지선에 부식이 없는지 점검
② 후면 백시트가 부풀어 올라 있는지 점검
③ 외함에 부착된 명판의 탈락, 파손이 있는지 점검
④ 제어회로의 배선에 과열 등에 의한 냄새가 나는지 점검

해설 후면 백시트 점검은 모듈의 일상점검에 해당한다.

74. **산업안전보건기준에 관한 규칙에 따라 누전에 의한 감전위험을 방지하기 위하여 해당 전로의 정격에 적합하고 감도가 양호하며 확실하게 작동하는 감전방지용 누전차단기를 설치하여야 하는 전기기계·기구로 틀린 것은?**

① 대지전압이 150 V를 초과하는 이동형 또는 휴대형 전기기계기구
② 철판·철골 위 등 도전성이 높은 장소에서 사용하는 이동형 또는 휴대형 전기기계기구
③ 임시배선의 전로가 설치되는 장소에서 사용하는 이동형 또는 휴대형 전기기계기구
④ 물 등 도전성이 높은 액체가 있는 습윤장소에서 사용하는 750 V 이상의 교류전압용 전기기계기구

75. **태양광발전 모듈의 정기점검 시 육안점검 항목으로 옳은 것은?**

① 표시부의 이상 표시
② 역류방지 다이오드의 손상
③ 프레임 간의 접지 접속상태
④ 투입저지 시한 타이머 동작시험

해설 모듈의 육안점검에 해당하는 것은 역류방지 다이오드의 손상이다.

2020년

정답 69. ④ 70. ② 71. ① 72. ① 73. ② 74. ④ 75. ②

76. 태양광발전시스템의 신뢰성 평가·분석 항목이 아닌 것은?

① 사이트 ② 계획정지
③ 계측 트러블 ④ 시스템 트러블

해설 신뢰성 평가·분석항목
- 트러블 : 계측 트러블, 시스템 트러블
- 운진 데이터의 결측사항
- 계획정지

77. 전기안전작업 요령 작성에 관한 기술지침에 따라 사업주가 따라야 하는 정전작업 절차에 대한 내용으로 틀린 것은?

① 정전작업 대상 기기의 모든 전원을 차단한다.
② 전원 차단을 위한 안전절차는 전기기기 등을 차단하기 전에 결정하여야 한다.
③ 작업이 이루어지는 전기기기 등을 정전시키는 모든 차단장치에 잠금장치 및 꼬리표를 제거한다.
④ 작업자에게 전기위험을 줄 수 있는 커패시터 등에 축적 또는 유기된 전기에너지는 단락 및 접지시켜 방전시킨다.

해설 작업이 이루어지는 전기기기 등을 정전시키는 모든 차단장치에 잠금장치 및 꼬리표를 설치한다.

78. 중대형 태양광발전용 인버터(계통 연계형, 독립형)(KS C 8565 : 2020)에 따라 3상 실외형 인버터의 IP(방진, 방수) 최소 등급은?

① IP20 ② IP44
③ IP54 ④ IP57

해설 3상 실외형 인버터의 IP 최소 등급은 IP44이다.

79. 정기점검에 의한 처리 중 절연물의 보수에 대한 내용으로 틀린 것은?

① 절연물에 균열, 파손, 변형이 있는 경우에는 부품을 교체한다.
② 합성수지 적층판이 오래되어 헐거움이 발생되는 경우에는 부품을 교체한다.
③ 절연물의 절연저항이 떨어진 경우에는 종래의 데이터를 기초로 하여 계열적으로 비교 검토한다.
④ 절연저항 값은 온도, 습도 및 표면의 오손상태에 크게 영향을 받지 않으므로 양부의 판정이 쉽다.

해설 절연저항 값은 온도, 습도 및 표면의 오손상태에 크게 영향을 받는다.

80. 접근 위험경고 및 감전재해를 방지하기 위하여 사용하는 활선접근경보기의 사용범위가 아닌 것은?

① 활선에 근접하여 작업하는 경우
② 작업 중 착각·오인 등에 의해 감전이 우려되는 경우
③ 보수작업 시행 시 저압 또는 고압 충전유무를 확인하는 경우
④ 정전작업 장소에서 사선구간과 활선구간이 공존되어 있는 경우

해설 보수작업 시행 시 저압 또는 고압 충전유무를 확인하는 것은 활선경보기의 사용범위가 아니다.

정답 76. ① 77. ③ 78. ② 79. ④ 80. ③

출제문제(1회차) 및 해설

1과목 태양광발전 기획

1. 환경영향 평가법령에 따라 태양광발전소의 경우 환경영향평가를 받아야 하는 발전시설용량은 몇 kW 이상인가?

① 1000 ② 10000
③ 100000 ④ 1000000

2. 다음 [조건]과 같은 독립형 태양광발전용 축전지의 용량은 약 몇 Ah인가?

조건
- 1일 정격소비량 : 2.4 kWh
- 보수율 : 0.8
- 일조가 없는 날 : 10일
- 방전심도 : 65 %
- 축전지 공칭전압 : 2 V/cell
- 축전지 개수 : 48개

① 390 ② 440
③ 481 ④ 560

해설 축전지 용량

$$= \frac{10 \times 2400}{0.8 \times 48 \times 2 \times 0.65} \fallingdotseq 481\,\text{Ah}$$

3. 신에너지 및 재생에너지 개발·이용·보급 촉진법령에 따라 공급인증기관이 제정하는 공급인증서 발급 및 거래시장 운영에 관한 규칙에 포함되는 사항으로 틀린 것은 어느 것인가?

① 공급인증서의 거래방법에 관한 사항
② 공급인증서 가격의 결정방법에 관한 사항
③ 신·재생에너지 공급량의 증명에 관한 사항
④ 저탄소 녹색성장과 관련된 법 제도에 관한 사항

4. 신에너지 및 재생에너지 개발·이용·보급 촉진법령에 따른 신·재생에너지 정책심의회의 심의사항이 아닌 것은?

① 신·재생에너지의 기술개발 및 이용·보급에 관한 중요 사항
② 기후변화대응 기본계획, 에너지 기본계획 및 지속가능발전 기본계획에 관한 사항
③ 신·재생에너지 발전에 의하여 공급되는 전기의 기준가격 및 그 변경에 관한 사항
④ 대통령령으로 정하는 경미한 사항을 변경하는 경우를 제외한 기본계획의 수립 및 변경에 관한 사항

5. 전기사업법령에 따라 전기사업자 및 한국전력거래소가 전기의 품질을 유지하기 위해 매년 1회 이상 측정하여야 하는 대상의 연결로 틀린 것은?

① 전기판매사업자 – 전압
② 한국전력거래소 – 주파수
③ 배전사업자 – 전압 및 주파수
④ 송전사업자 – 전압 및 주파수

정답 1. ③ 2. ③ 3. ④ 4. ② 5. ③

6. 결정계 태양광발전 모듈의 면적 1.0 m^2, 표면온도 65℃, 변환효율 15 %인 경우 일사강도 0.8 kW/m^2일 때 출력은 약 몇 kW인가? (단, 결정계 태양광발전 전지 온도 보정계수(α)는 −0.4 %/℃이다.)

① 0.1 ② 0.12 ③ 0.15 ④ 0.2

해설 $0.15 = \dfrac{P_m}{0.8 \times 1.0}$,

$P_m = 0.15 \times 0.8 \times 1.0 = 0.12$

$P_m' = 0.12 \times \left\{1 + \left(-\dfrac{0.4}{100}\right) \times (65-25)\right\}$

$= 0.12 \times 0.84 \fallingdotseq 0.1\,\mathrm{kW}$

7. 태양복사에 대한 설명으로 틀린 것은?

① 매우 흐린 날, 특히 겨울의 태양복사는 거의 모두 산란복사 된다.
② 태양복사량의 평균값을 태양상수라고 하며, 약 1367 W/m^2이다.
③ 산란복사는 태양복사가 구름이나 대기 중의 먼지에 의해 반사되지 않고 확산된 성분이다.
④ 직달복사는 태양으로부터 지표면에 직접 도달되는 복사로 물체에 강한 그림자를 만드는 성분이다.

해설 산란복사는 확산이 아닌 산란된 형태의 복사이다.

8. 다음과 같은 [조건]에 적합한 독립형 태양광발전시스템의 설치용량은 약 몇 kWp인가? (단, STC 조건을 기준으로 한다.)

조건
• 연 일사량 : 1356 kWh/m^2
• 연 부하소비량 : 3000 kWh
• 부하의 태양광발전시스템 의존율 : 50 %
• 설계여유계수 : 20 %
• 종합설계계수 : 80 %

① 1.11 ② 0.28 ③ 2.54 ④ 3.00

해설 P_{AS}

$= \dfrac{\text{부하 소비전력량} \times \text{의존율} \times \text{설계여유계수}}{\text{경사면 일사량} \times \text{종합설계계수}}$

$= \dfrac{3000 \times 0.5 \times 0.2}{1356 \times 0.8} \fallingdotseq \dfrac{300}{1085} \fallingdotseq 0.28$

* 출제문제에 답이 없어서 임의로 ②번으로 처리함

9. 전기사업법령에 따라 기초조사에 포함되어야 할 사항 중 경제·사회 분야의 세부항목으로 옳은 것은?

① 발전사업에 따른 지역경제 활성화 방안
② 발전설비 건설에 따른 환경오염 최소화 방안
③ 발전설비에 대한 환경 규제 및 기준에 관한 사항
④ 발전사업에 따른 인구 전출 유발효과에 관한 사항

10. 태양광발전 어레이에 낙뢰와 서지가 침입할 우려가 있는 장소의 대지와 회로간에 설치하는 것은?

① SPD ② ELB ③ ZCT ④ MCCB

11. 전기공사업법령에 따라 전기공사업 등록증 및 등록수첩을 발급하는 자는?

① 시·도지사
② 전기안전공사 사장
③ 지정공사업자단체장
④ 산업통상자원부장관

12. 전기공사업법령에 따른 전기공사기술자의 시공관리 구분에서 사용전압이 22.9 kV인 전기공사의 시공관리를 할 수 있는 기술자의 최소 등급은?

① 초급 전기공사기술자
② 중급 전기공사기술자

정답 6. ① 7. ③ 8. ② 9. ① 10. ① 11. ① 12. ②

③ 고급 전기공사기술자
④ 특급 전기공사기술자

13. 다음은 국토의 계획 및 이용에 관한 법령에 따른 개발행위 허가를 받지 않아도 되는 경미한 행위 중 토석채취에 대한 내용이다. ( ) 안에 들어갈 내용으로 옳은 것은?

도서지역 또는 지구단위 계획구역에서 채취면적이 (㉠) m^2 이하인 토지에서의 부피 (㉡) m^3 이하의 토석채취

① ㉠ : 20, ㉡ : 20
② ㉠ : 25, ㉡ : 20
③ ㉠ : 25, ㉡ : 50
④ ㉠ : 30, ㉡ : 50

14. 태양광발전시스템 설치장소 선정 시 고려사항과 관계가 없는 것은?
① 도로 접근성이 용이하여야 한다.
② 일사량 및 일조시간을 고려하여야 한다.
③ 설치장소의 고도 및 기압을 고려하여야 한다.
④ 전력계통 연계조건이 어떠한지 살펴야 한다.

해설 설치장소 선정에서 고도 및 기압의 고려는 해당사항이 아니다.

15. 동일 출력전류(I) 특성을 가지는 N개의 태양전지를 같은 일사조건에서 서로 병렬로 연결했을 경우 출력전류(I_a)에 대한 계산식은?

① $I_a = N \times I$ ② $I_a = N^2 \times I$
③ $I_a = \frac{I}{N}$ ④ $I_a = \frac{N}{I}$

해설 병렬전류의 합은 그 개수에 1개의 동일 출력전류를 곱한 값이다.

16. 계통 연계형 태양광발전용 인버터 방식 중 중앙 집중형 인버터의 분류방식이 아닌 것은?
① 저전압 방식
② 고전압 방식
③ 모듈 인버터 방식
④ 마스터-슬레이브 방식

해설 모듈 인버터 방식은 모듈 각각에 인버터가 부착된 방식이다.

17. 전기사업법령에 따라 허가받은 사항 중 산업통상자원부령으로 정하는 중요 사항을 변경하려는 경우 산업통상자원부장관의 허가를 받아야 한다. 이 중요 사항에 포함되지 않는 것은?
① 사업자가 변경되는 경우
② 사업구역이 변경되는 경우
③ 공급전압이 변경되는 경우
④ 특정한 공급구역이 변경되는 경우

해설 산업통상자원부장관의 허가가 필요한 변경사항 : 사업구역, 공급전압, 특정 공급구역

18. 신·재생에너지 공급 의무화제도 및 연료 혼합 의무화제도 관리·운영지침에 따른 용어의 정의 중 정부와 에너지 공급사 사이에 신·재생에너지 확대 보급을 위해 체결한 협약을 말하는 용어의 약어로 옳은 것은?
① RFS ② REC ③ REP ④ RPA

19. 신에너지 및 재생에너지 개발·이용·보급 촉진법령에 따른 신·재생에너지 공급의무자의 2021년도 의무공급량의 비율은 몇 %인가?
① 5 ② 6 ③ 7 ④ 8

정답 13. ③ 14. ③ 15. ① 16. ③ 17. ① 18. ④ 19. ④

20. 경제성 분석기법에서 적용하는 '할인율(r)'이란 무엇을 의미하는가?

① 인플레이션 비율
② 과거 이자율에 대한 현재의 이자율
③ 미래의 가치를 현재의 가치와 같게 하는 비율
④ 현재 시점의 금전에 대한 금전 시점의 가치 비율

2과목 태양광발전 설계

21. 얕은 기초의 침하량에 대한 설명으로 틀린 것은?

① 얕은 기초의 침하는 즉시 침하, 일차 압밀 침하, 이차 압밀 침하를 합한 것을 말한다.
② 이차 압밀 침하는 즉시 침하 완료 후의 시간-침하 관계 곡선의 기울기를 적용하여 계산한다.
③ 일차 압밀 침하량은 지반의 압축특성, 유효응력변화, 지반의 투수성, 경계조건 등을 고려하여 계산한다.
④ 기초하중에 의해 발생된 지중응력의 증가량이 초기응력에 비해 상대적으로 작지 않은 영향 깊이 내의 지반을 대상으로 침하를 계산한다.

해설 이차 압밀 침하는 일차 압밀 침하 완료 후의 시간-침하 관계 곡선의 기울기를 적용하여 계산한 것이다.

22. 전기실의 면적에 영향을 주는 요소로 틀린 것은?

① 변압기 용량
② 기기의 배치방법
③ 건축물의 구조적 여건
④ 태양광발전 모듈의 배선방법

해설 전기실 면적의 영향요소 : 변압기 용량, 건축물의 구조, 기기의 배치

23. 전기 시설물 설계 시 설계도서의 실시 설계 성과물로 묶이지 않은 것은?

① 내역서, 신출서, 견적서
② 설계 설명서, 설계도면, 공사 시방서
③ 용량 계산서, 간선 계산서, 부하 계산서
④ 공사비 내역서, 용량 계획서, 시스템 선정 검토서

24. 전력 시설물 공사감리 업무 수행지침에 따라 부분 중지를 지시할 수 있는 사유가 아닌 것은?

① 동일공정에 있어 2회 이상 시정지시가 이행되지 않을 때
② 동일공정에 있어 2회 이상 경고가 있었음에도 이행되지 않을 때
③ 안전 시공상 중대한 위험이 예상되어 물적, 인적의 중대한 피해가 예견될 때
④ 재시공 지시가 이행되지 않은 상태에서 다음 단계의 공정이 진행됨으로써 하자발생이 될 수 있다고 판단될 때

해설 ① 동일공정에 있어 3회 이상 시정지시가 이행되지 않을 때이다.

25. 한국전기설비규정에 따른 저압 옥내 직류 전기설비에 대한 시설기준으로 틀린 것은?

① 옥내 전로에 연계되는 축전지는 접지측 도체에 과전압 보호장치를 시설하여야 한다.
② 축전지실 등은 폭발성의 가스가 축적되지 않도록 환기장치 등을 시설하여야 한다.

정답 20. ③ 21. ② 22. ④ 23. ④ 24. ① 25. ①

③ 저압 직류전로에 과전류 차단장치를 시설하는 경우 직류 단락전류를 차단하는 능력을 가지는 것이어야 하고 "직류용" 표시를 하여야 한다.
④ 저압 직류 전기설비를 접지하는 경우에는 직류 누설전류에 의한 전기부식 작용으로 인해 접지극이나 다른 금속체에 손상의 위험이 없도록 시설하여야 한다.

해설 옥내 전로에 연계되는 축전지는 과전압 보호장치가 필요하지 않다.

26. 태양광발전 어레이의 세로길이 L이 1.95 m, 어레이 경사각 25°, 태양의 고도각 21°로 산정하여 북위 37° 지방에서 태양광발전시스템을 설치하고자 할 때 어레이 간 최소 이격거리는 약 몇 m인가?

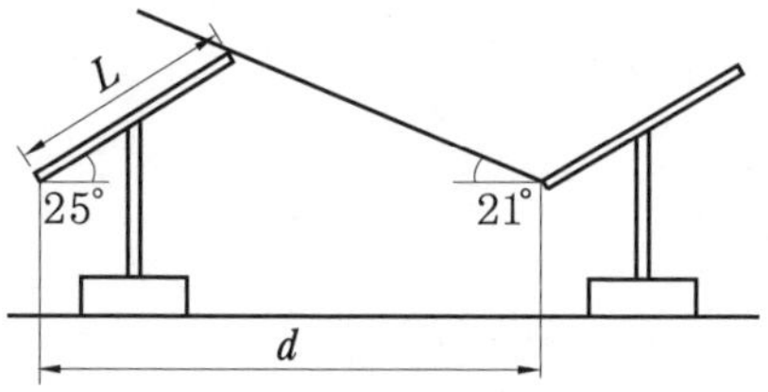

① 2.89 ② 3.31
③ 3.91 ④ 4.54

해설 이격거리 $= L \times \dfrac{\sin(25° + 21°)}{\sin 21°}$

$= 1.95 \times \dfrac{0.7193}{0.3584} \fallingdotseq 3.91$ m

27. 분산형 전원 배전계통연계기술기준에 따라 Hybrid 분산형 전원의 변동 빈도를 정의하기 어렵다고 판단되는 경우에는 순시전압 변동률을 몇 %로 적용하여야 하는가?

① 2 ② 3
③ 4 ④ 5

28. 한국전기설비규정에 따라 저압 가공전선로의 지지물이 목주인 경우, 풍압하중의 몇 배의 하중에 견디는 강도를 가지는 것이어야 하는가?

① 1.2배 ② 1.5배
③ 1.6배 ④ 2배

29. 구조물 이격거리 선정 시 고려사항이 아닌 것은?

① 상부 구조물의 하중
② 가대의 경사도와 높이
③ 설치될 장소의 경사도
④ 동지 시 발전가능 한계시간에서 태양의 고도

해설 이격거리 선정 요소 : 가대의 경사도와 높이, 가대 설치장소의 경사도, 태양의 고도

30. 전력기술관리법령에 따른 감리원의 업무범위가 아닌 것은?

① 현장 조사·분석
② 공사 단계별 기성확인
③ 입찰 참가자의 자격 심사기준 작성
④ 현장 시공상태의 평가 및 기술지도

해설 입찰 참가자의 자격 심사기준 작성은 감리원의 업무범위가 아니다.

31. 어레이 설치 지역의 설계속도압이 1100 N/m^2, 유효 수압면적이 8.0 m^{2}인 어레이의 풍하중은 약 몇 kN인가? (단, 가스트 영향계수는 1.8, 풍압계수는 1.3을 적용한다.)

① 13.500 ② 17.555
③ 20.592 ④ 25.145

해설 풍하중 $W = q_z \times A \times G_f \times C_f$

$= 1100 \times 8 \times 1.8 \times 1.3 = 20.592$ kN

정답 26. ③ 27. ② 28. ① 29. ① 30. ③ 31. ③

32. 전력 시설물 공사감리 업무 수행지침에 따른 감리용역 계약문서가 아닌 것은?

① 설계도서
② 과업 지시서
③ 감리비 산출 내역서
④ 기술용역 입찰 유의서

33. 전력 시설물 공사감리 업무 수행지침에 따라 공사가 시작된 경우 공사업자가 감리원에게 제출하는 착공 신고서에 포함되지 않는 것은? (단, 그 밖에 발주자의 지정사항이 없는 경우이다.)

① 작업인원 및 장비투입 계획서
② 관계자 회의 및 협의사항 기록대장
③ 공사도급 계약서 사본 및 산출 내역서
④ 현장기술자 경력사항 확인서 및 자격증 사본

해설 회의 및 협의사항 기록대장은 착공 신고서에 포함되지 않는다.

34. 한국전기설비규정에 따른 전기울타리의 시설기준에 대한 설명으로 틀린 것은?

① 전기울타리는 사람이 쉽게 출입하지 않는 곳에 시설할 것
② 전선과 이를 지지하는 기둥 사이의 이격거리는 25 mm 이상일 것
③ 전선은 인장강도 1.38 kN 이상의 것 또는 지름 2 mm 이상의 경동선일 것
④ 전선과 다른 시설물(가공전선은 제외) 또는 수목 사이의 이격거리는 50 cm 이상일 것

해설 전선과 다른 시설물(가공전선은 제외) 또는 수목 사이의 이격거리는 60 cm 이상이어야 한다.

35. 설계감리 업무 수행지침에 따라 설계감리원은 설계업자로부터 착수 신고서를 제출받아 어떤 사항에 대하여 적정성 여부를 검토하여 보고하는가?

① 설계감리일지, 예정공정표
② 설계감리일지, 근무 상황부
③ 예정공정표, 과업수행계획 등 그 밖에 필요한 사항
④ 설계감리 기록부, 과업수행계획 등 그 밖에 필요한 사항

36. 단상 3선식의 전압강하(e)에 대한 계산식으로 옳은 것은? (단, L : 전선의 길이 [m], I : 전류[A], A : 사용전선의 단면적 [mm²]이다.)

① $e = \dfrac{35.6 \times L \times I}{1000 \times A}$

② $e = \dfrac{30.8 \times L \times I}{1000 \times A}$

③ $e = \dfrac{17.8 \times L \times I}{1000 \times A}$

④ $e = \dfrac{24.6 \times L \times I}{1000 \times A}$

해설 ① 단상 2선식, 직류 2선식
② 3상 3선식
③ 단상 3선식, 3상 4선식

37. 전기설비기술기준에 따라 저압전선로 중 절연부분의 전선과 대지 사이 및 전선의 심선 상호간의 절연저항은 사용전압에 대한 누설전류가 최대 공급전류의 얼마를 넘지 않도록 하여야 하는가?

① $\dfrac{1}{1000}$　② $\dfrac{1}{2000}$

③ $\dfrac{1}{3000}$　④ $\dfrac{1}{4000}$

정답 32. ① 33. ② 34. ④ 35. ③ 36. ③ 37. ②

38. 해칭선에 대한 설명으로 옳은 것은?

① 가는 실선을 45° 기울여 사용
② 가는 실선을 65° 기울여 사용
③ 굵은 실선을 55° 기울여 사용
④ 굵은 실선을 75° 기울여 사용

39. 분산형 전원 배전계통연계기술기준의 용어 정의 중 다음 설명에 해당하는 것은?

한전계통상에서 검토 대상 분산형 전원으로부터 전기적으로 가장 가까운 지점으로서 다른 분산형 전원 또는 전기 사용 부하가 존재하거나 연결될 수 있는 지점을 말한다.

① 접속점
② 공통 연결점
③ 분산형 전원 연결점
④ 분산형 전원 검토점

40. 전력기술관리법령에 따라 전문 감리업 면허 보유자가 수행할 수 있는 감리업의 영업범위는?

① 발전 설비용량 10만 kW 미만의 전력 시설물
② 발전 설비용량 15만 kW 미만의 전력 시설물
③ 발전 설비용량 20만 kW 미만의 전력 시설물
④ 발전 설비용량 25만 kW 미만의 전력 시설물

해설 전문 감리업 면허 보유자가 수행할 수 있는 영업범위는 발전 설비용량 10만 kW 미만의 전력 시설물이다.

3과목 태양광발전 시공

41. 전력계통에 순간정전이 발생하여 태양광발전용 인버터가 정지할 때 동작되는 계전기는?

① 역상 계전기
② 과전류 계전기
③ 과전압 계전기
④ 저전압 계전기

해설 전압이 0으로 떨어지므로 저전압 계전기가 동작된다.

42. 한국전기설비규정에 따른 지중전선로에 사용하는 케이블의 시설방법이 아닌 것은?

① 암거식 ② 관로식
③ 간접 매설식 ④ 직접 매설식

해설 지중전선로 매설방식 : 암거식, 관로식, 직접 매설식

43. 전류의 이동으로 발생하는 현상이 아닌 것은?

① 발열작용 ② 화학작용
③ 탄화작용 ④ 자기작용

해설 탄화작용은 전류의 이동과 무관하다.

44. 최대수요전력이 1000 kVA이고 설비용량은 전등부하 500 kW, 동력부하 700 kVA이다. 이때 수용률은 약 몇 %인가?

① 83.3 ② 86.6
③ 88.3 ④ 90.6

해설 $\text{수용률} = \dfrac{\text{최대수요전력}}{\text{부하 설비용량}} \times 100$

$= \dfrac{1000}{500+700} \times 100 \fallingdotseq 83.3\,\%$

2021년

정답 ● 38. ① 39. ② 40. ① 41. ④ 42. ③ 43. ③ 44. ①

45. 일정전압의 직류전원에 저항을 접속하고 전류를 흘릴 때 이 전류값을 20 % 증가시키기 위해서는 저항값을 어떻게 하면 되는가? (단, 변경 전 저항 R_1, 변경 후 저항 R_2이다.)

① $R_2 \fallingdotseq 0.17 \times R_1$ ② $R_2 \fallingdotseq 0.23 \times R_1$
③ $R_2 \fallingdotseq 0.67 \times R_1$ ④ $R_2 \fallingdotseq 0.83 \times R_1$

해설 $R_2 = \frac{1}{1.2} R_1 \fallingdotseq 0.83 R_1$

46. 자연상태의 토량 1000 m^3를 흐트러진 상태로 하면 토량은 몇 m^3로 되는가? (단, 흐트러진 상태의 토량 변화율은 1.2, 다져진 상태의 토량 변화율은 0.9이다.)

① 833 ② 900 ③ 1111 ④ 1200

해설 $1.2 \times 1000 = 1200 \, m^3$

47. 볼트 접합 및 핀 연결(KCS 14 31 25 : 2019)에서 정의하는 고장력 볼트의 호칭에 따른 조임길이(볼트 접합되는 판들의 두께 합)에 더하는 길이(너트 1개, 와셔 2개 두께와 나사피치 3개의 합)로 틀린 것은? (단, TS 볼트의 경우는 제외한다.)

① M16 − 30 mm ② M20 − 35 mm
③ M26 − 50 mm ④ M30 − 55 mm

48. 일반적으로 고장전류 중 가장 큰 전류는?

① 1선 지락전류 ② 2선 지락전류
③ 선간 단락전류 ④ 3상 단락전류

49. 전력계통에 사용되는 제어반 내에 설치되는 지시계기의 오차계급에 대한 설명으로 틀린 것은?

① 위상계의 계급은 5.0급 이하로 한다.
② 역률계의 계급은 5.0급 이하로 한다.
③ 주파수계의 계급은 5.0급 이하로 한다.
④ 무효 전력계의 계급은 5.0급 이하로 한다.

해설 위상계, 역률계, 무효 전력계의 계급은 모두 5.0급 이하이다.

50. 신·재생에너지 설비의 지원 등에 관한 지침에 따라 태양광발전 접속함의 설치에 대한 설명으로 틀린 것은?

① 접속함 및 접속함 일체형 인버터는 KS 인증 제품을 설치하여야 한다.
② 직사광선 노출이 적고, 소유자의 접근 및 육안확인이 용이한 장소에 설치하여야 한다.
③ 접속함 일체형 인버터 중 인버터의 용량이 100 kW를 초과하는 경우에 접속함은 품질기준(KS C 8565)을 만족하여야 한다.
④ 지락, 낙뢰, 단락 등으로 인해 태양광 설비에 이상(異常)현상이 발생한 경우 경보등이 켜지거나 경보장치가 작동하여 즉시 외부에서 육안확인이 가능하여야 한다.

51. 태양광발전시스템 공사에 적용될 기본 풍속에 대한 설명으로 틀린 것은?

① 10분간의 평균풍속이다.
② 재현기간 100년의 풍속이다.
③ 지역별 풍속에는 서로 차이가 없다.
④ 개활지의 지상 10 m에서의 풍속이다.

52. 태양광발전시스템의 피뢰설비를 회전구체법으로 할 경우 회전구체 반지름(r)은 몇 m인가? (단, 보호레벨 IV 등급으로 한다.)

① 20 ② 30
③ 45 ④ 60

정답 45. ④ 46. ④ 47. ③ 48. ④ 49. ③ 50. ③ 51. ③ 52. ④

53. 송·수전단의 전압이 각각 350 kV, 345 kV이고 선로의 리액턴스가 60 Ω일 때 송전전력(MW)은? (단, 송·수전단 전압의 위상차는 30°이다.)

① 442.75 MW ② 885.5 MW
③ 1006.25 MW ④ 1771 MW

해설 $R = \frac{60}{\tan 30°} ≒ \frac{60}{0.577} ≒ 104\ \Omega$,

$Z = R + jX_L,\ Z = \sqrt{104^2 + 60^2} ≒ 120\ \Omega$,

$I = \frac{345}{Z} = \frac{345}{120} = 2.875\text{A}$,

$P = VI = 350 \times 2.875$

$≒ 1006.25\,\text{MW}$

54. 한국전기설비규정에 따라 라이팅 덕트 공사에 의한 저압 옥내배선의 시설기준으로 틀린 것은?

① 덕트는 조영재에 견고하게 붙일 것
② 덕트의 지지점 간의 거리는 2 m 이하로 할 것
③ 덕트는 조영재를 관통하여 시설하지 않을 것
④ 덕트의 개구부(開口部)는 위로 향하여 시설할 것

해설 덕트의 개구부는 아래로 향하게 하여 설치한다.

55. 특수 목적 다이오드 중 다음 내용에 해당하는 것은?

역방향 항복영역에서도 동작하도록 설계되었다는 점에서 일반 정류 다이오드와는 다른 실리콘 P-N 접합소자이다. 주로 부하에 일정한 전압을 공급하기 위한 정전압 회로에 사용된다.

① 제너 다이오드
② 발광 다이오드
③ 바이패스 다이오드
④ 역류방지 다이오드

56. 한국전기설비규정에 따라 금속관을 콘크리트에 매입하는 것은 관의 두께가 몇 mm 이상이어야 하는가?

① 1.0 ② 1.2 ③ 1.5 ④ 2.0

57. 그림과 같이 접지 저항계를 이용하여 접지저항을 측정하고자 한다. 정확한 측정값을 얻기 위하여 E 전극과 P 전극 사이의 거리는 E 전극과 C 전극 사이의 거리에 몇 %의 위치에 설치하여야 하는가?

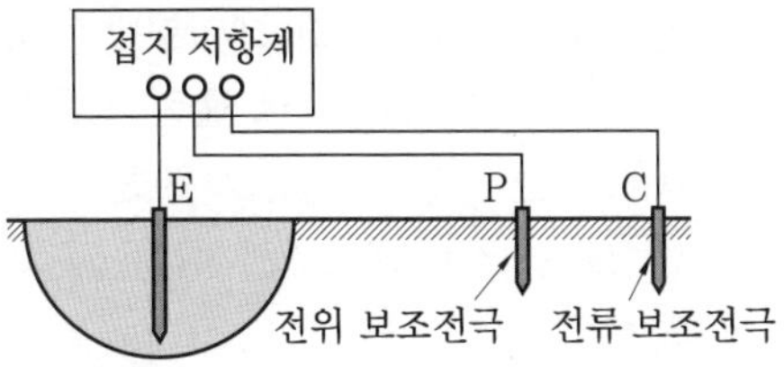

① 51.8 ② 56.8
③ 61.8 ④ 66.8

58. 차단기의 트립방식으로 틀린 것은?

① 저항 트립방식
② CT 트립방식
③ 콘덴서 트립방식
④ 부족전압 트립방식

59. 송전선로의 안정도 증진방법으로 틀린 것은?

① 전압변동을 작게 한다.
② 중간 조상방식을 채택한다.
③ 직렬 리액턴스를 크게 한다.
④ 고장 시 발전기 입·출력의 불평형을 작게 한다.

해설 직렬 리액턴스를 작게 해야 한다.

2021년

정답 ● 53. ③ 54. ④ 55. ① 56. ② 57. ③ 58. ① 59. ③

60. 트랜지스터 컬렉터의 누설전류가 주위 온도의 변화에 따라 20 μA에서 100 μA로 증가할 때 컬렉터 전류가 0.8 mA에서 1.2 mA로 증가하였다면 안정계수 S는 얼마인가?

① 0.05 ② 0.2
③ 5.0 ④ 20

해설 $S = \dfrac{1200-800}{100-20} = 5$

4과목 태양광발전 운영

61. 전기사업법령에 따라 태양광발전시스템 정기점검에 대한 설명으로 틀린 것은?

① 저압이고, 용량 50 kW 초과 100 kW 이하의 경우는 매월 1회 이상 점검하여야 한다.
② 저압이고, 용량 200 kW 초과 300 kW 이하의 경우는 매월 2회 이상 점검하여야 한다.
③ 고압이고, 용량 500 kW 초과 600 kW 이하의 경우는 매월 3회 이상 점검하여야 한다.
④ 고압이고, 용량 600 kW 초과 700 kW 이하의 경우는 매월 3회 이상 점검하여야 한다.

62. 전기사업법령에 따라 발전 시설용량이 3000 kW 이하인 발전사업의 사업개시 신고를 하려는 자는 사업개시 신고서를 누구에게 제출하여야 하는가?

① 국무총리
② 시·도지사
③ 한국전력공사 사장
④ 전기기술인협회 회장

63. 태양광발전시스템 운전특성의 측정방법(KS C 8535 : 2005)에 따른 용어 정의 중 다른 전원에서의 보충 전력량을 의미하는 것은?

① 백업 전력량
② 표준 전력량
③ 역조류 전력량
④ 계통 수전 전력량

64. 인버터의 정기점검 항목 중 육안점검 항목으로 틀린 것은?

① 통풍확인
② 접지선의 손상
③ 운전 시 이상음
④ 투입저지 시한 타이머 동작시험

해설 동작시험은 육안검사가 아닌 측정시험에 해당한다.

65. 절연고무장갑의 사용범위에 대한 설명으로 틀린 것은?

① 습기가 많은 장소에서의 개폐기 개방, 투입의 경우
② 활선상태의 배전용 지지물에 누설전류의 발생 우려가 있는 경우
③ 충전부에 근접하여 머리에 전기적 충격을 받을 우려가 있는 경우
④ 정전 작업 시 역송전이 우려되는 선로나 기기에 단락접지를 하는 경우

66. 태양광발전시스템 점검계획 시 고려해야 할 사항이 아닌 것은?

① 환경조건 ② 고장이력
③ 부하 종류 ④ 설비의 중요도

해설 태양광발전시스템 점검 시 고려사항 : 환경조건, 고장이력, 설비의 중요도

정답 60. ③ 61. ② 62. ② 63. ① 64. ④ 65. ③ 66. ③

67. **결정질 실리콘 태양광발전 모듈(성능)(KS C 8561 : 2020)에 따라 외관검사 시 몇 Lx 이상의 광 조사상태에서 진행하는가?**

① 1000 ② 2000
③ 3000 ④ 4000

68. **태양광발전시스템에서 작업 중 감전 방지대책으로 틀린 것은?**

① 절연고무장갑을 착용한다.
② 절연 처리된 공구를 사용한다.
③ 강우 시에는 작업을 하지 않는다.
④ 작업 중 태양광발전 모듈 표면에 차광막을 벗긴다.

해설 태양광발전 모듈 표면에 차광막을 씌워야 한다.

69. **중대형 태양광 발전용 인버터(계통 연계형, 독립형)(KS C 8565 : 2020)에 따라 독립형의 시험항목으로 옳은 것은?**

① 출력측 단락시험
② 자동기동 정지시험
③ 단독운전 방지기능시험
④ 교류 출력전류 변형률 시험

해설 독립형 인버터의 시험항목 : 온도상승시험, 효율시험, 부하차단시험, 출력측 단락시험

70. **산업안전보건기준에 관한 규칙에 따라 꽂음 접속기를 설치하거나 사용하는 경우 준수하여야 하는 사항으로 틀린 것은?**

① 해당 꽂음 접속기에 잠금장치가 있는 경우에는 접속 후 잠그고 사용할 것
② 서로 같은 전압의 꽂음 접속기는 서로 접속되지 않은 구조의 것을 사용할 것
③ 습윤한 장소에 사용되는 꽂음 접속기는 방수형 등 그 장소에 적합한 것을 사용할 것
④ 근로자가 해당 꽂음 접속기를 접속시킬 경우에는 땀 등으로 젖은 손으로 취급하지 않도록 할 것

71. **태양광발전소의 높은 시스템 전압으로 인하여 태양광발전 모듈과 대지 사이의 전위차가 모듈의 열화를 가속시킴으로써 출력이 감소하는 현상에 대한 설명으로 틀린 것은?**

① 온도와 습도가 높을수록 쉽게 발생한다.
② 직렬저항이 감소하여 누설전류가 증가한다.
③ 웨이퍼의 저항, 에미터 면저항에 영향을 받는다.
④ N 타입, P 타입 태양광발전 모듈에서 모두 발생할 수 있다.

해설 직렬저항이 커야 누설전류가 감소한다.

72. **개방전압 측정 시 유의사항으로 틀린 것은?**

① 각 스트링의 측정은 안정된 일사강도가 얻어질 때 하도록 한다.
② 태양광발전 모듈 표면의 이물질, 먼지 등을 청소하는 것이 필요하다.
③ 개방전압 측정 시 안전을 위해 우천 시 또는 흐린 날에 측정하도록 한다.
④ 태양광발전 모듈의 개방전압 측정 시 접속함에서 주 차단기를 반드시 차단하고 측정한다.

해설 개방전압은 맑은 날에 측정하여야 한다.

정답 67. ① 68. ④ 69. ① 70. ② 71. ② 72. ③

73. 태양광발전 어레이의 육안점검 시 점검 내용으로 틀린 것은?

① 나사의 풀림 여부
② 가대의 부식 및 녹 발생
③ 유리 등 표면의 오염 및 파손
④ 절연저항 측정 및 접지, 본딩선 접속 상태

해설 절연저항 측정은 육안검사가 아닌 정기 점검사항이다.

74. 태양광발전시스템에 계측기구 및 표시장치의 설치목적으로 틀린 것은?

① 시스템의 홍보
② 시스템의 운전상태를 감시
③ 시스템의 기기 또는 시스템 종합평가
④ 시스템에서 생산된 전력 판매량 파악

해설 계측기구 및 표시장치의 설치목적 : 시스템 종합평가, 운전상태 감시, 시스템 홍보

75. 인버터의 이상표시 신호에 따른 조치방법에 대한 설명으로 틀린 것은?

① Line Phase Sequence Fault : 상전압 확인 후 재운전
② Line Inverter Async Fault : 계통 주파수 점검 후 운전
③ Line Over Voltage Fault : 계통전압 확인 후 정상 시 5분 후 재가동
④ Inverter Ground Fault : 인버터 및 부하의 고장부분 수리 또는 접지저항 확인 후 운전

해설 'Line Phase Sequence Fault'는 계통전압이 역상일 때 발생하는 표시이며, 조치사항은 상회전 확인 후 정상 시 재운전이다.

76. 태양광발전 접속함(KS C 8567 : 2019)에 따라 소형 접속함의 외함 보호등급(IP)으로 적합한 것은?

① IP20 이상 ② IP30 이상
③ IP44 이상 ④ IP54 이상

77. 송전설비의 유지관리를 위한 육안점검사항 중 배전반 주 회로 인입·인출부에 대한 점검개소와 점검내용에 관한 설명으로 틀린 것은?

① 부싱 : 레일 또는 스토퍼의 변형 여부 확인
② 부싱 : 코로나 방전에 의한 이상음 여부 확인
③ 케이블 단말부 및 접속부, 관통부 : 쥐, 곤충 등의 침입 여부 확인
④ 케이블 단말부 및 접속부, 관통부 : 케이블 막이판의 떨어짐 또는 간격의 벌어짐 유무 확인

78. 전기사업법령에 따라 전기사업자는 허가권자가 지정한 준비기간에 사업에 필요한 전기설비를 설치하고 사업을 시작하여야 한다. 그 준비기간은 몇 년의 범위에서 산업통상자원부장관이 정하여 고시하는 기간을 넘을 수 없는가?

① 3년 ② 5년
③ 7년 ④ 10년

해설 원칙은 3년이지만, 10년까지 연장이 가능하다.

79. 배선기구의 정비에 관한 기술지침에 따라 플러그에 대한 설명으로 틀린 것은?

① 플러그의 절연부에 균열, 파손, 탈색 등의 결함이 있는 부품은 교체하여야 한다.

정답 73. ④ 74. ④ 75. ① 76. ④ 77. ① 78. ④ 79. ②

② 도체 소선은 과열을 방지하기 위해 묶음 헤드나사를 사용하는 경우, 납땜을 사용하여야 한다.
③ 절연체의 탈색이나 접촉면의 패임에 대해 육안점검을 하고, 다른 부분도 탈색이나 패인 곳이 있으면 점검하여야 한다.
④ 정기적으로 각 도체의 조립품을 단자까지 점검하되, 개별 도체 소선은 적절하게 수납되어야 하고, 단자 부위는 단단하게 조여야 한다.

해설 묶음 나사를 단단히 조여야 한다.

80. 태양광발전시스템의 안전관리 예방 업무가 아닌 것은?

① 시설물 및 작업장 위험방지
② 안전 작업 관련 훈련 및 교육
③ 안전 관리비 실행 집행 및 관리
④ 안전장구, 보호구, 소화설비의 설치, 점검, 정비

해설 안전 관리비는 안전관리 예방과는 무관하다.

2021년도 출제문제(2회차) 및 해설

신재생에너지(태양광) 발전설비기사

1과목 태양광발전 기획

1. 신에너지 및 재생에너지 개발·이용·보급 촉진법령에 따라 국가 또는 지방자치단체가 신·재생에너지 기술개발 및 이용·보급에 관한 사업을 하는 자에게 국유재산 또는 공유재산을 임대하는 경우에는 「국유재산법」 또는 「공유재산 및 물품관리법」에도 불구하고 임대료를 얼마의 범위에서 경감할 수 있는가?

① $\frac{10}{100}$　② $\frac{30}{100}$

③ $\frac{50}{100}$　④ $\frac{70}{100}$

2. 위도 36.5°에서 하지 시 남중고도는?

① 30°　② 45°　③ 70°　④ 77°

해설 하지 시 남중고도
$= 90° - \text{위도} + 23.5°$
$= 90° - 36.5° + 23.5° = 77°$

3. 태양광발전 모듈의 온도에 대한 일반적인 특성이 아닌 것은?

① 계절에 따른 온도변화로 출력이 변동한다.

② 태양광발전 모듈은 정(+)의 온도 특성이 있다.

③ 태양광발전 모듈 온도가 상승할 경우 개방전압과 최대출력은 저하한다.

④ 태양광발전 모듈의 표면온도는 외기온도에 비례해서 맑은 날에는 20 ~ 40℃ 정도 높다.

해설 태양광발전 모듈은 부(-)의 온도 특성을 갖는다.

4. 신에너지 및 재생에너지 개발·이용·보급 촉진법령에 따라 신·재생에너지 설비를 설치한 시공자는 해당 설비에 대하여 성실하게 무상으로 하자보수를 실시하여야 하며 그 이행을 보증하는 증서를 신·재생에너지 설비의 소유자 또는 산업통상자원부령으로 정하는 자에게 제공하여야 한다. 이때 하자보수의 기간은 몇 년의 범위에서 산업통상자원부장관이 정하여 고시하는가?

① 3년　② 5년

③ 7년　④ 10년

5. 축전지의 용량환산시간(K)을 구하기 위해 필요한 값은?

① 방전시간　② 축전지 온도

③ 축전지 보수율　④ 허용 최저전압

해설 $C = \frac{K \times I}{L}$ 로부터

$K = \frac{C \times L}{I} = \frac{\text{용량} \times \text{보수율}}{\text{전류}}$ 이다.

6. 태양광발전시스템을 낙뢰, 서지의 피해로부터 보호하기 위한 대책으로 적절하지 않은 것은?

① 뇌우 다발지역에서는 교류전원 측에 내뢰 트랜스를 설치한다.

정답 ● 1. ③　2. ④　3. ②　4. ②　5. ③　6. ②

② 접지선에서의 침입을 막기 위해 전원 측의 전압을 항상 낮게 유지한다.
③ 피뢰소자를 어레이 주 회로 내에 분산시켜 설치하고 접속함에도 설치한다.
④ 저압배전선으로 침입하는 낙뢰, 서지에 대해서는 분전반에 피뢰소자를 설치한다.

해설 낙뢰, 서지 등으로부터 태양광발전시스템의 보호대책
- 피뢰소자를 어레이 주 회로 내와 접속함에 분산 설치
- 저압배전선으로 침입하는 낙뢰, 서지에 대해서는 분전반에 피뢰소자를 설치
- 뇌우 다발지역에서는 교류전원 측에 내뢰 트랜스를 설치

7. 전기사업법령에 따라 전기사업 등의 공정한 경쟁 환경조성 및 전기사용자의 권익보호에 관한 사항의 심의와 전기사업 등과 관련된 분쟁의 재정(裁定)을 위하여 산업통상자원부에 무엇을 두는가?

① 전기위원회
② 녹색성장위원회
③ 한국 전기기술기준위원회
④ 신·재생에너지 정책심의회

8. 태양전지의 P-N 접합에 의한 태양광발전 원리로 옳은 것은?

① 광 흡수 → 전하분리 → 전하생성 → 전하수집
② 광 흡수 → 전하생성 → 전하분리 → 전하수집
③ 광 흡수 → 전하생성 → 전하수집 → 전하분리
④ 광 흡수 → 전하분리 → 전하수집 → 전하생성

9. 전기사업법령에 따라 사업계획에 포함되어야 할 사항 중 전기설비 개요에 포함되어야 할 사항에 해당하지 않는 것은? (단, 전기설비가 태양광설비인 경우이다.)

① 인버터의 종류
② 집광판의 면적
③ 태양전지의 종류
④ 2차 전지의 종류

해설 전기설비 개요에 포함되어야 할 사항 : 태양전지의 종류, 인버터의 종류, 집광판의 면적, 출력전압 및 정격출력

10. 전기사업법령에 따른 전기사업의 허가기준으로 틀린 것은?

① 전기사업이 계획대로 수행될 수 있을 것
② 전기사업을 적정하게 수행하는 데 필요한 재무능력이 있을 것
③ 발전소나 발전연료가 특정 지역에 편중되어 전력계통의 운영에 지장을 주지 않을 것
④ 배전사업의 경우 둘 이상의 배전사업자의 사업구역 중 그 전부 또는 일부가 중복되게 할 것

해설 ④ 배전사업자의 구역 중 그 전부 또는 일부가 중복되지 않게 할 것

11. 전기사업법령에 따른 전기사업용 전기설비 공사계획의 인가 및 신고의 대상에서 발전소의 설치공사 시 인가가 필요한 발전소의 출력은 얼마 이상인가?

① 10000 kW ② 30000 kW
③ 50000 kW ④ 100000 kW

12. 전기공사업법령에 따라 대통령령으로 정하는 경미한 전기공사가 아닌 것은?

2021년

정답 7. ① 8. ② 9. ④ 10. ④ 11. ① 12. ④

① 퓨즈를 부착하거나 떼어내는 공사
② 전력량계를 부착하거나 떼어내는 공사
③ 꽂음 접속기의 보수 및 교환에 관한 공사
④ 벨에 사용되는 소형 변압기(2차측 전압 60 V 이하의 것으로 한정한다)의 설치공사

13. 태양광발전시스템의 부지 사전조사 내용으로 틀린 것은?

① 연평균 일사량
② 사업부지의 위치
③ 연평균 CO_2 발생량
④ 주변 건물 또는 수목에 의한 음영 발생 가능성 여부

해설 부지 사전조사 내용으로 연평균 CO_2 발생량은 해당하지 않는다.

14. 신·재생에너지 설비의 지원 등에 관한 규정에 따라 주택지원사업은 신·재생에너지 설비를 주택에 설치하려는 경우 설치비의 일부를 국가가 보조금으로 지원해 주는 사업을 말한다. 그 범위 및 대상으로 틀린 것은?

① 기숙사 ② 아파트
③ 단독주택 ④ 공공주택

15. 신에너지 및 재생에너지 개발·이용·보급 촉진법령에 따라 집적화단지 조성사업의 실시기관으로 선정되려는 지방자치단체의 장이 산업통상자원부장관에게 제출해야 하는 집적화단지 개발계획에 포함되는 사항으로 틀린 것은?

① 집적화단지의 위치 및 면적
② 집적화단지 조성사업의 개요 및 시행방법
③ 집적화단지 조성 및 기반시설 설치에 필요한 부지 판매계획
④ 집적화단지 조성사업에 대한 주민 수용성 및 친환경성 확보계획

해설 부지 판매계획은 집적화단지 개발계획에 포함되지 않는다.

16. 국토의 계획 및 이용에 관한 법령에 따라 도시·군 관리계획 시 개발행위 허가기준에 대한 설명으로 옳은 것은?

① 주변의 교통 소통에 지장을 초래하지 않을 것
② 대지와 도로의 관계는 「건축법」에 적합할 것
③ 공유수면매립의 경우 매립목적이 도시·군 계획에 적합할 것
④ 용도 지역별 개발행위의 규모 및 건축제한기준에 적합할 것

17. 전기공사업법령에 따라 공사업자는 공사업을 폐업할 경우에 누구에게 그 사실을 신고하여야 하는가?

① 대통령
② 시·도지사
③ 산업통상자원부장관
④ 한국전기공사협회 회장

18. 인버터의 기능 중 계통 보호를 위한 기능으로만 묶인 것은?

① 단독운전 방지기능, 자동전압 조정기능
② 단독운전 방지기능, 자동운전 정지기능
③ 최대전력 추종제어기능, 자동운전 정지기능
④ 최대전력 추종제어기능, 자동전압 조정기능

정답 13. ③ 14. ① 15. ③ 16. ④ 17. ② 18. ①

해설 인버터의 단독운전 방지기능과 자동전압 조정기능은 계통 보호기능에 속한다.

19. 태양광발전시스템 이용률이 15.5 %일 때 일 평균 발전시간(h/day)은 약 몇 시간인가?

① 3.40 ② 3.52
③ 3.64 ④ 3.72

해설 $15.5\% = \dfrac{1일\ 발전시간}{24시간} \times 100$,

$1일\ 발전시간 = \dfrac{15.5 \times 24}{100} = 3.72시간$

20. 면적이 250 cm^2이고 변환효율이 20 %인 결정질 실리콘 태양전지의 표준조건에서의 출력은 몇 W인가?

① 0.4 ② 0.5 ③ 4 ④ 5

해설 $0.2 = \dfrac{P}{0.025 \times 1000}$,

$P = 0.2 \times 0.025 \times 1000 = 5\,\mathrm{W}$

2과목 태양광발전 설계

21. 어떤 태양광발전 모듈의 최대전력은 100 W이고, STC 조건에서 측정한 값이다. 태양광발전 모듈의 표면온도가 45℃일 때 태양광발전 모듈의 최대출력은 몇 W인가? (단, 태양광발전 모듈의 온도보정계수는 －0.5 %/℃이다.)

① 90 ② 95
③ 100 ④ 110

해설 $P_{max}(T)$

$= P_{max}\{1 + 온도계수 \times (T - 25℃)\}$

$= 100 \times \left\{1 + \left(-\dfrac{0.5}{100}\right) \times (45 - 25)\right\}$

$= 100 \times 0.9 = 90\,\mathrm{W}$

22. 공사 시방서에 대한 설명으로 틀린 것은?

① 주요 기자재에 대한 규격, 수량 및 납기일을 기재한다.
② 공사에 필요한 시공방법, 시공품질, 허용오차 등 기술적 사항을 규정한다.
③ 계약문서에 포함되는 설계도서의 하나로 계약적 구속력을 가지며, 공사의 질적 요구조건을 규정하는 문서이다.
④ 공사감독자 및 수급인에게는 시공을 위한 사전준비, 시공 중의 점검, 시공 완료 후의 점검을 위한 지침서로 사용될 수 있다.

해설 공사 시방서에는 규격, 수량 및 납기일을 기재하지 않는다.

23. 전력 시설물 공사감리 업무 수행지침에 따라 감리원이 착공 신고서의 적정 여부를 검토하기 위해 참고하는 사항으로 틀린 것은?

① 안전관리계획 : 전기공사업법에 따른 해당 규정 반영 여부 확인
② 공사 시작 전 사진 : 전경이 잘 나타나도록 촬영되었는지 확인
③ 작업인원 및 장비투입계획 : 공사의 규모 및 성격, 특성에 맞는 장비형식이나 수량의 적정 여부 확인
④ 품질관리계획 : 공사 예정공정표에 따라 공사용 자재의 투입시기와 시험방법, 빈도 등이 적정하게 반영되었는지 확인

해설 착공 신고서의 적정 여부 검토사항 : 공사 시작 전 사진, 작업인원 및 장비투입계획, 품질관리계획

24. 낙석·토석 대책시설(KDS 11 70 20 : 2020)에 따라 낙석방지 옹벽의 설계 시 고려사항으로 틀린 것은?

2021년

정답 19. ④ 20. ④ 21. ① 22. ① 23. ① 24. ④

① 낙석의 증량
② 지반의 강도
③ 지반의 지형
④ 낙석의 최소 도약높이

25. 분산형 전원 배전계통연계기술기준에 따라 저압계통의 경우, 계통 병입 시 돌입전류를 필요로 하는 발전원에 대해서 계통 병입에 의한 순시전압 변동률이 몇 %를 초과하지 않아야 하는가?

① 3　② 5
③ 6　④ 10

26. 한국전기설비규정에 따라 사용전압이 400 V 초과인 저압 가공전선으로 경동선을 사용하는 경우 안전율이 얼마 이상이 되는 이도(弛度)로 시설하여야 하는가?

① 1.3　② 1.5
③ 2.2　④ 2.5

27. 한국전기설비규정에 따라 고압 가공전선이 다른 고압 가공전선과 접근되거나 교차하여 시설되는 경우 고압 가공전선 상호 간의 이격거리는 몇 cm 이상이어야 하는가? (단, 어느 한쪽의 전선이 케이블이 아닌 경우이다.)

① 80　② 100
③ 150　④ 300

28. 전력기술관리법령에 따라 대통령령으로 정하는 요건에 해당하는 전력 시설물 중 설계감리를 받아야 하는 발전설비의 최소 용량은?

① 60만 kW　② 70만 kW
③ 80만 kW　④ 90만 kW

29. 전력 시설물 공사감리 업무 수행지침에 따른 용어 정의에서 감리업체에 근무하면서 상주감리원의 업무를 기술적·행정적으로 지원하는 사람을 무엇이라고 하는가?

① 책임감리원
② 보조감리원
③ 비상주감리원
④ 지원업무 담당자

30. 한국전기설비규정에 따라 모듈을 병렬로 접속하는 전로에는 그 전로에 단락전류가 발생할 경우 전로를 보호하는 무엇을 설치하여야 하는가? (단, 그 전로가 단락전류에 견딜 수 없는 경우이다.)

① 개폐기　② 단로기
③ 전류 검출기　④ 과전류 차단기

31. 설계감리 업무 수행지침에 따라 설계도서에 포함되어야 할 서류로 적합하지 않은 것은?

① 설계도면
② 설계 내역서
③ 설계 설명서
④ 신·재생에너지 설비 확인서

해설 설계감리 업무 시 설계도서 : 설계도면, 설계 설명서, 설계 내역서

32. 신·재생발전기 계통연계기준에 따라 태양광발전기 인버터는 계통운영자의 지시에 따라 유효전력 출력 증감률 속도를 정격의 몇 % 이내까지 제한하는 것이 가능한 제어 성능을 구비하여야 하는가?

① 1　② 3
③ 5　④ 10

해설 유효출력 증감률 속도를 정격의 10% 이내까지 제한하는 것이 가능하여야 한다.

정답 25. ③　26. ③　27. ①　28. ③　29. ③　30. ④　31. ④　32. ④

33. 전기설비 관련 시설공간(KDS 31 10 21 : 2019)에 따라 수·변전실의 위치 결정 시 전기적 고려사항에 해당하지 않는 것은?

① 수전 및 배전 거리를 짧게 하여 경제성을 고려한다.
② 용량의 증설에 대비한 면적을 확보할 수 있는 장소로 한다.
③ 사용부하의 중심에서 멀고, 간선의 배선이 용이한 곳으로 한다.
④ 외부로부터 전원을 공급받기 위한 전선로 등의 인입이 편리한 위치로 한다.

해설 수·변전실의 위치는 사용부하와 가까운 곳으로 한다.

34. 토목 도면의 재료별 단면을 표시할 경우 지반에 해당하는 것은?

① 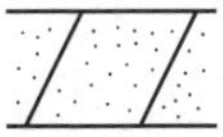
② 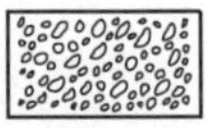
③ 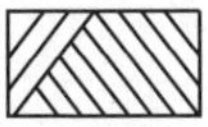
④ 

해설 ① 콘크리트
② 자갈
③ 지반
④ 잡석

35. 다음 중 지상설치의 기초형식에 대한 종류와 그림 설명으로 틀린 것은?

①
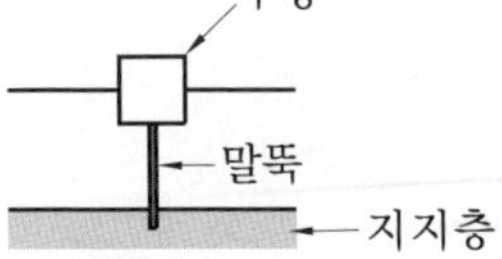

말뚝기초

②
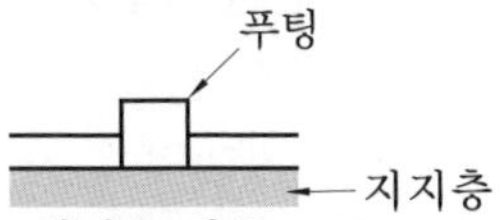

케이슨 기초

③
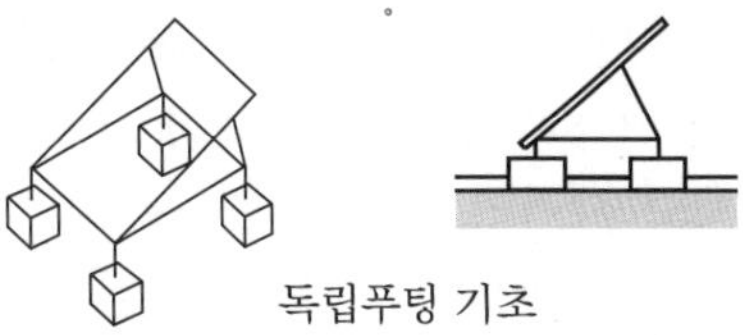
독립푸팅 기초

④

복합푸팅 기초

해설 ②는 독립(푸팅) 기초이다.

36. 전력 시설물 공사감리 업무 수행지침에 따라 감리원이 감리현장에서 감리 업무 수행상 필요에 의해 비치하고 기록·보관하는 서식으로 틀린 것은?

① 민원처리부
② 문서발송대장
③ 감리 업무일지
④ 안전 관리비 사용실적 현황

해설 안전 관리비 사용실적 현황은 감리 업무 수행상 비치·기록·보관사항이 아니다.

37. 태양광발전 모듈 설치 시 태양을 향한 방향에 높이 3 m인 장애물이 있을 경우 장애물로부터 최소 이격거리(m)는? (단, 발전가능 한계시각에서의 태양의 고도각은 20°이다.)

① 약 8.2 m　② 약 10.5 m
③ 약 15.6 m　④ 약 18.7 m

해설 $d = \frac{3}{\tan 20°} = \frac{3}{0.364} \fallingdotseq 8.2\text{ m}$

38. 건축구조기준 설계하중(KDS 41 10 15 : 2019)에 따른 최소 지상적설하중은 몇 kN/m^{2}로 하는가?

① 0.25　② 0.5
③ 1.0　④ 3.0

2021년

39. 케이블 트레이 공사 시 케이블을 지지하기 위하여 사용하는 금속재 또는 불연성 재료로 제작된 유닛 또는 유닛의 집합체 및 그에 부속하는 부속재 등으로 구성된 견고한 구조물 중 일체식 또는 분리식으로 모든 면에서 통풍구가 있는 그물형의 조립 금속구조는?

① 펀칭형
② 메시형
③ 사다리형
④ 바닥밀폐형

해설 일체식 또는 분리식으로 모든 면에 통풍구가 있는 그물형은 메시형이다.

40. 전력기술관리법령에 따라 감리업자 등은 그가 시행한 공사감리 용역이 끝났을 때 공사감리 완료 보고서를 며칠 이내에 시·도지사에게 제출하여야 하는가?

① 7일 ② 10일
③ 20일 ④ 30일

3과목 태양광발전 시공

41. 수·변전설비공사(KCS 31 60 10 : 2019)에 따른 전력퓨즈에 대한 설명으로 틀린 것은?

① 차단용량을 표시하는 경우 교류분의 대칭 실횻값을 나타내어야 한다.
② 퓨즈가 차단할 수 있는 단락전류의 최대 전류값으로 표시하여야 한다.
③ 정격전압은 3상 회로에서 사용 가능한 전압한도를 표시하는 것으로 퓨즈의 정격전압은 계통 최대 상전압으로 선정한다.
④ 정격전류는 전력퓨즈가 온도상승 한도를 넘지 않고 연속으로 흘려 보낼 수 있는 전류값이며 실횻값으로 표시하여야 한다.

해설 3상 회로 퓨즈의 정격전압

$=$공칭전압$\times \dfrac{1.2}{1.1}$이다.

42. 태양광발전시스템 구조물의 설치공사 순서를 [보기]에서 찾아 옳게 나열한 것은 어느 것인가?

보기
㉠ 어레이 가대공사
㉡ 어레이 기초공사
㉢ 어레이 설치공사
㉣ 배선공사
㉤ 점검 및 검사

① ㉡→㉠→㉢→㉣→㉤
② ㉠→㉡→㉢→㉣→㉤
③ ㉣→㉡→㉠→㉢→㉤
④ ㉣→㉠→㉡→㉢→㉤

43. 전기사업법령에 따라 사용 전 검사를 받으려는 자는 사용 전 검사 신청서에 필요 서류를 첨부하여 검사를 받으려는 날의 며칠 전까지 한국전기안전공사에 제출하여야 하는가?

① 7일 ② 14일
③ 30일 ④ 60일

44. 태양광발전 모듈 설치 및 조립 시 주의사항으로 틀린 것은?

① 태양광발전 모듈의 파손방지를 위해 충격이 가지 않도록 한다.
② 태양광발전 모듈과 가대의 접합 시 부식방지용 가스켓을 적용한다.

정답 38. ② 39. ② 40. ④ 41. ③ 42. ① 43. ① 44. ③

③ 태양광발전 모듈을 가대의 상단에서 하단으로 순차적으로 조립한다.
④ 태양광발전 모듈의 필요 정격전압이 되도록 1 스트링의 직렬매수를 선정한다.

해설 가대의 조립순서는 하단에서 상단으로 한다.

45. 태양광발전 모듈 단락전류 9 A, 스트링 4병렬일 때, 직류(DC) 차단기의 정격전류 범위로 옳은 것은?

① 43.2 A < 직류(DC) 차단기 정격전류 ≤ 86.4 A
② 45 A < 직류(DC) 차단기 정격전류 ≤ 86.4 A
③ 43.2 A < 직류(DC) 차단기 정격전류 ≤ 90 A
④ 45 A < 직류(DC) 차단기 정격전류 ≤ 90 A

46. 송전전력이 400 MW, 송전거리가 200 km인 경우 경제적인 송전전압은 약 몇 kV인가? (단, Still 식으로 산정하여 구한다.)

① 313 ② 333
③ 353 ④ 363

해설 Still의 계산 식 : $5.5\times\sqrt{0.6l+\frac{P}{100}}$

$=5.5\times\sqrt{0.6\times200+\frac{400000}{100}}$

$\fallingdotseq 5.5\times64.187\fallingdotseq 353\,\text{kV}$

47. 다음은 저압 전기설비 – 제5-54부 : 전기기기의 선정 및 설치 – 접지설비 및 보호도체(KS C IEC 60364-5-54 : 2014)에 따른 보조 본딩을 위한 보호 본딩도체에 대한 설명이다. ( ) 안에 들어갈 내용으로 옳은 것은?

계통외 도전부에 노출도전부를 접속하는 보호 본딩도체의 컨덕턴스는 상응하는 단면적을 갖는 보호도체 컨덕턴스의 ( ) 이상이어야 한다.

① $\frac{1}{2}$ ② $\frac{1}{5}$ ③ $\frac{1}{10}$ ④ $\frac{1}{20}$

48. 교류의 파형률을 나타내는 관계식으로 옳은 것은?

① $\frac{\text{실횻값}}{\text{평균값}}$ ② $\frac{\text{평균값}}{\text{실횻값}}$
③ $\frac{\text{실횻값}}{\text{최댓값}}$ ④ $\frac{\text{최댓값}}{\text{실횻값}}$

해설 • 교류의 파형률

$=\frac{\text{실횻값}}{\text{평균값}}=\frac{1/\sqrt{2}}{2/\pi}=\frac{\pi}{2\sqrt{2}}$

• 교류의 파고율

$=\frac{\text{최댓값}}{\text{실횻값}}=\frac{\sqrt{2}\,V_r}{V_r}=\sqrt{2}$

49. 태양광발전 모듈에서 인버터에 이르는 배선에 대한 설명으로 틀린 것은?

① 태양광발전 모듈의 출력배선은 극성별로 확인할 수 있도록 표시한다.
② 태양광발전 모듈에서 인버터에 이르는 배선에 사용되는 케이블은 피뢰도체와 교차 시공한다.
③ 태양광발전 모듈 사이의 배선은 2.5 mm^2 이상의 연동선 또는 이와 동등 이상의 세기 및 굵기의 것을 사용한다.
④ 태양광발전 어레이의 출력배선을 중량물의 압력을 받는 장소에 지중으로 직접 매설식에 의해 시설하는 경우 1 m 이상의 매설깊이로 한다.

해설 모듈에서 인버터에 이르는 배선 케이블은 교차되어서는 안 된다.

2021년

정답 ● 45. ② 46. ③ 47. ① 48. ① 49. ②

50. 전류-전압의 특성이 비직선적인 저항 소자로, 전압의 변화에 따라 전기저항 값이 크게 변화하는 소자는?

① 배리스터(Varistor)
② 서미스터(Thermistor)
③ 압전소자(Piezo element)
④ 열진소자(Thermoclcment)

해설 I-V 특성에서 비직선적인 소자는 배리스터이다.

51. 수소원자에서 기저상태(주양자수 n=1)에 있는 전자를 n=2인 궤도로 옮기는 데 필요한 에너지(eV)는?

① 3.39 eV ② 6.81 eV
③ 10.19 eV ④ 13.58 eV

52. 역률 개선을 통하여 얻을 수 있는 효과가 아닌 것은?

① 전압강하의 경감
② 수용가 전기요금 증가
③ 설비용량의 여유분 증가
④ 배전선 및 변압기의 손실경감

해설 역률 개선효과로 전기요금이 감소된다.

53. 피뢰 시스템 구성요소(LPSC)-제2부 : 도체 및 접지극에 관한 요구사항(KS C IEC 62561-2 : 2014)에 따라 대지와 직접 전기적으로 접속하고 뇌전류를 대지로 방류시키는 접지 시스템의 일부분 또는 그 집합을 정의하는 것은?

① 피뢰침 ② 수뢰부
③ 접지극 ④ 인하도선

54. 전면기초가 우선적으로 고려되어야 할 경우로 틀린 것은?

① 양압력이 확대기초로 견딜 수 있는 크기 이하인 경우
② 지반조건이 좋지 않고, 부등침하가 발생하기 쉬운 지형
③ 건조물의 하부면적이 기초면적의 2/3 이상인 경우로 지반조건이 불량할 때
④ 구조물에 불균등하게 작용하는 수평하중의 독립기초와 말뚝머리에 불균등한 변위가 예상 될 때

55. 골재의 조립률에 대한 설명으로 틀린 것은?

① 1개의 입도곡선에는 1개의 조립률만 존재한다.
② 1개의 조립률에는 1개의 입도곡선만 존재한다.
③ 조립률이 크면 타설이 어렵지만, 시멘트를 절약할 수 있다.
④ 조립률이 작으면 타설이 쉽지만, 시멘트량이 많이 필요하다.

해설 골재의 조립률은 골재의 입도정도를 표시하는 지표로 10개의 체가름 신호가 있다.

56. 20 MVA, % 임피던스 8 %인 3상 변압기가 2차측에서 3상 단락되었을 때 단락용량(MVA)은?

① 150 MVA ② 200 MVA
③ 250 MVA ④ 300 MVA

해설 용량 $= \frac{20}{0.08} = 250$ MVA

57. 한국전기설비규정에 따라 케이블 트레이 공사 중 수평 트레이에 단심 케이블을 포설 시 벽면과의 간격은 몇 mm 이상 이격하여 설치하여야 하는가?

① 5 ② 10 ③ 15 ④ 20

정답 50. ① 51. ③ 52. ② 53. ③ 54. ① 55. ② 56. ③ 57. ④

58. 가공전선로에서 발생할 수 있는 코로나 현상의 방지대책이 아닌 것은?

① 복도체를 사용한다.
② 가선금구를 개량한다.
③ 선간거리를 크게 한다.
④ 바깥지름이 작은 전선을 사용한다.

해설 바깥지름이 큰 전선을 사용한다.

59. 10 A의 전류를 흘렸을 때의 전력이 50 W인 저항에 20 A의 전류를 흘렸다면 소비 전력은 몇 W인가?

① 100 ② 200 ③ 500 ④ 1000

해설 $V=\frac{50}{10}=5\,\mathrm{V}$,

$P=VI=5\times 20=100\,\mathrm{W}$

60. 한국전기설비규정에 따라 태양광발전 모듈에 접속하는 부하측의 전로를 옥내에 시설할 경우 적용할 수 있는 합성수지관 공사에서 사용하는 관(합성수지제 휨[가요] 전선관은 제외)의 최소 두께(mm)는?

① 1.0 ② 1.2 ③ 1.6 ④ 2.0

4과목 태양광발전 운영

61. 공장 지붕에 4200 kW 태양광발전시스템을 설치할 경우 REC 가중치는 약 얼마인가?

① 1.00 ② 1.36 ③ 1.41 ④ 1.50

해설 4200 kW 태양광발전시스템의 공장 지붕에서의 REC 가중치

$=\frac{(3000\times 1.5)+(4200-3000)\times 1.0}{4200}$

$=\frac{4500+1200}{4200}\fallingdotseq 1.36$

62. 태양광시스템용 2차 전지(KS C 8575 : 2021)에 따른 권장 시험방법 중 형식 시험에 해당하지 않는 것은?

① 용량시험
② 저온방전시험
③ 재단파 충격시험
④ 사이클 내구성 시험

63. 중대형 태양광발전용 인버터(계통 연계형, 독립형)(KS C 8565 : 2020)에 따른 정상특성시험 항목이 아닌 것은?

① 효율시험 ② 내전압시험
③ 누설전류시험 ④ 온도상승시험

해설 인버터의 정상특성시험 : 교류 출력전류 변화율 시험, 온도상승시험, 누설전류시험, 대기손실시험, 효율시험

64. 태양광발전시스템이 작동되지 않을 때 응급조치 순서로 옳은 것은?

① 접속함 내부 차단기 개방 → 인버터 개방 → 설비점검
② 접속함 내부 차단기 개방 → 인버터 투입 → 설비점검
③ 접속함 내부 차단기 투입 → 인버터 개방 → 설비점검
④ 접속함 내부 차단기 투입 → 인버터 투입 → 설비점검

65. 전기설비 검사 및 점검의 방법·절차 등에 관한 고시에 따른 태양광발전설비 중 전력변환장치에서 보호장치의 정기검사 시 세부검사 내용에 해당하는 것은?

① 위험 표시
② 개방전압
③ 보호장치시험
④ 울타리, 담 등의 시설상태

2021년

정답 ● 58. ④ 59. ① 60. ④ 61. ② 62. ③ 63. ② 64. ① 65. ③

66. 인버터의 입·출력 단자와 접지 사이의 절연저항 측정 시 몇 MΩ 이상이어야 하는가? (단, DC 500 V 메거로 측정한 경우이다.)

① 0.1 ② 0.3
③ 0.5 ④ 1.0

67. 전기설비 검사 및 점검의 방법·절차 등에 관한 고시에 따른 태양광발전설비에서 전선로(가공, 지중, GIB, 기타)의 정기검사 시 세부검사 내용으로 틀린 것은?

① 환기시설 상태 ② 절연내력시험
③ 절연저항 측정 ④ 보호장치시험

68. 결정질 실리콘 태양광발전 모듈(성능)(KS C 8561 : 2020)에 따른 습도-동결 시험에서 품질기준 중 최대출력에 대한 내용으로 옳은 것은?

① 시험 전 값의 95 % 이상일 것
② 시험 전 값의 90 % 이상일 것
③ 시험 전 값의 85 % 이상일 것
④ 시험 전 값의 80 % 이상일 것

69. 수·변전설비의 설치와 유지관리에 관한 기술지침에 따른 충전부 보호에서 방호범위에 대한 설명으로 틀린 것은?

① 작업자들은 공구나 열쇠 등과 같은 금속체를 휴대해서는 안 된다.
② 전기설비의 활선부분과 작업자의 신체 보호장비는 충분한 이격거리를 유지하여야 한다.
③ 통로, 복도, 창고와 같이 물건들이 이동하는 곳에는 추가 이격거리 확보와 방호조치를 하여야 한다.
④ 신속한 유지관리를 위해 수·변전실 유자격자의 주된 근무 장소와 전기설비는 서로 같은 공간이어야 한다.

해설 수·변전실 유자격자의 주된 근무 장소와 전기설비는 서로 같은 장소가 아니어도 된다.

70. 전기안전관리법령에 따라 선임된 전기안전관리자의 직무범위로 틀린 것은?

① 전기설비의 안전관리를 위한 확인·점검 및 이에 대한 업무의 감독
② 전기재해의 발생을 예방하거나 그 피해를 줄이기 위하여 필요한 응급조치
③ 전기수용설비의 증설 또는 변경공사로서 총 공사비가 1억 원 미만인 공사의 감리 업무
④ 비상용 예비발전설비의 설치·변경공사로서 총 공사비가 1억 원 미만인 공사의 감리 업무

71. 산업안전보건법령에 따라 금속 절단기에 설치하는 방호장치로 옳은 것은?

① 백 레스트
② 압력방출장치
③ 날 접촉 예방장치
④ 회전체 접촉 예방장치

72. 태양광발전소의 전기안전관리를 수행하기 위하여 계측장비를 주기적으로 교정하고 안전장구의 성능을 유지하여야 한다. 전기안전관리자의 직무 고시에 따른 안전장구의 권장 시험주기가 아닌 것은?

① 절연안전모 1년
② 저압 검전기 1년
③ 고압 절연장갑 1년
④ 고압·특고압 검전기 6개월

해설 고압·특고압 검전기의 권장 시험주기는 1년이다.

정답 66. ④ 67. ① 68. ① 69. ④ 70. ③ 71. ③ 72. ④

73. 태양광발전시스템의 계측기구 및 표시 장치의 구성으로 틀린 것은?

① 검출기 ② 감시장치
③ 연산장치 ④ 신호 변환기

해설 태양광발전시스템의 계측기구 및 표시 장치의 구성 : 검출기, 신호 변환기, 연산 장치

74. 태양광발전 접속함(KS C 8567 : 2019)에 따라 직류(DC)용 퓨즈는 IEC 60269-6의 관련 요구사항을 만족하는 어떤 타입을 사용하여야 하는가?

① sPV 타입 ② aPV 타입
③ gPV 타입 ④ qPV 타입

75. 태양광발전시스템의 유지관리 시 보수 점검 작업 후 유의사항으로 틀린 것은?

① 볼트 조임 작업을 완벽하게 하였는지 확인한다.
② 쥐, 곤충 등이 침입되어 있지 않은지 확인한다.
③ 검전기로 무전압 상태를 확인하고 필요개소에 접지한다.
④ 점검을 위해 임시로 설치한 가설물 등의 철거가 지연되고 있지 않은지 확인한다.

해설 작업 후에는 모든 접지선을 제거한다.

76. 한국전기설비규정에 따라 태양전지 모듈은 최대 사용전압의 몇 배의 직류전압을 충전부분과 대지 사이에 연속으로 10분간 가하여 절연내력시험을 하였을 때 이에 견디는 것이어야 하는가?

① 1배 ② 1.5배
③ 2배 ④ 3배

77. 전기 작업 계획서의 작성에 관한 기술지침에 따라 작업 계획서에 작성하는 내용으로 틀린 것은?

① 작업의 목적
② 작업자의 인적사항
③ 작업자의 자격 및 적정 인원
④ 교대 근무 시 근무 인계에 관한 사항

해설 계획서 작성지침에 작업자의 인적사항은 필요하지 않다.

78. 태양광발전시스템 고장원인 중 모듈의 제조 공정상 불량에 해당하지 않는 것은?

① 백화현상 ② 적화현상
③ 황색변이 ④ 유리 적색 착색

79. 태양광발전설비의 유지관리를 위한 일상점검 시 배전반 주 회로 인입·인출부에 대한 점검항목과 점검내용으로 틀린 것은?

① 부싱 - 코로나 방전에 의한 이상음 여부
② 케이블 접속부 - 과열에 의한 이상한 냄새 발생 여부
③ 태양광발전용 개폐기 - '태양광발전용' 이란 표시 여부
④ 폐쇄 모선 접속부 - 볼트류 등의 조임 이완에 따른 진동음 유무

80. 태양광발전용 인버터의 육안점검 항목에 해당하지 않는 것은?

① 배선의 극성
② 지붕재의 파손
③ 단자대 나사풀림
④ 접지단자와의 접속

해설 지붕재의 파손은 태양전지 어레이의 육안점검 사항이다.

정답 73. ② 74. ③ 75. ③ 76. ② 77. ② 78. ④ 79. ③ 80. ②

2. 모의고사

실전 모의고사 1회

신재생에너지(태양광) 발전설비기사

1과목 태양광발전 기획

1. 다음의 식에서 I_g는 전천 일사량이고, I_s는 산란 일사강도, θ는 고도각이다. I_d는 무엇을 나타내는가?

$$I_g = I_d \sin\theta + I_s$$

① 굴절 일사강도　② 직달 일사강도
③ 반사 일사강도　④ 복사 일사강도

해설 I_d는 직달 일사강도로서 일정시간 동안 지표면에 직접 도달하는 직달광을 적산한 값이다.

2. 다음 내용 중에서 태양전지의 동작순서를 올바르게 나타낸 것은?

㉠ 전하분리	㉡ 전하수집
㉢ 태양광 흡수	㉣ 전하생성

① ㉡ → ㉢ → ㉠ → ㉣
② ㉡ → ㉠ → ㉢ → ㉣
③ ㉢ → ㉣ → ㉠ → ㉡
④ ㉣ → ㉡ → ㉢ → ㉠

3. 1.5 V 건전지 4개를 직렬로 연결하여 부하저항 58 Ω 에서 0.1 A의 전류가 흘렀다면 건전지 1개의 내부저항은 몇 Ω 인가?

① 0.1　② 0.2　③ 0.5　④ 2.0

해설 내부저항을 r이라 하면

$$58 + 4r = \frac{4 \times 1.5}{0.1} = 60,\ 4r = 60 - 58 = 2,$$

$$\therefore\ r = \frac{2}{4} = 0.5\ \Omega$$

4. 다음 [보기]와 같은 특징의 태양전지는?

보기	
• 두께가 얇다.	• 유연성이 좋다.
• 효율이 낮다.	• 설치면적이 넓다.

① 단결정 실리콘　② 다결정 실리콘
③ 박막 실리콘　④ 비정질 실리콘

해설 비정질 실리콘 태양전지의 특징
- 두께가 얇고, 유연성이 좋으며 운반과 보관이 용이하다.
- 효율은 낮고, 설치면적이 넓어 공사비가 높다.

5. 다음 설명 중 옳은 것은?

① 태양전지 어레이에 그늘이 발생하면 출력이 증가한다.
② 온도가 올라가면 태양광발전 출력은 증가한다.
③ 스트링에는 역류방지 소자가 들어 있다.
④ 직렬로 접속된 모듈에서 하나의 모듈에 그늘이 생기면 전체출력은 감소한다.

정답 ● 1. ② 2. ③ 3. ③ 4. ④ 5. ④

해설 직렬로 접속된 모듈에서 하나의 모듈에 그늘이 생기면 모듈의 전압이 떨어져 출력도 감소한다.

6. 접속함의 종류에 해당하지 않는 것은?

① 수직 자립형 ② 큐비클형
③ 거치형 ④ 벽부형

해설 접속함의 종류 : 큐비클형, 수직 자립형, 벽부형

7. 축전지의 수명이 길어지는 방전심도의 범위는?

① 10 ~ 20 % ② 30 ~ 40 %
③ 50 ~ 60 % ④ 70 ~ 80 %

해설 방전심도가 30 ~ 40 %이면 축전지의 수명이 길어지고, 70 ~ 80 %이면 수명은 짧아진다.

8. 인버터의 손실요소 중 손실이 가장 큰 것은 어느 것인가?

① 변압기 손실
② 전력변환 손실
③ 대기전력 손실
④ MPPT 손실

해설 대기전력 손실 : 0.1 ~ 0.3 %, 변압기 손실 : 1.5 ~ 2.5 %, 전력변환 손실 : 2 ~ 3 %, MPPT 손실 : 3 ~ 4 %

9. 인버터의 회로방식 중 무게가 무겁고, 내뢰성 및 내 잡음성이 가장 우수한 것은?

① 상용주파 변압기 절연방식
② 고주파 변압기 절연방식
③ 저주파 변압기 절연방식
④ 무변압기 방식

해설 상용주파 변압기 절연방식은 효율은 낮으나 내뢰성과 내 잡음성에서 타 방식보다 좋다.

10. 인버터의 무변압기 방식의 스위칭 회로에 사용하는 소자로서 거리가 먼 것은?

① MOSFET ② IGBT
③ 고속 SCR ④ 트라이액

해설 인버터의 무변압기 방식에 사용하는 스위칭 소자 : MOSFET, IGBT, 고속 SCR, GTO

11. 인버터의 보호등급을 나타내는 IP20, IP44에서 뒤쪽의 첫째와 둘째 숫자를 바르게 설명한 것은?

① 앞자리 : 이물질의 접촉과 침입, 뒷자리 : 전압
② 앞자리 : 전압, 뒷자리 : 절연내압
③ 앞자리 : 이물질의 접촉과 침입, 뒷자리 : 물의 침입
④ 앞자리 : 낙뢰 전류, 뒷자리 : 내연성

해설 앞자리는 외부 이물질의 접촉과 침입에 대한 보호등급이고, 뒷자리는 물, 눈, 폭풍우에 대한 보호등급을 나타낸다.

12. 인버터의 선정 시 주의사항으로 맞지 않는 것은?

① 계통의 전압, 전류, 주파수
② 계통연계 보호 장치
③ 인버터의 접지저항
④ 태양광 모듈의 출력특성 분석

해설 인버터의 절연저항은 고려사항이지만, 접지저항은 고려사항이 아니다.

13. 태양전지 뒷면에 표시되는 내용이 아닌 것은?

① 제조연월일 ② 공칭 최대출력
③ 사용온도 ④ 공칭질량

해설 태양전지 뒷면에 표시되는 사항 : 제조번호 및 제조연월일, 공칭 개방전류, 공칭

단락전류, 공칭질량, 내 풍압성의 등급, 최대 시스템 전압, 제조업자명 등이다.

14. 인버터의 표시사항이 아닌 것은?

① 전력 ② 역률
③ 누적 발전량 ④ 수명

해설 인버터의 표시사항 : 입력단 전압과 전류, 전력과 역률, 주파수, 최대 출력량, 누적 발전량

15. 태양광발전 축전지로 사용하지 않는 것은 무엇인가?

① 납축전지 ② 리튬전지
③ 니켈-수소 ④ 1차 전지

해설 1차 전지는 충전이 되지 않으므로 태양광발전 축전지로 사용하지 않는다.

16. 다음에서 설명하는 부지 선정 절차를 무엇이라 하는가?

사전정보나 현장조사를 통해 태양광발전의 전력량을 산출

① 태양광발전 설계
② 부지 면적 산출
③ 태양광 규모 기획
④ 사전조사

해설 태양광발전 부지의 여건, 규모 등과 경제성을 검토하여 이를 토대로 발전량을 산출하는 것을 태양광발전 기획 또는 태양광 규모 기획이라 한다.

17. 일반 관리비에 대한 설명 중 틀린 것은?

① 일반 관리비는 순 공사원가에는 포함되지 않는다.
② 일반 관리비는 복리후생비, 여비, 세금과 공과금, 운반비 등이다.
③ 일반 관리비는 작업현장에서의 작업자와 현장 감독자의 기본급, 제 수당 상여금 등의 합계이다.
④ 일반 관리비=(재료비+노무비+경비)×요율이다.

해설 작업현장에서의 작업자와 현장 감독자의 기본급, 제 수당 상여금 등의 합계는 간접 노무비이다.

18. 발전원가를 구성하는 내용이 아닌 것은?

① 연간 총 발전량
② 연간 유지 관리비
③ 초기 투자비
④ 총 수익

해설 발전원가

$$= \frac{\frac{\text{초기 투자비}}{\text{설비수명연한}} + \text{연간 유지 관리비}}{\text{연간 총 발전량}}$$

19. 전기사업자가 발전허가를 취득하여 사업개시 신고까지 마치고, 사업의 개시를 하지 않은 경우에 허가가 취소되는데 이를 심의하는 기관은?

① 국회 해당 상임위원회
② 관할 시청 또는 도청
③ 전기위원회
④ 에너지관리공단

해설 발전 허가 변경사항이나 허가 취소는 산업통상자원부 내의 전기위원회에서 심의한다.

20. 국내 총 소비에너지양에 대하여 신·재생에너지 등 국내 생산에너지양 및 우리나라 밖 외국에서 개발한 에너지양을 차지하는 비율을 무엇이라 하는가?

① 신·재생에너지 공급 의무화 제도
② 에너지 자립도

정답 14. ④ 15. ④ 16. ③ 17. ③ 18. ④ 19. ③ 20. ②

③ 신·재생에너지 혼합 의무화 제도
④ 에너지 국제화

해설 국내 총 소비에너지양에 대하여 신·재생에너지 등 국내 생산에너지양 및 국외에서 개발한 에너지양을 차지하는 비율을 에너지 자립도라 하며 이 값이 클수록 에너지의 자급률이 높다.

2과목 태양광발전 설계

21. 기초형식 선정 시 고려사항이 아닌 것은?

① 지반조건
② 상부 구조물의 특성
③ 설치면적
④ 상부 구조물의 하중

해설 기초형식 선정 시 고려사항 : 지반조건, 상부 구조물의 특성 및 하중, 기초의 형식에 따른 경제성

22. 다음 그림은 기초의 종류 중 어느 것에 해당하는가?

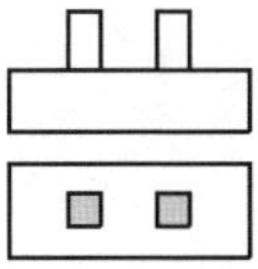

① 독립기초 ② 복합기초
③ 말뚝기초 ④ 연속기초

해설 복합기초는 하나의 기초판 위에 2개 이상의 기둥이 있으며 하중의 분산효과 및 수평하중의 안정성을 갖는다.

23. 다음 정사각형 독립기초에서 허용 지지력(q_u)은 3.6 t/m², 안전율(F_s)은 3, 기초 면적(A)은 2 m²일 때 총 허용하중(Q_a)은 얼마인가?

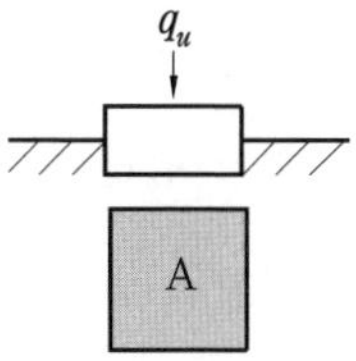

① 2.0 t ② 2.4 t
③ 3.6 t ④ 4.8 t

해설 $q_a = \frac{q_u}{F_s} = \frac{3.6}{3} = 1.2$ t,

$Q_a = q_a \times A = 1.2 \times 2 = 2.4$ t

24. 경사 지붕형의 경사각은?

① 5° ~ 10° ② 10° ~ 15°
③ 20° ~ 40° ④ 45° ~ 50°

해설 경사 지붕형의 경사각은 20°~ 40°이다.

25. 태양광 구조물을 연약지반에 설치 시 문제점은?

① 토사
② 주변지반 변형
③ 지반 장기침하
④ 성토 및 굴착사면 파괴

해설 태양광 구조물을 연약지반에 설치 시 문제점 : 주변지반 변형, 지반 장기침하, 구조물 부등침하, 성토 및 굴착사면 파괴

26. 모듈의 최대출력은 400 W, V_{mpp}(25℃)는 38 V, 인버터의 MPPT 전압범위는 450 ~ 850 V일 때 태양광발전 출력 98 kW를 얻기 위한 모듈의 최소 병렬 수는?

① 10 ② 11
③ 12 ④ 13

해설 ㉠ 모듈의 최대 직렬 수

$= \frac{\text{인버터의 MPPT 전압범위 상한값}}{V_{mpp}(25℃)}$

정답 21. ③ 22. ② 23. ② 24. ③ 25. ① 26. ②

$= \frac{850}{38} \fallingdotseq 22.37 \rightarrow 22$

ⓛ 모듈의 최소 병렬 수

$= \frac{\text{최대 발전출력}}{\text{모듈 최대 직렬 수} \times \text{모듈 최대출력}}$

$= \frac{98000}{22 \times 400} \fallingdotseq 11.14 \rightarrow 11$

27. 어레이 배치 설계 시 음영 방지대책이 아닌 것은?

① 어레이의 스트링에 바이패스 다이오드를 설치한다.
② 음영이 발생하지 않도록 어레이를 배치한다.
③ 인버터의 MPPT 기능으로 출력손실을 최소화한다.
④ 접속함에 환류 다이오드를 설치한다.

해설 환류 다이오드는 인덕턴스에 발생하는 역기전력을 방지하기 위한 용도에 사용한다.

28. 다음과 같은 면적이 가로 60 m, 세로 24 m의 부지에 최대출력이 400 W, 크기 1 m×2 m인 태양전지 모듈을 2단으로 배치하여 태양광발전소를 설치하고자 할 때 최대 몇 kW의 발전량을 얻을 수 있는가? (단, 부지의 좌우, 상하 경계와 어레이 간의 간격은 2 m로 하며, 앞 어레이와 뒤 어레이의 간격은 7 m로 한다.)

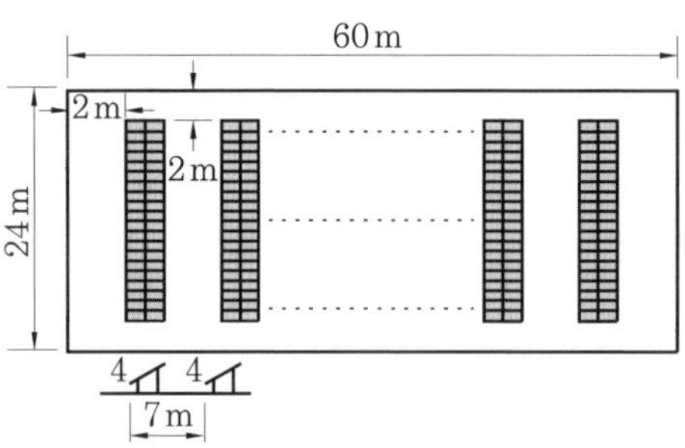

① 64 ② 128
③ 136 ④ 272

해설 경계선과 어레이 간의 간격 2 m를 빼면 실제 어레이 설치가 가능한 가로 및 세로 길이는 60−(2×2)=56 m, 24−(2×2)=20 m, 가로에 설치 가능한 어레이의 열수는 앞 어레이와 뒤 어레이 간격이 7 m이므로 $\frac{56\,\text{m}}{7\,\text{m}}$=8, 2단이므로 가로 모듈 수는 8×2=16, 세로는 모듈 1개의 짧은 길이가 1 m이므로 $\frac{20\,\text{m}}{1\,\text{m}}$=20, 전체 부지에 설치가 가능한 모듈 수 =16×20 = 320, 전체 발전량 = 320×400 W =128000 W = 128 kW이다.

29. 동일 경사각에서 하지, 춘·추분, 동지에서의 고도각의 크기를 바르게 나타낸 것은?

① 동지 > 춘·추분 > 하지
② 춘·추분 > 하지 > 동지
③ 하지 > 춘·추분 > 동지
④ 춘·추분 > 동지 > 하지

해설 고도각의 크기순은 하지 > 춘·추분 > 동지 순이다.

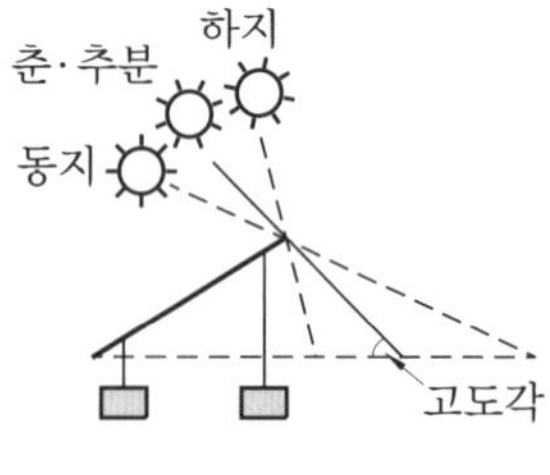

30. 배전선로에서의 주파수 60 Hz의 유지범위는?

① 60±0.05 Hz
② 60±0.1 Hz
③ 60±0.15 Hz
④ 60±0.2 Hz

해설 배전선로에서의 주파수 60 Hz의 유지범위는 60±0.2 Hz이다.

정답 27. ④ 28. ② 29. ③ 30. ④

31. 낙뢰의 침입경로에 해당하지 않는 것은?

① 안테나 ② 통신선
③ 대지 ④ 접지선

해설 낙뢰의 침입경로 : 피뢰침, 전원선(한전 배전계통), 통신선, 안테나, 접지선, 태양전지 어레이

32. 태양광발전 모니터링 시스템의 고장진단 시 직렬회로 상태표시가 아닌 것은?

① 전압 ② 전류
③ 주파수 ④ 전력

해설 직렬회로 상태표시 : 전압, 전류, 전력, 스위치 상태, 현재 발전량, 평균 발전률

33. 다음 전기 도면기호 중 전기통신 맨홀은?

① 
② 

③ 
④ 

해설 ① : 전주(기설)
③ : 주상 변압기
④ : 제어반

34. 송전전압이 380 V, 수전전압이 365 V일 때 전압강하율(%)은?

① 3.2 % ② 4.1 %
③ 5.0 % ④ 5.6 %

해설 전압강하율

$$= \frac{\text{송전단 전압} - \text{수전단 전압}}{\text{수전단 전압}} \times 100\ \%$$

$$= \frac{380 - 365}{365} \times 100\ \% \fallingdotseq 4.1\ \%$$

35. 부하용량이 20 kW, 전압이 380 V인 3상 배선용 차단기의 용량은?

① 20.51 VA ② 25.38 VA
③ 30.39 VA ④ 40.02 VA

해설 $\text{차단용량} = \dfrac{\text{부하용량}}{\sqrt{3}\ \text{전압}}$

$$= \frac{20000}{\sqrt{3} \times 380} \fallingdotseq 30.39\ \text{VA}$$

36. 변압기의 출력이 160 W이고, 손실이 14 W일 때 규약효율은 몇 %인가?

① 90.10 ② 91.95
③ 93.02 ④ 95.47

해설 $\text{규약효율} = \dfrac{160}{160 + 14} \times 100 \fallingdotseq 91.95\ \%$

37. 감리원은 공사업자로부터 착공 신고서를 제출받아 적정성 여부를 검토하여 며칠 후에 발주자에게 보고하여야 하는가?

① 5일 ② 7일
③ 10일 ④ 14일

해설 감리원은 공사업자로부터 착공신고서를 제출받아 이를 검토한 뒤 7일 내에 발주자에게 재출여야 한다.

38. KSC IEC 62305의 인하도선 및 접지극은 몇 mm^2 이상이어야 하는가?

① 25 ② 35 ③ 40 ④ 50

해설 피복이 없는 동선을 기준으로 50 mm^2 이상이어야 한다.

39. 진공을 소호매질로 적용한 차단기로서 계통사고 및 부하 시 개폐하는 계전기는?

① ACB ② MOF
③ SA ④ VCB

해설
- ACB : 공기 중에서 아크를 차단하는 계전기
- MOF : 계기용 변류기와 계기용 변압기를 한 상자에 넣은 계전기
- SA : 서지 흡수기
- VCB : 진공 차단기

정답 31. ③ 32. ③ 33. ② 34. ② 35. ③ 36. ② 37. ② 38. ④ 39. ④

40. NOCT가 37℃에서 외기온도가 35℃이면 표면온도는? (단, 일사량은 1000 W/m^2이다.)

① 40℃ ② 50℃
③ 60℃ ④ 70℃

해설 $T_{air}(35℃)$

$$= T_{air} + \frac{\text{NOCT} - 25℃}{800} \times 1000\ \text{W/m}^2$$

$$= 35 + \frac{37-25}{800} \times 1000 = 50℃$$

3과목 태양광발전 시공

41. 다음은 구조물의 공사 계획도이다. ㉠에 들어갈 알맞은 내용은?

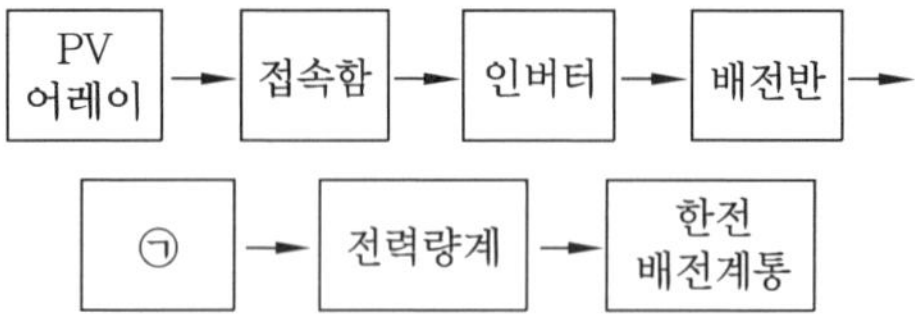

① 분전반 ② 배율기
③ 변압기 ④ 매설함

해설 배전반을 거친 다음에는 교류전압 변압기로 넘어간다.

42. 건물하부 전체를 받치는 기초형식은?

① 독립기초 ② 혼합기초
③ 말뚝기초 ④ 전면기초

해설 건물하부 전체를 받치는 기초는 전면기초 또는 온통기초라 한다.

43. 구조 설계 시 고려사항이 아닌 것은?

① 안정성
② 신속성
③ 사용성 및 내구성
④ 시공성

해설 구조 설계 시 고려사항 : 안정성, 시공성, 경제성, 사용성 및 내구성

44. 토목 설계 시 설계도에 표시되는 사항이 아닌 것은?

① 방위표 ② 주기사항
③ 치수선 ④ 분할도

해설 토목 설계 시 설계도에 표시되는 사항 : 방위표, 주기사항, 치수선, 경사에 대한 사항

45. 어레이 설치형식 중 지붕, 벽 이외에 설치하는 형식은?

① 건재형 ② 설치형
③ 차양형 ④ 일체형

해설 지붕, 벽 이외에 설치하는 형식에는 창재형, 차양형, 루버형이 있다.

46. 태양전지 셀, 모듈, 패널, 어레이 등의 육안검사에 대한 외관검사에 필요한 조도의 세기는 몇 Lx 이상이어야 하는가?

① 200 ② 500
③ 1000 ④ 1500

47. 어레이의 설치방식에서 추적형의 단점은?

① 발전량이 적다.
② 공간을 적게 차지한다.
③ 여름에 효율이 떨어진다.
④ 설치비가 비싸다.

해설 추적형의 단점은 면적을 많이 차지하므로 토지비용이 더 들어가고, 설치비가 비싸다.

정답 40. ② 41. ③ 42. ④ 43. ② 44. ④ 45. ③ 46. ③ 47. ④

48. 태양광발전시스템의 22.9 kV의 특고압 가공선로 회선에 연계 가능한 용량은?

① 10 kW 이상 ② 100 kW 이상
③ 10 MW 미만 ④ 10 MW 이상

49. 바깥지름을 크게 하고, 중량을 적게 하여 코로나 방지목적에 사용하는 케이블은?

① ACSR ② CN−CV
③ CNCV−W ④ 연선

해설 바깥지름을 크게 하고, 중량을 적게 하여 코로나 방지목적에 사용하는 케이블은 ACSR(강심 알루미늄 연선)이다.
- CN−CV : 동심 중성선 차수형 동축 케이블
- CNCV−W : 동심 중심선 전력 케이블

50. 지중선로의 매설방식인 관로(맨홀)식 PE 관의 매설깊이는?

① 0.5 m ② 1.0 m
③ 1.2 m ④ 1.5 m

51. 모듈의 신뢰성 검사에 속하지 않는 것은?

① 내풍압성 검사
② 내열성 검사
③ 내습성 검사
④ 냉기검사

해설 모듈의 신뢰성 검사 : 내열성, 내풍압성, 내습성 검사

52. 태양광발전시스템의 전기배선공사의 순서로 맞는 것은?

① 접속함 설치 → 접지공사 → 전력량계 설치 → 접속함과 인버터 간 배선
② 접속함 설치 → 접속함과 인버터 간 배선 → 접지공사 → 전력량계 설치
③ 접지공사 → 접속함 설치 → 접속함과 인버터 간 배선 → 전력량계 설치
④ 접속함 설치 → 접지공사 → 접속함과 인버터 간 배선 → 전력량계 설치

53. 감리원이 유지관리 지침서를 작성하여 공사 준공 후 언제까지 발주자에게 제출해야 하는가?

① 공사 준공 후 7일 이내
② 공사 준공 후 14일 이내
③ 공사 준공 후 21일 이내
④ 공사 준공 후 30일 이내

54. 태양전지 모듈에서 인버터 입력단 간 및 출력단과 계통 연계점 간의 상호 거리가 200 m 이하일 때 허용 전압강하율은?

① 3 % ② 4 % ③ 5 % ④ 6 %

해설 전압강하율
- 60 m 이하 : 3 %
- 120 m 이하 : 5 %
- 200 m 이하 : 6 %
- 200 m 초과 : 7 %

55. 진상용 콘덴서의 설치효과가 아닌 것은?

① 전기요금 증가
② 역률개선
③ 전압강하의 감소
④ 변압기의 손실 감소

해설 진상용 콘덴서의 설치효과 중 가장 큰 것은 역률개선으로 전기요금 절감이다.

56. 지반의 지내력으로 기초설치가 어려운 경우 파일을 지반의 암반층까지 내려 지지하도록 시공하는 기초공사?

① 연속기초 ② 독립기초
③ 파일기초 ④ 말뚝기초

정답 48. ③ 49. ① 50. ② 51. ④ 52. ③ 53. ② 54. ④ 55. ① 56. ③

57. 30 kW이고, 주파수(f)가 $f>61.5$ Hz일 때 비정상 주파수에 대한 분산형 전원의 분리시간은?

① 0.10 ② 0.16
③ 0.18 ④ 0.20

해설 비정상 주파수(f)에 대한 분산형 전원의 분리시간

분산형 전원 용량	주파수 범위(Hz)	분리시간(초)
용량무관	$f>61.5$	0.16
	$f<57.5$	300
	$f<57.0$	0.16

58. 저압배선이 아닌 것은?

① 방사식
② 저압 뱅크식
③ 소프트 네트워크식
④ 환상식

해설 소프트 네트워크식은 고압 지중배선 방식이다.

59. 계통 연계형 태양광발전시스템에서 일반적인 직류 배선공사의 범위는 태양전지 어레이에서 어디까지인가?

① 축전지
② 인버터의 입력측
③ 접속함
④ 전력량계

해설 • 직류 배선공사 : 태양전지 어레이 – 인버터 입력측
• 교류 배선공사 : 인버터 출력측 – 계통 연계점

60. 접지극을 공용하는 통합 접지를 하는 경우 낙뢰에 의한 고전압으로부터 전기설비를 보호하기 위해 설치하는 것은?

① MCCB ② ACB
③ SPD ④ VCB

해설 낙뢰 등에 의한 고전압으로부터 전기설비를 보호하기 위해 설치하는 것은 SPD(서지 보호기)이다.

4과목 태양광발전 운영

61. 전력수급계약을 하는 곳으로 맞지 않는 곳은?

① 한국전력거래소
② 한국전력공사
③ 한국전력거래소 또는 한국전력공사
④ 신·재생에너지센터

해설 신·재생에너지센터는 공급인증서를 관리하는 곳이며, 전력수급계약은 하지 않는다.

62. 한국전력공사와 전력수급계약을 체결할 수 있는 발전설비의 용량은 얼마 이하인가?

① 100 kW ② 500 kW
③ 1 MW ④ 1.5 MW

해설 한국전력공사와 전력수급계약을 체결할 수 있는 발전설비의 용량은 1 MW 이하이다.

63. ESS에 대한 신·재생에너지 공급인증서의 가중치는?

① 1.0 ② 1.2
③ 2.0 ④ 4.0

해설 에너지 저장장치(ESS)에 대한 가중치는 4.0이다.

64. 태양광발전시스템의 전력손실 요소가 아닌 것은?

정답 57. ② 58. ③ 59. ② 60. ③ 61. ④ 62. ③ 63. ④ 64. ③

① 케이블 저항손실
② 인버터 손실
③ 접속함 손실
④ 변압기 손실

해설 태양광발전 시스템의 전력손실 요소 : 케이블 저항손실, 인버터 손실, 변압기 손실

65. 태양광발전시스템 이용률 감소원인에 해당하지 않는 것은?

① 일사량 감소
② 여름철 온도상승
③ 겨울철 온도 하강
④ 전력손실

해설 • 시스템 이용률 감소원인 : 일사량 감소, 여름철 온도상승, 전력손실
• 겨울철 온도가 낮을수록 시스템 이용률은 증가한다.

66. 태양광발전설비가 작동되지 않을 때 응급조치에 해당하지 않는 것은?

① 접속함과 어레이 접속
② 접속함 내부 차단기 off
③ 인버터 off 후 점검
④ 모두 점검 후 인버터 off, 접속함 내부 차단기 on

해설 태양광발전설비가 작동되지 않을 때 응급조치 순서
접속함 내부 차단기 off → 인버터 off 후 점검 → 점검 후 인버터 off, 접속함 내부 차단기 on

67. 전기안전관리자를 선임하지 않아도 되는 발전 설비용량은?

① 10 kW 이하 ② 20 kW 이하
③ 50k W 이하 ④ 100 kW 이하

해설 전기안전관리자를 선임하지 않아도 되는 발전 설비용량은 20 kW 이하이다.

68. 태양광발전시스템의 주변장치(BOS)가 아닌 것은?

① 가대
② 축전지
③ 태양전지 어레이
④ 개폐기

해설 주변장치(BOS) : 태양전지 어레이의 구조물 및 그 외의 구성기기(축전지, 개폐기, 가대 등)

69. 전기발전사업 허가변경을 받아야 하는 것이 아닌 경우는?

① 공급전압이 변경되는 경우
② 사업구역 또는 특정한 구역이 변경되는 경우
③ 태양전지가 바뀌는 경우
④ 설비용량이 변경되는 경우

해설 태양전지가 바뀌는 경우는 전기발전사업 허가변경 사유가 아니다.

70. 태양광발전시스템의 점검을 위해 1개월마다 주로 육안에 의해 실시하는 점검은?

① 준공점검 ② 특별점검
③ 정기점검 ④ 일상점검

해설 일상점검은 1개월마다 실시하며 주로 육안에 의한 검사이다.

71. 서로 관련이 없는 한 가지는?

① 변압기 ② 발전기
③ 정류기 ④ 배전용 차단기

해설 변압기, 정류기, 발전기는 변전소 안에 시설한 기계기구들이다.

정답 65. ③ 66. ① 67. ② 68. ③ 69. ③ 70. ④ 71. ④

72. 기계기구, 댐, 수로, 저수지, 전선로, 보안통신선로 그 밖의 시설물의 안전에 필요한 성능과 기술적 요건을 규정함을 목적으로 되어있는 규정은?

① 전기공사법
② 전기규정
③ 전기설비기술기준
④ 전기사업법

해설 전기설비기술기준은 발전, 송전, 변전, 배전 또는 전기사용을 위하여 필요한 성능과 기술적 요건을 규정한 것이다.

73. 태양광발전설비 중 주로 녹 발생으로 인해 도포가 필요한 곳은?

① 인버터 ② 구조물
③ 접속함 ④ 모듈

해설 어레이 가대 및 지지물 등은 용융 아연 도금이 되어 있으나 오래되면 녹이 슬므로 녹 제거 후 방청 페인트로 도색을 해야 한다.

74. 변압기의 중성점 접지에서 1초를 넘고 2초 이내에 자동 차단장치 설치 시 접지저항 값은 몇 Ω 이하인가? (단, 변압기의 고압측 또는 특고압 측의 전압이 35 kV 이하의 특고압전로가 저압측 전로와 혼촉하고, 저압전로의 대지전압이 150 V를 초과하며 전로의 지락전류는 3 A이다.)

① 10 ② 30
③ 50 ④ 100

해설 접지저항

$$= \frac{300\,V}{1\text{선 지락전류}} = \frac{300}{3} = 100\ \Omega$$

75. 산업안전보건법에 따른 안전교육을 위하여 신규채용 작업자에게는 몇 시간 이상의 안전보건교육을 실시해야 하는가?

① 1시간 ② 2시간
③ 3시간 ④ 4시간

해설 신규 채용자는 1시간 이상, 근로자의 정기교육은 내월 2시간 이상 안전보건교육을 받아야 한다.

76. 태양광발전 설비용량이 600 kW일 때 정기점검 횟수는?

① 1회 ② 2회
③ 3회 ④ 4회

해설 설비용량에 따른 정기점검 횟수
- 300 kW 이하 : 1회
- 300 kW 초과 ~ 500 kW 이하 : 2회
- 500 kW 초과 ~ 700 kW 이하 : 3회
- 700 kW 초과 ~ 1000 kW 이하 : 4회

77. 다음 중 태양전지 어레이의 단락전류를 측정함으로써 알 수 있는 것은?

① 인버터의 이상 유무
② 태양전지 모듈의 이상 유무
③ 전력계통의 이상 유무
④ 접속함의 이상 유무

해설 태양전지 어레이의 단락전류를 측정함으로써 태양전지 모듈의 이상 유무를 알 수 있다.

78. 태양광발전시스템 운영 시 갖추어야 할 목록이 아닌 것은?

① 계약서 사본
② 시방서
③ 피난 안내도
④ 한전계통 연계서류

정답 ● 72. ③ 73. ② 74. ④ 75. ① 76. ③ 77. ② 78. ③

해설 태양광발전시스템 운영 시 갖추어야 할 목록
- 계약서 사본
- 시방서
- 건설관련 도면
- 구조물의 구조 계산서
- 한전계통 연계 관련 서류
- 사용된 핵심기기의 매뉴얼
- 긴급복구 안내문, 일반 점검표

79. 어레이 단자함 및 접속함의 점검내용으로 볼 수 없는 것은?

① 절연저항 측정
② 어레이 출력확인
③ 온도센서 동작확인
④ 퓨즈 및 역류방지 다이오드 손상여부

해설 단자함 및 접속함에는 온도센서가 들어있지 않다.

80. 인버터 회로의 인버터 정격전압이 300 V 초과 600 V 이하 시 절연저항 시험기기는 무엇인가?

① 회로 시험기
② 클램프 미터
③ 500 V 절연 저항계
④ 1000 V 절연 저항계

해설 인버터 정격전압이 300 V 초과 600 V 이하 시 절연저항 시험기기는 1000 V 절연 저항계(메거)를 사용한다.

모의고사

정답 ● 79. ③ 80. ④

실전 모의고사 2회

1과목 태양광발전 기획

1. 피뢰소자에 대한 설명 중 틀린 것은?

① 피뢰소자의 접지측 배선은 되도록 짧게 한다.
② 낙뢰를 비롯한 이상전압으로부터 전력계통을 보호한다.
③ 태양전지 어레이의 보호를 위해 모듈마다 설치한다.
④ 동일회로에서도 배선이 긴 경우에는 배선의 양단에 설치하는 것이 좋다.

해설 모듈마다에 설치하는 것이 아니라 피뢰기를 접속함에 설치한다.

2. P형의 실리콘 반도체를 만들기 위해 실리콘에 도핑하는 원소로 적당하지 않은 것은?

① 인듐(In) ② 갈륨(Ga)
③ 비소(As) ④ 알루미늄(Al)

해설 P형 반도체에는 3가의 원소(Al, Ga, B, In)를, N형 반도체에는 5가의 원소(As, P, Sb)를 도핑(doping)한다.

3. 태양전지 개방전압에 대한 설명 중 틀린 것은?

① 태양전지로부터 얻을 수 있는 최대전압이다.
② 태양전지 흡수층을 구성하는 물질의 밴드갭 에너지에 따라 변화한다.
③ 출력전력이 최대일 때 태양전지의 두 전극 사이에서 발생하는 전위차에 해당한다.
④ 태양전지의 두 전극 사이에 무한대의 부하를 연결한 경우 두 전극 사이의 전위차이다.

해설 최대출력 P는 최대전압(V_{mpp})×최대전류(I_{mpp})이므로 개방전압이 아닌 최대전압과 관계가 있다.

4. 태양광발전시스템에서 추적제어방식에 따른 분류가 아닌 것은?

① 프로그램 추적법(program tracking)
② 감지식 추적법(sensor tracking)
③ 양방향 추적법(double axis tracking)
④ 혼합식 추적법(mixed tracking)

해설 추적제어방식에는 프로그램 방식, 감지식, 혼합식 추적법이 있다.

5. 태양광발전 경사각에 대한 설명으로 가장 거리가 먼 것은?

① 적도지방의 경사각은 0°일 때 가장 효율적이다.
② 우리나라의 경우 중부지방은 37°일 때 가장 효율적이다.
③ 태양광 모듈과 지표면이 이루는 각도를 말한다.
④ 최적의 경사각은 그 지역의 위도와 관계없이 항상 90°일 때이다.

해설 최대 일사량을 얻을 수 있는 최적의 경사각은 지역(위도) 및 계절에 따라 결정된다.

6. 0.5 V의 전압을 갖는 태양전지 24개를(6개 직렬×4개 병렬) 연결하여 부하에 접속하였다. 부하에 인가된 전압(V)은?

정답 1. ③ 2. ③ 3. ③ 4. ③ 5. ④ 6. ①

① 3 V　　② 12 V
③ 15 V　　④ 18 V

해설 태양전지의 직·병렬연결 시 부하전압은 직렬전압이므로 0.5 V×6=3.0 V이다.

7. **계통 연계형 태양광발전시스템에서 주파수의 변동을 검토하지 않고 전압 또는 전류의 급변현상만을 이용하여 단독운전을 검출하는 방식은?**

① 부하변동방식
② 주파수 시프트 방식
③ 무효전력 변동방식
④ 주파수 변화율 검출방식

해설 부하변동방식은 인버터의 출력과 병렬로 임피던스를 순간적 또는 주기적으로 삽입하여 전압 또는 전류의 급변을 검출하는 방식이다.

8. **태양광을 이용한 독립형 전원 시스템용 축전지 선정 시 고려사항으로 틀린 것은?**

① 부하에 필요한 입력전력량을 검토한다.
② 설치예정 장소의 일사량 데이터를 조사한다.
③ 축전지의 기대수명에서 방전심도(DOD)를 설정한다.
④ 설치장소의 일조량을 고려하여 부조일수를 산정하지 않는다.

해설 설치장소의 일조조건이나 부하의 중요도를 고려하여 일조가 없는 부조일수를 결정한다.

9. **그림과 같은 인버터 회로방식의 명칭으로 옳은 것은?**

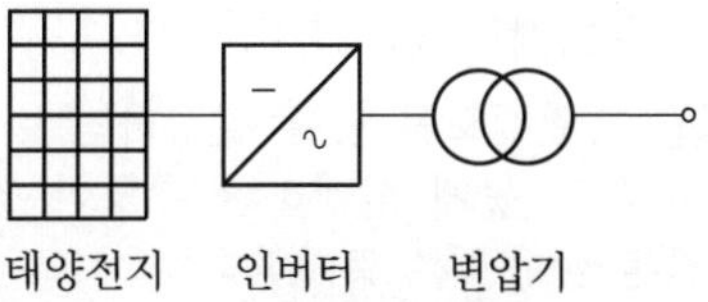

① 트랜스리스 방식
② 고주파 변압기 절연방식
③ on-line 인버터 절연방식
④ 상용주파 변압기 절연방식

해설 어레이 뒤에 인버터를 접속한 뒤 변압기를 연결한 방식은 상용주파 변압기 방식이다.

10. **면적이 250 cm^{2}이고 변환효율이 20 %인 결정질 실리콘 태양전지의 표준조건에서의 출력은?**

① 0.4 W　　② 0.5 W
③ 4 W　　④ 5 W

해설 P = 일사강도(STC)×태양전지 면적×변환효율

$$=1000\ \text{W/m}^2 \times 0.025\ \text{m}^2 \times \frac{20}{100} = 5\ \text{W}$$

11. **다음 그림은 태양광발전시스템의 독립형 시스템을 나타내고 있다. ㉠의 명칭은?**

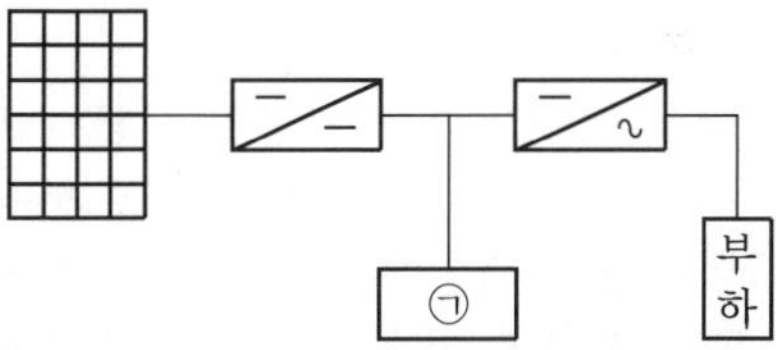

① 축전지　　② 어레이
③ 컨버터　　④ 인버터

해설 일반적으로 태양광발전 독립형 시스템에서는 직류가 교류로 변환되기 전에, 즉 인버터 앞 단에 축전지가 직류전압의 저장을 위해서 배치된다.

12. **수용가 전력요금 절감 및 전력회사 피크전력 대응으로 설비투자비를 절감할 수 있는 축전지 부착 계통 연계형 시스템은?**

① 방재 대응형

정답 7. ① 8. ④ 9. ④ 10. ④ 11. ① 12. ②

② 부하 평준화 대응형
③ 계통 안정화 대응형
④ 계통 평준화 대응형

해설 계통형 축전지의 3가지 용도
- 방재 대응형 : 정전 시 비상부하, 평상 시 계통연계 시스템으로 동작하지만 정전 시 인버터 자립운전하며 복전 후 재충전
- 부하 평준화형 : 전력부하 피크 억제, 태양전지 출력과 축전지 출력을 병행, 부하 피크 시 기본 전력요금 절감
- 계통 안정화형 : 계통전압 안정, 계통부하 급증 시 축전지 방전, 태양전지 출력 증대로 계통전압 상승 시 축전지 충전, 역전류 감소, 전압상승 방지

13. 독립형 태양광발전설비의 종류가 아닌 것은?
① 복합형
② 계통 연계형
③ 축전지가 없는 형
④ 축전지가 있는 형

해설 독립형은 전력 계통형과 분리되어 있는 반면 계통 연계형은 생산된 전력을 지역 계통 전력망에 공급한다. 독립형에 축전지 부착형, 미부착형의 2가지가 있다.

14. 실리콘 태양전지와 비교해서 화합물 반도체 GaAs(갈륨비소) 태양전지의 특징은?
① 모든 파장영역에서 빛의 흡수율이 떨어진다.
② 접합영역에서 전자와 정공의 재결합이 낮다.
③ 빛의 흡수가 뛰어나 후면에서 재결합이 거의 발생하지 않는다.
④ 접합영역이나 표면에서의 재결합보다 내부에서의 재결합이 많이 발생한다.

해설 GaAs 태양전지의 특징
- 광 흡수계수가 높다.
- 재결합 속도가 크다.
- 표면 재결합 손실을 감소시켜 효율을 증대시킨다.

15. 결정계 실리콘 태양전지 모듈에서 표면온도와 발전출력의 일반적인 관계는?
① 표면온도가 높아지면 발전출력이 증가한다.
② 표면온도가 높아지면 발전출력이 감소한다.
③ 표면온도가 낮아지면 발전출력이 감소한다.
④ 표면온도의 변화는 발전출력에 영향이 없다.

16. 연료전지에 사용하는 전해질의 종류가 아닌 것은?
① 알칼리 ② 실리콘
③ 인산 ④ 용융 탄산염

해설 연료전지에는 알칼리, 인산형, 용융 탄산염, 고체산화물, 직접 메탄올 등이 있다.

17. 태양광발전용 축전지의 방전심도에 대한 설명으로 틀린 것은?
① 방전심도를 낮게(30 ~ 40 %) 설정하면 전지수명이 길어진다.
② 방전심도를 높게(70 ~ 80 %) 설정하면 전지수명이 짧아진다.
③ 방전심도를 높게(70 ~ 80 %) 설정하면 전지 이용률이 증가한다.
④ 방전심도를 낮게(30 ~ 40 %) 설정하면 잔존용량이 감소한다.

해설 방전심도를 낮게 설정하면 수명은 길어지고, 높게 설정하면 수명이 짧아지며 잔존 이용률은 증가한다.

정답 13. ② 14. ③ 15. ② 16. ② 17. ④

18. NOCT(공칭 태양전지 동작온도)의 영향 요소가 아닌 것은?

① 셀 온도
② 풍속
③ 태양전지 표면의 일사강도
④ 주변 습도

해설 NOCT(공칭 태양전지 동작온도)
- 조사(일사)강도 : 800 W/m^2
- 셀 온도 : 20℃
- 평균 풍속 : 1 m/s
- 경사각 : 45°

19. 태양을 올려다보는 각도가 30°일 때 Air Mass 값은?

① 0.5 ② 1.0 ③ 1.5 ④ 2.0

해설 태양을 올려다보는 각은 AM 1 : 90°, AM 1.5 : 41.8°, AM 2 : 30°이다.

20. 변압기를 사용하여 AC 220 V를 12 V로 바꿀 때 변압기의 1차 코일의 권선수가 350회이면 2차 코일의 권선수는?

① 약 17회 ② 약 19회
③ 약 21회 ④ 약 30회

해설 $\dfrac{1\text{차 권선수}(N_1)}{2\text{차 권선수}(N_2)} = \dfrac{1\text{차 전압}(V_1)}{2\text{차 전압}(V_2)}$,

$$2\text{차 권선수}(N_2) = \frac{V_2 \times N_1}{V_1} = \frac{12 \times 350}{220} \fallingdotseq 19\text{회}$$

2과목 태양광발전 설계

21. 분산형 전원의 저압연계가 가능한 기준 용량은 얼마인가?

① 500 kW 미만 ② 500 kW 이상
③ 1000 kW 이하 ④ 1000 kW 이상

해설
- 저압연계 기준용량 : 500 kW 미만
- 특고압 연계 기준용량 : 500 kW 이상 1000 kW 이하

22. 태양광발전소에서 남북으로 설치된 어레이 최적 경사각이 30°일 때 어레이 경사각을 최적 경사각보다 10° 높일 경우 나타나는 효과로 틀린 것은?

① 발전량이 줄어든다.
② 대지 이용률이 감소한다.
③ 어레이 간 이격거리가 짧아진다.
④ 어레이 간 음영길이가 짧아진다.

해설 최적 경사각보다 높아지면 이격거리는 짧아지며 대지 이용률은 증가한다.

23. KEC에 따른 중성점에 대한 전선의 식별 색상은?

① 갈색 ② 청색
③ 흑색 ④ 녹색

해설 KEC에 따른 전선의 색상은 L1 : 갈색, L2 : 흑색, L3 : 회색, N : 청색, 보호도체 : 녹색-황색이다.

24. 한전계통에 이상이 발생한 후 분산형 전원이 재투입하기 위해서는 한전계통의 전압 및 주파수가 정상범위로 복귀 후 몇 분간 유지되어야 하는가?

① 1분 ② 2분 ③ 3분 ④ 5분

해설 이상이 발생한 후 분산형 전원이 재투입하기 위해서는 한전계통의 전압 및 주파수가 정상범위로 복귀 후 5분간 유지되어야 한다.

25. 인버터의 동작범위가 250 ~ 590 V, 태양전지 모듈의 온도에 따른 전압범위가 30 ~ 45 V일 때 태양전지 모듈의 최대 직렬 연결 가능 개수는?

정답 18. ④ 19. ④ 20. ② 21. ① 22. ② 23. ② 24. ④ 25. ③

① 11개 ② 12개
③ 13개 ④ 14개

해설 모듈의 최대 직렬연결 개수

$$= \frac{\text{동작범위 최대전압}}{\text{온도에 따른 최대전압}} = \frac{590}{45} \fallingdotseq 13$$

26. 계절별 남중고도가 가장 낮은 시기는?

① 춘분 ② 추분
③ 동지 ④ 하지

해설 남중고도가 높은 순서는 하지 → 춘·추분 → 동지이다.

27. 분산형 전원의 전기품질관리 항목에 해당하지 않는 것은?

① 역률 ② 고조파
③ 노이즈 ④ 플리커

해설 전기품질관리 항목에는 직류유입 제한, 역률, 플리커, 고조파 등이 있다.

28. 태양광발전시스템 부지 선정 시 고려사항으로 가장 거리가 먼 것은?

① 부지의 가격은 저렴한 곳인지 확인
② 높은 장애물(산, 건물 등)의 주변지형을 확인
③ 일사량이 좋은 지역이고 동향인지 확인
④ 토사, 암반의 지내력 등 지반지질 상태 확인

해설 태양광발전시스템 부지 선정 시 고려사항 : 일사량이 좋고 남향 지역, 장애물이 없는 지역, 홍수나 태풍의 영향을 덜 받으며 부지가격이 저렴한 부지

29. 다음의 전기 기호 중에서 KS에서 표기하는 진공 차단기(VCB)는 어느 것인가?

① 
② 
③ 
④ 

30. 피뢰 시스템의 레벨 Ⅱ의 회전구체 반경(r)의 최댓값은?

① 20 m ② 30 m
③ 45 m ④ 60 m

해설 레벨 Ⅰ : 20 m, 레벨 Ⅱ : 30 m, 레벨 Ⅲ : 45 m, 레벨 Ⅳ : 60 m

31. 태양광발전소의 경우 환경영향평가를 받아야 하는 용량은 몇 kW 이상인가?

① 1000 ② 10000
③ 100000 ④ 1000000

32. 모니터링 시스템 주요 구성요소가 아닌 것은?

① LBS
② 기상관측장치
③ 발전소 내 감시용 CCTV
④ Local 및 웹 모니터링

해설 모니터링 구성요소 : PC, 모니터, 기상수집 I/O 통신모듈, 직렬 서버 자동 기상관측장치, 전력변환 감시제어 장치 등

33. 가대 설계 시 적용하는 하중으로 가장 거리가 먼 것은?

① 적설하중 ② 풍압하중
③ 지진하중 ④ 우천하중

해설 가대 설계 시 하중 : 고정하중, 적설하중, 지진하중, 풍하중

정답 26. ③ 27. ③ 28. ③ 29. ① 30. ② 31. ③ 32. ① 33. ④

34. 적설량이 많은 지역에서의 태양전지 어레이의 설계 경사각으로 가장 적절한 것은?

① 5° ② 15° ③ 45° ④ 90°

해설 눈이 흘러내리기 가장 적절한 경사각은 45°이다.

35. 공사 설계도서에 필수항목으로 가장 거리가 먼 것은?

① 입체도 ② 평면도
③ 배치도 ④ 시방서

해설 설계도서의 필수항목으로는 시방서, 단선 결선도, 계통도, 평면도, 배치도 등이 있다.

36. 태양전지 모듈에 음영이 발생할 때 대비책으로 설치하는 것은?

① 제너 다이오드
② 바이패스 다이오드
③ 발광 다이오드
④ 역류방지 다이오드

해설 태양전지 모듈에 음영이 발생하면 모듈 내부의 저항이 커져 발열하는 것을 방지하기 위해 모듈이나 여러 개의 직렬회로에 병렬로 연결하여 핫 스팟을 방지하는 소자는 바이패스 다이오드이다.

37. 초기 투자비가 100000000원, 설비수명 20년, 연간 유지비 500000원, 연간 총 발전량이 1 MW일 때 발전원가(원/kW)는?

① 1100 ② 2200
③ 5500 ④ 11000

해설 발전원가

$$= \frac{\frac{\text{초기 투자비}}{\text{설비수명}} + \text{연간 유지비}}{\text{연간 총 발전량}}$$

$$= \frac{\frac{100000000}{20} + 500000}{1000} = 5500$$

38. 다음과 같은 태양광발전시스템의 어레이 설계 시 직·병렬 수량은?

- 모듈 최대출력 : 250 W
- 1 스트링 직렬 매수 : 10직렬
- 시스템 출력전력 : 50 kW

① 10직렬 – 15병렬
② 10직렬 – 20병렬
③ 10직렬 – 25병렬
④ 10직렬 – 30병렬

해설 병렬 수

$$= \frac{\text{시스템 출력전력}}{\text{직렬 수} \times \text{모듈 최대출력(kW)}}$$

$$= \frac{50}{10 \times 0.25} = 20$$

39. 태양광 인버터의 용량이 40 kW일 때 인버터에 연결된 모듈의 최대 설치용량은? (단, 태양광설비 시공기준에 의한다.)

① 40 kW ② 42 kW
③ 45 kW ④ 50 kW

해설 모듈의 용량은 인버터 용량의 1.05배(105 %)이므로 40×1.05 = 42 kW이다.

40. 설계도서 해석의 우선순위로 가장 먼저 검토할 것은? (단, 계약으로 우선순위를 정하지 않은 순위이다.)

① 공사 시방서
② 산출 내역서
③ 감리자 지시사항
④ 승인된 상세 시공도면

해설 설계도서 우선순위 : 공사 시방서 → 설계도면 → 전문 시방서 → 표준 시방서 → 산출 내역서 → 승인된 상세 시공도면 → 관계법령 → 감리자의 지시사항

정답 34. ③ 35. ① 36. ② 37. ③ 38. ② 39. ② 40. ①

3과목 태양광발전 시공

41. 접지공사 종류와 최대 접지저항 값이 옳게 연결된 것은?

① 제1종－20Ω, 제3종－100Ω
② 제1종－10Ω, 특별 제3종－10Ω
③ 제1종－10Ω, 특별 제3종－100Ω
④ 제3종－10Ω, 특별 제3종－100Ω

해설 제1종 : 10Ω, 제2종 : (150, 300, 600)/1선 지락전류, 제3종 : 100Ω, 특별 제3종 : 10Ω

42. 책임설계감리원이 설계감리의 기성 및 준공을 처리할 때 발주자에게 제출해야 하는 감리기록서류가 아닌 것은?

① 품질관리 기록부
② 설계감리 지시부
③ 설계감리 기록부
④ 설계자와 협의사항 기록부

해설 감리기록 서류 : 설계감리일지, 설계감리 기록부, 설계감리 지시부, 설계자와 협의사항 기록부, 설계감리 요청서

43. 계통연계 운전 중인 태양광발전시스템이 단독운전하는 경우 전력계통으로부터 최대 몇 초 이내에 분리시켜야 하는가?

① 0.2 ② 0.3
③ 0.4 ④ 0.5

44. 설계자의 요구에 의해 변경사항이 발생할 때에는 설계감리원은 기술적인 적합성을 검토·확인 후 누구에게 승인을 받아야 하는가?

① 발주자 ② 공사업자
③ 상주감리원 ④ 지원업무 수행자

45. 지붕에 설치하는 태양광발전 형태로 볼 수 있는 것은?

① 창재형
② 차양형
③ 난간형
④ 톱 라이트형

해설 지붕에 설치하는 형태로는 경사 지붕형, 평지붕형, 지붕재 일체형, 톱 라이트형이 있다.

46. 태양광발전용 부지를 선정할 때 틀린 것은?

① 일조량이 많아야 한다.
② 일조시간이 길어야 한다.
③ 적설량이 적어야 한다.
④ 음영이 많아야 한다.

해설 음영이 많으면 발전량이 줄어들므로 그 반대로 음영이 적어야 한다.

47. 접지공사 시 접지극의 매설깊이는 지하 몇 cm 이상으로 해야 하는가?

① 30 ② 60
③ 75 ④ 120

해설 접지극의 매설깊이는 75 cm 이상으로 해야 한다.

48. 계통 연계형 소형 태양광 인버터의 옥외 설치 시 IP(Ingress Protection rating) 등급은?

① IP20 이상 ② IP25 이상
③ IP33 이상 ④ IP44 이상

해설 접속함 소형(3회로 이하) : IP54 이상, 중대형(4회로 이상) : IP20 이상, 실외형 : IP44 이상, 실내형 : IP20 이상, 외장형 인버터 외함 보호등급 : IP54 이상

정답 41. ② 42. ① 43. ④ 44. ① 45. ④ 46. ④ 47. ③ 48. ④

49. 태양광발전시스템에 적용하는 피뢰방식이 아닌 것은?

① 돌침방식
② 케이지 방식
③ 회전 구조체 방식
④ 수평도체방식

해설 태양광발전시스템 적용 피뢰방식 : 수평도체방식, 돌침방식, 회전구체방식, 그물법

50. 태양전지 모듈의 공사완료 후 확인할 사항으로 옳지 않은 것은?

① 단락전류 확인
② 단락전압 확인
③ 모듈의 극성확인
④ 모듈의 출력전압 확인

해설 모듈 배선공사 후 확인사항 : 모듈의 극성, 단락전류, 모듈의 출력전압

51. 태양전지 모듈의 시설방법으로 틀린 것은?

① 충전부분은 노출되지 않도록 시설
② 전선은 공칭 단면적 $2.5\,\text{mm}^2$ 이상의 연동선 또는 이와 동등 이상의 세기 및 굵기의 것
③ 태양전지 모듈에 접속하는 부하측의 전로에는 그 접속점에 근접하여 개폐기 기타 이와 유사한 기구를 시설
④ 태양전지 모듈을 병렬로 접속하는 전로에는 그 전로에 단락이 생긴 경우에 전로를 보호하는 보호 계전기를 시설

해설 보호 계전기를 시설하지 않는다.

52. 분산형 전원의 이상 또는 고장 발생 시 이로 인한 영향이 연계된 계통으로 파급되지 않도록 태양광발전시스템에 설치해야 하는 보호 계전기가 아닌 것은?

① 과전압 계전기
② 과전류 계전기
③ 저전압 계전기
④ 저주파수 계전기

해설 분산형 전원 이상 시 설치 보호 계전기 : 과전압 계전기(OVR), 저전압 계전기(UVR), 고주파수 계전기(OFR), 저주파수 계전기(UFR) 등이 있다.

53. 자가용 전기설비 사용 전 검사를 실시하기 전이나 설치한 후에 전기안전관리자 등 검사입회자에게 회의를 통해 설명하고 확인시켜야 할 사항이 아닌 것은?

① 안전작업 일지
② 준공 표지판 설치
③ 검사에 필요한 안전자료 검토 및 확인
④ 검사결과 부적합 사항의 조치내용 및 개수 방법, 기술적인 조언 및 권고

해설 사용 전 검사에 대한 확인사항

- 준공 표지판 설치
- 검사의 목적과 내용
- 안전작업 수칙, 검사의 절차 및 방법
- 검사에 필요한 기술자료 검토 및 확인
- 검사에 필요한 안전자료 검토 및 확인

54. 태양광발전 모듈에 차광이 부하로 작용하여 태양광발전시스템의 출력을 저하시킬 경우 조치로서 옳은 것은?

① 제너 다이오드 설치
② 스트링 다이오드 설치
③ 블로킹 다이오드 설치
④ 바이패스 다이오드 설치

해설 태양전지 모듈에 음영 발생으로 인한 출력저하를 방지하기 위해 바이패스 다이오드를 설치한다.

정답 49. ② 50. ② 51. ④ 52. ② 53. ④ 54. ④

55. **변전소의 설치목적이 아닌 것은?**

① 전압의 승·강압
② 발전전력 집중 연계
③ 전력을 발생시키고, 배분한다.
④ 전력조류를 제어한다.

해설 변전소의 설치목적 : 전압을 승압 또는 강압, 전력손실 감소, 전력조류 제어, 송·배전선로의 보호, 수용가에게 유효전력과 무효전력을 배분한다.
* 전력의 발생과 배분은 발전소의 역할이다.

56. **접지극으로 사용 가능한 규격으로 적합하지 않은 것은?**

① 동판을 사용하는 경우는 두께 0.6 mm 이상, 면적 800 cm^2 편면 이상의 것
② 동봉, 동피복강봉을 사용하는 경우는 지름 8 mm 이상, 길이 0.9 m 이상의 것
③ 탄소피복강봉을 사용하는 경우는 지름 8 mm 이상의 강심이고, 길이 0.9 m 이상의 것
④ 동복강판을 사용하는 경우는 두께 1.6 mm 이상, 길이 0.9 m, 면적 250 cm^2 편면 이상의 것

해설 동판 : 두께 0.7 mm 이상, 면적 900 cm^2 (한쪽 면) 이상이다.

57. **접속반 설치공사 중 고려사항이 아닌 것은?**

① 접속함 설치위치는 어레이 근처가 적합하다.
② 외함의 재질은 SUS304 재질로 제작 설치한다.
③ 접속함은 풍압 및 설계하중에 견디고 방수, 방부형으로 제작한다.
④ 역류방지 다이오드의 용량은 모듈 단락전류의 4배 이상으로 한다.

해설 역류방지 다이오드의 용량은 단락전류의 2배 이상으로 한다.

58. **태양광발전설비를 고정식으로 설치하는 경우 국내에서 최적 경사각은?**

① 45 ~ 60°
② 28 ~ 36°
③ 15 ~ 25°
④ 10 ~ 20°

해설 국내에 적절한 경사각은 32±4°이다.

59. **태양광발전설비 계통 연계형 인버터 설치는 전기실 바닥으로부터 얼마 이상의 높이에 설치해야 하는가?**

① 최소 10 mm 이상
② 최소 20 mm 이상
③ 최소 30 mm 이상
④ 최소 50 mm 이상

해설 인버터는 전기실 바닥으로부터 최소 50 mm 이상의 높이에 설치해야 한다.

60. **저압전로에서 정전이 어려운 경우 등 절연저항의 측정이 곤란한 경우 저항성분의 누설전류는 몇 mA 이하이어야 하는가?**

① 0.1 ② 0.5
③ 1.0 ④ 2.0

해설 저압전로에서 정전이 어려운 경우 등 절연저항의 측정이 곤란한 경우 저항성분의 누설전류는 1 mA 이하이어야 한다.

정답 55. ③ 56. ① 57. ④ 58. ② 59. ④ 60. ③

4과목 태양광발전 운영

61. 결정질 태양광발전 모듈의 성능을 시험하는 시험장치가 아닌 것은?

① 우박시험장치
② 항온항습장치
③ 염수분무장치
④ 저온방전 시험장치

해설 모듈 성능시험 장치로는 절연 저항계, 솔라 시뮬레이터, UV 시험기, 항온/항습계, 우박시험계, 내전압 시험기, 염수분무기, 인장력 측정기 등이 있다.

62. 자가용 태양광발전소의 태양전지, 전기설비계통의 정기검사 시기는?

① 1년 이내 ② 2년 이내
③ 3년 이내 ④ 4년 이내

해설 태양전지, 전기설비계통의 정기검사는 4년 이내이다.

63. 태양광 어레이 회로의 사용전압이 FELV, 500 V 이하인 경우 절연저항 값은 몇 MΩ 이상이어야 하는가?

① 0.5 ② 0.7 ③ 1.0 ④ 1.5

해설
- SELV 및 PELV : 0.5 MΩ 이상
- FELV, 500 V 이하 : 1.0 MΩ 이상
- 500 V 초과 : 1.0 MΩ 이상

64. 안전장비 보관요령으로 틀린 것은?

① 세척한 후에 그늘진 곳에 보관할 것
② 청결하고 습기가 없는 곳에 보관할 것
③ 보호구 사용 후에는 세척하여 항상 깨끗이 보관할 것
④ 한 달에 한 번 이상 책임 있는 감독자가 점검을 할 것

해설 그늘진 곳이 아닌 습기가 없는 곳에 보관한다.

65. 어레이 단자함 및 접속함 점검내용이 아닌 것은?

① 어레이 출력확인
② 절연저항 측정
③ 퓨즈 및 다이오드 손상 여부
④ 온도센서 동작확인

해설 접속함에는 온도센서가 설치되지 않는다.

66. 인버터의 일상점검 항목이 아닌 것은?

① 외함의 부식 및 파손
② 외부배선의 소손 여부
③ 이상음, 악취 및 과열상태
④ 가대의 부식 및 오염상태

해설 인버터의 일상점검 항목 : 외함의 부식 및 손상, 환기확인, 이상음, 이상한 냄새, 표시부의 이상 및 과열 등

67. 준공 시 태양전지 어레이의 점검항목이 아닌 것은?

① 프레임 파손 및 변형 유무
② 가대 접지상태
③ 표면의 오염 및 파손상태
④ 전력량계 설치 유무

해설 태양전지 어레이의 점검항목 : 가대의 부식 및 녹 발생, 외부배선의 손상, 가대의 접지, 프레임 파손 및 변형

68. 자가용 태양광발전설비의 사용 전 검사 항목이 아닌 것은?

① 부하운전시험
② 변압기 본체검사

모의고사

정답 61. ④ 62. ④ 63. ③ 64. ① 65. ④ 66. ④ 67. ④ 68. ②

③ 전력변환장치 검사
④ 종합 연동시험

해설 변압기 본체검사는 자가용이 아닌 사업용 태양광발전설비의 사용 전 검사에 해당한다.

69. **태양광발전시스템에 사용되는 배선용 차단기의 점검내용으로 틀린 것은?**

① 개폐동작의 정상 여부
② 부싱 단자부의 변색 여부
③ 단자부 볼트류의 조임 이완 여부
④ 절연물 등의 균열, 파손, 변형 여부

해설 부싱 단자부의 변색 여부는 주 회로의 점검항목이다.

70. **접속함의 육안점검 항목으로 틀린 것은?**

① 개방전압 측정
② 배선의 극성
③ 단자대의 나사 풀림
④ 외함의 부식 및 파손

해설 접속함의 육안점검에는 외함의 부식 및 파손, 배선의 극성, 단자대의 나사 풀림, 방수처리 상태 등이 있다.

71. **접지저항의 측정에 관한 사항 중 틀린 것은?**

① 접지저항의 측정방법에는 전위차계식과 간이 측정법 등이 있다.
② 접지전극과 보조전극의 간격은 최소한 5 m 이상으로 한다.
③ 접지전극은 E 단자에 접속하고 보조전극은 P, C 단자에 접속한다.
④ 접지 저항계의 지침은 0이 되도록 다이얼을 조정하고 그때의 눈금을 읽어 접지저항 값을 측정한다.

해설 접지전극과 보조전극의 간격은 최소한 10 m 이상이다.

72. **태양광발전시스템에서 모니터링 프로그램의 기능이 아닌 것은?**

① 데이터의 수집기능
② 데이터의 저장기능
③ 데이터의 연산기능
④ 데이터의 분석기능

해설 모니터링 프로그램의 기능 : 데이터의 수집, 저장, 분석, 통계기능

73. **태양광발전시스템에 사용되는 인버터의 출력측 절연저항 측정 순서로 옳은 것은?**

㉠ 직류측의 모든 입력단자 및 교류측 전체의 출력단자를 각각 단락 ㉡ 태양전지 회로를 접속함에서 분리 ㉢ 교류단자와 대지 사이의 절연저항을 측정 ㉣ 분전반 내의 분기 차단기 개방

① ㉠→㉡→㉣→㉢
② ㉡→㉣→㉠→㉢
③ ㉢→㉣→㉠→㉡
④ ㉡→㉠→㉣→㉢

74. **수·변전설비의 변류기 안전진단을 위한 시험항목이 아닌 것은?**

① 극성시험
② 포화시험
③ Ratio 시험
④ 보호 계전기 시험

해설 수·변전설비의 변류기 안전진단 시험항목 : 포화시험, 극성시험, Ratio 시험, 2차측 임피던스 및 위상시험

75. **태양광발전시스템은 최대정격 출력전류의 최소 몇 %를 초과하는 직류전류를 배전계통으로 유입시켜서는 안 되는가?**

정답 69. ② 70. ① 71. ② 72. ③ 73. ② 74. ④ 75. ①

① 0.5 ② 1
③ 2 ④ 5

해설 0.5 % 이내로 한다.

76. 전기설비기술기준의 누설전류 저압의 전선로 중 대지 사이의 절연저항은 사용전압에 대한 누설전류가 최대공급전류의 몇 분의 1을 넘지 않도록 유지되어야 하는가?

① $\frac{1}{200}$ ② $\frac{1}{1000}$
③ $\frac{1}{2000}$ ④ $\frac{1}{3000}$

77. 연간 유지 관리비 관련 산출식의 내용이 아닌 것은?

① 연간 유지 관리 비용 = 법인세 및 제세+보험료+운전유지 및 수선비
② 법인세 = 초기 투자비용×요율
③ 운전유지 및 수선비 = 초기 투자비용 ×0.1 %
④ 보험료 = 초기 투자비용×요율

해설 운전유지 및 수선비
= 초기 투자비용×1%

78. 자가용 발전설비 중 단독운전 방지회로 방식에서 수동적 방식 운전 검출시한으로 맞는 것은?

① 검출시간 1초
② 검출시간 0.5 ~ 1초
③ 검출시간 1초 이내, 유지시간 5 ~ 10초
④ 검출시간 0.5초 이내, 유지시간 5 ~ 10초

해설 • 수동적 방식 : 검출시간 0.5초 이내, 유지시간 5 ~ 10초
• 능동적 방식 : 검출시간 0.5 ~ 1초

79. 다음은 태양광발전시스템 시공 접속함의 사용조건에 대한 내용이다. ( ) 안의 내용으로 적합한 것은?

설치장소	옥내
표고	해발 1000 m 이하
풍속	최대풍속 60 m/s
주위온도	−2 ~ 60℃
습도	( )

① 20 ~ 80 % (25℃)
② 30 ~ 80 % (25℃)
③ 30 ~ 85 % (25℃)
④ 30 ~ 90 % (25℃)

80. 태양광발전시스템의 손실인자가 아닌 것은?

① 음영
② 모듈의 오염
③ 높은 주변온도
④ 계통 단락용량

해설 태양광발전시스템의 손실인자에는 모듈의 오염, 음영, 높은 주변온도가 있다.

모의고사

정답 76. ③ 77. ③ 78. ④ 79. ④ 80. ④

실전 모의고사 3회

1과목 태양광발전 기획

1. 교류의 파형률이란?

① $\frac{\text{실횻값}}{\text{평균값}}$　② $\frac{\text{평균값}}{\text{실횻값}}$

③ $\frac{\text{실횻값}}{\text{최댓값}}$　④ $\frac{\text{최댓값}}{\text{실횻값}}$

해설 • 교류의 파형률

$$=\frac{\text{실횻값}}{\text{평균값}}=\frac{1/\sqrt{2}}{2/\pi}=\frac{\pi}{2\sqrt{2}}$$

• 교류의 파고율

$$=\frac{\text{최댓값}}{\text{실횻값}}=\frac{\sqrt{2}\,V_r}{V_r}=\sqrt{2}$$

2. 전천 일사강도 I_g와 직달 일사강도 I_d 및 산란 일사강도 I_s를 옳게 나타낸 식은? (단, θ는 태양의 고도각이다.)

① $I_g = I_d \sin\theta + I_s$

② $I_s = I_d \sin\theta + I_g$

③ $I_g = I_s \sin\theta + I_d$

④ $I_d = I_s \sin\theta + I_g$

3. 위도 36.5°에서 하지 시의 남중고도는?

① 30°　② 45°　③ 70°　④ 77°

해설 하지 시의 남중고도 = 90° − 위도 + 23.5° = 90° − 36.5° + 23.5° = 77°이다.

4. 2500 W 인버터의 입력전압 범위가 22 ~ 32 V이고, 최대출력에서 효율은 88 %이다. 최대정격에서 인버터의 최대 입력전류는?

① 약 78 A　② 약 8 A

③ 약 113 A　④ 약 129 A

해설 최대 입력전류

$$=\frac{\text{인버터 전력}}{\text{인버터 최소전압}\times\text{효율}}=\frac{2500}{22\times0.88}$$

≒ 129.1 → 129 A

5. 다음 중 비정질 실리콘 모듈의 충진율로 가장 적합한 것은?

① 0.35 ~ 0.55　② 0.56 ~ 0.61

③ 0.75 ~ 0.85　④ 0.86 ~ 0.95

6. 태양광발전시스템에서 안전을 확보하기 위해 고전압 계전기, 부족전압 계전기, 주파수 저하 계전기 등에 필요로 하는 설치 기능은?

① 자동전압 조정기능

② 최대전력 추종기능

③ 계통연계 보호기능

④ 직류 지락검출기능

해설 고장 발생 시 분산형 전원으로부터 계통을 분리시키는 계통연계 보호기능이 필요하다.

7. 정전용량 5 μF의 콘덴서에 1000 V의 전압을 가할 때 축적되는 전하는?

① 5×10^{-3}C　② 6×10^{-3}C

③ 7×10^{-3}C　④ 8×10^{-3}C

해설 축적전하

= 콘덴서 용량 × 전압 = $5\times10^{-6}\times1000$

= 5×10^{-3}C

정답 1. ①　2. ①　3. ④　4. ④　5. ②　6. ③　7. ①

8. **태양광발전용 PCS의 절연방식 중 중·소형 경량으로 회로가 복잡하고 고효율화를 위한 특별한 기술이 요구되는 절연방식은?**

① 상용주파 절연방식
② 고주파 절연방식
③ 무변압기 방식
④ 전류 절연방식

해설 고주파 절연방식은 소형이고, 경량이며 회로가 복잡하다.

9. **태양전지 제조과정 중 표면 조직화에 대한 설명 중 틀린 것은?**

① 표면 조직화는 표면 방사손실을 줄이거나 입사경로를 증가시킬 목적이다.
② 표면 조직화는 광 흡수율을 높여 단락전류를 높이기 위함이다.
③ 태양전지의 표면을 피라미드 또는 요철구조로 형성화하는 방법이다.
④ 표면 조직화는 태양전지의 변환효율 값을 향상시키게 된다.

해설 표면 조직화는 광 흡수율을 높이고, 반사도를 줄여 효율을 증가시키고자 표면을 요철구조로 만드는 방식을 말한다.

10. **축전지 충전방식 중 자기방전량만을 항상 충전하는 충전방식은?**

① 보통충전
② 급속충전
③ 부동충전
④ 세류충전

해설 세류충전 방식 : 자체방전을 보상하기 위해 8시간을 방전전류의 2% 이하의 일정한 전류로 충전을 계속하는 방식

11. **다음 중 신·재생에너지의 분류에 해당되지 않는 것은?**

① 태양열
② 원자력발전
③ 바이오 에너지
④ 해양에너지

해설 원자력발전은 신·재생에너지로 분류되지 않는다.

12. **태양광발전시스템용 축전지로 사용되지 않는 것은?**

① 니켈-카드뮴
② 니켈-수소
③ 리튬 이온
④ 망간

해설 태양광발전시스템용 축전지 : 납축전지, 리튬 이온, 니켈-카드뮴, 니켈-수소 전지 등이 있다.

13. **인버터 데이터 중 모니터링 화면에 전송되는 것이 아닌 것은?**

① 발전량
② 일사량, 온도
③ 입력전압, 전류, 전력
④ 출력전압, 전류, 전력

해설 모니터링 화면에 전송되는 내용은 입력 및 출력전압, 전류, 전력과 발전량, 일소비전력량 및 전력 축적량이다.

14. **태양전지 모듈에 다른 태양전지 회로와 축전지의 전류가 유입되는 것을 방지하기 위해 설치하는 것은?**

① 역류방지 소자
② 바이패스 소자
③ 서지보호 소자
④ 정류 다이오드

해설 역류방지 소자 : 다른 회로와 축전지로부터 전류의 유입을 방지한다.

정답 8. ② 9. ④ 10. ④ 11. ② 12. ④ 13. ② 14. ①

15. STC 조건 하에서 다음 표와 같이 모듈의 특성이 주어질 때 정격출력은 약 몇 W인가?

단락전류	9.12 A	최대 동작전압	48.73 V
개방전압	60.31 V	최대 동작전류	8.62 A
효율	17.8 %	NOCT	47℃

① 88.88 ② 150.65
③ 420.05 ④ 520.03

해설 모듈의 정격출력＝최대 동작전압×최대 동작전류 = 48.73×8.62 = 420.05 W

16. 다음 [보기]에서 각각의 (   ) 안에 알맞은 내용은 무엇인가?

보기

표준 시험상태에서 태양광 모듈온도(A), 분광분포(B), 방사조도(C)

① A : 20℃, B : AM 1.0, C : 1000 W/m^2
② A : 20℃, B : AM 1.5, C : 1500 W/m^2
③ A : 25℃, B : AM 1.5, C : 1000 W/m^2
④ A : 25℃, B : AM 1.5, C : 1500 W/m^2

해설 표준 시험상태(STC)
모듈온도 : 25℃, 분광분포 : AM 1.5, 방사조도 : 1000 W/m^2

17. 전원전압 100 V, 소비전력 100 W인 백열전구에 흐르는 전류는 몇 A인가?

① 0.6 ② 1.0 ③ 6.0 ④ 10

해설 표준전류$=\frac{\text{전력}}{\text{전압}}=\frac{100\,\text{W}}{100\,\text{V}}=1\,\text{A}$

18. 다수의 태양광 모듈의 스트링을 접속하게 하여 보수점검이 용이하도록 한 것은?

① 분전반
② 접속함
③ 개폐기
④ SPD(서지 보호 장치)

해설 접속함 : 점검의 편리성을 위해 보수·점검 시 회로를 분리하는 장치

19. 주택용 태양광발전시스템의 계통연계설비 내량(50 kW 미만) 기준의 설명으로 틀린 것은?

① 단상 2선식 : 4 kVA 이하
② 단상 3선식 : 15 kVA 이하
③ 3상 3선식 : 50 kVA 미만
④ 3상 3선식 : 4 kVA 이상

해설 단상 2선식은 4 kVA 이하, 단상 3선식은 15 kVA 이하, 3상 3선식은 50 kVA 미만이다.

20. 태양광발전시스템에 따른 산출식이 틀린 것은?

① 시스템 일조 가동률$=\frac{\text{시스템 동작시간}}{\text{가조시간}}$

② 시스템 가동률$=\frac{\text{시스템 동작시간}}{\text{24시간}\times\text{운전일수}}$

③ 시스템 발전효율$=\frac{\text{시스템 발전전력량}}{\text{부하 소비전력량}}$

④ 시스템 이용률
$=\frac{\text{시스템 발전전력량}}{\text{24시간}\times\text{운전일수}\times\text{태양전지 어레이 설계용량}}$

해설 시스템 발전효율
$=\frac{\text{시스템 발전전력량}}{\text{경사면 일사량}\times\text{태양전지 어레이 면적}}$

정답 15. ③ 16. ③ 17. ② 18. ② 19. ④ 20. ③

2과목 태양광발전 설계

21. 태양광발전시스템 출력이 32000 W, 모듈 최대출력이 250 W, 모듈의 직렬 수가 16장일 때 모듈 병렬 수는?

① 8　　② 9
③ 10　　④ 11

해설 병렬 수

$$= \frac{\text{시스템 출력}}{\text{직렬 수} \times \text{모듈 최대출력}} = \frac{32000}{16 \times 250} = 8$$

22. 다음 전기 도면기호 중 전열기는?

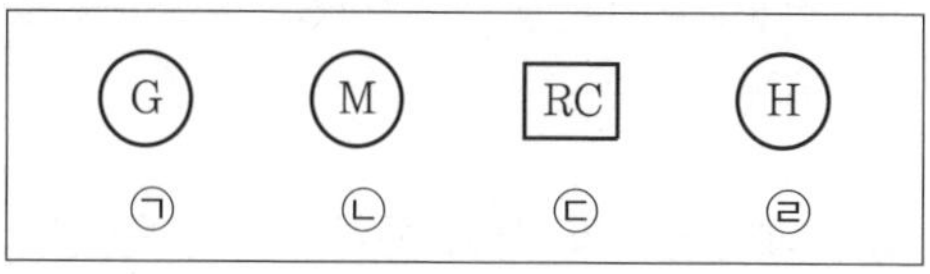

① ㉠　　② ㉡
③ ㉢　　④ ㉣

해설 'H'는 Heater(전열기)의 약자이다.

23. 1000만 원을 투자하여 첫해에는 400만 원, 둘째 해에는 800만 원의 현금유입이 있을 때 자본비용이 10 %라면 이 투자안의 순 현가(NPV)는?

① 12.4　　② 24.8
③ 62.4　　④ 80.8

해설 순 현가(NPV) $= \sum \frac{B_i - C_i}{(1+r)^i}$

$$= \left\{ \frac{400}{(1+0.1)^1} + \frac{800}{(1+0.1)^2} \right\} - \frac{1000}{(1+0.1)^0}$$

$\fallingdotseq 1024.8 - 1000$

$= 24.8$

24. 분산형 전원의 저압계통의 병입 시 순시전압 변동률이 최대 몇 %를 초과하지 않아야 하는가?

① 4　　② 5　　③ 6　　④ 7

해설 • 저압 순시전압 변동률 : 6 % 이내
• 저압 상시전압 변동률 : 3 % 이내

25. 단독운전 방지기능 중 능동적인 방법이 아닌 것은?

① 부하변동방식
② 유효전력 변동방식
③ 주파수 시프트 방식
④ 주파수 변화율 검출방식

해설 능동적 방식 : 부하변동방식, 유효전력 변동방식, 무효전력 변동방식, 주파수 시프트 방식

26. 도면의 작성 및 관리에 필요한 정보를 모아서 기재한 것을 무엇이라고 하는가?

① 범례　　② 표제란
③ 시방서　　④ 도면 목록표

해설 표제란 : 도면의 작성 및 관리에 필요한 정보를 기재한 것

27. P-N 접합 다이오드에 대한 설명 중 틀린 것은?

① 외부에서 바이어스를 가하지 않으면 확산전류와 드리프트 전류의 크기는 동일하다
② P 영역의 정공은 확산에 의해 N 영역으로 이동한다.
③ N 영역의 전자는 드리프트에 의해 P 영역으로 이동한다.
④ 공핍층(depletion layer)에서만 전기장이 존재한다.

해설 N 영역의 전자는 확산에 의해 P 영역으로 이동한다.

28. 태양전지의 특징에 대하여 설명한 내용 중 옳은 것을 [보기]에서 찾아 모두 나열한 것은?

정답 21. ① 22. ④ 23. ② 24. ③ 25. ④ 26. ② 27. ③ 28. ③

|보기|

㉠ 태양전지가 전달하는 전력은 입사하는 빛의 세기에 따라 달라진다.
㉡ 태양전지로부터의 전류값은 부하저항에 따라 변하지 않는다.
㉢ 빛에 의한 전기화학적인 전위의 일시적인 변화로부터 기전력을 유도한다.

① ㉠ ② ㉠, ㉡
③ ㉠, ㉢ ④ ㉡, ㉢

해설 태양전지로부터의 전류값은 부하저항에 따라 변한다.

29. 태양전지 간의 배선 또는 태양전지 모듈과 접속함, 파워 컨디셔너 간의 배선이 갖추어야 될 특성으로 볼 수 없는 것은?

① 최대 내열온도 범위는 −40℃ ~ 90℃ 이다.
② 최소 곡률반경은 도선 지름의 3 ~ 4배 이다.
③ 절연체 재질로는 XLPE, 외피에는 난연성 PVC를 사용한다.
④ 회로의 단락전류에 견딜 수 있는 굵기의 케이블을 선정한다.

해설 최소 곡률반경은 도선 지름의 6배 이상이어야 한다.

30. 설계도서 적용 시 고려사항이 아닌 것은?

① 숫자로 나타낸 도면상 축척으로 잰 치수보다 우선한다.
② 특기 시방서는 당해 공사에 한하여 일반 시방서에 우선하여 적용한다.
③ 공사계약문서 상호간에 문제가 있을 때는 감리원에 의하여 최종적으로 결정한다.
④ 설계도면 및 시방서의 어느 한쪽에 기재되어 있는 것은 그 양쪽에 기재되어 있는 사항과 동일하게 다룬다.

해설 공사계약문서 상호간에 문제가 있을 때는 감리원의 의견을 참조하여 발주자가 최종적으로 결정한다.

31. 가대 설계 시 적용하는 하중으로 가장 거리가 먼 것은?

① 적설하중 ② 우천하중
③ 지진하중 ④ 풍압하중

해설 가대 설계 시 적용하는 하중에는 고정하중, 풍압하중, 지진하중, 적설하중 등이 있다.

32. 태양전지의 기초 종류와 적용목적이 바르게 설명된 것은?

① 말뚝기초 : 철탑 등의 기초에 사용
② 직접기초 : 지지층이 얕을 경우 사용
③ 연속기초 : 하천 내의 교량 등에 사용
④ 주춧돌 기초 : 지지층이 깊을 경우 사용

해설
- 말뚝기초 : 깊은 기초에 사용
- 직접기초 : 얕은 기초에 사용
- 연속기초 : 내적벽 또는 조적벽을 지지하는 기초로서 벽체지지 용도
- 주춧돌 기초 : 밑동을 받치는 독립기초

33. 태양광발전 설치방법 중 발전효율이 가장 낮은 것은?

① 추적식 어레이
② 고정식 어레이
③ 경사 가변형
④ 건물통합형(BIPV)

해설 건물통합형은 모듈이 수직으로 고정 설치되므로 효율이 아주 낮다.

정답 29. ② 30. ③ 31. ② 32. ② 33. ④

34. **다음 피뢰소자의 선정방법에 대한 설명 중 각각의 ( ) 안에 알맞은 내용을 나열한 것은?**

> 접속함 분전반 내에 설치하는 피뢰소자로 어레스터는 (㉠)을 선정하고, 어레이 주 회로 내에 설치하는 피뢰소자인 서지업서버는 (㉡)을 선정한다.

① ㉠ : 충전내량이 큰 것, ㉡ : 충전내량이 작은 것
② ㉠ : 방전내량이 큰 것, ㉡ : 방전내량이 작은 것
③ ㉠ : 충전내량이 작은 것, ㉡ : 충전내량이 큰 것
④ ㉠ : 방전내량이 작은 것, ㉡ : 방전내량이 큰 것

해설 • 방전내량이 큰 것 : 접속함, 분전반 내 설치
• 방전내량이 작은 것 : 어레이 주 회로 내 설치

35. **태양전지 어레이의 이격거리 산출 시 적용하는 설계요소가 아닌 것은?**

① 구조물 형상
② 남·북향간 거리
③ 강재의 강도 및 판의 두께
④ 태양광발전 위치에 대한 위도

해설 강재의 강도나 판의 두께는 이격거리 산출과 무관하다.

36. **태양광발전시스템에서 생산된 에너지를 저장하는 시스템의 약어는?**

① ESS ② SPD
③ PV ④ ZCT

해설 ESS : Energy Storage System(에너지 저장장치)이다.

37. **태양광발전설비 중 접속함에 사용되는 장치로 다음 그림은 무엇을 나타내는가?**

① MCCB ② GIS
③ ACB ④ VCB

해설 MCCB : 배선용 차단기, GIS : Gas Insulated Switchchanger, ACB : 기중 차단기, VCB : 진공 차단기

38. **태양광발전소의 경우 발전 시설용량이 몇 kW 이상일 때 환경영향 평가대상인가?**

① 5000 ② 10000
③ 50000 ④ 100000

해설 환경영향 평가대상 용량은 10만 kW 이상이다.

39. **음영의 방지대책이 아닌 것은?**

① 추적식 태양광 모듈을 이용한다.
② 음영이 생기지 않도록 어레이를 배치한다.
③ 인버터의 MPPT 추종제어기능으로 출력손실을 최소화한다.
④ 부분 음영이 발생할 것을 대비해서 일정한 셀 수마다 바이패스 소자를 설치한다.

해설 추적식은 효율을 높이고자 하는 용도일 뿐 음영에는 크게 도움을 주지 않는다.

40. **총 원가에는 해당되지만 순 공사원가의 구성항목이 아닌 것은?**

① 간접 재료비 ② 간접 노무비
③ 간접 경비 ④ 일반 관리비

해설 순 공사원가=재료비+노무비+경비

정답 34. ② 35. ③ 36. ① 37. ① 38. ④ 39. ① 40. ④

3과목 태양광발전 시공

41. 태양광발전시스템 구조물의 설치공사 순서를 [보기]에서 찾아 옳게 나열한 것은?

보기
㉠ 어레이 가대공사
㉡ 어레이 기초공사
㉢ 어레이 설치공사
㉣ 배선공사
㉤ 점검 및 검사

① ㉡→㉠→㉢→㉣→㉤
② ㉠→㉡→㉢→㉣→㉤
③ ㉣→㉡→㉠→㉢→㉤
④ ㉣→㉠→㉡→㉢→㉤

42. 비상주감리원의 업무범위가 아닌 것은?

① 기성 및 준공검사
② 설계변경 및 계약금액 조정의 심사
③ 감리 업무 수행 계획서, 감리원 배치 계획서 검토
④ 정기적으로 현장 시공상태를 종합적으로 점검·확인 평가하고 기술지도

해설 비상주감리원의 업무범위 : 설계도 등의 검토, 중요한 설계변경에 대한 기술검토, 설계변경 및 계약금액 조정의 심사, 기성 및 준공검사, 현장 시공상태를 종합적으로 점검

43. 가공전선로에서 전선의 이도에 관한 설명으로 틀린 것은?

① 이도는 지지물의 높이를 결정한다.
② 이도는 온도변화의 영향과 무관하다.
③ 이도가 크면 전선이 진동하므로 지락사고의 우려가 있다.
④ 이도가 작으면 전선의 장력이 증가하여 단선의 우려가 있다.

해설 온도 증가 시 이도 증가, 온도 감소 시 이도 감소로 온도는 이도에 영향을 준다.

44. 인버터의 시험항목 중에서 독립형 및 연계형에서 모두 시험해야 하는 정상특성 시험에 속하지 않는 것은?

① 효율시험
② 온도상승시험
③ 누설전류시험
④ 부하차단시험

해설 인버터의 정상특성시험 : 교류 출력전류 변화율 시험, 온도상승시험, 누설전류시험, 대기손실시험, 효율시험

45. 태양광발전시스템 설비공사의 사용 전 검사를 받으려면 검사를 받고자 하는 날의 며칠 전에 어느 기관에 신청해야 하는가?

① 7일 전, 한국전기안전공사
② 10일 전, 한국전기안전공사
③ 7일 전, 한국에너지공단(신·재생에너지센터)
④ 10일 전, 한국에너지공단(신·재생에너지센터)

46. 태양광발전시스템의 전기공사 절차 중 옥내공사에 해당하는 것은?

① 분전반 개조
② 접속함 설치
③ 전력량계 설치
④ 태양전지 모듈간의 배선

해설 옥내공사 : 인버터 분전반 간 배선, 인버터 설치, 분전반 개조

47. 태양광발전 시스템의 시공절차 중 간선공사 순서로 가장 올바른 것은?

정답 41. ① 42. ③ 43. ② 44. ④ 45. ① 46. ① 47. ④

① 모듈 → 인버터 → 어레이 → 접속반 → 계통간선
② 모듈 → 어레이 → 인버터 → 접속반 → 계통간선
③ 모듈 → 인버터 → 접속반 → 어레이 → 계통간선
④ 모듈 → 어레이 → 접속반 → 인버터 → 계통간선

48. 가공송전선에 댐퍼를 설치하는 이유는?

① 코로나 방지
② 전자유도 감소
③ 전선 진동 방지
④ 현수애자 경사방지

해설 댐퍼는 진동에 의한 전선의 단선을 방지하기 위한 용도이다.

49. 발전사업 허가를 받은 후 변경허가를 받지 않아도 되는 경우는?

① 공급전압이 변경되는 경우
② 설비용량이 변경되는 경우
③ 전력 수용가의 전력량이 변경되는 경우
④ 사업구역 또는 특정한 공급구역이 변경되는 경우

50. 감리업자는 감리용역 착수 전 착수 신고서를 제출하여 승인을 받아야 한다. 착수 신고서에 포함되지 않는 서류는?

① 공사예정 공정표
② 감리비 산출 내역서
③ 감리 업무 수행 계획서
④ 상주, 비상주감리원 배치 계획서

해설 착수신고 제출서류 : 감리 업무 수행 계획서, 감리비 산출 내역서, 상주 및 비상주 감리원 배치 계획서 등

51. 서지 보호를 위해 SPD 설치 시 접속도체의 길이는 몇 m 이하이어야 하는가?

① 0.3 ② 0.5 ③ 0.8 ④ 1.0

해설 SPD 접속 도체의 길이는 가능하면 짧게 0.5 m 이내로 한다.

52. 접지저항을 저감시키는 시공방법으로 틀린 것은?

① 접지전극의 크기를 작게 한다.
② 접지전극의 상호간격을 크게 한다.
③ 접지전극을 땅속에 깊게 매설한다.
④ 접지전극 주변에 매설토양을 개량한다.

해설 접지전극의 크기는 클수록 저항이 작아지므로 좋다.

53. 건축물에 피뢰설비가 설치되어야 하는 높이는 몇 m 이상인가?

① 10 ② 15
③ 20 ④ 25

54. 화재 시 전선배관의 관통부분에서의 방화구획 조치가 아닌 것은?

① 충전재 사용
② 난연 레진 사용
③ 난연 테이프 사용
④ 폴리에틸렌(PE) 케이블 사용

해설 화재 시 관통부에서의 방화구획 조치 : 난연 테이프 사용, 충전재 사용, 난연 레진 사용

55. 저압 배전선로의 구성 중 방사상 방식의 특징이 아닌 것은?

① 구성이 단순하다.
② 공사비가 저렴하다.
③ 전압변동 및 전력손실이 크다.
④ 사고에 의한 정전범위가 좁다.

정답 48. ③ 49. ③ 50. ① 51. ② 52. ① 53. ③ 54. ④ 55. ④

해설 방사상 방식의 단점은 정전범위가 넓다는 점이다.

56. 간선의 굵기를 산정하는 결정요소가 아닌 것은?

① 허용전류 ② 기계적 강도
③ 전압강하 ④ 불평형 전류

해설 간선의 굵기를 산정하는 결정요소 : 허용전류, 전압강하, 기계적 강도

57. 지붕형 태양광발전 방식의 설치에 대한 설명으로 틀린 것은?

① 태양전지는 지붕 중앙부에 놓는 것이 바람직하다.
② 태양전지 모듈의 접속은 전선 또는 커넥터 부착 전선 등을 사용한다.
③ 건축물은 고정하중, 적재하중, 적설하중, 지진 등에 대하여 안전한 구조를 가져야 한다.
④ 태양전지 모듈은 지붕면에서 5 cm 이상 띄어서 설치해야 한다.

해설 태양전지 모듈은 지붕면에서 10 cm 이상 띄어서 설치해야 한다.

58. 피뢰기의 정격전압이란?

① 충격파의 방전 개시전압
② 상용주파의 방전 개시전압
③ 속류의 차단이 되는 최고의 교류전압
④ 충격 방전전류를 통하고 있을 때의 단자전압

해설 피뢰기의 정격전압은 속류의 차단이 되는 최고의 교류전압이다.

59. 일반적으로 국내의 대용량 태양광발전시스템 전기공사 중 옥외공사가 아닌 것은?

① 인버터의 설치
② 전력량계의 설치
③ 태양전지 모듈간의 배선
④ 태양전지 어레이와 접속함의 배선

해설 인버터 설치공사는 옥내공사이다.

60. 인버터 선정 시 검토사항으로 틀린 것은?

① 소음발생이 적을 것
② 고조파의 발생이 적을 것
③ 기동·정지가 안정적일 것
④ 야간의 대기전압 손실이 클 것

해설 야간의 대기전압 손실이 적어야 한다.

4과목 태양광발전 운영

61. 태양광발전시스템의 인버터 측정 점검항목이 아닌 것은?

① 접지저항 ② 절연저항
③ 수전전압 ④ 개방전압

해설 인버터 측정 점검항목 : 절연저항, 접지저항, 수전전압

62. 방향과 경사가 서로 다른 하부 어레이들로 구성된 태양광발전의 인버터 운영방식으로 적합한 것은?

① 모듈형
② 분산형
③ 중앙 집중형
④ 마스터-슬레이브형

해설 방향과 경사가 서로 다른 하부 어레이들로 구성된 태양광발전의 인버터 운영방식에 적합한 것은 소용량 인버터를 다량으로 설치하여 운영하는 분산형이다.

정답 56. ④ 57. ④ 58. ③ 59. ① 60. ④ 61. ④ 62. ②

63. 태양광발전시스템의 운전 시 확인요소로 틀린 것은?

① 어레이 구조물의 접지의 연속성 확인
② 태양광발전 모듈, 어레이의 단락전류 측정
③ 태양광발전 모듈, 어레이의 전압, 극성확인
④ 무변압기 방식 인버터를 사용한 경우 교류측 비접지의 확인

해설 무변압기 방식의 인버터의 경우 교류측의 비접지 확인은 필요 없다.

64. 다음 [보기]에서 ( ) 안에 들어갈 내용으로 옳은 것은?

보기
태양광발전설비로서 용량 ( ) kW 미만은 소유자 또는 점유자가 안전공사 및 전기안전관리 대행사업자에게 안전관리 업무를 대행하게 할 수 있다.

① 500 ② 1000
③ 1500 ④ 2000

65. 중대형 태양광발전용 인버터의 효율시험 시 교류전원을 정격전압 및 정격 주파수로 운전하고 운전 시작 후 최소한 몇 시간 후에 측정하는가?

① 2시간 ② 4시간
③ 6시간 ④ 8시간

66. 계통 연계형과 독립형의 태양광발전용 인버터가 실내형인 경우 IP(방진, 방수)는 최소 몇 등급 이상인가?

① IP20 ② IP44
③ IP56 ④ IP57

해설 • 실내형 : IP20 이상
• 실외형 : IP44 이상

67. 태양광발전시스템의 전기안전관리업무를 전문으로 하는 자의 요건 중에서 개인장비가 아닌 것은?

① 절연안전모
② 저압 검전기
③ 접지저항 측정기
④ 절연저항 측정기

해설 절연안전모는 보호용구이다.

68. 성능평가를 위한 측정요소 중 설치가격 평가방법으로 옳은 것은?

① 설치시설의 분류
② 설치시설의 지역
③ 설치각도와 방위
④ 인버터 설치단가

해설 설치가격 평가방법에는 태양전지 설치단가, 시스템 설치단가, 인버터 설치단가, 기초공사 설치단가가 있다.

69. 태양광발전시스템 유지보수 시 일반적인 점검종류가 아닌 것은?

① 일상점검 ② 정기점검
③ 임시점검 ④ 특수점검

해설 일반적인 점검에는 일상점검, 임시점검, 정기점검이 있다.

70. 태양광발전시스템 정기점검 사항 중 인버터의 투입저지 시한 타이머 동작시험 관련 인버터가 정지하여 자동기동할 때는 몇 분 정도 시간이 소요되는가?

① 1분 ② 3분
③ 5분 ④ 10분

해설 인버터가 정지하여 자동기동할 때 5분 정도의 시간이 필요하다.

모의고사

정답 63. ④ 64. ② 65. ① 66. ① 67. ① 68. ④ 69. ④ 70. ③

71. 태양광발전용 모니터링 시스템의 육안 점검사항으로 틀린 것은?

① 인터넷 접속 상태
② 통신단자 이상 유무
③ 센서 접속 이상 유무
④ 오일의 온도상승 여부

해설 모니터링 육안점검에는 온도검사가 필요 없다.

72. 태양광발전 모듈이 태양광에 노출되는 경우에 따라서 유기되는 열화정도를 시험하기 위한 장치는?

① UV시험장치
② 염수분무장치
③ 항온항습장치
④ 솔라 시뮬레이터

해설 UV시험장치 : 태양전지 모듈의 열화(자외선)정도를 시험한다.

73. 태양광발전시스템의 응급조치 순서 중 차단과 투입순서가 옳은 것은?

> ㉠ 한전 차단기
> ㉡ 접속함 내부 차단기
> ㉢ 인버터

① ㉠ - ㉢ - ㉡, ㉢ - ㉡ - ㉠
② ㉠ - ㉢ - ㉡, ㉡ - ㉢ - ㉠
③ ㉡ - ㉢ - ㉠, ㉠ - ㉢ - ㉡
④ ㉢ - ㉡ - ㉠, ㉠ - ㉡ - ㉢

해설 • 태양광발전시스템의 차단순서 : 접속함 내부 차단기 → 인버터 → 한전 차단기
• 투입순서(역순) : 한전 차단기 → 인버터 → 접속함 내부 차단기

74. 다음 표에서 ( ) 안에 들어갈 절연저항 값은 몇 MΩ 인가?

전로의 사용전압 구분	절연저항 값
SELV 및 PELV	( ) MΩ

① 0.3 ② 0.4
③ 0.5 ④ 0.6

해설 • SELV 및 PELV : 0.5 MΩ
• FELV, 500 V 이하 : 1.0 MΩ
• 500 V 초과 : 1.0 MΩ

75. 태양광발전설비 유지보수관리에 필요한 전기안전관리자의 점검횟수 및 점검간격에 대한 기준으로 틀린 것은?

① 설비용량 300 kW 이하, 월 1회, 점검간격 20일 이상
② 설비용량 300 kW 초과 ~ 500 kW 이하, 월 2회, 점검간격 10일 이상
③ 설비용량 500 kW 초과 ~ 700 kW 이하, 월 3회, 점검간격 7일 이상
④ 설비용량 1500 kW 초과 ~ 2000 kW 이하, 월 5회, 점검간격 5일 이상

76. 검출기로 검출된 데이터를 컴퓨터 및 먼 거리에 설치한 표시장치에 전송하는 경우에 사용하는 기기는?

① 일사량계 ② 연산장치
③ 기억장치 ④ 신호 변환기

77. 태양광발전시스템의 인버터 점검 시 조치내용으로 틀린 것은?

① 상 회전 확인 후 정상 시 재운전
② 전자접촉기 교체 점검 후 재운전
③ 계통전압 확인 후 정상 시 5분 후 재기동
④ 태양전지 전압 점검 후 정상 시 3분 후 재기동

해설 태양전지 전압 점검 후 정상 시 5분 후에 재기동하여야 한다.

정답 71. ④ 72. ① 73. ③ 74. ③ 75. ④ 76. ④ 77. ④

78. **정전 작업 전 조치사항으로 틀린 것은?**

① 전류전하의 방전
② 단락접지 기구의 철거
③ 검전기에 의한 정전확인
④ 개로 개폐기의 시건 또는 표시

해설 정전 작업 시 단락접지 기구로 단락접지를 수시로 확인한다.

79. **태양광발전시스템의 유지관리를 지원하기 위해 제공되는 운전 지침서에 기술되어야 하는 사항으로 적합하지 않은 것은?**

① 성능규격
② 기동에 관한 사항
③ 운전에 관한 사항
④ 비품 및 공구 목록

해설 운전 지침서에 기술되어야 하는 사항으로 비품 및 공구 목록은 포함되지 않는다.

80. **태양전지 어레이의 개방전압 측정의 목적이 아닌 것은?**

① 인버터의 오동작 여부 검출
② 동작 불량의 태양전지 모듈 검출
③ 직렬 접속선의 결선 누락사고 검출
④ 태양전지 모듈의 잘못 연결된 극성 검출

해설 개방전압 측정 목적 : 개방전압의 불균일, 동작 불량 모듈의 검출, 직렬 접속선의 결선 누락사고

* 어레이의 개방전압 측정은 인버터와는 무관하다.

모의고사

정답 78. ② 79. ④ 80. ①

참고문헌

1. 신재생에너지 RD&D 전략 2030시리즈, 태양광 에너지관리공단 신재생에너지센터
2. 전기설비기술기준 및 판단기준 이충식, 조문택 문운당
3. 내가 직접 설치하는 태양광발전 박건작, 도서출판 북스힐
4. 쉽게 배우는 회로이론 박건작, 도서출판 북스힐
5. 태양광발전시스템의 계획과 설계, 이순형, 기다리
6. 태양광발전시스템의 설계와 시공, 나가오 다세히코, 옴사
7. 태양광발전시스템 설계 및 시공, 성안당
8. 태양광발전, 뉴턴 사이언스
9. 태양광발전시스템 이론, 김용로, 디지털 복두
10. 태양광발전시스템 운영. 유지보수, 김용로, 디지털 복두
11. 알기 쉬운 태양광발전시스템, 코니 시 마사키, 인포더 북스
12. 태양광발전기 교과서, 나카무라 마사히로, 보누스
13. 신재생에너지 발전설비 기사·산업기사, 도서출판 금호
14. 신재생에너지(태양광) 기사·산업기사 실기, 태양광발전연구회
15. 신재생에너지(태양광) 기사·산업기사 필기/실기, 봉우근, 엔트미디어
16. 신재생에너지(태양광) 기사·산업기사 실기, 태양광발전연구회, 동일출판사
17. 신재생에너지(태양광) 기사·산업기사 필기, 백국현, 김태우, 시대고시기획
18. 신재생에너지 R&D 태양광, 도서출판 북스힐
19. 전기사업법/전기공사업법
20. 전기설비기술기준 및 기술기준의 판단, 한국전력공사
21. 분산형 전원 배전계통연계기술수준, 한국전력공사
22. 전기설비기준(KEC), 한솔아카데미

신재생에너지 발전설비기사 (태양광)필기 총정리

2022년 1월 10일 인쇄
2022년 1월 15일 발행

저　자 : 박건작
펴낸이 : 이정일

펴낸곳 : 도서출판 **일진사**
www.iljinsa.com

(우) 04317 서울시 용산구 효창원로 64길 6

전화 : 704-1616/팩스 : 715-3536
등록 : 제1979-000009호 (1979.4.2)

값 28,000 원

ISBN : 978-89-429-1674-0